中国における日系煙草産業

1905–1945

柴田善雅=著

水曜社

凡　例

・概ね西暦で記載し、日本元号、日本皇紀、清朝元号、李朝元号、成吉思汗紀、民国年、満洲国元号の併記を省略した。ただし日本の太陽暦移行（1873年（明治６）１月１日）前の日本人の履歴を元号で記載し（　）に参考として西暦を記載した。中国の太陽暦移行（1912年１月１日）前の中国人の年表示も一部同様としたが、中華民国官僚等の清朝時期の生年は典拠の表記に依拠した。ロシア企業については1918年１月まではロシア暦を用いた。
・日本、満洲国の法令は公布日を、植民地総督府法令は裁可日を基準に記載した。
・会社設立年月日は創立総会もしくはそれが開催されない場合には発起人会を基準に記載したが、『帝国銀行会社要録』等を利用した場合には年月のみとなっている。日本法人銀行の設立年月日は一般社団法人全国銀行協会銀行図書館の銀行変遷史データベースに依拠し、個別典拠明示を省略した。
・地名・地域政権名では、京城、満洲国、新京、蒙疆、厚和、察哈爾自治政府、晋北自治政府、蒙古聯盟自治政府、蒙古聯合自治政府、中華民国臨時政府、中華民国維新政府、華北政務委員会等をそのまま歴史的用語として利用した。1940年３月30日に樹立した汪精衛が率いた国民政府は、重慶に西遷した蔣介石の国民政府と混同しやすいため、新国民政府もしくは汪政権と表記する。1944年11月10日に汪が名古屋で病没した後の日本敗戦までの時期についても同様とする。
・会社名は、各章で初出のみ正式名称を掲げ、２回目以降は、「株式会社」等を概ね省略した。
・日本の銀行商号の「株式会社」を省略したが、ほかの法人形態の場合には正式商号を記載した。
・法人名では、南満洲鉄道株式会社を満鉄、東洋拓殖株式会社を東拓、台湾拓殖株式会社を台拓、満洲中央銀行を満銀、蒙疆銀行を蒙銀、中国聯合準備銀行を聯銀、中央儲備銀行を儲備銀と略称することがある。
・「　」を付した法人名は未設もしくは設立を傍証できないもののほか、本書で正式商号として利用せず参考商号として掲げたものがある。
・英米煙草トラストと表現する場合には、1902年設立の英米煙草株式会社（ロンドン）傘下の企業グループ、1903年同社上海支店と傘下の企業グループ、1919年改組設立の英米煙草株式会社（中国）と傘下の製造・販売等の企業グループの総体を指す。事業内容が特定できる場合には、できるだけ英米煙草トラストを使わず個別企業名を用いた。
・中国法人名では「烟草公司」、「烟公司」、「菸草公司」が一般的であるが、資料により表記が異なる場合がある。できるだけ統一した。日本の翻訳名称に切り替えて利用したものがある。また混乱を避けるため併記することがある。
・日本法人、満洲国法人、中国関内占領地日系法人、同占領地政府系法人として設立された場合には「煙」を利用し、それ以外の法人として設立された場合には英米煙草を除き、「烟」もし

くは「菸」を利用し、法人国籍・支配的出資により書き分けた。ただし資料で「煙」の使用を見ない占領地日系法人は「烟」のままとした。
・本文中で典拠図書を示す場合には、混乱しない範囲で商号等を圧縮した。
・営業報告書等の営業期を示す数値は、読みやすさを配慮して、アラビア数字に置き換えた。また会社により『事業報告書』、『決算書』等の表記があるが、『営業報告書』で表記を統一した。
・貸借対照表等の数値は掲示した単位以下を切り捨てたため、末位で不突合が生ずるものがある。
・表の「—」は数値なし、「0」は千円以下の数値あり、「…」は数値未確認。
・年鑑類等の編纂者名は、章の初出のみ記載し、編纂者が同じ場合には2回目以降は省略した。
・数値は表との対応を重視し、千、百万を多用したが、資料により万、億単位も利用した。
・人名敬称はすべて省略した。
・個人の経歴の紹介は、概ね初出の章にのみ掲載した。
・掲載した人名の存在を『人事興信録』等でできるだけ確認したが、営業報告書等に登場する人名についてはそのまま掲載したものがある。そのほか裏取りができないまま使った人名がある。
・一次資料については収蔵機関と収蔵番号を記した。

度量衡等
・メートル法を極力採用した。中国では1929年2月18日にメートル法採用を法制化したが、それ以前には伝統的度量衡が用いられており、時期と地域・産業により多様な数量表示がある。本書でそのまま換算せずに利用したものがある。
・重量単位：貫＝1,000匁＝3.75キログラム
　　　　　　ポンド（pound）＝453.5グラム
　　　　　　支斤（中国斤）＝127匁＝476.25グラム
　　　　　　坦＝ピクル（picul）＝100斤（日本）＝15.2貫＝57キログラム
・面積単位：天地＝4反＝3,966.96平米
　　　　　　畝＝6.144アール（are）＝614.4平米
　　　　　　反＝10町＝991.74平米
　　　　　　坪＝3.3平米
　　　　　　ヘクタール（hectare、陌）＝10,000平米
・体積単位：ヘクトリットル（hectoliter）＝100リットル（liter）
・巻煙草単位：箱・梱・函・カートン：日本・中国の煙草の出荷単位。中国では50千本入が多いが、地域・時期・取引により紙巻煙草の本数が異なる。中箱（25千本入）、小箱（15千本入）のほか、事例は少ないが20千本入もあるため、できるだけ本数を付記した。箱等の表記は原資料掲載のものを用い、統一していない。

目　次

凡例

序章　中国における日系煙草産業研究の課題……………………11

　　第1節　本書の課題と方法　11
　　　　1．本書の課題　11
　　　　2．分析視角　15
　　第2節　先行研究と本書の概要　18
　　　　1．先行研究　18
　　　　2．本書の概要　21

第Ⅰ部　満洲における日系煙草産業

第1章　東亜煙草の設立と朝鮮・満洲への進出……………………27

　　はじめに　27
　　第1節　煙草専売制の導入と日露戦争時の煙草販売　28
　　　　1．民営煙草事業者の時代　28
　　　　2．英米煙草トラストのプレゼンスと煙草専売制の導入　31
　　　　3．日露戦争時満洲における煙草販売　33
　　第2節　東亜煙草の設立　41
　　第3節　東亜煙草の事業拡張　45
　　　　1．東亜煙草の事業概要　45
　　　　2．鈴木商店系の株式保有と役員派遣　55
　　　　3．朝鮮内煙草製造業者　57
　　　　4．東亜煙草の朝鮮内事業　59
　　　　5．東亜煙草の満洲内事業　61
　　おわりに　66

第2章　1920年代満洲における日系煙草産業 ……………………… 69

はじめに　69
第1節　日系煙草産業の概観　71
第2節　日系煙草事業の競合者　75
　　1．英米煙草トラスト　75
　　2．その他の事業者　78
第3節　東亜煙草の日系煙草市場における寡占的支配　81
　　1．東亜煙草の操業の概観　81
　　2．鈴木商店系経営支配の確立　87
　　3．朝鮮における煙草事業の撤収と補償金増額要求　91
　　4．満洲内事業の拡大　94
第4節　朝鮮煙草・亜細亜煙草の不振　101
　　1．朝鮮煙草の不振　101
　　2．亜細亜煙草の設立　104
　　3．東亜煙草による亜細亜煙草吸収合併　108
第5節　葉煙草耕作支援　111
おわりに　114

第3章　満洲国期の煙草産業 ……………………………………… 117

はじめに　117
第1節　煙草産業の概観　118
第2節　東亜煙草の事業　125
　　1．東亜煙草の事業拡張　125
　　2．満洲東亜煙草の設立　130
第3節　英米煙草トラスト事業の継続と満洲国現地化　134
　　1．東亜煙草の英米煙草トラストへの対抗　134
　　2．英米煙草トラスト事業の満洲国現地化　137
第4節　満洲煙草の設立と1937年の改組　144
　　1．満洲煙草の設立　144
　　2．満洲煙草の初期事業と「会社法」施行による改組　147

第5節　その他の日系煙草業者　155
　第6節　葉煙草栽培・集荷　160
　　　1．満洲国初期葉煙草集荷　160
　　　2．満洲葉煙草の設立と集荷体制　162
　第7節　満洲煙草と満洲東亜煙草の統合と製造煙草統制　169
　　　1．満洲煙草による東亜煙草の支配　169
　　　2．満洲煙草の新設による事業統合　172
　おわりに　175

第Ⅱ部　中国関内における日系煙草産業

第4章　日中戦争前中国関内日系煙草産業 …… 179

　はじめに　179
　第1節　日系煙草製造販売事業　180
　　　1．煙草製造販売事業の早期の参入　180
　　　2．煙草製造事業者　184
　第2節　日系煙草事業者の競合者　187
　　　1．英米煙草トラスト　187
　　　2．南洋兄弟烟草公司　194
　　　3．地場紙巻煙草製造業の拡大　196
　第3節　山東省における葉煙草集荷事業の拡大　199
　第4節　日系葉煙草集荷事業者の参入　205
　　　1．南信洋行・日華蚕糸　205
　　　2．山東葉煙草・山東煙草・山東産業　207
　　　3．瑞業公司・米星煙草　209
　　　4．東洋葉煙草　212
　　　5．中国葉煙草　217
　　　6．中華煙公司　219
　第5節　日系葉煙草集荷事業と再編　225
　　　1．葉煙草集荷・納入体制　225
　　　2．合同煙草の設立　226

　　　　3．協立煙草の設立　228
　おわりに　230

第5章　日中戦争期華北華中における日系煙草産業　……………… 233
　はじめに　233
　第1節　華北華中煙草事業者の概要　234
　　　1．華北煙草事業者　234
　　　2．華中煙草事業者　240
　第2節　華北東亜煙草と北支煙草の参入と煙草配給　242
　　　1．華北東亜煙草の参入　242
　　　2．北支煙草の参入　248
　　　3．華北の煙草配給体制　252
　第3節　英米煙草トラスト等の葉煙草集荷への対抗と
　　　　　華北葉煙草の設立　255
　　　1．英米煙草トラスト等の葉煙草集荷への圧迫　255
　　　2．資産凍結後の英米煙草トラストへの圧迫　261
　　　3．華北葉煙草の設立　263
　第4節　華中煙草産業の新規参入と煙草配給　269
　　　1．華中煙草事業方針　269
　　　2．東亜煙草の事業拡張　270
　　　3．東洋葉煙草系の事業拡張　272
　　　4．その他事業者の参入　276
　　　5．華中煙草配給制度の導入　279
　第5節　華中における葉煙草集荷　284
　おわりに　287

第6章　アジア太平洋戦争期華北華中における日系煙草産業　……… 289
　はじめに　289
　第1節　日系煙草事業者の概要　290
　　　1．既存事業者　290
　　　2．新規参入計画　294

第2節　開戦後英米煙草トラストの処理　296
　　1．英米煙草トラスト・南洋兄弟烟草公司の事業　296
　　2．英米煙草トラストの処理方策　298
第3節　華北煙草事業の再編と葉煙草集荷　301
　　1．北支煙草吸収合併後の華北東亜煙草　301
　　2．華北煙草配給体制　303
　　3．華北の葉煙草集荷と供給　305
第4節　中華煙草の設立と華中煙草事業者の統合　311
　　1．中華煙草の設立　311
　　2．中華煙草の操業　314
　　3．華中煙草配給体制　318
第5節　華中の葉煙草集荷と供給　324
おわりに　328

第7章　中国関内周辺地域の日系煙草産業　331

はじめに　331
第1節　蒙疆占領地　332
　　1．東亜煙草系の進出　332
　　2．東洋煙草の参入　336
　　3．東洋煙草の事業拡張　337
第2節　華南占領地　342
　　1．東亜煙草の華南事業　342
　　2．南興公司の参入　346
　　3．南興公司と東亜煙草の競合　350
第3節　海南島・香港占領地　357
　　1．海南島占領地煙草事業　357
　　2．香港占領地煙草事業　361
おわりに　365

終章　日系煙草産業の戦後処理と結語 ………………………………… 367

　　第1節　日系煙草産業の戦後処理　367
　　第2節　　結語　377

あとがき　387
参考文献一覧　389
付地図　1　満洲・朝鮮略地図　398
　　　　2　中国関内占領地略図　399
索引　401

序章

中国における日系煙草産業研究の課題

第1節　本書の課題と方法

1．本書の課題

　明治以後の日本では煙草の政府独占事業による専売制としての期間が長い。1904年4月1日公布、「煙草専売法」が7月1日に施行され、大蔵省が直営の煙草専売制度を導入したが、その前には多数の民間煙草事業者が活躍していた。既に1898年1月1日に葉煙草専売制が採用され、1900年4月1日より特別会計で収支を経理する体制に移行していた。その延長での葉煙草販売からその川下の製造部門にまで政府直営を広げ、1904年7月1日に紙巻煙草製造販売を特別会計で経理する専売制に移行した。以後、この煙草専売制は、政府の財源を安定的に支える制度として持続し、1949年6月1日に日本専売公社に移行した後も、国有民営による煙草専売制が維持された。1985年4月1日に日本たばこ産業株式会社の設立で、公社から株式会社に改組されたが、政府出資特殊法人として国内の煙草製造独占は維持された。そのため1905年以前の時代に遡及することになる民間煙草事業者の存在そのものに対する関心が湧きにくい状況にある。1945年以前の国外において日本の煙草製造販売独占は直轄植民地、すなわち公式帝国を形成した台湾・朝鮮・樺太・南洋群島において専売制が実現した。台湾では1905年4月1日、朝鮮では1921年7月1日に導入し、煙草の製造販売を政府が独占した[1]。樺太では1909年6月1日に専売制に移行したが、樺太庁による煙草製造は実現せず、大蔵省の外局の専売局が煙草の販売独占を行った[2]。信託統治領の南洋群島では、1922年4月1日より南洋庁が植民地行政を所管したが、煙草は専売局の煙草売捌地域となり、南洋庁は関与しなかった[3]。それ以外の中国各地の非公式帝国では別の操業環境が成り立っていた。本書の課題とする地域は満洲と中国関内である。これら全体を非公式帝国と位置づけ、そこへの日系煙草事業者の参入と事業活動を検討

することが本書の課題である4)。中国の非公式帝国に参入した日系事業者は、占領前の時期と占領後の時期においても、煙草の専売制を導入せず、民間会社が煙草の製造販売、葉煙草の集荷供給を続けた。占領地における独占の形成は、複数事業者の競合の発生を経て、その政策的統合を経たものであった。ただし周辺地域の蒙疆・海南島・香港では市場の狭隘性から、民間事業者による早期の地域製造独占という別の状況が進展する。参入した日系事業者には、個人事業者もあれば零細法人もあり、またかなりの規模を追求した大規模法人もある。煙草製造販売という業態は、初期投資の資金負担が大きくないため、国外において少なからぬ民間煙草事業者の活動が可能である。さらに日本政府が一部の日系煙草事業者の製造・販売・葉煙草集荷等に支援を与えていた。これら日系煙草事業者の中国各地における操業の通史的分析を加えることが本書の課題である。また満洲への進出と並行して朝鮮における煙草事業の展開の経験を積んでおり、併せて朝鮮専売制に移行する前の民営煙草の時期の煙草事業者の活動も視野に入れる。なお煙草は財政収入を当初から期待されているが、本書では煙草税制の詳細な解説を与える場とはせず、必要な範囲で言及を与えるに止める。

　本書で分析対象とする時期を確認しておこう。日本煙草業者の中国への参入は1896年に合名会社村井兄弟商会が上海に支店を開設した時点に遡上することができる。それ以前に個人事業者が日本製の煙草を販売したのかもしれない。同社は株式会社村井兄弟商会の上海支店に転換し、そのまま事業を続けたが、1901年に同店の上海登記を廃止して、撤収した（第4章第1節）。ただしその操業実態は判明しない。上海の事業規模・販売本数・売上金額等の情報は不明である。そのため本書の課題として、書名に「1905-1945」を含ませているように、日露戦争終結年からアジア太平洋戦敗戦までの時期を課題とする。外地の有力煙草事業者の活動は1906年10月20日の東亜煙草株式会社の設立から始まるが、東亜煙草に事業統合される外地煙草販売組織の活動はほぼ1905年に限られており、この時期を書名に採用した。そのため本書では東亜煙草の設立計画、東亜煙草へ参加する既存の民営煙草事業者の国外販売の時期も付帯的に課題とし、主として1905年から日本敗戦で国外煙草事業が消滅する1945年までを対象とする。

　本書が検討する地域を示そう。本書が分析を加える地域は、日系企業が活動できた中国における非公式帝国としての、関東州租借地、上海、天津、漢口等の租界、割譲地（香港・澳門）、通商航海条約で開港した商埠地（自開商埠地を含む）、第1次大戦対独戦争で占領下に置いた膠州湾ドイツ租借地、南満洲鉄道附属地、東清鉄道附属地

等である。さらに占領して1932年に出現した満洲国や、日中戦争勃発後の占領下中国関内の対日協力政権地域も非公式帝国の新たな形態である。そのほか植民地化過程の韓国と植民地期朝鮮も付帯的に言及する。とりわけ本書では満洲と中国関内に分けて検討を加える。日本の民間煙草製造販売事業者が専売制への移行で事業が消滅させられる際に、東亜煙草を設立し、同社に参加させて外地煙草販売業者として育成する方針を打ち出した。同社は当初は韓国における煙草事業の掌握のため設立されたが、その後同社は満洲に進出し、大蔵省煙草専売局製造煙草の販売に着手した。同社はさらに朝鮮と満洲に工場を設置し、地場生産地場消費に移行した。そのため東亜煙草設立当初は朝鮮事業も検討を加える。満洲においてはほぼ日露戦争期の参入と、その後の東亜煙草を中心とした事業展開を分析する。満洲国においては東亜煙草の事業拡張がなされた。満洲煙草股份有限公司とその持株会社の満洲煙草株式会社の出現と、その後の両社の事業統合がなされ、また東亜煙草の分社化を含むその他の煙草事業者の活動がみられた。日露戦争期の満洲進出に始まり、日本敗戦と満洲国消滅で終る期間において再編を見ながら展開された満洲の日系煙草事業者の分析を行う。中国関内では、満洲進出より先に日系事業者が参入した。満洲参入の第Ⅰ部より前の時期の事態を第Ⅱ部で解説するため、説明が前後しやや座りが悪いが、やむを得ない。日系煙草事業者は1937年日中戦争勃発とその後の中国関内の占領と、アジア太平洋戦争の勃発による英米煙草トラストの事業接収と操業管理、日系事業者の再編で操業基盤強化を目指しながら、1945年日本敗戦まで続けた。特に、1937年以降の中国関内占領地については、華北華中の沿岸主要地域のほか、周辺地域として蒙疆、華南、海南島・香港に分けて分析する。中国占領地において地域分断的支配が形成された。それは占領地協力政権の形成や占領地通貨体制と連動しており、華北の中華民国臨時政府の地域と、華中の中華民国維新政府の所管行政地域のほかに、蒙疆に蒙疆政権が設置され、また華南では新国民政府樹立後も軍票通貨圏が残り、経済的統合は進まなかった。また海南島では海軍軍政と対日協力政権の樹立、軍票経済の持続で、別の統治体系が維持された。これらの地域分断的占領体制の中で、占領地の煙草産業の参入地域が分断されていた[5]。香港ではアジア太平洋戦争勃発後の占領で、軍政が敷かれ、その中で既存煙草事業を操業する。これら周辺地域の煙草事業の特性があるため、それらにも注目する。

　本書の書名に「日系」という語を利用するのは以下の理由による。本書では地域的に製造販売もしくは葉煙草集荷の独占を形成し、地域の大手事業者となり、あるいは

序章　中国における日系煙草産業研究の課題　13

準特殊会社となる法人が出現するが、日本人がそれらを経営支配した。それらの法人は必ずしも日本国籍に限らないためである。具体的には満洲国法人、蒙疆法人、華北の中華民国臨時政府法人をも対象とする。とりわけ占領した中国各地では異なる操業環境が発生した。満洲国期には、日系事業者が満洲国法人化するため、満洲国内の煙草事業者全般を対象とする。中国関内占領地では日本人の経営による華北占領地の中華民国臨時政府法人や蒙疆法人の煙草事業者も活躍したため当該地域の日本法人以外の日本人が経営する煙草事業者も対象とする。なお朝鮮・中国各地で個人製造販売事業者が多数操業していたが、これら零細事業者の悉皆調査は困難であり、また個人事業者の操業実態のほとんどは不明であるため、本書の中で一部のみ言及した。本書では民営紙巻煙草業者を中心に据え、その周辺の有力業者として葉煙草集荷業者と煙草小売業者を位置づけているため、外地煙草事業者であっても朝鮮総督府専売局が製造独占を開始した後の朝鮮における煙草売捌業者の操業の分析にまで視野を広げない。日系事業者は市場において英米煙草トラストの市場支配の中で苦戦を続けた。この巨大な競合相手についてもある程度視野に入れつつ、その操業実態についても分析を加えたい。特に1937年以降の英米煙草トラストについての先行研究は弱く、その不備をできるだけ埋め、日本占領地おける日系煙草事業者と事業比較を行う。

　さらに書名に「煙草産業」という語を使用するのは以下の理由による。日本では紙巻煙草の形態で煙草が消費されるが、最終消費に至るまでに、原料葉煙草耕作、葉煙草集荷、紙巻煙草製造、煙草販売卸・小売、紙巻煙草用紙製造、煙草パッケージ用紙製造、煙草パッケージ印刷、煙草にブレンドする香料生産、煙草巻上機製造業、煙草広告等の関連業態がある。通常用いられる「煙草業」という語では、紙巻煙草もしくは刻煙草の製造販売業に限定される。本書で煙草産業という語を利用することで、煙草製造販売の川上部門の葉煙草栽培・集荷から川中の煙草製造、川下の煙草販売のみならず上記した関連産業までのかなりの幅広い領域を視野に入れることができる。ただしすべてを扱うには資料的制約が大きい。特に国外煙草事業者の領域を拡大して詳細な分析を加えることは難しい。そのため本書の紙幅との関連で、紙巻煙草製造を中心とし、葉煙草集荷と煙草小売を有力周辺事業とし、付帯的事業の紙巻煙草用紙製造業とパッケージ印刷業は日本人経営の別法人に任せており取引先として言及する。また必要に応じて個人事業者や組合組織にも視野に入れるため、「煙草会社」といった書名はふさわしくない。以上の理由から、紙巻煙草製造業のみを対象とするものでなく、その川上・川下部門も対象とし、また必要な範囲で関連事業と個人事業者等も視

野に入れ検討を加えるという趣旨で、「煙草産業」という語を書名に用いた。

　本書の章別構成に伴う時期区分を概ね以下のように確定できる。まず占領前と占領後に分ける。第Ⅰ部では、満洲事変後の満洲国期とその前の時期に区分し、さらに満洲事変前の時期を、東亜煙草設立と朝鮮事業参入、さらに満洲への参入を実現した第１次大戦期の事業拡張までと、第１次大戦後から満洲事変までで時期区分する。日系煙草事業者は第１次大戦期の大拡張を見て、満洲で自信を持ち既存の英米煙草トラストの事業と本格的に競合関係に入った。ただし第１次大戦後の反動恐慌で状況が変わり、不振の1920年代を迎える。満洲事変前の時期では東亜煙草の事業を中心に解説するが、同社の経営権が合名会社鈴木商店系経営者に介入を受ける1918年10月期より前と後で区分して分析する。中国関内では、日中戦争勃発前の時期の製造事業者の規模が小さいため、1937年までの時期を一括分析対象とする。この時期の煙草製造販売の規模は小さく、むしろ活発であったのは山東省の葉煙草集荷業であった。中関関内沿岸部は1937年日中戦争勃発後に占領地帝国に移行した。関内占領については、日中戦争期とアジア太平洋戦争期に分割して検討する。占領地の政策投入で次々に新規日系事業者が参入し、それが再編され、アジア太平洋戦争で英米煙草トラストの事業資産を接収するため、アジア太平洋戦争勃発で時期区分する。

1)　台湾では台湾総督府専売局が製造販売を所管した（台湾総督府専売局［1930］参照）。同様に朝鮮では朝鮮総督府専売局が製造販売を所管した（朝鮮専売局［1936］参照）。
2)　樺太では専売局製造煙草を煙草売捌業者が販売し、樺太庁は窓口業務を引き受けていない（樺太庁［1936］46-50頁参照）。
3)　南洋群島において南洋庁所管業務に煙草販売はなく（南洋庁［1932］46-50頁参照）、樺太同様の専売局の煙草の売捌業者が販売した。
4)　Peattie［1996］が日本の植民地支配を公式帝国として解説している。また中国における非公式帝国としての位置づけは Duus et al. eds.［1989］参照。さらに Duus et al. eds.［1996］で日本の占領後の戦時帝国と対照した検討が可能である。
5)　中国占領地の行政体制は対日協力政権もしくは軍政、地域銀行券等の域内通貨体制、域内経済政策体制等で人為的に分断されていた。地域別対日協力政権体制と占領地通貨体制の連動性として、柴田［1999a］参照。

2．分析視角

　本書は日本の中国における非公式帝国領域を満洲と中国関内に分け、日系煙草事業者の1905年から1945年までの通時的な活動を分析するが、それに用いる分析視角は以

下の様なものである。

　本書各章で描くように日系煙草企業が中国で多数活躍した。それらの中国における参入経緯を解明する。それにより自国以外で操業する企業の在り方を分析する。またすべての企業が順調に経営できたわけではなく、むしろ操業不振企業の方が件数が多かった。それらの不振企業は解散・事業譲渡で消滅し、あるいは休眠状態に陥る。そのため企業進出の分析と同時に企業の退出プロセスも併せて解明を加える。これらの分析視角を、本書では企業進出・退出アプローチとして位置づけたい。この分析視角で企業の参入・退出（解散を含む）を詳細に解明し、その事業者の性格・事業の方向性等を分析し、さらに事業の在り方まで分析を拡げ、事業継続・規模拡大の経過を解明し、あるいは退出となる要因を解明する。これまでこの企業進出・退出アプローチで中国における日系企業研究が行われてきている。例えば満洲においては鈴木編[2007a]、中国関内については柴田[2008a]があり、成果を上げている。また日本企業の東南アジアにおける活動についても、柴田[2005a]がゴム・マニラ麻の栽培業で、企業進出・退出アプローチにより解明し、同様の成果を得ている。さらに参入した企業の営業報告書を発掘し、経営の実態を解明する。国外活動企業の営業報告書の集積には制約があり、発掘できない事例も少なくないが、可能な限り貸借対照表を示して、企業進出プロセスのみならず、操業規模等の分析も加えることになる。そして参入が成功したか不首尾に終わったかは、決算の累年分析で検証できる。特に政府等からの補助金を受給していない会社の場合には、株式発行で資金調達をしているため、利益計上と配当を避けて通れないが、国外活動企業で安定かつ長期に利益と配当を計上できた企業は、利幅が期待できる煙草産業においても実際には稀である。

　日系企業の参入・退出にかかる政府の経済政策にも注目する。その分析で参入企業の政策上の配置と行動の磁場がある程度固まる。その分析視角を経済政策史アプローチとして主張する。本書の主役となる東亜煙草の設立も、大蔵省の意向に沿ったものであった。日本企業の中国参入に当たり、軍事占領する以前の時期の中国において、政府の関与なしで参入する事例も多々見られる。平時の非公式帝国への自発的参入が多発した。満洲事変前の時期では、東亜煙草以外には、葉煙草集荷の東洋葉煙草株式会社が専売局の意向で設立されたとみられるが、政府支援はこれら2社以外には見いだせない。中国関内における日系煙草事業者の利権獲得を支援する動きも見られたが、さほど成功せず、山東省葉煙草集荷事業の専売局調達のみ長期にわたり安定的に続いた。ところが占領後の日系企業の進出は様変わりする。進出に当たり、満洲では満洲

国政府、関東軍、専売局等の承認を経る必要があり、その過程で新たな参入者は当該産業における経済政策の担い手としての位置づけが与えられることになる。中国関内においては、現地軍、在外公館、興亜院等の政策判断で参入が承認されることになる。さらに占領地中国法人を設立する場合には当該占領地対日協力政権との提携・調整が必要になる。占領地統制経済が強行される中で、新設企業はある程度当該占領地行政権力の意向に沿って設立される。もちろん参入機会を狙っている企業家は、規模の大きな事業者として参入する場合には、独占的利益が期待できるため、その設立利権の獲得に尽力する。企業家・投資家の思惑と、占領地行政権力の政策の大枠に沿った形で設立されることになる。またひとたび設立されても、原料・資金割当等でその後も、当該占領地行政権力の裁量権に従い続ける必要がある。ただし参入することで獲得できる利権は大きく、競合者の追加参入を占領地行政権力が認めなければ、それだけで十分な地域製造販売独占権限を確保できるため、参入を目指した各社とも利権獲得に奔走する。一部は組合組織も含むが、これら煙草会社の参入あるいは退出について、占領地経済政策史の一環として描く。進出・退出アプローチが、占領地経済政策の枠内で実践されたことを解明する。従来も満洲において鈴木編［2007a］で、有力企業となる特殊会社・準特殊会社の設立経緯について、経済政策史アプローチで解明を加えており、また中国関内についても同様に柴田［2008a］で政策資料を発掘して解明している。

　本書では煙草事業者の煙草製造販売数量を地域別である程度掌握したうえで、日系事業者の位置付けを与える。それにより本書で紹介する個別日系煙草会社の立ち位置の把握が可能となる。煙草の製造販売量あるいは原料葉煙草調達量等、いくつかの指標で解説が可能である。それは当該地域における煙草産業論的分析になる。当該産業における独占の形成は産業論的分析を踏まえたものとすることで格段に説得的になる。従来の研究でも、満洲における企業活動について、鈴木編［2007a］で個別産業論的分析を加えた章があり、概ね成功している。ただし同書の分量制約から、産業論的検討が不備のままとなっている章もあり、分析に統一性を欠いている。本書の研究に当たり、中国の中小煙草事業者の全貌を把握することは困難であり、産業史的アプローチも、市場全体を捉えきれていないため、その射程には限界がある。また本書の課題が日系煙草事業者を分析することであり、中国の多地域で見られた煙草産業史の解明を中心に据えるものではないことも、表明しておこう。

　中国で先行した英米煙草トラストがアメリカとイギリス以外の地域においてグロー

バルに事業展開する巨大な多国籍企業集団として立ちはだかっており、それに東亜煙草以下の日本事業者が挑戦した。さらに中国で地場生産者が1920年代中盤に急増し、ナショナリズム運動の高揚の中で自力を蓄えながら、欧米系と日系事業者を追撃するという関係が発生する。先行した英米煙草トラストを巨大多国籍煙草事業者として扱い[1]、煙草帝国主義の最大の担い手として位置づけるなら、東亜煙草あるいは満洲煙草、中華煙草株式会社等の日系事業者はそれに挑戦した東アジアの小型煙草帝国主義の担い手として、位置づけることができよう。日本企業の東アジアにおける展開で、占領地帝国の形成後に急速な事業拡張が多数の産業等で確認できる[2]。満洲国における日系資本会社の事業拡大、関内占領地における占領地開発会社傘下の個別産業の独占を目指した事業法人の急増と事業拡大が見られた。そのため煙草帝国主義の活動の在り方を、占領前非公式帝国と占領後の占領地帝国の段差として把握することも可能である。ただし筆者の力量では英米煙草トラストの事業活動を通じた中国市場占有の意思と行動の詳細な解明は難しく、本書では挑戦者の日系煙草事業者の行動目的とそれを支援する政府の意思の解析を主要な課題とし、それに全力を注ぐことになる。従って中国全域で巨大なプレゼンスを示した英米煙草トラストの実践した煙草帝国主義のビヘイヴィアの解明は後景に退き、東アジア版小型煙草帝国主義の活動を描くこととなる。それゆえ本書では、占領前に英米煙草トラストと競合し、さらに占領後に英米煙草トラストに圧迫を加えつつ再編強化した日系煙草事業者が市場支配を行った過程を強調するだけで止まることになり、この分析視角の到達度にはやや限界がある。

1) 英米煙草トラストは反トラスト法制による攻撃を受けない多国籍企業として、長期にわたる拡張を続けた。東アジアはその活動の一部地域にすぎない（Cox[2000]参照）。
2) 日本の占領地帝国の多数の企業参入の事例として、満洲国については鈴木編[2007]、中国関内占領地については柴田[2008a]が詳細である。

第2節　先行研究と本書の概要

1. 先行研究

　中国における日系煙草産業の活動は明治期から満洲・中国関内の日本占領体制の時期まで長期にわたるため、本来は幅広い検討がなされてしかるべきであるが、研究は乏しい。国外で煙草の製造販売を行っていた民間事業者が長期にわたり活躍したが、

国外事業者のため研究上の関心が薄いのもやむを得ない。煙草製造業についての研究関心は、もっぱら専売制という国内の独占の在り方に限定されている。国内における個別の民間事業者による煙草産業史として成り立つのは、煙草専売制が導入される1904年7月以前のことになる。民営煙草時期の事業の在り方として、岩崎[1929]が有用な解説であり、また専売制への移行については遠藤[1970]がまとまった分析を行っている。そのほか村井兄弟商会の活動について大渓[1964]が豊富に紹介しており有用である。ただし本書は中国における日系煙草産業の分析を行うものであり、民営煙草時期の国内の煙草事業者の研究を志すものではない。残念ながら、日露戦争後に本格化する日系煙草事業者の中国展開についても、研究は豊富とは言い難い。東亜煙草の経営に参加した民営時期の煙草事業者の伝記的紹介として複数が公表されているが[1]、いずれも資料として扱う。

満洲事変前の満洲における中心的日系事業者となる東亜煙草について、柳沢[1993]が同社従業員の日記の解題で解説を加えている。満洲店舗で従事している時期の東亜煙草の支店側からの興味深い事実を得るが、経営中枢にいたわけではないため、東亜煙草経営陣の鈴木商店系と反鈴木商店系の角逐や専売局の介入についてはほとんど言及がない。また日記の当事者の行動範囲に論点が制約されている。東亜煙草退職後の時期については当然ながら記述がないため東亜煙草の事業情報は消滅する。満洲における煙草産業の企業進出として、柴田[2007e]が言及するが、多数の産業を横断的に分析する作業の負担が重く、煙草関係の資料発掘が十分ではないため、不備が多々残されている。それを補充した柴田[2009]で、東亜煙草の満洲進出から説き起こしているものの、やはり資料発掘が不十分であり不備が残されている。それでも1920年代以降については営業報告書を踏まえ、経営実態の解明を行っている。また多数の企業に言及を与えており、特に満洲国時期については政策史アプローチも兼ね合わせた企業進出・退出アプローチで解説を加えている。とりわけ満洲煙草・満洲東亜煙草株式会社・満洲葉煙草株式会社の設立と業務内容を紹介しており有力な先行研究である。ただし1920年代英米トラストとの競合の解説は少なく、満洲国期についても、満洲葉煙草の操業の解説は弱く、その他日系事業者の活動の実態の解明はなされないままとなっている。そのほか満洲国の三井系の協和煙草株式会社の事業展開について、三井文庫[2000]と春日[2010]が三井系資料を駆使した解説を与えており有用である。東亜煙草の鈴木商店系経営支配に移行するプロセスとその後の事業展開について、勝浦[2011]が営業報告書を点検したうえで整理した論述を与えている[2]。東亜煙草の設立

経緯については、専売局[1915]、東亜煙草[1930]の記述が、また朝鮮事業の撤収についても朝鮮総督府専売局[1936]の解説が有用である。ただし東亜煙草[1930]は事業不振の時期の刊行であり、情報が乏しい。これらを資料として利用しよう。東亜煙草については、元職員が資料を集積したうえでまとめた回想記が有用であり[3]、本書でも多用した。

中国関内における日系煙草産業については、柴田[2008a]が占領地参入企業の在り方を解説した。参入に当たり、ある程度の経済政策史アプローチを絡めた企業進出論となっている。可能な限り営業報告書を発掘した解説となっているが、紙幅の制約もあり、また煙草事業者を主要な対象とした企業活動分析ではないため、不十分である。同書は周辺地域の煙草事業者についても解説を加えていることが特徴である。特に中国関内占領地における日系煙草事業者研究として、占領地で活躍した規模の大きな事例の営業報告書を集積の上解説を加えた柴田[2008c]がある。この研究では、華北・華中・華南・蒙疆・海南島・香港という占領体制の違いに沿って導入された占領地煙草事業体制を分析している[4]。ただし政策史的分析の弱さや、占領前の時期からの葉煙草事業の継続性等については未着手のままである。海南島の南国煙草株式会社については、三井系資料を駆使して解説する春日[2010]が詳細である。華南・海南島に参入した台湾拓殖株式会社の関係会社である株式会社南興公司の煙草製造販売のかかわりについて、台拓論を課題としたSchnider[1998]では言及がない。

山東省葉煙草について、中国史の側からの研究があり注目される。内山[1979]、深尾[1991]があり、これらは山東省の商品作物としての葉煙草耕作の拡大に関する英米煙草トラストの栽培育成策を紹介し、そこに参入した日系事業者の在り方にも言及を与えている。地場経済が葉煙草栽培を拡大することで既存産業構造が変貌するプロセスを描いており、大いに参考になる。その集荷には、日系や中国系の葉煙草集荷業者も殺到して奪い合い状態となった。その集荷体制に日系の葉煙草集荷事業者も多数参入していたが、参入した日系企業の分析は進んでいない。これらの研究は山東省の葉煙草栽培業を対象としており、日系葉煙草集荷事業者を主たる研究対象としているわけではないため、言及はやや断片的である。第1次大戦期に膠州湾軍政を敷き、そこに多数の日系事業者が参入し、その中に煙草事業者が含まれていた。それらのいくつかが操業不振状態に陥っていたと、柳沢[1999]が紹介しており興味深いが、煙草事業者のみを対象とした研究ではない。山東省葉煙草集荷事業者として活躍した米星煙草株式会社の社史が刊行されており、参考になる（米星商事[1965]、米星煙草貿易

[1981]）。中国関内占領地における葉煙草集荷業務を担当した日系会社については、柴田[2008c]で法人名を列記するだけでほぼ止まっており、製造販売を担当した会社よりも解明が遅れている。

　日系事業者の最強の敵として立ちはだかった英米煙草トラストの事業について、設立から日露戦争前の日本への参入、その後のアジアその他へのグローバル展開の全貌はCox[2000]で明らかにされている。特に中国の章が注目でき、本書でも利用した。英米煙草トラストの中国事業としては、1930年までの活躍を紹介するCochran[1980]、地場経営者による販売ネットワークの構築についてCochran[2000]で紹介しており、利用できる。ただし日系事業者との競合について解説しているのは、Cox[2000]のみである。

　北洋政府による煙草公売制の採用とその後の展開については楊[2012]で解説が与えており、有用である。中国人経営の最大の事業者であった南洋兄弟烟草公司について、芝池[1973]が紹介しているが、同公司の営業資料集として中国科学院上海経済研究所ほか[1960]があり、本書でも参照した。中国における煙草産業史として、中国烟草通志編纂委員会[2006]が刊行されており、革命後までを扱う通史であるが、その中で日本占領時期の煙草事業者の紹介があり、有用である。

　以上の先行研究を点検しても、日系煙草事業者の通史的論述で全体像を提示するものは皆無である。また地域を限定して、例えば、朝鮮、満洲国、中国関内占領地等で事業者の活動の紹介があるが、その分析も部分的であり、個別企業の参入・退出アプローチによる分析も不備が多く、とりわけ中国占領地における日系煙草事業者の政策史的解明も遅れている。また日系葉煙草集荷事業者については、いくらか言及する著作が散見されるだけである。そのため本書では極力一次資料の発掘に注力しつつ、政策史アプローチ、企業参入・退出アプローチを主要な分析基軸とし、政策史的・企業史的に分析の精度を上げ、先行研究の欠落部分を塞ぎ、かつ満洲・中国関内に地域的に二分して、しかも占領前・占領後の操業環境・政策的段差に着目して時期区分しつつ、体系的に日系煙草事業者の活動を検討し、通時的分析を加えることを課題とする。

2．本書の概要

　本書では第Ⅰ部として、満洲における日系煙草産業、第Ⅱ部として、中国関内における日系煙草産業の2部に分けて論述する。その理由として、満洲における煙草産業は、参入後、拡張と停滞を経て満洲事変後の事業基盤の転換が発生したが、似たよう

な状況が、1937年日中戦争勃発と関内占領後の状況でみられるため、全体を時期区分して描くよりも、1931年満洲事変で満洲を大きく区分し、1937年日中戦争勃発で関内煙草事業を大きく時期区分するほうがわかりやすいと判断した。

　第Ⅰ部第1章では、東亜煙草設立を民営煙草事業の延長として紹介し、朝鮮・満洲における事業を解説する。満洲において日露戦争時期に大蔵省が直営煙草供給拠点を大連に設置し、本格的に事業参入を開始した。その事業を承継したのは1906年に東京に本店を置いて設立された東亜煙草であり、同社は植民地朝鮮における専売局ブランドの煙草製造販売を認められ、朝鮮最大の煙草製造事業者となり、満洲営口に工場を設置して本格参入を果たした。朝鮮における事業は、朝鮮煙草専売制への移行に伴い、事業基盤の喪失が1909年4月には確定していたため、満洲事業を早期に拡大させる必要があったが、満洲において先行した英米煙草トラスト系の事業者との競合も発生し、また満洲におけるブランド構築に時間がかかり、朝鮮煙草専売制が導入される1920年まで、満洲における販売が朝鮮における販売を上回ることはなかった。

　第2章では、主として1920年代満洲における満洲事変前の日系煙草産業の活動を紹介する。東亜煙草は1920年代の操業不振の中で、鈴木商店系経営者に段階的に掌握された。同社以外にも小規模事業者が参入し、また国内投資家から幅広く資金を集め亜細亜煙草株式会社が大規模事業者として奉天に工場を設立した。1920年代の景気低迷と英米煙草トラストとの競合、銀相場下落等は東亜煙草の経営を揺るがし、ほかの新規参入者は持続できず、亜細亜煙草は東亜煙草に吸収合併された。葉煙草品種改良のため、南満洲鉄道株式会社は葉煙草試験研究を支援し、これに東亜煙草も一部関わり、同社が地場優良品種の葉煙草の供給を受けたが分量は限られていた。

　第3章では、満洲国期の煙草産業を解説する。満洲の独占供給者になることを東亜煙草は期待したが、満洲国・関東軍は新たな煙草事業者の設立に向かい、それが満洲煙草股份有限公司とその親会社の満洲煙草株式会社として実現し、東亜煙草と激しく競合する。しかも1937年12月の「会社法」施行で、東亜煙草は完全子会社の満洲東亜煙草を設立し、同社に満洲国事業を移した。他方、親会社の満洲煙草が子会社を吸収し事業法人に転換した。1940年に満洲煙草の経営者が東亜煙草の株式を買収して支配下に納め競合関係は消滅した。満洲東亜煙草は1943年に満洲煙草に吸収合併され、独占的煙草製造販売会社となる。満洲国におけるその他の煙草事業者として、英米煙草トラスト系の事業者は啓東煙草股份有限公司等として現地化して延命したが、1944年に啓東煙草は満洲中央煙草株式会社に商号変更した。葉煙草栽培については準特殊会

社満洲葉煙草が栽培用種子配布等で、品質向上と集荷に傾注した。

　第Ⅱ部第4章では、日中戦争前の中国関内日系煙草事業者の事業を解説する。この時期には大規模製造事業者の参入はなく、山東省を中心とした米国系黄色種葉煙草の集荷に多数の葉煙草集荷業者が参入しており、ほぼそれは日系煙草会社の活動とみなせる。東京本店の東洋葉煙草、片倉製糸紡績株式会社系の日華蚕糸株式会社、鈴木商店系の米星煙草株式会社、株式会社松坂屋系の山東葉煙草株式会社等が入り乱れて集荷を競った。競合関係が激しいため、外務省が合併を勧めて、1927年11月に日華蚕糸系事業等の4事業者の集荷事業を統合して合同煙草株式会社が設立されたが、ほかの業者との競合は続いた。この間、英米煙草トラスト系の事業者は、中国の複数地域における煙草工場の新設を続け、借款供与による利権獲得に走っていた。亜細亜煙草の設立後に日本利権扶植で対抗を試みたが、有効策を打ち出せなかった。

　第5章では、占領後の関内煙草産業を紹介する。東亜煙草系の華北東亜煙草株式会社、満洲煙草系の北支煙草株式会社が参入し、製造販売に乗り出したが、華北東亜煙草が北支煙草を吸収合併した。華中では東洋葉煙草が参入し、そのほか新規事業者が煙草事業に殺到した。また山東省の葉煙草集荷については、既存の米星煙草ほか日系事業者、英米煙草トラスト系の事業者、さらにはアメリカ系のほかの事業者、南洋兄弟烟草公司も集荷に乗り出しており、占領下で激しく競合していたが、中華民国臨時政府系の華北葉煙草株式会社が1938年12月に設立されると、既存の日系葉煙草集荷会社の事業が統合された。英米煙草トラスト系事業は、1941年12月開戦後に日本軍管理下に移されたが、頤中烟草股份有限公司の事業基盤は生産性等からみて揺るぎなかった。華中では東亜煙草、東洋葉煙草、満洲煙草等がそれぞれ参入し、既存事業者設備を取得し煙草製造販売に参入した。また葉煙草集荷のため、中支葉煙草株式会社も設立された。

　第6章では、引き続き占領後の関内煙草産業を紹介する。華北では日系事業者がプレゼンスを強め、英米煙草トラストに匹敵する規模となった。特に華中では日系の事業者間の競合が激しく、統合させる方針が検討された。当初は中国占領地域外まで視野に入れた独占的煙草会社の設立も検討されたが、結局、華中のみを領域とする中華煙草が設立され、既存事業者の事業基盤を吸収した。その後も、中華煙草は事業拡張を目指したが、英米煙草トラストの接収事業も継続したため、その事業を超えることはできなかった。

　第7章では、関内占領地の周辺と香港の日系煙草事業者の活動を検討する。蒙疆に

序章　中国における日系煙草産業研究の課題　23

おいては当初、東亜煙草が参入を試みたが、事業基盤を獲得できず、新たに東洋紡績株式会社系の東洋煙草股份有限公司が設立され、事業拡張を続け、高利益法人となった。華南でも専売局の支援する東亜煙草が参入したが、そこに台湾総督府の支援する南興公司が参入をしており、両社が激突した。結局日本占領の終焉まで決着がつかず、一社独占は成立せずに終わった。海南島では東洋葉煙草が参入し、三井物産株式会社と共同出資の南国煙草株式会社の設立で、海南島唯一の日系事業者となり、独占の利益を得た。香港では蒙疆拠点の東洋煙草が香港の煙草製造の受命事業者に指定され、既存の南洋兄弟烟草公司工場等を操業した。

　終章は、日系煙草会社の敗戦の後処理について解説し、さらに全体の総括を行い、序章で提示した課題について全体の到達点を確認したうえで、本編全体の結語をまとめる。

1) 久米民之助については、久米民之助先生遺徳顕彰会[1968]、岩谷松平については、たばこと塩の博物館[2006]、江副廉蔵については末岡[2008]が有用である。
2) 勝浦[2011]が利用したばこと塩の博物館に収蔵する東亜煙草の営業報告書は、第1期1907年4月期より解散後の清算第2期の1949年11月期まで保存されており、本書でも頻用した。
3) 水之江[1982]では、多くの東亜煙草関連資料を収録しているが、残念ながら執筆者が東亜煙草から離れた1940年以降の時期に関する記述は乏しい。
4) 蒙疆については柴田[2008a]に補正して収録した柴田[2007b]、海南島については柴田[2008a]に収録した柴田[2006]、香港については同様に柴田[2008a]に収録した柴田[1996]の先行研究に依拠している。

第Ⅰ部

満洲における
日系煙草産業

第1章

東亜煙草の設立と朝鮮・満洲への進出

はじめに

　1904年7月1日に日本は煙草専売制に移行したが、その前の時期の民営煙草の伝統の延長で日露戦争期に日系煙草事業者は朝鮮と満洲に参入した。日露戦争後に本格化する日系外地煙草産業の主役としての地位を与えられた東亜煙草株式会社は、日露戦争終結翌年に設立された。同社設立は、日本政府の方針に沿ったものであり、同社は韓国でプレゼンスを高め、韓国内で英米煙草トラストと競合し、また日露戦争講和直後の満洲へ進出し、事業を拡張した。そのほかの日系煙草事業者も煙草民営期の操業経験から、朝鮮・満洲へと進出を果たした。特に、本章では、東亜煙草の設立に関する政策方針を点検したうえで、第1次大戦が終わる時期までの同社の事業の在り方を分析することを主たる課題とする。従来、同社の設立経緯の政府のかかわりは、必ずしも明らかになっていない。それを明らかにすることが、本章の一つの課題である。特に韓国併合と朝鮮植民地化の過程で、日系事業者が多数参入したが、煙草製造もその一業種であり、日系煙草事業者の分析も課題とする。また1920年に朝鮮で煙草専売制が施行されるまでは、東亜煙草は朝鮮と満洲に工場を保有していた。その後の満洲における突出した日系煙草事業者にのし上がってゆく前の段階の同社の操業実態を解明する。満洲にもほかの日系事業者がかなり参入しており、それらも視野に入れて検討する。東亜煙草は第1次大戦期の好況の余勢を駆って、満洲のみならず、華北華中においても工場を取得し、事業を拡大させたが、その経緯は第4章に譲る。第1次大戦終結後、1918年4月期に合名会社鈴木商店が東亜煙草の経営権の掌握を目指して、介入を強めることで経営体制が大きく変動した。戦争終結による経済環境の変動と、鈴木商店の経営介入という両側面で時期区分するのがふさわしいため、設立から第1次大戦期の終結まで、すなわち休戦となる1918年11月11日までとし、東亜煙草については1918年10月期までとし、この時期を一括して検討する。なお第1次大戦の好況の

中で、件数は少ないものの満洲本店の中小煙草会社が出現するが、大戦後の反動でほぼ淘汰されるため、それについては参入から退出まで第２章でまとめて解説する。

東亜煙草は大規模国外煙草事業者として知られているが、関連研究は多くはない。この時期の東亜煙草に関する先行研究として、柳沢［1993］が東亜煙草の満洲・天津等店舗で満洲事変前に勤務した職員貝原収蔵の日記の解題で、事業背景にも着目して伝記的な紹介を行っており、東亜煙草が販売特約店確保に奔走していたその現場担当者の業務として興味深い。ただ資料的な制約から東亜煙草設立から1917年までの全体の操業実態や本社の方針はさほど明らかにされていない。同様に柴田［2007e］も、東亜煙草の第１次大戦期までの営業報告書の発掘ができなかったため、設立経緯を社史と周辺資料に依拠して言及している程度であり、しかも不備が多い。さらに満洲における東亜煙草を中心とした日系煙草産業の解明を企図した柴田［2009］でも、第１次大戦前の資料発掘が進まず、未解明のまま放置されている部分が多い。勝浦［2011］が東亜煙草と鈴木商店の関係を営業報告書を利用し通史的に解説しており参考になる。本章は、勝浦［2011］と同様に、東亜煙草の初期の営業報告書を利用し、かつ周辺の政策資料等を織り交ぜて、また業務の動向を統計的に紹介することで実像に接近する。そのほか東亜煙草［1932］が参考になるが、特に水之江［1982］で東亜煙草の経営実態が多面的に解説されており、大いに利用できる。そのほか日本人煙草事業者の活動と朝鮮内営業については、専売局［1915］と朝鮮総督府専売局［1936］が詳しく、いずれも資料として利用する。

第１節　煙草専売制の導入と日露戦争時の煙草販売

１．民営煙草事業者の時代

煙草は茄子科の植物で、多数の品種があるが、喫煙用の葉煙草として栽培され嗜好品として使われたのは南米アンデス地方に自生した品種ニコチアナ・タバカム Nicotiana tabocum が中心である。葉煙草は新大陸発見と新大陸における喫煙風習の欧州における導入と、その習慣化により、新大陸との交易で大量に欧州に持ち込まれ、嗜好品としての文化が広まった。他方、大航海時代に煙草が極東にまで広がり、16世紀末から17世紀にかけて日本に伝来した。そして原料葉煙草の国内栽培に着手し、短期間のうちに各地に葉煙草栽培が広がり、老若男女の間で喫煙習慣が広がった。喫煙

は身分を超え日本人の幅広い生活習慣となった。煙草製造と喫煙の文化は日本各地に普及し、地場生産地場消費のみならず国内煙草流通市場が成立した。その中で細刻みを煙管で喫煙する日本特有の煙草文化が広く普及した。その伝統を踏まえ、明治期には民営煙草業者が各地で細刻みを多量に生産していたが、とりわけ人口が集中する東京で多数の煙草製造販売業者が営業した。そこへ新たに紙巻煙草が輸入され、日本国内の煙草市場が大きく変貌する[1]。

　日本では煙草専売制が導入される前の時期の煙草産業は、葉煙草栽培、葉煙草売買、刻煙草・紙巻煙草製造及びその小売の部門に分かれる。川上部門が葉煙草栽培、葉煙草集荷と再乾燥、川中部分が刻煙草・紙巻煙草製造、川下部門が煙草小売と考えられる[2]。そのほか日本国内原料葉煙草を使わない輸入煙草と原料調達としての輸入葉煙草の取扱業者が存在した。刻煙草・紙巻煙草の製造工業は小規模工場から創業できるため設備投資規模は大きなものではない。煙草は習慣性がある嗜好品であり、高級品から下級品まで並行し取引され、所得弾力性が高い普通財であるため、所得上昇で高級品に需要がシフトする商品であり、巧みに販売できれば高利益を期待できた。煙草の価格帯は幅が広く、産業革命後の都市部居住者の増大と消費水準の向上で、高級煙草の需要も伸び続けた。煙草消費に対しては担税力があると判断され、政府の財源として期待された。日本では1896年3月28日公布「葉煙草専売法」（1898年1月1日施行）により葉煙草専売制が敷かれ、大蔵省専売局（1898年11月1日設置）が、葉煙草栽培者から葉煙草を全量購入し、同局が葉煙草を煙草製造業者に売払う体制となり、払下げを受けた民間煙草事業者が刻煙草・紙巻煙草を製造し、それを一般消費者に小売した[3]。その葉煙草売買の資金管理のため、1898年1月1日に葉煙草専売資金特別会計が設置されたが、1900年3月5日「作業会計法」改正により、同年4月1日に事業会計として専売局特別会計が設置されたのに伴い、同会計に承継され廃止となった。以後は政府による葉煙草専売事業が専売局特別会計で経理される体制となった。これは段階的に煙草専売に移行する中間的な措置であった。ただしこの時期においても輸入煙草の自由販売は認められており、輸入煙草は国内で幅広く消費者を獲得していた。

　アメリカン煙草会社 American Tobacco Co.（1890年2月設立、本店ニューヨーク）が1892年1月に横浜に支店を開設し、米国産の煙草の売り込みを開始した。他方、アメリカの煙草を研究して製造販売した事業者として、合名会社村井兄弟商会（1894年5月16日設立、本店京都）がある。同社は村井吉兵衛と村井真雄が経営し、法人化する前からアメリカの煙草調査を経て葉煙草の輸入とそれを原料とする製造販売に乗り

出していた[4]。1897年3月29日「関税定率法」公布により、日本の関税自主権が大幅に回復したことに伴う輸入煙草の関税率引き上げに対処し、アメリカン煙草が村井兄弟商会と資本提携し、1899年12月24日に合弁の株式会社村井兄弟商会を設立した（本店京都、資本金1百万円、村井側とアメリカン煙草側の折半出資）。取締役に村井吉兵衛（社長）、村井真雄（第二副社長）、ウィリアム R. ハリス William R. Harris、エドワード J. パーリシュ Edward J. Parrish（第一副社長）、ローザ F. パーリシュ Rosa F. Parrish が列した。取締役以外の第三副社長村井弥三郎、文書総長松原重栄、財務総長ジョージ P. ゴッドセー George P. Godsey、会計局長松尾久男という陣容であった。村井兄弟商会はアメリカン煙草のブランド商品の国内独占製造を行い、国内販売のみならず輸出も行った[5]。こうして村井兄弟商会は日本で最大の煙草製造販売事業者となっていた。村井兄弟商会の販売する煙草は、自社生産品のみならず、高級品をアメリカから輸入して供給した。同社が販売する煙草は日本国内では高価で利幅が大きく、十分な消費者を獲得できた。さらに同社は韓国・清国にも輸出した。同社が利用する米国産葉煙草の品質が良く、デザイン等のマーケティング戦術にも優れ、他の国内産をしのぐ人気を獲得した。ところが1902年5月に村井兄弟商会の京都工場が全焼し（大渓［1964］153-161頁）、その改修等の工事のための資金調達で増資が必要となり、増資資金調達に困難な村井側の弱みを見透かして、アメリカン煙草は村井兄弟商会への出資比率を引き上げ、アメリカン煙草側の支配力を強めた（上野［1998］277-279頁）。

　輸入煙草販売業者の江副商店は、江副廉蔵が経営していた[6]。江副が1883年にアメリカから戻って横浜に輸入美術品の商店を開き、さらに1885年京橋区に肥前屋を開店した。1890年にアメリカン煙草の商品一手販売権を取得し、1893年銀座に江副商店を開き、アメリカン煙草製品の紙巻煙草販売で財を成した。1896年3月27日「葉煙草専売法」の制定過程で、江副は後述する岩谷松平とともに有力煙草事業者として、帝国議会に対し、印紙税貼付で歳入に計上する現行「煙草税則」制度は脱税の温床であり、その防止のため葉煙草専売はふさわしいとの意見書を提出している[7]。1899年にアメリカン煙草の出資を受けて、村井兄弟商会が日本の総販売代理店の地位を獲得すると、江副商店は村井兄弟商会の傘下に組み込まれ、輸入煙草販売を続けた。江副廉蔵は村井兄弟商会の取締役に列した。その後、1904年7月煙草専売制導入で国内の煙草販売業が廃止されるに際し、江副は専売制への移行に賛成の立場を取り、輸入煙草販売の廃業に伴い多額の補償金を得た。

他方、国産葉煙草を原料とした煙草製造事業者の伝統の延長で、村井兄弟商会に対抗して大量宣伝攻勢で追撃した岩谷商会の岩谷松平がいた[8]。岩谷は国産葉煙草を原料とした紙巻煙草を製造し、「天狗煙草」を印として激烈な広告戦術による煙草販売に打って出て、村井兄弟商会と激しいたばこ宣伝競争を展開し、話題を振りまく販売戦略で知られていた（たばこと塩の博物館［2006］参照）。岩谷ほどの規模を追及はしなかったが、専売局から葉煙草を調達して刻煙草や紙巻煙草を製造する事業者が国内に多数みられた。比較的名を知られた事業者として千葉松兵衛（千葉商店店主）がいるが、東亜煙草の設立にはかかわっていない[9]。そのほかの事業者の多くも東亜煙草設立に関連しないためここでは省略する。

2．英米煙草トラストのプレゼンスと煙草専売制の導入

　アメリカにおける煙草製造販売業では、19世末には大規模事業者による寡占的な市場支配が形成されていた。1878年に設立されたW. デューク・サンズ会社 W. Duke Sons, & Co.（社長ジェームズ・ブキャナン・デューク James Buchanan Duke）が南北戦争後の煙草需要の増大の中で、優良葉煙草生産地のノースカロライナ州で煙草事業の拡張を続けた。紙巻煙草用の原料として米国系黄色種葉煙草が適しており、優良葉煙草の調達、紙巻煙草の機械製造による量産化の成功、価格戦略や商品差別化戦略で同業他社を圧倒しつつ規模を拡大した。その過程で紙巻煙草の巻上機のボンサック機の地域販売権まで買収し、紙巻機械の供給独占で競合者に対し有利な地位を得た[10]。アメリカの煙草市場の同業他社を呑み込むため、W. デューク・サンズは競合他社をビジネス・トラスト形式の事業統合により、1890年2月にアメリカン煙草会社 American Tobacco Co. を設立し、デュークが最大出資者として支配下に置き、アメリカの紙巻製造煙草市場の過半を掌握し、その他の煙草市場へも攻勢をかけた。先述のように、アメリカン煙草は日本で支店営業により輸出市場を確保するだけでなく、村井兄弟商会を合弁で設立し、現地法人として橋頭堡を築き、日本における高級煙草の製造販売に乗り出した。そのほか江副商店にも卸すことで販路を広げた。アメリカン煙草の事業規模は、村井兄弟商会とは比較にできない巨大なものであった。アメリカン煙草は日本において高級品市場の紙巻煙草のみならず、刻煙草の供給にまで販売領域を拡大する動きを見せた。日本の煙草事業者は事業規模では到底アメリカン煙草と競合できる事業規模ではなく、大蔵省は同社に対抗するには日本における煙草専売制しかないと判断し、専売制への移行を急いだ。

アメリカン煙草はイギリスでも紙巻煙草販売を計画し、1901年にイギリスのオグドン煙草会社 Ogdon's Tobacco Co. を買収した。これに対しイギリスの煙草事業者が統合して最大事業者となっていたインペリアル煙草会社 Imperial Tobacco Co. of Great Britain and Ireland Ltd. は激しく対抗し、イギリスの市場支配をめぐり、両社は激突した。2年間にわたり多額の資金を投じてイギリス市場の覇権を競った結果、痛み分けの妥協として、アメリカン煙草はイギリスの煙草市場支配を断念し、オグドン煙草を放出し、インペリアル煙草はオグドン煙草を支配下におさめた。そしてアメリカン煙草とインペリアル煙草の両社はアメリカ（フィリピン等米領を含む）・イギリス以外の地域における煙草事業を掌握するため、煙草事業の統合に踏み切り、巨大多国籍煙草トラストとして、1902年9月29日に英米煙草株式会社（本店ロンドン）British American Tobacco Co., Ltd., London の設立登記を行った。そして同社が英米両国及び米属領以外の地域において支店を設置するか、同社の傘下に現地法人を設置し、各地域で煙草事業を行う体制となった。同社の株式の過半をデュークが掌握し、同社の下に多国籍煙草企業集団を形成した（Cox [2000] ch.3、ch.4参照）。ビジネス・トラスト形式で設立された多国籍企業集団のため、英米煙草トラストと俗称された。日本でこの語を用いる場合にはその事業の巨大さゆえの、挑戦しても容易に勝てそうもない相手に対する畏怖の語感がある。同社は世界各地に支店展開し、また傘下に多数の煙草事業法人を抱え、巨大な煙草帝国の拡大に邁進した。

　英米煙草は1903年に上海支店を設置して中国事業に着手した。さらに同系の現地法人の大英烟公司 British Cigarette Co., Ltd. が上海に直営工場を設立し、下級品煙草を製造し、域内の地場生産地場消費体制を構築した。同社は1903年7月22日設立のアメリカン巻煙草株式会社 American Cigarette Co., Ltd.（本店香港）を1905年9月26日商号変更したイギリス法人であり、1913年1月上海に本社を移転した。同社は英米煙草（ロンドン）上海支店の支配下に置かれた。大英烟公司の製造する紙巻煙草を英米煙草が構築した中国内販売ネットワークで供給した。同公司は1916年1月26日に上海本店の中国法人に転換した。また大英烟公司は上海のほか、その後1920年代にかけて漢口、天津、奉天、広東に工場を増設し、他方、上級品をアメリカとイギリスの工場から輸入し、英米煙草が中国各地に特約販売店網を構築し販売した。高級品は日本を含むアジア各地の市場で販路を得ていた。上海工場の製品は中国各地で人気を博し、大量に販売された。満洲でも日露戦争前に英米煙草が煙草販売を開始し、日露戦争後に販売量を急増させ、十分な市場シェアを獲得していた[11]。

輸入煙草の普及に対抗するため、日本国内で煙草専売制への移行を検討していた大蔵省は、国内の様々な煙草販売業者の反対を押し切って、段階的に専売制の導入を進めて行った。煙草専売制の導入に当たり、既存業者を納得させる手立てを講じていたが、1904年2月10日に宣戦布告して日露戦争が勃発すると、その軍事費確保策の一環としての意味もあり、専売制反対運動に与しにくくなる状況の中で、1904年4月1日「煙草専売法」公布（施行7月1日）により、煙草製造を政府の専売事業に切り替えることとなった。これにより輸入煙草の国内自由販売は事実上、消滅させられた。煙草専売制への移行に対応し、1904年6月1日に大蔵省煙草専売局が設置された。以後、自由な煙草製造は認められず、専売局特別会計の経理で、煙草専売局が葉煙草栽培農家から葉煙草を独占的に集荷し、政府直営で煙草製造を行い、その製造した煙草を煙草売捌業者に統制した価格で販売させ、政府は多額の事業独占利益を得る体制となった。そのため従来の煙草製造業者は川下部門の煙草売捌人に転業するか廃業を余儀なくされた。輸入煙草の自由販売も認められなくなり、民営煙草製造業者のみならず、煙草輸入販売業者も廃業させられた。その際に、事業規模に応じた廃業補償金が交付された。大蔵省煙草専売局は、専売制移行とともに、同局製造煙草の国外輸出については、これまでも煙草を扱っていた煙草商に輸出特許を与え、地域を指定して販売させた。煙草製造業者は廃業交付金を手にして、その後、朝鮮に渡り、新たに煙草製造に着手する者も見られた。他方、廃業補償金を手にして他業種への転身を図ったのは、最大手の村井兄弟商会であり、同社経営者は1904年12月1日に合資会社村井銀行を設立し、銀行経営者となる（大溪［1964］311頁）。その後1907年10月1日に煙草専売局は塩務局（1905年4月1日設立）と樟脳事務局（1903年10月1日設立）も統合し、塩と樟脳の専売も所管する大蔵省外局の専売局に改組された[12]。

3．日露戦争時満洲における煙草販売

　北満ではロシアが三国干渉後の露清密約で東清鉄道敷設権を獲得し、1897年に東清鉄道会社を設立し、建設工事を開始した。また1898年3月に旅順大連租借条約が締結されると、哈爾濱から大連・旅順に至る南部支線の敷設権も獲得し、鉄道建設を進め、ロシアの満洲における利権拡大が続いた。1903年7月に東清鉄道の敷設工事を終え、シベリア鉄道と連結させた（藤原［2008］参照）。この工事に伴いロシア人の増大を見て、口付煙草がロシアから輸入販売された。1904年にポーランド出身のロパート父子商会 A Lopat & Sons がモスクワから哈爾濱に進出した。同年にチューリン商会

表１−１　満洲事変前の朝鮮・

会社名	設立年月日	本店	1915年資本金		1922年資本金	
			公称	払込	公称	払込
京仁煙草組合→㈾韓国煙草販売組合	1905.1以前	京城	—	—	—	—
日本煙草輸出㈱	1905.7.29	…	—	—	—	—
三林煙公司	1905.11.-	奉天	—	—	—	—
官営煙草輸出組合	1906.5.-	…	—	—	—	—
東亜煙草㈱	1906.10.20	東京	3,000	1,700	10,000	5,800
釜山煙草㈱	1907.3.-	釜山	100	35	—	—
南韓煙草㈱→南朝鮮煙草㈱	1908.5.-	…	—	—	—	—
東洋拓殖㈱	1908.12.18	京城→東京	10,000	10,000	50,000	35,000
朝鮮煙草㈱→朝鮮煙草興業㈱→東光商事㈱	1910.11.-	東京→大阪→京城	110	275	1,100	1,100
韓興煙草㈴	1912.-.-	…	—	3.5	—	—
㈾江副商店	1914.7.-	東京	—	200	—	200
㈾月沢莨製造所	1917.12.20	大連	—	—	—	10
㈱東華煙草公司	1918.3.12	長春	—	—	—	—
満洲煙草㈱	1918.9.15	大連	—	—	100	25
㈱三林公司	1919.4.15	奉天	—	—	200	160
東洋葉煙草㈱	1919.8.29	東京			1,000	500
山東葉煙草㈱→山東煙草㈱	1919.9.15	済南→青島	—	—	500	250
亜細亜煙草㈱	1919.9.30	上海→奉天	—	—	10,000	2,500
㈱中華煙公司	1919.9.-	済南	—	—	1,500	375
極東葉煙草㈱	1919.11.-	大連	—	—	500	125
㈾富林公司	1920.5.20	大連	—	—	—	500
中国葉煙草㈱	1920.5.25	済南→青島→奉天	—	—	2,000	500
日支合弁㈾実業煙店	1920.10.20	吉林	—	—	—	…
湖南煙草㈱	1921.3.-	論山	—	—	50	25
忠清煙草元売捌㈱	1921.4.-	大田	—	—	50	43
東洋煙草㈾	1921.5.1	大連	—	—	—	7
㈱江副商店	1921.7.-	東京	—	—	200	200
京城煙草元売捌㈱	1921.6.-	京城	—	—	1,000	350
馬山煙草元売捌㈱	1921.6.-	馬山	—	—	100	35
㈱咸興煙草元売捌所	1921.6.-	咸興	—	—	100	35
大邱煙草元売捌㈱	1921.6.-	大邱	—	—	300	75
㈱元山煙草元売捌所	1921.6.-	元山	—	—	100	30
釜山煙草元売捌㈱	1921.6.-	釜山	—	—	300	120
㈱北青煙草元売捌所	1921.7.-	北青郡	—	—	80	20
平安官煙元捌㈱	1921.7.-	平壌	—	—	200	50
全州煙草元売捌㈱	1921.9.-	全州	—	—	100	50
㈱平壌官煙元売捌所	1922.2.-	平壌	—	—	300	75
統営煙草元売捌㈱	1922.9.-	統営	—	—	120	30
晋州煙草元売捌㈱	1922.10.-	晋州		—	200	50
㈾華東公司	1923.4.23	大連	—	—	—	—
清州煙草元売捌㈾	1926.3.-	清州	—	—	—	—
朝鮮煙草元売捌㈱	1927.11.28	京城	—	—	—	—
㈱中和公司	1927.12.18	天津	—	—	—	—

注１：組合組織を含ませたが、自営業を概ね除外した。注２：岩谷商会が法人化したとの記述があるが、会社一覧類で傍証でき

出所：専売局[1915]、朝鮮煙草元売捌[1931]、東洋拓殖[1939]、水之江[1982]、日清興信所『満洲会社興信録』1922年版、南満[1927]、同興業部商工課『満洲商工概覧』1928年版、同殖産部商工課『満洲商工概覧』1930年版、大連商工会議所『満洲所『銀行会社要録』1921年版、1922年版、東亜煙草株式会社『営業報告書』各期（たばこと塩の博物館蔵）、東洋拓殖株式会社『営業報告書』各期、東光商事株式会社『営業報告書』各期、中国葉煙草株式会社『営業報告書』各期、亜細亜煙草

満洲における日系煙草事業者

(単位:千円)

1926年資本金		1930年資本金		備 考
公称	払込	公称	払込	
—	—	—	—	改組時期不明、本店は推定、東亜煙草設立で解散
—	—	—	—	東亜煙草設立で解散
—	—	—	—	森井忠彦・岩谷二郎と奉天省側との合弁、法人形態不明、㈱三林公司に改組。
—	—	—	—	設立年月は推定、東亜煙草設立で解散
10,000	5,800	10,000	5,800	専売局支援
—	—	—	—	釜山の日本人実業家による設立
—	—	—	—	1910年併合後に商号変更、1912年前に消滅
50,000	35,000	50,000	35,000	1917.10.1東京移転、1917.4米系会社と葉煙草輸出契約、1918年葉煙草栽培開始、1920.7専売制移行で朝鮮総督府に葉煙草納入、払下葉煙草販売に転換、栽培縮小し1923年廃止
660	660	660	660	1918年末までに大阪に移転。営口工場保有、1922.7.15商号変更、同時に京城に移転、1933.10.27に東光商事㈱に商号変更し、煙草事業を廃止、朝鮮・満洲の商品売買に転業
—	—	—	—	設立年は推定
—	200	—	200	江副商店の改組
—	—	—	—	月沢桂ほか、資本金10千円、1917.5設立とする記述あり
—	—	—	—	公称100千円、半額払込、中華煙公司に事業統合
100	25	100	25	個人事業と㈾月沢製造所を統合して設立、1918.9.5とする記述あり、1921.5休業状態
200	160	…	…	三林煙公司を継承。物産販売、煙草製造販売、印刷、岩谷二郎、広江沢次郎が経営に参加、1930年には休業状態
1,000	500	1,000	500	長春で葉煙草、製材業
500	250	500	250	㈱松坂屋系、奉天に支店、1920年代後半に商号変更、1920年代末までに銀建資本に移行
10,000	4,900	—	—	奉天に工場、1925.6.25本店奉天移転。1927.7.23東亜煙草に吸収合併
…	…	…	…	支店奉天、工場長春、出張所哈爾濱
—	500	—	500	吉林省で森林伐採、葉煙草栽培
1,000	250	250	250	長春支店。亜細亜煙草子会社から東亜煙草子会社に。1925.6に本店奉天に移転。1930年資本金は1935年数値を掲載。
—	210	—	50	
50	25	—	—	1927.11.28朝鮮煙草元売捌㈱設立で事業統合解散
50	42	—	—	同前
—	7	—	30	
200	200	200	200	
1,000	350	—	—	1927.11.28朝鮮煙草元売捌㈱設立で事業統合解散
100	35	—	—	同前
100	35	—	—	同前
300	75	—	—	同前
100	30	—	—	同前
300	120	—	—	同前
80	20	—	—	同前
300	75	—	—	同前
100	30	—	—	同前
300	75	—	—	同前
120	30	—	—	同前
200	50	—	—	同前
—	5	—	5	雑貨・煙草販売
—	30	—	—	1927.11.28朝鮮煙草元売捌㈱設立で事業統合解散
—	—	8,000	2,000	1931.6.30解散
—	—	400	400	営口工場1928.3.31設立、東亜煙草系

ない。注3:1920年代朝鮮の煙草業者は専業のみ掲載。朝鮮煙草元売捌㈱設立前に設立された元売捌の合資会社1社不詳。
洲鉄道株式会社地方部地方課『満鉄沿線商工要録』1917年版、同地方部勧業課『南満洲商工要鑑』1919年版、同庶務部調査課銀行会社年鑑』1935年版、1936年版、帝国興信所『帝国銀行会社要録』1912年版、1919年版、1925年版、1927年版、東京興信会社『営業報告書』各期、東洋葉煙草株式会社『営業報告書』各期、朝鮮煙草株式会社『営業報告書』各期、朝鮮煙草興業株式会社『営業報告書』各期

第1章 東亜煙草の設立と朝鮮・満洲への進出

（秋林商会）も哈爾濱に煙草製造工場を設立し、ロシア煙草が輸入と製造で北満煙草市場を掌握した[13]。それを追って、英米煙草も1904年に哈爾濱支店を開設し、競合して煙草販売に参入したが、第1次大戦勃発までは、ロシア煙草に勝てなかった。

他方、南満では日露戦争前にロシア煙草が流通するほか、1904年に英米煙草支店が奉天を中心に販路拡張を開始した[14]。日系事業者も参入し江副商店や三林煙公司等の群小煙草輸出業者も営業していた（表1-1）。三林煙公司は、1905年11月に岩谷二郎と森井忠彦が東三省商務総会総理趙国口との合弁事業として奉天に設立した事業者である[15]。当初は1904年11月に天津に岩谷商会という紙巻煙草製造業で着手したが、奉天に移転し三林煙公司を設立した。岩谷二郎は岩谷松平の甥で、森井忠彦は岩谷家の「忠臣」という関係にあった[16]。1916年では岩谷二郎が全額を出資していたようである。三林煙公司は煙草製造販売を行っていたが、その年売上は1915年頃で72千円という零細事業者で、自営業に分類されていた[17]。三林煙公司は華南産葉煙草を原料とし、電動機械2台で製造していた（柳沢［1993］114頁）。

1904年2月10日に日露戦争が勃発し、日本軍は南満各地域で軍政を施行した。大蔵省煙草専売局は満洲における煙草販売を認め、1904年10月10日に江副廉蔵に対し、ウラジオストック、サハリン、黒龍江付近において日本製造煙草の輸出許可を与えた。併せて江副に対し韓国への口付紙巻煙草の輸出許可も与えた（専売局［1915］232頁）。その基本方針として、1904年10月10日大蔵省省議決定で、一地域の輸出業者を1人に限定することなく、相応しい希望者がいれば輸出許可を与えるものとした。当初は江副以外に申請者がなく、江副にのみ許可を与えた（専売局［1915］236-238頁）。

軍政下の軍人向け煙草供給のため、大蔵省煙草専売局は1905年2月に大連に事務所を開設し、日本から輸入した製造煙草を同事務所に回送し、同所から煙草輸出業者に売渡す体制となった。煙草の大連への輸出は同煙草専売局が直接に責任を引き受ける体制となり、輸送については内国通運株式会社（明治5（1872）年6月設立、本店東京）と大阪商船株式会社（1893年12月31日設立）に請け負わせた[18]。この煙草販売の尽力で、1905年の軍政下満洲への煙草専売局煙草輸出は急増した。

満洲の市場は大きく、日露戦争期の軍政下の商業活動の機会を期待して、日本人商人は満洲に殺到しようとしたが、軍政下大連への自由渡航は認められなかった。1905年1月4日陸軍省告示「大連港湾出入船舶及渡航商人規則」が公布され、ようやく大連渡航が許可制で認められることとなった。1905年1月30日の遼東守備軍参謀長神尾光臣の電報では、大阪商船の汽船2隻と「指名商人」が選定された。選ばれたのは三

井物産合名会社（1897年3月合名会社改組）、宅合名会社（1895年12月設立、本店大阪、宅徳平経営）、代々木商会、山県勇三郎、谷元道之であった。遼東守備軍はこの5件の指定商人以外に2月2日までに営業を禁止し、退去を命じた[19]。

軍政下満洲で大蔵省煙草専売局製造の煙草販売に従事した代々木商会は、土木建築請負業を主業とする久米民之助が経営した。久米は元衆議院議員で、1902年に代々木にある自宅の脇に4千坪の土地で葉巻煙草の製造販売事業を着手し、この事業を代々木商会と称し、マニラから技師・職工を招聘して技術を導入した。操業開始後、1904年7月の日本の煙草専売制移行で、事業を煙草専売局に譲渡して葉巻製造を止め、工場用地は陸軍練兵場用地として譲渡した。これに伴い多額の煙草事業廃業補償金と土地譲渡益を得た[20]。

先の渡航規則の施行後、日本人商人の渡航が認められたが、当初は厳選主義を採用し、1商品1商人原則が採用された。大蔵省から派遣された大蔵書記官理財局兼大本営御用掛児玉秀雄ほかが選定した「推撰商人」として以下の事業者が並んでいた。すなわち薩摩治兵衛（綿糸布商）、長井九郎左衛門（和木綿・反物商）、安部幸兵衛（砂糖商）、渡辺治右衛門（海産物商）、三輪善兵衛（雑貨商）、江副廉蔵（煙草商）、久米民之助（煙草商）の7商人である。このうちの江副と久米が煙草商人として軍政下大連に進出した。大蔵省煙草専売局が煙草を所管しており、同局が国内煙草販売事業者の中から厳選して久米民之助と江副廉蔵に許可を与えた[21]。両名は1905年5月31日現在の大連における煙草事業者である（大連市役所［1936］256-258頁）。このうちの久米民之助については、1905年6月11日に大蔵省煙草専売局が軍政下満洲における煙草販売に参入するのを認めた。同じ頃に江副廉蔵も同地域への参入を認められたと推定できる。大蔵省決定では、江副廉蔵と久米に会社を組織させ、この会社に製造煙草を売り渡す、その会社は合名会社とする、ただし合名会社の組織が不調であれば株式会社とする。定款に盛り込むべき事項を定め、社員間の持分譲渡について煙草専売局の承認を受けるものとした。この方針に沿って、江副と久米は合名会社を設立するとの届け出を行い、また満洲において両者の間に業務協定を行い、それを1905年7月7日に煙草専売局に上申した（専売局［1915］236-238頁）。そのほか代々木商会は1905年6月14日にウラジオストック、サハリン、黒龍江付近への煙草輸出許可を申請しており、大蔵省煙草専売局は同年6月24日に満洲への米国種葉煙草を原料とする両切紙巻煙草の輸出許可を与えた（専売局［1915］232頁）。この許可に先立ち1906年5月に両者は、満洲、シベリア、サハリンにおける特許された事業で共同経営する組合を設立

する方針としたが、その設立を傍証できない[22]。また両者による合名会社、株式会社等の設立も同様に確認できない。

　遼東守備軍大連軍政署の承認を得て1905年4～6月に日本から大連に雑多な商人が渡航しているが、その中で煙草商3件が含まれている（関東軍都督府陸軍部［1916］557-558頁）。この煙草事業者が満洲軍政期に満洲で煙草販売に参入した。関東庁の説明では、煙草販売で参入したのは、両切煙草を扱った「佐々木商会」と口付煙草を扱った江副商店等であった（関東庁［1926］599頁）。この「佐々木商会」は代々木商会の誤りである。

　江副廉蔵は日露戦争当初に北満における煙草販売の許可を得ていたため、その経験から軍政下南満への進出の優先順位は高かったとみられるが、他方、葉巻製造に着手してほどなく専売制導入で事業を止めた久米民之助の代々木商会は、中国における煙草販売の経験を有さず、満洲における煙草販売に動員された理由は定かでない。考えられる理由として、陸軍練兵用地として煙草工場を譲渡した経緯と、工部大学校助教授を経た元衆議院議員という経歴で官庁筋に食い込みやすかった等の推測が成り立つ。

1) 新大陸における煙草の発見から日本への伝来、さらに明治期民営煙草時代までの概観については、上野［1998］第Ⅰ部第3章、第6章、第Ⅱ部第5頁参照。
2) 喫煙形態では葉巻もあるが、日本ではさほど普及していないため、省略した。そのほか噛み煙草、嗅ぎ煙草、パイプ煙草もあるが、日本では煙管による刻煙草と紙巻煙草以外の喫煙は普及せず、これらも除外する。そのほか煙草に混ぜる香料や紙巻煙草に使用するライスペーパーの製造、パッケージ製造印刷、さらには喫煙道具も周辺産業と考えられるが、その産業としての解説を省略する。
3) 日本の煙草専売制への移行については、専売局［1915］参照。
4) Cox［2000］pp.24-32、大渓［1964］23-25頁。村井吉兵衛は元治元（1864）年1月22日、京都生まれ、1890年10月、国内で両切煙草を初めて製造、煙草専売制反対の中心的人物となり、専売制移行で補償金により1904年12月1日合資会社村井銀行設立（1917年11月22日株式会社改組）、その後1919年3月村井貿易株式会社設立、1922年3月村井合名会社設立、1926年1月2日没、村井真雄は文久2（1863）年12月生、吉兵衛の義弟（大渓［1964］年表ほか参照）。
5) 大渓［1964］69-76頁。人名についてはCox［2000］も参照した。ハリスはデュークの側近の財務担当役員（Cochran［2000］p.21）、ローザ F.パーリシュはエドワード J.パーリシュと住所が同じため配偶者と思われる。RosaとGeorgeはカタカナ名から推定。ゴッドセーはデュークの側近のアメリカン煙草のトラスト保有者（Cochran［2000］pp.57-58）。
6) 江副廉蔵は嘉永元（1848）年、佐賀生、上海に密航し商売に従事、帰国後、明治4（1871）年に藩校で英語を教え、翌年に北海道開拓使勤務、1876年渡米、フィラデルフィア

博覧会の通訳を経て、1878年ニューヨークに店舗を開き、三井物産会社（1876年7月設立）の業務を引き受けた。1883年帰国後、1885年肥前屋を開店、1890年アメリカン煙草社の「ピンヘッド」一手販売開始。江副の姉は大隈重信の最初の妻。江副については末岡［2008］参照。江副は東亜煙草創立時から取締役を続け、1920年3月18日没。東亜煙草の経営と並行して台湾で葉煙草栽培も行ったようである。なお江副商店は、1914年7月合資会社江副商店（本店東京、資本金20万円）に改組し、国外で煙草取引等の事業を続けていた。柳沢［1993］584頁では、「江副廉蔵商会」と記述し、1906年10月に東亜煙草に「合流・解消」したと根拠を示さずに説明しているが、その後も江副商店は解散せずに国外煙草取引業務を続けた。江副廉蔵没後に、別に1921年7月に株式会社江副商店（本店東京、1931年で資本金200千円全額払込）を設立し、息子江副隆一が事業を続けた。合資会社江副商店については東京興信所『銀行会社要録』1918年版、326頁、株式会社江副商店については、同1931年版、東京188頁。

7) 江副廉蔵と岩谷松平と連名の帝国議会への葉煙草専売賛成意見書については遠藤［1970］127-128頁で紹介がある。当時の「煙草税則」（1888年4月7日勅令）体制は脱税の温床だと主張していた。

8) 岩谷松平は嘉永2（1849）年2月2日鹿児島生、1877年8月銀座で薩摩上布等の販売開始、1883年にアメリカのキンボール社 Kimball & Co. の「オールド・ゴールド」の独占販売権を取得、1884年米国種葉煙草の栽培開始、1904年日清戦争で岩谷商会が宮内省より「恩賜の煙草」製造委託を受ける。1903年衆議院議員となり煙草小売商を束ね煙草専売制に当初は反対したが、途中で賛成派に鞍替えし、専売制施行後に東亜煙草の経営に関わる。そのほか博多湾鉄道株式会社（1900年6月設立）と美濃炭鉱株式会社（1905年1月設立）取締役、岩谷銀行（1901年5月10日中国銀行設立、1910年6月6日改称。本店広島、1913年11月24日に東京移転、1915年8月14日日華興業銀行に改称、1917年破産）頭取、肥前電気鉄道株式会社（1911年2月設立）社長、日本家畜市場株式会社（1885年7月設立）社長に就任。1920年3月10日没。藤田謙一勤務時期の岩谷商会が法人化したとの記述を見出すが、傍証できない。岩谷松平についてはたばこと塩の博物館［2006］、人事興信所『人事興信録』1918年版、い110頁、帝国興信所『帝国銀行会社要録』1912年版、職員録11頁。キンボール社はアメリカン煙草の設立に参加、10％出資した（Cox［2000］p.36）。

9) 千葉松兵衛は元治4（1864）年1月24日生、1883年千葉商店を起こし煙草製造販売、煙草専売制反対運動に尽力、専売制施行後は株式会社池貝鉄工所（1913年4月設立、本店東京）監査役等に就き、1926年11月24日没（新潮社［1991］1122頁、『帝国銀行会社要録』1920年版、東京33頁）。千葉が関わった煙草専売制反対運動については、岩崎［1929］及びたばこと塩の博物館［2006］を参照。

10) Cox［2000］ch.2参照。そのほか上野［1998］第Ⅲ部第1章参照。

11) 巨大煙草多国籍企業として世界各地で事業規模を拡大するプロセスについては、Cox［2000］参照。ほか上野［1998］第Ⅲ部第1章も参照。1911年にアメリカン煙草はアメリカのシャーマン反トラスト法により分割された。アメリカン煙草を分割した煙草産業に対する反トラスト法制と施行については、Cox［1933］参照。ただしアメリカ内の煙草トラストが解体の標的となっただけであり、国外煙草事業の英米煙草トラストは解体されずにそのまま続き、デュークがロンドンに移り英米煙草トラストの経営に専念したが、第1次大戦勃発で経営の前面から去り、育成してきた有能な経営者が事業を引き継いだ。第1次大戦終結まで

の中国における事業の解説としてはCochran［1980］参照。アメリカン巻煙草は典拠資料では、「アメリカン煙草」となっているが、アメリカの煙草トラストと同名となるため、商号を調整した。

12) 日本の煙草専売制度導入については、専売局［1915］を参照。大蔵省の機構の変遷については、大蔵省百年史編纂室［1969a］251-252頁。

13) 大東亜省総務局経済課『英米煙草東亜進出沿革史』1944年4月、26頁。チューリン商会については研究が豊富である。内山［2002］、井村［2010］、藤原［2010］等を参照。

14) 満洲煙草統制組合［1943］29-30頁。江副商店が日露戦前から満洲で煙草販売を行っていたとの記述は、東亜煙草株式会社『第1期営業報告書』1907年4月期（たばこと塩の博物館蔵、以後、頁記載のない同社営業報告書は、同館蔵に依拠し、収蔵明示を省略）にも見出す。

15) 日清興信所『満洲会社興信録』1922年版、357頁。

16) 広江［1915］51頁。岩谷二郎は1875年10月6日生、暁星中学校卒、1904年天津で煙草事業着手、三林公司のほか1918年朝鮮煙草株式会社専務取締役（第2章参照）、京城在住（帝国秘密探偵社『大衆人事録』1942年版、朝鮮14頁）。

17) 南満洲鉄道株式会社地方部地方課『満鉄沿線商工要録』1916年版、177頁。

18) 専売局［1915］375頁、日本通運［1962］134頁、『帝国銀行会社要録』東京230頁、大阪71頁。

19) 大連市役所［1936］249-255頁。この経緯は柳沢［1999］29頁でも紹介がある。後日関東州で製塩事業等に従事する宅合名設立等については、『帝国銀行会社要録』1912年版、大阪50頁。山県勇三郎は北海道を拠点に漁業、海運業、牧場等を経営し、日露戦争では無報酬で兵站輸送に尽力し、木炭を日本軍に届けたが、日露戦後ブラジルに渡る。山県については前田［1995］参照。

20) 久米民之助先生遺徳顕彰会［1968］22頁。久米民之助は文久元（1861）年8月27日生、1884年工部大学校卒、宮内省皇居造営事務局で二重橋造営、1886年工部大学校助教授（土木）、同年工部大学校・宮内省を辞し大倉組に転じ、1890年独立、久米工業事務所設立、1902年6月に久米合資会社に改組、土木建築請負を業とした。1898〜1903年衆議院議員。ほか新高製氷株式会社（1909年11月設立、本店台中線東堡）、金剛山電気鉄道株式会社（1919年12月設立、本店江原道鉄原）、台湾製氷株式会社各社長（1910年6月設立、本店東京）、日之出生命保険株式会社（1907年5月11日設立）取締役、利根貯蓄銀行（1910年1月4日設立、1921年12月8日利根実業銀行に改組、1927年3月1日沼田銀行設立で吸収）頭取等を歴任し、国内のみならず有力な植民地企業の経営者となった。久米合資が台湾・朝鮮の公共土木事業を多数手がけたことから、植民地企業投資に傾注したようである。1931年5月24日没。長女は久米の祖父の婚家である沼田の五島家の養女となり、絶家していた五島家を再興させ、小林慶太を婿に迎え、入婿した五島慶太が鉄道官僚を経て有力鉄道経営者となる（久米民之助先生遺徳顕彰会［1968］15-20頁、石和田［1918］325頁、『帝国銀行会社要録』1925年版、『銀行会社要録』1931年版、農商務省『保険年鑑』1920年版等を参照）。

21) 水之江［1982］6-7頁、大連市役所［1936］252-254頁。児玉秀雄は大蔵省から送り込まれ1905年3月から遼東守備軍司令部付、6月より満洲軍総司令部付となる（大蔵省百年史編集室［1973］70頁）。この経緯は柳沢［1999］28-29頁で紹介がある。なお柳沢［1999］29頁では、「指名商人」が遼東守備軍公認の商人であるとすれば、「推撰商人」は、戦後大連の商業

秩序の確立を企図した大蔵省公認の商人であったとの評価を下している。代々木商会と久米民之助の指名による実質的重複指名の意味については解説がない。この評価では、久米民之助と江副廉蔵に日本の植民地化した大連の煙草販売を掌握させるということになる。しかしこの両者は日露戦後大連で「商業秩序の確立」に参画できなかった。薩摩治兵衛（二代）は1881年12月4日生（『人事興信録』1918年版、さ86頁）、慶応3（1867）年開業の有力綿糸布商として親の代より財をなし、息子薩摩治郎八がパリで芸術家のスポンサーとなり多額の散財をするが、この一族については鹿島［2011］参照。長井九郎左衛門は1883年12月生、江戸期から続く木綿問屋。安部幸兵衛は弘化4（1847）年9月18日生、横浜の大手砂糖商、安部幸兵衛商店を経営、1919年9月6日没。渡辺治右衛門は明治4（1871）年12月28日生、二十七銀行（1877年12月7日設立、1920年4月5日東京渡辺銀行に商号変更、1928年倒産）頭取、渡辺倉庫株式会社（1911年7月設立）社長等。三輪善兵衛（二代目）は明治4（1871）年5月11日生、小間物化粧品問屋丸見屋を経営（『大衆人事録』1930年版、み9頁）。石和田［1918］も参照。
22）　専売局［1915］240頁。江副廉蔵と久米民之助だけの組合の存在を傍証できない。官営煙草輸出組合は韓国・満洲・その他における専売局製造煙草の輸出組織であり、江副と久米だけの輸出組合ではない。

第2節　東亜煙草の設立

　東亜煙草設立にかかわる政府の意図がいくらか判明するため紹介しよう。韓国には東亜煙草の設立前に、すでに日本の煙草事業者が進出しており、また英米煙草（ロンドン）が韓国内に域内販売ネットワークを構築し、日本の煙草事業者と競合関係に立っていた[1]。それに対抗するための韓国における日本の煙草製造会社新設計画について、煙草を所管する大蔵省で検討がなされていた。この立案が何時から開始されたかは不明であるが、煙草会社設立の企画が具体化したのは、1904年8月22日の第1次日韓協約後の日本人顧問を送り込む体制の確立後であろう。この煙草会社設立提案が大蔵省から外務省に送られた。この段階でほぼ固まった立案となっている。その設立案について、外務省で検討したうえで、1905年4月5日に外務大臣小村寿太郎から、大蔵省の設立提案に同意する文書が返送された。

　その大蔵省の提案の要点は以下のようにまとめられていた。この時点ですでに商号は「東亜煙草株式会社」と確定していた。①東亜煙草に韓国産原料を使用させ、韓国において煙草製造販売を行わせる。②日本政府は製造に必要な日本産及び米国産葉煙草の供給に便宜を与える。③大蔵省煙草専売局より会社に売り渡す葉煙草の価格は当分の間、煙草専売局の購入価格に輸送費及び事務費を加えたものに手数料もしくは金

利として年5％を加算したものとする。ただし、後日相当の利益が出るようになれば、売渡価格を変更する。④煙草専売局は東亜煙草に対し韓国における同局保有葉煙草一手輸入命令を発し、ほかの会社には認めない。⑤韓国政府は東亜煙草の製造工場、倉庫、事務所及び職工宿舎等に充てるため、建物について、使用料を徴収する。⑥煙草専売局は東亜煙草の製造設備が完成するまで、当分の間、会社の必要とする製品を売り渡す。⑦煙草専売局は東亜煙草の依頼により製造機械器具を貸下げまたは売り払う。⑧煙草専売局は東亜煙草の必要とする技術者等の供給に便宜を与える。⑨煙草専売局は韓国内で一定期間東亜煙草が販売する煙草の商標使用を許可する。⑩東亜煙草が後日、十分な利益を計上できるようになれば、その利益の一部を韓国政府に納付する。⑪後日、韓国政府が財政上の必要から煙草専売を行う場合には、東亜煙草は相当の代償で製造所等一切の機械器具を譲渡する。⑫東亜煙草は韓国内に散在する日本人経営の煙草製造業者の処理に責任を持つ。以上の内容であった[2]。

　以上の方針で明らかなように、東亜煙草設立に当たり、煙草専売局が全力で支援する体制をとった。韓国における日本側煙草製造販売を独占させるだけでなく、葉煙草卸価格や機器の貸出・払下で便宜を与え、煙草専売局の商標の利用まで認めていた。これにより創立時から有利な事業になると見込まれていた。ただしこの提案では、満洲における事業展開と、英米煙草トラストに対抗するとの位置づけがない。日本国内では煙草専売制を導入することにより、英米煙草トラストの勢力を駆逐することは容易であるため、国内で東亜煙草を活躍させる必要はまったくない。この検討案の時点で段階的植民地化を推し進めており、1905年11月17日第2次日韓協約調印で、ようやく保護国化を実現できた韓国において、東亜煙草に朝鮮煙草事業を掌握させ、その延長で韓国に煙草専売制を導入することが主要目標であり、中国各地において英米煙草トラストに対抗して覇を競わせるまでの長期的な展望を提示していないため、そこまで当面は期待していなかったことになる[3]。

　1904年7月1日に日本国内で専売制が導入されて、既存の煙草製造業者と輸入煙草販売業者が淘汰された。その後も1905年9月5日ポーツマス条約締結まで、事実上、日露戦争は継続していた。韓国を保護国化しても、韓国を主たる操業地とする煙草会社の設立は遅れた。ポーツマス条約締結後の日本は、旧ロシア権益のうち遼東半島利権を承継し、長春以南の東清鉄道を取得して、1906年6月8日勅令「南満洲鉄道株式会社ニ関スル件」公布で、同年11月26日に南満洲鉄道株式会社を設立した（本店東京、1907年4月16日本店大連移転、資本金2億円、半額政府出資、現物出資を含む（南満

洲鉄道［1919］第1項参照））。同社の沿線に満鉄附属地を擁し、そこでは満鉄が附属地行政権を行使した。こうして関東州租借地と満鉄附属地における日本行政権の確立により、日系事業者は参入が容易になった。しかし満洲では英米煙草が販売力を駆使して、煙草販売網を強化しつつあった。

　東亜煙草が設立される前に、韓国における日本の煙草販売組織が複数設置された。1905年7月29日に日本煙草輸出株式会社が設立され、韓国に対する日本産葉煙草を原料とした紙巻煙草・刻煙草の輸出を大蔵省煙草専売局が許可し、既存の韓国に対する煙草輸出業者のうち信用力のあるもので会社を組織させ、辻惣兵衛、杉山孝平、斉藤喜三郎、渡辺栄次、亀沢半次郎、岩谷松平、江森盛孝、千沢専助、志岐信太郎、和田常市が出資した。亀沢が社長に就任している[4]。そのほか1906年5月設立と推定される官営煙草輸出組合と1905年1月以前に設立された合資会社韓国煙草販売組合がある。韓国煙草販売組合は1905年1月以前に京仁煙草組合として京城・仁川居留日本人により設立され、村井兄弟商会製造煙草の一手販売を行った。三邑商会（杉山孝平ほか）も出願したため、京仁煙草組合に加入させ、合資会社韓国煙草販売組合に改称させた（専売局［1915］230-231頁）。

　朝鮮における英米煙草の勢力に対抗し朝鮮の煙草事業を掌握するため、満鉄設立より遅れて、既存国外煙草販売組織の事業を吸収する形で、1906年10月20日に東亜煙草株式会社が東京に設立された（登記11月9日）。当初資本金1百万円、払込30万円である[5]。東亜煙草の発起人の顔ぶれは、久米民之助、江副廉蔵、安達雄二郎、佐々熊太郎、志岐信太郎、亀沢半次郎、杉山孝平、牧野藤一郎、西山丑松、鈴木倭、赤松吉蔵、貞安倉吉、河野竹之助、鬼頭兼次郎、森久兵衛、和田常市、岩谷松平、渡辺栄次、斉藤喜三郎、西村和平、千沢平三郎、石部泰蔵、辻惣兵衛が並んでいた[6]。発起人のうち、久米、江副、亀沢、岩谷、渡辺、石部が煙草業者であった。取締役社長佐々熊太郎は前大蔵省煙草専売局東京第一工場長であり、東亜煙草に天下るため発起人に名を連ねた[7]。東亜煙草の取締役は江副廉蔵、久米民之助、志岐信太郎、杉山孝平、監査役は亀沢半次郎、牧野藤一郎、西山丑松である。発起人に並んだ煙草販売業者は煙草専売制への移行に賛成した業者が選定された。出資には煙草製造・小売の国内における廃業補償金を充当すれば困らなかったとみられる。そのほか東亜煙草設立で、資金力のある企業家が参加した。同年11月1日に取締役志岐と監査役亀沢が辞任し、亀沢が取締役に回り、監査役に新たに岩谷松平が就任した[8]。1907年10月末現在の株主名簿では、1万株、株主24名で、川村桃吾以外はいずれも発起人であり、久米1,817

株、江副1,465株、安達1,000株、佐々500株、杉山490株、西山374株、千沢470株、志岐370株、亀沢300株、岩谷200株、牧野200株等であった。日本国内の出資者18名のほか仁川居留地及び京城を拠点とする韓国事業者6名と大阪在住者2名が出資していた[9]。

1) 韓国における英米煙草の営業店舗の設立時期を特定できない。日本市場には早くから関心があり早期に進出した。ついで中国市場に1903年に上海支店を設置して参入しており、韓国店舗設置は上海と同じ頃と推定する。
2) 「韓国ニ東亜煙草会社ノ煙草製造工場設置ヲ許可セントスルニ当リ予メ協定ヲ要スル事項」1905年4月5日外務次官石井菊次郎発大蔵次官阪谷芳郎宛(外務省記録3.3.2.-33)。外務大臣名と大蔵次官名は記載がないが、4月5日付となっているため、日付で推定した。
3) 東亜煙草設立前に大蔵省・外務省では中国における英米煙草トラストと対抗させる事業者として育成するという雄大な計画を抱いていたわけではない。他方、鈴木商店が中国における英米煙草トラストへの対抗策としての東亜煙草を設立したという見解がある。白石[1950]93頁に、金子直吉が専売局長官浜口雄幸を動かして東亜煙草を作らせたとの記述があり、これが後日、鈴木商店・金子直吉が東亜煙草を設立したかの言説を広めることになったようであるが、事実は異なる。東亜煙草設立時に浜口は煙草専売局第一部長である。後日、鈴木商店に東亜煙草の株式引受による支援を勧めたのが、浜口の専売局長官時期(1907年12月16日～1912年12月24日)であり、鈴木商店の東亜煙草との関わりは金子の株式取得が始まる1912年とみるのがふさわしい。勝浦[2011]でも金子と東亜煙草の関わりを吟味しており参照。
4) 専売局[1915]238-239頁。辻惣兵衛は滋賀県の有力陶器商、1917年2月に二代目が家督を継ぐ(『人事興信録』1918年版、つ39頁の二代目の記載による)。杉山孝平は文久2(1862)年3月22日生、鉱山業経営(『人事興信録』1918年版、す25頁)。渡辺栄次は慶応元(1865)年1月18日鹿児島生、煙草商、日本電線製造株式会社(1917年6月設立、本店大阪)監査役(『人事興信録』1918年版、わ37頁)。亀沢半次郎は文久元(1861)年12月30日鹿児島生、岩谷商会で実力を発揮し、1896年独立し、煙草・織物業、専売制移行後は煙草元売捌人となる(岩崎[1929]24頁、『人事興信録』1918年版、か140頁)。江森盛孝は東京の土木請負業の江森組経営(交詢社『日本紳士録』1913年版、東京604頁)。千沢専助は安政4(1857)年4月4日生、合資会社下谷銀行(1896年4月6日設立)、株式会社東洋貯蓄銀行(1898年10月4日設立、本店東京)各頭取、娘は千葉松兵衛長男の嫁(『人事興信録』1918年、ち4頁)。千葉との関係で煙草事業に関心を持ったと思われる。志岐信太郎は明治2(1869)年3月23日生、土木請負業、志岐組、京城で事業拡張、東亜煙草出資の後、朝鮮火薬銃砲株式会社(1917年10月設立)社長、朝鮮天然氷株式会社(1921年11月設立)、東亜土木企業株式会社(1920年1月10日設立、本店大連)、特許セメント瓦製造株式会社(1919年5月設立、本店京城)各取締役、満洲不動産信託株式会社(1919年8月設立、本店大連)監査役に収まり、植民地事業家になる(『人事興信録』1918年版、し6頁、『帝国銀行会社要録』1925年版、職員録569頁。大連商工会議所『満洲銀行会社年鑑』1936年版と柳沢[1999]も参照)。

5) 前掲『第1期営業報告書』、水之江［1982］8-9頁。
6) 牧野藤一郎は利根貯蓄銀行、利根軌道株式会社（1910年9月設立、本店沼田）各監査役の職にあり、久米民之助と同じ銀行の役員の関係で並んだとみられる。牧野藤一郎の経歴職位は『銀行会社要録』1912年版、群馬2、10頁。森久兵衛は嘉永6（1853）年6月30日生、大阪在住、畳表商、千早川水力電気株式会社（1911年12月設立）、猪名川水力電気株式会社（1909年7月設立）各社長、和歌山紡織株式会社（1893年2月設立）取締役、大阪電気軌道株式会社（1910年9月設立）監査役（『人事興信録』1918年版、も17頁）。千沢平三郎は明治元（1968）年12月7日生、1895年5月千沢専助の養子に、下谷銀行、東洋貯蓄銀行等の取締役（『人事興信録』1918年版、ち4頁、『銀行会社要録』1920年版）。西村和平は文久2（1862）年7月2日生、印刷用インキ商、大阪市会議員、日本電線製造代表取締役、天満織物株式会社（1887年3月設立）取締役、株式会社播磨造船所（1912年6月設立）取締役ほか、大阪在住（『人事興信録』1918年版、に30頁、『銀行会社要録』1920年版）。渡辺栄次が日本電線製造の監査役に列していた関係で発起人を引受けたと見られる。石部泰蔵は安政6（1859）年5月3日山口県生、煙草商の石部商店店主、唐戸屋鉱山株式会社（1916年6月設立、本店東京）取締役（『人事興信録』1918年版、い189頁）。
7) 佐々熊太郎は元治元（1864）年2月、岐阜県生、師範学校卒後、内務省勤務、大蔵省に移り、専売局東京専売支局長、東京第一工場長を歴任。東亜煙草の社長就任は煙草専売局長仁尾惟茂の推薦であった（『人事興信録』1921年版、さ28頁、水之江［1982］14頁）。佐々は東亜煙草社長辞任後、東洋葉煙草株式会社社長に就任しそのまま1924年没（第4章参照）。仁尾は1898年11月1日から1907年12月16日まで、専売局長・煙草専売局長・専売局長官を連続9年以上在任し、日本の専売制導入と確立に尽力した（尾崎［1933］参照）。
8) 前掲東亜煙草『第1期営業報告書』。
9) 東亜煙草株式会社『第2期営業報告書』1907年10月期。

第3節　東亜煙草の事業拡張

1．東亜煙草の事業概要

　1906年11月5日に東亜煙草は大蔵省煙草専売局より製造煙草の輸出許可を得た。東亜煙草は煙草専売局製造煙草の販売権を得ることで、国外における独占販売の特権を享受することができた。他方、煙草専売局は、東亜煙草の事業に対し必要な指示命令を発することができ、定款の変更、役員選任、同社株式売買、利益金処分、社債募集、資金借入について監督するものとし、同営業地域として、清国、韓国、満洲、露領浦塩、薩哈嗹、黒龍江沿海州、英領印度、海峡植民地、蘭領印度、暹羅、豪州を輸出許可地域とし、同局製造煙草の販売は東亜煙草に限るものとした[1]。こうして東亜煙草の業務は大蔵省煙草専売局より幅広く承認を受ける体制となり、それは同局の強力な

支援と裏腹の関係にあった。それゆえ東亜煙草が強力な国策による支援を受け続けた民間企業という位置づけとなる。また煙草専売局が日露戦争時に開設した大連出張所閉鎖に当たり、大連と鉄嶺の倉庫とその商品保管について1907年3月23日に東亜煙草が保管契約を締結して引き継いだ[2]。このため東亜煙草は創業当初から満洲事業の足場を得た。また同年4月20日に輸出用の両切煙草「ロングライフ」、「スター」、「チェリー」及び「リリー」の4種類に対し、煙草専売局払下価格の引下げの通牒を受け、卸値が引き下げられ、販売が一段と容易となった。また同月29日に煙草専売局より輸出煙草払下代金延納を認められ、東亜煙草の営業はさらに有利になった[3]。

東亜煙草は大連における大蔵省煙草専売局の事業所を承継し、設立直後から満洲における事業所展開を行った。すなわち創立時に同局から承継した事業基盤を大連支店とし（1906年10月20日設置）、そのほか営口（1909年6月29日設置）、遼陽（1906年10月設置）、奉天（1906年12月設置）、安東県（1906年12月20日設置）、鉄嶺（1906年11月16日設置）、四平街（1913年12月1日設置）、長春、吉林に出張所を設置した。ただし1907年3月14日に鴨緑江河口対岸の安東県に清国税関が開設され、煙草の輸入関税の徴税を開始しため、朝鮮からの煙草輸出利益が縮小したようである。韓国内には京城支店を設置し、既存の韓国煙草販売組合と日本煙草輸出の煙草売捌網を引き継ぎ、各地重要都市に組合を設立し、販路拡張に努めた。さらに1906年11月29日に、樺太で一手販売を開始した[4]。こうして東亜煙草は設立第1期より満洲、韓国、樺太で煙草販売を行い、傑出した外地煙草事業者となった。

1907年4月期のみ販売量と輸出及び販売額が地域別で判明する。販売では満洲14,141梱（15千本入）、480千円、韓国9,604梱、371千円、樺太615梱、29千円、合計24,360梱、881千円であった。樺太の在留日本人数が乏しく、日本人相手の取引に限定されるため売上は僅かであった。満洲への輸出は22,462梱、その金額605千円とされており（表1-2）、販売量との差が大きく、これは輸出後の販売を実現するまでのタイムラグの長さが樺太と朝鮮に比べ大きいためであろう。輸出する煙草の銘柄別価格差がありうるため単純比較はできないが、輸出単価と販売単価の差では樺太が最も高く、次いで韓国で、最も差益の小さいのが満洲であった。これは煙草という商品の市場における競争環境を反映していよう。樺太では東亜煙草は独占的立場にあり、満洲では逆に新規参入の挑戦者であり、韓国ではその中間的立場であり、それが単価の利幅に反映しているとみられる。残念ながら、以後このような輸出・販売の金額統計は見いだせない。1907年4月期の東亜煙草の資産負債をみると（表1-3）、総資産

表1-2　東亜煙草商品売上高(1)

(単位：梱、千円、円)

地域	1907.4期			(輸出高)			1907.10期	1908.4期	1908.10期	1909.4期	1909.10期
	梱	金額	単価、円	梱	金額	単価、円					
満洲	14,141	480	33.9	22,462	605	26.9	14,265	15,249	11,804	13,686	11,971
韓国	9,604	371	38.6	10,053	310	30.8	15,252	14,311	14,279	15,900	17,308
樺太	615	29	47.2	615	24	39.0	643	660	1,316	847	48
合計	24,360	881	36.2	33,130	941	28.4	30,160	30,220	27,399	30,433	29,327

注：表1-5の1909年4月期と10月期の統計との比較で、1梱＝15千本と見られる。紙巻煙草のみならず一部刻煙草が同梱されたためか、端数が生じている。
出所：東亜煙草株式会社『営業報告書』各期（たばこと塩の博物館蔵）

1,140千円、未払込資本金700千円、商品271千円、資本金1,000千円、当座借越31千円、当期利益54千円という状況で、利幅の大きな事業として発足したと言えよう。第1期で大連と京城に支店を構えており、その店舗別資産負債が紹介されている。大連支店の総資産112千円、うち得意先勘定65千円、受取手形13千円、現金23千円、負債では支払手形96千円等であった。煙草の売掛資産が多く、他方、京城支店の総資産は4千円に止まっていた[5]。この期では満洲事業の方が朝鮮事業に比べ輸出も売上高も多く、その販売を実現するため、代理店等の利用による取引先勘定が多額に発生し、また商品在庫を余計に抱える取引が行われていたとみられよう。

東亜煙草は1907年10月19日に定款を変更し、大連・京城のほか、取締役決議により、枢要の地に支店または出張所、代理店を置くことができるとし[6]、随時店舗新設が可能となった。さらに1907年12月9日に定款を変更し、満洲の長春と韓国の釜山にも支店を開設し、吉林と新設の哈爾濱の出張所を長春支店の管轄とした。また韓国内でも、平壌、仁川、元山に出張所を設置した。ただし満洲では英米煙草との競合と、銀相場下落による価格競争力の低下のため、多額の損失を招いた[7]。1908年4月期で当期利益は前期の67千円から11千円に減少していた。その後も満洲内販売は銀相場下落の中でさえない状況が続いた。

1908年7月23日第3次日韓協約により統監府は日本人官吏を任命し、大審院長、検事総長、各部次官に日本人を採用し、韓国軍隊の解散を規定し、8月1日に韓国軍隊を解散した。それに伴い各地で韓国軍が日本軍と武力衝突を起こし、義兵闘争が拡大していった[8]。反日暴動が広がり東亜煙草の売れ行きは芳しくなかった。山口吉が1908年10月19日に監査役に就任し、1908年10月末の株主名簿では、1,600株を保有し筆頭株主に躍り出ていた。この理由は不明であるが、かつて煙草製造販売で巨利を得

表 1-3　東亜煙

	1907.4期	1907.10期	1908.4期	1908.10期	1909.4期	1909.10期
（資産）						
未払込資本金	700	700	651	650	600	500
煙草製造準備勘定・製造事業勘定・地所建物機械器具	—	—	—	—	—	31
所有物什器	1	6	9	49	49	113
受取手形	125	183	215	119	130	161
仮払金	0	18	19	3	8	26
大連支店	11	—	—	—	—	—
京城支店	3	—	—	—	—	—
各取引先勘定	4	66	98	50	70	63
未収入金	4	46	55	60	47	61
葉煙草	—	—	—	—	—	19
材料品	—	—	—	—	—	1
商品	271	112	394	245	240	261
半製品	—	—	—	—	—	—
雑勘定	—	—	—	—	21	27
中央金庫供託有価証券	—	411	652	360	588	498
預り有価証券等	17	1	6	4	3	2
借入有価証券見返預け金	—	—	515	217	441	352
預金現金	0	457	123	95	142	155
合計	1,140	2,004	2,743	1,856	2,344	2,276
（負債）						
資本金	1,000	1,000	1,000	1,000	1,000	1,000
諸積立金	—	22	16	24	43	55
事務員恩給基金職工貯金等	0	1	0	1	2	5
借入金	—	—	—	—	—	—
当座借越	31	—	106	—	—	—
担保勘定	19	21	26	28	30	18
未払金	28	69	86	63	74	63
信任金	1	6	26	24	26	31
支払手形	—	66	265	99	75	133
借入有価証券	—	350	531	232	461	383
延納金	—	393	630	320	563	483
仮受勘定	4	2	29	23	23	12
繰越金	—	2	12	4	5	10
当期純益金	54	67	11	34	39	77
合計	1,140	2,004	2,743	1,856	2,344	2,276

出所：東亜煙草株式会社『営業報告書』各期（たばこと塩の博物館蔵とマイクロフィルム版）

た村井兄弟商会系事業家の山口が東亜煙草の株式を取得し、再度煙草事業に関わりを持とうとしたのかもしれない。それでも1万株のうち、16％に過ぎない。以下、佐々熊太郎、江副廉蔵、久米民之助、亀沢半次郎、杉山孝平、岩谷松平の順で、取締役の株式保有が上位を占めていた[9]。

草貸借対照表(1)

(単位：千円)

1910.4期	1910.10期	1911.4期	1911.10期	1912.4期	1912.10期	1913.4期	1913.10期	1914.4期
400	400	300	200	100	—	1,500	1,500	1,500
60	286	439	475	553	683	725	934	967
189	64	64	65	70	72	77	—	—
301	316	379	441	506	567	725	653	879
23	29	49	223	213	102	95	100	94
—	—	—	—	—	—	—	—	—
—	—	—	—	—	—	—	—	—
49	60	114	117	62	76	123	231	273
36	47	36	70	124	28	36	60	12
85	229	272	375	406	357	1,043	1,036	1,011
44	112	106	170	290	373	403	377	292
184	266	270	209	297	353	323	632	576
9	16	19	21	30	37	53	62	65
—	—	—	—	—	—	—	—	—
364	414	341	252	214	208	101	3	3
3	3	4	27	7	2	2	—	—
330	390	318	242	188	183	81	178	167
94	71	109	138	96	114	123	79	95
2,180	2,707	2,826	3,031	3,161	3,160	5,417	5,849	5,940
1,000	1,000	1,000	1,000	1,000	1,000	3,000	3,000	3,000
48	63	63	159	260	341	409	480	533
9	13	15	19	24	31	43	50	55
—	—	—	—	200	200	200	200	180
27	46	52	59	81		46	94	81
46	48	52	62	64	63	80	80	98
65	86	94	209	153	150	198	246	221
43	50	62	73	84	92	93	72	72
211	434	699	786	771	708	799	1,187	1,337
354	404	329	240	194	189	82	—	—
317	389	282	229	159	150	63	195	188
4	24	27	22	23	71	225	41	2
7	9	9	10	13	7	15	21	30
44	137	137	156	132	156	160	180	139
2,180	2,707	2,826	3,031	3,161	3,160	5,417	5,849	5,940

　東亜煙草はさらに1909年6月25日に定款を変更し、目的を専売局の許可を得た煙草の輸出、販売及び外国における煙草の製造並びに販売として、国外煙草製造に事業を拡張し、製造所を営口と京城に置くとし、現地生産に着手することとし、同年6月29日に営口製造所を設置した[10]。満洲の工場新設の下見のため1908年に社長佐々が最初

表1-4　東亜

製造所		1910.4期	1910.10期	1911.4期	1911.10期	1912.4期	1912.10期	1913.4期	1913.10期
朝鮮製造所(京城)	紙巻	58,254	202,539	264,164	323,896	405,068	600,470	661,780	801,241
	刻	—	—	5,825	10,614	12,678	14,994	14,779	15,090
大平町工場	紙巻	—	—	—	—	—	—	—	—
平壌製造所	紙巻	—	—	—	—	26,471	64,960	93,120	108,540
全州分工場	紙巻	—	—	—	—	—	—	—	5,820
清国製造所→営口製造所	紙巻	40,330	128,830	162,375	225,023	292,562	371,320	372,230	440,925
	刻	—	—	—	—	—	—	—	180
上海工場	紙巻	—	—	—	—	—	—	—	—
合計	紙巻	98,584	331,369	426,539	548,918	724,102	1,036,750	1,127,130	1,356,526
	刻	—	—	5,825	10,614	12,678	14,994	14,779	15,270

注：紙巻は千本、刻は貫。
出所：東亜煙草株式会社『営業報告書』各期（たばこと塩の博物館蔵とマイクロフィルム版）

に大連に赴き、同地を候補としたが、営口居留民の薦めで営口に設立を決定した。それに伴い営口工場建設に営口居留民団が種々の便宜を供与した[11]。営口と京城の工場設立のため、本社に臨時煙草製造準備部を設置して建設投資に当て、同年10月末にはほとんど工場建設が完了した。期末の同準備部の事業資産は31千円余が計上されていた[12]。建設仮勘定に相当するものである。この間、韓国・満洲における売り上げは低迷し、樺太を含む合計でも、1909年4月期では30千梱にとまった。製造開始直前の同年10月期の販売は満洲11千梱、韓国17千梱で、すでに韓国内販売が満洲内販売を恒常的に上回る状態となっており、満洲内販売は苦戦していた。なお同年10月21日に久米民之助が取締役を辞任した[13]。東亜煙草の経営から身を引いた久米は煙草と土木建設請負業で蓄えた資産を、国内・朝鮮・台湾における事業投資に充てることになる。東亜煙草は満洲と韓国における英米煙草勢力と競合するには、現地生産による価格競争を仕掛けるしかなかった。なお1909年6月1日に樺太において「煙草専売法」が施行され、東亜煙草の樺太における煙草販売は終了した。樺太は函館専売支局樺太出張所の管轄となった（樺太庁［1936］307頁）。

　東亜煙草は1909年9月29日に専売局より、製品に「ゴールデンバット」、「敷島」、「朝日」その他の商標を使用する許可を得た（東亜煙草［1932］5頁）。同年11月末に臨時煙草製造準備部を廃止し、12月より営口と京城の煙草製造工場を稼働させた。こうして東亜煙草は外地の煙草製造販売業者となった。営口と京城の両工場は「朝日」、「ハネビー」、「ウエルス」の製造に順次着手した。前期に発生した奉天を中心とする日貨排斥運動が続き、韓国でも反日暴動が続いていたが、何とか前期並みの売上高を

煙草製造高(1)

(単位：千本、貫)

1914.4期	1914.10期	1915.4期	1915.10期	1916.4期	1916.10期	1917.4期	1917.10期	1918.4期	1918.10期
733,290	562,601	716,082	674,547	824,351	873,660	940,618	781,720	1,060,720	1,065,119
13,477	3,924	8,226	9,912	8,040	4,020	9,870	8,060	300	6,978
—	—	—	—	—	351,618	37,868	275,626	369,325	342,658
76,800	71,600	86,700	109,260	107,710	142,600	157,419	150,620	160,193	182,566
41,484	41,080	52,025	68,480	59,013	64,800	69,700	77,000	102,620	88,800
341,215	226,550	369,340	318,660	525,825	725,446	756,002	507,707	1,013,176	1,044,106
2,280	1,980	2,874	2,808	2,556	—	—	—	—	—
—	—	—	—	—	—	—	40,700	59,150	98,865
1,192,789	901,831	1,224,147	1,170,947	1,516,899	2,158,124	2,302,367	1,833,373	2,778,853	2,878,972
15,757	5,904	11,100	12,720	10,596	4,020	9,870	8,160	300	6,978

確保できた[14]。

　1910年6月19日に東亜煙草は定款を変更し、各種煙草類の輸出移出及び朝鮮並びに外国における煙草の製造販売を目的とすると改め、紙巻煙草製造工場稼働に対応した。京城と営口の工場の固定資産は合計286千円という規模で、未払込資本金を控除した総資産の12％に過ぎないが、両工場は増築を続け、その比重は高まってゆく。そのほか葉煙草、材料品、半製品等が工場の操業資産であり、それらを含むと3割ほどとなる。東亜煙草は新たに「大和」、「ビーバー」等の製造を開始し、生産量は増大しており、それに伴い製造原価も低減し競争力がついてきた。特に満洲においては安奉線（安東・奉天間）改築工事のための日本人の増加や、哈爾濱方面の販売拡張及び銀相場上昇に伴う環境の好転で、利益を増加させることができた[15]。この間、同年8月22日韓国併合条約調印に伴い、朝鮮が日本の直轄領土となり、東亜煙草の操業環境が好転した。さらに1911年12月16日に平壌分工場が操業を開始した。また1912年4月2日に木浦販売所、同月3日に新義州販売所、同月15日に満洲の法庫門出張所の営業を開始した[16]。この間、1908年4月に東亜煙草大連支店の新築工事に着手し、9月に落成した。設計したのは日本建築界の大御所辰野金吾であった[17]。

　東亜煙草の紙巻煙草生産量は（表1-4）、1910年4月期で京城58百万本、営口40百万本から1911年4月期で京城264百万本、営口162百万本、1912年10月期で京城600百万本、営口371百万本へと急増した。これに伴い東亜煙草の販売量も、1910年4月期の韓国263百万本、満洲214百万本から、韓国併合を経た1911年10月期の朝鮮391百万本、満洲314百万本へと増大した（表1-5）。朝鮮・満洲における事業拡張にあわせ、

表1-5　東亜煙

		1909.4期	1909.10期	1910.4期	1910.10期	1911.4期	1911.10期	1912.4期	1912.10期	1913.4期
清国・中国→満洲	紙巻	216,584	189,204	214,489	234,940	281,464	314,562	341,018	402,530	386,466
	刻	6,405	5,332	4,439	4,645	4,325	4,131	2,812	3,604	3,582
北支那	紙巻	—	—	—	—	—	—	—	—	7,664
	刻	—	—	—	—	—	—	—	—	54
南支那	紙巻	—	—	—	—	—	—	—	—	—
	刻	—	—	—	—	—	—	—	—	—
韓国→朝鮮	紙巻	241,880	260,728	263,995	267,795	345,878	391,011	487,819	611,829	751,104
	刻	16,288	17,520	19,223	14,374	17,771	18,312	15,463	16,792	15,541
合計	紙巻	458,464	449,932	478,483	502,735	627,342	706,573	828,836	1,014,359	1,145,234
	刻	22,693	22,852	23,662	19,019	22,096	22,443	18,275	20,396	19,177

注1：紙巻は千本、刻は貫。
注2：清国・中国は華北販売開始後は、満洲。
注3：北支那は華北、南支那は華中。
出所：東亜煙草株式会社『営業報告書』各期（たばこと塩の博物館蔵とマイクロフィルム版）

表1-6　東亜

	1912.4期	1912.10期	1913.4期	1913.10期	1914.4期		1914.10期		1915.
					日本人	朝鮮人・中国人	日本人	朝鮮人・中国人	日本人
朝鮮製造所(京城)	2,076	2,128	2,596	2,239	89	1,690	82	1,270	88
太平町工場	—	—	—	—	—	—	—	—	—
平壌分工場	524	730	820	496	11	397	10	325	14
全州分工場	—	—	—	616	25	278	23	198	19
大邱分工場	—	—	—	—	—	—	—	—	—
営口製造所	811	922	1,048	2,270	54	905	37	780	40
上海工場	—	—	—	—	—	—	—	—	—
天津製造所	—	—	—	—	—	—	—	—	—
合計	3,411	3,780	4,464	5,621	179	3,270	152	2,573	161

出所：東亜煙草株式会社『営業報告書』各期（たばこと塩の博物館蔵とマイクロフィルム版）

　東亜煙草は1912年12月23日に公称資本金3百万円に増資を決議し、既存株主1株に2株を割当てた[18]。半額の払込を徴収したため、1913年4月期で未払込資本金を控除した総資産は3,917千円のうち、工場事業資産725千円、葉煙草1,043千円、材料品403千円、半製品53千円を合計すると56％となり、煙草製造業に一段と力点を置く経営となっていた。軽工業のため職工数と製造高はある程度連動する。1913年4月期に4,464人、朝鮮製造所2,596人、営口製造所1,048人の職工を抱えて（表1-6）、合計1,127百万本、うち朝鮮製造所661百万本、営口製造所372百万本を製造していたが、景気低迷で、1914年10月期には901百万本、朝鮮製造所562百万本、営口製造所226百万本に減退し、それに伴い朝鮮製造所職工1,352人（日本人・朝鮮人合計）、営口製造所817

草商品売上高(2)

(単位:千本、貫)

1913.10期	1914.4期	1914.10期	1915.4期	1915.10期	1916.4期	1916.10期	1917.4期	1917.10期	1918.4期	1918.10期
320,953	343,593	281,475	250,182	309,576	440,185	614,831	559,652	550,534	985,840	1,083,765
2,873	3,956	1,778	3,009	130	1,947	1,370	2,225	1,422	2,161	1,961
61,404	19,663	33,064	340,822	107,918	206,177	315,193	313,023	206,127	329,609	427,493
154	192	348	920	282	287	286	467	436	637	428
—	—	1,425	14,378	10,993	36,758	15,204	22,759	50,870	69,493	109,942
—	—	162	180	344	573	494	532	340	313	386
775,434	908,095	724,472	625,195	857,497	945,242	1,303,317	1,401,399	1,319,433	1,536,160	1,545,004
13,319	12,614	8,922	6,531	8,981	6,476	5,799	5,812	6,818	5,836	9,444
1,157,791	1,271,352	1,040,436	1,130,576	1,285,984	1,628,362	2,248,545	2,296,834	2,126,965	2,921,102	3,166,204
16,345	16,762	11,210	10,640	10,907	9,283	7,949	9,035	9,015	8,947	12,219

煙草職工人数

(単位:人)

4期	1915.10期		1916.4期		1916.10期	1917.4期	1917.10期	1918.4期	1918.10期	1919.4期
朝鮮人・中国人	日本人	朝鮮人・中国人	日本人	朝鮮人・中国人						
1,348	74	1,341	73	2,040	1,175	1465	1,457	2,168	1,878	1,732
—	—	—	—	—	765	727	819	811	732	675
382	14	289	11	310	318	331	347	338	351	334
301	16	324	12	313	283	316	372	430	391	396
—	—	—	—	—	—	—	—	340	418	368
1,182	43	971	42	951	1,097	1,076	1,035	1,133	1,685	1,767
—	—	—	—	—	—	—	148	150	169	224
—	—	—	—	—	—	—	—	—	—	393
3,213	147	2,925	137	3,614	3,638	3,915	4,178	5,370	5,624	5,888

人(日本人・中国人合計)へと大幅に圧縮していた。またこの間、賃金水準の高い日本人職工の比重を引き下げ、労務費の圧縮に努めた。

　第1次大戦期に東亜煙草の事業は大拡張した。中国産葉煙草調達のため、1915年7月に三井物産株式会社(1909年10月、株式会社改組)と5年間の葉煙草売買契約を締結し、同社を通じて集荷を行おうとしたが、購入は1度しか実現せず、三井物産は葉煙草集荷で損失を出したようである(水之江[1982] 42、337-338頁)。1917年6月23日に定款を変更し、支店を営口と京城に、また製造所を営口、天津、京城に置くとして、天津工場を本格的に稼働させる方針とした[19]。他方、1918年9月4日に専売局より葉煙草及び製造煙草の輸出及び移出地域として、シベリアにも拡張するとの許可を

第1章　東亜煙草の設立と朝鮮・満洲への進出　53

表 1-7　東亜煙草貸借対照表(2)

(単位：千円)

	1914.10期	1915.4期	1915.10期	1916.4期	1916.10期	1917.4期	1917.10期	1918.4期	1918.10期
(資産)									
未払込資本金	1,300	1,300	1,300	1,100	1,100	900	700	700	500
地所建物造作物機械器具	998	1,033	1,057	1,063	1,214	1,237	1,402	1,453	1,499
葉煙草	854	896	826	723	1,053	931	1,087	1,070	1,539
材料品	271	302	299	374	381	551	536	855	1,738
半製品	63	62	69	72	66	72	81	125	150
商品	474	720	627	598	626	795	701	773	620
受取手形	833	734	264	604	523	772	828	713	656
各取引先勘定	372	594	1,037	1,376	1,579	1,322	1,234	1,149	1,523
大平町工場別途勘定	—	—	—	—	79	59	39	25	—
中央金庫供託有価証券	3	3	3	—	—	—	—	—	—
仮払金	121	225	144	378	124	331	498	1,191	2,723
未収入金	28	26	14	13	76	106	59	201	211
借入証券見合預金	—	165	—	170	95	182	123	248	218
預金現金	123	128	120	153	322	199	498	773	700
合計	5,446	6,191	5,765	6,629	7,242	7,463	7,791	9,282	12,079
(負債)									
資本金	3,000	3,000	3,000	3,000	3,000	3,000	3,000	3,000	3,000
諸積立金	507	517	454	435	480	560	640	699	779
恩給基金職工救済基金職工貯金等	59	52	48	36	44	53	60	58	67
担保勘定	78	86	87	116	123	115	130	151	155
延納金	87	262	72	235	193	278	187	289	236
商品消費税延納勘定	72	84	104	93	109	123	130	162	477
借入金	260	240	220	200	160	120	80	40	2,000
支払手形	897	1,400	1,262	1,801	2,316	2,395	2,696	3,791	3,359
当座借越	71	103	164	184	140	232	263	268	179
仮受勘定	67	61	55	65	75	55	29	76	425
支払未済金	182	244	180	253	307	246	298	355	937
繰越金	27	16	1	1	31	45	50	53	100
当期純益金	135	122	112	205	259	235	224	336	359
合計	5,446	6,191	5,765	6,629	7,242	7,463	7,791	9,282	12,079

出所：東亜煙草株式会社『営業報告書』各期（たばこと塩の博物館蔵）

得た[20]。これは同年8月2日に英米軍に追随したシベリア出兵宣言とその後の軍事展開に沿ったシベリア・北樺太各地の将兵への煙草供給を任されたことを意味し、哈爾濱から北の東部シベリアにおける専売局等の製造した煙草の供給に動員されたようである。ただし東亜煙草がシベリア出兵軍の占領地域にどれだけ人員を送り込んだかについては不明である。同年11月11日に欧州大戦の休戦協定が締結され、物理的な戦争は終わり、講和条約の締結で戦後体制に移行することになる。

第1次大戦期の好況が波及すると東亜煙草は増産体制をとるが、それ以前に人員削減を経ているため、労働生産性は大きく引き上げられていた。第1次大戦当初は景気が低迷していたが、好景気が波及すると、1915年4月期の朝鮮内販売625百万本、満洲内販売250百万本が、1915年10月期に各857百万本、309百万本、1916年10月期に各1,303百万本、614百万本、1918年10月期にはピークとなる計3,166百万本、各1,545百万本、1,083百万本へと増大を辿った。しかも諸物価騰貴が続き、作れば売れるという好況の中で東亜煙草は1916年4月期から利益が急増した（表1-7）。同社は事業資金として未払込資本金の徴収のほか、特に支払手形の増大で工場と販売部門における資産規模を拡大させた。そして1918年10月期には当期利益359千円に達した。この間、1914年10月期から、1918年4月期では未払込資本金を控除した総資産は4,146千円から8,582千円へと2倍以上に増大し、日系煙草事業者として傑出した規模となっていた。この間事業規模が急拡大したが、未払込資本金の段階的徴収のみでは資金繰りが苦しいため、社債発行を決意し、1918年4月に日本興業銀行に2百万円の社債募集を依頼した。これに対し同行は社債の代わりに融資を提案し、同行より2百万円を借り入れた。借入契約は、1920年末まで据え置き、翌年より25万円ずつ返済し、1928年6月に完済するというものであるが、この途中に専売制の施行により政府に資産収容を受けた場合には、期限前でもその補償金で借入金の償還に充当するとの条件が付されていた（水之江［1982］59-60頁）。まだ大戦期の好況が続くと見ていたため東亜煙草は拡大投資にのめり込んでいた。1918年10月期にこの借入金2百万円が計上されている。これにより1918年10月期の未払込資本金を控除した総資産は11,579千円に急増した。そのほか支払手形と当座借越でも債務を形成して事業拡張に対処していた。これらの債務が朝鮮事業撤収後に重くのしかかることになる。

2．鈴木商店系の株式保有と役員派遣

　東亜煙草の株式は、先述のように日本の元煙草製造販売事業者が中心になり引き受けていたが、鈴木商店系企業家がその一部の取得を開始した。1912年10月現在の株主名簿を点検すると、株主37名で10千株を出資しており、筆頭株主は1,105株の江副廉蔵、2位亀沢半次郎（監査役）、3位1,000株の久米民之助、4位岩谷松平であった。そのほか合名会社鈴木商店（1902年10月設立、本店神戸）の金子直吉は6位700株の出資者で、同じ鈴木商店の鈴木岩治郎（二代目）も200株を保有していた。これは監査役山口吉が保有株900株を金子直吉と鈴木岩治郎に転売したことによる。また岩谷

も鈴木一族の親戚の藤田謙一に200株を譲渡していた。こうして鈴木商店系の株式保有が始まった。同年8月21日に専売局の推挙で藤田虎之助が取締役に選ばれ、専務取締役に就任した。監査役西山丑松は死亡し、1912年7月24日に死亡登記を行っていた[21]。専務取締役を配置したのは、東亜煙草の経営を強化するため、専売局が人員を送り込んだものであろう。さらに取締役亀沢半次郎が辞任し、それを1913年5月6日に登記した。そして亀沢は株の過半の1,900株を鈴木岩治郎の親戚の藤田助七に譲渡し、久米民之助も株をすべて処分した。その結果、江副廉蔵についで金子直吉が2位の株主に浮上した[22]。そして鈴木商店系の藤田謙一が1913年12月24日に取締役に就任した。こうして初めて鈴木商店系の取締役が送り込まれ、東亜煙草の経営情報が鈴木商店に筒抜けとなった。さらに1914年4月期の株主名簿では、金子は2,800株を保有する筆頭株主にのし上がり、ほか鈴木岩治郎、藤田謙一、藤田助七と合計すると6,900株になり、これは総株数30千株の23％に達しており[23]、十分経営に介入できる持株比率になっていた。その後、1915年10月期に岩谷松平が取締役を退任し、株を譲渡して東亜煙草から手を引いた[24]。その結果、東亜煙草の設立時から経営に関わってきた元煙草事業者で取締役に残っているのは江副廉蔵のみとなった。

1916年4月期の株主名簿では、江副廉蔵2,725株、佐々熊太郎2,710株、渡辺栄次2,505株、金子直吉2,500株となっていた。金子は300株を処分したため第4位株主に後退しているが、藤田謙一、藤田助七、鈴木岩治郎とで合計11,000株を保有しており、鈴木商店系合計で36％の保有比率に上昇し[25]、経営に当たり一段と強力な発言権を主張できる比率となっていた。それでも鈴木商店は東亜煙草の従来からの経営体制を突き崩し、東亜煙草の経営権を掌握する意欲はまだ持ち合わせていなかったとみられる。鈴木商店が経営権を掌握することで、専売局と主導権を巡り激突することになるが、幅広く煙草のみならず専売関連品の国外事業に関わるうえで厄介な問題を抱え込むことになるため、それを回避していた。鈴木商店は欧州大戦の中で、大量の貿易取引により急速に内外の事業を拡大させ始めた段階であった。ただし金子直吉が台湾の樟脳や関東州の塩等の専売事業に食い込むにあたって個人的に陳情することが多かったはずの土佐地域閥の浜口雄幸は、専売局長官から逓信次官を経て1912年12月24日に大蔵次官に昇任し、1915年7月2日に退任していた。

1916年12月5日に社長佐々熊太郎が辞任し、専務取締役藤田虎之助が社長業務を代行した[26]。その後1917年2月7日に大蔵省から菅野盛次郎（前東京税務監督局長）が東亜煙草に送り込まれ、また鈴木商店系の有力経営者の長崎英造が藤田謙一に代わり、

それぞれ取締役に就任した[27]。こうして東亜煙草は二人目の天下り社長を迎えたが、鈴木商店からも同様に二人目の役員を迎えた。

3．朝鮮内煙草製造業者

東亜煙草は朝鮮内最大煙草事業者となるが、専売局と度支部や朝鮮総督府専売局の支援を受けて、さらに規模を追求する。朝鮮では同社以外にも日系事業者が操業していた。法人組織として操業した朝鮮の煙草事業者の事例を、先に紹介しておこう。

日本において煙草専売制が導入されると、日本産葉煙草の輸出も制限されたため、韓国における煙草製造業者は日本産葉煙草調達が困難になり、地場産の原料葉煙草の調達に向かわざるを得なかった。その結果、日本内地から持ち込んだ葉煙草の韓国内栽培が普及した。1907年には50町歩に栽培面積を拡張したが、栽培技術が未熟で、需要を掘り起こせず、過剰生産となった。こうして栽培された葉煙草の供給先として、韓国で煙草製造業者が参入した。朝鮮内で葉煙草栽培により原料調達が容易になる中で、日本で専売制導入により事業を喪失した事業者が韓国に渡り煙草事業に着手し活況を呈したが、原料葉煙草の品質が悪く粗悪な煙草が出回り、売れ行き不振で損失を招いていた（朝鮮総督府専売局［1936］13-15頁）。他方、台湾においても日本の専売制を追って1905年4月1日に煙草専売制が導入されたため、日本の煙草事業者が台湾に移って操業するとしても、台湾総督府専売局の売渡煙草の売捌人の地位に甘んじるか一部製造の受託者になるしかなかった[28]。統監府時期（1906年12月21日～1910年10月1日）の米国系黄色種葉煙草の試験栽培を経て、1910年8月22日韓国併合後、本格栽培に移り、1913年には葉煙草耕作組合を設立させて優良葉煙草栽培を奨励した。葉煙草耕作組合は東亜煙草と葉煙草売買契約を結び、安定納入が可能となった（朝鮮総督府専売局［1936］17-19頁）。朝鮮産葉煙草の域内調達に依拠し個人事業者のみならず東亜煙草以外の法人事業者も参入した。

韓国本店の煙草事業法人として、釜山煙草株式会社が1907年3月に設立された。同社は既存の煙草製造業者2、3名で会社設立に至ったものであった[29]。本店釜山、資本金100千円、払込35千円である。取締役小倉胖三郎で、1915年ではそのほかの取締役に萩野弥左衛門、名出音一が並んでいた。小倉は釜山商業銀行（1912年10月22日設立）の取締役、株式会社釜山商船組（1913年5月設立）監査役であり、萩野は釜山商業銀行取締役、釜山商船組社長、釜山共同倉庫株式会社（1913年2月設立）取締役であり[30]、釜山煙草は釜山の日本人事業家により設立されたといえよう。

日本人葉煙草耕作者により1908年5月に南韓煙草株式会社が設立された。同社は地場産葉煙草の域内消化を目的としていた。韓国人の喫煙習慣は主に葉巻や煙管の喫煙であるが、日本のような細刻煙草の需要は少なく、他方、在留日本人向けとしては適当な原料葉煙草を調達できず、輸入原料が高価で販路に限りがあり[31]、日本人煙草製造業者はいずれも不振に陥っていた。南韓煙草は1910年8月韓国併合以後、南朝鮮煙草株式会社に商号変更したが、南朝鮮煙草は1912年より前に消滅している[32]。

　比較的規模の大きな事業者として、1910年11月に朝鮮煙草株式会社が設立された（本店東京）。1912年で資本金110千円、275千円払込、社長根津嘉一郎（東武鉄道株式会社社長）、専務取締役稲茂登三郎（東京信託株式会社（1906年4月設立）取締役）、常務取締役松下牧男（朝鮮林業株式会社（1909年1月設立）取締役）、大株主として保田八十吉（広島銀行（1879年4月21日設立）頭取）、広島貯蓄銀行（1895年1月10日設立）、松平義為（愛知銀行（1896年3月19日設立）取締役、子爵）各500株、酒井静雄（塩水港製糖株式会社取締役）400株が並んでいた[33]。当初は根津が社長に名を連ねることで幅広く投資家から資金を集めて、朝鮮の煙草産業に参入したとみられる。朝鮮煙草は1912年11月に京城支店を開設し、1912年10月3日より煙草製造を開始し、翌年6月3日より販売に従事した（朝鮮公論社［1917］50-51頁）。ところが1915年で資本金は変わらないが、役員が全員変わっており、社長広沢金次郎、専務取締役皆川芳造、取締役松平義為、長谷川銈五郎、島徳蔵、藤本清兵衛、堀田正忠であり、出資者は、堀田600株、広島貯蓄銀行、広島銀行、松平各500株、広沢400株であった。保田保有株は広島銀行に移されていた[34]。朝鮮煙草の操業状態が芳しくないため、根津嘉一郎ほかが経営から手を引き、根津系として広沢金次郎が東武鉄道取締役兼務で経営に関わるが、大日本塩業株式会社（1903年9月設立、本店神戸）の経営に乗り出していた島徳蔵と島周辺の企業家が朝鮮煙草の経営権を取得した。

　朝鮮煙草は1918年には本店を大阪に移転しており、払込550千円、専務取締役堀田、取締役松平、長谷川、島となっていた。大阪は島の地元であり、根津系との関係の疎遠を示すものである。また大日本塩業支配人安藤博が3,334株を取得し、15％を保有する最大出資者に躍り出ていた[35]。朝鮮煙草は1918年8月に本店を京城に移転した[36]。大日本塩業は関東州ほか国外の大手塩業事業者で、1909年に島徳蔵が株式を取得して1912年7月に社長に座ったが、1914年に保有する大日本塩業株の過半を鈴木商店に売却し、以後は鈴木商店の支配下に置かれた（日塩［1999］51頁）。そのため鈴木商店は大日本塩業を通じて朝鮮煙草への介入の機会を窺っていたはずである。すなわち

東亜煙草と朝鮮煙草の両社株式の取得で、朝鮮の煙草事業に強い影響力を発揮し、あるいは朝鮮煙草を東亜煙草に吸収合併させる方針を描いていたのかもしれない。この大日本塩業による株式取得は鈴木商店が手掛ける専売関係商品への食い込みの一環である。金子直吉が東亜煙草の株主として現れたのが1912年であり、鈴木商店の煙草産業への参入の意思として、ほぼ平行した朝鮮煙草の株式取得とみなせる。ただし朝鮮の煙草専売制の導入で、朝鮮煙草を買収する意義はほぼ消滅する。

なお東洋拓殖株式会社が第1次大戦期の価格高騰の中でトルコ種と朝鮮在来種を栽培し輸出市場を開拓したが、戦後の反落で輸出不能となり、1920年7月1日専売制移行で縮小し1923年に栽培を停止した[37]。域内葉煙草供給の関連が不詳のため省略する。

4．東亜煙草の朝鮮内事業

東亜煙草が朝鮮総督府専売局に事業譲渡するまでは、同社事業の過半は朝鮮内事業であった。韓国における英米煙草トラストの商品は、1904年か1905年に日本人商人が販売を開始したことで始まる。その後、英米煙草は1906年に従業員を朝鮮に派遣して仁川に販売部を設置した。同年、仁川、京城、釜山、元山、平壌に有力な特約店を開設し、仁川、釜山、元山に倉庫を設置し、豊富な在庫で販路を拡張した。さらに1909年末に仁川工場で紙巻煙草製造に着手し、朝鮮葉・支那葉を用いた口付廉価品の供給を開始した。東亜煙草が両切煙草の「ダリヤ」を販売すると、英米煙草側は対抗して両切煙草の販売に着手したがその商品の売れ行きは低迷し、その結果、1914年に仁川工場の製造を停止した。朝鮮では1914年7月1日「煙草税令」施行で、販売者保有煙草も消費税を課すことになった。英米煙草は同令の規定が煩瑣であり、また公布から施行まで期間が短いとして抗議し、また同社の抗議を受けて在京城イギリス領事館が、朝鮮総督府外事局に抗議した。そこには東亜煙草に先に同令施行に関わる情報を与えており、扱いが異なるといった論点も含まれていた。朝鮮総督府は東亜煙草に特典を与えたわけではなく、また税令は各煙草事業者に等しく適用しているとして反論していた。英米煙草は朝鮮内事業の展望を見いだせず、「煙草税令」施行に対抗し、支店保有煙草在庫を満洲に送り税負担を回避し、朝鮮における煙草供給を停止し、満洲に事業を移転した（朝鮮総督府専売局［1936］144-148頁）。朝鮮における東亜煙草と英米煙草の競合は、ひとまず後者が敗退する形で終結した。

統監府体制下の保護国化した韓国において、日本政府は1909年4月に専売制度を10年後に施行すると決定し、それまでの間に東亜煙草に韓国産原料による煙草製造に従

事させることとした。併せて日本産・米国産の葉煙草の供給についても専売局が配慮するとした。また政府は、後日朝鮮における官営煙草事業に移行する際に政府に譲渡させることになるため、東亜煙草に対し既存の日本人経営の煙草製造事業を適当に処置するよう求めた（東亜煙草［1932］6-7頁）。この方針に沿って、東亜煙草は煙草製造業者の買収・淘汰を続けた。

東亜煙草の京城工場は、1910年4月で敷地11.5千坪、煉瓦造2階建工場1棟、煉瓦建平屋工場2棟、木造平屋工場1棟、木造事務所5棟ほか社宅・倉庫等を有しており、職工900人を抱えていた。京城工場の方が後述の営口工場より規模が大きい[38]。そのほか開始年次は不明であるが、東亜煙草は1910年設立の寧越煙草耕作組合への貸付けを行っていた。朝鮮総督府の規定に拠り、東亜煙草から貸し出すものとされ、1913年末で9,400円の貸付残高があり、15組合貸出合計81,653円の11％を占めていた[39]。ほかの煙草耕作組合は銀行から資金調達しており、この組合のみ東亜煙草が貸し付けている理由は定かでない。同組合からの原料葉煙草調達契約が存在したのかもしれない。その後、1917年末で、東亜煙草の寧越煙草耕作組合への融資残高は17,649円となり、全8組合貸付合計236,026円の7％に低下していた[40]。

鈴木商店の朝鮮煙草産業への関りとして、朝鮮葉煙草の輸出取扱いの試みがある。1916年に朝鮮総督府専売局が交付した輸出見本葉煙草の一覧の中に鈴木商店の名前が掲載されている。それによると、14業者に見本を交付したが、そのうち東亜煙草営口製造所用として営口向バーレー種、三井物産に中国向の黄色種、内地種、朝鮮種を、鈴木商店に香港、シンガポール、ボンベイ、メルボルン向の黄色種、朝鮮種、内地種の見本を交付した[41]。以後も葉煙草増産と輸出の増大が期待できるため、鈴木商店は葉煙草取引に乗り出す意欲を示していたといえよう。ただしこの見本で売り込みを打診したところ、鈴木商店によれば、豪州からの回答は、黄色種はだいたい品質適当であるが、日本煙草の特性が強いとして評価の低い見本も含まれていた。それでも鈴木商店は豪州の有力煙草事業者を代理店として友好関係を築いており、朝鮮専売煙草の輸出販路拡張の際には、同社を使ってほしいと要望し、朝鮮の煙草事業への取引拡大を期待していた[42]。特に第1次大戦期の国際貿易の低迷による商品価格騰貴の状況の中で、鈴木商店は事業を大拡張させており、その一環として朝鮮の煙草貿易の拡大を期待していたはずである。

東亜煙草は1916年3月10日に京城の広江商会（広江沢次郎経営）の工場を買収した。同工場は土地607坪、工場1棟1・2階合計179坪、そのほか倉庫・家屋を有してい

た[43]）。買収した広江商会は朝鮮における煙草製造販売の優良業者であり、1909年頃、不振の日本の煙草事業者が多い中、京城でやや成功している事業者とみられていた[44]）。また1913年でも口付煙草の販売では東亜煙草の「朝日」についで、広江商会の「菊水」と東亜煙草の「兎」等が売れており、両切煙草でも好調であったという[45]）。当然ながら広江商会は東亜煙草とも厳しい競合関係に立っていた。そして広江商会は朝鮮における煙草専売制に移行する前に東亜煙草に買収された結果、広江商会の工場は、東亜煙草太平町工場に転換し、東亜煙草の朝鮮内工場は1件増大した[46]）。そのほか東亜煙草は1918年4月期に、大邱の煙草製造業者大石商会（大石勘吉経営）所有の土地建物を買収した[47]）。こうして朝鮮内煙草製造量は増大を続けた。朝鮮専売制に移行させるまでに東亜煙草にその移行準備として既存煙草事業者を買収させるという方針で、専売局と朝鮮総督府専売局も大いに推奨した。朝鮮専売制導入までに極力日本人煙草製造販売業者を東亜煙草が吸収合併しておき、専売制導入後の補償金等の個別処理の負担の軽減が図られていた。

5．東亜煙草の満洲内事業

　東亜煙草の満洲内事業は朝鮮内事業ほど順調ではなかった。営口工場で現地生産に踏み切り関税賦課を回避できたため、本来は価格競争力がつくはずであったが、同業他社が強力なため伸び悩んだ。それでも第1次大戦期には製造と販売ともに急増した。1914年10月期の営口工場は226百万本を生産し、満洲で281百万本を販売していたが、大戦期の景気の高揚で煙草販売が急増し、1918年4月期には1,013百万本を製造し、985百万本を販売した。しかし1918年10月期には東亜煙草の満洲の販売用両切煙草約1,000梱（15千本入）が腐敗したため、販路途絶し、信用を失い、また満洲内店舗の店員5名中2名が悪疫で病死し、2名も帰国させざるを得ず、打撃となった[48]）。それでも満洲の製造・販売は旺盛な需要に支えられともに前期を上回った。

　他方、英米煙草トラストはポーツマス条約締結後に満洲への攻勢を強めた。1908年に同系の大英烟公司が奉天に工場を建設し、同工場で出荷する紙巻煙草を英米煙草が満洲内で販売するという体制となった。1909年4月期では、東亜煙草は大英烟公司の奉天煙草工場の製品と競合し、さらに製造販売で勢力拡大が見込まれたが、銀相場下落の中で、円建輸出価格が騰貴し、輸出販売は苦境に立たされていた[49]）。その中で、1909年12月に稼働した営口工場は面積4.7千坪、煉瓦造3階建て工場1棟、平屋乾燥室1棟、平屋機械室1棟と社宅等を有しており、職工480人を抱えた[50]）。営口工場を

牛荘領事館（1876年3月28日設置）に登記し[51]、また営口に支那総販売所を設置した。その後も営口工場の増築を続けた。満洲では朝鮮内と同様の同業者工場の買収による規模追求ができないため、朝鮮内製造量ほど拡大できなかった。1912年4月15日法庫門出張所が営業を開始した[52]。

1911年1月辛亥革命で清朝が倒れ、全国的に騒乱が発生し、満洲の吉林省・黒龍江省の地域通貨の官吊（銅銭）相場が下落した。銀相場が高騰したため、金建取引の販売価格が相対的に下落し、売れ行き好調となり[53]、1912年10月期には402百万本という満洲内で空前の販売数量を記録した。その後の満洲の銀系通貨下落の中で、口付煙草「霞」、両切煙草「フォンリー」、「ゴールデンダリヤ」を発売し、好評を博していた[54]。その後は競争条件が厳しくなり販売量は後退した。

1914年5月30日に東亜煙草は満洲総販売所を営口から奉天に移し、最大消費都市で販売に注力し、そのほか鞍山にも出張所の販売網を拡張するにいたる[55]。第1次大戦勃発当初の銀系通貨暴落により、一般商況の不振で、煙草も売れ行き不振に陥ったが、その後、大戦期の好況となりロシア向売行の急増で満洲内製造と販売は急増した[56]。他方、大英烟公司の奉天工場は1914年に全焼し、製造が復活したのは1918年であり（Cox［2000］p.159）、この間、東亜煙草は英米煙草トラストの供給力の減退の中で販売を急増させた。営口工場の煙草製造量は1915年10月期で318百万本、満洲販売量309百万本が、1916年10月期で製造量725百万本、販売量614百万本、1917年10月期で製造量507百万本、販売量550百万本、1918年10月期で製造量1,044百万本、販売量1,083百万本という空前の規模に達し、朝鮮内販売を急追した。この間、1918年4月期まで職工数は抑えており、労働生産性が上昇していた。それに伴い満洲内で実現した利益は急増した。

1) 「東亜煙草株式会社ニ対スル専売局監督要項」と「東亜煙草株式会社ニ対スル専売局特許要項」（水之江［1982］11-12頁）。ほかの地名に合わせ「サガレン」を漢字表記とした。
2) 前掲東亜煙草『第1期営業報告書』。「保管契約書」が水之江［1982］335-337頁に掲載されているが、契約日付が欠落している。
3) 前掲東亜煙草『第1期営業報告書』。
4) 同前。南満洲鉄道株式会社地方部地方課『満鉄沿線商工要録』1917年版、同地方部勧業課『南満洲商工要鑑』1919年版。長春、吉林にも同じ時期に設置されたはずである。
5) 前掲東亜煙草『第1期営業報告書』。
6) 東亜煙草株式会社『第2期営業報告書』1907年10月期。
7) 同『第3期営業報告書』1908年4月期。1909年7月に長春支店閉鎖が決まり、吉林と並び

販売所として続いた（柳沢［1993］598-599頁）。
8) 韓国併合の政治史については海野［2000］参照。
9) 東亜煙草株式会社『第4期営業報告書』1908年10月期。山口吉は安政6（1859）年8月生、合名会社村井銀行（1904年12月1日設立）営業部長代理、村井貯蔵銀行（1899年9月25日設立、1912年2月15日東武貯蓄銀行を改称、本店東京）取締役（『人事興信録』1918年版、や55頁、『帝国銀行会社要録』、1912年版、職員159頁、大渓［1964］311頁）。
10) 東亜煙草株式会社『第6期営業報告書』1909年10月期、『南満洲商工要鑑』1919年版。
11) 営口商工公会［1942］134頁。営口が工場誘致で大連に勝利したことになる。定款変更前の1908年に東亜煙草は工場設置に動いていた。
12) 前掲東亜煙草『第6期営業報告書』。
13) 同前。久米民之助は1910年6月19日に監査役に選任されたが、翌日辞退しており、東亜煙草の経営から身を引く意志は固かったとみられる。
14) 東亜煙草株式会社『第7期営業報告書』1910年4月期。
15) 同『第8期営業報告書』1910年10月期。
16) 同『第11期営業報告書』1912年4月期。
17) 前掲東亜煙草『第4期営業報告書』、榛沢［1990］167頁。
18) 東亜煙草株式会社『第13期営業報告書』1913年4月期、1-2頁。
19) 同『第22期営業報告書』1917年10月期。
20) 同『第24期営業報告書』1918年10月期、2頁。
21) 同『第12期営業報告書』1912年10月期、2、19-21頁、水之江［1982］46頁。金子直吉は慶応2（1866）年6月13日、土佐生、鈴木商店に入店、樟脳・砂糖取引で事業を拡大した。専売行政で重職を担った仁尾惟茂と浜口雄幸に土佐地域閥で接近した。鈴木商店は第1次大戦期に大拡張し、多数の企業を率いる総合商社に成長したが、1927年4月金融恐慌で台湾銀行が破綻し、資金調達の途を失った鈴木商店は倒産し、グループが縮小した。1944年2月27日没（白石［1950］、桂［1977］参照）。白石［1950］245頁の鈴木商店関係会社一覧で、東亜煙草に「明治四十四年」と記載があるのは、鈴木商店の出資開始年と思われるが、1911年で株式取得はまだなされず、1年齟齬する。株主名簿では「鈴木岩次郎」となっているが修正した。鈴木岩治郎は1878年11月29日生、先代の長男、家督を継ぐ、鈴木商店代表社員（『人事興信録』1918年版、す32頁）。藤田謙一は1873年1月5日、弘前生、明治法律学校卒、大蔵省入省、1901年大蔵省辞職、1902年岩谷商会支配人、煙草専売制導入後、1907年12月日韓印刷株式会社（1907年12月設立、本店京城）取締役、1909年東洋製塩株式会社取締役、1912年7月大日本塩業に吸収合併、1915年鈴木商店が大日本塩業を傘下に移し、1916年12月大日本塩業社長、1917年11月2日同社社長辞任登記。多数の会社経営に関わり、1926年東京商業会議所会頭、1928年日本商工会議所会頭、同年貴族院議員、1929年売勲事件で検挙、1935年貴族院除名、1946年3月12日没（桂［1977］、大日本塩業［1999］、たばこと塩の博物館［2006］、大日本塩業株式会社『第27期営業報告書』1917年12月期、10頁、『人事興信録』1918年版、ふ18頁、『大衆人事録』1930年版、ふ44頁、『帝国銀行会社要録』1912年版、『銀行会社要録』1915年版ほか）。藤田謙一は岩谷商会勤務の関係で岩谷松平から東亜煙草株式を取得したとみられる。藤田虎之助は元治元（1864）年11月23日生（『人事興信録』1918年版、ふ15頁）、熊本税務管理局長浜口雄幸（1899年7月3日～1902年11月5日在任）の配下

で間税課長として勤務しており（大蔵省百年史編集室［1973］54、62頁、石和田［1918］109頁）、その関係で浜口が推挙したと見られるが、東亜煙草取締役と東洋葉煙草監査役在任のまま1921年11月16日没（柳沢［1993］249頁、第4章参照）。

22) 東亜煙草株式会社『第14期営業報告書』1913年10月期。先代鈴木岩治郎の奉公先の辰巳屋から、大阪本店番頭の藤田助七と神戸支店番頭の岩治郎がそれぞれ暖簾分けを受け、大阪辰巳屋と神戸辰巳屋を起こしたことで、以後も密接な関係を続け、藤田の経営する大阪辰巳屋はその後の鈴木商店の同族的発展を支えた（桂［1976］182頁）。藤田助七を鈴木岩治郎の縁戚とする水之江［1982］46頁があるが、傍証できない。なおこの期より柳沢［1999］で紹介する東亜煙草の満洲における従業員の貝原収蔵が20株の保有で株主名簿に出現した。

23) 東亜煙草株式会社『第15期営業報告書』1914年4月期、1-2、15-20頁。

24) 同『第18期営業報告書』1915年10月期。

25) 同『第19期営業報告書』1916年4月期。

26) 水之江［1982］47頁。この説明では社長佐々熊太郎病没退職としているが、佐々はその後、先述のように東洋葉煙草の社長に就任。

27) 同『第21期営業報告書』1917年4月期。菅野盛次郎は明治5（1872）年7月28日生、1897年7月東京帝国大学法科大学卒、大蔵省入省、1917年1月に東京税務監督局長辞任後、東亜煙草に天下った。煙草専売を担当したことはないが、専売局東京塩務局長を兼務していた時期がある。1924年2月～1929年1月産業組合中央金庫副理事長、1941年10月19日没（大蔵省百年史編集室［1973］90頁）。長崎英造は1881年8月13日広島県生、東京帝国大学卒、大蔵省入省、台湾銀行に転じ、1913年に鈴木商店に入社、合同油脂グリセリン株式会社（1921年4月スタンダード油脂株式会社設立、鈴木商店系、1923年4月商号変更）社長等で、金子直吉の片腕として多くの事業に関わる。その後も1942年8月1日に石油会社の合併で昭和石油株式会社を設立し社長。戦後、公職追放解除後に産業復興公団（1947年5月1日設立）総裁、1953年4月29日没（新潮社［1991］1245頁、桂［1977］ほか参照）。

28) 台湾では1897年4月1日に阿片、1899年5月15日に食塩、同年8月に樟脳が専売制となり、さらに煙草も専売制に移行し、その後、1922年7月1日に酒にも専売制が施行された（台湾総督府専売局［1930］1、57-69頁）。

29) 韓国度支部臨時財源調査局「煙草ニ関スル事務一般其他」1909年と推定（社団法人農山漁村文化協会農文協図書館蔵「近藤康男文庫」K9-9-1）。

30) 『銀行会社要録』1915年版、朝鮮24頁、役員録170頁、『帝国銀行会社要録』1912年版、1918年版。

31) 前掲「煙草ニ関スル事務一般其他」。

32) 『帝国銀行会社要録』1912年版には掲載がない。この1912年版には朝鮮内法人煙草事業者として、設立時期は不明だが、韓興煙草合名会社の掲載があり、資本金3,500円で煙草製造及び原料販売を行っていた（朝鮮10頁）。

33) 『帝国銀行会社要録』1912年版、東京82、91頁、朝鮮7頁、台湾9頁。朝鮮公論社［1917］50頁では1912年3月6日設立とする。

34) 『銀行会社要録』1915年版、東京191頁、広島11-12頁。島徳蔵は1875年4月20日生、北浜の相場師、1912～1916年大日本塩業社長、1916～1926年株式会社大阪株式取引所理事長。そのほか株式会社上海取引所（1918年6月8日設立）も創設した。1938年11月3日没（新潮社

[1991] 877頁、日塩 [1999] 568頁)。上海取引所への島の関わりについては柴田 [2008a] 第 2 章参照。1915年で島徳蔵は豊国火災保険株式会社（1911年12月21日設立、本店大阪）、万歳生命保険株式会社（1906年 8 月 3 日設立、本店東京）、大連土地家屋株式会社（1909年 1 月設立）、阪神電気鉄道株式会社（1899年 6 月設立、本店神戸）、大日本塩業、大阪電灯株式会社（1887年12月設立）、大阪城東土地株式会社（1913年10月設立）等の取締役。広沢金次郎は第五銀行（1898年 9 月 8 日設立、本店東京）と東武鉄道株式会社の取締役。皆川芳造は殖産貯金銀行（1899年12月12日設立、本店東京）と日宝石油株式会社（1910年10月設立、本店東京）各取締役。長谷川銈五郎は明治製煉株式会社（1907年 4 月設立、本店大阪）専務取締役、大連土地家屋、北満製粉株式会社（1918年設立、本店哈爾濱）、摩耶山ケーブル鉄道株式会社（1914年 1 月設立、本店神戸）の取締役。藤本清兵衛は京都貯蔵銀行（1893年 5 月23日設立）、紀阪銀行（1877年 9 月18日設立、本店大阪）、浪花土地株式会社（1912年 4 月設立）、摩耶山ケーブル鉄道、大阪城東土地の取締役。堀田正忠は大日本塩業、朝鮮水産株式会社（1911年 4 月設立、本店東京）各取締役。会社設立は『銀行会社要録』1915年版、『保険年鑑』1920年版参照。鈴木商店に大日本塩業を譲渡する前の島徳蔵の周辺の事業家として長谷川、藤本、堀田が位置づけられよう。島とその周辺の事業家が経営に関る会社の多くは、1920年代前半に消滅していた。

35) 『帝国銀行会社要録』1918年版、大阪59-60頁、役員録Ｂ241頁。
36) 同、1919年版、朝鮮11-12頁。
37) 東洋拓殖株式会社『第11期営業報告書』1919年 3 月期、14-15頁、同『第14期営業報告書』1922年 3 月期18頁、同『第16期営業報告書』1924年 3 月期、20頁。
38) 東亜煙草株式会社『第 7 期営業報告書』1910年 4 月期。
39) 朝鮮総督府専売局『煙草産業調査涵養事蹟』（大正二年分）105-107頁。
40) 同前（大正六年分）49頁。
41) 同前（大正五年分）44-46頁。残る11業者にはイタリア専売局、東京の米井商店（1917年12月合資会社米井商店に改組）、上海の伊藤商行等が名を連ねていた。伊藤商行は1919年12月25日に株式会社伊藤商行（本店上海）に改組される（「株式会社登記簿・在上海総領事館扱ノ部」（外務省記録 E.2.2.1.-5-1)、『帝国銀行会社要録』1925年版、支那 1 頁)。
42) 前掲『煙草産業調査涵養事蹟』（大正五年分）47-49頁。
43) 東亜煙草株式会社『第19期営業報告書』1916年 4 月期。広江沢次郎は1885年 6 月 4 日生、家業は代々煙草業を営む、慶應義塾商科卒、1906年朝鮮に渡り、養父広江沢次郎の経営する煙草製造販売の広江商会勤務、1913年先代病没で襲名し相続、朝鮮煙草製造業者同志会会長、1916年に東亜煙草に朝鮮事業譲渡、煙草用印刷大手の市田オフセット印刷株式会社（1917年 3 月設立、本社大阪）取締役、その後、東洋葉煙草取締役（中村 [1926] 432-433頁、川端 [1913] 247-248頁、広江 [1915]、『帝国銀行会社要録』1919年版、大阪12頁、本書第 4 章参照）。広江 [1914a] で、朝鮮煙草事業の統合後の東亜煙草の中国進出の事業展開の必要性を訴え、また広江 [1914b] で、日本の煙草産業は満洲への事業拡張を目指すべきと主張していた。この両者は広江 [1915] にも収録されている。
44) 前掲「煙草ニ関スル事務一般其他」。
45) 前掲『煙草産業調査涵養事蹟』（大正二年分）。
46) 東亜煙草株式会社『第20期営業報告書』1916年10月期。

47) 同『第23期営業報告書』1918年4月期、3頁。
48) 同『第4期営業報告書』1908年10月期。柳沢［1999］587頁にも紹介がある。
49) 同『第5期営業報告書』1909年4月期。
50) 同『第7期営業報告書』1910年4月期。
51) 在牛荘領事館設置は外務省［1966］附録98頁。
52) 東亜煙草株式会社『第11期営業報告書』1912年4月期。
53) 同『第12期営業報告書』1912年10月期、8頁。吉林省官吊は吉林永衡官銀銭号が、また黒龍江省官吊は黒龍江省広信公司がそれぞれ銅銭を本位貨として発行した。満洲中央銀行［1942］参照。
54) 東亜煙草株式会社『第13期営業報告書』1913年4月期、7-8頁。
55) 『満洲会社興信録』1922年版、382頁、『南満洲商工要鑑』1919年版、321頁。
56) 東亜煙草株式会社『第23期営業報告書』1918年4月期、6-8頁。

おわりに

　日本の民営煙草製造販売の時期に国産煙草と輸入煙草との競合が発生した。またアメリカン煙草と提携した村井兄弟商会が外資系煙草を代表して、プレゼンスを高めていた。それに対し、国産煙草として消費者に訴える岩谷商会のような事業者も活動した。大蔵省は葉煙草専売制を導入し、さらに煙草専売制の導入の機会をうかがっていた。国外では、日露戦争中に江副商店が南満洲で日本の煙草の販売を開始した。日露戦争の軍事費調達ため、1904年7月に煙草専売制を導入し、それに伴い戦時の満洲で軍人向けに専売局製造の煙草供給を行うため、代々木商会と江副商店が満洲で供給に当たった。そのほか民間煙草製造販売や輸入販売業者が、廃業補償金を得て、東亜煙草設立に参加した。当初は煙草の製造・販売もしくは輸入を行っていたが専売制で廃業した事業者が出資したため、合資会社のような性格を有した。ただし設立に当たっては、政府は東亜煙草に朝鮮における煙草市場掌握を実現する役回りを与えた。そのため専売局は東亜煙草に各種の特典を与え支援した。設立された東亜煙草は、日露戦争後の朝鮮と満洲で事業を展開した。朝鮮では有力工場を設立し、既存の製造工場を吸収合併し、朝鮮最大の煙草製造販売会社にのし上がり、その過程で英米煙草トラストの勢力を駆逐した。朝鮮ではほかの煙草事業者も参入したが、朝鮮における煙草専売制の導入が確定しており、事業の長期的な展望はなかった。そのために満洲かそれ以外の中国に参入して新たな市場で戦うしかない。東亜煙草は満洲で、英米煙草トラストに対抗するため、日本の満洲利権が確立した営口に工場を設立し、満鉄附属地に

販売店網を構築し、日露戦争後の投資インフラを活用し、地場生産地場消費に踏み切った。こうして満洲における日系最大の煙草製造販売業者となった。煙草製造販売の機械設備は高額なものではないため、用地取得さえ行えば工場設立はさほど資金負担は重くない。他の日系事業者も参入したが、企業成長を実現する前に低迷するか衰退した。当初の煙草事業者の保有する東亜煙草の株式が次第に処分される中で、専売関係品目に強い関心を有していた鈴木商店は東亜煙草の株式を取得し、影響力の行使を目指した。ただし当初の保有株式は多くなく、役員の送り込みも限定的であった。第１次大戦期に空前の好景気となり、東亜煙草の朝鮮・満洲の製造・販売は急増し、増資や借入金で資金調達し、事業規模を急拡大させた。その結果、同社は傑出した外地煙草事業者となった。

　以上の東亜煙草の設立は朝鮮における煙草市場制覇に向けた政府意思を体現したものであった。朝鮮における英米煙草トラストの駆逐に成功したものの、満洲においては煙草製造工場設立で先行し幅広い販売網を形成し第１次大戦期に拡張した英米煙草トラストに追随するのがやっとという状況で、とても満洲における煙草市場を制覇するといった展望を描けるものではなかった。

第2章

1920年代満洲における日系煙草産業

はじめに

　1918年11月11日にドイツは連合国と休戦協定を締結し、第1次大戦期は終了した。翌年1月18日より開催されたパリ講和会議で、戦後体制の構築が開始された。その後、市況は一時的なブームに沸いた。ロシアに革命が勃発すると日本は英米政府に追随し、共産政権に対抗して1918年8月2日にシベリア出兵宣言を行い、バイカル湖東側まで進軍し、占領域を拡大していった。さらに中華民国政府も翌年8月24日にウラジオストックへの出兵を宣言した。他方、パリ講和会議の帰結としてのドイツ山東省利権回復が実現しないとして、1919年5月に北京を中心に五・四運動が発生し、その後も、1923年3月10日に中華民国政府は二十一箇条条約破棄を通告し、関東州に排日運動が発生した。以後、1920年代日本の企業は中国の多地域で様々なナショナリズムに直面しながら操業することになる[1]。また1920年に中国にも反動恐慌が発生し、それまでの戦争景気に沸いた高揚感が急速にしぼみ、不振に悩む1920年代となる。それは満洲の日本人商工業者にも通底する状況であった[2]。1920年代満洲においては、輸出用大豆栽培の急増と耕作地域の北満への拡大の中で、河北省・山東省から農民が北満へ進出し、連年人口増大が続くため、煙草需要は増大した[3]。成長余地の大きい満洲の煙草市場を巡り、競合他社との激しい争奪戦となったが、日本事業者は金建のため地場産に比べ銀価格下落局面で不利であり、また高級品で利幅を維持し、量産と多額販売促進費を投入する英米煙草トラスト系商品との競争でも、やはり不利な状況が続いた。

　本章では、第1次大戦終結後において、合名会社鈴木商店が1919年4月期に東亜煙草株式会社株式の大量取得を行い、明確に経営権の主張を始めてから、1931年9月満洲事変までの時期を対象とし、一括して1920年代とみなす。東亜煙草はそれまで専売局からの天下り社長を中心に、元煙草製造販売業者が経営に当たることで維持されていたが、鈴木商店の送り込んだ取締役が経営権を獲得することで、経営の混乱が発生

し、朝鮮事業の撤収、満洲・中国関内における販売不振のなかで苦闘することとなる。本章では東亜煙草のみならず、その他日系事業者の操業状況も紹介する。そのほか東亜煙草は満洲における米国系黄色種原料葉煙草の試験的耕作と組合結成による栽培にも一部ではあるが資金と人員を投入しており、その経緯も併せて紹介する。

　これまで1920年代満洲における日系煙草事業者に言及するものとしては、柳沢[1999]が東亜煙草の満洲店舗で長期間従事した職員の伝記的研究で興味深い紹介を行っている。また満洲における日系食品会社の通史の一環として柴田[2007e]が煙草産業を紹介しており、そのなかで東亜煙草のほか、新規参入する亜細亜煙草株式会社にも言及して解説を与えているが、満洲事変前の解説としては不備が残されている。その補充を行うため、柴田[2009]で1920年代以降、日本敗戦までの満洲における日系煙草産業を、東亜煙草のみならず、その他の日系事業者にも視野を広げ、営業報告書を集積したうえで分析している。ただし1920年代については、資料発掘が必ずしも十分ではない。これまでも東亜煙草のみが注目されており、特に鈴木商店系経営介入について勝浦[2011]があり、大いに参考になる。それ以外の日系煙草事業については研究が手薄である。そのほか東亜煙草の社史（東亜煙草[1932]）と、同社関係者の回想記があり（水之江[1982]）、後者の資料紹介は詳細できわめて有用であるが、これらは資料として参照する。従来から巨大多国籍煙草企業の英米煙草トラストについて注目されており、その全史を描いたCox[2000]も参考になる。南洋兄弟煙草公司に関するまとまった資料集が刊行されているが、満洲に工場を設置しなかったためほとんど言及がない（中国社会科学院上海経済研究所等[1958]）。中国でも煙草産業通史が編纂されているが（中国烟草通志編纂委員会[2006]）、満洲事変前の日系煙草事業については解説がほとんどなされていない。本章ではこれらの先行研究を踏まえ、さらに新たな資料発掘に基づき、それを通史的論述で整理した記述を与える。なお本章は、柴田[2009]第1節の不備を補正し、ほぼ全面的に改訂したものである。

1) さしあたり1920年代を中心とした多様な中国のナショナリズム運動については西村編[2000]を参照。
2) 満洲の中小商工業者については柳沢[1999]参照。
3) 満洲の大豆経済の拡大については岡部[2008]参照。

第1節　日系煙草産業の概観

　1920年代の満洲における日系煙草会社を一覧する（表1-1）。東亜煙草は日露戦争時に大蔵省煙草専売局が大連・鉄嶺に設置した煙草在庫の倉庫を承継し、さらに1906年11月に満洲に参入し、営口ほかの営業店舗を設置した。東亜煙草以外にも多数の小規模法人が参入した。第1次大戦勃発から1931年までに新設された満洲本店法人は9社、日本本店法人は2社、関内本店法人は4社となっており、満洲内本店法人の本店別では大連本店6社、長春1社、奉天1社、吉林1社という構成である。

　満洲の日系煙草事業者の満洲本店法人は少ない。満洲に本店を置いた会社は、1917年12月20日に大連に設立された合資会社月沢莨製造所があり、資本金1万円、月沢桂が出資し、代表社員村崎輝三、有限社員に今津十郎ほかが並び、1918年で葉煙草1千貫を用い、年150万本を製造し、12千円を売り上げていた。そのほか個人事業として、1912年頃より富松健治が大連で煙草製造販売事業に着手した。富松の事業を法人化し、1918年9月5日に満洲煙草株式会社が設立された（本店大連、資本金100千円、払込25千円）。当初社長今津十郎、取締役に富松ほかが並んでいた。その後、月沢莨製造所を買収し事業統合したが資本金は同じである。1922年では社長富松、常務取締役松田伝蔵で、経営不振の中で今津はヒラ取締役に降格されており、月沢桂の名前は見えない。満洲煙草は大連に煙草工場を設置し、「世界」、「アカシヤ」、「ハッピー」等の商標を付して製造販売し、当初はかなりの売上げを見せたが、東亜煙草の製品に市場を奪われ1922年5月には休業同然となった。未払込資本金を控除した総資産は僅か34千円という零細事業者であった[1]。

　1918年3月12日に株式会社東華煙草公司が設立された。資本金100千円、半額払込、本店長春、社長藤田与市郎（長春市場株式会社（1917年5月16日設立）、長春窯業株式会社（1920年4月14日設立）、長春銭鈔株式会社（1917年12月25日設立）取締役、東省実業株式会社（1918年5月4日設立、本店奉天、東拓系、長春出張所1918年6月1日設立）監査役）、ほかに取締役西脇清六（長春信託株式会社（1918年7月31日設立）取締役、長春市場監査役、長春窯業取締役）、和登良吉（長春市場取締役、後日、長春製氷株式会社（1920年4月設立）社長）等が並んでいた。東華煙草は長春の日本人事業家により設立されたといえよう。事業は紙巻煙草製造販売で、1918年7月期で無配、1918年1月末時点で労働者は営業日本人3人、工場日本人4人、中国人200人

という規模で、開業以来両切煙草567箱を生産した（東亜煙草と同様の25千本入と想定）[2]。煙草製造が本格化した時期は不明だが、設立から10か月の製造量からみれば事業規模では零細事業者と見られる。同社は後述の株式会社中華煙公司設立で吸収合併された。

　株式会社三林公司は1919年4月15日に奉天に本社を置き設立された。資本金200千円、160千円払込で、専務取締役森井忠彦、取締役岩谷二郎、広江沢次郎ほかであった。当初は三林煙公司として森井・岩谷と東三省商務総会総理との合弁で1905年11月に設立された事業であったが（第1章参照）、その後、同商務総会理事長魯様琴と広江ほかが参加することで株式会社に改組し、日本法人として登記した。同社は奉天のみならず大連にも出張所を置いた。1921年6月期で未払込資本金を控除した総資産311千円、機械器具建物等54千円、商品等93千円、受取手形26千円であり、負債は支払手形102千円、仕入先勘定30千円、借入金2千円等で、3千円の利益を計上した[3]。自己資本と流通信用に依存した経営であり、この期にはまだ十分操業できていた。岩谷は朝鮮煙草株式会社（1910年11月設立、本店大阪）の取締役に就任しており、広江はかつて朝鮮の有力個人煙草事業者であり、朝鮮事業を東亜煙草に譲渡して満洲に進出した。広江も煙草専売制が導入される朝鮮から、自由販売が認められる満洲へと煙草事業拡張の展望を描いており（広江[1914a]）、自説を実践に移したといえよう。三林公司は1926年でまだ操業できていたようである。その時点の払込資本金160千円のうち日本人出資144千円、合弁相手が16千円の出資という構成となっていた（南満洲鉄道庶務部調査課[1928]156頁）。ただし同社はその後、1920年代で苦しい操業が続き、満洲事変前には休業状態に陥って実態は消滅していた[4]。在奉天総領事館の1933年の奉天附属地煙草事業者の紹介でも三林公司は現れない。煙草事業としてかなり早くから事実上の撤収がなされたようである[5]。1935年では役員は変わらず、「営業ノ実態ナシ」と判定されていた[6]。

　ほかの満洲本店法人として、1919年11月設立の極東葉煙草株式会社がある。同社の本店は大連、公称資本金500千円、払込125千円、社長久保章一、取締役和田篤郎、宍戸利久一ほかである。同社は久保が主唱して広島県人に出資を募り設立したため、久保は満洲のほかの事業にかかわっていないが、和田は大連郊外土地株式会社（1920年3月20日設立）、満洲殖産株式会社（1913年7月5日設立、本店大連）等、1922年で極東葉煙草以外に満洲の14社の役員に名を連ね、宍戸は満洲機械工業株式会社（1919年11月設立、本店大連）の監査役を兼ねていたため、両者は満洲企業家とみなせる。

満洲では吉林地方で優良地場産葉煙草が栽培されていたため、当初は吉林地域の葉煙草買付または同地域の葉煙草栽培により、葉煙草を東亜煙草に売込むことを目的としていたが、東亜煙草が葉煙草調達方針を変更し、同社に売り込みが難しくなったため商機を失い、また銀貨暴落による損失も発生し操業困難に陥っていた。1921年5月期で未払込資本金を控除した総資産126千円で、前期に引き続き103千円の損失を計上しており、1922年で解散やむなしという状態にあった[7]。1926年末企業一覧では消滅していた（南満洲鉄道庶務部調査課[1928]）。東洋煙草合資会社は、1921年5月1日に大連に設立された。資本金7千円という零細事業者で、代表社員土田泰庸である。口付煙草工場を設立し、1922年で1日5万本ほどの製造能力を有していたが、販路開拓に苦慮しており、困難な状況にあった[8]。合資会社富林公司は、1920年5月20日設立で、資本金500千円、吉林省の木材伐採販売を中心に、付帯的に葉煙草栽培集荷にも着手するつもりでいたが、木材商品化を実現できず、操業は困難な状態にあった[9]。1923年4月23日に設立された合資会社華東公司は（本店大連）は資本金5千円の零細事業者で、雑貨・煙草の卸小売業者である（南満洲鉄道庶務部調査課[1928]48頁）。そのため川下の周辺事業者とみなせよう。

東亜煙草以外に規模の大きな事業者として、亜細亜煙草株式会社が1919年9月30日に設立され、同社が満洲に事業参入したことが注目される。同社は当初は上海を拠点とした煙草製造事業に参入を企図したが、上海に工場設置を果たせず、奉天に工場を設置して満洲における有力な日系事業者となる。しかし規模を追求して東亜煙草と英米煙草トラストを追撃する課題は果たせないまま、同社は後述のように1920年代央の不振の中で、東亜煙草に吸収合併されて消滅する。亜細亜煙草の子会社の中国葉煙草株式会社（1920年6月1日設立、本店済南から青島に移転）が長春支店を設置した。同社は吉林省地場葉煙草の集荷のみならず、亜細亜煙草への葉煙草供給も業務としたと思われる。その後、1925年6月に本店を奉天に移転し亜細亜煙草の消滅後、東亜煙草の子会社に転じた[10]。

株式会社中華煙公司は1919年9月に設立された（本店済南、資本金1,500千円、払込375千円）。同社は満洲において既存の東華煙草公司のほか奉天所在の零細事業者も吸収する計画であったが、合意に至らず東華煙草公司事業のみを承継して満洲事業に参入した。同社は比較的大きな事業者で、本店では山東省葉煙草集荷を目的とした。社長吉野小一郎（奉天窯業株式会社（1918年6月30日設立）取締役、前東拓奉天支店長）、取締役には山田三平、庵谷忱ほか東華煙草公司社長の藤田与市郎等の有力満洲

事業家が多数加わっているため[11]、満洲で蓄積した資金を用い、軍政下の日本の影響力の強まった青島で葉煙草集荷事業に参入したことがわかる。同社は長春で買収した既存の東華煙草公司工場を操業し、奉天に支店、哈爾濱に出張所を置いた。長春工場は煙草製造を目的とした葉煙草再乾燥工程ではない。ただし同社の事業は中国への戦後恐慌の波及で伸びずに衰退していた[12]。同様に山東省の葉煙草集荷を主業とする、1919年9月15日設立の山東葉煙草株式会社（本店済南、青島に移転）も奉天に支店を設置しており、吉林省の葉煙草集荷を目標としたのかもしれない。同社は名古屋の株式会社いとう呉服店（1910年2月1日設立、1925年4月16日株式会社松坂屋に商号変更）の子会社で、山東省では有力日系事業者と位置づけられていた（第4章参照）。また専売局の意向で1919年8月29日に設立された東洋葉煙草株式会社（本店東京）も、山東省の葉煙草集荷で成果を上げることができず、長春に支店を設置した。既存の東亜煙草工場への納入が困難で、また吉林省の地場産葉煙草では専売局に納入できず、製材業に参入したが成果は限られていた（第4章参照）。

　このように第1次大戦から1931年までの間に煙草製造事業者として参入し、そのまま満洲国樹立時まで事業を継続できた事業者は見当たらないため、満洲における操業環境の厳しさを物語っている。すなわち英米煙草トラストという巨大な競合者の存在、販売戦略の弱さ、原料葉煙草集荷の困難、銀貨暴落による金建取引の価格競争力の衰退等が日系事業者を強打した。日露戦後に参入した東亜煙草以外に煙草製造販売で存続できた事業者はなかった。また満洲の葉煙草集荷では事業として成功した事例はなかった。事業規模を追求しなければ、日本人人口の多い大連における煙草販売を業とする零細規模で存立しえた。すなわち東亜煙草以外では限られた日本人の嗜好に合わせた価格の高い煙草の販売に特化した川下部門だけが細々と事業として成り立ちえた。

1) 南満洲鉄道株式会社地方部勧業課『南満洲商工要鑑』1919年版、93、121-122頁、日清興信所『満洲会社興信録』1922年版、48頁。
2) 南満洲鉄道株式会社地方部勧業課『満洲の煙草』1920年と推定、53頁。
3) 『満洲会社興信録』1922年版、357頁。
4) 南満洲鉄道株式会社興業部商工課『満洲商工概覧』1928年版、316-317頁で掲載、他方、同殖産部商工課『満洲商工概覧』1930年版では消滅している。
5) 在奉天総領事館「奉天附属地ニ於ケル煙草製造工場ノ現況報告ノ件」1933年2月16日（外務省記録E.4.5.0.-45）。
6) 大連商工会議所『満洲銀行会社年鑑』1935年版、101頁。
7) 『満洲会社興信録』1922年版、129頁。

8）同前、240頁。
9）同前、225頁。
10）『満洲銀行会社年鑑』1935年版、372頁。山東省本店時期については第4章参照。
11）前掲『満洲の煙草』53頁。設立については第4章参照。奉天窯業については『満洲会社興信録』1922年版、347頁。満洲地場企業家として多くの会社に関わった山田三平、庵谷忱については柳沢［1999］、須永［2007a］参照。
12）中華煙公司は『帝国銀行会社要録』1925年版以降には見出せない。華北でもさほど活躍できずに行き詰まった（第4章参照）。

第2節　日系煙草事業の競合者

1．英米煙草トラスト

　先述のように欧米系の事業者として、1902年9月29日に英米煙草株式会社（本店ロンドン）が設立登記後、1903年に上海に支店を設置し、中国における煙草販売に参入した。またその子会社の大英烟公司 British Cigarette Co., Ltd.（1903年7月22日設立、本店上海）が上海工場を設立し、最大消費地上海で生産を開始した。その後、1919年2月27日に英米煙草株式会社（中国）British American Tobacco Co.,（China）Ltd. が設立され（本店上海、イギリス法人）、中国内の英米煙草（ロンドン）の支店を承継して、販売網を引き継いだ。英米煙草（中国）は大英烟公司を傘下に入れ、中国各地で煙草販売を業とする中国内事業持株会社となった。満洲内事業は先に再編されるが、概ね中国関内企業群が再編される1934年9月までこの体制が続いた[1]。
　満洲においても英米煙草（中国）は大英烟公司の製品と輸入品の販売を行っていたが、南満では大英烟公司が1908年に奉天工場設置後は、大英烟公司がその工場出荷煙草の販売を強化して市場支配を広げた。北満では第1次大戦期にロシア煙草の入荷が困難になったため、英米煙草は急速に市場を掌握した。満洲においては、上級品は総て英米煙草トラストに供給独占されていた。
　ポーランド出身のロパート父子が経営するロパート父子商会は哈爾濱でロシア煙草製造の小規模工場を操業していたが、後述のチューリン商会に追撃され、業績が不振に陥っていた。既に英米煙草は北満に搬入した煙草の販売を続けていたが、大英烟公司が奉天に工場設置後、同公司が満洲における製造販売を担当していた。1913年にロパート公司が苦境を乗り切るため1百万円に増資した際に、その6割を大英烟公司が

取得して支配下に移した。そして1915年5月に香港法人として登記し、純然たる英米烟草トラスト系の事業のロパート公司（老巴奪股份有限公司）A. Lopato & Sons Ltd. に転換させた。同社は工場を哈爾濱に置き、東支鉄道主要駅に倉庫を有し、幅広く事業を行っていた。1919年3月1日に英米烟草（中国）は大英烟公司からロパート公司株式を取得、子会社に移した[2]。ロシア革命後にロシア煙草の輸入が止まると、英米烟草（中国）は1921年に急遽ロパート公司の哈爾濱工場を大拡張させ、供給量を大幅に増強し、売り上げを伸ばした（満洲煙草統制組合[1943]29-30頁）。さらに1919年4月28日に大英烟公司とロパート公司が合弁で駐華聯合烟草股份有限公司 Alliance Tobacco Co., Ltd. を香港に設立し、大英烟公司が同公司の株式の過半を掌握した。駐華聯合烟草は奉天に支店工場を設置し煙草製造に着手した。同公司の会長にE.A.ロパート E.A.Lopat が座り、独自の取締役会を置き名目上は英米烟草トラスト企業群の中では独立性が高い形態となっていた。同公司の製造煙草も英米烟草が販売ネットワークに乗せて販売した。同公司の操業が安定したところで、大英烟公司は1924年2月に駐華聯合烟草の事業資産を吸収し清算させた。さらに大英烟公司は譲渡を受けた工場を同公司奉天工場に切り換え、同年10月9日に同名の駐華聯合烟草股份有限公司を新設し（本店上海）、休眠法人の商号のみ存続させた[3]。1925年の5.30事件後に英貨排斥運動が高揚したことにより、関内工場が操業停止に陥り、そのためロパート公司は大英烟公司の直営工場に代り、哈爾濱で煙草を大量に製造して満洲で販売した。だが巨大な上海工場等を擁する大英烟公司の操業規模を代替できるほどの力量はなかった。その後もロパート公司は工場規模拡大を続け、1928年頃には年産10億本の製造能力を有し、北満における最大煙草事業者となった。原料葉煙草の8割はアメリカから仕入れているといわれていた。哈爾濱工場の煙草は北満を中心に満洲各地のみならず、外蒙にも輸出していた（南満洲鉄道興業部農務課[1929]90頁）。

　大英烟公司が取得した奉天工場は1928年頃で新式煙草巻上機38台を使用した。1台で旧式の4倍の生産性を有し、10時間で40万本、1日生産量は300～400箱（50千本入）という満洲の最大規模事業者となった。奉天工場の製品は中下級製品であるが、原料葉煙草は山東省産の米国系黄色種葉煙草のほか華南系在来種とアメリカからの輸入で調達していた。原料も大量購入で廉価仕入となるため、当然ながら製品の価格競争力は強い。英米烟草の販売においても規定の割戻金以外に売上高奨励金等を販売店に交付し、卸売小売商に販売努力をさせていた。新製品の販売に当っては広告を大量に投じ、販売促進を図り[4]、英米烟草トラストはその煙草製造の規模だけでなく、マ

ーケティング戦略にも長じていた。

　さらに大英烟公司は営口への進出も計画した。1924年に同公司は営口の南満洲鉄道附属地に接する土地を取得して、1926年４月より紙巻煙草の製造を開始する予定で工場の建物を竣工し、ボイラー及び製造機械の一部を取り付けた。ところが1925年後半に華南一帯における排英運動が波及し、それにより大英烟公司系の製品の売り上げが激減した。この間に南洋兄弟烟草公司が間隙をぬって大活躍し商圏を広げた。さらに奉天で巻煙草特殊税の徴税を開始すると布告されたため、大英烟公司は満洲における売り上げの見通しを憂慮し、営口工場の建設工事を中止した。そして一旦据え付けたボイラー及び機械等を上海工場に送還し、建物が残っているだけの状態となった[5]。こうして大英烟公司の営口工場の操業は実現できずに終えた。

　先述した華中南一帯の排英運動により、英米煙草の華中南における煙草売り上げは急減した。大英烟公司奉天工場職工長の説明では、当分の間、製造停止を余儀なくされたが、奉天工場においては２か月ほどの原料在庫があるため、それがなくなるまで作業を継続した。また排英運動が起きない南満と北満への販路拡張を計画したという。奉天工場の職工のうち機械職工約320名の多くは上海、漢口、香港の工場から連れてきた熟練工で、ほとんどは職工長格であり、幼年工や女工を指導する立場にあった。南方から連れてきたが職工がストライキを打つ可能性があり、大英烟公司としても注意を怠らず、作業縮小あるいは工場閉鎖するといった宣伝を行い、一部職工を整理した[6]。

　その後も英米煙草トラストの満洲の煙草市場掌握の動きは続き、1930年11月15日にイギリス法人の啓東烟草股份有限公司 Chi Tung Tobacco Co., Ltd.を設立した（本店上海）。1931年２月20日に英米煙草（中国）の上海本店は、満洲における支店等に対し、３月１日より東三省（大連を含む）の英米煙草系事業は総て啓東烟草に改めるよう通牒し[7]、同系の大英烟公司を含む満洲における煙草事業を統合した。そして1931年３月１日より東三省（大連を含む）の既存の英米煙草の各支店は啓東烟草に改称させた。その理由は、傍系のロパート公司と英米煙草トラスト系の煙草販売法人の永泰和烟草股份有限公司（1921年10月１日設立、本店上海）の代理店を合併させ、在満英米煙草系の販売網を統一し、信用を獲得し、中国名に改称することで中国人に対し求心力を獲得することが目標とみられていた。特に1930年には銀安の影響を受け、多額の欠損を計上しており、改組と商号変更で販売拡大を狙っていた[8]。こうして啓東烟草公司は満洲における英米煙草（中国）の製造販売子会社として、事業を一元的に取

り扱うこととなった。この改組は満洲内事業を中国関内事業に先じて再編し、併せて外資系事業者の商号の現地化を図ったものであった。啓東烟草の設立後、ロパート公司の製品の販売は啓東烟草に任せ、満洲全域における煙草事業の経営は啓東烟草が掌握するところとなった。

なお1925年10月～1926年7月の北京関税特別会議で関税自主権の合意を条約として実現できなかったため、国民政府は1928年7月7日に通商条約破棄を宣言し、暫定税率の施行を開始した。その後の外交交渉を経て、1930年5月6日に日中関税協定が締結されたが、国民政府は関税のみならず、既存の統税品目の煙草（1928年1月18日公布「巻烟草統税条例」で規程、1929年改正）等のほか、1931年1月28日に綿糸布、セメント等の有力品目への統税を導入し課税を強化した。日本政府は租借地外における徴税を黙認したことで、例えば煙草では大連港経由の輸入品は二重課税状態に置かれた。英米煙草トラストは二重課税回避のため輸入を大連から営口に、さらに天津に移すといった対応を余儀なくされたが[9]、大連港経由で輸入する日系事業者は二重課税の対象となった。このように満洲事変前において、日本の煙草事業者のみならず、英米煙草トラストも課税強化により既得権益の後退を迫られていた。

2．その他の事業者

南洋兄弟烟草公司は広東を拠点とする華僑系煙草事業者で、華南産葉煙草を原料として、中国系煙草事業者であることを売り物に販路の拡張を強め、1915年1月18日の対華二十一箇条要求で紛糾した際に満洲に参入したが、同公司は南満より北満のほうが市場を得ていると見られていた。しかし販路の拡張はさほど進まなかった。1920年代後半では満洲における地方政権による課税の負担が重く不振に陥っていた（南満洲鉄道興業部農務課[1929]89頁）。

ロシア系のチューリン商会合名会社 Tschurin & Co., J.J.（秋林商会）はチューリン一族と周辺の企業家が1867年10月4日に本店をブラゴヴェシチェンスクに置き設立した。各地に店舗を展開し、ウラジオストックには煙草工場を設置した（藤原[2010]34-35頁）。1898年に哈爾濱支店を開設して事業を拡大し、さらに旅順口・奉天・斉斉哈爾、大連に店舗を開き、事業の拡張で哈爾賓の百貨店は極東随一の百貨店と言われた。日露戦争後もロシア勢力圏の哈爾濱でそのまま事業を続けていた。1914年には、その他の事業拡張で百貨店のほか煙草・製茶・塗料・腸詰等の工場と発電所・裁縫所を有していた。チューリン商会の哈爾賓煙草工場は1914年に竣工し、年2億本を製造

していた。同社は原料煙草として華南産在来種5割、ほか朝鮮産、ギリシャ産を調達していた。1917年5月に従来の10百万ルーブルの合名会社事業を承継し、資本金11百万ルーブルの株式会社組織に切替え、事業を続けた。しかしチューリン商会は1917年ロシア革命で哈爾濱以外の在シベリア事業の全てを喪失したため、本店を哈爾濱に移転した。その後も1922年に煙草工場の拡張を行い、品質改良に努め、大英烟公司の出資を受け入れていたロパート公司に対抗していた[10]。1922年5月10日に中国法人の無限公司秋林洋行の登記と事業許可の申請がなされ（藤原[2010]40頁）、中国法人に転換した。ロシア人にはチューリン商会のロシア煙草が好評であった。そのほかロシア系事業者として、中俄烟公司が活動していた。奉天に工場を持つ煙草事業者であり、表面上は清露合弁の形態を採用して発足したが、純然たるロシア人経営の煙草会社であった（資本金銀20万元）。生産能力は1日25千本で、下級品製造に特化していた（南満洲鉄道興業部農務課[1929]参照）。

　1928年頃で南満では英米煙草に対し東亜煙草とその他群小の製造業者が対抗し、北満においては英米煙草、東亜煙草及び南洋兄弟烟草公司の鼎立に近い状態であり、満洲全域では、英米煙草が60％、東亜煙草が25％、南洋兄弟烟草公司が10％、残り5％がその他のロシア系の中俄烟公司やチューリン商会等の弱小業者のシェアといえた（南満洲鉄道興業部農務課[1929]85頁）。

　地場中国人有力者による煙草製造業も見られた。1922年に有力官吏により、南満で東三省煙草公司が設立を見たが、1924年に廃業している。また1924年に華北烟公司が工場設立を行った。中国人資本の事業者も欧米系・日系の事業者を追撃した[11]。さらに1928年4月頃より、安東の中国人資本家が中心となり、安東周辺の地場産葉煙草を原料とする煙草製造事業の創出を企画し、上海・香港にも出資者を募った。その法人設立の定款案が残っており、それによると「東辺煙草股份有限公司」と称し、「国貨ヲ製造シ利権ヲ挽回スルヲ以テ目的トス」と、冒頭に利権回収を企業目的として掲げていた。また中国商民資本で組織し、総公司及び総工廠を安東に置き、資本金は現大洋6万元とし、出資は中国人に限る等を規定した。この法人の設立が実現すると、東亜煙草に相当の影響を及ぼすだろうと、在安東領事館は観測していた[12]。ただしこの地場産葉煙草を原料とした規模の大きな煙草製造法人の設立は、満洲事変前に実現しなかった。大規模煙草製造の原料に充当するにはさらなる地場産葉煙草の量産体制を確立する必要があった。

1) 巨大煙草トラストの傘下の企業集団として世界各地で事業規模を拡大するプロセスについては、Cox[2000]参照。1930年前の中国における事業についてはCochran[1980]を参照。中国・満洲における事業の解説としては、東亜煙草株式会社「満洲及支那ニ於ケル英米煙草トラスト会社」1942年3月（旧大蔵省資料Z530-134）、大東亜省総務局経済課『英米煙草東亜進出沿革史』1944年、を参照。
2) 前掲『英米煙草東亜進出沿革史』70-71頁。
3) Cox［2000］pp.155-156、前掲『英米煙草東亜進出沿革史』71頁。
4) 南満洲鉄道興業部農務課[1929]83-84頁。この資料では「ロパート煙公司」と記されているが、本章ではロパート公司で統一してある。
5) 在牛荘領事館「営口大英煙草公司工場ニ関スル件」1927年1月22日（外務省記録E.4.5.0.-45）。
6) 在奉天総領事館「英米煙公司作業縮小並同盟罷業ニ関スル件」1927年3月14日（E.4.5.0.-45）。典拠資料では「当地英米煙公司ノ職工長」とあるが、奉天で操業している工場は大英烟公司のため修正した。
7) 在鉄嶺領事館「英美烟公司改称ノ件」1931年2月28日（外務省記録E.4.3.1.-5-8）。
8) 在奉天総領事館「英米煙草公司ノ改称ニ関スル件」1931年3月9日（外務省記録E.4.5.0.-45）。典拠資料では「啓東煙草股份公司」となっているが修正した。英名と設立年については前掲『英米煙草東亜進出沿革史』と華北総合調査研究所『英米煙草トラストとその販売政策』1943年、参照。有能な中国人経営者の販売で実績を上げた永泰和烟草については第4章、Cochran[2000]ch. 3参照。
9) 1930年5月日中関税協定締結に至る外交交渉と、個別品目への影響については、小池[2003]第5章が詳しい。煙草統税については中国烟草通志編纂委員会[2006]1346-1348頁。
10) 南満洲鉄道興業部農務課[1929]91-92頁、満洲烟草統制組合[1943]30頁、黄[1995]487頁、藤原[2010]35-37頁。通貨単位は資料の表記による。チューリン商会については哈爾濱におけるロシア企業家の活動事例として研究が豊富であり、内山[2002]、井村[2010]等を参照。
11) 満洲煙草統制組合[1943]31頁。典拠資料では「東三省煙草会社」となっていたが、中国法人のため「東三省煙草公司」に修正した。設立されたのは、「東三省烟草公司」かもしれない。華北烟公司は1920年代央には奉天所在の小規模工場を操業していた（南満洲鉄道興業部農務課［1929］94頁）。
12) 在安東領事館「東辺煙草股份有限公司設立計画ニ関スル件」1928年10月1日（外務省記録E.4.3.1.-5-8）。定款の訳文では「東辺煙草株式会社」となっているが、典拠文書の表題に合わせた。現大洋は東三省造幣廠の鋳造する1890年「造幣条例」に基づく本位銀貨。乱発で暴落し市中で氾濫する奉天票の中ではほとんど流通していなかった（満洲中央銀行[1942]32-33頁）。

第3節　東亜煙草の日系煙草市場における寡占的支配

1．東亜煙草の操業の概観

　1918年11月20日に東亜煙草は専売局から朝鮮煙草株式会社の製造煙草の販売引受に関する承認を得て、朝鮮煙草の川下部門を取り込んだ[1]。朝鮮煙草に対しては鈴木商店系の大日本塩業株式会社の支配人が筆頭株主になっていたが、その後の朝鮮煙草の経営不振で、大日本塩業が持株の一部を売却していた。朝鮮における煙草専売制が既に確定方針として進められている中で、朝鮮内煙草事業の展望がない朝鮮煙草の株式保有は魅力のあるものではなかった。朝鮮煙草はその状況を打開するため営口に進出し、東亜煙草を模して朝鮮外地域における事業の拡張で延命を模索していた。

　東亜煙草等の朝鮮内煙草製造事業者は、1921年4月1日裁可「朝鮮専売令」（施行同年7月1日）により、同年6月30日で朝鮮における煙草製造工場を閉鎖し、7月1日に朝鮮総督府に譲渡した[2]。これにより安定した植民地を操業基盤として利益を計上できる体制は消滅した。東亜煙草は拠点を満洲に移し、巨大煙草製造販売市場における覇権争いを続けることになる。また東亜煙草は後述のように鈴木商店系経営者の支配を受けることになり、また競合者の亜細亜煙草を吸収合併するが、1920年代の経営は、操業環境の悪化と英米煙草トラストとの激しい競合で、苦しい状況に置かれていた。鈴木商店系による経営権の掌握と満洲における操業状況を点検する前に、東亜煙草の操業を概観しておこう。

　東亜煙草は朝鮮内同業者を買収することで寡占的供給者としての立場を強めており、朝鮮内の製造と売上量は増大した（表2-1、表2-2）。満洲でも1919年は通年で好景気が続いたため、よく売れた。そのため1920年4月期は2,140百万本を朝鮮内で販売した。他方、満洲はすでにピークアウトしたが、809百万本の水準を維持していた。煙草製造では朝鮮では1920年4月でピークとなるが、満洲では1919年4月期の1,163百万本でピークとなりその後は下落傾向を続けた。そして戦後の反動恐慌が襲来した1920年10月期には製造販売ともに急減した。さらに1921年6月で朝鮮内販売は終わり、東亜煙草の製造販売は急落した。1921年10月期の総販売本数は満洲内で落ち込んでいるため、僅かに444百万本に低迷した。東亜煙草の未払込資本金を控除した総資産は1920年10月期の28,790千円でピークとなるが、最高の利益を計上したのは1919年10月

表2-1　東亜

製造所	種類	1919.4期	1919.10期	1920.4期	1920.10期	1921.4期	1921.10期	1922.4期
朝鮮製造所(京城)	紙巻	996,348	1,001,399	1,168,926	808,627	632,241	—	—
	刻	8,496	11,934	12,030	10,608	12,342	—	—
大平町工場	紙巻	316,621	359,703	346,750	259,280	204,398	—	—
平壌製造所	紙巻	203,907	326,586	343,943	257,812	187,961	7,162	—
全州分工場	紙巻	67,440	108,540	114,600	110,600	107,600	25,000	—
営口製造所	紙巻	1,163,692	786,583	823,549	460,286	350,162	249,117	633,534
天津製造所	紙巻	139,900	253,150	201,420	106,625	107,293	63,504	57,253
上海工場	紙巻	108,560	69,750	66,472	7,270	5,872	15,082	32,384
合計	紙巻	3,059,688	3,006,191	3,138,845	2,101,400	1,676,786	493,962	723,171
	刻	8,496	11,934	12,030	10,608	12,342	3,354	1,200

注1：紙巻は千本、刻は貫。
注2：紙巻は口付と両切の合計。
注3：1921年10月期以降の刻煙草の製造工場不明。
出所：東亜煙草株式会社『営業報告書』各期、1922年4月期以降はたばこと塩の博物館蔵、在牛荘領事館「営口地方ニ於ケル巻

表2-2　東亜煙

地域	種類	1919.4期	1919.10期	1920.4期	1920.10期	1921.4期	1921.10期	1922.4期
満洲	紙巻	1,062,147	1,024,047	809,060	440,516	306,483	309,485	546,262
	刻	2,519	2,780	2,486	2,515	2,425	1,910	1,886
北支那	紙巻	335,468	254,819	271,800	197,977	150,573	114,717	93,038
	刻	622	664	571	533	586	404	523
南支那	紙巻	95,256	24,284	19,149	9,357	9,445	20,008	34,819
	刻	314	273	514	238	308	98,760	132
朝鮮	紙巻	1,643,362	2,065,482	2,140,524	1,619,145	1,432,229	—	—
	刻	7,757	10,078	9,510	11,272	12,133	—	—
その他	紙巻	—	—	—	—	—	—	—
	刻	—	—	—	—	—	—	—
合計	紙巻	3,136,233	3,368,633	3,240,534	2,266,996	1,898,731	444,211	674,121
	刻	11,213	13,795	13,082	14,560	15,454	2,414	2,541

注1：紙巻は千本、刻は貫。
注2：北支那は華北、南支那は華中。
出所：東亜煙草株式会社『営業報告書』各期

期であり、1920年10月期からは利益は落ち込んだ（表2-3）。しかも1921年6月の朝鮮事業の譲渡により、1921年10月期の未払込資本金控除総資産は22,930千円へと縮小した。この間、経営が急速に悪化したため、支払手形で銀行から短期資金調達を行いしのいでいた。1922年4月期の未収入金5,735千円は後述の朝鮮総督府による資産買収金5,672千円を資産計上したものと思われる。また廃業交付金として交付された交付国債も計上した。不振に陥り1922年4月期には1,394千円の損失を計上した。そのため1922年10月期には別途積立金を全額取り崩し、法定積立金も6割以上取り崩し、未払込資本金控除後の総資産を1922年4月期の22,754千円から10月期の13,142千円に

煙草製造高(2)

(単位：千本、貫)

1922.10期	1923.4期	1923.10期	1924.4期	1924.10期	1925.4期	1925.10期	1926.4期	1926.10期
—	—	—	—	—	—	—	—	—
—	—	—	—	—	—	—	—	—
—	—	—	—	—	—	—	—	—
—	—	—	—	—	—	—	—	—
397,900	486,675	567,255	700,303	619,030	622,745	732,418	589,395	539,313
16,540	69,090	56,700	76,890	58,080	…	…	…	…
24,273	12,372	—	—	—	…	…	…	…
438,713	568,137	623,955	777,193	677,110	…	…	…	…
450	2,058	918	510	204	…	…	…	…

煙草界ノ現勢ニ関スル件」1927年4月6日（外務省記録E.4.3.2.-5-8）

草商品売上高(3)

(単位：千本、貫)

1922.10期	1923.4期	1923.10期	1924.4期	1924.10期	1925.4期
223,252	464,816	590,719	650,328	615,671	647,005
1,855	3,577	1,825	1,706	2,270	2,002
114,990	105,136	127,842	86,408	56,504	32,920
200	279	228	244	30	42
33,088	12,536	1,532	1,232	460	380
90	122	150	126	90	150
—	—	—	—	—	—
—	—	—	—	—	—
239,164	—	—	—	—	—
99	—	—	—	—	—
610,496	582,488	720,093	737,968	672,636	680,305
2,244	3,979	2,203	2,076	2,390	2,214

圧縮し、借入金・支払手形・当座借越を減額させて不良資産を処理した。この間、1922年7月20日に定款を変更し、朝鮮事業の撤収後の満洲事業への注力のため、支店を奉天に置き、その他枢要の地に製造所販売所出張所等を置くと改めた[3]。1922年10月期でも損失を計上し、苦しい操業が続き、廃業補償金を受領し、交付公債を処分し債務を圧縮し1923年10月期から復配したが[4]、東亜煙草は長期の不振事業者に転落した。

　煙草供給で優位な立場にある朝鮮事業よりも、英米煙草、南洋兄弟烟草公司やその他地場煙草事業者との競争が激しい満洲では、操業環境は厳しく、安定した利益を計

表 2-3　東亜煙

	1919.4期	1919.10期	1920.4期	1920.10期	1921.4期	1921.10期	1922.4期	1922.10期	1923.4期	1923.10期	1924.4期	1924.10期
(資産)												
未払込資本金	100	5,250	4,248	4,200	4,200	4,200	4,200	4,200	4,200	4,200	4,200	4,200
商標権	—	—	—	—	—	1,506	1,506	1,506	1,506	1,506	1,506	1,506
地所建物造作物機械器具等	2,455	2,794	2,952	4,122	5,141	5,278	4,532	4,559	4,616	4,620	4,630	4,628
葉煙草	3,626	4,174	6,194	9,396	9,770	9,701	3,342	1,484	1,490	1,142	1,099	720
材料品等	2,832	1,939	1,866	1,765	1,600	1,293	801	752	775	788	693	694
商品	993	1,112	1,598	2,296	2,319	1,140	820	773	676	444	524	539
半製品	183	276	365	650	457	112	138	108	103	109	84	92
受取手形	1,249	2,102	1,497	1,335	1,816	673	277	164	515	1,485	1,964	1,843
取引先勘定	1,250	1,505	2,012	2,228	1,965	1,499	1,458	1,339	1,250	1,367	861	921
仮払勘定	3,354	2,593	4,616	5,089	4,078	604	635	1,121	1,159	726	639	696
葉煙草耕作勘定	—	57	133	186	153	161	101	126	57	57	56	56
未収入金	108	348	182	73	119	1,953	5,735	556	632	171	69	84
有価証券	—	—	—	1,124	969	—	1,825	233	233	233	233	354
預金現金	742	787	663	521	382	512	184	390	146	207	297	443
繰越損失金	—	—	—	—	—	—	—	—	—	24	—	—
当期損失金	—	—	—	—	—	—	—	1,394	24	—	—	—
合計	16,897	22,942	26,319	32,990	32,974	27,130	26,954	17,342	17,389	17,060	16,860	16,785
(負債)												
資本金	3,000	10,000	10,000	10,000	10,000	10,000	10,000	10,000	10,000	10,000	10,000	10,000
諸積立金	859	939	1,503	1,573	1,636	1,696	1,696	358	358	358	382	392
恩給基金職工救済基金職工貯金等	75	61	57	67	75	52	38	32	33	36	37	42
担保勘定	181	214	239	246	219	173	99	82	61	59	51	38
信認金	—	—	—	21	28	23	21	16	19	17	21	17
延納金勘定	744	1,081	1,228	1,457	1,059	3	309	118	151	214	200	251
借入金	2,000	2,000	2,000	2,029	2,030	1,774	1,761	550	550	539	528	513
支払手形	5,880	3,956	6,104	11,790	13,252	12,630	12,313	5,173	5,168	5,170	5,072	4,963
当座借越	1,241	948	1,748	495	392	190	263	—	—	—	—	—
仮受勘定	1,609	1,881	1,759	4,153	3,121	88	216	332	140	145	89	93
未払金	776	1,076	901	558	618	253	176	678	826	341	282	276
前期繰越金	158	213	229	268	129	134	56	—	—	55	27	58
当期純益金	370	568	547	328	410	106	—	—	79	121	165	133
合計	16,897	22,942	26,319	32,990	32,974	27,130	26,954	17,342	17,389	17,060	16,860	16,782

出所：東亜煙草株式会社『営業報告書』各期

上するのは困難であった。満洲で享受できる行政からの支援は、朝鮮内で享受できたものに比べ限られていた。利益が期待できない操業状態のため、後述のように朝鮮事業撤収に伴う補償金上乗せによる政治的工作に奔走した。その後、同業者の亜細亜煙草の経営不振が続き、1927年7月23日に東亜煙草は同社を吸収合併し、亜細亜煙草株主に全額払込の東亜煙草の株式を交付することで、資本金を11,500千円に増資し、払込資本金は7,300千円となった[5]。1927年10月期ではそれに伴う資産増大は地所建物造作物機械器具等以外さほど見られない。旧亜細亜煙草の子会社の中国葉煙草の出資500千円払込を承継したことによる1927年10月期の有価証券保有の変動が反映してい

草貸借対照表(3)

(単位：千円)

1925.4期	1925.10期	1926.4期	1926.10期	1927.4期	1927.10期	1928.4期	1928.10期	1929.4期	1929.10期	1930.4期	1930.10期	1931.4期	1931.10期
4,200	4,200	4,200	4,200	4,200	4,200	4,200	4,200	4,200	4,200	4,200	4,200	4,200	4,200
1,506	1,506	1,500	1,500	1,500	1,800	1,800	1,800	1,600	1,500	1,500	1,500	1,500	1,500
4,618	4,633	4,629	4,635	4,556	5,414	5,200	4,973	4,907	5,077	5,082	5,069	5,053	4,983
2,047	1,807	1,515	1,552	1,680	1,173	1,167	989	2,285	1,471	1,139	680	653	451
723	727	781	786	836	829	879	854	1,021	865	808	600	447	198
521	374	492	405	383	352	372	493	454	603	419	212	329	152
100	118	107	78	67	91	48	28	74	59	47	46	30	32
843	1,488	1,423	1,603	1,145	900	721	543	577	514	470	379	375	249
796	1,047	899	682	587	605	988	942	1,101	930	790	659	268	380
647	1,028	715	521	1,787	1,742	717	401	287	309	329	177	310	82
56	54	54	46	19	16	12	12	9	9	6	6	5	5
79	86	78	70	123	107	52	37	47	42	23	14	28	21
354	143	143	143	926	981	1,030	1,225	729	528	560	547	367	410
377	341	321	263	332	542	184	456	174	73	350	1,007	1,532	1,918
—	—	—	—	—	—	—	—	—	—	—	—	—	—
16,873	17,557	16,861	16,491	18,145	18,758	17,375	16,690	17,470	16,184	15,729	15,102	15,104	14,587
10,000	10,000	10,000	10,000	10,000	11,500	11,500	11,500	11,500	11,500	11,500	11,500	11,500	11,500
401	409	429	434	439	494	500	512	524	529	531	532	533	534
45	55	61	72	84	101	110	127	139	129	89	90	92	106
25	35	34	35	42	42	42	33	57	58	66	63	61	56
25	27	32	32	43	41	47	54	60	54	40	33	32	34
74	186	123	123	1,228	183	170	205	327	116	159	99	106	99
502	492	482	472	762	832	672	662	697	622	612	567	391	377
4,898	5,136	4,548	4,487	4,007	3,599	3,250	3,018	3,011	2,235	1,944	1,641	1,618	1,006
—	—	—	—	23	—	—	—	103	92	—	—	—	—
417	647	933	603	1,274	1,693	735	399	728	543	449	232	478	339
279	173	130	143	151	136	159	224	239	219	253	251	198	211
59	59	67	79	81	119	54	173	64	74	78	81	87	89
133	333	16	6	5	14	130	48	15	6	3	7	3	229
16,873	17,557	16,861	16,491	18,145	18,758	17,375	16,960	17,470	16,185	15,729	15,102	15,104	14,587

ない。不振事業者の株式のため評価を大幅に切り下げたのかもしれない。東亜煙草の原料葉煙草は1923年8月11日に米星煙草株式会社と1923年度山東産米国種葉煙草調達契約を締結し（水之江[1982]349-355頁）、以後、毎年度更新して山東省産葉煙草を安定的に調達できた。そのほか東亜煙草は米国産黄色種葉煙草も調達している。1922年8月に鈴木商店を通じて、ディブレル・ブラザーズ葉煙草会社 Dibrell Brothers, Inc.、1923年1月にチャイナ・アメリカン葉煙草会社 China American Tobacco Co., Federal. Inc.U.S.A.（中美烟葉公司）、1926年8月にユニバーサル葉煙草会社 Universal Tobacco Leaf Co., Ltd. Inc.から購入し、また鈴木商店からはマニラ葉も購入したと

いう[6]。以後も同様に米国産葉煙草を調達していた。

　東亜煙草が1920年代満洲における煙草製造販売で不振を続け、当初期待したような高利益法人とはかけ離れた状況にあるため、専売局は同社の経営を懸念し、1925年8月、1926年6月、1928年12月に経営の問題点を指摘し厳しく改善を要求した（水之江[1982]92-97頁）。東亜煙草も大胆なコストカットによる経営改善が必要と判断し、1928年12月20日に取締役に岩波蔵三郎（前専売局生産技師）ほかを選任した[7]。専売局の業務改善要求のみならず、補助金を交付している関東庁と南満洲鉄道株式会社も同社に対し取締役の満洲常駐を求めた。これを受けて岩波蔵三郎が1929年7月15日より満洲に常駐し、大胆なコストカットに乗り出す。それまでの多額の在外勤務手当を支給し、また多額経費を使って販売する事業体制は改められたが、これに対しては満洲の事業現場では反発も強かった[8]。

　1920年代の満洲におけるプレゼンスの強化策として、日本の支援による東三省の煙草専売制の導入に期待した。この構想に関わることで劣勢を挽回しようとしていたようである。1927年3月以降から翌年にかけて、対中国投資会社の中日実業株式会社が中心となり、東三省政権と提携し、専売制実施のための煙酒借款5百万弗の提供で制度導入を働きかけた。外務省亜細亜局長有田八郎、支那駐箚大蔵事務官公森太郎、専売局事業部長平野亮平、大蔵次官黒田英雄等が関わり、これに東亜煙草の東京支店勤務貝原収蔵が支援に回ったが、1928年6月21日の張作霖爆殺事件でこの構想が瓦解した[9]。中国他地域でも専売制導入の動きが見られたが、いずれも安定的な制度としては実現できなかった[10]。国民政府は1927年9月に「巻烟税章程」を公布し従来の煙草税制をすべて取り消し、新たな税制に移行したが、煙草税の税率が50％と高く、その不満に対処し35％に引き下げて実施に移した。さらに1928年1月18日「巻烟統税条例」により煙草統税を導入した。海関査定金額を標準とし国産煙草22.5％、輸入煙草20％に関税5％と附加税2％の税率で、業者に印紙で統税を納付させる体制に移行し、統税を施行する省が増大していった（中国烟草通志編纂委員会[2006]1346-1347頁）。張作霖爆殺後の1928年12月29日に張学良は国民政府に易幟、すなわち北洋政府の五色旗に換え国民政府の青天白日満地紅旗を掲げることを表明し、国民政府に恭順の意を示した。その後は国民政府による中央の制度導入の要求が東三省で強まった。もちろん東三省が国民政府の完全支配下に置かれたわけではないため、おおむね独自性を維持できたが、「巻烟統税条例」を受け入れざるを得ない状況にあった。こうした経緯を考慮すると、東三省独自の煙草専売制の導入の実現はすこぶる困難な状況にあった

と見るべきであろう。

　東亜煙草は先述の大幅経費圧縮等により、1929年10月期に支払手形2,235千円に圧縮し、1930年4月期に1,944千円にさらに圧縮したうえで、1931年4月27日に銀行債務償還交渉をまとめた。同社は朝鮮殖産銀行458.2千円、第一銀行418千円、朝鮮銀行355.6千円等、合計1,440.3千円の債務を同年6月30日に437.3千円を償還し、残り1,003千円を毎半年分割して1936年6月にまでに全額償還する協定に基づき、償還を開始した（水之江[1982]162-163頁）。

2．鈴木商店系経営支配の確立

　合名会社鈴木商店（1902年3月設立、本店神戸）は第1次大戦期にその本体事業とグループ会社事業を飛躍的に拡大させた。同社は大戦期の国際的な素材・機械等の価格騰貴と需要拡大を好機とし、欧州交戦国やその他地域に対し、日本のみならず各地から大量の財を供給することで事業拡張を続けており、東亜煙草の一部の出資者に名を連ね始めた時期とは全く異なる事業規模となっていた。そしてグループ事業を率いる金子直吉の飽くなき事業欲で、東亜煙草は鈴木商店の系列企業群に取り込まれることになる。

　1919年4月30日株主名簿では、1918年10月期に並んでいた金子直吉と藤田謙一の名が消滅し、筆頭株主に大正生命保険株式会社（1913年4月5日設立、本店東京）3,640株、4位に日本教育生命保険株式会社（1896年9月3日設立、本店東京）2,210株が現れた。両社は鈴木商店系であり、両社社長は鈴木商店系の伯爵柳原義光、専務取締役はやはり鈴木商店系の金光庸夫であった。2位に江副廉蔵2,925株、3位に渡辺栄次2,405株であり、金子直吉・藤田謙一の保有株が両保険会社に移譲されたことになる。そのほか藤田助七1,000株、鈴木岩治郎（二代目）200株、長崎英造200株もあり、これらの鈴木商店系保有株式合計7,250株となって、24.1％を占めていた[11]。これにより鈴木商店系の東亜煙草経営への介入権限が一段と強まってきた。なお大正生命保険の1918年末の発行株式10千株のうち、鈴木よね2,500株、藤田助七1,000株、金光800株、金子直吉、柳田富士松、西川文蔵各600株、鈴木岩治郎、柳原義光各500株等となっており、鈴木商店系経営者で大半を保有していた[12]。また日本教育生命保険の発行株式6千株のうち、大正生命保険2,400株、鈴木よね、鈴木岩治郎、金子、柳田、金光各500株で[13]、同様に鈴木商店系が過半を保有し、両社とも鈴木商店の支配下にあった。

この鈴木商店系保険会社の株式取得の経緯は、金子直吉と浜口雄幸（1915年7月2日大蔵次官を辞し、1931年8月まで衆議院議員）の相談によるもののようである。第1次大戦期に鈴木商店は異数の大拡張を遂げたが、その企業集団を率いた金子直吉が同郷の浜口雄幸に相談したところ、英米煙草トラストと対抗させるため東亜煙草を強化する必要があり、その財源として浜口が保険会社の資金を充てることを金子に提案し（白石［1955］94頁）、本体事業とグループ企業の拡張に全力を挙げていた金子が、金光庸夫が経営していた大正生命保険と日本教育生命保険の資金を使うことになったとみられる。

　その後、東亜煙草は1919年7月17日に資本金を10百万円に増資することを決議し、第2新株140千株を発行し、10月末で払込資本金4,750千円に増大した。その結果、株主430名、株式総数200千株に急増した。この増資第2新株を第1次大戦期の株式市場の活況を呈した中で、日本・朝鮮・満洲各地の日本人個人投資家に主として引き受けさせたため、株は広く分散した。この増資の結果、大正生命保険21,840株、日本教育生命保険13,080株、藤田助七6,000株、長崎英造1,000株、岡田虎輔600株、合計42,520株で21.2％を占めていた[14]。東亜煙草の株式が日本・朝鮮・満洲に幅広く分散しているため、鈴木商店は上記の株式取得でも支配権を行使できる地保を固めた。併せて鈴木商店から送り込まれていた取締役長崎英造が岡田虎輔（鈴木商店油煙草部）に交代した。岡田はその後、鈴木商店が山東省における葉煙草部門を法人化して1921年12月に設立した米星煙草株式会社（本店済南、その後青島）の社長として山東省葉煙草集荷に尽力しながら東亜煙草の取締役を兼務した（第4章参照）[15]。岡田は鈴木商店では傑出した葉煙草の専門家であるが、葉煙草集荷の時期には青島に常駐することも多かったはずであり、東亜煙草の取締役会に欠かさず出席できたかは不明である。

　東亜煙草は増資で得た資金で朝鮮製造所と哈爾濱販売所の敷地を買収し、朝鮮総販売所、朝鮮製造所、営口製造所、鞍山出張所、哈爾濱販売所の増築に充てた[16]。煙草事業者として東亜煙草設立時から取締役を続けていた江副廉蔵は1920年3月18日に没し、設立時からの取締役は姿を消した。息子の江副隆一が株式会社江副商店（1921年7月設立、本店東京）の社長として、上位の株主に名前を列するが、同社は鈴木商店とは比較の対象にならない小規模事業であったため、東亜煙草の役員に割り込むことなど不可能であった[17]。

　鈴木商店系の介入は一段と強まり1921年4月末の株主1,195人、200千株のうち、鈴木商店系としては、1位大正生命保険10,930株、2位日本教育生命保険10,380株、4

位藤田助七6,000株、7位大正生命保険別口4,711株のほか、個人保有として依岡省輔500株、岡田虎輔440株、金光庸夫210株、長崎英造200株、西川玉之助200株、合計33,571株となっていた[18]。鈴木商店系が掌握している33,571株は総株数の16.7％に過ぎないが、多数の株主が朝鮮・満洲に居住している個人であり、議決権行使を望む者は少ないため、鈴木商店の掌握する16％だけでも上位株主の強力な発言権で、株主総会に臨み取締役選任を押し切ることが可能となる。専務取締役藤田虎之助が11月16日に死亡したが、1921年12月29日の株主総会では、ほかの役員は重任した[19]。

1922年5月2日に臨時株主総会が開催され、取締役全員辞任、菅野盛之助に代わり、社長に南新吾（前台湾銀行理事）が就任し、専務取締役藤田虎之助の後任に、岡田虎輔が就任した。同時に金光庸夫、長崎英造も取締役に列し、鈴木商店系取締役が多数派を形成した。そのほか理事から朝鮮総督府出身の馬詰次男が昇格して常務取締役に選任された[20]。岡田は東亜煙草の専務取締役の期間は、米星煙草の社長職にあるが、同社の経営は腹心の部下に任せることができるため、東亜煙草の実権掌握に向けて東京で任に当たったはずである。そのほか理事馬詰次男の常務取締役の昇任は朝鮮専売制への移行に尽力したことに対する論功行賞であった。これは朝鮮総督府側の介入であり、後述の朝鮮専売制導入に伴う東亜煙草の補償金増額要求で朝鮮総督府側ともつれていたため、東亜煙草に反発していた朝鮮総督府の介入人事とみられた。しかも岡田は元朝鮮総督府専売局技師であり、朝鮮総督府には岡田を支援する人脈も残っていたはずである。鈴木商店系の経営陣と、反鈴木商店系の経営陣とで東亜煙草の主導権を巡りもつれた。専売局も政府支援を受けている東亜煙草に対し鈴木商店が介入を強めている事態を問題視し、経営に口をはさむため、東亜煙草と専売局の関係ももつれてしまったという[21]。こうして鈴木商店が東亜煙草の経営を掌握する体制が成立する。なお鈴木商店は、1923年3月14日に鈴木合名会社に改組し、同社がグループの持株会社となり、その下に商社部門の株式会社鈴木商店を新設配置する改組を行って、商社部門と持株会社部門に分離した。これは事業拡大の手を緩めない金子直吉の事業戦略を牽制するための台湾銀行側からの介入と見られていたが、金子が両社の実権を掌握し続けたため、効果は乏しかった（桂［1977］185−188頁）。

岡田虎輔が専務取締役に就任後に、鈴木商店系の主導する経営方針が採用されると、東亜煙草内に反鈴木商店系の勢力もあり、社内の軋轢が増幅した。岡田の強引な振る舞いが軋轢を広めたようである。社長南新吾は体制建て直しを図ったが、主要業務地の満洲における操業環境が東亜煙草に有利に動かず、苦しい経営が続いた。それが経

営責任と経営方針を巡って、一段と社内の混乱を拡大させたはずである。1924年4月期で、大正生命保険14,480株、日本教育生命保険10,330株、大正生命保険別口6,431株、藤田助七6,000株、岡田510株、金光200株、依岡500株、長崎200株、西川260株、9株主合計では、38,911株に達し[22]、鈴木商店系の保有株式は19.4％に増大していた。東亜煙草社内の激しい軋轢が表面化して問題となり、結局1925年12月24日に混乱の責任を取り、取締役から岡田虎輔が外れた。他方、長崎はそのまま重任し、金光は監査役に回った。専務取締役に石原峯槌（前熊本専売局長）、常務取締役に松尾晴見（鈴木商店系のクロード式窒素工業株式会社（1922年4月設立、本店神戸）監査役等）が就任した[23]。専売局が東亜煙草の経営監視のため石原峯槌を送り込み、鈴木商店系の松尾と対抗させ、鈴木商店系経営者の支配する取締役会に牽制を加えた。

　1927年3月の金融恐慌で台湾銀行が休業し、同行に資金依存していた鈴木合名・鈴木商店は資金繰りに行き詰まり倒産した。東亜煙草に対するその影響は、鈴木商店との取引が少なく、また鈴木合名による株式保有がなく、専売局監督下にある企業として休業といった大混乱に陥るほどのものではなかったはずである。9月24日に長崎英造が取締役を下りた。長崎は鈴木商店倒産後、同系以外の多くの会社経営に関わるため、東亜煙草から身を引いた。代わって金光庸夫が大株主の生命保険2社の代表として取締役に復帰し、併せて吸収合併された亜細亜煙草取締役の坂梨哲も取締役副社長に就任した[24]。坂梨は吸収合併した亜細亜煙草の事業の内実に詳しいため、非鈴木商店系として起用されたと見られる。

　経営不振の中で、社長南が1930年1月19日に辞任し、同月26日に急死し[25]、1930年3月12日に社長南の死亡登記が行われた。それに伴い金光が1930年3月10日に東亜煙草の専務取締役社長に納まり、専売局は3月12日に社長昇格を承認した[26]。こうして鈴木商店出身の金光庸夫が東亜煙草の社長の座を射止め、鈴木商店は倒産したものの、同系経営者の支配が確立する。社長南の急死という状況がなければ専売局が金光の社長昇格を認めなかった可能性があり、鈴木商店系経営者達にとっては僥倖であった。倒産した株式会社鈴木商店の後身の日商株式会社（1928年2月8日設立）は、商社として再発足したが（日商[1968]1頁）、かつての鈴木商店のような強力な事業持株会社の機能を発揮できないため、同グループ企業のうち外部に譲渡されたり、あるいは独立した事例もある（桂[1977]参照）。その後、1931年4月期に坂梨哲は東亜煙草取締役副社長を退任した[27]。大正生命保険と日本教育生命保険の両社は金融恐慌後の解約急増による資金漏出で一時資金的に苦しくなるが、川崎金融財閥の資金支援を受けて

切り抜けて、そのまま存続できた（日本保険新聞社［1968］373頁）。この両社の出資による東亜煙草の支配を通じて、旧鈴木商店系の金光とその周辺の経営者が長期にわたり東亜煙草の社長として経営の責任を取る。

3．朝鮮における煙草事業の撤収と補償金増額要求

1921年4月1日「朝鮮煙草専売令」公布、7月1日施行で、朝鮮の民間煙草製造は廃止された。以後は、葉煙草栽培納入、煙草販売、払下葉煙草売買、輸入煙草販売に事業が限定された。朝鮮総督府専売局は朝鮮の既存煙草製造業者の製造煙草の特約販売人を同局製造煙草の売捌業者に転換させ延命させた。朝鮮各地に煙草売捌事業者が設立され、1921年以後、16社、うち株式会社14社、合資会社2社が操業した。そのほか「民法」上の組合組織20件と匿名組合組織6件が同様の事業に当たった（朝鮮煙草元売捌［1932］1-2頁）。確認できる限りでは、1921年で11社、1922年で3社、1926年に1社が地域毎に設立された（表1-1）。そのうち最大の事業者は京城煙草元売捌株式会社（1921年6月設立）であり、公称資本金1百万円、払込350千円であった。同社取締役に広江沢次郎が列していた。これらの売捌業者は朝鮮総督府専売局製造煙草の販売を担当したが、1927年11月28日に朝鮮煙草元売捌株式会社の設立で事業統合され解散した[28]。そのほか1922年では支店業者としては株式会社伊藤商行（1919年12月25日設立、本店上海）、株式会社江副商店、株式会社明治屋（1911年4月22日設立、本店横浜）及び鈴木商店が煙草取扱業を続けた。このうち江副商店と明治屋は輸入煙草販売を業としたが、ほかは煙草以外の商品も取り扱った[29]。

朝鮮における煙草専売の施行前に東亜煙草は満洲に進出し、満洲の事業基盤を拡張していた。朝鮮内事業の廃止に伴い、東亜煙草は1922年7月20日に定款を変更し、支店を京城に置くといった朝鮮内業務の条項を削除した[30]。朝鮮総督府は東亜煙草の事業資産買収額と廃業補償交付金の交付額を査定した金額を示し（表2-4）、その合意を求めた。各工場合計で、最多は原料葉煙草3,822千円、以下、建物749千円、機械器具522千円等、合計5,672千円というものであった。そのほか廃業交付金として、1918年7月〜1920年6月の製造煙草売渡金から前年1カ年売渡額10,373千円を算定し、その22％の2,282千円を交付金として支給するというものであった（朝鮮総督府専売局［1936］266頁）。合計7,954千円となる。東亜煙草は1921年10月期に廃業交付金1,904千円を受領した[31]。1922年4月期に交付公債1,825千円として資産計上し、残りを未収金として計上した。東亜煙草は事業不振が続くため、さらなる補償を要求した。すな

表2-4　朝鮮総督府の東亜煙草朝鮮内資産買取額

(単位：千円)

工場	土地	建物	機械器具	原料葉煙草	材料品	合計
京城仁義洞工場	131	427	299	3,650	221	4,731
京城大平通分工場	87	28	58	43	5	224
全州分工場	39	123	29	63	24	280
大邱分工場	38	20	25	64	30	179
平壌分工場	―	148	109	―	―	257
合計	297	749	522	3,822	281	5,672

出所：朝鮮総督府専売局[1936]264-266頁

わち政府の補償額と東亜煙草の要補償申告額の差額122万円、英米煙草を撃退し朝鮮の煙草事業者買収統一を行ったことに使用した金額及び朝鮮事業撤退の際の持越品の代金回収不能額438万円の交付を求めた。また東亜煙草の商標の補償金92万円の交付を要求し、買収された工場原料材料等に数倍する営業権及び中国南洋方面における事業へ進出したことを考慮して、さらに補償金額算定へ斟酌を加えることを求めた。これらを朝鮮総督府は到底受け入れられない要求だと担否した（朝鮮総督府専売局[1936]260頁）。

　東亜煙草よりはるかに零細な事業者にとって専売制移行の打撃は大きく、零細事業者4名が1921年3月8日付で「朝鮮ニ於ケル煙草製造業者救済ノ請願」を衆議院に提出し、3月に衆議院の請願として採択され、これが朝鮮総督府に送付された。その内容は、廃業補償交付金の交付率を1年間の取引高の20％を100％に引き上げ、工場買収を希望しない者への交付金の6分の1から6分の2への引き上げ及び借家営業者へも6分の2の交付金支給を請願していた（朝鮮総督府専売局[1936]249-251頁）。これに対し、朝鮮総督府は、この請願を採用できないと回答した[32]。結局、東亜煙草は1922年3月31日に朝鮮内事業資産譲渡と廃業補償交付金の承諾書を朝鮮総督府に提出したが、その後も東亜煙草の経営状況が苦しいため、同社は次のような要求を朝鮮総督府に続けていた。すなわち、①朝鮮外において東亜煙草が所有する葉煙草のうち300万円相当分の買上、予算制約で困難であれば残りは専売局で購入するよう取計う、②朝鮮銀行借入金295万円と朝鮮殖産銀行借入金380万円の債務を年6％以内の金利で5年据置、10年賦返済への条件変更を支援、③朝鮮産葉煙草の輸出の東亜煙草への一手独占権、④口付煙草「敷島」と「朝日」の製造の東亜煙草への委託、⑤中国における東亜煙草の工場で製造する両切煙草の朝鮮での輸入販売、⑥外国産葉煙草及び製造煙草輸入の独占権、以上の要望を並べた（朝鮮総督府専売局[1926]260頁）。これらの

要求の内、④⑤⑥は朝鮮総督府とって到底受け入れ難いため拒絶したが、①では東亜煙草の営口・天津・上海等で保有する米国産黄色種の葉煙草を、朝鮮総督府専売局で配合用原料として利用するため時価で購入することとし、137千貫、1,446千円で、1922年7月29日に購入した。②については東亜煙草の有利になるように両銀行に配慮を要望した。③については煙草生産者との長期葉煙草取引関係を構築する必要上から東亜煙草に一手独占させるのは困難であるが、同社への供給価格で便宜を払うことにした（朝鮮総督府専売局［1926］260-261頁）。このように朝鮮総督府は東亜煙草からの要望にある程度配慮を示した。これに対し1922年5月30日に東亜煙草と朝鮮銀行・朝鮮殖産銀行連署で、政府からの交付金では、負債の半額しか償還できず、多額債務の長期化は銀行も耐えられない、東亜煙草は経営状況が悪いため未払込資本金の徴収も不可能であるとし、残る債務を大蔵省預金部資金による長期低利資金の融通で支援を受けられるよう求めた。朝鮮総督府としても大蔵省預金部資金の融通について配慮を求めたが実現しなかった（朝鮮総督府専売局［1926］262頁）。

　零細事業者の議会への陳情で補償金増額打開の可能性を見た東亜煙草は、前年度に衆議院で採択された請願について政府よりなんら前向きの対応がなかったとして、この陳情した零細事業者とその他の事業者の20名と組んで、1923年1月に東亜煙草社長南新吾ほか20名により「朝鮮ニ於ケル煙草営業者補償ノ請願」、併せて東亜煙草より1月31日東亜煙草取締役南新吾「東亜煙草株式会社ニ対シ賠償金下付ノ請願」を提出し、同年2月26日に衆議院請願委員会第一分科会議に付議された。これに対し朝鮮総督府側は、徴収物件に対する補償金額算定の方法及び交付金の性質並びに交付金額算定の方法等を説明して、請願事項は詮議の余地がないと説明したが、3月5日に分科会議で決議された。この請願書が朝鮮総督府に回付された（朝鮮総督府専売局［1926］254-256頁）。その内容は、①廃業した煙草事業者への廃業補償交付金の20％から40％への引き上げと最低交付金3千円の支給、②特別補償として売上代金の3割の交付、③朝鮮総督府の買収価格が低いために発生した損害の補償及び工場を買い上げられない者と借家工場所有者への交付金の6分の2の支給、④朝鮮外から輸入した煙草代金の交付金決定算定額への算入、これらを要求するものであった。これに対しても朝鮮総督府は、例えば年間売上が300円未満の事業者が複数含まれており、最低保証金3千円といった過大な要求は到底受け入れられないと却下した[33]。東亜煙草の要求は、①交付金算定漏れ439千円、②持越製品投売処分損失1,067千円、③取引先回収不能額498千円、④徴収物件損害金1,220千円、⑤英米煙草トラスト撃退損失金3,294千円、

⑥転業交付金増額1,867千円、⑦交付金公債額面差額705千円、⑧商標使用権補償金1,390千円、⑨中国内事業売上代金に対する交付金3,384千円、合計13,864千円を要求するものであった。これに対し、朝鮮総督府は「東亜煙草株式会社ニ対シ賠償金下付ノ請願ニ関スル件本府ノ回答」で、いずれの要求も受け入れがたいと拒絶した（朝鮮総督府専売局[1923]273-276頁）。そのため1923年2月に東亜煙草ほか20業者は、貴族院にも同様の補償金及び交付金に関する請願書を提出し、3月7日に貴族院に付議された。貴族院において朝鮮総督府から説明をしたところ、審議未了となった。さらに1924年6月にも同様に貴族院に請願書を提出したが、会期が切迫していたため、受理されたにとまりそのまま沙汰やみとなった（朝鮮総督府専売局[1926]281頁）。当然ながら、この執拗な補償金増額要求に朝鮮総督府側も硬化したため、先述の東亜煙草への鈴木商店による経営介入と役員人事の際に、朝鮮総督府側から押し込み人事を行った。以後の同様の陳情を続けることができずに、東亜煙草は朝鮮総督府専売局の査定した補償額の増大を実現できなかった。

4．満洲内事業の拡大

　1918年8月2日に日本政府はシベリア出兵宣言で、アメリカ・イギリスに同調して、チェコ軍等の反革命軍支援のため軍隊を送り込んだ。沿海州のウラジオストックを占領し、さらに西へと軍事展開し、1920年3月2日にはシベリア出兵の目的を過激派の朝鮮満洲への脅威の阻止に変更し、軍事展開を続けたが、同年7月15日に極東共和国と停戦協定を締結し、段階的撤兵を開始した。同年8月31日に哈爾濱以西の撤兵を完了し、12月12日にハバロフスクからの撤兵を終えたが、北満には部隊を残していた。この間にシベリア出兵軍に大量の物資補給がなされ、その中に当然ながら煙草も含まれており、北満に東亜煙草の製品が大量に出回った。その後、1922年9月14日にシベリア出兵軍は北満から撤収し、10月25日に北樺太を除きシベリア出兵は終わった[34]。この間、東亜煙草製品が日本軍の展開した東シベリア各地に販路を得た。その後のシベリア出兵の段階的縮小と撤兵により、東亜煙草製品は満洲奥地の斉斉哈爾一帯で売れ行き不振となり、全く見かけなくなった[35]。東亜煙草がシベリア出兵軍の酒保を担当したとの記載は見当たらないため、同社は人員を送らなかったようである。最終的に1925年5月15日に北樺太から撤兵し、シベリア出兵は終わった。

　東亜煙草の奉天省における煙草製造販売については、奉天省政府の徴税の対象となりうる。日本法人の満洲における治外法権から合意に基づく協定課税という形態を採

用していたため、課税協議が行われた。1921年11月と記載のある「奉天財政庁長会同外交部特派奉天交渉員与日商東亜烟草会社商訂製造烟捲納税弁法六条」によると、東亜烟草の奉天省所在工場の紙巻煙草の販売については5％の税金を納めるものとした[36]。この「商訂」がどれだけ東亜煙草の営業に影響を与えたかについては不明である。日本の大手事業者が課税の対象と位置づけられた例はほかにも見られる。

　その後も奥地では東亜煙草の販売は見るべき水準には達していなかった。例えば、在斉斉哈爾領事館管内の1926年頃の販売状況は、英米煙草、ロパート公司、永泰和烟草股份有限公司（1921年10月1日設立、本店上海、英米煙草系列の中国人経営による製品販売会社）、南洋兄弟烟草公司、中俄烟公司、東亜煙草等の製品が流通していたが、とりわけ英米煙草が最も優勢で、それについでロパート公司が勢力を広げていた。他方、南洋兄弟烟草公司は販路拡張を試みたが、不振に陥り出張所を撤収して代理店に切り替えていた。域内の代理店の年間売上4,150箱（50千本入と推定）、386千元の内、英米煙草2,000箱、260千元、南洋兄弟烟草公司、300箱、40千元、ロパート公司、永泰和烟草各300箱、各30千元、中俄烟公司200箱、20千元、大美烟公司 Liggett & Myers Tobacco Co.,20箱、2千元、東亜煙草30箱、4千元という販売状況であり、東亜煙草は1926年暮より再度進出を試みているが、大手に押されており、売れ行きは捗々しいものではなかった[37]。英米煙草系の販売は合計2,600箱に達し、過半を押さえていた。

　東亜煙草が工場を有する営口地域でも競争が激化していた。一時は満洲全域で販売攻勢をかけていた英米煙草トラストの商品は、北満一帯と京奉線（北京-奉天）沿線で強固な地盤を構築していた。第2次奉直戦争（1924年9月18日～10月23日）後の張作霖軍閥の財源調達のため乱発に陥った奉天票の暴落により、東亜煙草製品の金建販売価格が騰貴した。そのほか1925年11月28日に奉天派軍閥の郭松齢が張作霖に反乱を起し、戦闘が勃発したが、これに対し関東軍が日本権益保護を目的として介入したことにより反日運動の昂揚がみられた。そのため販売に苦しみ、1927年には売れ行きが1926年に比べさらに半減した。南洋兄弟烟草公司も1921年頃に英米煙草トラストの商品を一時は圧倒して大活躍したが、英米煙草と異なり下級品の販売をしないため、奉天票暴落で、同様に苦境に陥った。英米煙草は1925年に華南における排英運動のなかで、販売が苦境に陥ったため、満洲に注力するよりも華南での販売に全力を注いだ結果、営口の支店を撤収し、それに伴い販売数量も減少を辿った。そのほか中俄烟公司、大東烟公司（上海）、関東烟公司（奉天）等もあるが、見るべき売り上げではない。

第2章　1920年代満洲における日系煙草産業

東亜煙草も奉天票の暴落で販売困難に陥った。しかも東亜煙草は金建資本のため、銀建の南洋兄弟烟草公司の商品に比べ一段と不利な状況にあった。その結果、例えば営口界隈では英米煙草が４割、東亜煙草が３割、その他が３割という市場シェアとみられていた[38]。

1920年代中国ナショナリズム運動は、時々の政治的要因により活動地域と対象国を変えていたが、東亜煙草は英米煙草の煙草販売が排英運動で1926・27年に出荷が低迷する局面を好機として、満洲各地で追撃した。例えば、吉林省東部海龍地域では、東亜煙草奉天支店から職員を派遣し、中国人代売店を設置し、１等自転車１台といった景品付き宣伝で売り出しを行う旨、在鉄嶺領事館海龍分館に申請した。射幸心を煽る宣伝方法であるが、従来から英米煙草側もこれを上回る豪華景品付宣伝を打ってきたため、認められたという[39]。

1928年４月期では東亜煙草は亜細亜煙草合併後の資産圧縮と販売促進に努めたため、130千円の利益を計上できた。こうして東亜煙草は操業状況は良好でないものの、満洲における事業基盤を強化し、ほかの事業者を寄せ付けない最大の日系煙草事業者となる。しかし東亜煙草の財務面では好調とはいえず、支払手形を圧縮しつつ、総資産を絞り込みながら経営していた。

東亜煙草が専売局から払下を受けた朝鮮・満洲以外の地域への輸出用屑葉煙草が朝鮮・満洲に流入しており、東亜煙草の管理不備とされるため、それに対処が必要となった。銀相場下落の中で日本産屑葉煙草の輸出競争力が低下し、再輸入されやすいという状況が発生していた。東亜煙草は1927年11月30日に屑葉煙草輸出管理とそれを原料とした煙草製造を主業とする会社設立を決定し、同年12月18日株式会社中和公司を設立した（本店天津、資本金40万円全額払込、東亜煙草半額出資）。社長南新吾、取締役石原峯槌、松尾晴見、角清太郎（1917年以来の屑葉煙草加工販売の委託業者）、今村十太郎（同）であった。東亜煙草は同社に委託し屑葉煙草の売買、運送、加工販売を行わせた。同社設立に当たり有力な既存屑葉煙草事業者を取締役として取り込んだ。中和公司は1928年３月31日に営口に屑葉煙草加工の工場も設置し、東亜煙草の専売局払下屑葉煙草を原料とした煙草製造業にも手を広げた[40]。

東亜煙草は満洲では営口のほか亜細亜煙草の所有していた奉天工場を取得したため、２工場を有していたが、職工のストライキが数年にわたり頻発したことに鑑み、1929年３月に大連に分工場を設立する計画を立てた。その第１期計画として、口付紙巻煙草年産約１億本の製造設備を有し、営口工場の製造能力の半分を大連に移し、第２期

計画として、両切紙巻煙草の製造設備を導入するものとした。口付の「敷島」と「朝日」は専売局商標を使用するため、専売局に了解を得たうえで、用地を大連民政署に借り入れ方を出願する手はずとなっていた。口付煙草の製造は、紙巻煙草製造中の富士合資会社もしくは満洲製菓株式会社（1920年3月設立、本店大連、資本金24万円、払込15万円）のいずれかを買収する方針で交渉していた。ただし東亜煙草の大連工場新設が営口工場縮小と連動するため営口在留日本人が歓迎せず、また英米煙草トラスト側との競合もあり、密かに設立交渉をしていた[41]。その後、大連の別の工場用地を取得し、専売局から巻上機10台の払下を受けて据え付けた（水之江［1982］76-77頁）。

奉天票の暴落と銀相場の対金本位通貨下落により、日本産屑葉煙草の満洲輸出に苦境をもたらした。満洲在来種葉煙草の廉価品が豊作になり、日本産屑葉煙草の輸出が減少した。しかも日本産屑葉煙草は喫味が軽く、吉林省産の喫味の強い葉煙草が地場で好まれるため、配合用にしか使われていなかった。それまで日本産屑葉煙草も運賃等を考慮した価格設定で対抗してきたが、銀相場下落により日本産屑葉煙草の輸出は不可能となった[42]。以後、満洲ほか中国各地向けの日本の屑葉煙草の処分のための輸出市場を失っていった。しかも東亜煙草は、1930年に世界恐慌が満洲に波及し銀安に相場が振れているため、一段と金建価格の製品の売れ行き不振となり、英米煙草の競争品に倣い10％の値上げを行って採算をとる方針とした。しかし東亜煙草の満洲各地の消費量は年4,000箱（25千本入と推定）であったものが、売り上げ不振のため3,000箱にも達してない状況となり、生産制限を実行し、3分の1の従業員を解雇し[43]、事業の縮小均衡を図った。その結果、1930年4月期と1931年4月期では利益は僅かに3千円という状態で、優良企業と呼べる状態にはなかった。それでも同社は満洲における英米煙草トラストの満洲利権に対抗する日系最大の事業者として競合し続けていた。

1) 東亜煙草株式会社『第25期営業報告書』1919年4月期（たばこと塩の博物館蔵、以後、頁を示していない同社営業報告書は同館蔵）。
2) 同『第30期営業報告書』1921年10月期、3頁。
3) 同『第31期営業報告書』1922年4月期、同『第32期営業報告書』1922年10月期。
4) 同『第34期営業報告書』1923年10月期。
5) 同『第42期営業報告書』1927年10月期、2頁。
6) 水之江［1982］88頁。葉煙草会社の商号は黄［1995］で点検。ユニバーサル葉煙草の中国法人の活動については第4章、第5章参照。
7) 東亜煙草株式会社『第45期営業報告書』1929年4月期、1-2頁。岩波蔵三郎は1880年2月7日生、1905年札幌農学校卒、専売局生産部技師、葉煙草の権威、元東京地方専売局鑑定部

長(「渡航承認願」1941年8月23日(外務省記録E.2.2.1.-3-9)、興亜院華中連絡部「中支邦人系煙草会社合同ニ依ル新会社役員推薦依頼ニ関スル件」1941年8月4日(外務省記録E.2.2.1.-3-9)、水之江[1982]112頁)。水之江[1982]112頁では「北大農学部卒」となっているが、北海道帝国大学に改組されたのは1918年のため修正した。

8) 水之江[1982]111-116頁。同書では「関東州庁」となっているが、誤りであり関東庁に修正した。関東州庁は1934年12月10日関東局設立で同局傘下の関東州行政を担当する組織として設立された。柳沢[1999]が紹介する東亜煙草大連支社勤務の貝原収蔵は、満洲の株式バブルとその残影を追いかけ続けた人物である。多数の満洲銘柄の株式を取得し、地場会社の設立発起人にさえ名を連ねた。大連の日本人社会においては、専売局が支援する東亜煙草に勤務するホワイトカラーは給与もよく日本人社会においてステイタスが高く、居心地がよかったはずである。貝原の行動に対し本社が快く思っているわけはなく、岩波蔵三郎が経営立て直しのため満洲担当の取締役として常駐する際に貝原は東亜煙草を去った。柳沢[1999]の日記の記述を眺めても、取得株式と配当の記述が散見され、本業の煙草販売より自己の財布で投資する株式や満洲の会社の動向の方が気になっていたような時期がある。貝原は亜細亜煙草の合併等については、本店から何ら知らされていなかった。それは貝原が本社の経営方針から遠い出先の販売担当者に過ぎないことを示している。

9) この経緯については柳沢[1993]616頁が、貝原収蔵の日記をもとに説明している。経済外交交渉史からの傍証が必要となる。中日実業は当初1913年8月11日、中国興業株式会社として設立、本店東京、日中合弁の二重国籍法人、対中国投資会社、1914年4月25日に中日実業に改組。中日実業については、野口[1943]及び坂本[1986]参照。柳沢[1993]616頁では公森太郎を「北京駐箚財務官」としているが、1920年9月23日に支那駐箚財務官心得を退任後、そのまま支那駐箚大蔵書記官として勤務していた。公森が再置された支那駐在財務官に就任するのは1929年4月22日であり、1930年8月6日まで在勤(大蔵省百年史編集室[1973]附録19頁)。

10) 第4章で浙江省の導入の試みと制度として安定できない事例を紹介した。

11) 東亜煙草株式会社『第25期営業報告書』1919年4月期。鈴木岩治郎は、株主名簿では「鈴木岩次郎」となっているが修正した。金光庸夫は1877年3月3日大分県生、高等小学校卒、福岡県で税務署長、長崎税関、熊本税務監督局に勤務、1908年鈴木商店入社、大正生命保険を創設し専務取締役、1920年衆議院議員(当選9回)、そのほか1927年頃で、日本教育生命保険専務取締役、新日本火災海上保険株式会社(1920年8月2日設立、鈴木商店系)、王子電気軌道株式会社(1909年9月設立)、南武鉄道株式会社(1921年3月設立)、池上電気鉄道株式会社(1917年10月設立)、京王電気軌道株式会社(1910年9月設立)各取締役、その後、東京商工会議所副会頭、衆議院副議長、阿部信行内閣拓務大臣(1939年8月30日〜1940年1月16日)、第二次近衛文麿内閣厚生大臣(1940年9月28日〜1941年7月18日)、戦後公職追放、1953年衆議院議員、1955年3月5日没(帝国秘密探偵社『大衆人事録』1930年版、80頁、新潮社[1991]496頁)。金光は1933年に大正生命保険の、また1935年に日本教育生命保険の社長に就任している(大正生命保険株式会社『第21期営業報告書』1933年12月期、日本教育生命保険株式会社『第40期営業報告書』1935年12月期)。保険会社の設立日は農商務省『保険年鑑』「内国会社」1920年版参照。

12) 大正生命保険株式会社『第6期営業報告書』1918年12月期、5頁。鈴木よねは鈴木岩治郎

の母、嘉永5（1852）年8月生、鈴木岩治郎（先代）に嫁し、鈴木商店代表社員、1938年5月9日没（『大衆人事録』1928年版、す71頁、日商［1968］733頁）。

13）日本教育生命保険株式会社『第23期営業報告書』1918年12月期、5頁。

14）東亜煙草株式会社『第26期営業報告書』1919年10月期、1-2頁。「大正8年10月31日現在株主姓名表」1-32頁。

15）岡田虎輔は1873年2月25日高知生、土佐勤王党岡田啓吉の息子、岡田以蔵の甥、1896年札幌農学校農学科卒業後、土佐中村の県立中学校長を経て、1906年大蔵省専売局技師、1911年専売局長浜口雄幸の推挙で朝鮮総督府専売局技師に移り、朝鮮の葉煙草栽培に尽力。1918年4月鈴木商店入社、同社米油部で煙草事業に従事、米星煙草設立で1921～1938年同社社長、1937～1946年株式会社国友鉄工所社長、ほか協同煙草株式会社、協立煙草株式会社、株式会社三田機械製作所（1934年8月設立、本店東京、煙草包装機製造）各取締役を歴任（高知県人名事典編集委員会［1971］71頁、米星煙草貿易［1981］、南洋興発株式会社「煙草製造御願ニ関スル件」1941年11月1日（国史館台湾文献館台湾拓殖株式会社档案2596）の岡田の履歴書、ほかを参照）。三田機械製作所社長は株式会社東京機械製作所（1916年3月設立）社長芝義太郎の兼務で、三田機械製作所は1937年6月に東京機械製作所に吸収合併（『銀行会社要録』1935年版、東京287頁、1937年版、東京342頁）。鈴木商店入社も、浜口雄幸・金子直吉と同郷の土佐地域閥の関係であろう。

16）東亜煙草株式会社『第26期営業報告書』1919年10月期、5-8頁。

17）江副商店のその後の国外における煙草取引を示すものとして、例えば1930年の大連港の輸入煙草取扱で「江副洋行」の名前が見られる（在上海総領事館「大連港輸入煙草ノ件」1930年8月28日（外務省記録 E.4.5.0.-45））。しかし操業状態は芳しくなかったようで、合資会社江副商店は東京興信所『銀行会社要録』1929年版までは掲載があるが、1930年版からは姿を消し、解散したとみられる。末岡［2007］50頁と同書インタヴューに応じた孫の生年から推定。1930年頃に経営危機に陥り倒産した。株式会社江副商店はその後も休業状態のままかもしれないが、1943年まで存在を確認できる。

18）サラワクのゴム栽培を主業とする株式会社日沙商会（1917年12月10日設立、本店神戸）を経営する依岡省輔と鈴木商店系の多くの会社に関わる西川玉之助については、桂［1977］、柴田［2005a］を参照。なお藤田助七は1926年に没し、同年9月29日に大正生命保険取締役の死亡登記を行っている（大正生命保険株式会社『第14期営業報告書』1926年12月期、6頁）。

19）前掲東亜煙草『第31期営業報告書』、柳沢［1993］249頁。

20）前掲東亜煙草『第32期営業報告書』。南新吾は1872年11月生、1897年帝国大学法科大学卒業、三井物産合名会社入社、1914年3月3日～1920年9月16日台湾銀行理事、東亜煙草に転じ、1930年1月26日没（人事興信所『人事興信録』1921年版、み50頁、台湾銀行史編纂室［1964］附録56頁、柳沢［1993］545頁）。馬詰次男は1875年7月1日高知県生、東京高等商業学校卒、朝鮮総督府を経て東亜煙草入社、朝鮮総販売所長となる（『人事興信録』1918年版、ま1頁、水之江［1982］63頁）。

21）水之江［1981］62-63頁。米星煙草貿易［1981］26頁に、赤字決算となった東亜煙草の立て直しを大蔵大臣高橋是清（1918年9月29日～1922年6月12日）が金子直吉に委嘱し、金子が腹心の金光庸夫に暴落した東亜煙草の株式の過半数を買い占めさせ、岡田虎輔を送り込み、再建にあたらせたとの記載がある。赤字決算は1922年4月期と同年10月期であり、岡田の専務取

締役就任の時期とほぼ一致する。ただし金光もしくは鈴木商店系企業家群は同社株式の過半数も取得していない。高橋の要請については傍証できない。

22) 東亜煙草株式会社『第37期営業報告書』1924年5月期。
23) 同『第39期営業報告書』1926年4月期、1-2、9-10頁。石原峯槌は明治5（1872）年7月18日生、1897年大蔵省主税局、1901年日本法律学校卒業、1905年文官高等試験合格、専売局で官歴を重ね1926年熊本専売局長で退官（『人事興信録』1921年版、い161頁、『大衆人事録』1930年版、イ135頁）。松尾晴見は1878年10月26日生、東京専修学校卒業、安部幸商店を経て、南満洲物産株式会社（1913年1月設立、本店大連）専務取締役（『大衆人事録』1930年版、ま50頁）。ほかに日本トロール株式会社（1898年1月設立、本店東京）取締役、帝国炭業株式会社（1919年5月設立、本店下関）監査役を務めていた（『帝国銀行会社要録』1925年版、職員録401頁）。その後、中国葉煙草社長、協立煙草取締役を歴任。
24) 東亜煙草株式会社『第42期営業報告書』、1927年10月期、3、11頁。長崎英造はすでに1925年には鈴木商店を退社していた。坂梨哲は明治4（1871）年5月2日生、東京高等商業学校卒、亜細亜煙草に転ずる前は、九州製炭株式会社（1912年10月設立、本店福岡）、山東興業株式会社（1917年9月6日設立、当初大連、青島に移転）と山東運輸株式会社（1918年3月5日設立、当初大連、青島に移転）各取締役、坂梨商事株式会社（1920年11月設立、本店福岡）副社長、1924年衆議院（『大衆人事録』1930年版、さ73頁、『帝国銀行会社要録』1919年版、1925年版、『南満洲商工要鑑』1919年版）。
25) 柳沢[1993]545頁。水之江[1982]68頁では自殺との記載がある。
26) 東亜煙草株式会社『第47期営業報告書』1930年4月期、2頁。
27) 同『第49期営業報告書』1931年4月期で役員退任の記事はないが、役員一覧で坂梨哲の名が消滅した。後日の満洲における新設煙草会社設立計画で実弟坂梨繁雄が活躍する経緯から見て、金光庸夫の経営方針との間で確執が発生したのかもしれない。
28) 朝鮮煙草元売捌[1932]10-11頁、『帝国銀行会社要録』1927年版、朝鮮26頁。
29) 京城商業会議所『京城商工名録』1923年版、57頁。
30) 東亜煙草株式会社『第32期営業報告書』1922年10月期。
31) 同『第30期営業報告書』1921年10月期、9頁。
32) 「朝鮮ニ於ケル煙草製造者救済ノ請願ニ関スル件本府ノ回答」（朝鮮総督府専売局[1936]252-253頁）。
33) 「朝鮮ニ於ケル煙草製造者補償ニ関スル請願ノ件本府ノ回答」（朝鮮総督府専売局[1936]257-260頁）。
34) シベリア出兵については細谷[1955]、原[1989]を参照。北樺太の撤兵終了は1925年5月15日。
35) 在斉斉哈爾領事館「紙巻煙草消費状況報告ノ件」1927年3月11日（外務省記録E.4.3.1.-5-8）。
36) 吉林省社会科学院満鉄資料館蔵25628。
37) 前掲「紙巻煙草消費状況報告ノ件」。大美烟公司 Liggett & Myers Tobacco Co.は1911年設立、本店ニューヨーク、1920年頃に中国各地で販売開始、1927年2月24日、中国事業を大美烟草公司（中国）Liggett & Myers Tobacco Co.(China)に分離した（光[1995]34頁、第4章参照）。

38) 在牛荘領事館「営口地方ニ於ケル巻煙草界ノ現勢ニ関スル件」1927年4月6日（外務省記録 E.4.3.1.-5-8）。関東烟公司は1920年代央には奉天で小規模工場を操業していた（南満洲鉄道興業部農務課［1929］94頁）。
39) 在鉄嶺領事館海龍分館「東亜煙草株式会社ノ販路拡張計画ニ関スル件」1927年11月5日（外務省記録 E.4.5.0.-45）。在鉄嶺領事館海龍分館は1916年10月4日設置、1928年4月1日在奉天総領事館海龍分館として再置（外務省［1966］附表98頁、内閣印刷局『職員録』各年版参照）。
40) 水之江［1982］88-91頁、東亜煙草株式会社『第43期営業報告書』1928年4月期、3-4頁。中和公司は1942年には解散しているが、別に1938年10月に和中工業株式会社が設立され（社長角清太郎、屑煙草加工業）（『帝国銀行会社要録』1943年版、東京396頁、第5章も参照）、東亜煙草は同社株式を取得した。
41) 在奉天総領事館「東亜煙草会社大連分工場設置計画ニ関スル件」1929年3月20日（外務省記録 E.4.5.0.-45）。満洲製菓については南満洲鉄道庶務部調査課［1927］参照。原資料では「富士公司」。水之江［1982］76頁にも「富士商会」として出現する。富士合資会社（1919年10月15日設立、資本金200千円、本店大連）と推定（『満洲銀行会社年鑑』1935年版、430頁）。
42) 在牛荘領事館「屑煙草等ニ関スル件」1930年3月17日（外務省記録 E.4.3.1.-5-8）。
43) 在奉天総領事館「東亜煙草会社現況ニ関スル件」1930年5月22日（外務省記録 E.4.5.0.-45）。

第4節　朝鮮煙草・亜細亜煙草の不振

1．朝鮮煙草の不振

　朝鮮煙草株式会社も東亜煙草にぶら下がって朝鮮煙草専売制導入に伴う補償金増額要求運動に名を連ね、補償金増額を目指した。既に朝鮮における煙草販売を東亜煙草に一手販売で委ねており、専売制導入後の朝鮮では煙草売捌事業者になるしか道は残っていなかった。そのため朝鮮以外の事業拡張を目指した。朝鮮煙草は第1次大戦期の好景気の余勢を駆って、満洲にも進出した。同社はそのため満洲における煙草事業者として位置づけられる。同社の1920年代の煙草を扱う時期について紹介しよう。朝鮮煙草は本店を大阪に置き、資本金110万円、66万円払込で、専務取締役岩谷二郎、取締役島徳蔵、長谷川銈五郎ほかが並んでいた。同社は京城のみならず、営口に工場を取得し、煙草製造販売に参入し事業拡大を模索した[1]。ただしその事業規模は大きなものではなかった。朝鮮で製造した煙草の輸出よりも、関税がかからない地場生産に踏み切る方が利幅は大きいが、競争が厳しい市場で勝ち残るのは難しい。満洲への進出は東亜煙草の事業を後追い的に模倣した形になるが、専売局の支援は期待できな

表2-5　朝鮮煙草・朝

	1919.5期	1919.9期	1920.3期	1920.9期
（資産）				
未払込資本金	442	440	220	—
土地建物機械器具什器	198	198	201	204
商標権	52	52	52	52
葉煙草	415	645	551	608
材料品	326	138	140	144
半製品	74	128	135	196
製品	—	15	25	77
積戻品商品委託品	—	—	—	—
売掛金	241	173	183	165
受取手形取立手形		39	109	58
貸付金		7	7	7
有価証券	51	51	21	25
仮払金供託金等	76	30	375	117
預金現金	—	5	4	40
繰越損失金	—	—	—	—
当期損失金	—	—	—	—
合計	1,879	1,927	2,029	1,700
（負債）				
資本金	1,100	1,100	1,100	1,100
諸積立金	23	27	35	47
借入金	199	142	162	148
当座借越	59	84	73	26
買掛金	127	180	136	75
支払手形割引手形	230	257	374	166
仮受金	10	15	18	22
預り有価証券借入有価証券	30	35	11	1
未払金未払配当金未払商事税特約店積立金仕入先勘定	50	40	52	98
社員身元保証金職工積立金社員特別積立金	—	3	3	2
前期繰越金	—	1	2	4
当期利益金	44	39	59	6
合計	1,874	1,927	2,029	1,700

注：1919.5期は合計不明で項目を集計した。土地は土地建物、機械器具は什器を含む。製品には半製品を含む。売掛金には受
出所：1919.5期のみ『帝国銀行会社要録』1919年版、朝鮮11-12頁、朝鮮煙草株式会社『営業報告書』各期、朝鮮煙草興業株式

い。朝鮮煙草は営口工場の葉煙草調達では朝鮮総督府より朝鮮産葉煙草の調達契約を交わしており、朝鮮で製造していた時期からの地場産葉煙草を利用し、そのまま満洲に持ち込んで原料としていた。なお岩谷二郎は1919年4月に満洲における葉煙草事業に参入するため、先述のように株式会社三林公司を広江沢次郎とともに設立し、同社取締役に収まり、既に満洲における煙草事業に進出していた。

　朝鮮煙草の事業内容を点検すると、1919年9月期の未払込資本金を控除した総資産

鮮煙草興業貸借対照表

(単位：千円)

1921.3期	1921.9期	1923.3期	1924.3期	1925.3期	1926.3期	1927.3期	1928.9期
—	—	—	—	—	—	—	—
209	220	28	31	131	137	167	87
52	52	—	—	—	—	—	—
638	815	128	100	17	17	17	—
189	204	35	41	33	32	31	—
112	5	3	—	—	—	—	—
179	69	9	10	—	—	—	—
—	—	—	47	41	54	85	27
174	195	158	129	129	141	129	11
151	129	203	145	160	168	227	99
7	7	57	67	55	55	45	2
62	37	124	130	130	136	123	77
238	83	22	28	18	26	31	24
61	56	34	7	24	8	14	6
—	—	55	55	107	104	101	—
—	77	—	52	—	—	—	—
2,079	1,954	862	848	850	882	975	337
1,100	1,100	660	660	660	660	660	200
49	50	50	50	50	50	50	10
112	8	—	—	—	—	11	8
16	7	—	—	—	15	—	—
36	8	30	1	—	3	13	—
493	704	57	52	110	119	174	41
3	7	41	68	11	15	27	13
38	0	3	—	—	—	10	—
213	51	16	13	13	13	14	1
3	4	3	2	2	2	2	1
9	12	—	—	—	—	—	—
3				3	2	11	15
2,079	1,954	862	848	850	882	975	337

取手形を含む。
会社『営業報告書』各期

1,487千円で、39千円の利益を計上していた（表2-5）。資本金以外に支払手形257千円、借入金142千円、当座借越84千円のほか買掛金180千円もあり、これら合計でほぼ払込資本金に匹敵していた。1920年3月期に利益金59千円でピークアウトした。1920年9月期で未払込資本金を徴収し、自己資本を強化したが、利益の減少が続いた。資金繰りが悪化したため、借入金を大きく超えて支払手形を膨らませることで資金調達していた。さらに1921年9月期には損失77千円を計上した。東亜煙草と比べると事業

規模で格段に小さいものの、朝鮮事業の喪失と満洲における事業不振という状況は通底している。そのため満洲事業に傾注せざるを得ないが、満洲事業も操業不振に陥っていた。そのため1922年4月27日株主総会で、専務取締役岩谷二郎と取締役川村数郎は会社解散と満洲事業の処分を提案した。ほかの取締役は島徳蔵、長谷川銈五郎、杉田與三郎、徳光光太郎であった。岩谷と川村は朝鮮総督府への朝鮮内事業譲渡による保証金の株主への還元を行うことで、ついでに会社を解散する良い機会だと判断した。これに対し総会における株主意見では、解散は満洲資産の処分如何によるが、不景気の中ではその処分は当面困難であるとして、解散は見送られた。そして朝鮮総督府への事業譲渡に伴う補償金で1株当たり20円を払い戻し、その残金で満洲事業を処理し、資本金66万円全額払込に減資して存続する方針を固め、同年7月15日株主総会で減資を決議した[2]。この株主総会で定款を改正しており、併せて商号を朝鮮煙草興業株式会社に改めた。商号変更後の株主名簿でも、総株数13,200株、株主333名のうち、やはり安藤博が1,400株を保有し筆頭株主であったが、役員保有株は岩谷480株、島徳蔵314株、長谷川213株、杉田180株、徳光133株、川村120株、ほか監査役2名合計258株であり、役員8名合計1,698株にとまり、株主は分散していた。この減資により損失を処理して、朝鮮煙草興業の総資産は862千円へと縮小した。

　朝鮮煙草興業は満洲内営業で展望を見出すことはできなかった。満洲内営業も不振の中にあり、朝鮮から転出し営口本店の事業者に転換しても、競争の厳しい満洲の煙草市場で十分勝ち残れるほどの力量も無かった。そして先述のように朝鮮総督府からの廃業補償金の増額運動も不首尾に終わり、満洲事業の厳しい競争環境の中で、東亜煙草以上に衰退した。その後、朝鮮煙草興業は1924年3月期でも損失を計上した。朝鮮煙草興業は煙草製造から撤収し、1924年3月期で半製品が消滅し、1925年3月期で製品が消滅した。それとともに葉煙草在庫も急減し、それも1928年9月期で消滅し、煙草事業からほぼ撤収し、ほかの商品取り扱いに事業を転換していた。結局1933年3月13日に岩谷二郎は専務取締役を辞任した。さらに同社は同年10月27日に東光商事株式会社に商号変更し、煙草事業から撤収し、商品流通業に転換した。煙草事業からの撤収に伴い岩谷二郎は退任し、朝鮮の煙草事業から去った[3]。

2．亜細亜煙草の設立

　改めて亜細亜煙草株式会社の設立とその後の業態を紹介しよう。中国に煙草専売制は導入されず、煙草製造業は一般製造業扱いで、日本と異なり規制がない。しかも中

国は世界第2位の葉煙草生産国であるため、地域により品質にかなりの違いがみられるものの、原料調達にも困らない。このため先行する英米煙草トラスト、南洋兄弟烟草公司そして東亜煙草を追って、第1次大戦期に日本の資本家が、新たな中国における煙草会社による事業参入を計画した。それは第1次大戦末期の好景気の時期に設立企画された。新会社設立に動いている企業家達は南洋兄弟烟草公司に倣い中国産葉煙草を用い、地場生産地場消費で事業拡大を目指すとし、本店と工場を上海に置くとの方針で、東亜煙草が朝鮮・満洲を中心とした北方を基盤としているため新設会社と衝突することはないと主張していた。この計画に対しニューヨークの煙草事業者「紐育煙草物産輸出会社」が、可能であれば4分の1を引受けて出資したいとの提案がなされていたとの説明があり[4]、国外の煙草事業者からも注目される企画であったようである。

　1919年9月30日に亜細亜煙草株式会社が設立された。同社の定款によれば、中国または外国において各種煙草製造販売、葉煙草の栽培及び売買、材料品の製造または販売を目的とし、資本金10百万円、本店を上海に置き、工場、支店、出張所を業務執行上便宜の地に設置するとして、工場立地を上海に拘泥していなかった[5]。既存事業者の買収も視野に入れていたためであろう。取締役会長山本悌二郎（台湾製糖株式会社会長を経て政友会系政治家）、専務取締役犬丸鉄太郎、常務取締役小西和、取締役若尾璋八、監査役倉知鉄吉（元外務次官）、前山久吉（浜松銀行（1895年4月15日設立）頭取）が就任した[6]。第1次大戦後も1920年3月まで続いた企業投資ブームに乗って出資金を集めることができた。

　1920年5月30日株主名簿では、亜細亜煙草の株式は20万株、株主2,387名である。大口株主は、加島安治郎（大阪の実業家、摂陽銀行（1897年1月14日設立、本店大阪）頭取等多数の会社を経営）、大阪株式現物団各5,000株のほか、佐伯治三郎（大阪）4,800株、東拓、安部幸之助（株式会社安部幸兵衛商店（1918年7月設立）社長、砂糖を中心とした商社、1921年7月株式会社安部幸商店に改組）各3,000株のほか、吉村鉄之助（南満洲製糖株式会社専務取締役）1,750株、満鉄1,000株もあり[7]、広く分散していた。東亜煙草は一部の事業者以外の保有を認めない合資会社のような体制であったが、それとは大きく異なり、幅広く投資家から資金を調達した。東拓・満鉄も亜細亜煙草の中国における事業の将来性を期待して、お付き合い程度の小額ではあるが出資して支援の姿勢を見せることで、一般投資家の株式引受に安心感を与えた。そのほか安部幸之助のような砂糖取引先や吉村・小西のような糖業関係者が多い。こ

表 2-6　亜細亜

	1920.5期	1920.11期	1921.5期	1921.11期	1922.5期	1922.11期
(資産)						
未払込資本金	7,500	7,500	7,500	7,500	7,500	7,500
建物什器	3	3	58	59	59	60
事業資金	—	—	—	—	850	850
中国葉煙草会社・事業勘定	—	215	211	211	274	528
仮払金未収金等	68	65	173	592	36	15
供託有価証券	—	—	—	—	—	—
有価証券	350	350	350	350	—	—
預金現金	2,202	1,964	1,822	1,539	1,398	1,213
合計	10,125	10,099	10,115	10,252	10,119	10,168
(負債資本)						
資本金	10,000	10,000	10,000	10,000	10,000	10,000
法定積立金	—	5	9	13	17	21
仮受金未払金等	4	11	22	154	17	27
支払手形	—	—	—	—	—	35
前期繰越金	—	9	14	15	16	17
利益金	120	73	68	69	68	68
合計	10,125	10,099	10,115	10,252	10,119	10,168

出所：亜細亜煙草株式会社『営業報告書』各期

れは台湾製糖前会長が中心になって設立したため、糖業関係者と国内投資家に広く出資を募ったことによる。ただし就任した取締役の誰も煙草製造販売の経験を持ち合わせていなかった。1919年11月27日に専売局に対し援助及び指導の陳情を行い、12月27日に了解した旨の通牒を得て[8]、専売局との円満な関係の構築を図った。

　亜細亜煙草の営業内容を紹介しよう（表2-6）。1920年5月期の総資産10,125千円、うち未払込資本金7,500千円、現金預金2,202千円で、事業はまだ立ち上がっていなかった。それでも120千円の利益を計上しており、預金利子に依存するといういびつな収益構造となっていた。有価証券は子会社の中国葉煙草株式会社への出資である。同社は1920年6月1日に亜細亜煙草の全額出資で設立された。公称資本金2百万円、4分の1払込であり、これに対し亜細亜煙草は350千円を出資した。そのほか同年6月30日に取締役に亜細亜煙草の多羅尾源三郎（大阪海上火災保険株式会社社長）が就任した[9]。豪華な取締役を並べても事業の内実は伴わないままとなる。中国葉煙草は亜細亜煙草の原料葉煙草の山東省における調達を主たる事業とした。山東省における日系葉煙草事業者は多数参入していたがそこに新規参入を行った。ただし中国葉煙草の活動は委縮したままであった（第4章参照）。また同年8月1日に先述の中華煙公司の株式の過半数を引き受ける仮契約を締結し、同社を傘下に入れ中国葉煙草と同じ位

煙草貸借対照表

(単位：千円)

1923.5期	1923.11期	1924.5期	1924.11期	1925.5期	1925.11期	1926.5期	1926.11期	1927.5期
7,500	7,500	7,500	7,500	7,500	7,500	7,500	—	—
60	60	60	60	60	60	59	59	59
850	850	850	850	850	851	851	851	851
776	788	640	716	702	760	540	520	459
13	49	21	23	13	19	25	1	2
—	—	—	—	—	72	97	97	97
—	—	—	—	—	—	—	—	—
980	1,049	1,111	1,002	1,024	882	1,064	156	210
10,179	10,297	10,184	10,153	10,151	10,145	10,139	1,687	1,682
10,000	10,000	10,000	10,000	10,000	10,000	10,000	1,500	1,500
25	29	33	37	41	49	49	49	49
34	183	65	30	23	16	16	62	38
35	—	—	—	—	—	—	—	—
17	17	18	18	19	19	19	74	77
68	68	68	68	68	55	55	2	18
10,179	10,297	10,184	10,153	10,151	10,145	10,139	1,687	1,682

置づけにするとの方針を打ち出したが[10]、中華煙公司の事業は不振のため業務整理中となり、事業を精査した結果、仮契約を破棄した[11]。戦後恐慌の打撃ですでに華北の葉煙草事業で快調に利益を計上できる会社は限られていた（第4章参照）。

　1920年11月期に中国葉煙草に対して出資以外に、さらに215千円の資金支援を行い支えていた。また亜細亜煙草は上海における工場設立を企画したものの、日貨排斥運動もあり断念した。それに換え、満鉄附属地の統治が安定しているため、奉天における工場設置を決定した。1921年6月3日に奉天に大安煙公司の名義で工場建設に着手、10月15日竣工した。この名称を採用したのは、当地の中国人を刺激しないような配慮であった。実態は亜細亜煙草の業務である。法人形態をとらないため、大安煙公司の事業は亜細亜煙草の仮払金として処理した。亜細亜煙草は奉天の大安煙公司と青島の中国葉煙草の事業を基盤として発展するのだと主張した[12]。仮払金未収金等として1921年5月期に173千円、11月期に592千円を計上しており、この資金は大安煙公司の設備投資に充当した。それが1922年5月期で事業資金として850千円の計上となっている[13]。このうち中国葉煙草出資350千円のため、大安煙公司出資相当分が500千円となる。これにより亜細亜煙草はようやく煙草製造事業者としての業務に近づいてきた。大安煙公司の製造する煙草に対し需要は旺盛で、1922年12月には機械を増設し生産を

倍増した。しかし奉天票下落で利益が上がらなかった[14]。中国葉煙草への支援も増大し、1922年11月期には528千円になっていたが、それでもまだ現金預金のほうが多額であり、当初見込んだ大規模煙草製造事業者としての道は遼遠という状況にあった。奉天工場の製品が市場での一定のシェアを獲得したため、1923年5月期には亜細亜煙草は紙巻煙草販売で、英米煙草と激しく競合する状態となった[15]。その後、1923年9月の関東大震災後の煙草の日本内供給量維持のため、専売局からの買上取引がなされ、一時的な売り上げの増大要因となったが[16]、亜細亜煙草は南満洲で販売勢力を拡張してきた南洋兄弟烟草公司とも競合関係に陥った。亜細亜煙草は上海に本店を置いていたが、上海で煙草製造事業に着手する展望を見い出せず、設立時の方針を放棄し1925年6月25日に奉天に本店を移し完全な満洲の煙草事業者となった。その1925年11月期では、第2奉直戦争後の財源調達のため張作霖軍閥は紙巻煙草に消費印紙税を新設して課税したため、煙草小売価格が上昇し、他方、奉天票下落が続き、官憲の亜細亜煙草の営業への干渉もあり、同社の操業は不利な状況となっていた[17]。1925年11月28日に郭松齢が軍事反乱を起こしたが、その際に関東軍は亜細亜煙草の奉天工場の設備を日本の既得権益として警備の対象とし、被害が及ばないように対処した。なお同年12月23日に郭松齢軍は張作霖軍に鎮圧された。その後の反日運動の盛り上がりの中で操業環境は政治的に変動し、一段と亜細亜煙草の営業を圧迫していた。

3．東亜煙草による亜細亜煙草吸収合併

奉天票下落や他の操業条件の悪化の中で、亜細亜煙草は1926年3月21日に減資を決議し、現金預金を処理し、資本金1,500千円（払込）となった。併せて中国葉煙草への融資も同月5日に一部処理した[18]。その結果、1926年11月期の亜細亜煙草の総資産は1,687千円という規模となり、1926年11月期には利益は僅かに2千円しか計上できなかった。満洲における煙草売上が不調のため、亜細亜煙草の再起の展望は描けず、1926年10月29日に取締役全員がそれまでの不振の経営責任を取り辞任し、後任に坂梨哲（会長）、坂梨繁雄（哲の実弟）及び中谷近太郎が就任した[19]。併せて中国葉煙草の取締役も全員退任し、取締役をこの3名が引き受けたとみられる。坂梨哲は山東の事業家として葉煙草集荷ほか煙草関連事業に関係があるため評価されたものと思われる。同年12月25日に監査役に庵谷忱が就任した[20]。庵谷は満洲事業家として知られ、中華煙公司の取締役を歴任し、煙草事業にも詳しい人材として採用されたようである。中華煙公司との事業統合も視野に入れていたのかもしれない。ただし亜細亜煙草の不

振脱却は不可能であった。亜細亜煙草は何とか利益を計上し配当を続けていたが、再建を断念し、1927年7月23日に東亜煙草に吸収合併されることを決議して消滅した。結局、満洲で英米煙草トラスト系事業者と戦い続け、また東北軍閥による介入を回避しながら操業できる大規模事業者は東亜煙草しかなかったことを告げる結果となった。

　合併の際に亜細亜煙草の株式は、同社より業績の良い東亜煙草の株式と同価格で買収された。この合併は、関東長官児玉秀雄と満鉄総裁山本条太郎ほかが東京で両社の役員に対し合併斡旋を行ったことで実現した。合併の際に亜細亜煙草が不振のまま東亜煙草と株価が同価格で買収された合併条件の理由について、在奉天総領事館は以下のように観測していた[21]。亜細亜煙草は前社長山本悌二郎の時期から業績不振であり、満鉄に対し亜細亜煙草への補助金を要請していた。しかし満鉄は亜細亜煙草への出資を行っていたため躊躇していた。そのまま亜細亜煙草は業績不振を続け、代表取締役坂梨哲ほかは、亜細亜煙草の事業遂行は困難とみていた。丁度、山本悌二郎が1927年4月20日に田中義一内閣農林大臣に就任したため、満鉄への圧力をかけうる立場に立ち、満鉄からの補助金を手土産にした亜細亜煙草の東亜煙草による救済合併を強力に推し進めた。満鉄の補助金額は不明だが、年額20万円とみられていた。東亜煙草としても、朝鮮の煙草専売制の実施後、満洲事業も不振で、操業は順調とはとても言い難かったが、関東大震災後の日本国内向けの専売局煙草の委託製造の引受けや、華南の排英の余波で大英烟公司の活動が停滞している中で、販路を拡張してようやく多額利益を計上できるまでになり、負債を減少させていた。それでも無配を続けていたため、満鉄からの補助金を好餌として合併に進んだという。合併後には、坂梨哲を東亜煙草の取締役副社長として遇した。これは関東庁・満鉄側からの東亜煙草に対する牽制人事の一環かもしれない。

　亜細亜煙草を合併後の東亜煙草は、新たに奉天工場を取得して、満洲における製造基盤を強化できた。また同社は営業の継続と、専売局の委託煙草製造の継続で、満洲における煙草専売制の導入がない限り相当の業績を上げるものとみられていた。このように満鉄補助金のうまみで東亜煙草が亜細亜煙草の救済合併に踏み切ったことで、中国葉煙草は東亜煙草の子会社となった。それと同時に中国葉煙草社長に南新吾、取締役坂梨哲、監査役石原峯槌を東亜煙草役員兼務で送り込み、経営責任を負った。東亜煙草は旧鈴木商店系の米星煙草からの山東省葉煙草調達が中心であり、中国葉煙草からの調達は必要なかった。ただし中国葉煙草の奉天移転後には、満洲地場産葉煙草の調達先に位置づけられたとみられる。中国葉煙草は操業状況が思わしくなく、東亜

煙草は1931年5月1日に限度10万円の中国葉煙草の振出手形を翌年5月末までを期限として割引いて資金支援した（水之江［1982］107-108頁）。

1) 朝鮮煙草株式会社『第16期営業報告書』1919年9月。
2) 朝鮮煙草興業株式会社『第22期営業報告書』1923年3月期、2-3頁。杉田與三郎は1885年7月11日生、島田自動車株式会社（1918年6月設立、本店大阪）取締役、日米硝子工業株（1918年11月設立、本店大阪）取締役（『銀行会社要録』1920年版、職員録下204頁、『人事興信録』1918年版、す18頁）。
3) 朝鮮煙草興業株式会社『第32期営業報告書』1933年9月、2頁、同『第34期営業報告書』1934年9月期、2頁。岩谷二郎はその後、京城商事株式会社（1926年1月設立）社長、株式会社利泰洋行（1935年6月15日設立、本店奉天、銃砲等販売）社長、朝鮮火薬銃砲株式会社（1921年6月設立）専務取締役、朝鮮金属工業株式会社（1938年10月設立）、朝鮮火薬製造株式会社（1937年2月設立、社長原安三郎）各取締役、日満火工品株式会社（1936年8月14日設立、本店奉天）監査役（『大衆人事録』1943年版、『人事興信録』1941年版、イ281頁、『帝国銀行会社要録』1940年版、1942年版、『満洲銀行会社年鑑』1942年版）。外地企業家として1930年代朝鮮産業化と満洲国産業開発の中で多数の会社経営に関わった。
4) 「亜細亜煙草株式会社創立趣意書事業説明書企業予算書定款」。「紐育煙草物産輸出会社」は資本金50百万円、別に「紐育煙草物産株式会社」（資本金20百万円）を抱えて、英米煙草トラストと抗拮している勢力と説明していた。この両社の存在を傍証できない。
5) 「亜細亜煙草株式会社定款」。
6) 亜細亜煙草株式会社『第1期・第2期営業報告書』1920年5月期、9頁。犬丸鉄太郎は1874年4月29日生、農商務省海外留学生、帰国後、農商務省商品陳列館技師、1906年退官、東京人造肥料株式会社（1887年2月設立、1893年12月株式会社改組）専務取締役、株式会社東京米穀商品取引所（1876年9月設立）理事、東京菓子株式会社（1916年10月設立）専務取締役（『大衆人事録』1930年版、い173頁）。小西和は1873年4月生、札幌農学校卒、1912年衆議院議員、南満洲製糖株式会社（1916年12月15日設立、本店奉天）取締役、のち社長（『大衆人事録』1930年版、こ23頁、『帝国銀行会社要録』1919年版、職員録486頁、『南満洲商工要鑑』1919年版）。若尾璋八は1873年7月27日生、東京法学院卒、若尾銀行（1917年7月17日設立、本店甲府）、若尾貯蓄銀行（1893年5月23日設立、本店甲府）取締役、東京電灯株式会社（1883年2月15日設立）常務取締役等、衆議院議員、多数の会社経営にかかわる甲州財閥（『人事興信録』1919年版、わ13頁、『帝国銀行会社要録』1919年版、1927年版）。
7) 亜細亜煙草株式会社「株主名簿」1920年5月30日現在。花井［2007］では満鉄保有に言及がなく、また柴田［2007c］でも東拓保有に言及がないが、柴田［2009］で設立時の東拓と満鉄の保有を紹介している。
8) 前掲亜細亜煙草『第1期・2期営業報告書』4頁。煙草製造販売に詳しい人材の受け入れはなかった。
9) 亜細亜煙草株式会社『第3期営業報告書』1920年11月期、2-3頁。多羅尾源三郎は慶応元（1865）年12月22日生、1886年大阪商船学校卒、1897年大阪商船株式会社入社、同社監査役を経て大阪海上火災保険株式会社社長（『大衆人事録』1932年版、夕65頁）。

10）前掲亜細亜煙草『第3期営業報告書』3頁。
11）亜細亜煙草株式会社『第4期営業報告書』1921年5月期、3頁。
12）同『第5期営業報告書』1921年11月期、3頁。
13）同『第6期営業報告書』1922年5月期、5頁。
14）同『第7期営業報告書』1922年11月期、2頁。
15）同『第8期営業報告書』1923年5月期、2頁。
16）同『第10期営業報告書』1924年5月期、3頁。
17）同『第13期営業報告書』1925年11月期、1－2頁。
18）同『第14期営業報告書』1926年5月期、2－3頁。中国葉煙草減資の説明になっているが、1926年6月期まで減資を確認できない（表4－9）。不良資産化した融資の償却処理であろう。
19）同『第15期営業報告書』1926年11月期、2－3、8頁。坂梨繁雄は1885年11月6日生、早稲田大学商科卒、1913年東亜煙草入社、その後1914年12月個人営業の坂梨洋行を青島に設立、石炭コークス輸出入等に従事（『大衆人事録』1930年版、さ72頁、青島日本商業会議所『青島邦人商工案内』1923年版、93頁）。
20）亜細亜煙草株式会社『第16期営業報告書』1927年5月、2頁。
21）在奉天総領事館「東亜、亜細亜両烟草会社合併ニ関スル件」1927年8月1日（外務省記録E.4.5.0.-45）。水之江［1982］103-104頁で東亜煙草の満鉄と関東庁に対する幅広い補助金の要求ほか、満鉄には株式保有増大を、また関東庁には工場設置の場合の土地無料貸下を要求し、多くの利権を狙っていた事実を紹介している。

第5節　葉煙草耕作支援

　東亜煙草は満洲における葉煙草の生産も支援した。また巨額資産を運営し、旅客・貨物の輸送による巨額営業キャッシュフローで利益を上げ続けた満鉄も、本業の陸運とはほとんど関連はないが、地場産業支援という方針から、葉煙草試験栽培の支援を行った。満洲における葉煙草耕作支援についても紹介しておこう。満洲の葉煙草生産は乏しく、既存の地場産葉煙草は紙巻煙草に向かないものであった。満鉄は満洲内の重要農作物並びに畜産物の改良増殖の研究機関として1913年4月に公主嶺農事試験場を設置した（南満洲鉄道［1928］804頁）。原料葉煙草生産の必要性を認め、1915年から同試験場で米国系黄色種葉煙草の栽培試験に着手した。また欧州大戦期の紙巻煙草原料不足に直面したため、1917年6月に満鉄地方部栃内壬五郎が朝鮮総督府専売局技師岡田虎輔ほか東亜煙草職員矢内宗良に満鉄沿線の栽培地調査を行わせた結果、満洲でも黄色種葉煙草の栽培が可能であるとの結論を得た。そして翌年に気象・土質等の条件から奉天省鳳凰城及び得利寺を葉煙草栽培の最適地と認め、この地域に試作を行うこととした。他方、東亜煙草は朝鮮の煙草専売制施行後の状況の激変に備え、満洲に

おける葉煙草事業に関わることとした。同社は1919年に満鉄に要望し、葉煙草試作場を借受け、9名の民間人（朝鮮から招いた7名と満洲在住2名の日本人）により、南満黄煙組合を組織させ、57～58ヘクタールの栽培に着手した。これが満洲における民間の手による米国系黄色種葉煙草の本格的栽培の始まりであった[1]。同組合は鳳凰城県内における米国系黄色種葉煙草の耕作者を組合員とし、耕作煙草の改良増殖を図り、煙草耕作乾燥に必要な物品の共同

表2-7　満洲国前の米国系黄色種葉煙草栽培

（単位：ヘクタール、トン、千円）

年	県旗	耕作面積	生産量	販売額
1919	2	58	41	38
1920	2	168	104	65
1921	2	168	152	119
1922	2	168	115	103
1923	2	144	88	69
1924	2	192	204	165
1925	3	216	348	229
1926	3	657	607	270
1927	3	450	516	296
1928	4	385	528	285
1929	4	345	626	322
1930	4	510	581	164
1931	4	482	573	176

出所：満洲煙草統制組合[1943]

購入を行うとともに、生産物の共同販売を行うものとし、さらに葉煙草耕作に必要な資金の融通を行うものとした（南満洲鉄道興業部農務課［1929］）。葉煙草耕作は朝鮮人・中国人に委託し、肥料代・種子代を組合から貸与し、生葉を買い入れて乾燥し、東亜煙草に売却するという、耕作請負制度を採用していた。そして耕作資金を東亜煙草より組合が借り入れ、さらに請負人に組合から資金を貸し付けた。しかしこの組合の葉煙草栽培は、制度の不備、経験不足、市況低迷等により、結果を出せずに、殊に1922年に霜害が発生し集荷はさえない結果に終わった。他方、東亜煙草は本体の事業不振に喘いでいたため、同年末で葉煙草栽培の支援を打ち切った[2]。この間、米国系黄色種葉煙草の耕作面積、生産量及び販売額は、1919年58ヘクタール、41トン、38千円から、1920年168ヘクタール、104トン、65千円、1921年168ヘクタール、152トン、119千円へと増大した（表2-7）。

東亜煙草の支援打ち切りで南満黄煙組合の行く末が案じられたが、満鉄が融資の斡旋を行い、経費の補助等で産業育成を続けた（満洲煙草統制組合［1943］9頁）。満鉄の補助金は1923年度より借入事業資金利子補給として5千円余で開始され、確認できる限りでは、1933年まで毎年度続いた[3]。東亜煙草に代わる資金調達先として、東拓の子会社の東省実業が融資を引き受けた。これには関東庁・東拓からの斡旋がなされたはずである。また組合の制度も改めて、従来の耕作請負制度を廃止し、日本人・朝鮮人は中国地主より土地を借り入れて自作し、乾燥室も各自設備し、組合による訓練も行き届き、ようやく組合による葉煙草生産は軌道に乗った。この葉煙草生産により栽

培され乾燥処理を受けた葉煙草は東亜煙草営口工場に納入された[4]。他方、満鉄が葉煙草の試作場を開設した得利寺地方では、1919年に民間に葉煙草委託栽培を行わせ、成績良好のため付近の農家の葉煙草栽培が増大した。1925年に得利寺試作場は鳳凰城試作場に合併されて閉鎖となった。従来の委託栽培者が1925年4月3日に得利寺煙草耕作組合を組織し、1927年に名称を南満洲煙草耕作組合と改めた。同組合では組合費を生産面積及び生産量に応じて徴収する体制となっていた。この地域の葉煙草栽培は、日本人・朝鮮人による煙草栽培組合により、1927年で作付面積200町歩を超え、年産7万貫を生産するまでになっていた[5]。1928年には海城付近の耕作者の加入を見て、一段と葉煙草栽培が盛んになった。同様に1928年には鞍山にも煙草耕作組合が設立された[6]。この間、米国系黄色種葉煙草の栽培面積の生産量、販売額は、1923年で144ヘクタール、88トン、69千円が、1927年450ヘクタール、516トン、296千円、1929年に345ヘクタール、626トン、322千円へとほぼ増大を辿ったが、1930年以降の世界恐慌の襲来で耕作面積は増大したものの、販売額は半減した。

なお南満黄煙組合への資金融通を行っていた東省実業は1921年11月期には戦後恐慌の満洲への波及でそれまでの放漫投資が祟り、深刻な経営危機に陥った。その結果、1927年11月期に東拓からの資金支援を受け、半額減資を実行し、東拓全額出資子会社に改組し、大幅な事業縮小に踏み切った（柴田[2007c]114-115頁）。この東省実業の改組・事業縮小により、南満黄煙組合は資金供給を受けることができなくなり、1928年より満洲銀行（1923年7月31日設立、本店大連）が同組合に対し融資を開始した。同年の満鉄からの事業資金利子補給は例年より大幅に増大し、16千円に達し、東省実業債務の処理のため一時的に多額の補助金を認めたようである。南満黄煙組合は1930年2月12日に組織を改め、専務理事を配置し経営権強化を目指した。そして同年にも満洲銀行から180千円の借入金を行い葉煙草耕作に従事したが、同年度は夏季の高温多雨と病害の発生で大幅な損失を発生させ、満洲銀行への未返済額35千円の処理に困窮した。見かねた満鉄は1931年3月28日役員会で満鉄保証による満洲銀行からの90千円の借入で対処させ、利子の補助金のみならず短期資金貸付の保証まで実行し手厚い支援を行った。さらに1931年度も葉煙草の作柄が悪いうえ、世界恐慌の中で葉煙草価格が下落したため、南満黄煙組合は借入金を全額返済はできず、負債を抱えたまま事業を続け、そのまま満洲国体制に移行した[7]。南満黄煙組合は幾多の資金的支援を受けつつも、1920年代の操業環境の中では山東省産葉煙草との競合と生産性の低さ等の要因があり、葉煙草耕作事業体として自立はほとんど不可能な状況であった。

1) 満洲煙草統制組合[1943]8頁、安東省興農合作社聯合会『安東省葉煙草事情』1943年8月（吉林省社会科学院満鉄資料館蔵03838）6頁。公主嶺農事試験場は設立時では満鉄地方部地方課が所管した（南満洲鉄道[1928]803頁）。
2) 満洲煙草統制組合[1943]8-9頁。前掲『安東省葉煙草事情』5-6頁。原文では満洲国期の省域細分化を経ているため「安東省鳳凰城」。満洲国の地方行政制度の改正で、奉天省が分割され該当地の省名が安東省となっていた。本章では1919年時点の奉天省に改めて記述している。
3) 実業部農務司農務科「鳳凰城黄煙組合ニ対スル満鉄ノ補助関係調査」1934年7月1日（一橋大学社会科学統計情報研究センター蔵『美濃部洋次文書』Ⅰ-33-1）。
4) 南満洲鉄道興業部農務課[1929]56-61頁。東省実業については柴田[2007c]113-115頁。
5) 前掲「東辺煙草股份有限公司設立計画ニ関スル件」。
6) 満洲煙草統制組合[1943]10頁、南満洲鉄道殖産部商工課『満洲商工概覧』1930年版、228頁。
7) 前掲「鳳凰城黄煙組合ニ対スル満鉄ノ補助関係調査」。満鉄からの利子補給は1923年より1933年まで毎年実行され合計71千円に達し、年平均6,469円という水準であった。

おわりに

　1920年代満洲は第1次大戦期からの大豆輸出で地域生産の増大が続き、また大豆耕作農民は華北から押し寄せて北上し定着したため、域内人口増大がみられ、煙草消費市場は拡大を続けた。第1次大戦期の景気高揚の時期に事業拡張したが、大戦後の景気の後退、中国ナショナリズムの満洲への波及、東北軍閥の排日政策、銀相場の下落等で、煙草の販売は苦境に立たされた。1920年代満洲において、英米煙草トラストと日系最大手の東亜煙草を中心とした勢力による販売競争は、拡大する市場を巡る煙草帝国主義の激突として現れた。満洲全域が自由貿易帝国主義の国際的フレームの中で、操業の自由が認められているため、激しく競合した。品位の高い市場では英米煙草トラストが優勢なまま、市場を確保していた。
　東亜煙草は朝鮮専売制の施行に伴い、満洲を主要事業地として操業を余儀なくされた。戦後恐慌による停迷の中で利益を出せず、朝鮮における廃業補償金の増額要求を執拗に続け、朝鮮総督府との軋轢を拡大した。東亜煙草はそれまでの満洲の事業地をさらに拡大し、販売に尽力した。東亜煙草の株式を鈴木商店系の企業家が買い集め、その結果鈴木商店系の米星煙草社長の岡田虎輔が専務取締役に就任した。専売局は鈴木商店の東亜煙草の掌握を好まなかったため、人事で介入を続けたが、東亜煙草の経営陣で激しい軋轢が発生した。その結果、鈴木商店系の金光庸夫が社長に収まり、なんとか経営陣の内部の軋轢を抑え込むことができた。東亜煙草は満洲内事業の立て直

しのため、取締役を大連に常駐させ、経営再建に尽力した。第1次大戦期の余勢を駆って、1920年代初頭まで、東亜煙草に限らず、多数の日系事業者が参入した。その中には三林公司のように岩谷二郎と広江沢次郎の経営で、朝鮮の煙草事業者の満洲への転出と位置づけられるものもあり、また朝鮮煙草のようにやはり岩谷二郎が経営し、朝鮮から事業基盤を満洲に移転し、工場設立に進んだ事例もある。亜細亜煙草のように上海に参入して煙草製造の展望を見いだせず、奉天で工場を設置したかなりの事業規模の事業者の参入も見られた。しかし東亜煙草でさえ無配に陥る状況のため、ほかの事業者も苦しく、亜細亜煙草は1927年に東亜煙草に吸収合併された。東亜煙草は満鉄からの補助金を受け合併に踏み切った。他方、満洲における英米煙草トラストのプレゼンスは高まり、南満で東亜煙草勢力と激突し、事業拡大を着々と推し進め、一方でロシア系ロパート公司を傘下に納め、北満における勢力を強めていた。英米煙草トラスト系事業であっても1920年代反英運動の標的となり、関内工場のみならず奉天工場でも労働争議が起き、満洲における事業拡張が足踏みする時期があり、東亜煙草は反撃の機会として逆襲に打って出ていた。それでも1920年代の銀相場下落と日本利権の回収運動等で事業環境は好ましいものではなかったが、なんとか利益確保をめざした。そのほか東亜煙草は満鉄の支援を受けて、1920年代初頭に葉煙草の満洲域内の試験栽培にもかかわった。地場産優良葉煙草の調達戦略を発動したが、すでに優良葉煙草産地として確立している山東省ほか有力産地の葉煙草栽培量と品質は短期的に勝てる状況ではなかった。

第3章

満洲国期の煙草産業

はじめに

　1931年9月18日満洲事変により関東軍が占領した地域に、翌年3月1日に満洲国が樹立され、関東軍の指導の下で領域的主権国家が出現した[1]。満洲国において、日本占領体制下で新たな経済体制の構築が急がれた。日本からの資本と技術・資材の導入により、新規産業の創出と既存産業の生産拡充が急速に進められる。その過程で特殊会社制度が導入された。そのプロセスについてはすでに多くの研究がなされているためその概要の紹介は省略しよう[2]。占領地に切り替えられた満洲国地域における、日本本店煙草事業者と満洲国煙草事業者が相互に、あるいは英米煙草トラスト系勢力と対抗して入り乱れて活動する。既存大手煙草事業者の東亜煙草株式会社と満洲国国策煙草事業者の満洲煙草株式会社が満洲の煙草覇権を競って激突する。満洲国における他の産業ではみられない既存大手と新設の満洲国政府系の事業者間の角逐の発生も注目できる。そして最終的な国策煙草会社への半ば強制的な統合にいたるまでの操業実態を分析し、その経緯を明らかにする。また、満洲国政府は葉煙草の輸入代替と満洲国内自給体制の構築に向けて準特殊会社の満洲葉煙草株式会社を設立し、同社は葉煙草栽培を強化する。そのため本章では競合関係が発生した日系煙草会社群の活動という本書全体の課題のほか、満洲国期の煙草産業の全貌を明らかにすることも併せて課題とする。すなわち東亜煙草や満洲煙草及満洲葉煙草のみならず、法人化した中堅もしくは弱小の煙草事業者や配給の組合組織にまで視野に入れて、満洲国の煙草産業の全貌を描くことを課題とする。また英米煙草トラストに対する満洲国の締め付け策と同系企業の操業も紹介する。さらに満洲国内における葉煙草栽培と集荷及び製造煙草の配給制度にまで視野を広げ、満洲国内の葉煙草栽培から集荷、刻煙草・紙巻煙草の製造から、配給統制までの統制体制を明らかにする。

　従来の研究では、満洲における食品産業の概説として柴田[2007e]があり、その各

論的位置づけで煙草産業が解説されているが、多くの不備が残っている。また、満洲における日系煙草産業の進出史として柴田[2009]があり、営業報告書と満洲煙草設立の政策資料に主として依拠して、満洲国期の東亜煙草と満洲煙草の競合とその後の統合までを解説している。ただし満洲国期の英米煙草トラストへの対抗措置と同系事業者の操業実態の解説は部分的に止まっており、葉煙草集荷では欠落が多く、不備が残っている。また東亜煙草への合名会社鈴木商店系企業家の介入の通史として勝浦[2011]がある。1940年に東亜煙草が鈴木商店系の経営支配を終えるまでの時期については関係者の回顧録（水之江[1982]）で参照できるため、同書を資料として利用しよう。三井系の協和煙草株式会社については、三井文庫[2001]と春日[2010]が三井系資料を紹介しつつ解説しており、大いに参考になる。中国側の文献では、中華烟草史編集委員会[2000]があり、満洲国期の概観を与えている。本章は柴田[2009]第2節をもとに、追加資料を用いて大幅に補強したものである。

1) 満洲国の政治史については、組織と人事について目配りの良い山室[1993]参照。
2) 満洲国に導入された統制経済については原[1972]、[1975]、マクロ経済政策と産業構造については山本[2003]を参照。満洲国会社制度については小林・柴田[2007]参照。

第1節　煙草産業の概観

関東軍が占領し、その経済体制を構築する中で満洲国では日本と同様の煙草専売制の導入が検討されたものの、結局専売制は施行されず、民営煙草産業がそのまま持続した。煙草を所管するのは財政部（1932年3月1日設立、1937年7月1日経済部に改組）、葉煙草栽培は実業部（1932年3月1日設立、1937年7月1日産業部、1940年6月1日、興農部に改組）が所管した[1]。専売が導入されなかったのは、中国の煙草産業の伝統の中で零細地場煙草製造販売業者が多数活動しており、それらを廃業させ、専売制の中で売捌人に鞍替えさせるのは容易でなく、地域的地場生産地場消費を専売制の中に取り込むことは極めて困難であり、また有力煙草事業の英米煙草トラスト系資産を接収した場合には国際紛議が発生し、一段と満洲事変後の列強の対日批判が盛り上がるため、実施は困難と判断されたことによる[2]。そのほか関東州では既存の民営煙草体制が続き、東亜煙草の工場がそのまま操業を続けていた。

満洲国が煙草高率関税を導入し域内生産紙巻煙草の保護を打出したことにより、関

内煙草製造業者の対満洲国煙草輸出は急減した[3]。それに伴い満洲国内煙草製造販売業者は、東亜煙草と英米煙草トラスト系の２強体制となった。例えば1933年１〜６月期の錦州地域における煙草消費状況を見ると、東亜煙草1,440箱（25千本入）、93千元であった。英米煙草トラスト系の啓東烟草股份有限公司（1930年11月15日設立、本店上海）の供給量は同期間で1,064箱（50千本入）、233千元という規模であった。満洲事変前までは上海方面から輸入された南洋兄弟烟草公司、華成烟草股份有限公司及び大東烟草股份有限公司等の煙草で合計年約400箱（50千本入と推定）の消費が見られたが、関税率が高率となったため、輸入商品が皆無の状態となった。そのため錦州地方で消費される煙草は、満洲国内に工場を有する東亜煙草と啓東烟草の両社の製品に限られる状態となった[4]。南満の錦州では東亜煙草のプレゼンスは高いものであったが、他方、北満では東亜煙草の勢力が弱い。1936年でも哈爾濱市では月平均消費量２千函（25千本入）で、そのうち啓東烟草が約７割、東亜煙草が約３割という状況であったが、北満全体では、月約10千函の消費で、そのうち啓東烟草の販売する製品が約９割近くを占めており、北満では啓東烟草のプレゼンスが一段と高い状況が続いていた。牡丹江地方では月平均１千函、斉斉哈爾では800〜900函でこの両地方では東亜煙草の製品は比較的多く需要されていた[5]。

　満洲国期に存在が確認できる煙草産業に主に関った企業として30社ほどが見出せる（表３-１）。その中には東亜煙草のような長期にわたり満洲で活躍し、規模を追及してきた事業者もあれば、満洲国期に新たに出現した事業者もある。満洲国期に設立された事業者として満洲煙草株式会社と満洲煙草股份有限公司がある。これらの法人は後述のように関東軍の国策煙草会社設立方針に沿って出現したものであり、並存している時期には前者は日本法人で純粋持株会社、後者は事業法人の満洲国法人子会社であり、為替リスク変動を回避するための措置としてこのような制度が導入された。その後、1937年12月１日の満洲国の治外法権撤廃と南満洲鉄道附属地返還に伴い、附属地の日本法人が満洲国法人化する際に後者を前者が吸収合併して事業法人化した。同時に満洲国「会社法」（1937年６月24日公布）が施行され、既存の日本法人等の満洲国法人への現地化を強く求めた。現地法人化を選択しなければ、「外国会社法」（1937年６月24日公布、12月１日施行）による非居住者法人として扱われ、その不利益から、ほとんどの満洲国における日本法人事業者は満洲国法人化を選択した[6]。設立から政府の支援を受けた満洲煙草は東亜煙草と満洲における煙草産業の覇権をめぐり激しく競合した。

表3－1　満洲

会社名	設立年月日	本店	資本金1936年		資本金1942年	
			公称	払込	公称	払込
東亜煙草㈱	1906.10.20	東京	11,500	7,300	30,000	16,125
拱石烟草㈱	1913.12.22	上海	200	200	—	—
老巴奪㈳	1915.5.-	香港	—	—	—	—
満洲煙草㈱	1918.9.15	大連	100	25	100	25
㈱三林公司	1919.4.15	奉天	200	160	—	—
㈾富林公司	1920.5.20	大連	—	400	—	400
中国葉煙草㈱→中国産業㈱	1920.5.25	奉天→青島	250	250	250	250
日支合弁㈾実業煙店	1920.10.20	吉林	—	50	—	50
東洋煙草㈾→日東煙草㈾	1921.5.1	大連	—	30	—	42
㈮秋林洋行	1922.5.10	哈爾濱	—	—	—	—
遼寧煙草㈳	1930.1.31	奉天	…	…	—	—
啓東烟草㈳	1930.11.15	上海	…	…	—	—
満洲煙草㈱	1934.12.24	新京	12,000	3,000	12,000	8,400
満洲煙草㈳	1935.2.12	新京	5,000	2,500	—	—
㈴耶夫斜也夫与司他知洛夫合賄煙草公司	1936.1.1	哈爾濱	—	…	—	2
㈮秋林洋行→㈴秋林洋行	1936.1.1	哈爾濱	—	5,537	—	—
啓東煙草㈳→啓東煙草㈱	1936.2.29	奉天	52,325	52,325	52,325	52,325
㈾三煙公司	1936.6.15	奉天	—	…	—	10
老巴奪㈳→老巴奪㈱	1936.8.1	哈爾濱→奉天	3,500	3,500	3,500	3,500
遼寧煙草㈱→㈱奉天煙草公司→奉天煙草㈱	1937.6.4	奉天	…	…	360	360
㈴永遠煙	1937.6.16	安東	—	—	—	15
東洋煙草㈱→大陸煙草㈱→興東煙草㈱	1937.6.30	大連	—	—	500	500
太陽煙草㈱	1937.7.5	奉天	—	—	1,000	1,000
秋林㈱	1937.7.23	哈爾濱	—	—	4,614	4,614
満洲東亜煙草㈱	1937.10.25	奉天	—	—	25,000	25,000
久字煙行㈾＊	1938.2.15	奉天	—	—	5	5
満洲葉煙草㈱	1938.12.28	奉天	—	—	10,000	7,750
協和煙草㈱	1939.10.26	新京	—	—	5,490	2,990
華豊煙草㈱＊＊	1939.11.14	哈爾濱	—	—	490	490
関満煙紙販売㈱	1940.12.13	大連	—	—	195	195
㈾利安煙公司	1942.3.5	安東	—	—	—	65
泰東煙草㈱	1942.8.27	奉天	—	—	1,000	500
満洲煙草㈱＊＊＊	1944.6.6	新京	—	—	50,000	50,000
満洲中央煙草㈱＊＊＊	1944.9.1	新京	—	—	50,000	20,500
同新煙草㈱	…	安東	—	—	—	—

注1：満洲国内本店の㈱は附属地返還と「会社法」施行で満洲国法人に転換。
注2：＊は1943年資本金、＊＊は解散時資本金、＊＊＊は設立時資本金
注3：㈮は無限公司。合名会社に相当。
注4：零細商業者で煙草取扱事例は多いが、煙草を製造もしくは販売に傾注した業者のみ列記した。
出所：三井文庫[2001]、藤原〔2010〕、華北総合調査研究所『英米煙草トラストとその販売政策』1943年5月、大連商工会議所
草株式会社「満洲及支那ニ於ケル英米煙草トラスト」1942年3月（旧大蔵省資料 Z530-134）、「株式会社登記簿・在上海

国期の煙草会社

(単位：千円)

備　考

1940.4.30満洲煙草の支配下に
大連で販売、英米煙草トラスト系、1934年遼陽に工場設置、1936年工場廃止
哈爾濱の英米煙草トラスト系ロバート商会を改組、事業を1936年満洲国法人老巴奪㈱に移譲
休業中
営業実体なし
吉林省で森林伐採、葉煙草栽培
済南に設置、青島に移転、奉天に移転、東亜煙草子会社、1938年頃青島に移転、その後商号変更

1936年以降、商号変更
ロシア系のチューリン商会、㈾秋行洋行と秋林㈱に事業転換、設立日は登記申請日
遼寧煙草㈱に改組
1936.4.30清算、啓東煙草㈱に事業承継
1944.6.6解散、満洲煙草㈱新設で統合
満洲国法人、1934年設立満洲煙草㈱に統合
ロシア人経営、1944.6.9解散
5,537千哈大洋票、㈾秋林洋行（チューリン商会）の満洲国法人化、「会社法」施行後、商号変更、1940年頃解散
1936.7.29設立の資料あり。英米煙草トラスト系、1938.5.27商号変更

香港法人老巴奪㈱の満洲国現地法人化、「会社法」施行後商号変更、奉天に移転

1930.1.31設立の遼寧煙草㈱を1937.6.4株式会社改組、1939.6㈱奉天煙草公司に商号変更、1941.1奉天煙草㈱に商号変更、1942年には太陽煙草に吸収

1941年に大陸煙草㈱に商号変更、1943.7.5興東煙草㈱に商号変更

秋林洋行㈾の同系、煙草から撤収
東亜煙草の満洲国事業分離、1944.5.30解散、新設の満洲煙草㈱に統合

準特殊会社、政府出資
三井物産系の三泰産業出資、1941.12.22華豊煙草を合併、三井物産子会社に転換
三泰産業出資で設立、1941.12.22協和煙草に吸収合併

満洲東亜煙草㈱と満洲煙草㈱を吸収して新設
啓東煙草の事業を承継
1942年には太陽煙草に吸収

『満洲銀行会社年鑑』各年版、満洲中央銀行資金部統制課『満洲国会社調（資本金20万円以上）』1943年版、1944年版、東亜煙総領事館ノ部」（外務省記録 E.2.2.1.5-5-1)、『満洲国政府公報』

他方、東亜煙草は本店東京の法人のため満洲国法人化を避け、満洲国事業を1937年10月25日に満洲東亜煙草株式会社を設立して分社化し、東亜煙草は大連事業のみを満洲で残した。その後、1944年6月6日に満洲煙草と満洲東亜煙草が合併し、新たな満洲煙草株式会社に統合された。そのほかの満洲国政府の支援した事業者として、1938年12月28日設立の満洲葉煙草株式会社（本店奉天）があり、同社は満洲国政府出資を受けた準特殊会社である。

　満洲における煙草事業者として、満洲事変前に青島から奉天に店舗を移転した中国葉煙草株式会社がある（第2章、第4章参照）。同社は日中戦争勃発後の政治状況の変動をみて、再度青島本店会社とし、満洲国法人から離脱する。そのほか太陽煙草株式会社（1937年7月5日設立、本店奉天）が操業していた。注目されるのは三井物産株式会社系の三泰産業株式会社（1936年7月16日設立、本店新京）の子会社の華豊煙草株式会社（1939年11月14日設立、本店哈爾濱）と、やはり三泰産業の子会社の協和煙草株式会社（1939年10月26日設立、本店新京）があり、協和煙草が華豊煙草を吸収合併し、三井物産の直接支配下の煙草事業者となり規模を追求した。協和煙草は設立時公称資本5百万円、払込1,250千円という規模の大きな事業者であった。太陽煙草は撫順製紙株式会社（1930年11月23日設立、本店撫順）に過半出資して支配下に置き[7]、煙草用紙の確保を目指した。1942年8月27日に泰東煙草株式会社が設立された（本店奉天）。資本金1百万円、半額払込であり、敗戦まで操業を続けた。そのほか設立年月が不明であるが、安東を本店とする同新煙草株式会社が設立された。同社は1942年までに太陽煙草に吸収合併された。このうち営業内容が判明する中国葉煙草、協和煙草、泰東煙草については後述する。

　満洲国では中国人事業者も満洲国法人法制の中に位置付けられる。中国人事業者の事例として、中華民国「公司法」（1929年12月27日公布、1931年7月1日施行）の施行前の1930年1月31日に、中国人事業家により設立された遼寧煙草股份有限公司がある。同公司は南洋兄弟烟草公司系と見られていた。その後に満洲国期の「会社法」体制の中で、1937年6月4日に遼寧煙草株式会社に商号変更し、さらに1941年1月に奉天煙草株式会社に商号変更した[8]。この会社は1942年には太陽煙草に吸収合併された。1942年以降の統制経済の強化の中で淘汰が進められ、その標的となった。大連本店の事業者として、1937年6月30日設立の東洋煙草株式会社があり、同社は1941年に大陸煙草株式会社に商号変更し、支店を上海にも設置した。さらに1943年7月5日に興東煙草株式会社に商号変更し、同年下期に三井物産が興東煙草の一手販売を引受けたた

め(春日[2010]471頁)、製造に注力し、そのまま敗戦まで続いた。

　外資系として既存の英米煙草トラスト系の啓東烟草が上海に本店を置いて満洲で工場と販売店舗を有し操業していたが、満洲国体制の中で現地化を余儀なくされ、1936年2月29日に啓東煙草股份有限公司が設立された(本店奉天)。そして上海法人啓東烟草は清算に移った。また同様に老巴奪公司は香港に本店を置いて、哈爾濱で煙草工場を操業していたが、同年8月1日に子会社老巴奪股份有限公司を設立し、哈爾濱本店の満洲国法人に事業を移した。その後、啓東煙草股份有限公司は1938年5月27日に啓東煙草株式会社に、また同じころに満洲国法人老巴奪股份有限公司が老巴奪株式会社に商号変更し、本店を奉天に移した。両社は満洲国統制経済のなかで締め付けを受けながらも操業を続けたが、1941年12月開戦後に接収され、前者の事業は1944年9月1日に満洲中央煙草株式会社設立により承継された。同社資本金50百万円、半額払込、全額政府出資、本店新京、社長皆川豊治、取締役沢田健一、五十子順造であった[9]。残念ながら満洲中央煙草の事業規模を示す統計は見当たらない。

　白系ロシア人の経営するチューリン商会(無限公司秋林洋行)も満洲で哈爾濱を拠点に資金繰を香港上海銀行に依存しつつ、長期にわたり事業を続けてきた(藤原[2010]41-42頁)。満洲事変後に満洲の日本化が進行しロシア人が減少したことに伴い事業基盤に打撃を受け、さらに1935年3月23日に中東鉄道が満洲国に買収されたため、最大の販売先を喪失した。同社は事業の一部を1936年1月1日に無限公司秋林洋行に改組し、満洲国法人に転換した。本店哈爾濱、資本金哈爾濱大洋票5,537千円であった。物品の卸小売、宝石貴金属、食料品及び煙草の販売に従事した[10]。さらに「会社法」に対処し、同社は合名会社に改組した。同社は流通業者であり、農畜産加工、煙草製造事業はチューリン商会に残されていたが、現地化を余儀なくされ、別に1937年7月23日に満洲国法人秋林株式会社が設立され、チューリン商会の残りの事業を継承した。本店哈爾濱、資本金4,614千円であった。1937年の同社の定款で規定する業務は百貨店業、各種商品卸業、輸出入業、農畜産加工業、獣皮毛加工業、各種飲料水製造、各種食料品製造加工業等で[11]、煙草製造販売が明示されていないが、1920年代後半に閉鎖した煙草製造業を満洲国期にアメリカ風シガレット製造で復活させていた(藤原[2011]115頁)。秋林洋行は1940年には解散していたが秋林に吸収されたと思われる。その後、アジア太平洋戦争勃発後、秋林は香港上海銀行の出資を受けていたため敵産管理に移されたが(藤原[2010]43-44頁)、1944年8月10日の秋林の改組後の定款を点検すると、やはり煙草製造販売を明示しておらず[12]、同社は煙草製造から撤収

していたといえよう。

　満洲国における煙草製造販売以外の周辺事業のライスペーパー（巻紙）製造に専業製造業者が参入した。満洲国では紙巻煙草の原料として利用するライスペーパーは日本からの輸入に依存していた。王子製紙株式会社に勤務していた技術者矢野茂成が退職後、満洲に渡り財政部の管理下に置かれていた六合成造紙廠の技師長に就任していたが、満洲国におけるライスペーパーの高率関税のため製造で十分採算が取れると判断し、工場設置に動いた。六合成造紙廠が1935年7月10日に王子製紙が全株保有する股份有限公司六合成造紙廠に改組されると、矢野は退職した。王子証券株式会社（1933年3月設立、本店東京）が出資した。ライスペーパー事業の立ち上げに王子製紙からの出資を受けるのに矢野は逡巡したが、六合成造紙廠の監査役をしていた工藤雄助の支援を受け、最終的には王子製紙からの6割の出資を得て（王子証券出資）、1936年9月11日に安東造紙股份有限公司が設立された（資本金500千円、350千円払込）。当初の董事長工藤、董事兼工場長矢野ほかが並んだ。1938年には安東造紙株式会社に商号変更していた。工場は安東郊外に建設し、抄紙設備とライスマシンを設置した。同社はその後も設備投資のため、1938年9月12日に公称資本金3百万円、払込112.5千円に増資し、その結果、王子証券が9割を掌握した。工藤は社長から外れ、王子製紙の井上憲一が社長に就任したが、矢野はそのまま取締役のため技師長を続けたと見られる[13]。安東造紙の製造ラインにより、満洲国で安定的にライスペーパーの供給が行われた。

1) 満洲国史編纂刊行会[1962]9-12頁。満洲国では日本から送出される官僚が、日本内の省庁所管別・業種別に担当したため、日本で専売制を所管していた大蔵省から派遣された官僚が総務庁・財政部・経済部で職を得て、満洲の煙草製造販売を所管した。葉煙草栽培は農林部門の一環として農林省・商工省から送り込まれた官僚が職を得た実業部が所管した。ただし日本の官庁が人材を大量に送出する前には、南満洲鉄道株式会社からの多数の転職者が満洲国官僚のポストを得ていた。これについては山室[1990]参照。
2) 南満洲鉄道経済調査会[1935]による関東軍から示された満洲国煙草製造産業に関する諮問方針では専売制導入も視野に入れられていた。
3) 満洲国の樹立後の関税政策については松野[1995]参照。
4) 在錦州領事館「昭和八年自一月至六月錦州ニ於ケル烟草消費調査表送付ノ件」1933年8月22日（外務省記録E.4.5.0.-45）。華成烟草公司は1924年設立、大東烟草公司は1925年設立、いずれも上海本店（在上海日本商務官事務所「上海支商煙草工業現状ノ件」1933年3月23日（外務省記録E.4.2.1.-5.8.1）。実業部国際貿易局編『工商半月刊』第5巻第1号、1933年1月所載「上海支商巻煙草工業ノ現状」の訳文（表題は日語訳と見られる）。

5) 在哈爾濱総領事館「哈爾濱ヲ中心トスル北満煙草市場ノ現況ニ関シ報告ノ件」1936年4月18日（外務省記録 E.4.5.0.-45）。
6) 治外法権撤廃・満鉄附属地返還と同時に施行された満洲国「会社法」体制のインパクトについては小林・柴田[2007]第2節参照。
7) 大連商工会議所『満洲銀行会社年鑑』1941年版、485頁。
8) 同、1942年版。当初設立されたのは「遼寧烟草股份有限公司」と思われるが、依拠資料のままとした。1936年末煙草業者一覧で「遼寧烟（南洋）」と記載（実業部臨時産業調査局[1937]57頁）。
9) 『満洲国政府公報』第3085号、1944年9月23日、大蔵省管理局『日本人の海外活動に関する歴史的調査』第22冊満洲編第1分冊、1950年、131頁。沢田健一は1898年12月29日生、帝国大学法学部卒、藤本ビルブローカー銀行（1907年3月25日設立、本店大阪）、大阪電気軌道株式会社（1910年9月16日設立）を経て、1938年満洲製綿配給聯合会理事、満洲棉花株式会社（1934年4月19日設立、本店奉天）常務理事、満洲麻袋株式会社（1940年12月2日設立、本店新京）、満洲棉実工業株式会社（1939年10月16日設立、本店遼陽）各取締役（帝国秘密探偵社『大衆人事録』1943年版、満洲138頁）。五十子順造は1893年4月8日生、東北帝国大学農科大学卒、専売局技師、芝工場長、1939年2月退官（同前、満洲20頁）。
10) 『満洲銀行会社年鑑』1937年版、727頁。秋林洋行は1940年版で消滅。
11) 同、1938年版、345頁。
12) 『満洲国政府公報』第3114号、1944年10月28日。
13) 成田[1959]27-28頁、『満洲銀行会社年鑑』1936年版、622頁、1937年版、633頁、1938年版、403頁、1942年版、368頁。成田[1959]27頁では、六合成造紙廠が満洲中央銀行の管理下に置かれていたと説明する。旧東三省政府系銀行4行の事業資産を承継した満洲中央銀行実業局が銀行業以外の附属事業を1933年7月1日まで操業したが、その中には同廠は含まれていない（満洲中央銀行[1942]122-123頁）。同廠は旧吉林省政府の保有事業資産であり、同廠を含む旧政権実業を財政部が取得して管理下に置いていたため（柴田[2007d]145頁）、満洲中央銀行実業局ではなく財政部が操業管理していた可能性が高い。同廠と王子製紙の関係については成田[1959]20-21頁。矢野茂成は1899年生、東京帝国大学機械科卒、王子製紙入社、退社後、六合成造紙廠に移る（『大衆人事録』1943年版、満洲297頁、成田[1959]27頁）。工藤雄助は1889年1月10日生、東京帝国大学法科卒、高等文官試験合格、満鉄入社、同社興業部庶務課長、復州鉱業株式会社（1929年9月13日設立、本店大連、満鉄系）監査役を経て、株式会社奉天紡紗廠（1921年9月30日設立）監査役（人事興信所『人事興信録』1943年版、キク4頁、帝国興信所『帝国銀行会社要録』1937年版、『満洲銀行会社年鑑』1942年版）。

第2節　東亜煙草の事業

1．東亜煙草の事業拡張

　満洲国出現後、東亜煙草の操業環境は劇的に好転した。満洲における日本人の急増

表 3-2　東亜煙

	1932.4期	1932.10期	1933.4期	1933.10期	1934.4期
(資産)					
未払込資本金	4,200	4,200	4,200	4,200	4,200
商標権	1,500	1,500	1,500	1,500	1,300
地所建物造作物	3,919	3,840	3,662	3,448	3,427
機械器具	910	838	850	800	820
葉煙草	832	845	994	1,226	1,170
材料品予備用品	241	233	302	306	389
製品半製品	249	267	314	380	409
受取手形	683	657	724	634	157
取引先勘定	458	374	369	411	325
葉煙草耕作勘定	4	4	4	2	51
未収金仮払金	651	701	454	816	1,008
供託有価証券	77	94	271	120	143
本社現在有価証券	388	334	310	228	228
預金現金	1,195	1,288	1,416	870	1,369
合計	15,313	15,180	15,374	14,948	15,001
(負債)					
資本金	11,500	11,500	11,500	11,500	11,500
諸積立金	556	586	639	712	792
延納払勘定	153	117	387	215	276
借入金当座借越	362	352	342	—	—
支払手形	904	654	327	193	—
仮受金未払金	1,216	1,224	1,260	1,169	1,010
雑勘定	218	236	262	315	351
前期繰越金	114	151	198	289	432
当期純益金	285	356	455	551	638
合計	15,313	15,180	15,374	14,948	15,001

出所：東亜煙草株式会社『営業報告書』各期

もあり、煙草需要急増の中で売行きを伸ばし、営口と奉天の製造所はフル稼働となり、啓東烟草との競合が強まっていった[1]。さらに1932年9月25日以降、関内からの商品は満洲国にとって外国品扱いとなるため、満洲国における煙草の関税保護がもたらされたが、逆に華北からの輸入葉煙草には関税が課せられる事態となった[2]。東亜煙草は1930年頃からライスペーパー製造大手の三島製紙株式会社（1918年7月25日設立）から紙巻煙草用ライスペーパーを調達していた（三島製紙[1968]12-13頁）。東亜煙草は大連でも1934年12月に新工場を竣工し[3]、満洲では営口、奉天に次ぐ3番目の煙草製造工場の完成となり、製造能力をさらに引き上げた。それにより啓東烟草との競争力を強めた。満洲事変期に不振から再起した東亜煙草の株式保有は魅力的な投資とな

草貸借対照表(4)

(単位：千円)

1934.10期	1935.4期	1935.10期	1936.4期	1936.10期	1937.4期	1937.10期
4,200	4,200	4,200	4,200	2,102	2,100	2,100
1,100	900	700	500	400	300	300
3,352	3,382	3,435	3,363	3,983	3,868	3,731
792	895	882	921	969	1,006	980
1,809	2,226	2,239	1,515	2,682	3,856	3,629
288	339	350	393	471	504	562
568	531	663	776	989	728	941
151	171	255	190	221	248	277
412	466	585	606	592	630	801
50	50	50	44	44	38	38
447	471	648	2,088	1,481	1,105	907
201	181	372	265	393	427	427
228	228	229	229	229	287	287
1,674	1,598	1,756	1,759	3,087	2,549	3,003
15,278	15,641	16,369	16,854	17,649	17,651	17,988
11,500	11,500	11,500	11,500	11,500	11,500	11,500
874	962	1,050	1,140	1,228	1,314	1,400
346	274	533	372	548	519	271
—	—	—	—	—	—	—
—	—	—	—	—	—	—
813	779	813	1,021	1,302	1,081	1,425
338	391	437	483	474	493	488
660	988	1,281	1,578	1,883	2,030	2,187
744	745	751	757	712	713	715
15,278	15,641	16,369	16,854	17,649	17,651	17,988

ったが、450株を保有していた東洋拓殖株式会社は1932年5月〜10月の間に手放していた[4]。この間の営業内容をさらに紹介すると（表3-2）、1932年4月期で総資産15,313千円の東亜煙草は、未払込資本金4,200千円、地所建物造作物3,919千円、商標権1,500千円、預金現金1,195千円を抱えており、負債として資本金11,500千円、仮受金未払金1,216千円、支払手形904千円、借入金当座借越362千円等であり、当期利益は確保されていた。1933年10月期では借入金当座借越が消え、さらに1934年4月期では支払手形も消滅し資金繰りが一段と楽になっていった。1936年6月までに償還する銀行との協定を締結していたが（第2章）、業績好調のため前倒しで償還した。満洲事変景気による日本人の大量入満で東亜煙草の商品は良く売れた。それにより利益は

第3章　満洲国期の煙草産業　**127**

表3-3　東亜煙

	1938.5期	1938.11期	1939.5期	1939.11期	1940.5期	1940.11期	1941.4期
(資産)							
未払込資本金	2,100	—	13,875	13,875	13,875	13,875	13,875
地所建物造作物	309	316	329	343	468	1,128	1,437
機械器具	151	176	269	420	535	1,028	970
葉煙草	212	473	1,423	3,239	2,399	6,926	7,851
材料品予備用品	136	175	135	241	432	2,412	2,566
製品半製品	102	251	273	437	837	1,293	4,057
受取手形	93	686	1,087	978	1,601	6,820	3,237
取引先勘定	107	107	163	687	277	195	39
葉煙草耕作勘定	—	—	—	—	—	94	27
未収金仮払金	297	458	1,203	2,139	4,438	616	640
関係会社勘定	—	—	—	—	—	2,309	6,293
供託有価証券	456	1,303	2,018	2,481	1,374	1,241	3,819
本社現在有価証券	13,903	14,087	14,137	18,904	19,595	19,777	15,099
預金現金	433	2,451	4,436	1,435	1,137	1,782	7,925
合計	18,304	20,489	39,355	45,183	46,974	59,502	67,837
(負債)							
資本金	11,500	11,500	30,000	30,000	30,000	30,000	30,000
諸積立金	1,486	1,574	1,665	1,817	1,980	2,205	2,435
延納払勘定	360	1,001	1,188	2,005	1,042	935	2,026
借入金当座借越	—	—	—	—	—	—	—
支払手形	—	—	—	85	2,068	17,679	21,465
借入公債	—	—	—	—	—	—	—
仮受金未払金	787	1,469	2,246	2,696	4,834	2,139	5,255
関係会社勘定	550	1,108	—	3,912	1,957	924	—
雑勘定	530	580	613	541	541	562	713
前期繰越金	2,346	2,452	2,607	2,876	3,155	3,517	4,020
当期純益金	742	802	1,034	1,248	1,393	1,538	1,921
合計	18,304	20,489	39,355	45,183	46,974	59,502	67,837

出所：東亜煙草株式会社『営業報告書』各期、1944年5期は、たばこと塩の博物館蔵

増大しており、満洲を拠点とする唯一の大規模煙草製造販売業者として、満洲事変期当初から優良企業であり続けた。さらに1936年10月期には未払込資本金を調達し、原料葉煙草の積み増しに当てた。このように満洲国で煙草製造に従事していた時期の東亜煙草の営業はほぼ順調であった。

　金光庸夫の長男金光邦男が1936年2月24日に取締役に就任し専務取締役となった[5]。さらに1937年6月25日に同郷大分県出身で、社長金光庸夫の係累と思われる専売局官僚であった金光秀文が東亜煙草取締役に就任した[6]。金光秀文は大蔵省辞職後、身内のいる東亜煙草の経営に関わるため、天下ってきたといえよう。こうした金光庸夫の

草貸借対照表(5)

(単位：千円)

1941.11期	1942.5期	1942.11期	1943.5期	1943.11期	1944.5期	1944.11期	1945.5期
13,875	13,875	13,875	13,875	13,875	13,875	13,875	13,875
2,271	2,276	524	701	1,019	1,479	776	2,083
1,797	1,922	533	699	1,081	1,120	1,438	1,741
11,529	10,913	5,620	5,443	5,076	8,266	6,708	4,353
4,321	3,880	2,677	2,657	4,169	5,257	5,450	11,935
2,485	2,264	341	387	443	414	406	836
5,965	5,847	235	365	345	435	335	
760	272	37	58	48	376	1,223	72
85	84	84	412	522	508	964	3,428
845	677	1,674	1,366	1,602	1,847	926	844
7,462	6,668	10,588	7,512	8,886	6,754	8,867	7,654
3,099	3,099	2,185	3,488	4,277	4,876	1,957	4,957
14,749	15,247	29,537	29,835	29,772	29,805	34,034	29,847
11,415	9,816	7,401	7,627	6,761	3,494	4,350	6,711
80,664	76,846	75,315	74,431	77,881	78,512	81,315	88,343
30,000	30,000	30,000	30,000	30,000	30,000	30,000	30,000
2,685	3,020	3,363	3,575	3,797	4,051	4,316	4,606
1,891	1,163	1,375	2,418	3,844	3,292	5,490	9,492
1,979	―	―	―	―	1,561	―	―
29,925	27,543	27,449	27,485	27,196	25,582	26,980	27,480
―	1,470	490	―	―	―	―	―
5,856	3,412	1,326	288	1,350	1,282	965	1,046
―	―	―	―	―	―	―	―
743	944	2,137	1,085	1,251	2,010	2,933	4,497
4,885	6,441	6,942	7,154	7,380	7,447	6,841	7,014
2,697	2,850	2,230	2,423	3,061	3,283	3,788	4,205
80,664	76,846	75,315	74,431	77,881	78,512	81,315	88,343

同族の取締役就任を見て、東亜煙草は金光庸夫の同族経営の色彩が強まっていった。旧鈴木商店系もしくは金光の同族以外の取締役は、社内では発言権を失っていったとみられる。東亜煙草は満洲・中国関内各地で事業展開したが、とりわけ日中戦争勃発後の中国関内占領地の拡大の中で東アジアにおける巨大な煙草帝国の構築を急いだ。この事業拡張のため、1939年1月12日に30百万円とする増資を決議し、株主への割当と縁故募集で引き受けさせた[7]。その結果、1939年5月期に16,125千円の払込資本金となった（表3－3）。

東亜煙草の満洲国内の関係会社として、後述のように、満洲内事業を分離して、満

洲東亜煙草を設立するが、大連の本体事業はそのまま残った。日中戦争勃発後に、東亜煙草は関内占領地の各地で事業展開し、利権確保に邁進し、1937年10月25日に華北東亜煙草株式会社を設立し（本店天津）、華北占領地の事業を分社化して担当させた（第5章参照）。これらの関係会社へも東亜煙草本体の取締役を兼務して役員に送り込んでいた。

満洲東亜煙草の設立に伴い、奉天・営口の工場を分離したため、東亜煙草の有形固定資産は一挙に3分の1以下に縮小した。東亜煙草の直営工場は満洲では最も小規模の大連工場のみとなった。ただし華中・華南では本体で煙草事業に直接参入したため（第5章・第7章参照）、その後は地所建物造作物、機械器具、葉煙草在庫等は増大している。

2．満洲東亜煙草の設立

1937年12月1日満洲国の治外法権撤廃・満鉄附属地移譲に伴い、東亜煙草はその直前の1937年10月25日に満洲東亜煙草株式会社を設立し、満洲国内事業を分社化した。同社の本店は奉天、当初資本金10万円、全額払込、取締役金光庸夫、金光秀文、松尾晴見、岩波蔵三郎、井上健彦であり、いずれも東亜煙草の取締役である。東亜煙草のほか一部を満洲東亜煙草と同日に設立された華北東亜煙草が引受けた。東亜煙草からの実質的迂回出資とみられる。華北東亜煙草の取締役も東亜煙草の取締役が兼務した[8]。満洲東亜煙草の定款によると、業務は煙草製造販売、煙草製造材料品の製造販売並びに諸機械製造または販売、物産売買、付帯業務、これら該当事業を営む会社への投資または株式取得である[9]。同社は1937年11月5日に在奉天総領事館から設立許可をうけ、1937年11月6日、奉天総領事館に登記した。1937年11月15日、奉天で臨時株主総会を開催し、資本金を25百万円に増資し、全額払込とし、さらに1937年11月20日に治外法権撤廃・「会社法」施行に対応し日本法人満洲東亜煙草は12月1日に解散を決議し、同日に満洲国法人の満洲東亜煙草株式会社に転換した。ただし満洲国法人への転換であり、事業をそのまま断続したため、創立日は10月25日のままで、役員に変更はない。その後、1938年2月24日に奉天工場紙巻煙草製造許可と、1938年2月24日に営口工場紙巻煙草製造許可を得て東亜煙草時期からの既存の工場の増産体制を築いた[10]。この分社化は治外法権撤廃と「会社法」施行を見据えた東亜煙草の対満洲国戦略である。

1938年3月期の満洲東亜煙草の総資産26,927千円のうち、最大資産は営業権（東亜

煙草の商標権）15百万円、預金現金2,839千円、地所建物造作物2,796千円のほか葉煙草在庫も重要な事業資産であり2,063千円を抱えていた。関係会社勘定はすなわち対東亜煙草資産1,350千円がある（表3-4）。そのほか資産の取引先勘定は軍納煙草代金等であり、仮払勘定は葉煙草代金前渡金等である。負債項目では資本金25百万円のほか、仮受勘定は葉煙草及び諸材料代金の未払であり、未払金は未納紙巻煙草税等である。関係会社勘定、すなわち華北東亜煙草負債684千円等がある[11]。そのほか1937年5月11日に「重要産業統制法」にもとづく煙草製造許可を産業部より得た[12]。

その後、1939年3月13日に紙巻煙草輸入業許可を得た。しかし原料葉煙草の輸入はいっそう困難となり、後述の満洲葉煙草の設立により、同社から配給を受けることとなった。原料調達難を見越し、満洲東亜煙草は葉煙草在庫を積み増していった。東亜煙草と満洲東亜煙草は企業間勘定で相互に原材料等の支援を行っていたとみられる。満洲国における煙草需要の拡張につき、満洲東亜煙草は販売機関の刷新、工場経営の合理化、製品の改善を行い積極的な方針で販路拡張に邁進した[13]。1939年4月26日に岩波蔵三郎が専務取締役に就任し、ほかの取締役は金光秀文と松尾晴見のみとなり、9月12日に金光庸夫と井上健彦が辞任登記を行っている。この期も原料葉煙草の配給が十分でなく、船舶・貨車の不足で一段と困難になり、同年5月12日勃発のノモンハン事件と9月1日勃発の欧州大戦でその状況はさらに強まった[14]。金光庸夫は1939年8月30日に阿部信行内閣拓務大臣就任で辞職し、井上も後述の満洲葉煙草取締役を同年8月に解任されており連動していたと見られる。さらに1939年10月26日に取締役松尾の後任に監査役の松平慶猶が就任し[15]、旧鈴木商店系の取締役は皆無となった。金光庸夫と旧鈴木商店系の経営者の段階的な退場が進展していたようである。この理由は定かでないが、満洲葉煙草の経営を掌握した長谷川太郎吉系の経営陣が満洲東亜煙草への葉煙草供給による圧迫を強めており、併せて政府・関東軍とともに経営統合を強く要求していたのかもしれない。そして1940年4月30日既存取締役員全員退任により、経営権は満洲煙草に掌握された。それについては後述する。

そのほか満洲国における煙草用パッケージ印刷のため、東亜煙草は1938年2月11日に東亜精版印刷株式会社を設立した（資本金150千円全額払込、本店奉天）。同社の専務取締役岩波蔵三郎、取締役金光秀文、中井利正等が並び、1938年で全株式を東亜煙草が保有していた。同社は満洲オフセット印刷株式会社（1926年8月29日設立、本店奉天）を満洲国法人に改組したものであり、精版印刷株式会社（1924年8月設立、本店大阪、社長中井利正）と東亜煙草が共同で設立した。東亜精版印刷は1939年10月25

表 3-4　満洲東

	1938.3期	1938.9期	1939.3期	1939.9期	1940.3期	1940.9期
(資産)						
営業権	15,000	15,000	15,000	15,000	15,000	15,000
地所建物造作物	2,796	2,762	2,733	2,723	2,813	3,086
機械器具	696	685	713	718	726	719
葉煙草	2,063	1,057	2,880	1,355	2,090	3,776
材料品予備用品	302	510	432	519	611	1,825
製品半製品	364	371	380	352	289	303
受取手形	101	—	—	—	—	2,050
取引先勘定	620	537	885	343	559	410
仮払勘定	746	1,412	1,435	2,317	6,120	899
未収入金	11	44	23	67	94	101
葉煙草耕作勘定	33	33	—	0	—	—
有価証券	—	—	350	350	390	390
特別保有国債	—	—	—	—	—	—
預金現金	2,839	4,887	2,959	6,261	3,588	3,753
関係会社勘定	1,350	90	1,320	891	2,037	1,801
合計	26,927	27,394	29,114	30,901	34,322	34,116
(負債資本)						
資本金	25,000	25,000	25,000	25,000	25,000	25,000
諸積立金	—	40	85	175	410	670
国債保有積立金	—	—	—	—	—	—
雑勘定	10	28	33	45	44	47
支払手形	—	—	—	—	—	—
当座借越	—	—	—	—	—	—
仮受勘定	238	815	1,517	2,087	3,352	1,518
未払金	416	804	1,281	1,556	2,658	3,171
延納巻煙草税	—	—	—	—	—	—
税金引当金	—	—	—	—	—	—
関係会社勘定	684	—	—	—	—	—
前期繰越金	—	16	34	432	832	1,647
当期純益金	577	688	1,162	1,605	2,024	2,061
合計	26,927	27,394	29,114	30,901	34,322	34,116

出所：満洲東亜煙草株式会社『営業報告書』各期

日に増資し、公称資本金300千円、225千円払込となった。東亜精版印刷は満洲東亜煙草と東亜煙草の印刷を受注した。さらに満洲東亜煙草のみならず、満洲煙草と華北東亜煙草の印刷も受注した[16]。そのほか満洲東亜煙草は凸版印刷株式会社にも発注しており、凸版印刷は満洲に出張所を置いて営業し、日本から輸出して納品していた（凸版印刷[1961]111頁）。その後、凸版印刷は、満洲内事業拡張をめざし、1933年12月6日設立の満洲共同印刷株式会社（本店奉天、設立時資本金100千円、全額払込、1935年9月25日200千円全額払込に増資）を1939年3月に買収し、同年9月15日に公称資

亜煙草貸借対照表

(単位：千円)

1941.3期	1941.9期	1942.3期	1942.9期	1943.3期	1943.9期	1944.3期
15,000	15,000	14,000	13,000	12,000	11,000	10,000
3,362	3,460	3,525	3,492	3,482	3,485	3,640
713	751	739	727	718	841	942
5,674	6,191	7,980	7,279	15,013	11,815	14,892
2,720	2,688	2,728	3,082	3,360	3,543	4,017
392	295	261	331	369	448	360
2,000	2,500	4,585	4,585	—	1,500	—
998	3,835	2,723	4,192	3,071	3,516	7,526
644	307	458	137	208	158	219
13	61	116	133	—	173	291
—	—	—	—	—	—	—
2,913	3,453	1,209	1,274	1,374	1,950	1,950
—	—	—	—	407	673	846
2,208	5,936	4,327	6,616	5,301	820	449
1,441	—	1,061	738	3,491	4,965	4,586
38,085	44,480	43,719	45,592	48,798	44,893	49,723
25,000	25,000	25,000	25,000	25,000	25,000	25,000
930	1,190	1,493	1,804	2,019	2,149	2,255
—	—	—	—	407	673	846
674	821	1,162	1,164	1,040	1,058	937
2,826	2,826	2,826	2,826	2,826	2,826	2,845
—	—	—	—	—	—	5,480
242	1,664	642	669	814	1,224	88
3,791	6,440	165	151	493	233	235
—	—	3,107	3,282	5,175	2,548	5,351
—	—	1,911	2,261	3,235	2,744	710
—	79	—	—	—	—	—
2,499	3,411	4,206	5,149	5,210	4,325	4,057
2,122	3,048	3,203	3,283	2,576	2,110	1,914
38,085	44,480	43,719	45,592	48,798	44,983	49,723

本金1百万円、60万円払込に増資して、新大陸印刷株式会社に商号変更し、支配下に置いた。新大陸印刷が活版印刷機、オフセット印刷機を設置し高級印刷品の需要に応じたが[17]、その発注元が満洲東亜煙草であったはずである。

1) 東亜煙草株式会社『第51期営業報告書』1932年4月期、5頁。
2) 同『第52期営業報告書』1932年10月期、4-5頁。
3) 同『第57期営業報告書』1935年4月期、4頁。

4) 同『第51期営業報告書』1932年4月期「株主名簿」(たばこと塩の博物館蔵)、同『第52期営業報告書』1932年10月期「株主名簿」(同前)。
5) 同『第59期営業報告書』1936年4月期、2頁。
6) 同『第62期営業報告書』1937年10月期、2頁。金光秀文は1883年5月1日大分県生、1908年7月東京帝国大学法科卒、11月高等文官試験合格、1909年3月専売局勤務、1924年7月宇都宮専売局長、1929年2月門司税関長、1936年2月大蔵省辞職、東亜煙草に移る。1951年12月29日没（大蔵省百年史編集室［1973］50頁）。
7) 東亜煙草株式会社『第65期営業報告書』1939年5月期、2-3頁。
8) 同『第62期営業報告書』1937年10月期、11頁、満洲東亜煙草株式会社『第1期営業報告書』1938年3月期、1-3頁。満洲国の事業を分社化した同様の規模の大きな事例として、満鉄系の国際運輸株式会社（1926年8月1日設立、本店大連）が、1937年11月26日に、国際運輸株式会社（本店奉天）を設立している（柴田・鈴木・吉川［2007］第1節参照）。井上健彦は1889年12月生、東京帝国大学法科卒、1935年9月21日東亜煙草取締役就任（東亜煙草株式会社『第58期営業報告書』1935年10月期、2頁）、退任後日本甘藷馬鈴薯株式会社（1941年8月設立、本店東京）社長（『人事興信録』1943年版、イ17頁、『帝国銀行会社要録』1942年版、東京296頁）。
9) 「満洲東亜煙草株式会社定款」。
10) 前掲満洲東亜煙草『第1期営業報告書』1-3頁。
11) 取引先勘定、仮払勘定、仮受勘定、未払金の説明は、満洲東亜煙草株式会社『第7期営業報告書』1941年3月期、6-7頁による。
12) 同『第2期営業報告書』1938年9月期、3頁。
13) 同『第3期営業報告書』1939年3月期、5-6頁。
14) 同『第5期営業報告書』1940年3月期、1-2頁。
15) 同『第4期営業報告書』1939年9月期、1-3頁。
16) 南満洲鉄道株式会社興業部商工課『満洲商工概覧』1928年版、326頁、大連商工会議所『満洲銀行会社年鑑』1938年版、482頁。『満洲銀行会社年鑑』1938年版で「全部東亜煙草株式会社ノ所有」とある。満洲東亜煙草資産には1939年3月期に初めて有価証券保有が現れる。東亜精版印刷の設立と満洲東亜煙草・精版印刷との関係は吉川［2007］でも解説が与えられているが、「大阪精版印刷」となっており、正式商号と異なる。
17) 凸版印刷［1961］111-112頁、『満洲銀行会社年鑑』1936年版、1942年版。吉川［2007］では凸版印刷が新大陸印刷を買収した経緯の解説がない。

第3節　英米煙草トラスト事業の継続と満洲国現地化

1．東亜煙草の英米煙草トラストへの対抗

満洲事変直前の1929年に英米煙草（中国）British American Tobacco Co., (China) Ltd.（本店上海）は東三省政府との間に煙草統税支払協定を締結していた。1930年11

月15日に啓東烟草股份有限公司 Chi Tung Tobacco Co., Ltd.（本店上海、資本金２百万元）を設立し、同公司に英米煙草トラスト系の満洲内事業を分離した。英米煙草の国民政府との統税契約に基づき、遼寧省（1931年11月30日奉天省に改称）では啓東烟草は満洲事変勃発後、数週間は中央政府の統税印紙を添付して商品の売り捌きを続けていた。既存の税捐局が閉鎖されたため、新たな印紙を貼付することができず、そのため便宜上の措置として、旧税捐局員の了解のもとで税金の後払いを行うということで販売を行った。その後、1931年11月10日に自治指導部（部長于冲漢）が樹立され、奉天省政府（行政代行袁金鎧）財政庁が再開されると、同月に統税印紙による正式納付を求めてきた。これに対し啓東烟草は、上海総公司の意向で、新政権が正式に承認を受けたものではないとの理由で、統税の支払いを拒否し、正式承認される政府が設立されるまで統税をイギリス総領事館に供託したいとの希望を表明した。他方、東亜煙草は奉天省政府財政庁に統税を納付していた。啓東烟草が納税を拒んだため、12月25日に奉天省政府首席臧式毅（12月15日主席就任）が啓東烟草の工場及び倉庫に武装巡警を派遣して貨物の搬出を許可しないという措置に出た。この結果、啓東烟草の出荷は不可能となり、市場では東亜煙草の商品が独占的に供給される事態となった[1]。1932年１月には、啓東烟草は新政権に対し煙草統税を納付する方針に転換したが、新政権は従来の滞納額50万元の同時納付を求めてきた。英米煙草トラストは、上海にも大英烟公司の工場を保有し、新政権への納税で国民政府との統税協定全般を破壊させないように苦労している状態にあるが、１週間もすれば啓東烟草の煙草製品滞貨のため製造を中止するしかない状況とみられていた[2]。その後、1932年３月１日の満洲国樹立後に、啓東烟草は満洲国を正当性のある政府と認定し、満洲国に対し統税の支払いに応じたことで業務再開を認められた。

　1933年で英米煙草トラスト系の事業者や東亜煙草等で煙草製造工場は、満鉄附属地内に９か所、商埠地内に６か所、合計15か所で操業していたが、最大のものは奉天商埠地に所在する啓東烟草で、１日で400箱（50千本入）を製造しているといわれ、東亜煙草奉天工場の10倍の生産量を誇っていた[3]。上述のように満洲国への納税を開始していたため、毎月多額の税を納付した。税負担の関係から、啓東烟草が奉天満鉄附属地内に大規模工場を設立する計画を立てた。啓東烟草は1932年12月か1933年１月上旬に、満鉄に対し奉天附属地の土地賃借の申請を行った。これに対し満鉄は、啓東烟草に対し貸せる土地に余裕がなく、また満洲国では専売制導入の審議中であり当面は煙草工場新設を望んでいない、そのため満鉄としても満洲国の方針に背馳できない、

満鉄より先に満洲国政府側と交渉して了解を取り付けてほしいと回答した[4]。英米トラスト系の他の法人の動きとしては、同年3月17日に大連港に入港した英国籍汽船で、大連に支店展開する拱石烟草股份有限公司 Keystones Tobacco Co., Ltd.（1913年12月22日設立、本店香港、1916年上海移転）は、葉煙草22,700貫という前例のない規模の輸入を行った[5]。啓東烟草は改組後に、1932年に奉天、哈爾濱、新京等の煙草事業者を買収し、満洲の煙草事業の独占を計画しているとみられ、警戒されていた。そのため英米煙草トラスト系の事業者の市場独占を阻止するため、東亜煙草側には煙草販売市場について英米煙草トラスト側と協定交渉を行う動きが見られた[6]。

英米煙草（中国）は1933年5月に奉天事業所で満洲国における業務拡張方針を決定した。①関東軍が熱河省を攻略し1933年3月に満洲国に併合されたため、従来は天津の英米煙草（中国）の販売区域であったが、地理的距離と税捐の関係から奉天工場から供給することが有利として、天津側と協定し、製品の廉価販売を条件として合意を見た。奉天事業所からすでに熱河省各地に職員を派遣し、住民の嗜好状況や販売出張所の調査を開始した。②東亜煙草の「美人牌」の売れ行きが吉林省・黒龍江省で好調なため、対抗上、類似製品を製造して両省で販売し、東亜煙草の市場を奪う方針とした。③従来の上海工場で製造した製品を満洲に輸出していたが、満洲国が関税自主権を行使し二重課税となり、不利なため最も好評の「粉刀牌」を奉天工場の製造に移した。当初は奉天工場製造の品質が低いため、評価を下げてしまったが、上海工場からイギリス人技師と熟練工を招聘して品質向上に努めた。④労働時間を午前5時から午後5時までを（正午から午後2時まで休憩）、午後7時までに延長して、生産能力を拡大した。これらの施策の結果、売上高は、3月約40万元から、4月約45万元、5月約50万元、6月15日まで約50万元へと増大を辿っていた[7]。

1933年6月に啓東烟草、老巴奪及び拱石烟草の3社が、東亜煙草の満洲における煙草生産の増大に対し、一定の比率の生産制限割当を行うカルテル組織の結成を提唱した。英米煙草トラスト系3社が東亜煙草を巻き込んだ共同計算機構を設置し、割当を有利な基準で享受できる体制を構築しようとした[8]。東亜煙草は生産制限協定に加入して拘束される理由はなく、生産の1割制限及び価格の値上げ等を条件とするものであるため、その協定は時期尚早であるとして、拒絶した[9]。

他方、啓東烟草は満洲国における事業拡張を狙い、1933年7月下旬に、満蒙殖産株式会社（1920年3月6日設立、本店大連、資本金500千円、専務取締役山地世夫）の奉天の膠製造工場の賃借を受けたい旨申し出た。満蒙殖産は畜産の製造加工を主業と

し、膠工場を有しており、啓東烟草は同社工場を賃借して煙草工場に転用する方針であった。この申し出について、満蒙殖産は南満洲鉄道株式会社と関東庁に問い合わせたところ、特段の問題はないとの判断を得たため、啓東烟草と賃貸条件の詳細について奉天で決定する方針でいた。ところが東亜煙草がこの情報を得て、啓東烟草に対抗し、満蒙殖産に対して膠工場賃借を持ちかけてきた。東亜煙草側の条件は啓東烟草を賃貸条件で格段に上回るというものではなかったが、満蒙殖産としては東亜煙草が日本法人であることと、かねてからの東亜煙草と英米煙草トラストとの満洲における競合を知っているため、契約先を啓東烟草から東亜煙草に乗り換え、満蒙殖産は1933年8月9日に東亜煙草と膠工場の賃貸契約を調印した。そして東亜煙草は英米トラスト側との協定関係の形成による寡占市場の協調路線を捨て、事業拡張を目指す競争路線に明確に転換し、東亜煙草はこの調印の1週間前にその旨を啓東烟草に通告した[10]。この結果、東亜煙草は啓東烟草の事業所拡張を妨害し、自社工場として取得したことになる。

2．英米煙草トラスト事業の満洲国現地化

　1930年11月15日設立の啓東烟草が満洲内製造販売部門を引き受け、1915年5月に香港に設立された英米煙草（中国）の子会社の香港法人老巴奪股份有限公司（資本金1百万円）の哈爾濱工場で製造する煙草の販売は啓東烟草が引き受けた。また同系の大連における販売会社として1913年12月22日設立香港法人の拱石烟草が店舗を開き操業していた。同社の大連における代表は田中知平である。関東州ではかなりの販売を見ていた拱石烟草は東亜煙草の満洲内市場独占に対抗し、1934年2月に遼陽に煙草工場を新設し、関税障壁を越えて事業拡張に着手した。同社は啓東烟草の奉天工場より巻上機6台を調達し、紙巻煙草製造に参入したが、後述のように啓東烟草が満洲国法人に転換し営口に工場を取得したため、拱石烟草は競合する遼陽工場を閉鎖した[11]。

　その後、英米煙草トラストは1934年に大英烟公司 British Cigarette Co., Ltd.、大美烟公司 Liggett & Myers Tobacco Co., China 及び花旗烟公司 Tobacco Products Corporation, China の事業を吸収再編して事業の一元化を図り、英米煙草（中国）を地域持株会社として、主として関内の煙草事業別の5社に再編することになる。すなわち1934年9月22日に製造部門の頤中烟草股份有限公司、販売部門の頤中運銷烟草股份有限公司を設立し、製造と販売を任せ、1937年7月に包装品部門の中国包装品股份有限公司、印刷部門の首善印刷股份有限公司を傘下に置き、同年8月に葉煙草部門の

振興菸草股份有限公司を設立した[12]。これら5社が英米煙草（中国）の傘下に配置された。さらに再編は続き、啓東烟草と老巴奪公司も満洲国で現地化する。

満洲における英米煙草トラスト勢力の煙草製造設備能力は、1930年代半ばでグループ全体で63%を占め、他方、東亜煙草はその3分の1にも届かないレヴェルに止まっていた。そのため満洲国は、いずれ煙草製造業に公売制度を導入し財政に寄与させる方針の中で煙草製造業の許可制を採用し、日満業者を保護し、生産・配給において日満業者で支配させる方針を採用した。そして英米煙草トラストに対しても、満洲国法人への転換を要求した。啓東烟草が営口で新工場建設を出願したため、満洲国は、①既存の遼陽工場を閉鎖する、②営口工場の能力を巻上機20台以下にする、③満洲国法人に転換する、という三条件を付して、満洲国政府は1936年6月に許可を与えた（満洲煙草統制組合［1943］35-36頁）。啓東烟草は許可を得る前の1936年2月29日に満洲国内事業を分離し、その事業は満洲国「公司法」に準拠した啓東煙草股份有限公司となり、啓東烟草は英米煙草（中国）の傘下に置かれた。こうして英米煙草トラストは啓東烟草の満洲国内事業を現地化して延命を図った。啓東煙草は本店奉天、支店営口で操業し、この両地に工場を有した。資本金は52,325千円全額払込である。日本人役員として田中知平が就任した。啓東煙草の設立をみて同年4月30日に啓東烟草を清算した。さらに1937年9月2日に英米煙草は啓東煙草の全株式を掌握した[13]。その後、満洲国「会社法」体制への移行により、啓東煙草股份有限公司は、「会社法」施行後の1938年5月27日に啓東煙草株式会社に商号変更した[14]。啓東煙草は1938年に大美烟公司と駐華花旗烟公司の在満資産を買収した[15]。

同様に哈爾濱で煙草販売に従事していた英米煙草トラスト系の老巴奪公司は、啓東烟草の製造部門に組み込まれていたが、1936年8月1日に満洲事業を分社化し満洲国法人の老巴奪股份有限公司に改組した。香港法人老巴奪公司の事業を分離し、現地化に踏み切った。満洲国法人老巴奪公司の本店は哈爾濱、資本金3,500千円全額払込で、香港法人老巴奪公司の全額出資である。欧米系役員はいずれも奉天の啓東煙草内を住所とした。日本人役員はやはり啓東煙草と同様に田中知平が就任していた。老巴奪公司も啓東煙草と同様に満洲国「会社法」施行後に、老巴奪株式会社に商号変更し、本店を奉天に移した[16]。

この両者の再編は満洲国体制による英米煙草トラストへの圧迫への対応として、満洲事業の関内事業への影響を切り離す措置である。もちろん関内の英米煙草系事業の5社の再編も連動した。これにより満洲国における煙草事業が圧迫を受けても、関内

表3-5 1936年満洲の企業別煙草製造能力

(単位：千円、台、百万本)

工場		資本国籍	公称資本金	巻上機台数	製造能力
啓東烟草(股)		英米	52,225	51	9,693
老巴奪(股)		英米	3,500	24	3,096
拱石烟草(股)		英米	300	…	945
東亜煙草(株)	(大連)	日	11,500	6	466
	(営口)	日		5	2,657
	(奉天)	日		31	1,400
満洲煙草(股)		満洲	5,000	15	1,152
太陽煙		満洲	300	8	964
秋林洋行(無)		露	20	8	324
遼寧煙草(股)		日	30	3	270
福來煙		満洲	10	3	180
谷本煙		満洲	15	2	180
協和煙		日	50	2	180
遠東煙		満洲	20	2	21
第一煙		日	10	2	…
南方煙		不詳	8	…	…
東洋煙草		不詳	59	1	…
合計			73,047	163	21,607

注1：巻上機は両切煙草機のみ。ほかに口付煙草製造機が合計49台あり。
注2：資本国籍の露は経営者がロシア人のもの。
注3：上記のほか「ロバート兄弟」が数値空欄で掲載。
出所：満洲煙草統制組合[1943]32-35頁

表3-6 満洲における英米煙草トラストの紙巻煙草販売量

(単位：箱)

年	箱数
1931	118,639
1932	87,017
1933	129,381
1934	150,834
1935	174,759
1936	178,242
1937	219,950
1938	217,557
1939	180,688
1940	180,669
1941	165,927

注1：前掲『英米煙草トラストとその販売政策』63頁に1936～1940年の数値が示されているが、この数値と合致しない。
注2：永泰和(股)の販売を含まない。
出所：Cox [2000] p.193

本店煙草会社とは切り離されているため、ある程度影響を遮断できる体制となった[17]。英米煙草トラストは中国で長期にわたり利益を確保しつつ事業規模を追求する中で、現地情勢を踏まえた柔軟な対処を示しており、満洲国体制への新たな対応を示したものといえよう。

　これら英米煙草トラスト系の満洲における煙草製造能力を1936年で比較すると（表3-5）、啓東烟草の力量は9,693百万本、老巴奪が3,096百万本で、これに対し東亜煙草は営口で2,657百万本、奉天で1,400百万本、後述の満洲煙草股份有限公司が1,152百万本という規模であり、英米煙草トラストは巻上機台数と製造能力で他を圧していた。さらに英米煙草トラストの販売量は1936年で178千箱、1937年でピークとなり219千箱という規模であり、以後1938年も217千箱という大量販売を続けていた（表3-6）。以後は様々な圧迫を受ける中で販売数量が減少し、1940年で180千箱に減少している。この販売数値は老巴奪が直売していないため啓東煙草の販売分である。1936年の販売数量はほぼ啓東煙草の製造能力と見合う数値であり、煙草巻上機は原料葉煙草調達等の関係でフル稼働していない状態であった。

表 3-7　啓東煙草貸借対照表

(単位：千円)

	1937.9期	1938.9期	1939.3期	1939.9期	1940.3期	1940.9期	1941.3期
(資産)							
土地	266	276	268	353	354	354	353
建物	1,193	1,339	1,293	1,372	1,443	1,560	1,564
土地建物賃借権	—	—	182	136	385	503	560
建物付属設備	243	325	372	443	449	417	409
機械並付属設備	2,242	2,719	2,746	2,724	2,712	2,709	2,702
家具車両等	163	170	195	221	241	215	204
暖簾商標及販売権	42,100	42,100	42,102	42,102	42,102	42,102	42,102
有価証券	—	—	506	506	506	506	1,012
原料葉煙草在庫	6,466	2,892	4,532	2,892	3,394	1,750	5,288
材料並用品	2,420	3,652	4,968	5,190	6,296	8,516	9,362
製品在庫	5,566	3,376	4,770	6,364	6,577	6,229	4,958
諸借方残高	3,054	500	1,207	3,544	3,674	5,401	4,214
預金現金	583	10,509	6,143	8,454	12,117	14,685	17,128
合計	64,300	67,863	69,289	74,488	80,254	84,952	89,862
(負債)							
資本金	52,325	52,325	52,325	52,325	52,325	52,325	52,325
法定積立金	240	572	775	968	1,146	1,324	1,400
別途積立金	21	28	120	111	103	32	39
諸貸方残高	2,374	2,931	3,664	4,194	6,167	6,675	9,302
駐華英米煙草国幣勘定	8,039	6,563	7,296	11,018	13,212	16,931	20,798
同ポンド・米ドル勘定	—	982	592	688	699	727	743
同国幣勘定	—	—	547	697	829	915	940
英商老巴奪公司ポンド勘定	—	33	0	0	0	0	0
未処分利益	1,298	4,425	3,967	4,484	5,770	6,019	4,312
合計	64,300	67,863	69,289	74,488	80,254	84,952	89,862

注：1938年9月期の合計が76,863千円となっているが、修正した。
出所：『満洲銀行会社年鑑』1941年版、『満洲国政府公報』第1145号、1938年1月26日、第1425号、1939年1月10日、第1569号、1939年7月10日、第1722号、1940年1月13日、第1854号、1940年7月1日、第2152号、1941年7月8日

　啓東煙草と老巴奪の両社は、満洲産業開発計画の発動に伴う満洲国統制経済の強化の中で、1937年5月1日「重要産業統制法」公布施行による重要産業業種として統制を加えるべき企業の一環として位置づけられており（小林・柴田[2007]43-44頁）、外資系企業ゆえの自由度のある経営など許されるような状況ではなくなっていった。さらにこの両社の事業内容を紹介すると、啓東煙草の1939年3月期の資産は、暖簾商標権及販売権42,102千円、現預金6,143千円、材料並用品4,968千円、製品在庫4,770千円で製造設備が占める比重は高いものではなかった。資本金は52,325千円という多額で、自己資本経営であった。諸貸方勘定3,664千円とその他の親会社英米煙草（中国）からの債務でほぼ成り立ち、3,967千円の利益を計上していた。以後もこの傾向は1941年3月期まで変化なく、総資産は89,862千円にまで膨らみ、資産では現金預金が

表3-8　老巴奪貸借対照表

(単位：千円)

	1937.9期	1938.9期	1939.3期	1939.9期	1940.3期	1940.9期	1941.3期
(資産)							
土地及建物	624	766	766	763	761	769	767
建物付属設備	123	133	140	159	151	141	135
機械並付属設備	220	206	205	196	195	195	195
家具車輛その他	11	11	12	19	20	24	22
暖簾及商標	2,000	2,000	2,000	2,000	2,000	2,000	2,000
有価証券	—	—	157	157	157	157	315
原料葉煙草在庫	75	69	69	17	51	73	19
材料並用品	222	134	242	356	429	445	411
製品在庫	42	94	117	163	107	140	122
諸借方残高	210	596	532	369	436	604	201
英商老巴奪公司勘定	332	50	—	—	—	—	—
預金	3	1	1	1	0	1	454
合計	3,867	4,065	4,246	4,205	4,312	4,552	4,647
(負債)							
資本金	3,500	3,500	3,500	3,500	3,500	3,500	3,500
法定積立金	22	43	54	64	73	83	89
別途積立金	10	6	27	23	16	18	15
諸貸方残高	191	189	195	222	145	213	190
英商老巴奪公司国幣勘定	—	18	230	26	273	382	532
英商老巴奪公司国ポンド勘定	—	—	18	93	24	27	28
未処分利益	142	307	220	274	279	327	291
合計	3,867	4,065	4,246	4,205	4,312	4,552	4,647

出所：『満洲銀行会社年鑑』1941年版、『満洲国政府公報』第1145号、1938年1月26日、第1425号、1939年1月10日、第1569号、1939年7月10日、第1722号、1940年1月13日、第1854号、1940年7月1日、第2152号、1941年7月8日

17,128千円に増大し、他方、負債では駐華英米煙草国幣勘定が20,798千円に達し、資産支援を受け続けた。また諸貸方残高が9,302千円に膨らみ、多くは煙草事業利益の英米煙草（中国）への送金を止めているもののようである（表3-7）。他方、老巴奪は製造のみを事業とするが、1939年3月期の総資産4,246千円で、最大資産項目はやはり暖簾及商標で2,000千円、ついで諸借方残高532千円であり、やはり固定資産の占める比重は高くない（表3-8）。他方、負債では資本金3,500千円で、啓東煙草と同様に自己資本経営であった。ついで親会社との取引の英商老巴奪公司国幣勘定230千円で、そのほか同ポンド勘定もあり、この期で220千円の利益を計上した。その後、1941年3月期まで資産規模はさほど増大せず、同期総資産4,647千円で利益を291千円計上している。

東亜煙草は資産凍結前の1941年3月頃には、満洲国における英米煙草トラスト系の株式もしくは事業資産の買収に動いた。すなわち満洲国法人の啓東煙草と老巴奪の買

第3章　満洲国期の煙草産業

収を検討した。当然ながらこれを実施する場合には、多額の外貨を必要とする。1941年3月期で、両社合計90百万円を上回る事業資産規模であり、買収に乗り出す場合に国際収支上の資金繰りで重大な問題が発生することになる。そのため1941年3月27日に、興亜院経済部は東亜煙草に対し、このような買収工作を承認しないと、釘を刺していた[18]。

1941年12月アジア太平洋戦争勃発に伴い、満洲における敵産処理が行われる。啓東煙草と老巴奪の両社と拱石煙草の事業所は接収され、敵産と位置づけられ処理された[19]。英米煙草（中国）による経営権への介入を排除した上で、1942年2月24日に満洲国から敵産管理官皆川豊治を派遣して工場資産を管理下に置き[20]、経営権を掌握して啓東煙草と老巴奪はそのまま操業を続けた。満洲国で啓東煙草の名称では操業を続けにくく、満洲中央煙草株式会社に商号変更させて操業させた。他方、老巴奪はそのまま操業を維持した。その後、1944年9月1日に満洲中央煙草株式会社を新設し（本店新京、資本金50百万円、半額払込、代表取締役皆川豊治）、同社が啓東煙草の事業を引き受けた。敵産処理該当法人の啓東煙草はそのまま法的には存続したはずであるが、操業実態は満洲中央煙草に引き継がれた[21]。

1) 在奉天総領事館発本省、1931年12月26日（外務省記録 E.4.5.0.-45）。自治指導部については、満洲国史編纂刊行会[1962]160-163頁、山室[1993]参照。年月日と人事については満洲国史編纂委員会[1956]2-3頁も参照。
2) 在奉天総領事館発本省、1932年1月3日（外務省記録 E.4.5.0.-45）。
3) 関東庁警務局「英米煙草トラストノ満洲各地進出概況」1933年3月28日（外務省記録 E.4.5.0.-45）。原資料では「啓東烟公司」が「英米烟草公司」となっているが、修正した。
4) 「満洲国炭礦統制ニ関スル件外5件」1933年1月17日重役会決議事項（『小田原市立図書館山崎元幹満鉄関係資料』マイクロフィルム版 R71）。
5) 拱石烟草については、華北総合調査研究所『英米煙草トラストとその販売政策』1943年5月、参照。
6) 前掲「英米煙草トラストノ満洲各地進出概況」。
7) 関東庁警務局「英米煙草会社ノ新営業状態」1933年6月27日（外務省記録 E.4.5.0.-45）。
8) 「英米烟公司提唱ノ満洲ニ於ケル煙草ニ関スルプーリング、コントラクト草案」1933年10月27日（吉林省社会科学院満鉄資料館（以下、満鉄資料館蔵）05818）。
9) 在奉天総領事館発本省電信、1933年8月27日（外務省記録 E.4.5.0.-45）。
10) 同前、在奉天総領事館発本省電信、1933年8月12日（外務省記録 E.4.5.0.-45）。満蒙畜産は骨粉・塩等の加工製造を主業とし、向井龍造が長く経営していた。設立と1920年代の同社については、吉田[2011]参照。
11) 東亜煙草株式会社「満洲及支那ニ於ケル英米煙草トラスト会社」1942年3月（旧大蔵省資

料2530-134)、東亜煙草株式会社『第55期営業報告書』1934年4月期、3頁。
12) 前掲「満洲及支那ニ於ケル英米煙草トラスト会社」。第4章も参照。
13) 前掲『英米煙草東亜進出沿革史』74頁。1937年9月2日に英米煙草（中国）が全株を掌握する前に、大英烟公司が一部を保有していたのかもしれない。
14) 前掲「満洲及支那ニ於ケル英米煙草トラスト会社」、『満洲銀行会社年鑑』1937年版、650頁。
15) 前掲『英米煙草東亜進出沿革史』75-76頁。
16) 前掲「満洲及支那ニ於ケル英米煙草トラスト会社」、『満洲銀行会社年鑑』1937年版、651頁。上海本店法人老巴奪公司は1937年12月17日に香港に移転した（前掲『英米煙草東亜進出沿革史』75頁）。なお英米煙草トラスト系の2社に関った田中知平は1890年生、名古屋商業学校卒後に大連の福昌公司に入り、海外煙草取引の見聞を深め煙草取引に練達し、1924年独立し、大連で個人事業の泰東洋行を設立、煙草と機械類の取引を行い、1930年代には大連の拱石烟草ほか、英米煙草トラスト系の2社や後述の満洲葉煙草の役員に名を連ねるほか、株式会社大連機械製作所（1918年5月4日設立）と株式会社泰東日報社（1935年3月8日設立、本店大連）の監査役に就任していた。当初の自営業は1939年5月6日に株式会社泰東洋行に改組している（山川[1944]166頁、『満洲銀行会社年鑑』1942年版、参照）。相生由太郎の個人事業の福昌公司は1929年5月23日に株式会社福昌公司に転換した。
17) 前掲『英米煙草トラストとその販売政策』では啓東煙草と老巴奪を英米煙草（中国）の子会社と位置づけている。大東亜省総務局経済課『英米煙草東亜進出沿革史』1944年4月、を参考にして、本章では両社の貸借対照表の構成から、英米煙草（中国）の下に香港の老巴奪公司と啓東煙草を並立させている。
18) 興亜院経済部「在満外国系煙草会社処理ニ関スル件」1941年3月27日（外務省記録E225）。
19) 柴田[2002a]310頁、「東亜ニ於ケル英米煙草事業ニ対処スヘキ私見」1941年12月か1942年作成と推定（東京大学総合図書館蔵『美濃部洋次文書』マイクロフィルム版、3899）。日本と満洲の敵産処理体制については柴田[2002a]第7章参照。
20) 『満洲国政府公報』第2867号、1943年12月22日。
21) 満洲中央銀行資金部統制課『満洲国会社名簿（資本金20万円以上）』1944年版（3月31日現在）では満洲中央煙草が啓東煙草の設立日と資本金ほかでまったく同一のものとして掲載されている。老巴奪はそのまま1944年版に掲載されている。そのため当初は啓東煙草を満洲中央煙草に商号変更しただけで操業したが、その後、1944年9月1日に両社事業を吸収し改組新設したとみられる。その後全額払込となる（前掲『日本人の海外活動に関する歴史的調査』満洲編第1分冊、131頁）。皆川豊治は1895年4月25日生、東京帝国大学独法科卒、仙台裁判所検事、満洲国最高検察庁検察官として満洲国に移り、総務庁人事処長、民生部教育司長、奉天省次長（『大衆人事録』1943年版、満洲282頁）。

第4節　満洲煙草の設立と1937年の改組

1．満洲煙草の設立

　満洲国における煙草事業について関東軍は1934年3月19日に「煙草工業対策要綱案」を決定した。それによると財政上の有力産業として煙草業に許可制を採用し、日満関係業者を保護し、この産業を支配させるよう指導するとし、新設企業は満洲国法人とし、新会社は日満資本以外に工場譲渡や協定を行わせない等の方針を固めた（南満洲鉄道経済調査会［1935］3-4頁）。しかし満洲国の煙草事業統制策を導入するに当たり、関東軍特務部で数次にわたる打ち合わせ会議を開催したものの、議論百出し、確定方針を打ち出せずにいた。その中で問題になったのは、英米煙草トラストに対抗する事業者の設立であり、1934年現在のところ対抗できるのは東亜煙草1社のみであった。日本側煙草工場の設立を認めた場合には英米煙草トラスト側の工場設立を認めざるを得ない。日本側の工場設立案件が出始めているが、弱小法人を設立させても英米煙草トラストに対抗できないため、なるべく合同させ強力な事業者設立が望ましいと、在満洲国大使館ではみていた。また煙草専売制については、石油専売制を導入した際に対外的に紛糾したため、煙草専売制の導入は好ましいものではないとの意向を有していた[1]。

　結局、新規事業の設立の出願を行った元亜細亜煙草株式会社取締役で大連所在の坂梨繁雄に対し、関係ある資本家に資金を集めさせて有力な満洲国法人を組織させることを条件に許可する方針に、概ね固まった。坂梨繁雄の兄坂梨哲は東亜煙草副社長の職にあったが、すでに辞任していた（第2章）。満洲国実業部は煙草業の満洲国法人設立も可能との方針を表明し、その後、坂梨が満洲国実業部に対し企業設立許可申請を行った。実業部は東亜煙草の勢力圏外の北満、すなわち新京または哈爾濱に工場を設立することを条件に許可したい意向で、関東軍特務部を通じ、在満洲国大使館に将来東亜煙草が北満進出を企図する場合には、なるべく同社工場設立を阻止するよう協力してほしいとの申し出を行った。これに対し在満洲国大使館側は両者の争いに巻き込まれたくないため、関与を避けていた[2]。坂梨繁雄は「満洲煙草股份有限公司」発起人代表として6月19日に実業部から正式に許可を受けて会社設立準備に取り掛かり、満洲国煙草製造法人に投資する日本法人の設立のため日本に戻り折衝を開始した。そ

の設立条件によれば、許可の日より3か月内に満洲国法令に基づく公司を設立することになる。既存の株式会社中華煙公司を満洲煙草設立に合わせて吸収するとの動きも一部見られたようであるが、1934年9月時点では打ち切られていた[3]。この時点で日本法人の子会社として現業の満洲国法人を設置する日満二重法人の体制とすることが固っていた。

　日本法人満洲煙草株式会社（資本金12百万円）設立のため、1934年8月6日から3日間の株主公募がなされた。第1回払込、4分の1の3百万円は、同月30日が期限となっていたが、公募後に発起人間に紛争が生じ、払込が不調となった。発起人が遠隔地に散在しているため、払込手続きに予想以上に日数を要し、9月18日までに投資会社の満洲煙草株式会社の設立を完了できなかった。そのため坂梨繁雄はこの設立までの期間をさらに2か月延長を申請した。坂梨が資金集めで苦慮して煙草会社新設の企画が倒れかけていた。そのため合名会社大倉組の門野重九郎と昭和石炭株式会社（1932年11月設立）社長の古田慶三が支援に奔走した。一時は設立失敗説も流布したが、長谷川太郎吉（朝鮮鉄道株式会社（1916年5月18日設立、本店京城）社長、鴨緑江製紙株式会社（1919年5月24日設立、本店安東）取締役ほか多数の経営に関与）が乗り出して、設立に責任を持つこととなった[4]。

　日本資本の満洲国参入に当たっては、「公司法」に基づく許可制の存在で会社設立に制約があり、また満洲中央銀行券と日本銀行券の等価リンクが確定していない状況では投資上の為替リスクがある。それを回避するためには日本法人が持株会社となり、投資先の満洲国法人が現業を担うという二重法人設置で対応可能である。二重法人の設置は、日本からの為替変動に伴う投資リスク回避策として1930年代中頃に何件か見出せる[5]。満銀券と日銀券の等価リンクは、1935年12月に満銀券と朝鮮銀行券の等価リンクにより、朝鮮銀行券を介して実現したが、完全に等価として投資インフラが確立するのは1936年末である（柴田［1999a］第4章参照）。その後も満洲国の会社法制が日本企業の現地化に必ずしもふさわしくないため、そのまま日本法人として続いていた事例が多い。

　満鉄経済調査会は1934年9月に「「煙草工業対策要綱案」に基く満洲煙草股份有限公司処置要綱（草案）」をまとめている（南満洲鉄道経済調査会［1935］5-11頁）。同年9月に設立許可条件に沿って設立されるとみて、この案文が練られたとみられる。それによると、「満洲煙草股份有限公司」を設立し「満洲煙草株式会社」のみならず東亜煙草も参加させ、新設公司と販売分野で協定させるとした。新会社に対し東亜煙草

第3章　満洲国期の煙草産業

に出資させることで、両社間の過剰な競合を回避させることができるとみていた。そのため東亜煙草の既存の営業利権を回収するといった強引な方策を打ち出すことはなかった。また満洲国に日本と同様の煙草専売制を導入するといった方針は、単に東亜煙草の販売利権を没収するのみならず、英米煙草トラストの製造販売利権を没収することになり、国際的にも紛議をもたらすため、この時点では政策方針として採用するには難点が多く、検討されていなかった。以上の方針に沿って満洲国の国策煙草法人の設立に進むが、巨大な東亜煙草と英米煙草トラストに対抗できるような煙草会社設立は、上記のような企画では不可能であった。東亜煙草はすでに満洲国で大規模に事業を行っており、その事業譲渡を求めるような新法人への参加を好むものではない。

したがって東亜煙草を参加させた新会社設立は実現しなかった。そのため東亜煙草が参加しない満洲国・関東軍の意向に沿う煙草事業会社の設立が選択された。新会社が東亜煙草に対抗し、できれば事業規模で上回ることが期待されたはずである。

1934年12月24日に日本法人満洲煙草株式会社が設立された。本店新京、資本金12百万円、4分の1払込、取締役社長長谷川太郎吉、専務取締役中島三代彦（日本ディーゼル工業株式会社（1935年12月設立、本店川口）取締役）、取締役板谷幸吉、坂梨繁雄、窪田四郎、梅浦健吉、古田慶三、監査役田畑守吉、長谷川祐之助（太郎吉の長男）であった。同社設立登記と同時に完全子会社の設立に移り、1935年2月21日に満洲煙草股份有限公司を設立した（本店新京）。資本金公称500万円、半額払込であった[6]。日本法人満洲煙草の梅浦が死亡したため、補充のため1936年6月19日に増田次郎（大同電力株式会社（1919年11月設立、本店東京）社長）が選任された[7]。

満洲煙草株式会社の株主は、設立当初の1935年5月期で696名に分散しており[8]、満洲事変景気で多数の応募者に株式を捌くことができた。初期の株式保有を点検すると、1936年11月期で642名、その240千株中、長谷川太郎吉102千株、野上彦市11,820株、坂梨哲6,600株、古田慶三6,370株、中島三代彦6,000株、田畑守吉5,000株という構成で[9]、長谷川が一人で42.5％を抑え、役員の古田、中島、田畑のほか坂梨繁雄の兄の坂梨哲も合計すると52.4％に達しており、役員とその周辺で経営を掌握していた。満洲煙草股份有限公司の1936年10月頃の社長長谷川太郎吉、専務取締役中島三代彦、取締役坂梨繁雄、増田次郎、于遵寔、監査役板谷幸吉、長谷川祐之助という構成であり、ほぼ親会社と重複し[10]、同社に対し全額を日本法人満洲煙草が出資した。満洲煙草公司は新京で工場設置の準備を進め土地取得を行った。

社長に就任した長谷川太郎吉はそれまで煙草事業に関わりはなく、満洲では有力な

製紙事業者の鴨緑江製紙の専務取締役に在任していただけである[11]。当初は坂梨繁雄が設立計画の代表として動いていたが、先述のように資金繰りで行き詰まったため坂梨が外されて、長谷川太郎吉に落ち着いた。長谷川が満洲煙草の社長に迎えられた理由として、多額出資を引き受けることができる個人的蓄財があり、また1934年までに日本・樺太・朝鮮・満洲における多数の会社経営の経験が評価されたとみられる。しかも朝鮮における有力企業の朝鮮鉄道社長、朝鮮電気興業株式会社（1919年5月13日設立、本店平壌）取締役に列していたため、朝鮮総督府の覚えめでたい企業経営者であった。朝鮮総督府側も関東軍に長谷川を推奨したと思われる。関東軍側としても満洲煙草を旧鈴木商店系経営者の支配下にある東亜煙草と対抗させるため、非鈴木商店系の辣腕経営者を求めた。こうして長谷川太郎吉は旧鈴木商店系の有力経営者の金光庸夫と満洲の煙草事業で相対峙する関係となった。なお長谷川太郎吉が朝鮮鉄道社長在任中、1935年4月22日に大正生命保険株式会社と日本教育生命保険株式会社が朝鮮鉄道の有力株主となっていた関係から、両生命保険の社長職にあった金光が朝鮮鉄道の取締役を兼務していた[12]。そのため満洲の煙草産業では東亜煙草と競合する満洲煙草社長の長谷川が、東亜煙草への融和策として朝鮮鉄道取締役に金光を迎え入れたとみることができよう。ただし金光が朝鮮鉄道の経営に介入する強力な発言権を得たとは言えない。

2．満洲煙草の初期事業と「会社法」施行による改組

持株会社日本法人の満洲煙草株式会社は、1935年5月期で総資産14,448千円、うち投資額2,500千円、預金現金2,894千円、未払込資本金9,000千円、他方、負債は資本金12,000千円、預り金2,448千円という構成であった（表3-9）。預り金は事業法人満洲煙草公司の工場立ち上げまでに発生する余裕金を親会社が預かっているものであり、これは事業の立ち遅れを意味するものである。1935年11月期からは公司勘定として出資以外の資金支援が計上されている。これは同公司に対する立替金、勘定尻、振出手形による支援である。他方、満洲煙草会社は支払手形で資金繰りをつけていた。この支払手形債務は大倉土木株式会社（1917年12月設立、本店東京）宛ほかの煙草工場建設債務である[13]。資金支援を続けた結果、1936年5月期からは預り金が減少し、現業子会社の事業が拡大していったことを告げる。1937年5月期で預り金は消滅し、それと対応して資産の預金現金も268千円にまで減少していた。ただし当期利益金は1937年5月期まで計上されておらず、本来は高利益ビジネスとして期待されたはずの

表 3-9 満洲煙草貸借対照表(1)

(単位:千円)

	1935.5期	1935.11期	1936.5期	1936.11期	1937.5期	1937.11期
(資産)						
未払込資本金	9,000	9,000	9,000	9,000	9,000	9,000
投資	2,500	2,699	2,720	2,548	2,500	2,500
公司勘定	―	226	119	154	326	318
預金現金	2,894	2,605	2,033	1,260	268	271
雑勘定	53	56	60	59	57	62
合計	14,448	14,588	13,933	13,022	12,152	12,151
(負債)						
資本金	12,000	12,000	12,000	12,000	12,000	12,000
預り金	2,448	2,362	1,814	868	―	―
支払手形	―	226	119	152	152	113
未払金	―	―	―	2	―	1
当期利益金	―	―	―	―	―	36
合計	14,448	14,588	13,933	13,022	12,152	12,151

出所:満洲煙草株式会社『営業報告書』各期

煙草産業への大手新規参入者である満洲煙草公司の親会社に対し、期待して投資した投資家の当初の見込を大きく外れたといえよう。

満洲煙草公司の1936年4月期と10月期のみ資産負債が判明するが(表3-10)、資金調達は資本金5百万円で、半額払込である。これと満洲煙草会社からの短期の借入金であり、4月で95千円、10月期で199千円に止まっている。他方、資産では土地建物設備什器は4月期で476千円が計上されてたが、少額に止まり、工場の立ち上げが著しく遅滞したことがわかる。未払込資本金を除けば、4月期で預金現金が2,026千円、10月期で1,080千円という規模であり、工場が立ち上がって減少したとはいえ、払込資本金が余裕金として滞留していた。

満洲煙草会社は、満洲煙草公司の経常利益からの配当が遅れ、1937年11月期にようやく持株会社の利益を計上できる状態になった。しかし同年12月1日に治外法権撤廃・附属地行政権返還となり、満洲煙草会社は1937年12月24日に、満洲煙草公司の営業全部を250万円で譲り受ける契約を承認し、吸収合併を決定した。併せて定款を変更し、業務を煙草の製造販売、葉煙草栽培売買、これらに関連する業務及びその他事業への投資とし、それまでの現業煙草製造会社を子会社とする投資会社から業態を転換し、満洲国法人に転換し、併せて長谷川祐之助が監査役から取締役に回り、長谷川一族の同族支配色が強まった[14]。なお250万円は日本法人満洲煙草会社の満洲国法人満洲煙草公司への投資額であり、かつ満洲煙草公司の資本金全額に相当する。この事

業吸収は独立会社を吸収合併するのと異なり、子会社が1社のみであるため、親会社が事業法人に転換した満洲煙草の資本金や総資産がほとんど変動することはない。すなわちそれまでの投資項目から煙草製造事業資産に切り替えただけとなる（表3-11）。満洲国法人への転換は治外法権撤廃・附属地行政権返還の施行と同時に施行された満洲国の「会社法」による新たな法人体制に対応したものである[15]。日本法人が満洲国法人を吸収合併し、存続法人が最初から株式会社の商号を有しているため、商号変更の必要はない。

表3-10　満洲煙草股份有限公司貸借対照表

（単位：千円）

	1936.4期	1936.10期
（資産）		
未払込資本金	2,500	2,500
土地建物設備什器	476	1,083
原料及材料	—	496
預金現金	2,026	1,080
前渡金未収金仮払金	15	3
創業勘定設立費	78	108
合計	5,096	5,272
（負債）		
資本金	5,000	5,000
未払金	1	73
満洲煙草(株)勘定	95	199
合計	5,096	5,272

出所：『満洲銀行会社年鑑』1937年版、650頁

　満洲煙草公司が担当した煙草製造現業部門の事業規模がさほど拡大しなかったこともあり、子会社を吸収合併した後でも、半ば独占的な煙草製造業を設立することで、利益を確保し資本金払込を求め、大規模法人に急速に移行するといった当初の筋書きは崩れた。その一因として、既存の東亜煙草と英米煙草トラスト系の強力な事業基盤があり、それを突き崩すことなくして満洲国における煙草製造販売独占は不可能であった。また工場立ち上げに時間がかかりすぎたことも一因であろう。そのため英米煙草トラストを追撃するどころか、東亜煙草の事業規模にキャッチアップするのも難しいという資産規模であった。

　満洲国法人に転化した満洲煙草の事業は日本と満洲国が戦時体制へと移行する中で軌道に乗った。同社は日中戦争勃発で華北への日本軍隊の展開に伴う煙草需要の急増で輸出に活路を見出し、1938年4月期から利益を計上し、初めて配当することができた。関内占領地事業に同社は急成長の可能性を見出した。天津の工場買収に着手し、華北の煙草事業で東亜煙草としのぎを削ることになる（第5章参照）。1938年10月期より未払込資本金1,800千円の徴収を行い、また天津の既存事業を買収し1百万円を投資として資産計上し、借入金1百万円を調達し投資財源に充当していた。資金調達を強めたため、預金現金2,656千円という余裕金が発生した。本体事業としては、1939年4月期には土地建物設備と機械器具什器に原材料雑品を合計した金額が現金預金を上回り、煙草製造事業を拡大させていた。天津で買収した事業資産で、北京に拠

表3-11　満洲煙

	1938.4期	1938.10期	1939.4期	1939.10期	1940.4期	1940.10期
(資産)						
未払込資本金	9,000	7,200	7,200	7,200	3,600	3,600
投資	—	1,000	1,000	277	276	277
土地建物設備	1,038	1,008	1,003	1,136	1,096	1,358
機械器具什器	400	470	556	761	666	656
商標権	2	2	3	3	—	—
製品仕掛品	81	36	65	74	87	106
原材料雑品	797	878	1,925	1,833	2,279	3,380
預金現金	269	2,656	2,754	3,295	6,970	7,769
有価証券	68	61	141	492	7,588	7,613
特別保有国債	—	—	—	—	—	—
受取手形	651	83	—	—	—	—
預り証券	—	—	—	49	49	49
売掛金	389	528	393	395	858	839
仮払金未収金等	157	188	331	17	37	392
天津カラサス工場勘定		33	179	—	—	—
関係会社勘定	—	—	—	230	1,230	2,121
合計	12,857	14,149	15,553	15,766	24,742	28,164
(負債資本)						
資本金	12,000	12,000	12,000	12,000	12,000	12,000
諸積立金	5	21	46	116	266	451
国債保有積立金	—	—	—	—	—	—
支払手形	361	129	86	587	9,202	8,243
借入金当座借越	—	1,000	1,000	1,000	—	988
東亜煙草会社勘定	—	—	—	—	—	1,891
未払金	73	366	598	349	242	643
仮受金預り金	116	107	684	93	101	97
未納煙草税	91	126	353	325	688	707
税金引当金	—	—	—	—	110	410
前期繰越金	41	82	158	311	533	1,112
当期利益金	167	315	625	982	1,597	1,618
合計	12,857	14,149	15,553	15,766	24,742	28,164

注：土地建物設備に第1期・第2期で増設勘定を含む。
出所：満洲煙草株式会社『営業報告書』各期

点を置く北支煙草株式会社（1939年5月29日設立、本店北京、代表取締役長谷川太郎吉）を関係会社として設立し、安定的な域外投資にも乗り出した。設立に当たり本体事業の別会社分離となるが、満洲煙草は北支煙草を支配下に置きつつ、北支煙草の株式の一部を譲渡して資金回収し、手元流動性を高めた。1939年10月期から投資として北支煙草が計上されているが、1941年10月期に増大するのは満洲葉煙草への出資に伴うものである。満洲煙草は1939年5月23日に取締役の増田次郎に換え、広瀬安太郎を選出した。広瀬は野村信託株式会社専務取締役の兼務で就任した。この期の借入金1

草貸借対照表(2)

(単位：千円)

1941.4期	1941.10期	1942.4期	1942.10期	1943.4期	1943.10期	1944.4期
3,600	3,600	3,600	3,600	3,600	3,600	—
367	547	612	612	692	868	868
1,392	1,369	1,362	1,725	1,744	1,760	1,721
666	781	823	769	996	990	959
—	—	—	—	—	—	—
92	161	139	90	50	48	22
4,825	4,121	6,564	6,787	9,140	8,424	9,286
5,320	6,105	5,000	6,154	4,402	4,640	7,230
7,613	8,895	8,937	331	331	331	329
—	—	—	364	780	1,081	1,247
—	—	—	—	—	—	—
47	50	—	—	—	—	—
1,318	1,475	1,833	1,435	1,027	1,922	6,010
362	688	300	179	282	283	328
—	—	—	—	—	—	—
4,495	7,644	1,990	9,379	9,429	6,769	8,865
30,102	35,439	31,164	31,432	32,478	30,720	36,870
12,000	12,000	12,000	12,000	12,000	12,000	12,000
636	831	1,041	1,261	1,491	1,691	1,854
—	—	—	380	780	1,080	1,245
7,720	8,692	8,824	7,295	7,069	6,026	4,503
—	—	—	—	—	—	3,029
3,617	6,538	—	—	—	—	—
1,028	672	962	1,067	211	245	135
99	117	100	330	356	161	295
1,201	1,512	2,113	1,681	2,519	1,370	5,404
305	655	590	1,090	1,622	1,945	2,165
1,673	2,363	3,214	3,818	4,526	4,978	5,091
1,819	2,056	2,317	2,507	1,900	1,220	1,148
30,102	35,439	31,164	31,432	32,478	30,720	36,870

百万円は野村信託と明示があり[16]、これから1938年10月期に現れた借入金1百万円は野村信託からのものと判断でき、その時期から資金調達の取引が発生していた。さらに資金支援を強めるため、野村銀行・野村信託側が兼務で満洲煙草に広瀬安太郎を送り込んできたといえよう。1940年1月30日に満洲煙草は未払込資本金を徴収し、35円払込で払込資本金8,400千円として資金力を強め、新京工場増設に充てた。また同年3月1日に満洲煙草の株式は株式会社東京株式取引所の長期清算取引市場に上場され[17]、国内株式取引銘柄の仲間入りをした。上場の手配は広瀬の尽力と思われる。

1940年4月期の満洲煙草の株主総数は979名で[18]、この上場後に有力満洲銘柄として幅広い投資家が取得して、株主人数は1942年4月の1,340人にまで増大した[19]。

　後述のように1940年4月30日の満洲煙草による東亜煙草の経営権の取得で、東亜煙草との競合関係は消滅した。この買収により満洲における東亜煙草系工場と満洲煙草工場との協調関係が成立し、1940年10月期には両社の工場長会議を開催するところまで進み[20]、提携は概ね円滑に進んだ。満洲・関内占領地における事業では協調も必要とされたため、満洲煙草による経営支配により、東亜煙草、満洲東亜煙草、華北東亜煙草、満洲煙草及び北支煙草の5社で、煙草五社連絡部を新京に設置し、満洲事業と関内事業の調整や命令、人事交流、業務監督等で意思疎通を図る体制を構築した。また哈爾濱の新工場設立認可申請を行い、北満への煙草販売攻勢をかける方針でいた[21]。この間、1940年10月期には関係会社投資の有価証券の増大と関係会社への貸付等の増大に伴い、東亜煙草からも債務計上し1941年10月期には6,538千円にまで膨れ上がっていたが、1941年11月29日に北支煙草を華北東亜煙草に吸収合併させたことで華北占領地の日系煙草事業が効率化した。関係会社への貸付金は急減しており、譲渡処分益で東亜煙草からの債務を償還した。以後、満洲煙草は満洲国内事業に特化した。同社は支払手形で融通をつけつつ事業規模を膨らませたが、1943年10月期に未払込資本金の残り全額を徴収して資金を補充した。満洲煙草は毎期に利益を順調に計上しており、インフレに強く利益の出る煙草産業のため、満洲国内事業の円滑な拡張の中で配当を続けることができた。

　そのほか煙草印刷用等に必要な紙等の材料調達のため、1939年7月8日設立の株式会社瀋陽洋紙商会（本店奉天、代表取締役岸山久夫、設立当初は株式会社二見洋紙商会、資本金5万円払込）と取引を持った。同社は印刷用インキ及び印刷材料の販売を主業としていた。1941年には同社監査役として長谷川祐之助が就任している。同社が1940年5月30日に資本金5万円払込から15万円（半額払込）に増資した際に瀋陽洋紙商会に商号変更し、併せて長谷川裕之助が出資して支配下に置き、監査役に就いたと思われる[22]。以後、同社を支配下に置いて、煙草の紙類原料調達を任せた。同社は1945年2月5日に解散した[23]。

1) 在満洲国大使館発本省、電信、1934年2月19日（外務省記録 E.4.5.0.-45）。満洲国では1934年2月24日に特殊会社の満洲石油株式会社を設立し（1934年2月21日「満洲石油株式会社法」による設立、満洲国政府出資）、同年11月14日「石油専売法」で、同社に独占販売権

限を与えた。満洲石油については須永[2007b]が詳しい。
2) 在満洲国大使館「煙草企業統制ニ関スル件」1934年7月3日（外務省記録 E.4.5.0.-45）。
3) 在奉天総領事館発本省、1934年9月27日（外務省記録 E.1.2.0.-45）。満洲企業家により設立された中華煙公司が解散せずにまだ休眠状態で存続できていたことになる。
4) 新聞記事の断片で、門野重九郎・古田慶三の奔走で本月16日に両社の設立指令が発せられたとあるが、新聞名不明（外務省記録 E.4.5.0.-45）、「浮れ出た資本の行方 満洲企業の其後」（『中外商業新報』1935年4月25日～5月5日（神戸大学図書館ディジタル新聞記事文庫））。在満洲国大使館発本省、電信、1934年9月19日（外務省記録 E.4.5.0.-45）。なお満洲国においてはこの時期の公司設立は許可制となっており、設立許可は事業許可を含む法律上の公司設立行為となる。長谷川太郎吉は1873年1月20日生、1884年家督を継ぎ、1889年上京、機械輸入商の田島為助商店に入り、支配人、1891年独立、1903年7月大川平三郎と九州製紙株式会社（1896年7月朝日製紙株式会社設立、1903年7月商号変更、本店八代）を設立、専務取締役就任、1926年1月樺太工業株式会社（1923年12月設立、本店泊居）に吸収合併され、同社専務取締役となる。1930年で＊熊本電気軌道株式会社（1911年4月設立）、＊樺太工業、＊八代製紙株式会社（1917年6月設立、本店八代）、＊株式会社大島製鋼所（1917年11月設立、本店南葛飾郡大島）、木山鉄道株式会社（1920年12月設立、本店熊本県木山）、＊鴨緑江製紙の各専務取締役、＊熊本電気株式会社（1909年6月設立）、＊朝鮮電気興業、＊樺太汽船株式会社（1918年4月設立、本店泊居）、＊日本加工製紙株式会社（1917年3月設立、東京王子）、＊株式会社服部製作所（1917年12月設立、本店東京）、＊朝鮮鉄道、＊株式会社大川田中事務所（1922年6月設立、本店東京）、共同洋紙株式会社（1915年6月設立、本店東京）、＊共同パルプ株式会社（1922年8月設立、本店東京）、各取締役、＊東海鋼業株式会社（1916年12月設立、本店東京）、大同洋紙店株式会社（1924年12月設立、本店大阪）、露領林業株式会社（1927年10月設立、本店東京）、＊上毛電力株式会社（1925年12月設立、本店東京）、各監査役に就任していた（『大衆人事録』1930年版、は28頁、『帝国銀行会社要録』1928年版）。上記の長谷川が関わった一連の会社のうち、＊印は樺太工業を率いた大川平三郎が経営に関わった会社であり、しかも長谷川は大川田中事務所の取締役も兼ねていた。同社は大川とその実弟の田中栄八郎が経営し、不動産賃貸を主業とするが、各種投資を行う会社であり、長谷川は大川の有力な側近であった。大川の伝記作者は、大川を先頭に田中栄八郎とならんで長谷川太郎吉が熊本電気の取締役を長らく継続していると述べており、長谷川太郎吉を大川の側近経営者とみていた（竹越[1936]363頁）。
5) 日満製粉株式会社（1934年6月25日設立、本店哈爾濱）と日満製粉股份有限公司（1936年12月9日設立、本店哈爾濱）との関係が知られている。両社の関係については、日満製粉[1940]参照。日本法人日満製粉は「会社法」施行後に満洲国法人日満製粉を吸収合併して満洲国法人化した。これについては柴田[2007e]も参照。これらの日満二重法人制度については、小林・柴田[2007]第2節参照。
6) 満洲煙草株式会社『第1期営業報告書』1934年5月期、1-4頁。板谷幸吉は1902年8月1日生、中央大学法科卒、鴨緑江製紙勤務（『大衆人事録』1937年版、東京81頁）。窪田四郎は1873年5月生、東京高等商業学校卒、三井物産勤務を経て、1918年富士製紙株式会社（1887年11月設立、本店東京）社長、早川電力株式会社（1918年6月設立、本店東京）社長を歴任（『大衆人事録』1930年版、く29頁）。梅浦健吉は1885年6月生、大倉組参与のほか、鴨緑江

製紙常務取締役（『大衆人事録』1930年版、う50頁）。3名とも大川平三郎と長谷川太郎吉の周辺事業家と位置づけられる。田畑守吉は1888年6月1日生、有明商事株式会社（本店大牟田）社長、福岡商工会議所会頭（『大衆人事録』1937年版、福岡25頁）。長谷川祐之助は長谷川太郎吉の長男、1906年生、明治学院高等学部卒（『大衆人事録』1930年版、は28頁）。

7) 満洲煙草株式会社『第4期営業報告書』1936年11月期、1頁。増田次郎は慶応4（1870）年2月生、東京英和学校中退、台湾で後藤新平の秘書、衆議院議員、1924年大同電力副社長、1928年社長、1939年日本発送電株式会社（1939年4月1日設立）総裁、1941年台湾電力株式会社（1919年8月1日設立、本店台北）社長、1951年1月14日没（新潮社[1991]1598頁、『帝国銀行会社要録』1942年版）。

8) 前掲満洲煙草『第1期営業報告書』2頁。

9) 『満洲銀行会社年鑑』1936年版、266頁、満洲煙草株式会社『第2期営業報告書』1935年11月期、2頁。

10) 『満洲銀行会社年鑑』1936年版、629頁。

11) 鴨緑江製紙株式会社（1919年5月24日設立、本店安東、1935年で資本金5百万円、4百万円払込）、取締役会長大川平三郎、専務取締役長谷川太郎吉、常務取締役速水篤次郎（大倉組）、中島三代彦、取締役梅浦健吉、足立正（王子製紙株式会社）、牟田吉之助（王子製紙）であり、大倉組が51,600株を取得し、ついで王子証券23,400株、大川合名会社（1920年11月設立）4,800株、田中栄八郎3,800株、長谷川太郎吉2,500株、藤田謙一2,000株で、大倉組と王子製紙・大川系の出資で成り立ち、大川が経営を担当していた（『満洲銀行会社年鑑』1936年版、『帝国銀行会社要録』1937年版）。長谷川は満洲煙草社長に就任し、鴨緑江製紙の取締役を辞任した。鴨緑江製紙については鈴木[2007b]参照。

12) 朝鮮鉄道株式会社『第39期営業報告書』1935年8月期、3-4頁。

13) 前掲満洲煙草『第1期営業報告書』5-6頁、満洲煙草株式会社『第2期営業報告書』1935年11月期、4頁、同『第5期営業報告書』1937年5月期、3頁。

14) 満洲煙草株式会社『第7期営業報告書』1938年4月期、1-3頁。中国烟草通志編纂委員会[2007]540頁では、「満洲烟草股份有限公司」が満洲煙草株式会社に改名したと説明しているが、後者が前者を合併して、並立していた二重法人制を解消したのであり、改名したとする理解は正しくない。

15) 満洲国「会社法」体制についても、小林・柴田[2007]第2節参照。

16) 満洲煙草株式会社『第10期営業報告書』1939年10月期、1-2、10頁。広瀬安太郎は1881年8月生、早稲田大学政治経済科卒、1919年大阪野村銀行（1918年5月15日設立）入行、1927年7月20日～1933年1月24日野村銀行取締役・常務取締役、1933年3月1日～1940年6月25日大阪信託株式会社（当初は大正信託株式会社（1920年3月設立））・野村信託株式会社常務取締役・専務取締役（『人事興信録』1943年版、ヒ73頁、大和銀行[1979]「役員異動一覧表」）。

17) 満洲煙草株式会社『第11期営業報告書』1940年4月期、6-7頁。

18) 同前、6頁。

19) 満洲煙草株式会社『第15期営業報告書』1942年4月期、2頁。以後株主数はいくらか減少する。

20) 同『第12期営業報告書』1940年10月期、3頁。

21）同『第13期営業報告書』1941年4月期、3頁。第14期以降の営業報告書の内容が乏しくなるため、哈爾濱工場竣工の記載を見いだせない。
22）『満洲銀行会社年鑑』1940年版、386頁、同、1941年版、357頁。
23）『満洲国政府公報』第3239号、1945年4月7日。

第5節　その他の日系煙草業者

　東亜煙草系、英米煙草トラスト系及び満洲煙草の事業内容を解説したが、満洲国で活動したその他の事業者があるため、事業規模が判明する満洲国法人の事例を紹介しよう。

　中国葉煙草株式会社は1920年5月25日に設立され、当初本店済南、その後青島に移転、経営不振の中で1925年6月に奉天に移転した。親会社が東亜煙草に転換すると、東亜煙草の社長以下取締役が兼務していたが、金光庸夫が東亜煙草社長就任後に中国葉煙草社長に松尾晴見が就任し、そのまま続けた。1935年でほか取締役石井久次、中谷近太郎、監査役坂口新聞であった[1]。同社の満洲国期の資産負債を点検すると（表3-12）、葉煙草事業者と判定できないような構成となっている。同社は山東省の事業を協立煙草株式会社に移転したため、同社は専売局納入に伴う手数料もしくは配当を得るのみとなった（第4章参照）。東亜煙草への葉煙草納入は米星煙草株式会社が引き受けているため、割り込む余地はなかった。満洲国期当初は世界恐慌の影響で葉煙草価格が下落したため、協立煙草の利益も縮小し配当収入も低迷した。1933年3月期の総資産は僅かに939千円、しかもその資産には葉煙草在庫に相当する項目が見当たらない。最大資産は貸付金及有価証券872千円であった。中国葉煙草が奉天本店の満洲国期に葉煙草事業を続けていたかは疑わしい。同社は山東省で1920年代前半に葉煙草集荷納入では勝てないため、貸金業にのめり込み経営不振に陥っていた（第4章参照）。そのため1926年8月に減資して損失を処理したが、不良債権化した貸付金の抜本的処理がなされないまま続いてきた。同社は1934年3月期に貸付金及有価証券を278千円に圧縮し、負債でも借入金を1933年9月期の499千円から6千円に急減させ、貸付金回収で借入金を償還して身軽になった。積立金の取り崩しが行われたわけではないため、積立金により損失処理を行ったものではない。東亜煙草が中国葉煙草に資金支援を行っており（第2章）、それが満洲事変後も続いていたが、東亜煙草側が満洲事変期の操業状況の好転の中で、中国葉煙草への貸付金を損失処理して、併せて中

表 3-12　中国葉煙草貸借対照表(1)

(単位：千円)

	1933.3期	1933.9期	1934.3期	1934.9期	1935.3期	1935.9期	1936.3期	1936.9期
(資産)								
地所建物及什器	35	35	35	35	35	35	35	35
貸付金及有価証券	872	773	278	280	279	379	274	305
未収金仮払金	29	28	9	9	8	9	9	9
預金現金	1	2	4	2	1	4	5	3
合計	939	839	327	327	324	428	324	352
(負債)								
資本金	250	250	250	250	250	250	250	250
諸積立金	40	42	43	44	44	45	45	45
借入金	607	499	6	—	—	98	—	25
諸預り金	6	8	8	8	9	12	11	10
未払金仮受金	19	23	4	9	5	7	2	6
前期繰越金	5	9	7	7	7	7	7	7
利益金	9	9	7	7	7	7	7	7
合計	939	839	327	327	324	428	324	352

出所：大連商工会議所『満洲銀行会社年鑑』1935年版、372頁、1937年版、362-363頁

国葉煙草の取引先貸付金も損失処理させたものと思われる。中国葉煙草は貸付を償却し、併せて総資産を圧縮したため、利益は一段と少額になった。以後も葉煙草関連資産の計上はなく、1936年9月期まで続いた。結局、同社は満洲国体制になっても事業拡張の機会を見いだせなかったといえよう。日中戦争勃発後の華北占領で、華北の葉煙草集荷環境が激変し日系企業に有利となる状況で、同社はかつて本店を置いていた青島に本店を再度移動して、華北の葉煙草事業者となる。中国葉煙草は1937年7月以降、1938年6月前には青島に移転したとみられる[2)]。同社にとって3度目の本店移転となった。ただし華北占領地では1920年代にそのまま葉煙草集荷事業を続けてきた事業者の既得権益が確立しており、そこに再参入して利権獲得を目指しても、すでに東亜煙草系の米星煙草が操業しているため、さほど活躍する機会を得ることはできなかった。山東省の葉煙草事業で割り込めないため、中国産業株式会社に商号変更してほかの品目の取引に関わる（第5章参照）。

満洲国期に設立され、三井系企業として事業拡張を実現できた事例がある。1938年12月に奉天所在の煙草事業者5件を三井物産系の株式会社三泰油房（1907年5月22日設立、本店大連）取締役名義で買収しておき、奉天における煙草事業の立ち上げに備えた。そして協和煙草株式会社が1939年10月26日に設立された（本店新京、資本金5百万円、4分の1払込、社長広瀬金蔵）。同社設立後に事前に買い集めた奉天の事業資産を承継させた。協和煙草社長の広瀬金蔵は三泰産業株式会社（1936年7月16日設

立、本店新京）社長であり、協和煙草は同社の全額出資により設立された3)。協和煙草は奉天で工場を操業した。同社の1940年7月期の事業は（表3-13）、設立前に煙草製造資産を取得していたため、土地建物機械什器で638千円が計上されており、葉煙草1,512千円と諸材料1,799千円もあり、当初から工場を操業できた。債務の引合店勘定2,163千円は三井物産への納入に伴うものと思われる。この期で282千円の利益を計上できた4)。

協和煙草とは別に、1939年11月14日に華豊煙草株式会社が設立された（本店哈爾濱、資本金100千円、全額払込、代表取締役広瀬金蔵）。同社もやはり三泰産業の支配下に置かれていた。同社は同年12月5日に増資し、資本金490千円、全額払込となり、同社の株式の55％を三泰産業が保有した5)。

表3-13　協和煙草貸借対照表

（単位：千円）

	1940.7期	1944.3期	1945.3期
(資産)			
未払込資本金	3,750	—	—
土地建物機械什器	638	2,318	3,901
貯蔵品予備品	356	487	817
葉煙草	1,512	3,494	3,470
諸材料	1,799	1,376	1,171
製成品半製品	143	89	75
満洲葉煙草勘定	—	2,033	220
満洲煙草統制組合出資金	—	60	120
受取未済金	127	2,765	1,969
仮払金前払金等	139	891	1,399
有価証券銀行及現金	44	—	—
有価証券	—	631	982
預金現金	—	625	361
合計	8,512	14,784	14,490
(負債)			
資本金	5,000	5,490	5,490
諸積立金	—	915	1,039
特定引当積立金	—	246	372
引合店勘定	2,163	—	—
三井物産奉天支店勘定	—	2,308	3,100
支払未済金	889	5,087	3,935
満洲煙草統制組合勘定	—	52	35
買掛金預り金仮受金	176	56	84
当期純益金	282	536	353
前期繰越金	—	91	79
合計	8,512	14,784	14,490

注1：1940.7期は1939.10.26～1940.7.30。
注2：1944年3月期資産に微差あり。
出所：大連商工会議所『満洲銀行会社年鑑』1941年版、1103頁、『満洲国政府公報』第3008号、1944年6月22日、第3290号、1945年6月9日

華豊煙草は哈爾濱方面で煙草を製造し、同様に三井物産に納入していたはずである。三井物産にとっても満洲国における煙草販売は旨みのある取引であり、注力していた。

協和煙草は1941年12月22日に華豊煙草を吸収合併した。その前の6月2日に半額払込とし、さらに9月29日に資本金549万円、299万円払込に増資して資金力を強めて買収した。これに伴い協和煙草は旧華豊煙草の哈爾濱工場を取得した6)。こうして満洲国で2工場を有する有力事業者となった。操業は順調であり、1942年9月16日に三井物産が三泰産業から協和煙草の株式（持株比率96.2％）を取得し、三井物産の傘下に入れた。これは有力関連会社を直接子会社に引き上げ、経営の効率化を図るという三

井物産の経営方針に沿ったものであった（三井文庫［2001］710-711頁）。しかも三井物産は協和煙草と一手販売契約を締結し、協和煙草の製造工場の強化とともに製品の販売で収益を増やし、1944年3月期まで毎期年8％の配当を続けた[7]。協和煙草の操業は順調であり、1944年3月31日に資本金549万円全額払込とし[8]、自己資本を厚くした。1944年3月期で総資産14,784千円、土地建物機械等2,318千円、葉煙草3,494千円、満洲葉煙草勘定2,033千円、受取未済金2,765千円で、葉煙草と受取等の流動資産部門が機械機器等に比べ大きく、操業は順調に行われ、536千円の利益を計上していた。

表3-14　泰東煙草貸借対照表

(単位：千円)

	1944.3期	1944.9期	1945.3期
(資産)			
未払込資本金	1,020	—	—
土地建物機械什器	773	3,288	3,009
建設仮勘定	2,495	—	—
原材料	624	996	2,081
貯蔵品	20	22	30
半製品	138	297	252
製品	—	27	184
牲畜	3	3	2
貸付金	146	146	138
前渡金未収入金仮払金等	511	2,346	1,082
預金現金	44	37	34
繰越損金	260	601	854
当期損金	340	252	143
合計	6,381	8,021	7,815
(負債)			
資本金	4,000	4,000	4,000
借入金	1,010	3,450	3,440
支払手形	732	—	—
未払金買掛金等	279	193	361
仮受金身元保証金	360	377	14
合計	6,381	8,021	7,815

注：1944.3期資産に微差あり。
出所：『満洲国政府公報』第3054号、1944年8月16日、第3171号、1945年1月10日、第3320号、1945年7月16日

1945年3月期でも同様で、利益は353千円に低下したが、敗戦が近づくにつれ顕在化した満洲国内のインフレによる名目価格上昇のなかで、作れば売れるという状況が利益に反映しており、敗戦まで操業を続けた[9]。

　煙草は相対的に初期投資負担の軽い産業であり、ある程度の規模の工場が稼働すれば利益を期待できるため、ほかにも参入者が現れた。1942年8月27日に泰東煙草株式会社が設立された（本店奉天、資本金1百万円、半額払込）。社長村岡喜代人、取締役光武時春ほかであった。1939年10月4日設立の株式会社光武商店（光武産業株式会社に商号変更）が中心となって設立したと思われる。光武時春はほかに大満酸素工業株式会社（1941年3月19日設立、本店哈爾濱）、日光食品工業株式会社（1939年9月29日設立、本店哈爾濱）、愛国精機株式会社（1939年3月31日設立、本店哈爾濱）、佳木斯倉庫企業株式会社（1940年6月25日設立、本店哈爾濱）各社長、哈爾濱麦酒株式会社（1936年4月27日設立）取締役等に就任して[10]、哈爾濱を中心とした企業経営に関わっていた人物であった。その余勢を駆って泰東煙草の設立に進んだ。奉天は人口

集積が進み一大消費拠点でもあった。

　ただし有力既存工場の買収で事業を立ち上げたものではないようであり、創業第4期の1944年3月期でも、未払込資本金を控除した総資産5,361千円のうち、建設仮勘定2,495千円を計上していた（表3-14）。借入金にも依存していたが、工場設備投資が遅延しており、その結果、当期損失金340千円、繰越損失金260千円を計上していた。これは当初のもくろみと異なり、1943年にはすでに新規設備投資への規制が強まり、工場建設の資材入手難、機械設備の調達困難等に直面していたことを告げよう。ようやく1944年9月期に竣工したが、同年8月18日に払込資本金を徴収して全額払込となっても[11]、借入金が3,450千円に増大し、経営は苦しい状態が続いた。1945年3月期には原材料入手が進んだため、当期損失金が縮小したが、やはり損失を続ける経営であった。結局敗戦まで、配当どころか利益を計上できなかったはずである。参入時期が遅すぎて、期待した煙草製造販売利益を実現できずに終わった。

1) 『満洲銀行会社年鑑』1935年版、372頁。中谷近太郎は1908年7月生、ほか協立煙草取締役、後日、華北三島製紙株式会社（第5章参照）取締役（『大衆人事録』1942年版、東京699頁）。坂口新聞は元青島守備軍鉄道部長。
2) 『帝国銀行会社要録』1937年版と1938年版の比較で推定。
3) 三井文庫[2001]710頁、『満洲銀行会社年鑑』1942年版、306、504-505頁、春日[2010]484頁。協和煙草について春日[2010]498頁では1939年10月26日設立、484頁では1939年4月設立とし、記述が混濁している。
4) 三井文庫[2001]710頁では利益526千円として紹介しており、表3-13と異なる。
5) 『満洲銀行会社年鑑』1940年版、683頁、三井文庫[2001]710頁。春日[2010]498頁には華豊煙草が三泰産業の子会社との記述は見当たらず、設立を1914年11月14日とし、本章と異なる。昭和14年を誤記したようである。
6) 三井文庫[2001]710頁、『満洲銀行会社年鑑』1942年版、504-505頁。
7) 春日[2010]471頁。三井文庫[2001]710頁で協和煙草の1944年3月期までの利益の累年紹介があり、営業状況を把握できる。
8) 『満洲国政府公報』第3044号、1944年8月4日。
9) 協和煙草は南方占領地にも動員された。1943年6月15日に陸軍省よりフィリピンのマニラにおける煙草製造業を受命した（疋田編[1995]付表1）。これは親会社の三井物産の対政府折衝力の強さで獲得した受命事業であり、三井物産に動員をかけられたものである。三井物産は協和煙草のフィリピンにおける煙草事業支援のため、1943年9月28日に4百万円の融資を決定した。この資金でフィリピン煙草工場に必要な機械を上海から71台、また専売局払下から20台のほか材料等を調達するものとした（「協和煙草株式会社融資ノ件」1943年9月28日三井物産株式会社取締役会議案（三井文庫蔵・物産2074））。三井文庫[2001]711頁がフィリピンにおける煙草事業の内容を紹介している。

10)『満洲銀行会社年鑑』1942年版の各社の項参照。光武時春が役員に名を連ねる会社はほかにもあり合計10社を数えた。
11)『満洲国政府公報』第3092号、1944年10月2日。

第6節　葉煙草栽培・集荷

1．満洲国初期葉煙草集荷

　煙草製造に原料葉煙草の調達は不可避である。満洲では吉林省で地場産葉煙草の栽培も行われているが、主に山東省・アメリカその他外国産に依存しており、国内供給は僅かであった。また製造工場への供給を目的としない栽培葉煙草の品質は高いものではなかった。例えば1931年で間島地域で栽培された葉煙草は自家消費にほぼ充当されており、葉煙草を刻煙草や紙巻煙草の原料として工場に納品するような体制は限られていた。満洲の一部地域では満洲事変前から優良な米国系黄色種葉煙草の栽培に着手していたが、栽培技術で課題があるためさほど普及しなかった。満洲における米国系黄色種葉煙草産地としては、鞍山、得利寺及び安東鳳凰城県が先行していたが、さらに1935年頃に錦県でも気候が適しているため満洲国政府は国立錦県農事試験場を開設し、試験栽培に着手した。同試験場は好成績を得て、栽培を普及させ、42万貫の栽培計画を立案した。ただし黄色種の栽培に当たっては特別の技術を要するため一般農家にこの栽培を奨励するのは難しく、技術員の養成と一般農家に補助を与えて耕作を行わせる必要があるとみられていた[1]。そのため満洲国域内での優良葉煙草の大量供給は難しいという状況が続いていた。他方、地場産葉煙草はかなりの生産を見ている。例えば海龍では1934年で1,188万斤が収穫され、地場消費25％で残りは奉天・鞍山方面に出荷されたという。ただし在来種の葉煙草のみで、米国種の栽培は行われていなかった[2]。

　満洲国体制の中で葉煙草増産計画が練られた。1934年5月に「米国種黄色葉煙草増殖十ケ年計画」がまとめられている[3]。これによると優良品種の米国系黄色種葉煙草の調達のため380万貫の輸入を行っているが、栽培奨励と増産によりその輸入代替を行い、10年で539万貫を国内供給するという壮大な目標を掲げ、試験場等の栽培施設の充実、栽培者への資金供給、指導員派遣、系統的な煙草耕作組合の組織化等を掲げていた。ただしその実現までには多くの人員と資金が必要であり、既存の設備と人員、

組織を段階的に鍛え上げていくしかなかった。

　満鉄が支援してきた南満黄煙組合は米国系黄色種葉煙草の栽培を続けていたが、満洲国期になり、同組合を含む安東鳳凰城県の煙草耕作組合が合同し、1934年6月に鳳凰城煙草耕作組合を結成した。それにより当該地域において、組合員以外の葉煙草耕作を認めない、葉煙草はすべて組合が検収し買収するという原則で栽培集荷する体制となった（満洲煙草統制組合[1943]8-9頁）。同組合は先進的取り組みを行っているため、資金支援も強められ、1934年度には実業部の斡旋により集荷する葉煙草を担保とする満洲中央銀行融資300千円が1934年5月から9月で3回に分けて実施された。しかし資金支援を強めても、この年度も日照不足、低温、降雨過多で生育不調となり、前年よりも平均収穫量が落ち込んでいた。集荷した葉煙草を奉天の東亜煙草もしくは啓東烟草の工場に売り込むため、10月には価格交渉に入り、同月中には何とか収納価格で折り合いが付けられそうな状況にあった[4]。

　その後、鳳凰城煙草耕作組合の事業は拡大し、1936年に満洲国における本格的な再乾燥工場を鳳凰城に建設し、葉煙草栽培を拡張するのみならず、その加工部門の事業へも参入した。この再乾燥工場が設立されるまで、集荷葉煙草は営口にある東亜煙草の小規模再乾燥工場で処理されていた（満洲煙草統制組合[1943]8-9頁）。また得利寺の煙草耕作者が結成していた南満洲煙草耕作組合は1936年に解散し、復県煙草耕作組合に改組され、煙草耕作地の県長許可制の中で、生産品の共同販売、資金融通を行い、葉煙草栽培を急増させた（満洲煙草統制組合[1943]10頁）。

　満洲国政府は葉煙草の自給自足方針として、増産計画を樹立した。供給は増大したものの、国内需要を満たすものではなかった。1938年には山東省の葉煙草集荷の減少で、原料調達に苦慮する事態となった。満洲国政府は専売局及び朝鮮総督府専売局と相談し、葉煙草種子原料獲得の目処をつけ、輸入依存の葉煙草調達からの脱却を目指し、満洲における葉煙草生産の強化に乗り出すこととなった[5]。

　この間、満洲国における黄色種葉煙草集荷実績は（表3-15）、1932年で517ヘクタール、626トン、338千円に過ぎなかったものが、1936年には1,773ヘクタール、2,468トン、1,288千円へ、さらに第1次産業開発五カ年計画が発動され満洲の開発投資により加熱する時期を経て、1941年で17,346ヘクタール、23,388トン、26,031千円へと耕作面積・出荷量・販売額が急増した。1932年に比べ、耕作面積で33倍、生産量で37倍、販売額で77倍の目覚ましい増大を見せた。買取価格が在来種よりも高値に設定されるため、在来種からの作付転換が各地で見られた。それでも黄色種の満洲国内の輸

表3-15 満洲国期の米国系黄色種・バーレー種葉煙草栽培

(単位：ヘクタール、トン、千円)

年	黄色種				黄色種・バーレー種合計	
	県旗	耕作面積	生産量	販売額	耕作面積	生産量
1932	4	517	626	338	517	626
1933	4	521	645	330	522	645
1934	4	1,087	1,125	609	1,087	1,125
1935	7	1,881	2,442	1,315	1,881	2,442
1936	11	1,773	2,468	1,288	1,773	2,469
1937	18	2,396	3,590	2,196	2,396	3,590
1938	35	4,508	7,918	6,170	4,508	7,918
1939	…	12,995	19,943	12,266	12,996	19,943
1940	…	16,388	14,961	14,824	16,388	14,961
1941	46	17,346	23,388	26,031	19,356	26,409
1942	43	18,732	18,998	23,613	21,740	22,998
1943	…	…	…	…	21,285	29,399
1944	…	…	…	…	19,320	26,610
1945	…	…	…	…	19,723	18,732

出所：満洲煙草統制組合[1943]14-15頁、東北物資調節委員会[1948]142-143頁

入代替は、域内需要量も年々増大したため実現せず、域外からの調達や在来種の利用で対処せざるを得なかった。日本からの栽培技術導入で着手された品種としてホワイト・バーレー種がある。1936年に開拓団に同種の種子を分け、開拓団自喫用として栽培させたのが始まりで、その後、中北満の栽培に適しており満洲農民に栽培させるのがふさわしいとして、葉煙草増産五カ年計画に修正を加え、専売局秦野試験場より種子の提供を受け、国立鳳凰城煙草試験所で種子を生産し、1939年よりその配給を開始した[6]。ただし黄色種に比べ喫味で見劣りがするため、増産にも限界があった。また栽培普及の開始が遅れたため、生産量を大幅に増大する時間がなかった。1942年耕作面積で3,008ヘクタール、生産量4,000トンで、生産量では黄色種の2割ほどに達していた。葉煙草生産は1943年で黄色種・バーレー種合計でピークの29,399トンに達したが、これでも満洲の葉煙草は紙巻煙草の生産に足る原料の輸入代替を完成していなかった。やはり域外の山東省や台湾からの輸入葉煙草に部分的に依存していた。生産量は増大するが、消費も増大を続けたため、1942年で葉煙草自給率は75.5％にまでしか到達できなかった（満洲煙草統制組合[1944]27頁）。

2．満洲葉煙草の設立と集荷体制

満洲国の葉煙草集荷を担当する準特殊会社として、満洲葉煙草株式会社が1938年12

月28日に設立された。奉天に本社を置き、資本金10百万円、払込250万円であった。1939年6月期の社長長谷川浩、専務取締役工藤雄助、五十子順造、取締役井上健彦、田中知平、鎌倉厳、監査役長谷川祐之助である。満洲葉煙草は、原料種子を調達し、満洲国内で葉煙草栽培農民への配布により、満洲国内の葉煙草生産の拡張を期した。1939年6月30日現在の株主は、啓東煙草53,100株、奥田貞夫（鳳凰城県）36,000株、土肥顕（奉天）32,000株、森田成之（錦州）22,000株、東亜煙草21,600株、経済部大臣20,000株、長谷川祐之助（満洲煙草）7,200株、太陽煙草（本店奉天）5,400株、谷本朋次（協和煙草）ほかであった[7]。政府のほか煙草製造業者と奉天省農事合作社聯合会が出資したとの説明があり[8]、啓東煙草の既存葉煙草集荷利権を満洲葉煙草に取り込み、ほかの煙草製造業者と同列に置いた。また既存の鳳凰城煙草耕作組合や錦州の葉煙草耕作組合及び奉天省農事合作社聯合会の現物出資を受けた。国内産優良葉煙草の集荷統制で、啓東煙草の集荷の独走を抑え込む意図も含まれていた。満洲葉煙草設立の個別法律は公布されていないが、政府出資がなされているため準特殊会社と位置づけられる。満洲葉煙草の業務は葉煙草集荷加工、葉煙草の輸出入、葉煙草の配給、葉煙草耕作資金の貸付、葉煙草の生産の助長等であった[9]。同社は葉煙草集荷、輸入及び製造業者への配給の独占的な地位を得た。満洲国の一般的な準特殊会社の特徴として個別設置法が制定されていない法人が多いが、他方、満洲国政府出資法人である場合が多い。満洲葉煙草はほぼ典型的な準特殊会社といえよう[10]。さらに東亜煙草の満洲国内における葉煙草集荷利権を取り込み、これに満洲国政府が出資することで、政府の監督下に置いた。その後、1940年4月1日に農事合作社機構が興農合作社機構に改組され、全機構を束ねる系統組織として興農合作社中央会が設置された。1942年6月期の株主名簿では興農合作社中央会90千株となっており、鳳凰城、奉天、錦州の葉煙草組合の出資が同中央会出資に統合された。また啓東煙草が40,500株となり、減少した株式が老巴奪12,600株の保有に切り替わっていたが、この変動は1940年6月期には実施されていたとみられる[11]。

　1939年6月期の満洲葉煙草の未払込資本金控除総資産は5,509千円で（表3-16）、資産の土地建物築造物81千円は奉天の再乾燥用地と事務所である。貸付金残高4,168千円は復県農事合作社ほか35件、未収入金26千円も復県農事合作社ほか36件である。南満洲の農事合作社に資金を貸付け、煙草耕作に参入させた。そのほか積送品700千円があり、納入先に頤中烟草股份有限公司を取引相手としているため、満洲国内で集荷した一部原料葉煙草の輸出も行われたと見られる[12]。負債は支払手形2,300千円等

表 3-16　満洲葉煙草貸借対照表

(単位：千円)

	1939.6期	1940.6期	1941.6期	1942.6期	1943.6期	1944.3期	1945.3期
(資産)							
未払込資本金	7,500	7,500	5,000	2,250	―	―	―
土地建物機械器具備品什器	81	1,353	1,949	3,672	5,998	―	―
建設仮勘定	2	―	―	468	898	―	―
満洲煙草業組合出資金	―	―	3	3	―	―	―
原材料未着品貯蔵品	―	324	471	1,799	2,999	―	―
製品商品積送品	700	4,960	4,780	6,448	5,358	―	―
貸付金	4,168	4,864	8,631	4,362	3,958	―	―
特別保有国債	―	―	―	―	154	―	―
投資	―	―	―	―	300	―	―
短期貸付金	―	―	―	5,692	4,547	―	―
仮払金未収金預け金売掛金	171	5,379	9,742	10,033	6,082	―	―
雑流動資産	―	―	1,998	2,189	47	―	―
雑勘定	13	99	384	785	2,185	―	―
預金現金	335	1,150	522	3,232	3	―	―
前期繰越損失金	―	36	―	―	―	―	―
当期損失金	36	―	―	―	―	―	―
固定資産	―	―	―	―	―	10,704	14,732
長期資産	―	―	―	―	―	3,926	1,476
作業及販売資産	―	―	―	―	―	30,592	26,409
流動資産	―	―	―	―	―	4,905	24,755
雑勘定	―	―	―	―	―	2,863	3,084
株主勘定	―	―	―	―	―	5,000	―
合計	13,009	25,669	33,494	40,936	32,533	57,992	69,958
(負債資本)							
資本金	10,000	10,000	10,000	10,000	10,000	―	―
諸積立金	―	―	490	1,040	1,763	―	―
借入金	―	4,443	3,390	7,020	2,681	―	―
短期借入金	―	―	90	8,750	5,190	―	―
支払手形	2,300	6,000	10,900	―	―	―	―
買掛金	―	459	1583	4755	1209	―	―
仮受金未払金預り金前受金	708	3,159	3,004	5,101	9,794	―	―
借受有価証券	―	―	1,995	2186	―	―	―
平衡資金	―	―	―	122	96	―	―
未決算	―	534	528	6	―	―	―
引当勘定	―	297	573	439	303	―	―
雑勘定	0	8	―	―	518	―	―
前期繰越利益金	―	―	54	138	272	―	―
当期利益金	―	766	884	1,376	703	―	―
長期負債	―	―	―	―	―	2,609	2,459
短期負債	―	―	―	―	―	17,627	41,973
引当勘定	―	―	―	―	―	276	617
雑勘定	―	―	―	―	―	14,874	2,002
株主勘定	―	―	―	―	―	22,604	22,905
合計	13,009	25,669	33,494	40,936	32,533	57,992	69,958

注1：1941年6月期の資産項目の原材料販売資産に不突合あり。
注2：平衡資金の1942年期は調整資金。
注3：1944.4.25に決算期を変更、1944.3期のみ1943.7～1944.3期。
出所：満洲葉煙草株式会社『第1期営業報告書』1939年6月期、同『第2期営業報告書』1940年6月期（吉林省社会科学院満鉄資料館蔵（以下、満鉄資料館）23925）、同『第3期営業報告書』1941年6月期（満鉄資料館23926）、同『第4期営業報告書』1942年6月期（満鉄資料館23927）、『満洲国政府公報』第2855号、1943年12月8日、第3014号、1944年6月29日、第3296号、1945年6月18日

であり、煙草製造業者とはまったく異なる構成となっていた。その後、1939年8月28日に取締役の工藤、井上、鎌倉を任期満了前に解任し、後任に大塚宇平（満洲東亜煙草）を選任した。大塚は満洲東亜煙草の取締役であった。さらに11月20日に満鉄系の宇山兵士と政府系の富永景三郎を選任し[13]、満鉄系の工藤が宇山に交代した。満洲葉煙草は同年9月2日に奉天と鳳凰城に再乾燥工場を設置し、葉煙草集荷業者として操業できる設備水準に到達した。煙草耕作資金や乾燥室及び検収場建設資金等5,788千円を関係興農合作社に貸付けた。ただし作柄は悪く、予定した20百万トンに届かず、国内の煙草原料需要に満たないため、日本・朝鮮・台湾からの葉煙草輸入を仰ぐこととなり、何とか230億本分の原料供給を実現できた[14]。

　1940年6月期では製品商品積送品が4,960千円に増大し、この短期資産の増大に伴い、支払手形が6,000千円に増大していた。同様に1941年6月期には葉煙草耕作の興農合作社への貸付金が8,631千円にまで増大し、そのほか葉煙草耕作者への仮払金と売掛金が増大していた。この資金繰りのため2回に分けて未払込資本金を徴収し、期末に5百万円払込となった。この間、3月13日に大江房吉（満洲東亜煙草）を解任し、後任に小網通を選任した。小網も満洲東亜煙草の取締役である。こうした満洲煙草による東亜煙草支配の確立過程で満洲葉煙草の取締役人事にも大きな影響を及ぼした。特に満洲煙草側との関連で、満洲葉煙草の調達・供給する葉煙草の量と価格で、両社の社長が同一系列のため、癒着した経営が発生しかねない。取締役の解任と後任の選任は1942年6月期まで続いた。1941年6月期に、奉天と鳳凰城の再乾燥工場は稼働しており、対前年実績を上回った。満洲葉煙草は既存の錦州、鳳凰城、瓦房店、吉林に加え、奉天、四平街、間島、哈爾濱、熱河に出張所を開設し、多地域における葉煙草集荷体制を構築した。しかし作柄は対前年で悪化し、国産率7割を目指したが不足分を輸入に頼らざるを得なかった。煙草耕作者への貸付金残高も増大し、さらに生産補助金1百万円も支出しており、政府からの補助金も受給していると思われ、通常の民営企業ではありえない業務も抱えていた[15]。

　1942年6月期には未払込資本金控除総資産38,686千円にまで増大しており、さらに諸貸付金と商品、売掛金等の流動資産が増大したため、未払込資本金の徴収で払込資本金を7,750千円にして自己資本を厚くしたが、それでも不足するため、支払手形に換え借入金7,020千円と短期借入金8,750千円により資金繰りをつけていた。この間に葉煙草集荷価格の上昇が見られるため、煙草集荷量が増大するに伴って満洲葉煙草の資産負債は増大した。満洲葉煙草は錦州にも再乾燥工場を設置し稼働させ、また鉄嶺

と哈爾濱にも新たに採種場を設置し、直営の葉煙草の採種業務を強化した。好天に恵まれ葉煙草集荷は好調で、対前年76％増の集荷を記録し、紙巻煙草原料の80％を供給する水準となったが、他方輸入による調達は困難な状況になってきた[16]。この年度も耕作者向け貸付が増大し、長期・短期の合計で10百万円を超えていた。なお1942年6月期

表3-17　1942年度米国系黄色種葉煙草栽培実績

(単位：ヘクタール、トン、千円)

省	耕作県・旗	面積	生産高	金額
奉天	11	4,705	2,955	3,704
安東	6	5,607	6,462	7,608
錦州	8	2,680	2,940	3,828
熱河	3	165	144	164
四平	7	2,886	2,864	3,402
通化	2	245	288	341
吉林	2	206	216	252
間島	3	2,211	3,102	4,288
合計	42	18,706	18,975	23,590

出所：満洲煙草統制組合［1943］16頁

負債に計上されている平衡資金122千円は、1942年5月5に日勅令「経済平衡資金ニ関スル件」により制度化されたものである[17]。貿易品のみならず国内一般商品に拡大された市中価格操作システムであり、葉煙草を対象品目とし、経済平衡資金と満洲葉煙草との間で葉煙草価格操作を実施していたとみられる。ただし葉煙草部門の価格操作は限られていたようである。事業規模は拡大したが、葉煙草品種改良、種子の配給等により品質と生産性を引き上げるためにさらなる資金と時間を必要とした。

満洲葉煙草の優秀品種の栽培奨励や集荷により先述のように黄色種作付面積が増大し集荷量と集荷額が急増したが、栽培地域を点検すると、作付面積、生産高、集荷額ともに安東省が最多で、満洲国以前から米国系黄色種の耕作が先行した地域が耕作技術等の普及が早い。生産高では間島省、奉天省、錦州省、四平省が多い。他方、在来種の作付が多い吉林省では216トンに止まっていた（表3-17）。

満洲葉煙草は優良品種の葉煙草栽培促進と集荷を目指したが、在来種は従来通りに栽培され、地場消費用葉煙草として出回っていた。1942年以降も黄色種の栽培が拡大しており、その収穫に尽力した満洲葉煙草は、支払手形、長期・短期借入金で資金調達しながら事業規模を拡大させてきた。1943年6月期で10百万円全額払込となり、負債を圧縮したが、それでも興農合作社等への長期・短期の貸付金はかなりの額が続いた。葉煙草出荷前に事実上の前払いを行う金額も増えていった。他方、再乾燥工場等の設備や採種場の充実で有形固定資産も5,998千円に増大していた。葉煙草集荷を強めるため、仮払や前渡しで葉煙草を確保することに尽力した。葉煙草の在庫もしくは貯蔵品商品等も増大したが、利益は減少しており、集荷は前年度に比べ落ち込んでいたようである。1944年3月期には貸借対照表の項目が丸められ、資本金額も不明という構成になっているが、満洲葉煙草の総資産は57,992千円に膨れ上がり、うち作業及

販売資産30,592千円、固定資産10,704千円等という構成となっていた。それが1945年3月期に69,958千円にまで膨張したが、作業及販売資産はむしろ26,409千円に減少しており、葉煙草集荷が集荷価格の引き上げがなされながらも予想を下回る結果になりつつあったことを告げるものであろう。

そのほか満洲葉煙草の集荷の埒外に置かれていた在来種葉煙草の集荷統制を行うため、1941年4月22日興農部設立命令で、満洲在来種葉煙草統制組合（在来種菸統制組合）が設立された。同組合は1942年9月に出資組合に改組され、さらに同年11月25日「事業統制組合法」に基づく事業統制組合と位置づけられ、1943年2月に再度改組された。

表3-18 満洲在来種葉煙草統制組合貸借対照表
（単位：千円）

	1944.3期
（資産）	
土地建物什器	281
統制葉煙草	240
配給葉煙草未精算金・出張所勘定	74
未収金	2,234
預金現金	928
仮払金	47
合計	3,807
（負債）	
出資金	1,340
諸積立金	14
未払金	1,805
前受金	384
仮受金買収葉煙草未清算金預り金	135
前期剰余金	30
当期剰余金	96
合計	3,807

注：諸積立金に職員退職慰労積立金を含む。
出所：『満洲国政府公報』第2081号、1944年5月20日

理事長劉子麟、常務理事窪田稔、理事広瀬香一郎、村角克衛、周子賢ほかであり、同年4月12日に設立登記を行っている[18]。改組に当たり満洲葉煙草も出資に応じ、300千円を負担した。1944年3月期で出資金1,340千円（全額出資済）であり、1943年6月期より満洲葉煙草の出資が確認できる。同社が最大出資者であった。そのほか興農合作社中央会も出資したとみられる。同統制組合を通じて在来種葉煙草の集荷を強め、満洲国内地場供給力を強化しようとした。同統制組合の1944年3月期の事業内容を点検すると、未収金2,234千円、預金現金928千円、ほか統制葉煙草240千円等で、合計3,807千円という事業規模であった（表3-18）。1944年3月期は葉煙草在庫の乏しい時期であり、前年11月頃が在庫のピークであり、その頃に比べ資産額はかなり減少していたとみられる。同組合は試験的な在来種の集荷事業に着手したが、その成果をある程度掌握したうえで1944年3月期で事業を停止し、同年5月31日に解散した[19]。その際に、満洲葉煙草が満洲在来種葉煙草統制組合の事業資産を吸収した。その後、1944年5月23日興農部布告「在来種菸ノ取扱者指定ニ関スル件」で、満洲葉煙草は在来種葉煙草の集荷統制も担当することとなり、米国系黄色種と在来種の葉煙草すなわち満洲国の全葉煙草の集荷統制業務を担当した。

1) 在錦州領事館「米国種黄色葉煙草栽奨励計画ニ関スル件」1936年5月5日（外務省記録 E.4.3.1.-5-8)。この資料題名には「培」が欠落しているが、そのままとした。
2) 在奉天総領事館在海龍分館「管内葉煙草生産状況報告」1934年7月10日（外務省記録 E.4.3.1.5-8)。
3) 一橋大学経済研究所附属社会科学統計情報研究センター蔵『美濃部洋次文書』I-33-3。
4) 実業部農務司農政科「鳳城煙草耕作組合調査復命書」1934年12月21日（同前『美濃部洋次文書』I-33-4）。
5) 満洲葉煙草株式会社『第1期営業報告書』1939年6月期。
6) 満洲煙草統制組合[1944]12頁。1938年4月に満鉄の農事試験研究機関の満洲国政府への移譲に伴い、満洲国立鳳凰城煙草試験所に切り替えられた（満洲煙草統制組合[1944]11頁)。
7) 前掲満洲葉煙草『第1期営業報告書』9頁、満洲葉煙草株式会社『第4期営業報告書』1942年6月期（満鉄資料館蔵23927）10頁。長谷川浩は1888年10月22日生、北海道帝国大学農芸科卒、専売局採用、秦野試験場長、1939年1月退官（『大衆人事録』1943年版、満洲20頁)。長谷川太郎吉の係累ではない。鎌倉厳は、1897年10月15日生、1920年東洋協会専門学校卒、中華匯業銀行東京事務所勤務、自治指導部、満洲国民政部総務司、海城県参事官、奉天省農事合作社聯合会董事（同前、満洲86-87頁)。奥田貞夫は1903年5月21日生、京都帝国大学法学部卒、青森県警察部主任、熱河省理事官兼警務課長、新京特別市参事官（同前、満洲74頁)。土肥顒は1896年5月20日生、東京帝国大学卒、満鉄入社、総務部人事課長、錦州省次長、奉天省次長、民政部次長、総務庁参事官、1941年2月退官、満洲帝国教育会副会長（同前、満洲197頁)。森田成之は1896年7月生、1921年京都帝国大学独法科卒、満鉄入社、奉天駅長、奉天事務所鉄道課営業長、1932年6月交通部鉄道司長、同鉄路司長、総務庁参事官、1930年6月満鉄復帰、華北交通股份有限公司参事（中西[1940]1595頁)。谷本朋次は1898年8月20日生、1919年小樽高等商業学校卒、三井物産入社、大連支店勤務を経て、1930年三泰油房に移る。1939年協和煙草専務取締役、三泰産業専務取締役（『大衆人事録』1943年版、満洲181頁)。
8) 横浜正金銀行調査部『満洲国特殊会社制度に就て』1942年2月、105頁。この資料では1938年11月25日設立となっている。
9) 同前、105頁。
10) 特殊会社・準特殊会社の区分としては、小林・柴田[2007]第2節参照。
11) 前掲満洲葉煙草『第4期営業報告書』10頁。1940年3月23日「興農合作社法」の同年4月1日施行で、興農合作社が既存の農事合作社と金融合作社を統合して組織され、その系統組織として興農合作社中央会が設立された（理事長小平権一（元農林次官))。合作社の再編については、柴田[1999a]第5章参照。小網通は1891年生、1915年東洋協会専門学校卒、満洲東亜煙草取締役（『大衆人事録』1943年、満洲114頁)。
12) 前掲満洲葉煙草『第1期営業報告書』4-6頁。
13) 満洲葉煙草株式会社『第2期営業報告書』1940年6月期（満鉄資料館蔵23925) 1-2頁。大塚宇平は満洲東亜煙草の支配人として、1940年4月18日に登記しているが、満洲煙草の支配下に移ったことに伴い、5月6日に辞任登記をしている（満洲東亜煙草株式会社『第6期営業報告書』1940年9月期、2頁)。宇山兵士は1897年11月3日生、1925年東京帝国大学経済学部卒、満鉄経理部、民政部理事官、総務庁参事官等を経て、満洲葉煙草入社（『大衆人

事録』1943年版、満洲41頁)。富永景三郎は1894年10月22日生、唐津中学校卒、満鉄撫順炭礦機械科、吉林市総務科長を経て満洲葉煙草入社(同前、満洲201頁)。
14) 前掲満洲葉煙草『第2期営業報告書』4-6頁。
15) 満洲葉煙草株式会社『第3期営業報告書』1941年6月期(満鉄資料館蔵23926)、2、7-9頁。大江房吉は華北東亜煙草天津工場長に転出した(第6章)。
16) 前掲満洲葉煙草『第4期営業報告書』6-8頁。
17) 経済平衡資金については柴田[1999]186-187頁。
18) 『満洲国政府公報』第2667号、1943年4月20日、満洲煙草統制組合[1943]51-53頁。劉子麟は光緒8(1872)年生、同発合株式会社(1936年7月31日設立、本店新京)社長、新京商工会参事(『大衆人事録』1943年版、満洲320頁、『満洲銀行会社年鑑』1942年版)。窪田稔は1905年5月3日生、各地検事を経て、門司税関総務部長、1941年満洲葉煙草監察役(『大衆人事録』1943年版、満洲245頁)。広瀬香一郎は三泰産業新京支店長代理(同前、満洲245頁)。村角克衛は1894年8月生、1920年東京帝国大学法学部政治科卒、満鉄入社、民政部土地局総務処長、監察院審計官(同前、満洲288頁)。周子賢は光緒21(1895)年5月4日生、満洲漢薬貿易株式会社(1942年9月7日設立、本店奉天)取締役(同前、満洲147頁、『満洲銀行会社年鑑』1942年版)。
19) 『満洲国政府公報』第3072号、1944年9月6日。

第7節　満洲煙草と満洲東亜煙草の統合と製造煙草統制

1．満洲煙草による東亜煙草の支配

　東亜煙草の社長金光庸夫は最大出資者の大正生命保険株式会社と2位の日本教育生命保険株式会社の社長として経営に携わってきた。金光庸夫は1920年から衆議院議員を続け、その政治力で鈴木商店破綻後の大正生命保険の経営危機を乗り切ってきたが、日中戦争期には1937年7月23日～1939年8月31日に衆議院副議長となり、さらに阿部信行内閣(1939年8月30日～1940年1月16日)拓務大臣に就任し、それに伴い東亜煙草社長の職を辞した。金光庸夫は念願の大臣就任により東亜煙草の経営への関心が薄れたのかもしれない。その後も金光は近衛文麿の新体制運動に肩入れして、第二次近衛文麿内閣(1940年7月22日～1941年7月18日)厚生大臣に就任する(1940年9月28日～1941年7月18日)。この間、1940年に金光は東亜煙草の株式を大正生命保険と日本教育生命保険の保有分を含め、すべて譲渡した。大正生命保険は1939年12月期に東亜煙草株式34,036株(旧株13,091株、1株72.4円、新株20,945株、1株12.5円)1,209千円と満洲東亜煙草株式13,091株、288千円を保有していたが、1940年12月期には皆無となる[1]。同様に日本教育生命保険も1939年12月期に東亜煙草株式15,418株

（旧株5,930株、1株55円、新株9,488株、1株12.5円）、444千円と満洲東亜煙草株式5,930株、130千円を保有していたが、1940年12月期に皆無となった[2]。150株を保有していた満鉄は両保険会社に先んじて、1938年11月以降、1939年5月の間に全株を譲渡していた[3]。そのほか金光庸夫個人と旧鈴木商店系経営者の保有する株式も譲渡したとみられる。1939年末まで大正生命保険と日本教育生命保険の東亜煙草・満洲東亜煙草の株式保有が見られるため、金光とその周辺の企業家の総退陣に合わせて、その後に株式譲渡がなされたといえよう。譲渡先は満洲煙草社長の長谷川太郎吉である（水之江[1982]192頁）。金光の政治活動に多額の金がかかるため、個人保有株を譲渡して譲渡益を得たということになる。長谷川は満洲東亜煙草の経営権取得のための株式買収資金として、4月10日に安田銀行・野村銀行・野村信託から合計9,981千円を借り入れ[4]、それを買収に投入した。先述したように金光は長谷川太郎吉が社長職にある朝鮮鉄道の取締役に列していたが、大臣就任に伴い同社は1939年9月1日に金光の取締役辞任登記をしており、金光は任期満了前に退任した[5]。以後、金光は同社経営にかかわりを持たなかった。

　その結果、1940年4月30日の東亜煙草株主総会で、社長金光秀文、岩波蔵三郎、金光義邦等、監査役まで全員が辞任し、それに代わり取締役に長谷川太郎吉、板谷幸吉、窪田四郎、渡辺善十郎、監査役に長谷川祐之助、広瀬安太郎が就任した[6]。これに伴い東亜煙草は満洲煙草の経営と一体化されることとなった。こうして満洲煙草による東亜煙草の支配が確立した。

　東亜煙草を長谷川太郎吉が掌握したことで、その傘下にある子会社の経営支配も同時に進行した。1940年4月30日に満洲東亜煙草の役員全員が辞任した。そして役員総入替えとなり、社長広瀬安太郎、取締役長谷川六三、菊池寿夫、監査役田畑守吉、石森安太郎が就任した。併せて定款を改正し、それまでの専売局許可に基づく業務体制を改め専売局の直接監督から離脱した。これまで満洲煙草と満洲東亜煙草は満洲国内の煙草覇権をめぐり激しく競合してきたが、この事実上の経営統合により「国内ニ於ケル両社従来ノ相克ヲ排除シ」、両社は全工場長会議を開催し融和に努めた[7]。

　東亜煙草は満洲煙草と協調しつつ、両社と関係会社3社の一体経営がなされる。それにより英米煙草トラストの事業規模に迫ることが可能となる。満洲煙草の支配下に置かれた東亜煙草は、専売局の監督下に置かれたままとなると、親会社の関東軍側の意向を強く反映する満洲煙草の支配権限と衝突しかねないため、専売局の監督権限を切り離す途を選択した。こうして定款等で強い監督下に置かれてきた東亜煙草への専

売局の介入権限は消滅した。この定款変更は専売局の承認なしでは実現できないが、満洲・中国占領地の日系煙草事業の強化方針に沿った長谷川太郎吉側の東亜煙草の経営支配を専売局も承認した。また関東軍・陸軍の満洲・中国関内占領地体制における煙草産業戦略の強化のため、東亜煙草の従来の位置づけが変更されたとみられよう。他方、専売局が東亜煙草を見放したと見ることもできよう。満洲においては1939年5〜9月ノモンハン事件の勃発で、航空兵力まで動員した関東軍の主力部隊がソ連軍と北満で激突し、満洲国の軍事体制は一層強化された。それまで満洲国内で東亜煙草が満洲煙草と競合し続けていたことに対し、関東軍は好ましく思っていなかったはずである。満洲国の煙草産業は、政府系満洲煙草の事業規模よりも先行した非政府系東亜煙草の事業規模が大きいという、満洲国の産業別会社体制の中で稀有の事例である。満洲の政治状況はそれまでの満洲国内の大手煙草事業者の競合関係を許すものではなくなっていた。旧鈴木商店系経営の東亜煙草と長谷川太郎吉系の満洲煙草が満洲のみならず華北華中で激しく競合する事業体制のままでは、占領地煙草事業を強化できないという判断がなされたはずである。また華中においては占領地日系煙草製造事業者を1社に統合する案が進行中であり、満洲でも同様の統合策が練られ、陸軍・関東軍の覚えめでたい満洲煙草による東亜煙草の支配という統合策が採用された。その結果、関東軍・陸軍を通じて東亜煙草を占領地戦略に積極的に肩入れさせることが可能となった。満洲煙草系より東亜煙草系の事業群の事業規模の方がはるかに大きいため、「雨蛙が大蛇をのんだ」との世評が与えられている（水之江［1982］191頁）。

　満洲煙草の支配下に入った満洲東亜煙草の操業を紹介しておこう。満洲東亜煙草も事業拡張を急いだため、1941年3月期には無借金経営から2,826千円の支払手形発行に移行した。この金額はその後もほとんど変わらないが、その引受先は1942年3月期から野村信託と明示されており[8]、社長広瀬安太郎の口利きで野村信託から資金調達を実現した。さらに1942年3月期から延納巻煙草税・税金引当金の繰延債務で資金繰りをつけるようになった。保有有価証券は従来の満洲葉煙草株式のほか新たに華北東亜煙草株式の保有で増大した。華北東亜煙草が北支煙草を吸収合併するため、1941年9月有価証券は3,453千円に増大したが、華北東亜煙草が1942年3月2日の中華煙草株式会社（本店上海）設立で華中投資事業から撤収したため、1942年3月期に1,209千円に減少している。以後、満洲東亜煙草の関内投資はさほど伸びず、満洲国内事業に傾注した。さらに先述の東亜煙草が全株保有する東亜精版印刷の社長に長谷川祐之助が就任し、完全に満洲煙草が支配下に置いた。同様に華北東亜煙草も1939年4月30

日株主総会で取締役が全員交代し、満洲煙草系の取締役が就任した（第5章参照）。こうして東亜煙草支配を通じて華北東亜煙草も支配下におさめ、満洲煙草・長谷川太郎吉は満洲と華北の日系紙巻煙草製造事業の9割方を掌握するに至った。

2．満洲煙草の新設による事業統合

満洲東亜煙草は満洲煙草との合併を1944年1月22日に決議した。そして満洲東亜煙草は事業統合して消滅する道を選択した[9]。この吸収合併は長谷川太郎吉側が東亜煙草の経営権を獲得した時点で既定方針であった。華中の中華煙草の設立による華中日系煙草事業の統合、華北東亜煙草による北支煙草の吸収合併を経て、満洲国における煙草事業の統合が実現した。吸収合併前

表3-19　改組後の満洲煙草貸借対照表

(単位：千円)

	1944.9期	1945.3期
(資産)		
土地建物	11,923	12,097
機械器具	2,864	2,880
原材料	22,125	22,084
雑用品	1,095	958
製品半製品	681	171
有価証券	8,741	9,458
特別保有国債	―	85
売掛金	22,170	17,339
未収金仮払金	1,063	855
預金現金	5,531	5,625
関係会社勘定	13,103	14,138
合計	89,301	85,697
(負債)		
資本金	50,000	50,000
法定準備金	―	130
国債保有積立金	―	85
支払手形	7,316	7,316
銀行当座借越	7,431	9,698
未払金仮受金預り金	1,823	1,448
延納巻煙草税・税金引当金	20,225	14,423
前期繰越利益金	―	136
当期利益金	2,504	2,458
合計	89,301	85,697

出所：満洲煙草株式会社『営業報告書』各期

の満洲東亜煙草の1944年3月末貸借対照表では、資産で営業権10百万円、原料葉煙草14,892千円、取引先勘定の売掛金7,526千円、有価証券（満洲葉煙草株式ほか）1,950千円、関係会社勘定として東亜煙草その他勘定4,586千円等、合計49,723千円、負債項目で資本金25百万円、銀行当座借越（満洲興業銀行）5,480千円、支払手形（野村信託宛手形）2,845千円のほか、延納巻煙草税5,351千円があり、同社の煙草製造という業態から高利益を続けており、繰越利益4,057千円、当期利益1,914千円を計上していた[10]。他方、満洲煙草は1944年4月期に未払込資本金を徴収し、12百万円全額払込となった。これは満洲東亜煙草との合併に備えたものであろう。それにより総資産36,870千円、土地建物設備1,721千円、機械器具959千円、原材料等9,286千円、預金現金7,230千円、売掛金6,010千円、関係会社勘定8,865千円、負債は資本金のほか、主として野村信託債務の支払手形4,503千円、満洲興業銀行からの当座借越金3,029千円、未納煙草税5,404千円であった。総資産から見ても満洲東亜煙草の事業規模が大

きく、とりわけ煙草製造販売という部門では製造用固定資産の規模で格段の違いが見られた。固定資産よりは関係会社勘定がはるかに大きいというのが満洲煙草の特徴であろう。満洲煙草は事業持株会社化して東亜煙草や華北東亜煙草を支配下に置いているが、関係会社勘定の金額と合計しても東亜煙草と華北東亜煙草を支配しているほどの規模ではない。株主が分散している東亜煙草と華北東亜煙草の株式を、満洲煙草経営陣及び長谷川が個人でも多額に保有することで支配下に置いた。

　1944年1月22日に満洲煙草は満洲東亜煙草と1944年2月30日の合併契約承認を決議した[11]。同年6月6日に満洲煙草株式会社が新設された（資本金50百万円、全額払込、本店新京）。同社の代表取締役社長長谷川太郎吉、副社長田中重夫、常務取締役板谷幸吉、長谷川祐之助、取締役長谷川六三ほかであり、それまでの満洲煙草の経営陣が並んでいた[12]。こうして改組新設された満洲煙草は満洲国における他の煙草製造販売業者を寄せ付けない傑出した規模の事業者となった。その事業規模は1944年9月期で総資産89,301千円という巨大事業者となっており、資本金50百万円全額払込、土地建物11,923千円、原材料22,125千円、売掛金22,170千円のほか有価証券8,741千円、関係会社勘定13,103千円として東亜煙草ほか関係会社勘定尻を計上していた。有価証券は華北東亜煙草、東亜煙草、満洲葉煙草及び中華煙草の株式のほか義務的な特別保有国債を保有していた。負債では延納巻煙草税・税金引当金20,225千円が巨額であり、そのほか支払手形と当座借越で資金調達していた（表3-19）。延納巻煙草税は政府による煙草事業者への負担の繰り延べであり、実質的な優遇措置である。1945年3月期には売掛金が17,339千円に減少しただけで、1944年9月期と資産構成はほとんど変化していない。同社事業により満洲国の煙草製造統制は効率的に実施されたはずである。ただし改組した満洲煙草の経営を巡り、長谷川太郎吉と実権を掌握した板谷幸吉が衝突し、円滑には進まなかったという（水之江[1982]192頁）。この事業統合により事業持株会社であった旧満洲煙草が子会社の東亜煙草と満洲東亜煙草の総資産より小規模であるといった変態的な状況は改められた。新設の満洲煙草は東亜煙草を中間事業持株会社として、東亜煙草の傘下に華北東亜煙草を抱え、さらに東亜煙草は中華煙草へも出資するという体制となったが、併せて満洲煙草も東亜煙草のみならず、華北東亜煙草と中華煙草への出資を行っていた。

　そのほか別の満洲国煙草統制が導入された。1943年3月29日に満洲煙草統制組合が設立された。本店新京、出捐総額50万円、理事長大塚義雄、常務理事黒柳一晴、理事小網通（満洲東亜煙草）、長谷川祐之助（満洲煙草）、五十子順造（満洲葉煙草）、岩

見鉱作（協和煙草）が就任した。協和煙草は60千円を出捐し、理事を送り込んでいた[13]。この組合の業務は煙草事業に関する政府の施策に協力し、その整備改善及び発達を図るため、統制及び必要な施策をなすというものであり、同組合は4月1日に事業を開始した[14]。列記した理事の小網通と長谷川祐之助は満洲煙草の取締役と兼務であり、五十子順造も満洲葉煙草取締役を兼務していたことから、実権は満洲煙草が掌握しており、同社以外の煙草の製造販売市場に一段と締め付けをかけることになる。

1944年3月期の貸借対照表が残っているが、組合員出資金1百万円で設立され（半額払込）、ほか借入金で資金調達し、資産

表3-20　満洲煙草統制組合貸借対照表

（単位：千円）

	1944.3期
（資産）	
未払込出資金	500
土地建物装置什器	601
建築勘定	221
売掛金未収金	453
雑流動資産	31
雑勘定	28
預金現金	619
合計	2,456
（負債）	
組合員出資金	1,000
短期借入金	380
買掛金未払金	449
諸預り金	137
諸引当金	8
雑勘定	480
当期剰余金	0
合計	2,456

出所：『満洲国政府公報』第3033号、1944年7月22日

は、預金現金619千円、土地建物装置什器601千円、売掛金未収金453千円のほか建設勘定221千円等で、未払込資本金を控除した総資産は1,956千円という規模である（表3-20）。その後、同年8月3日に出資金1百万円全額払込となった[15]。それでも満洲国における煙草製造販売を担当する満洲煙草の巨大な事業資産に比べ桁違いの小規模であり、零細煙草事業者を統合する零細な組織で終わった。

1) 大正生命保険株式会社『第27期営業報告書』1939年12月期、52頁、同『第28期営業報告書』1940年12月期、55-58頁。
2) 日本教育生命保険株式会社『第44期営業報告書』1939年12月期、29頁、同『第45期営業報告書』1940年12月期、32頁。
3) 東亜煙草株式会社『第64期営業報告書』1938年10月期「株主名簿」（たばこと塩の博物館蔵）、同『第65期営業報告書』1939年4月期「株主名簿」（同前）。
4) 日本銀行『日本銀行沿革史』第3集第7巻「資金調整」390、396-397頁。この経緯と流動資金統制については、柴田［2011］159-163頁。
5) 朝鮮鉄道株式会社『第48期営業報告書』1940年2月期、3-4頁。
6) 東亜煙草株式会社『第67期営業報告書』1940年5月期、2-3頁。渡辺善十郎は1883年2月生、東京株式取引所取引員、渡辺保全合資会社（1920年9月設立、本店東京）代表社員、第三銀行（1876年12月1日設立、本店東京）監査役（『人事興信録』1943年版、ワ43頁、『帝国

銀行会社要録』1942年版）。
7) 満洲東亜煙草株式会社『第6期営業報告書』1940年9月期、1-3頁。菊池寿夫は1889年9月生、1920年北海道帝国大学農科卒、専売局勤務、北支煙草の常務取締役兼技師長、華北東亜煙草の取締役（『人事興信録』1943年版、キ50頁）。長谷川六三は1908年7月生、1933年東京商科大学卒、1936年長谷川太郎吉の養子（『大衆人事録』1942年版、東京785頁）。石森安太郎は1883年4月生、合名会社石森製粉所（1929年4月設立、本店東京）代表、東洋紡毛工業株式会社（1929年4月設立、本店東京）、満洲東亜煙草監査役（同前、東京104頁）。
8) 満洲東亜煙草株式会社『第9期営業報告書』1942年3月期、5頁。
9) 満洲煙草株式会社『第1期営業報告書』1944年9月期、5頁。
10) 満洲東亜煙草株式会社『第13期営業報告書』1944年3月期、7-8頁。
11) 満洲煙草株式会社『第19期営業報告書』1944年4月期、1-2頁。
12) 前掲満洲煙草『第1期営業報告書』1944年9月期、14-15頁。田中重夫は1889年1月1日生、東京帝国大学農科卒、専売局任官、1939年4月煙草製造部長、1942年理事、1944年退官（『大衆人事録』1942年版、東京567頁）。
13) 春日[2010]471頁では、三井物産が12万円を出捐していると説明するが、協和煙草の出捐であり、しかも当初は60千円であった（表3-13）。またその記述では1943年2月に設立と読めるが、本章の説明とは異なる。大塚義雄は1902年10月5日生、1927年北海道帝国大学農科卒、満鉄農事試験場熊岳城分場園芸課長、興農部参事官、1943年3月退官（『大衆人事録』1943年版、満洲60頁）。黒柳一晴は1903年9月生、1923年満鉄育成学校卒、満鉄本社勤務、奉天省公署総務庁総務課人事股長、奉天市理事官、蒙古聯合自治政府総務庁参事官（同前、満洲112頁）。
14) 満洲煙草統制組合[1944]64頁、『満洲国政府公報』第2891号、1944年1月28日。
15) 『満洲国政府公報』第3072号、1944年9月6日。

おわりに

　満洲国樹立で日系煙草産業の操業環境は一挙に好転した。満洲は排他的な日本支配下の占領帝国となり、日系事業者にとって決定的に有利な投資インフラに移行した。そのなかで東亜煙草は事業拡張を続け、高利益法人に戻った。他方、英米煙草トラストも満洲事変後の状況の中で、種々の妨害工作を受けながら、巧みに対応しつつ操業を続けた。そのため満洲国期当初は2社で激しく市場を奪い合う状態となった。その後、関東軍の意向で満洲国系煙草会社として長谷川太郎吉の経営する満洲煙草が設立された。同社は為替リスクを回避するため、日本法人の持株会社と満洲国法人の事業会社という二重法人で操業した。東亜煙草は同社とも満洲国内の煙草販売で競合関係に陥った。1937年「会社法」施行で、東亜煙草は満洲国内事業を満洲東亜煙草として分社化した。他方、満洲煙草は持株会社と事業法人の2社体制を前者が後者を吸収合

併して整理統合した。英米煙草トラストも啓東烟草を改組し、啓東煙草を設立し、現地化して同社が英米煙草（中国）の支配下に置かれた。老巴奪公司も現地化し、満洲国体制に対応した。満洲国内の地場煙草産業も増えて、日本人経営法人と満洲国内中国人経営法人も参入した。

　満洲煙草と満洲東亜煙草は満洲国の煙草製造販売で競合を続けた。東亜煙草時期から長期にわたり満洲で操業してきた事業を分離した満洲東亜煙草の事業規模に満洲煙草は届かなかった。ところが1939年に長谷川が東亜煙草の株式を取得し支配下に移した。これは満洲煙草による東亜煙草の事実上の買収となった。以後は長谷川の意向で東亜煙草の経営が動くことになった。満洲国政府・関東軍寄りの満洲煙草による満洲国内煙草事業の統合を進めるため、資金力のある長谷川に買収させ、東亜煙草側に株式譲渡を呑ませて実現したものとみられる。こうして満洲国の日系煙草勢力は長谷川系満洲煙草に統一された。この統合は中国占領地の東亜煙草の事業の統合と連動し、満洲国内の煙草事業の統合のみならずはるかに広範囲の事業統合を意味した。さらに1944年に満洲煙草は満洲東亜煙草と合併し、新たな満洲煙草として再置され、満洲煙草が完全に満洲東亜煙草を呑みこんだ。そのほか満洲国内葉煙草生産と集荷を促進するため、準特殊会社の満洲葉煙草が設立され、葉煙草の耕作指導・集荷を農事合作社・興農合作社とその系統組織を経由して実施し、葉煙草集荷に尽力し、輸入代替に邁進したが、満洲の葉煙草完全自給を実現できなかった。同社以外にも満洲在来種葉煙草組合を設立させ、同組合を経由して、在来種の葉煙草の集荷に尽力した。満洲国期の煙草産業は、英米煙草トラスト系の事業を、業績回復を見た東亜煙草が追撃したが、政府系の満洲煙草と激しく競合したため、満洲国統制経済の強化の中で後者による前者の統合が強行され、巨大煙草製造事業者の出現で満洲国市場の過半を掌握する体制が出現し、そのまま敗戦まで続いた。

第Ⅱ部

中国関内における
日系煙草産業

第 4 章

日中戦争前中国関内日系煙草産業

はじめに

　東亜煙草株式会社は第1次大戦期に関内で煙草工場を設置し、事業を華北に拡大させた。そのほか一部事業者が参入した。煙草販売については日露戦争前の時期にまで遡及することができるが、市場の競争が激しいため、紙巻煙草製造販売を主業とする法人事業は東亜煙草を除きほとんど成り立たなかった。英米煙草トラストは関内事業では大きく先行しており、また政権への食い込みもあり、日系事業者はほとんど追随できなかった。本章は中国関内における租界・商埠地等の非公式帝国に参入した後発日系煙草業者による英米煙草トラスト等の追撃を描くが、中国関内の巨大煙草市場の中で追撃するには規模が小さすぎ、他方、1920年代の中国におけるナショナリズム運動の高揚、銀相場の下落等の諸条件が不利に働き、日系煙草製造業者はほとんど勝てなかったことを論証することになる。この期に事業を拡張できたのは、葉煙草集荷業であった。第1次大戦期の青島における軍政施行（1914年11月19日～1922年12月9日、1917年10月1日からの青島守備軍民政部の統治時期を含む）の経緯もあり、山東省を主要栽培地とする優良な米国系黄色種葉煙草の争奪で、日系事業者はプレゼンスを高めた。専売局は山東省産原料葉煙草を大量に調達するため、その集荷業務を日本の事業者に任せ、それが事業の背中を押した。この山東省葉煙草集荷事業で日系事業者は規模を追求できた。本章では山東省の葉煙草集荷会社の設立と操業実態を中心に分析を加える。

　従来の研究では、山東省葉煙草の栽培とその集荷については内山[1979]が整理した統計で栽培業を分析しており参考になる。そのほか、深尾[1991]がある。そのほか南洋兄弟烟草公司の分析もなされている（芝池[1973]）。東亜煙草については水之江[1981]が多くの情報を提供しているが、山東省葉煙草の調達については言及がない。葉煙草集荷事業者の社史として米星煙草貿易[1981]も有用であり参照する。英米煙草

トラストについてはCochran[1980]が、1930年前の中国関内におけるプレゼンスとその他の事業者の対抗関係を紹介しており参考になる。Cox[2000]の主役は英米煙草トラストであり、中国についても1937年前の時期について1章を割いて解説しているが、本書とは描く対象が異なる。華僑系事業者の南洋烟草兄弟公司については上海科学院上海経済研究所[1960]が詳細な資料紹介を行っており、参照できる。中国の煙草事業の通史として中国烟草通志編纂委員会[2006]も外資系企業について紹介しており有用である。本章では日系煙草事業者の活動の全体を紹介するほか、とりわけ山東省における葉煙草集荷に着目して、そこにおける事業者の活動と事業の再編を中心に解説する。

第1節　日系煙草製造販売事業

1．煙草製造販売事業の早期の参入

　1911年1月1日に中華民国が樹立され、清朝が倒れた。北洋政府の時期に日本事業者は参入を続け、第1次大戦の好景気で天津租界等の日本の商工業者が急増した。第1次大戦期に対ドイツ宣戦布告を経て、ドイツ租借地の膠州湾・青島の占領とその後の軍政が続き、日本権益を扶植する絶好の機会となり、青島に日本人商工業者が殺到した。日本からのみならず、朝鮮・満洲・台湾からも押しかけた。青島は最大の日本専管租界を抱える天津と並び、華北でも屈指の日本人商工業者が集積する都市となった。とりわけ青島に多数の紡績業者が直接投資で工場を設立し、短期間で工業都市へと変貌を遂げた。また山東省膠済鉄道（青島・膠州湾―済南間）沿線に日本軍隊を常駐させたため、日本の行政圏の中で有利な活動が可能となった。1917年10月1日に形式的に膠州湾行政は青島守備軍民政部による行政に移行したが、領事館業務の対象外に置かれたため、軍政の継続と理解されたはずである[1]。

　第1次大戦中の1916年6月に袁世凱が総統を辞し、黎元洪が後を襲ったが、黎体制下で国務総理段祺瑞が1917年5月に一度辞すと、北洋政府は軍閥の抗争に明け暮れる事態となり、不安定な政権が続いた。北洋政権をめぐる軍閥間の軍事衝突が頻発した。これに対し1924年1月の第1次国共合作、9月18日の孫文の北伐宣言、北洋政権との和平交渉、1927年4月の蒋介石によるクーデターと中国共産党弾圧、南京の国民政府の樹立へと、目まぐるしい政治的変動が続いた。この間、1926年7月と1928年4月の

2次にわたる日本の山東出兵で排日運動が燃え上がった。ただし華南を中心とした反英運動も各地へと波及したため、ナショナリズム運動の標的はその局面ごとに変動した[2]。さらに1931年9月満洲事変による満洲の軍事占領による囲い込みで英米煙草トラストは権益の圧迫を受けるため、その対処策として中国における事業会社の再編を行う。また1930年代前半の華北分離工作の進展で、華北への勢力扶植を急ぐため、日本企業の華北へのプレゼンスは一段と強まった。

　膠州湾占領以後、日本の既得利権としての中国関内における日系煙草事業者は拡大を目指したが、中国関内における日本の紙巻煙草の販売の開始は日露戦争前に既に開始されていたため、それを簡単に紹介しておこう。日本の煙草製造販売事業者の中国における事業展開として、1900年に加藤定吉が天津に居住し北京・営口にも店舗を有し雑貨販売に従事し、千葉商店（店主千葉松兵衛）の特約店として北京・山海関で煙草販売に従事した。1902～1904年天津向輸出口付紙巻煙草のうち加藤の取扱量が最も多かった。1905年6月22日に加藤は、再度煙草輸出の許可を得て、1906年6月3日に合資会社加藤洋行（本店天津）に改組し煙草販売を続けた[3]。

　そのほか日本で煙草専売制の導入される1904年7月より前に会社の支店形態で進出した事例がある。1884年5月16日に合名会社村井兄弟商会（代表社員村井吉兵衛、本店京都）が設立され、輸入煙草販売と輸入葉煙草を原料とする煙草製造販売に乗り出し、販売量を伸ばした（第1章参照）。1896年6月16日に村井吉兵衛が上海に渡り、そのまま上海に合名会社の支店を設置し、輸入煙草販売事業に参入した。ただしその支店を領事館に登記しなかった[4]。その後、1898年に合名会社村井兄弟商会は上海に工場を設立し、本格参入した（中国烟草通志編纂委員会[2006]390頁）。この上海工場の設置と操業が、日本の煙草専業法人の本格的な中国進出といえよう。この間、村井兄弟商会は1899年12月24日にアメリカン煙草会社 American Tobacco Co., Ltd.と合弁で株式会社村井兄弟商会（本店京都）を設立し（大渓[1964]参照）、同社は合名会社村井兄弟商会の上海支店を承継し、株式会社村井兄弟商会の支店として、そのまま上海で煙草の製造販売に従事した。同工場では巻上機2台を据え付け、職工80名を雇用し、「鳳凰」ブランドを製造販売した（中国烟草通志編纂委員会[2006]390頁）。同社はその店舗を長期的に操業させるため、1901年4月20日に在上海総領事館に登記した（表4-1）。その際の取締役は村井吉兵衛、村井正雄、E. J. パーリッシュ Edward J. Parrish、R.F.パーリッシュ Rosa F. Parrish、江副廉蔵、監査役 G. P. ゴッドセー George P. Godsey である[5]。村井兄弟商会はアメリカン煙草と提携して、上海で煙草

表4-1　日中戦争前中

法人名	設立年月	青島支店設立年月日	本店	支店等	資本金	
					公称	払込
㈴村井兄弟商会	1894.5.16	1896.6.-＊	京都	上海	—	200
㈱村井兄弟商会	1899.1.24	1901.4.20＊	京都	上海	1,000	1,000
加藤定吉	1900.-.-		天津	北京、山海関		
岩谷商会	1904.11.-		天津			
㈾加藤洋行	1906.6.3		天津	北京、営口	—	400
東亜煙草㈱	1906.10.20	1915.3.13	東京	天津、青島、上海	3,000	1,700
㈱東方公司	1918.2.-	1918.5.16	東京→京城	青島	300	72
中裕公司	1918.-.-		天津			
東洋葉煙草㈱	1919.8.29	1919.11.3	東京	青島出張所	1,000	250
山東葉煙草㈱→山東煙草㈱	1919.9.15	1919.10.2	済南→青島	青島、奉天、上海	500	125
亜細亜煙草㈱	1919.9.30	1921.10.15＊	上海→奉天	奉天	10,000	2,500
㈱中華煙公司	1919.10.	1919.10.18	済南	青島、奉天、長春工場、哈爾濱出張所	1,500	450
南信洋行	1919.-.-		青島			
瑞業公司(㈴鈴木商店)	1919.-.-	1915.1.1	蝦蟆屯			
山東煙草㈱→山東産業㈱	1920.2.-	1920.5.13	済南→青島	青島	500	125
東邦公司	1920.3.-		青島			
米星煙草㈱	1920.4.-	1922.1.11	済南→青島	青島	1,000	250
中国葉煙草㈱	1920.5.25	1920.7.2	済南→青島→奉天	青島	2,000	500
日華蚕糸㈱(南信洋行)	1920.6.7		上海	青島	2,500	2,500
斉魯㈾	…	1922.8.26	東京	青島	—	100
合同煙草㈱	1927.11.-		青島		800	800
㈱中和公司	1927.12.18	1928.3.31＊	天津日本租界	営口工場	400	400
協立煙草㈱	1928.9.-		青島		560	560
華北煙草㈱	1936.10.1		青島		500	125

注1：青島に支店を設置して、本店を青島に移した会社の支店設置年月日は、青島支店の設置の日付。
注2：柳沢[1985]では斉魯合資は斉魯合名。
注3：出所の1923年総領事館資料で記載のある「株式会社中葉公司」は設立年月からみて㈱中華煙公司の誤りと判断した。
注4：青島支店設立年月日の＊は青島以外の支店等設立年月日
注5：資本金は設立時。
出所：片倉製糸紡績[1941]、大渓[1964]、松坂屋[1971]、米星煙草貿易[1981]、水之江[1982]、柳沢[1985]、[1993]、在青島総務省記録 E225)、東洋葉煙草株式会社『営業報告書』、中国葉煙草株式会社『営業報告書』、日華蚕糸株式会社『営業報告録』各年版、東京興信所『銀行会社要録』1922年版、1933年版、青島商業会議所『青島邦人商工案内』1923年版、青島興

販売に本腰を入れる方針でいたはずである。それはアメリカン煙草の極東戦略ともある程度対応していたと思われる。ところが村井兄弟商会上海支店は支店登記後わずか2か月も経ない同年6月6日に支店登記を廃止している。この時点で村井兄弟商会の中国への直接事業参入は終わった。事業撤収を1902年とする記述もある（中国烟草通

国関内日系煙草事業者

（単位：千円）

当初社長等	備　考
村井吉兵衛	上海支店設立月は推定、㈱村井兄弟商会に承継
村井吉兵衛	支店設立は登記日、1901.6.6支店閉鎖登記
加藤定吉	自営業、千葉商店特約店、天津の㈾加藤洋行に法人化
岩谷二郎	自営業、1905.11奉天に三林煙公司設立で転出
加藤定吉	資本金は1918年、1918年で大連、奉天、長春、京城、大阪、東京に店舗
佐々熊太郎	天津・上海に工場
広瀬鎮之	屑葉煙草加工販売、青島に工場設置、1932.6京城に移転
	1919参入、自営業、中戸川孝造経営、合同煙草に事業譲渡
佐々熊太郎	専売局支援、山東省葉煙草事業を合同煙草に譲渡
伊藤守松	㈱松坂屋系、1920年代後半に商号変更、銀資本に転換
山本悌二郎	台湾製糖㈱系、支店は1921.10.15竣工の大安煙公司名義の工場、1925.6.25本店奉天移転、1927.7.23東亜煙草に吸収
吉野小一郎	満洲企業家の出資が中心で設立、当初4分の1払込、東省実業㈱支援
	葉煙草事業開始年を記載、1920.6に日華蚕糸の事業に転換
	葉煙草事業開始年を記載、米星煙草に事業承継
中村康之助	1923.6山東産業㈱に商号変更、合同煙草設立で解散、1920.2.25設立の記載も
	自営業
岡田虎輔	㈴鈴木商店系
犬丸鉄太郎	亜細亜煙草の子会社、1923.5.20本店を青島移転、亜細亜煙草消滅で東亜煙草子会社に、1925.6月本店を奉天移転、協立煙草設立で山東省事業を譲渡
鈴木格三郎	片倉製糸紡績㈱系、1920年に南信洋行事業を吸収、合同煙草に事業譲渡
	1922解散
鈴木格三郎	片倉製糸紡績㈱系
南新吾	屑葉煙草加工、半額東亜煙草出資
岡田虎輔	米星煙草、中国葉煙草の葉煙草集荷枠統合のため設立、東洋葉煙草が追って加入
林薫	華北在住日本籍朝鮮人設立

領事館「在青島銀行会社一覧表送付ノ件」1923年1月11日（外務省記録3.3.3.3.-6）、華北煙草株式会社「資本増加趣意書」（外書』、亜細亜煙草株式会社『営業報告書』、南満洲鉄道地方部勧業課『南満洲商工要鑑』1919年版、帝国興信所『帝国銀行会社要信所『山東日支人信用秘録』1926年版、1935年版、大連商工会議所『北支会社年鑑』1942年版

志編纂委員会[2006]390頁）。村井兄弟商会は1902年５月に京都工場を焼失するが（大渓[1964]307頁）、その前の時期にはまだ資金繰りに余裕があったはずである。そのためアメリカン煙草の意向で上海事業を撤収したとみられる。つまりアメリカン煙草が中国における事業の直接参入を目指し、競合相手となる村井兄弟商会を撤収させたも

のといえよう。

2．煙草製造事業者

　東亜煙草は営口に製造工場を構え満洲を事業基盤としたが、さらに中国関内にも進出する。1912年10月21日に東亜煙草は専売局製造口付煙草及び刻煙草の直隷省及び山東省における一手販売権を与えられた。それにより関内における煙草販売事業の拡張が認められた[6]。直隷省と山東省の販売については、三井物産株式会社と特約し、同社に両切煙草の販売を任せた[7]。また1914年4月1日に山東省済南の出張所で営業を開始し[8]、さらに同年10月期に東亜煙草は上海販売所と青島出張所を新設し、従来は営業区域以外とされた中国一帯及び香港においても営業を開始した。また従来は華北において口付紙巻煙草と刻煙草以外の販売は認められなかったが、その制約もなくなり、販売の自由度が一挙に増大した[9]。さらに1915年4月期には漢口販売所を設置した[10]。漢口は大英烟公司が工場を置く拠点都市であり、そこにも販売攻勢をかけ挑戦した。ただし漢口の販売所が活躍したとの記述を見いだせない。

　東亜煙草は上海においても紙巻煙草製造に乗り出し、1917年5月に上海のギリシャ資本のオリエンタル煙草会社（安泰利紙烟行）The Oriental Cigarette & Tobacco Co. 所有の土地建物を85千円で買収し、上海で煙草製造工場を取得した。土地871坪、煉瓦造り3階建工場1棟266坪、住宅1棟106坪という固定資産を有していた。第1次大戦による好景気で潤っている最大市場の上海でも東亜煙草は既存大手事業者と競合する体制に移った[11]。オリエンタル煙草は巻上機4台を有し、職工160名で操業していた（中国烟草通志編纂委員会［2006］390頁）。ただし東亜煙草はオリエンタル煙草を吸収合併したわけではなく、同社は法人としてそのまま存続した。また東亜煙草は華北最大の商工業都市の天津で煙草工場設立計画を立て、同年6月23日に定款を変更し製造所を天津にも置くとして本格的に華北進出を開始した。天津製造所は同年8月に建築工事に着手したが、9月末に洪水に見舞われて建設工事を中止せざるを得なかった[12]。洪水で建設工事が止まったまま、1918年10月期でも天津工場は稼働できていなかった[13]。計画より遅れるが天津工場を稼働させて、華北でも地場生産地場消費に移る体制となる。しかし上海における排日貨運動が高まり、標的になるのを回避するため1919年10月に上海工場の製品の鞘紙印刷の名称を変更し、包装を施さず錫紙のまま特約店に卸すことで対処し、さらに翌年10月には外国人名義に偽装した経営を余儀なくされた（水之江［1982］58-56頁）。

第1次大戦後においても東亜煙草は関内における事業拡張を試みた。1921年に合名会社鈴木商店（1902年10月設立、本店神戸）と華南における煙草販売委託契約を締結し、華南において同社に東亜煙草製品の販売を任せた。しかし1922年に排日貨運動が燃え盛り、東亜煙草の関内販売は不振に陥った。そして1923年に上海分工場を閉鎖した[14]。以後、天津工場の経営と販売に注力したが、東亜煙草の関内事業はさえない状況が続いた。

　1920年代末には、東亜煙草は満洲市場でも競合他社の存在と銀相場下落により不振を続けており、また中国関内市場の製造販売において十分な成果を見られなかった。他方、東南アジアにおける紙巻煙草の市場は英米煙草トラストと南洋兄弟烟草公司により支配されていたが、東亜煙草はそこへの割り込みの可能性も検討した。1928年12月19日付で東亜煙草は外務省を通じて在バンコック公使館にバンコックにおける煙草消費市場の状況調査を依頼した。シャムへの進出はすでに専売局が認めていた（第1章参照）。同公使館に依れば、バンコックでは喫煙者が多いため、地場産も出回っているが、輸入品の主要商品は従価税25％の関税を負担しつつ、英米煙草会社（ロンドン）が1等品から3等品まで幅広く売り捌き、南洋兄弟烟草公司も2等品を売り込んでおり、輸入先は香港・中国・アメリカ・ペナンの英米煙草トラストの製品が多いとみられていた。そのほか南洋兄弟烟草公司の香港、中国からの輸入品もあり、この両社の輸入商品が地場代理店を通じ販路を拡げ市場を掌握していた。バンコックでは英米煙草トラストや南洋兄弟烟草公司は既に強固な基礎を構築しているため、そこに割込むことは相当困難を伴う、殊にこれら両社の商品はシャムにおいて浸透しており、新たな商標で市場を開拓することは相当な努力と忍耐を必要するとの見通しを同公使館は伝えていた[15]。この報告を得て、東亜煙草は自社の力量では勝てる見込みは乏しいと判断し、東南アジアへの参入を断念した。

　1918年2月に株式会社東方公司が設立された。資本金300千円、払込72千円、本店東京、代表取締役広瀬鎮之、取締役松江梅吉、中原誠也、監査役大橋利太郎ほかであった。同社は青島在住の松江が中心となって設立されたもので、専売局払下屑葉煙草の華北輸出を目的とし、同年5月16日に青島に屑葉煙草加工の工場を設置した。同社の事業は東亜煙草の紙巻煙草製造と競合せず市場で棲み分けがなされた。東方公司は1918年9月期で年12％、1919年3月期で10％の配当を行っており[16]、第1次大戦期の業績は好調であった。その後、景気低迷と銀相場下落による日本からの輸出競争力の低下等で販売は不振に陥り、事業は停止した。

第１次大戦期、対外投資が急増する状況で、東亜煙草以外の少なからぬ煙草事業者が中国関内に参入した。東亜煙草のほか中国における大手煙草事業者を追撃するという壮大な目標を掲げて、1919年9月30日に亜細亜煙草株式会社が本店を上海において創業した。公称資本金10百万円、払込資本金2.5百万円というかなりの規模の事業者として発足した。しかし同社は上海における工場立ち上げに失敗し、奉天に工場を設立し奉天に本店を移転し、満洲における煙草製造販売事業者に転換した。そして満洲における煙草販売の激戦の中で、不振に陥ったまま東亜煙草に救済合併してもらい消滅した（第２章参照）。

　そのほかの事業者で1920年代に中国関内において規模の大きな紙巻煙草製造工場を設立した事業者はいない。その後、1931年9月満洲事変と翌年3月の満洲国樹立で東アジアの政治状況は激変した。1930年代前半の華北分離工作の中で様々な政治工作が進展し、並行して華北への日本経済権益拡大が試みられた。とりわけ投資インフラが整備されている青島・天津に日本企業の進出が続いた[17]。こうした状況の中で、新たな煙草製造会社として1936年10月1日に華北煙草株式会社が設立された（本店青島）。同社の1937年資本金は50万円、払込4分の1という規模で、日本法人ではあるが、華北における日本国籍の朝鮮人による創業である。社長林薫、取締役林茂、林順夏であった[18]。青島における企業インフラが整備されている状況で、植民地出身者が日本法人を立ち上げ煙草製造業に参入した事例である。

1) 山東省占領後、その終結までの政治史的経緯については本庄[2008b]が詳しい。青島における日本の直接投資は柳沢[1985]、[1986]、庄[2008]、劉[2008]、柴田[2008a]第１章を参照。
2) 1920年代抗日・抗英のナショナリズムの高揚とそれへの対応については、西村編[2000]が多面的に紹介している。
3) 専売局[1915]235-236頁。加藤定吉はその後も天津で事業を続けており、天津商工銀行（1918年4月18日設立、1920年7月4日解散）監査役のほか満洲興業株式会社（1918年8月18日設立、本店大連）、東省実業株式会社（1918年5月4日設立、本店奉天）各取締役。天津商工銀行については柴田[2011d]参照。ほかについては東京興信所『銀行会社要録』1920年版、職員録上193頁、南満洲鉄道株式会社地方部勧業課『南満洲商工要鑑』1919年版。
4) 大渓[1964]300頁。合名会社村井兄弟商会については、上海総領事館登記簿に記載が見当たらない（「合名会社登記簿・在上海総領事館扱ノ部」（外務省記録 E.2.2.1.7-3））。
5) 「株式会社登記簿・在上海総領事館扱ノ部」（外務省記録 E.2.2.1.-5-1）。江副廉蔵以外はいずれも京都を住所として登記。
6) 東亜煙草株式会社『第12期営業報告書』1912年10月期、2頁。
7) 同『第14期営業報告書』1913年10月期（たばこと塩の博物館蔵、以下頁記載のないものも

同様)。
 8) 同『第15期営業報告書』1914年4月期、4頁。
 9) 同『第16期営業報告書』1914年10月期、3-4頁。
10) 同『第17期営業報告書』1915年4月期。
11) 同『第22期営業報告書』1917年10月期。オリエンタル煙草はギリシャ資本の会社で、1908～1920年に存在を確認できる(上海市档案館[2005]328頁)。
12) 前掲東亜煙草『第22期営業報告書』。
13) 東亜煙草株式会社『第24期営業報告書』1918年10月期、5-6頁の煙草製造高工場別数値に天津工場は現れない。
14) 水之江[1982]年表、東亜煙草株式会社『第32期営業報告書』1923年10月期。
15) 在暹羅国公使館「盤谷ニ於ケル煙草市場調査ノ件」1929年3月2日(外務省記録 E.4.3.1.-5-8)。
16) 青島守備軍陸軍参謀部『山東ノ葉煙草ト英米煙草「トラスト」之事業』1918年11月(社団法人農山漁村協会農文協図書館蔵「近藤康男文庫」)。広瀬鎮之は日本電気興業株式会社(1917年9月設立、本店東京)取締役、光針製造株式会社(1908年6月設立、本店氷見)社長、樺太炭礦株式会社(1918年11月設立、本店豊原)取締役。松江梅吉は青島在住者で最大出資者。中原誠也は龍野貯蓄銀行(1896年12月18日設立、本店龍野、1919年9月10日龍野銀行に吸収合併)取締役。大橋利太郎は岡山電気軌道株式会社(1910年5月設立)、安全印刷株式会社(1917年12月設立、本店東京)、株式会社関西工作所(1918年11月設立、本店神戸)各監査役(帝国興信所『帝国銀行会社要録』1919年版、1927年版)。
17) 1930年代前半の華北を巡る日中間政治史については、内田[2006]が詳しい。岡部[1999]も参照。日本企業の華北進出については柴田[2008a]第1章参照。
18)『帝国銀行会社要録』1937年版、中華民国5頁。

第2節　日系煙草事業者の競合者

1. 英米煙草トラスト

　英米煙草株式会社(本店ロンドン) British American Tobacco Co., Ltd. (London)が1903年に上海支店を設立し、中国で直営事業による煙草売り込みを開始した。1904年7月に日本の専売制が施行されると日本の煙草事業における村井兄弟商会のプレゼンスが消滅するため、合弁法人の村井兄弟商会を使って東アジアで事業拡張を行う戦術は不要となる。そのため英米煙草(ロンドン)は、同年1月にロンドンで別法人の完全子会社である株式会社村井兄弟商会 Murai Brothers Co., Ltd.を設立し、同社に中国関内及び香港における煙草製造輸出入を担当させた(表4-2)。同社の商号だけが利用価値が残っていたといえよう。1903年7月22日に香港法人アメリカン巻煙草株式

表4-2　改組後の英米煙

商号	英名	設立年月	本店	資本金
(世界持株会社)				
英米煙草㈱	British American Tobaccco Co., Ltd.	1902.9.29	ロンドン	36,000
(中国内持株会社)				
英米煙草㈱(中国)	British American Tobaccco Co., (China) Ltd.	1919.2.27	上海→香港	250,000
(中国関内)				
大英烟㈱	British Cigarette Co., Ltd.	1916.1.26	上海→香港	5,000
宏安地産㈱	Hung An Land Investment Co., Ltd.	1920.12.2	上海	100
永泰和烟草㈱	Wing Tai Vo Tobacco Corporating	1921.10.1	上海	1,000
和泰烟有限公司	Enterprise Tobacco Co., Ltd.	1922.5.2	上海	500
駐華聯合烟草㈱	Alliance Tobacco Co., Ltd.	1924.10.9	上海	1,000
村井兄弟有限公司	Murai Brothers Co., Ltd.,	1924.9.-	上海	1
老晋隆洋行有限公司	Mustard & Co., Ltd.	1925.4.8	上海	2,500
駐華花旗烟公司	Tobacco Products Corporation, China	1925.7.8	上海	2,639
アクメ鉄工廠	Acme Foundry, Ltd.	1926.4.9	上海	50
駐華大美烟公司	Liggett & Myers Tobacco Co., China	1927.2.24	上海	200
儲金管理有限公司	Provident Trustees, Ltd.	1927.2.10	上海	0.1
上海公信烟草㈱	Kung Hsin Tobacco Co., Ltd.	1931.6.30	上海	500
中国許昌菸葉㈱	Hsu Chang Leaf Tobacco Co., Ltd.	1933.1.14	上海	100
頤中烟草㈱	Yee Tsoong Tobacco Co.,Ltd.	1934.9.22	上海	250,000
頤中運銷烟草㈱	Yee Tsoong Tobacco Distributors, Ltd.	1934.9.22	上海	75,000
中国包装品㈱	China Packers Supply Co., Ltd.	1937.7.30	上海	10,000
首善印刷㈱	Capital Lithographers Co., Ltd.	1937.7.31	上海	20,000
振興菸草㈱	Tobacco Development Co., Ltd.	1937.8.1	上海	10,000
英美烟股票有限公司				...
(満洲)				
拱石烟草㈱	Keystones Tobacco Co., Ltd.	1913.12.22	香港→上海	300
老巴奪㈱	A Lopat & Sons Co., Ltd.	1915.5.-	香港	1,000
老巴奪㈱→老巴奪㈱	A Lopat & Sons Co., Ltd.	1936.8.1	哈爾濱→奉天	3,500
啓東烟草㈱	Chi Tung Tobacco Co., Ltd.	1930.11.15	上海	2,000
啓東煙草㈱→啓東煙草㈱	Chi Tung Tobacco Co., Ltd.	1936.2.29	奉天	52,325

注1：上海本店法人の商号の「煙草」を「烟草」に修正した。そのほか一部の商号をほかの資料と突き合わせ
注2：英美烟股票有限公司の資本不明、本社イギリスと見られる。
注3：アクメ鉄工廠の全株は老晋隆洋行（マスタード商会）が保有。
注4：永泰和烟草㈱のみ出資比率が51％、それ以外の中国内事業法人は全て英米煙草（中国）持株100％支配。
注5：公称資本金を掲示した。
出所：黄〔1995〕、華北総合調査研究所『英米煙草トラストとその販売政策』1943年5月、71-73頁　大東亜省煙草トラスト会社」1942年3月（旧大蔵省資料 Z530-134)、大連商工会議所『満洲銀行会社年鑑』1936

草トラストの中国事業法人

(通貨：千通貨単位)

備　考
払込257,761千ポンド
香港登記英国法人、払込215,540千香港ドル、1936.12.21香港移転
1903.7.22アメリカン巻煙草㈱設立（香港法人）、1905.9.26商号変更、1913.1上海移転、1916.1.26上海で中国法人化、英米煙草（中国）の子会社に、1938.12.21英米煙草（中国）の香港移転に伴い香港移転、香港法人化、資本金法幣建、香港移転に伴う減資後金額
公司法に準拠、条約区域外土地所有を目的、本社永泰和(股)内、法幣建
個人商社永泰和公司を合併して設立、1921.8.19登記、1928.5.30南京国民政府に登録、既存永泰和業務を承継、49％の株式を華人側で永泰和公司創設者等が保有、法幣建、1934.11.1頤中烟草子会社に、1936.12.4英米煙草（中国）の子会社に
1921年香港法に準拠、香港に設立、1922年上海に移転、1936年事業停止、墨銀建
老巴奪㈱A Lopat & Sons との合併の同名法人設立1919.4.28、香港法に準拠、奉天に支店設立、1924.2に清算、大英烟公司に譲渡、新規設立、休眠状態、墨銀建
1904年ロンドンに同名会社設立、1923年大英烟公司に売却、1924年同名会社新設、英国法人、休眠状態、英米煙草（中国）の信託所有、墨銀建
1900年頃マスタード商会 Mustard & Co.がアメリカン煙草製品販売、1903年にニュージャージー州法で設立された同名会社に権利を譲渡、1925年に香港法等に準拠した同名会社が設立、既存会社の事業を承継、1940年業務停止、法幣建
デラウエア州法により設立、同名会社を買収、アメリカで登録されている China Securities Co., Ltd.の信託所有、同社と英米煙草（中国）の関係不詳、米ドル建
香港法等に準拠、アイデアル工廠 Ideal Foundry & Machine Works の事業承継、老晋隆洋行の全株保有、1936年事業中止
この会社とは別に、Liggett & Myers Tobacco Co.,があり、製品販売、1927年にこの会社を吸収合併、1938年事業譲渡、英米煙草（中国）の信託所有、米ドル建
香港法に準拠、英米煙草（中国）関係会社従業員の貯金管理投資を目的、墨銀建
公司法に準拠、1933年工場機械を売却、1937年業務中止、法幣建
公司法に準拠、許昌で葉煙草購入、1936年清算、法幣建
香港法に準拠、法幣建
香港法に準拠、法幣建
香港法に準拠、法幣建、設立時に1922年設立同名の会社を改組
香港法に準拠、法幣建
香港法に準拠、法幣建
1913年香港法で香港設立、墨銀建、1916年上海移転、1934.2遼陽工場設置、1936年閉鎖、1941年休業
当初、大英烟公司の子会社、1919.3.1に英米煙草（中国）の子会社に
香港法人老巴奪㈱の子会社、満洲事業を承継、満銀券建、1938年奉天移転、商号変更
英国法人、法幣建、1936.4.30清算、事業を啓東煙草㈱に承継
英米煙草（中国）の子会社、満銀券建、1938.5.27商号変更

修正した。

総務局経済課『英米煙草東亜進出沿革史』1944年4月、4-18頁、東亜煙草株式会社「満洲及支那ニ於ケル英米年版、1938年版

第4章　日中戦争前中国関内日系煙草産業　189

会社が設立され、英米煙草（ロンドン）の子会社として活動を開始し、1905年9月26日に大英烟公司 British Cigarette Co., Ltd.に商号変更した。さらに同社は1913年1月上海に本店を移し、1916年1月26日に上海本店中国法人に改組された。その後、1919年2月27日に英米煙草株式会社（中国）British American Tobacco, Co ., (China) Ltd.（本店上海）が、既存の英米煙草（ロンドン）の中国内店舗網と傘下子会社を承継し、中国事業を束ねる中間事業持株会社として設立された。既存の大英烟公司も有力な製造会社として傘下に繰り入れられた。そのほか前述の村井兄弟商会（ロンドン）を1919年3月1日に傘下に編入した。その後、1923年に村井兄弟商会はその事業と商標権を大英烟公司に売却して解散し、さらに1924年9月に村井兄弟有限公司 Murai Brothers Co., Ltd. を上海に設立し（資本金1,000墨銀弗、払込700墨銀弗）、休眠会社として村井兄弟商会の商号を存続させていた[1]。

中華民国体制になっても中国において煙草専売制は採用されず、民営煙草事業が続いた。英米煙草（ロンドン）は上海を拠点に煙草製造販売を強め、北洋政府に対し中国における煙草専売権の獲得工作を続けたが、1914年4月29日に失敗に終った[2]。1915年には北洋政府内部で煙草の公売制度の導入が推し進められた。同年4月28日に全国烟酒公売局が財政部傘下に設置され（局長鈕傳善）、官が煙草と酒の取引を監督し、商人が販売する制度の導入を計画し、同年6月1日に「全国烟酒公売暫行簡章」を公布し、全国公売制が実施されることとなった。ただし国内製造の煙草と酒を公売制の対象とし、英米煙草（ロンドン）支店が輸入する煙草や紙巻煙草は除外されていた。これに対し既存煙草商人は公売制実施で不利益を被るため反対運動を惹起したが、制度は維持された。この間、鈕は南洋兄弟烟草公司と組んで紙巻煙草工業の導入に奔走したが実現しなかった。烟酒公売制の運営は地方財政庁による徴税との関連等で次第に難しくなり、実態のないものとなった[3]。

英米煙草（中国）は合弁の煙草会社設立を提案したが、中国における煙草販売利権を壟断するとして批判され、実現しなかった。さらに1920年にイギリス資本の福公司（1898年設立）と北洋政府との合弁の煙草会社設立計画を提案した。企画されたのは「中華煙草公司」、資本金銀1千万元、出資者は福公司と北洋政府で、各半額、政府の出資を福公司が立て替える、借款利子は年6％、期間15年とし、福公司の獲得する利権として、同公司を通じて所要機械を購入する、総弁、技師長等6名のイギリス人を招聘するというものであった[4]。この「中華煙草公司」設立計画に対し、全国烟酒事務署総弁張壽齡は、大総統に対し、この煙草会社の新設は影響が大きいと反対の意見

書を提出した。農商総長王廼斌も不承認とすると見込まれており、結局実現しなかった[5]。

1920年末に英米煙草（中国）と昵懇の関係にあるアメリカ系の中華懋業銀行 Chinese-American Bank of Commerce 総理徐恩元の仲介で、英米煙草は5百万元の対政府借款を行い、その報償として同社が中国の特定地域の葉煙草の植付、紙巻煙草の製造請負の利権を得るという条件で交渉し、借款が成立しかけた。ところが元英米煙草トラストの買弁として仕事をしていたが、衝突して解雇された南洋兄弟烟草公司の営業部長がこの借款契約の動きを察知し、北京に出向き、奔走して妨害工作を続けた。その結果、1920年末に上海で反対運動が勃発し、この借款契約による英米煙草の煙草利権の獲得は沙汰やみとなった[6]。

上記のように英米煙草（中国）は中国における煙草利権獲得に尽力していたが、日本側としても、それを追って煙草利権獲得に動いていた。福公司との合弁による「中華煙草公司」設立計画の動きを見て、大蔵省支那駐箚財務官心得公森太郎は、1920年3月に亜細亜煙草専務取締役犬丸鉄太郎が北京に来た際に、東亜煙草と連絡を取り、梁士詒、靳雲鵬、周自齊、張壽齡（前掲督弁）ほかと了解を得て、「中華煙草公司」と同様の合弁経営の会社を興す計画を立案し交渉に入っていたようである。この際、日本側としてはこの原案維持に注力し、その成果がなければ、英米側に割り込むか、または英米側の計画を妨害打破するかのいずれかになるとみていた[7]。ただしこの合弁会社設立計画は実現しなかった。梁や靳が北洋政府で権力を失ったため、当然と言えよう。

英米煙草（中国）は上海に本店を置き、各地への販売ネットワークを構築し、その製造部門を引き受けている大英烟公司は奉天、漢口、天津に工場を有していた。さらに1924年7月に大連に工場新設を計画したが、その後方針を変更し、1926年に青島に大規模煙草製造工場を設置し[8]、山東省における葉煙草集荷のみならず、その川下部門へと事業を拡大した。漢口工場では1927年1月に労働者がストライキを打ち、旧正月休暇で操業を中止し、工場閉鎖のまま操業停止が続いた。中国共産党が影響力を行使した総工会の支持者が英米煙草工場に多く、反英政治運動が高揚していた環境もあり、ストライキが長く続いた。当時の武漢政府（1926～1927年に存在した国共合作政権）が総工会を支援したが、その後、武漢政府が没落し、また総工会が解散したため工場労働者が支援者を失う状態となった。そのため1928年3月にようやく妥協が成立し、労働者が復帰し3月17日より作業開始となった。大英烟公司の工場に復帰した労

働者は1,200余名であり、大規模工場といえよう[9]）。

　中国の一部の地域に専売制への動きは見られたが、実現しなかった。例えば、浙江省政府は、1927年6月に煙草専売制導入を計画し「浙江省巻烟草公売条例」と「専売計画準備機関暫行法」を公布した。浙江省内では浙江省巻烟草公売局が製造販売独占を行うとし、後者の暫行法に基き、同年6月10日より小売店は巻烟草公売局以外からの紙巻煙草の仕入れが不可能となった。そのため煙草販売同業者は反対運動を起し、杭州において紙巻煙草専業店舗は同月2日以後、事業を停止した[10]）。

　英米煙草（中国）の香港支社は煙草の販売業務のみを取り扱っていたが、1930年に香港で煙草税引き上げがなされたため、香港で既存の南洋兄弟烟草公司の事業を追って製造工場の設立を決定した。上海本社から技術者を送り、煙草工場設立の検討を開始した。これまで中国各地に系列工場を有していたが、労働争議で同社の営業は安定しない状態が続いた。香港に工場を設立すれば、生産コストは中国内工場に比べ安くはないが、政情不安や労働争議に災いされることはなく、操業は良好になると期待された。高級品はロンドンや上海から輸入し、香港工場では安価製品を製造するとみられていた[11]）。その後、工場建設に進み、大英烟公司の香港工場が操業を開始した。

　1931年9月満洲事変以後、日本と満洲国による英米煙草トラストへの圧迫が強まった。東亜煙草や満洲煙草の事業拡大の中で、英米煙草トラストは中国事業全体の再編を余儀なくされた。英米煙草（中国）は各地の販売ネットワークを維持し、また傘下に煙草製造の大英烟公司や地方販売網の永泰和股份有限公司（1921年10月1日設立、本店上海）を抱える事業持株会社として操業してきたが、新たな体制に切り替えた。すなわち英米煙草（中国）が英米煙草トラスト全体の中国における中間持株会社に転換する。そして英米煙草（中国）の下に1934年9月22日に紙巻煙草製造を担当する頤中烟草股份有限公司 Yee Tsoong Tobacco Co., Ltd.を設立し（本店上海）、大英烟公司に担当させていた紙巻煙草製造部門を同年11月1日に承継させた[12]）。また頤中烟草設立と同日に頤中運銷烟草股份有限公司 Yee Tsoong Tobacco Distributors Co., Ltd.（本店上海）を設立し、頤中烟草が製造した紙巻煙草を販売させる体制とし、英米煙草（中国）と他の販売会社が従事してきた販売部門を移した。翌年8月29日に英米煙草は同社の全株を掌握した[13]）。この2社の設立と操業が円滑に回るのを確認したうえで、英米煙草（中国）は1936年12月21日に香港に本店を移転し、英米煙草トラスト全体の中で中国事業を統括する中間持株会社に転換した。併せて大英烟公司も本店を香港に移転した。大英烟公司は商号の現地化が不要の香港工場のみ操業することになった。

英米煙草（中国）が担当する中国全域における直営事業は、香港における大英烟公司工場の操業で出荷する煙草の香港内販売だけとなった。頤中烟草と頤中運銷烟草の事業の周辺事業として、1937年8月1日に地方産の葉煙草集荷を担当する振興菸草股份有限公司 Tobacco Development Co., Ltd.を設立し、集荷した葉煙草を頤中烟草に独占納入させた。また同年7月30日に中国包装品股份有限公司 China Packers Supply Co., Ltd.を買収して、同名の会社を新設し紙巻煙草包装事業部門を担当させ英米煙草が全株を保有した。パッケージ印刷等の事業は1937年7月31日に首善印刷股份有限公司 Capital Lithographers Co., Ltd.を設立して担当させた。同年11月18日に英米煙草が振興菸草と首善印刷の全株を掌握した[14]。また1938年7月1日に駐華花旗烟公司 Tobacco Products Corporation, China と大美烟公司 Liggett & Myers Tobacco Co., China の中国内資産を買収し、新たな企業集団内の事業に吸収し、この両社は休眠状態に入った[15]。中国各地の煙草販売ネットワークとして以前から活用している中国人経営の永泰和烟草については、既存持株を英米煙草（中国）が1934年11月1日に、頤中烟草に譲渡したが、1936年12月4日に回収して再度子会社に戻し[16]、永泰和烟草の販売ネットワークをそのまま活用した。英米煙草（中国）の下に製造、販売、印刷、葉煙草等の部門別会社に再編したのは、事業再編による効率化と従来の外資系の商号の中国現地化を図ったものであり、そのほか日本の満洲・華北におけるプレゼンスの強大化に対処する意図もみられた[17]。

　ただしこの英米煙草（中国）傘下への再編が完了する前には、頤中烟草を中心とする事業持株会社化の方向がみられた。頤中烟草は1934年11月1日に永泰和のほか中国許昌菸葉公司（1933年1月14日設立、本店上海）、宏安地産股份有限公司（1920年12月2日設立、本店上海）、上海公信烟草公司（1931年6月30日設立、本店上海）及び改組新設される前の中国包装品公司（1922年設立、本店上海）を傘下に移した[18]。ところがこの頤中烟草の企業集団は本体が巨大製造事業者であるほか、川上の葉煙草調達から川下の販売まで掌握するため、英米煙草（中国）の下にぶら下がる強大な中間事業持株会社となり、英米煙草（中国）のほかの傘下会社との連携上、制御しにくくなった。そのため英米煙草が香港に移転するに際し、1936年12月4日に頤中烟草傘下の上記5社の株式を回収し、1937年1月に上海公信烟草公司を休業させ、中国包装品公司を8月9日に、また中国許昌菸葉公司を9月4日にそれぞれ清算させた[19]。その結果、中国人経営有力販売法人の永泰和と同社にぶら下がっている土地所有の宏安地産のみ英米煙草（中国）の傘下で存続させた。そして包装、印刷、葉煙草の事業は先

述の新設会社に切り替えた。これにより英米煙草（中国）は、大英烟公司香港工場で製造する煙草の香港内販売を除き持株会社に特化してその機能を発揮できる体制に再々編したものといえよう。そのほか満洲事業では、英米煙草（中国）は満洲国法人啓東煙草株式会社と香港法人老巴奪股份有限公司の全株を保有して傘下に置き、後者は全株を保有する満洲国事業法人の老巴奪株式会社に現業を担当させ、そのほか拱石煙草株式会社（香港）に大連で販売させていた（第3章参照）。

巨大な多国籍煙草産業として英米煙草トラストは多くの地域に進出し、中国でも多数の製造拠点と販売ネットワークを構築したが、アジアのすべての地域において製造販売独占を形成することに成功したわけではない。例えば海峡植民地では、1930年に新式煙草製造工場を設立し、職工1,200人を抱えて操業したが、廉価品の輸入煙草との競合で敗退し、工場を閉鎖し自社系廉価品の輸入に転換した[20]。

2．南洋兄弟烟草公司

中国における最大煙草事業者の南洋兄弟烟草公司の前身の広東南洋烟草公司は、1905年に資本金10万元で設立された。簡照南と簡玉階の兄弟が香港で日本・香港・暹羅の間で貿易を行い、海運業にも手を広げ、航海上の便宜のため、簡照南は日本国籍を取得し松本照南と名乗った。この海運事業は沈船事故に遭遇し失敗した。この兄弟は紙巻煙草が輸入されて好評を博しているのを見て、煙草事業に参入する決意をし、日本で紙巻煙草製造機4台を購入し工場の準備に取り掛かり、広東南洋烟草公司を設立した。当初は簡照南が1,000株中、240株、その他の簡家の投資を合計すると、48.2％を保有した。公司設立後、同年香港に煙草工場を設立し翌年操業を開始した（中国科学院上海経済研究所ほか［1959］1-2、17頁）。広東南洋烟草公司の設立に英米煙草（ロンドン）への対抗という発想はないが、設立時期は東亜煙草とほとんど同じである点が注目されよう。

1905年以降の時期は世界的にも景気が低迷していたが、広東南洋烟草公司は英米煙草（ロンドン）と早くも競合し、圧迫を受けて操業不振となり、いったん1908年5月に清算し、1909年2月に広東南洋兄弟烟草公司として再起した。資本金13万元とし、簡照南兄弟が47.1％、同族の簡孔昭が47.1％を保有し、同族支配で固めた。その後、辛亥革命で清朝が倒れ事業の拡張のため北洋政府に煙草販売で接近する必要もあり、1918年1月1日に南洋兄弟烟草有限公司に改組し、地域を意味する「広東」の語句を削除し、資本金5百万元とし、簡一族で全額を出資した（中国科学院上海経済研究所

ほか[1959]3-11頁)。これは1914年「公司条例」による法人法制に合わせたものでもあった。そして第1次大戦期に煙草需要が急増し事業は大拡張を遂げた。南洋兄弟烟草有限公司は第1次大戦前から英米煙草と競合したため、1914年と1917年の二度にわたり英米煙草（ロンドン）は南洋兄弟烟草有限公司に村井兄弟商会と同様の系列化を提案したが、公司側は受け入れなかった。大拡張の中で増資が必要となり、1919年10月1日に改組して、南洋兄弟烟草股份有限公司に改組し、資本金15百万元とし、上海に本店、香港に分公司を置き、上海にも工場を設置した。この増資後も簡一族は60％を保有していた。同公司は上海浦東工場と漢口工場を新設し、事業拡張を続けた（中国科学院上海経済研究所[1959]103-149頁）。

　南洋兄弟烟草公司は中国では傑出した巨大事業者であったが、戦後の反動不況と1920年代の市中の操業環境で、必ずしも順調とは言えなかった。1927年で香港では２千人から３千人の従業員を抱えて操業しており、香港で唯一の有力な煙草事業者として知られていたが、1927年初では、香港事業は不振に陥っていた。そのため工場を一時閉鎖し新式機械に置き換えて再開する計画を練った。不振の原因は、製品に対する煙草課税で１ポンド（封）当たり50セント（香港ドル）であったところが、70セントに引き上げられたことにより、売り上げが低迷し打撃となり、併せて同公司への葉煙草納入事業者にも打撃となった。また香港製品は主として香港内需要のほか海峡植民地とジャワを主要市場としていたが、南方への輸出については上海とほかの中国内製造工場からの輸出で代替できるため、香港工場が不振でも南洋兄弟烟草公司の南方輸出が減少することはなかった[21]。この香港工場を閉鎖したことで労働者が反対運動を起こし労働争議となった（中国科学院上海経済研究所[1959]151-153頁）。

　南洋兄弟烟草公司は山東省青島に支店を構え、坊子で大規模な葉煙草再乾燥工場を経営していた大手事業者であったが、1930年５月に休業に入った。直近３年間では欠損を続け、この坊子支店でも30万元を超える損失を計上しており、本社の命令で休業を決定したという。事務員等70名を超える従業員を1.5か月の解雇手当を支給して解雇した。負債処理のため大英烟公司に買収されるかの噂がこの地域で出回っていたが、同公司の総欠損額は４、５百万元に過ぎず、身売りはありえないと青島支店経理が説明していた[22]。その後、市況回復の中で同公司保有の坊子再乾燥工場の操業は再開し、その葉煙草は各地紙巻煙草工場で原料として利用された。

　世界恐慌が襲来し、売れ行き減少、市中販売価格下落のため、南洋兄弟烟草公司は操業不振となり1930年には上海工場を一時閉鎖すると争議が発生した。こうした経営

状況の悪化の中で、1931年9月19日に資本金を1,125万元へ減資することを決議し、損失を処理した（中国科学院上海経済研究所[1959]141-168頁）。南洋兄弟烟草公司の規模は大きいが、1930年代初頭にあっては中国市場で苦しい操業を続けていた。その後1937年3月に財政部長宋子文は簡家所有株式の過半を買収し、自ら董事長に座り、経営権を掌握し、新たな体制に切換えた[23]。

3．地場紙巻煙草製造業の拡大

中国人経営の地場紙巻煙草業者が1920年代に急増した。以下、地場煙草事業者についても、英米煙草トラストとの比較を含めまとめて紹介しておこう。上海の地場煙草企業の多くは1925年の内外綿株式会社（1887年8月27日設立、本店大阪）上海工場で起きた中国人労働者殺傷事件に端を発した5.30事件後のナショナリズムの高揚をみて、地場産煙草の消費市場が拡大したことに伴い参入した。初期投資が少額で済む軽工業の特性から、巨大消費市場上海域内で製造し、価格競争力で訴求し独自販売網を確保すれば、ある程度の売り上げは期待できた。上海においても工場労働者が在華紡や地場製造業の増大により、年々増大し、消費市場としても極めて有望であった。中国人資本家が経営する煙草製造業者は、上海内のみで180件ほどに膨れ上がった。ただし法人事業形態ではない業者が多い。これに対し価格引き下げで外資系会社が対抗し、販売攻勢をかけたため、地場事業者は価格競争力を失い多くが衰退を辿った。その結果、1932年における上海の中国人経営煙草工場は60件に止まった。これらを合計しても（南洋兄弟烟草公司上海工場を含む）、資本金は15百万元、1工場平均257千元に過ぎない規模であった。他方、この時期の英米煙草（中国）の資本金は36百万ポンド、約4億元であり、上海工場営業資本は12百万元に達しており、傑出した規模であった。英米煙草トラストは国内葉煙草、輸入葉煙草、香料、紙巻煙草用紙等の調達で優位に立ち、国内の複数工場の保有による効率的な製造と、強力な全国販売ネットワークを通じて全国で売り捌いた。そのほか上海にはアメリカ系や欧州系の煙草会社が操業していた。1930年の上海の地場系煙草生産量は519千箱（50千本入）、売上69,920千元、これに対し外資系会社合計356千箱、50,591千元であった。上海で製造された煙草は、江蘇省で最も消費され、ついで浙江省、広東省の順であった[24]。

このように上海における英米煙草トラストの煙草製造販売のプレゼンスは強大であり、それを短期間で突き崩すことなど到底不可能であった。それでも上海における多数の煙草事業者が存続できたのは、価格・品質の違いによる市場の棲み分けと、個別

企業の販売力である程度の優位性を保持していたためとみられる。中国の関税自主権回復は1925年10月〜1926年7月北京関税特別会議で議題となり交渉が開始されたが、北洋政府が倒れ合意に到達できず、蒋介石の国民政府が通商航海条約破棄を宣言し暫定税率を施行した。他方、諸外国は破棄宣言を無効として協定関係の維持を主張するという状況が続いた。結局、日本との関係では1930年5月6日に関税協定が新たに締結され、中国側に関税自主権が確立した。これにより内国産煙草は関税保護を受けることができた。ただし既に巨大な現地工場を操業している外資系大手にとっては関税自主権後の関税賦課の影響は輸入葉煙草の調達以外には少なく、むしろ製造の現地化を早期に実現しているため、輸入煙草の攻勢から関税で保護された。なお上海における紙巻煙草原料用紙の需要の7割ほどが、日本からの輸入品であり、1か月約10万円ほどが日本から供給され、各紙巻煙草製造事業者が市中調達していた[25]。例えば南洋兄弟烟草公司は上海では輸入品ライスペーパーを三島製紙株式会社（1918年7月25日設立、本店東京）から調達していた（三島製紙[1968]12-13頁）。

　華北の紙巻煙草製造地域として済南の事例を紹介しよう。同地は優良葉煙草産地に近い山東省最大都市であり、個人事業者がかなり見られ、地場消費用に煙草を供給していた。規模を追求した同地における機械製紙巻煙草業者は1931年5月設立の東裕隆捲烟廠が最初であり、その後追随する業者が現れたが、資本少額のため衰退し、外資系煙草に対抗することなどまったく無理な状況であった[26]。

　上海における煙草製造事業者数は、世界恐慌による長期の価格低迷の時期に淘汰され大きく件数を減らしていたが、上海は日中戦争勃発前の1930年代央に商工業の一極集中が強まる中で、空前の繁栄を見せる。その中で地場煙草事業者は再度急増した。1936年には101件の煙草製造事業者が活動していた（南満洲鉄道上海事務所[1939]113頁）。その中には頤中烟草、南洋兄弟烟草公司、東亜煙草及びその他の外資系の工場も含まれているが、ほとんど地場事業者であり、煙草製造販売高も増大を続けていた。煙草産業への参入は容易であり、景気が上向く中で原料葉煙草の調達と巧みな販売で十分な利幅が期待できるため、再度事業者が殺到した。

1）大東亜省総務局経済課『英米煙草東亜進出沿革史』1944年4月、9-10、22、69-71頁。大渓[1964]では1904年1月設立の村井兄弟商会（ロンドン）について言及がないため、村井吉兵衛は出資していないとみられる。華北総合調査研究所『英米煙草トラストとその販売政策』1943年5月、57-58頁によると、1902年に香港本店の「駐華英美烟草有限公司」（British

American Tobacco Co., (China) Ltd.）が設立されたと説明するが、Cox[2000]ほかに照らし合わせても1902年該当法人の設立はなく、アメリカン巻煙草の設立と英米煙草（中国）の設立の説明が混濁した記述となっており、誤りである。村井兄弟商会（ロンドン）と村井兄弟有限公司についてはCox[2000]にも言及がないため、さらなる傍証を必要とする。なお深尾[1991]34頁によると、英米煙草（ロンドン）設立の同年に上海に同名の別会社を設立したとあるが、誤りである。その別会社は1905年に英国法人「大英煙公司」と改めたとある。ただし1919年に販売を担当する事業持株会社の英米煙草（中国）の設立で上海本店中国法人に転じた大英煙公司が傘下に移され、さらに1934年に頤中烟草に煙草製造を譲渡し、葉煙草集荷体制も変動した経緯については一切言及がない。つまり言及を与える1937年頃までの中国における英米煙草トラスト＝「大英煙公司」と説明し、読者に混乱を与える。依拠している『英米煙草東亜進出沿革史』を点検すればこのような混濁した説明にならないはずであるが、理解に苦しむ。論題に「英米煙草トラスト」を含ませる以上、その中国内会社組織の事業体制について整序した言及を与える必要があろう。そのほか43頁で葉煙草相場を「銀元/100斤」で説明するが、「100斤≒600g」とし、読者に混乱を与えている。

2）前掲『英米煙草東亜進出史』70頁。

3）楊[2012]23-36頁。鈕傳善は全国烟酒公売局長1915年4月28日～1917年8月16日在任（劉ほか[1995]77-78頁）。

4）北京銀行団代表者事務室「中華烟草公司創立ニ関スル件（煙草専売問題）」1920年9月9日（外務省記録3.3.2.-60）。文書の表題と設立予定公司の商号が異なるが、調整していない。福公司については黄[1995]参照。

5）在支特命全権公使館「中華煙草工廠ニ関スル件」1920年9月10日（外務省記録3.3.2.-60）。張壽齢は全国烟酒事務署総弁1919年1月10日～1921年12月5日在任（劉ほか[1995]79-80頁）。王廼斌は農商総長1920年8月11日～1921年12月25日在任（劉ほか[1995]47頁）。

6）在天津総領事館「英米烟トラストト五百万元烟酒借款ニ関スル鈕傳善ノ談」1921年3月11日（外務省記録3.3.2.-60）。在天津総領事船津辰一郎が前烟酒公売局督弁鈕傳善から得た情報。徐恩元は1912年6月20日審計院副院長、1914年3月7日幣制局副総裁、同年6月20日辞任（劉ほか[1995]59-61、77頁）。

7）前掲「中華烟草公司創立ニ関スル件（煙草専売問題）」。支那駐箚財務官事務所は1917年9月17日設置、1920年9月23日廃止。公森太郎は1919年9月16日～1920年9月23日在任（大蔵省百年史編集室[1973]附録19頁）。梁士詒（同治8（1869）年生）は北京政府の交通系の重鎮で、交通銀行董事長、参議院議長、北洋政府内閣総理、1922年第二奉直戦争で日本に亡命、1933年4月9日没（除[1991]873頁）。靳雲鵬（光緒3（1877）年）は1918年段祺瑞政権陸軍総長、1919年徐世昌より代理国務総理任命、1921年12月下野、1951年1月3日没（除[1991]1250-1251頁）。周自齊（同治10（1871）年）は清朝外交官、袁世凱政権民政長、中国銀行代総裁、交通総長、陸軍総長、財政総長、日本亡命、その後、参議院副議長に復帰、代理内閣総理、1923年10月20日没（除[1991]514-515頁）。

8）青島興信所『山東日支人信用秘録』1935年版、法人126頁。

9）在漢口総領事館「英米煙草工廠操業停止ニ関シ報告ノ件」1927年2月16日（外務省記録E.4.3.1.-5-8-1）、同「英国煙草会社工場再開ノ件」1928年3月20日（外務省記録E.4.5.0.45）。

10) 在杭州領事館「浙江省巻煙草専売ニ関スル件」1927年6月5日（外務省記録 E.4.3.1. -5-8-1）。ただし浙江省の煙草専売制は反対が強く、その後撤回された。
11) 在香港総領事館「香港ニ英米煙草会社工場設立計画ノ件」1930年6月14日（外務省記録 E.4.5.0.-45）。
12) 前掲『英米煙草東亜進出沿革史』72-73頁。
13) 同前、75頁。
14) 同前、75頁。
15) 同前、75-76頁。
16) 同前、72-74頁。
17) 同前、73頁。
18) 同前、74-75頁、黄[1995]参照。
19) Cox[2000]p.196では英米煙草（中国）が中国における持株会社となったのではなく、頤中烟草が頤中運銷烟草を傘下に取り入れたと説明しており、頤中烟草が中国における事業持株会社に転換したと理解し、既存の英米煙草（中国）の実態は消滅したような解釈となるが、誤りである（第5章参照）。前掲『英米煙草トラストとその販売政策』71-73頁で英米煙草（中国）の出資会社一覧表に大英烟公司を除外し、70頁で、頤中烟草への製造事業譲渡で、「「大英烟公司」ハ廃サレ」とあるが、他方、41頁で香港煙草製造事業者として掲げており矛盾している。同書では香港への移転の説明が欠落している。
20) 在新嘉坡総領事館「馬来ニ於ケル煙草ノ需給状況調査ニ関スル件」1935年9月25日（外務省記録 E.4.5.0.-45）。
21) 在香港総領事館「南洋兄弟煙草公司香港工場閉鎖ニ関スル報告ノ件」1927年2月15日（外務省記録 E.4.3.1.-5-8）。
22) 在青島総領事館坊子出張所「南洋煙草公司ノ休業ニ関スル件」1930年2月12日（外務省記録 E.4.3.1.5-8-1）。
23) 南洋兄弟烟草公司の操業の概要と宋子文の買収については芝池[1973]を参照。
24) 在上海日本商務官事務所「上海支商煙草工業ノ現状ノ件」1933年3月23日（外務省記録 E.4.3.1.-5-8-1）。実業部国際貿易局編『工商半月刊』第5巻第1号、1933年1月所載、「上海支商巻煙草工業ノ現状」の訳文。
25) 在上海総領事館発本省、電信、1931年11月23日（外務省記録 E.4.3.1.-5-8-1）。
26) 済南満鉄駐在員「済南煙草工業調」1934年山東省国貨陳列館調の翻訳（外務省記録 E.4.3.1.-8-8-1）。

第3節　山東省における葉煙草集荷事業の拡大

　中国における葉煙草産地は、山東省膠済鉄道沿線のほか河南省鄭州及び安徽省鳳陽県が知られていた。山東省では外国企業による農家への種子供給や営農指導と葉煙草集荷の事業展開が認められたため、魅力的な商品作物として米国系黄色種葉煙草の耕作面積が急拡大し、それに伴い集荷が短期間で急増した。葉煙草集荷の自由度が高い

ため、山東省に外国系葉煙草集荷企業が殺到した。先行したのが英米煙草トラストである。イギリス租借地威海衛南方の文登県で米国系黄色種葉煙草の試作を試みたのが1902年との記述があるが[1]、1902年の着手は英米煙草トラストの中国事業体制から見て数年早過ぎる。1909年に大英烟公司が文登県の試作を開始したとする記述もあるが、その説明に拠れば、海からの潮風と天候に恵まれず、2年間の試作を経て失敗したとされる（深尾［1991］34頁）。大英烟公司は次に坊子付近を調査し、同地域が雨が少なく乾燥しており、地質も葉煙草栽培に適し育成時期に高温になるため、最適地と判断し1912年に米国系黄色種葉煙草の試作を行わせた。山東省はイギリスとドイツの租借地が置かれているため、外国企業の操業に規制が弱く、参入も容易であった。試作の結果本格栽培に乗り出すこととし、1913年10月に坊子にあるドイツ経営の病院施設を借入れ再乾燥工場を設置した。当初は大英烟公司が別人名義で農地を借り入れて葉煙草栽培を行ったが、借地を拡張するのが難しいため方針を転換し、近隣農民に種子無料配給、栽培奨励・耕作指導等に注力し、収穫を大きく伸ばした。再乾燥工場の稼働で品質管理を強め、以後の葉煙草集荷の増大に対処した。ほかの河南省鄭州付近や、安徽省鳳陽県付近ではこのような外資事業者の参入を認めていないため、外資系事業者が葉煙草耕作支援まで行う大規模集荷体制は山東省のみで構築された。さらに大英烟公司は1917年暮、二十里堡に山東省最大規模の工場を設置し、坊子の機械設備をすべて移転し葉煙草集荷・再乾燥事業を大拡張した[2]。それを追ってその他の煙草事業者も第1次大戦期から1920年代にわたり参入した。日本人事業者としては、1918年に坊子居住の中戸川忠三が葉煙草の買付に着手したのが最初であり、それをきっかけに南洋兄弟烟草公司が試買を始めた。翌年、中裕公司等の日系事業者の参入が続いた（南満洲鉄道上海事務所［1939］72頁）。

　山東省の葉煙草産地の膠済鉄道沿線で、1921年に12,350町歩の耕作がなされ、3,697千貫の集荷をみたが（表4-3）、戦後恐慌後の価格低迷で1922年に耕作面積と集荷量が急減した。その後はかなり回復したが、1926年、1927年には不作となり、1927年では3,191町歩の作付で1,179千貫しか集荷できなかった。それにより集荷価格が上昇し、1928年以降に耕作面積が拡大し、集荷量も1929年には1923年の水準に回復し、その後も増大を辿り、1933年には16,933町歩にまで作付が拡大し、6,253千貫の集荷を見た。山東の米国系黄色種の葉煙草は評価が高くしかも集荷価格が好調な時期が続いたため、栽培が普及した。

　山東省で集荷された葉煙草の多くは青島港から船で輸移出された（表4-4）。1927

表4-3 山東省米国種葉煙草集荷量・栽培面積

(単位:千貫、町)

年	集荷量	栽培面積
1913	4	16
1914	45	160
1915	181	640
1916	600	2,000
1917	820	3,000
1918	774	3,840
1919	2,029	6,857
1920	3,420	9,500
1921	3,697	12,350
1922	998	4,750
1923	2,684	8,140
1924	2,332	8,547
1925	1,629	4,700
1926	1,027	3,394
1927	1,179	3,191
1928	2,852	8,229
1929	2,601	8,580
1930	3,571	9,900
1931	4,462	15,010
1932	4,520	13,110
1933	6,253	16,933
1934	5,517	18,696
1935	8,156	25,530
1936	8,438	27,550

注:1934年集荷量は予想量。
出所:南満洲鉄道上海事務所[1939]68-69頁。

表4-4 青島港の葉煙草出荷先数量

(単位:担、千海関両)

仕向先	1927年	1928年	1929年
上海	92,473	105,456	134,044
大連	21,270	8,685	21,951
芝罘	1,515	—	—
天津	37,183	41,492	22,815
牛荘	4,124	4,983	1,964
奉天	3,329	13,983	4,243
哈爾濱	398	2,541	465
朝鮮	7,754	5,056	1,770
日本	12,575	16,470	8,739
合計	180,619	198,666	195,991
金額	3,070	3,973	2,155

出所:在青島総領事館「米国種葉煙草作柄概況ニ関スル件」1930年10月20日(外務省記録 E.4.3.1.-5-8-1)

年から1929年の葉煙草輸移出仕向地別重量が判明するため紹介しよう。葉煙草の全量が港から船便で出荷されるわけではないが、体積が大きく重量もあり、船の運賃が鉄道に比べ格安であり、また葉煙草は船舶輸送で時間をかけても荷傷みも少ないため、多くは船積みで搬出された。最大需要地の上海向は1927年で92千担、1928年で105千担、1929年で134千担と増大を辿った。1925年の排英、排日ナショナリズムの高揚した後で、上海では多数の地場煙草事業者が出現したため、上海の大手事業者の大英烟公司と南洋兄弟烟草公司の工場用原料のみならず、多くの地場事業者の原料葉煙草として需要された。なおこの仕向地への出荷量が最終需要地の需要量を示すものではなく、一部葉煙草は他地域へ相場を見て移動する。ついで量が多いのが天津で、同地では東亜煙草が煙草工場を操業しており、そのほか地場事業者も見られ、華北最大の工業都市であることから当然と言えよう。大連向も1928年を除き21千担という規模であ

るが、大連所在の東亜煙草工場のみならず大連経由でその他の地域に搬出された。そのほか満洲向では奉天、牛荘（営口）、哈爾濱がある。満洲各地向は、東亜煙草、大英烟公司と同系の工場のみならず、地場小規模事業者も多数操業しており、それらが原料葉煙草として需要した。日本・朝鮮向も無視できず、日本向は1928年では16千坦に達しており、これは専売局による調達である。朝鮮向は朝鮮総督府専売局による調達である。

　専売局は山東省産葉煙草の買付を行っており、また中国で刻煙草・紙巻煙草を製造する日本の煙草製造業者も優良葉煙草原料調達地として重視しているため、在青島総領事館は葉煙草栽培の中心地域にある坊子に職員を送って調査させていたが、1927年6月23日に坊子出張所を設置し、常駐させて葉煙草栽培量・価格・集荷者の動向等を調査させる体制となった[3]。有力葉煙草産地の河南省鄭州や安徽省鳳陽県等の国内のほかの産地で戦乱が続いたため、葉煙草集荷業者の大英烟公司やアメリカ系ユニバーサル葉煙草会社（中国）が両省で買付できず、そのため一段と山東省の葉煙草に需要が殺到した。葉煙草は国際商品であり、中国でも大量の葉煙草を輸入していた[4]。

　日本の葉煙草集荷業者は自営業者を含め10件ほどが参入した。ただし1920年代を通じて操業を続けることができたのは僅かである。中には日本本店事業者として青島に支店をおいて操業した東洋葉煙草株式会社や、自営業のまま操業を続けた中裕公司のような事例も見いだせる。中裕公司は本店を天津に置き1920年代央で中戸川孝造が経営していたため（柳沢[1993]459、507頁）、当初は係累と思われる中戸川忠三が経営していたと推定できる。有力事業者は山東省に本店をおいて操業した。これらは専売局のほか朝鮮総督府専売局と台湾総督府専売局への納品を主要業務としていた。専売局は日本における日本内地産葉煙草を全量買い上げて、刻煙草用として利用していたが、米国系黄色種葉煙草は紙巻煙草用として利用され、一部の需要しか見込めない葉巻はハバナ産かマニラ産の葉煙草を利用した。専売局は米国産葉煙草については、産地に職員を派遣して直接市場買い付けを行っていた。朝鮮・台湾における葉煙草は、朝鮮総督府専売局と台湾総督府専売局が買い付けており、その他の輸入葉煙草については、日本国内の葉煙草輸入業者が調達していた。葉煙草は政府の命令を受けた事業者しか輸入できず、その際には輸入税を要せず、また消費税その他の課税も対象外となっていた。山東省から輸入する葉煙草は米国系黄色種であり、再乾燥工場の鉄管乾燥工程を経た黄色または橙黄色で、組織緻密で葉肉を有し、香気があり、喫味がよく、甘みのある上級品にほぼ限られた[5]。

軍政下青島においては日本人事業者が殺到した[6]。ただし青島では占領前に領事館は設立されておらず、また軍政下では領事館を開設できないため、通常の商業活動に大きな影響を与えた。そのため日本事業者は本店を青島以外の在済南総領事館（1915年7月14日在済南領事館開設、1918年5月総領事館昇格）に登記して会社を設立し、青島に支店を置き操業するという便法を講ぜざるを得なかった。1922年で商号に「青島」が付く済南本店業者は41件を数え、これらがいずれも青島支店で主たる営業をしていた。在青島総領事館が開設されたのは1922年12月10日で、軍政解除の翌日であった[7]。同総領事館開設後は、多くが済南から本店を青島に移転した。そのほか済南ではなく大連に本店を置き、青島で支店営業している事例も見られた[8]。済南から本店を移動せずに操業を続けた葉煙草事業者としては、戦後恐慌後に経営不振になり身動きが取れなくなった株式会社中華煙公司（1919年10月設立）のみのようである。同社設立には後述のように満洲事業家が多数関わったが、1920年代前半に不振に陥り低迷したままとなる。

　第1次大戦期に青島軍政が開始されてから1920年代前半にかけて、青島を中心に多数の葉煙草集荷業者が山東省に参入したが、これらは山東省で優良な米国系黄色種葉煙草の集荷を目標とした。当初は一部業者は農地取得による大規模耕作まで射程においていたとみられるが、早々に断念し集荷に注力する。また日本の事業者は葉煙草集荷にほぼ専念し、煙草製造にまで事業拡張する意欲はなかった。後述のように、高品位の葉煙草を専売局に納入する枠を充足することで、華北の日系葉煙草事業者は十分旨みがあり、それ以外の葉煙草も朝鮮総督府専売局、台湾総督府専売局及びその他の日系煙草製造業者に供給し、余れば上海等の地場煙草製造業者に供給していたため、紙巻煙草製造に乗り出す必然性はなかった[9]。

　1930年には銀価格の暴落により、アメリカからの葉煙草輸入価格が急騰し輸入葉煙草の調達が難しくなったため、上海の煙草製造業者が一段と山東省産の米国系黄色種葉煙草への需要を強めた。その結果、山東省産の葉煙草は前年に比べ、約25％の高値となった[10]。世界恐慌の波及による農産物価格下落局面で、葉煙草取引価格の上昇は葉煙草耕作農民にとって有利に作用した。それがさらに耕作面積拡大と出荷量増大へと拍車をかけた。1936年まで耕作面積と集荷量はほぼ増大し、同年で8,438千貫の集荷実績をみた。

1）前掲『英米煙草トラストとその販売政策』57頁。同書は豊富な情報を提供するが、細かな

誤りがかなり含まれている。
2) 前掲『山東葉煙草ト英米煙草「トラスト」之事業』。1912年試作は深尾[1991]34頁。
3) 在青島総領事館「山東省ニ於ケル米国種葉煙草ニ関スル件」1930年11月28日（外務省記録 E.4.3.1.-5-8-1）。在青島総領事館坊子出張所と同時に張店と博山にも出張所が置かれた（外務省[1966]附表97頁）。
4) アメリカン煙草会社が1890年シャーマン反トラスト法で1911年に解体された後で、多数の葉煙草業者が発生し、その中でJ.P.テイラー会社 J. P. Taylor Co.を設立したジャクリン P. テイラー Jacqueline P. Taylor が、1918年に葉煙草の6業者を合同してユニバーサル葉煙草会社 Universal Leaf Tobacco Co., Inc.を設立した。さらに同社は1924年に中国現地法人のユニバーサル葉煙草会社（中国）Universal Leaf Tobacco Co. of China, Federal Inc. を設立した。1920年代中頃からアジア太平洋戦争勃発までの間、同社は親会社の支援を受けて、アメリカからの葉煙草輸入と、地場葉煙草調達による中国内煙草製造業者への供給を行った（Universal Corp.のサイト2012年9月5日参照、黃[1995]も参照）。ユニバーサル葉煙草（中国）は本店を上海に置き、葉煙草を集荷する青島に再乾燥工場を保有しているが、葉煙草集荷・販売を専業とし、紙巻煙草製造工場を保有していなかった。資料ではいずれも「ユニバーサル」もしくは「ユニバーサル煙草」となっているが、本章では「ユニバーサル葉煙草」として記し、「（中国）」は初出以外に省略した。
5) 専売局「煙草消費等の照会への回答」（仮題）1929年7月17日（外務省記録 E.4.3.1.-5-8）。
6) 第1次大戦後の青島の日本人商工業者の急増とその業態の紹介については柳沢[1985]、[1986]を参照。この研究でも本店所在地には注目していない。
7) 在青島総領事館「在青島銀行会社一覧表送付ノ件」1923年1月11日（外務省記録3.3.3.3-6）、外務省[1966]附表97頁。本庄[2006a]の各論の本庄[2006b]、久保[2006]、劉[2006]、庄[2006]及び柳沢[1985]、[1986]は、軍政時期に会社組織が青島以外に本店を置いて設立されたとの説明がなく、青島本店事業者と理解させる解説になっている。柴田[2008a]第1章でも、在青島総領事館開設後に青島に本店を移した事態の説明に止まり、軍政と領事業務の解説に不備がある。劉[2006]158頁で、1918年5月の青島における日本工業資本の投資額は10百万円を超えていたと説明する。そのなかには内外綿、大日本麦酒株式会社、大連製氷株式会社（1917年3月29日設立、青島店舗1917年4月23日）のほか、青島製粉株式会社（1916年8月設立、本店下関、青島店舗1916年11月4日）、青島燐寸株式会社（1918年2月設立、本店済南、青島店舗1918年6月3日）等の青島に本店を置かない会社が並んでいた。設立年月と本店を前掲「青島銀行会社一覧表送付ノ件」及び『満洲銀行会社年鑑』1935年版で補記した。在青島総領事館開設前の時期には通常の日本の法人法制が適用されないため、例えば、青島守備軍総司令部より「銀行条例」（1890年8月25日）に準拠しない変則的な組合組織の青島銀行が設立免許を受けたような事例がある。青島銀行の事業の紹介は柴田[2011d]参照。済南領事館と青島総領事館の開設日は外務省[1966b]附録97頁。
8) 山東興業株式会社（1917年9月6日設立）、山東運輸株式会社（1918年3月5日設立）がある（『南満洲商工要鑑』1919年版）。青島に法人設立で進出する際に、法人を青島以外に設立することで無駄な手間とコストをかけざるを得なかった。
9) 深尾[1991]39頁は、日本の山東省の葉煙草集荷事業者は直営農地取得による耕作を拡張できず、また製造にまで乗り出さなかったという事業の脆弱性を、英米煙草トラストと南洋兄

弟烟草公司と比較して指摘しているが、大英烟公司による葉煙草耕作直営農地は集荷の一部にすぎない。大英烟公司の過大評価といえよう。日系葉煙草事業者は当初から大規模農地取得の意欲は乏しかった。ユニバーサル葉煙草のように、有力国際商品の葉煙草集荷販売・輸入等の取引だけで十分な事業規模の維持ができた。日系葉煙草集荷業者は大英烟公司や南洋兄弟烟草公司とは比較できる規模ではなかった。長期にわたり製造・販売で両社に競争を仕掛けたのは東亜煙草だけである。ただし同社も満洲で一部の栽培を支援するが、事業負担の重さから、葉煙草耕作にほとんど関与できなかった（第2章参照）。

10）在青島総領事館「山東省ニ於ケル米国種葉煙草ニ関スル件」1930年11月28日（外務省記録 E.4.3.1.-5-8-1）。

第4節　日系葉煙草集荷事業者の参入

1. 南信洋行・日華蚕糸

　以下、山東省の葉煙草取引を主業とした主な日系会社の参入とその後の状況を解説するが、短期間で実態が消滅した事例は省略しよう。片倉組（1895年設立）は中国の蚕糸事業に着目し、同社の鈴木格三郎に1917年3月21日に占領下の山東省青島で鈴木糸廠を設立させ、中国における蚕糸業に着手した[1]。他方、片倉組の今井五介が中心になり、1917年5月に東亜蚕糸組合を設立した（本部上海、出資額75万円）。同組合は鈴木糸廠の事業資産を承継し、山東省青島と上海に工場を保有する蚕糸業者となった。1919年に日系事業者の南信洋行が山東省膠済鉄道の葉煙草産地西部濰県周辺で葉煙草の集荷を開始した。南信洋行の当初の経営者と片倉組系事業家との関係は不詳である。東亜蚕糸組合の資金力を強化するため株式会社化する方針とし、片倉製糸紡績株式会社（1920年3月23日設立、本店東京）が中心になり、蚕糸業者と対中国貿易業者により、1920年6月7日に日華蚕糸株式会社を設立した（本店上海、資本金250万円、全額払込）。50千株のうち片倉製糸紡績が39,500株を引き受け、同社の支配下に置いた。日華蚕糸は7月1日に同組合より375千円で事業資産の譲渡を受けて、操業を開始した。社長今井五介（片倉製糸紡績取締役）、専務取締役片倉武雄（同）、常務取締役鈴木格三郎（同）、取締役原富太郎（原合名会社）ほかであった[2]。日華蚕糸の定款に拠れば、同社は製糸業のほか「其他ノ産物購入販売」と、これら事業に関係する会社への投資も行うとしており[3]、葉煙草事業は「其他ノ産物購入販売」と位置づけられていた。同社設立時に、南信洋行の経営していた青島を拠点とする葉煙草事業を承継し、日華蚕糸に煙草部を設置し操業を続けた[4]。日華蚕糸は同社の主要葉煙

草集荷地域の濰県に葉煙草再乾燥工場を保有して、取引規模拡大を追求した。蚕糸業がほぼ順調に拡張したため、南信洋行は資金力のある有力葉煙草事業者となった。同社は専売局への葉煙草納入枠を有した。

　日華蚕糸設立後に南信洋行という法人は存在しないが、葉煙草集荷のための事業名として利用を続けた。在青島総領事館坊子出張所の文書にも葉煙草集荷現場の事業所名の南信洋行をそのまま調査報告書に記載している[5]。日華蚕糸は葉煙草集荷に当たり、煙草と縁のない日華蚕糸の商号ではなく、事業を承継した南信洋行の屋号を掲げて集荷に当たったとみられる。日華蚕糸の1920年12月期総資産2,816千円のうち煙草勘定47千円が計上されている[6]。12月は葉煙草集荷在庫の多い時期であるが、日華蚕糸の事業の中では本業の蚕糸業のウエイトが圧倒的に高く、葉煙草集荷は傍流的事業に止まっていた。1921年12月期から煙草勘定の項目が消滅し、ほかに統合されたが、「青島糸廠煙草利益」が損益計算書に掲載されており[7]、日華蚕糸は青島の蚕糸事業の大枠の中で、やはり傍流的事業として葉煙草集荷販売事業を続けていた。南信洋行（日華蚕糸）は専売局への葉煙草納入枠を得て、その納入で安定的な収益を期待できた。1921年12月期の株主名簿では、54名、50千株のうち、片倉製糸紡績39,750株、今井五介1,500株、三井物産1,400株、原合名600株、横浜生糸株式会社（1915年8月設立）400株、七十四銀行（1878年8月9日設立、本店横浜）300株、そのほか片倉姓の同族5名計1,100株と鈴木格三郎200株の保有もみられたが[8]、片倉製糸紡績系が保有比率を引き上げていた。その後も片倉製糸紡績が、戦後恐慌で破綻した七十四銀行等から株式を取得した[9]。日華蚕糸は山東省の蚕糸業強化のため、1923年12月に繭の産地に近くまた燃料用石炭調達にも有利として、張店の隣地に蚕糸工場を新設し増強を図った[10]。

　日華蚕糸は1920年代の中国のナショナリズム運動や労働者ストライキ、軍閥抗争の政治的激変により、操業環境が大きく影響される中で、利益を計上してきた。1926年12月期には損失も計上しており苦しい局面に立ったが、早期に参入し廉価な原料繭調達による在華蚕糸業者として、概ね事業を成功させていたといえよう。

　1927年では南信洋行は山東省で濰県のみならず合計5か所の葉煙草集荷場を抱えており、日系同業者の中で最も多く、手広い集荷体制をとっていた[11]。1927年の葉煙草集荷では同年12月末までで200千貫の実績を上げた。同業では2番目の規模であり優良葉煙草事業者であった（表4-5）。同年中に同社は後述のように合同煙草株式会社の設立に伴い、1927年11月28日に日華蚕糸の葉煙草集荷場と再乾燥工場等の資産を譲

表4-5　日系3社葉煙草買付量

(単位：千貫)

年	南信洋行・合同煙草	米星煙草・協立煙草	山東葉煙草・山東煙草	3社合計	備考
1927	200	260	150	610	12月末まで、ほか山東実業60千貫あり
1928	83	30	20	133	済南総領事館管内の集荷のみで青島総領事館管内を含まない
1930	300	400	149	849	
1931	330	400	190	920	
1932	350	370	130	850	
1933	350	350	200	900	
1934	500	450	350	1,300	
1935	450	450	350	1,250	

注1：1931年は既買付量のほか今後の買付量を含む数値。
注2：1927年12月までは南信洋行、以後は合同煙草。
注3：1929年買付量不明。
注4：1928年以降、1930年まで米星煙草の集荷事業を協立煙草名義で行った。
出所：在青島総領事館坊子出張所「当地方面ニ於ケル葉煙草産額ニ関スル件」1927年12月22日（外務省記録 E.4.3.1.-5-8-1)、在済南総領事館「山東ニ於ケル米国種葉煙草調査方ニ関スル件」1928年11月27日（外務省記録 E.4.3.1.-5-8-1)、在青島総領事館坊子出張所「山東省ニ於ケル米国種葉煙草ニ関スル件」1930年11月13日（外務省記録 E.4.3.1.-5-8-1)、同「山東省ニ於ケル米種葉煙草ニ関シ調査報告ノ件」1931年11月18日（外務省記録 E.4.3.1.-5-8-1)、同「山東省ニ於ケル米種葉煙草ニ関シ調査報告ノ件」1932年11月30日（外務省記録 E.4.3.1.-5-8-1)、同「山東省ニ於ケル米種葉煙草ニ関シ調査報告ノ件」1933年12月1日（外務省記録 E.4.3.1.-5-8-1)、同「山東省ニ於ケル米国種葉煙草ニ関スル調査報告ノ件」1934年12月10日（外務省記録 E.4.3.1.-5-8-1)、同「山東省ニ於ケル米種葉煙草ニ関シ調査報告ノ件」1935年11月26日（外務省記録 E.4.3.1.-5-8-1)

渡し、合同煙草の7,376株の取得を決定した。この合同煙草との資産負債関係は合同煙草株式会社勘定として整理し、1927年12月期で507千円が計上されていた。ちなみに同期総資産は4,963千円でほぼ合同煙草勘定は1割程度を占めていた[12]。以後も日中戦争勃発まで、合同煙草勘定は変動を示しつつも残高を計上し続けて、1936年12月期総資産7,360千円、うち合同煙草勘定303千円であり、出資関係を残していた[13]。この間、合同煙草は1936年12月に公称資本金80万円から200万円に増資し、110万円払込となっていた[14]。

2．山東葉煙草・山東煙草・山東産業

名古屋の有力な衣料小売業者で、銀行業等にも手広く事業を展開していた株式会社いとう呉服店（1910年2月1日設立、1925年4月16日、株式会社松坂屋に商号変更）社長伊藤祐民が1917年5月に名古屋勧業協会主催で中国各地の視察に回った際に、日本軍政下の青島に立ち寄り、同地の将来性に着目した。そしていとう呉服店は伊藤経真ほか数名による2万円ほどの出資で青島を拠点とする組合事業を起し、山東産葉煙草の専売局納入を開始した。膠済鉄道沿線東部の坊子周辺で葉煙草集荷を行い、これが好成績を収め、また好景気が続いていたためその事業拡張を図ることとした。青島

拠点の現地法人として、1919年9月15日に山東葉煙草株式会社を設立した（本店済南、資本金500千円、125千円払込）。同社とは別にいとう呉服店は1918年10月26日に青島を拠点とする山東窯業株式会社を設立した（本店済南）[15]。山東葉煙草の1919年の取締役は伊藤守雄、岡谷喜三郎、安田久之助、伊藤経真ほかであり、多くが山東窯業と重複していた[16]。山東葉煙草は同年10月2日に青島に支店を設置し葉煙草集荷事業に参入し、青島の民政復帰で在青島総領事館が業務を開始すると、本店を青島に移転した。1925年では青島で伊藤経真が代表していたが、1926年には高部悦三に代わっていた[17]。

　山東葉煙草は戦後恐慌後に経営不振の時期が続いたため、一時は山東窯業とともに伊藤系貿易商社に吸収合併されると見られていた。山東窯業は金建資本であり、銀本位の山東省で操業するには不利であったが、1923年3月31日公布法律で銀建資本を認める法的インフラが整備されたため、それ以降に資本金を銀建に変更していた[18]。山東葉煙草もそれを追って、1920年代末には銀建資本に移行した[19]。同社は坊子周辺で葉煙草を集荷したのちに青島に設置した自社の再乾燥工場で加工を施したうえで納入する体制を有した。この設備投資の負担を続け同社は葉煙草集荷の規模を追求した。所属工場は官有貸下地2千坪に乾燥工場1棟203坪、倉庫3棟300坪等を保有し、専売局への葉煙草納入枠を使って、毎年度納入を続けたほか上海、奉天その他の煙草会社に葉煙草を供給した。1920年代前半では欠損の大きな時期もあるが、松坂屋系のため経営に行き詰まらずに操業を続け[20]、同社は山東省葉煙草集荷の大手事業者と位置づけられた。本社は青島に置いているが、1920年代後半以後では伊藤産業合名社（1909年3月設立、本店名古屋）が実質的な経営を掌握していた[21]。1927年に山東葉煙草は山東省で坊子ほか合計3件の葉煙草集荷場を保有しており、そこを拠点に集荷を続けていた[22]。同年12月末までで150千貫の集荷を実現し、山東省葉煙草集荷事業者では3位の規模にある優良事業者であった。

　同社とは別に設立された後述の山東煙草株式会社が1927年頃には山東産業株式会社に商号変更していた。その後、1920年代末頃に山東葉煙草は山東煙草株式会社に商号変更した。ただし同社は川下部門の煙草製造販売には参入していない。山東煙草に商号変更後、1931年で190千貫、1932年で130千貫へと減少したが、その後盛り返し、1934年、1935年で350千貫へと集荷実績を上乗せしていった。

　商号変更後の山東煙草は1937年4月より、山東省辛店付近で、中国人経営の畑2町歩を同社の煙草試作の名義で利用し、農民の葉煙草栽培指導に当たり、華北産業科学

研究所（1936年設立、農林業研究機関、北京）の張店から2名の日本人研究員を出張させていた。他方、当地軍閥の韓復榘の軍隊が日本人への土地貸与を妨害しており、この土地借上げによる葉煙草試作は進捗していなかった[23]。山東煙草は1930年代前半の華北分離工作の一定程度の進展の中で、華北への葉煙草試作による利権扶植へと歩を進めようとしていたことが見てとれる。

　同名の法人が設立されるため混乱しやすいが、山東省で葉煙草集荷に従事した事業者として山東煙草株式会社がある。同社は1920年2月15日に設立された[24]。当初の本店は済南に置かれ、1920年5月13日に青島に支店を置いた。資本金500千円、払込125千円であった。当初、社長中村康之助（日華窯業株式会社（1918年12月設立、本店済南）代表取締役）、のち八田熙（東洋製油株式会社（1917年4月設立、本店東京）代表取締役）であった。青島の領事業務が開始されると、山東煙草も本店を青島に移動した。同社は葉煙草集荷以外にも事業を有していたためか、1923年6月に山東産業株式会社に商号変更した[25]。同社は当初は専売局納入葉煙草耕作を主業とするはずであったが、青島還付後の小作地監督の困難等が見込まれたため、葉煙草は買付に止め、むしろ除虫菊の栽培に注力し蚊取り線香を製造販売して出荷していた。同社は煙草を主業としなくなったため商号を変更したものであろう。その事業も1920年代中頃に中止した。青島市外に耕地8万坪、工場地2万坪の貸下げを受けて、工場には46室の葉煙草乾燥場等を保有し、毎年10万貫内外の葉煙草の専売局納入枠を消化していた。ただし耕地は青島還付以後の治安状況が予測できず、放置状態であった[26]。そのため自社再乾燥工場の稼働率も限られていたとみられる。専売局納入枠を消化するため、自社で集荷しきれない葉煙草納入枠を南信洋行に消化させていた。1926年で取締役に日本蚕糸の取締役金井寛人が並んでおり、南信洋行の納入枠との人的関係が伺える[27]。1927年で同社は葉煙草集荷場を1件も保有せず[28]、集荷時期に集荷人が産地を回るといった対処をしていたとみられる。同年12月末までの山東産業の葉煙草集荷実績は60千貫にとまり、集荷で提携している南信洋行の200千貫とはかけ離れていた。そして後述の合同煙草が設立される際に、葉煙草事業を譲渡して解散した。

3．瑞業公司・米星煙草

　膠済鉄道沿線の米国系黄色種葉煙草を集荷するため、1919年に中裕公司（1918年起業の自営業）と山東葉煙草が東部の坊子で、また南信洋行が濰県で事業を開始していた。これを追って鈴木商店が参入した。同社米油部でも葉煙草と煙草製造用材料を取

り扱っており、山東省の葉煙草事業の担当者として朝鮮総督府専売局から引き抜いた岡田虎輔に葉煙草生産、品質等を調査させた。そして瑞業公司の名称で1920年に膠済鉄道沿線の葉煙草栽培地域西部の蝦蟆屯に集荷場と自前の大規模な再乾燥工場を建設して、葉煙草集荷を開始した。瑞業公司は集荷事業地内の米国系黄色種葉煙草の模範試作場で耕作指導に当たり、葉煙草の集荷、再乾燥処理を行い、鈴木商店米油部を通じて、専売局、朝鮮総督府専売局、台湾総督府専売局のほか、満洲、上海等の日本人経営もしくは外国人経営紙巻煙草工場に葉煙草を供給した。さらに鈴木商店はこの葉煙草事業を本体から分離し、1920年4月に米星煙草株式会社を設立した。当初資本金1百万円、払込25万円、本店を済南に置き、瑞業公司の事業をまるごと承継した。取締役社長岡田虎輔、取締役北野順吉、島村明房、永井幸太郎、北浜留松、孫璽昌であった。このうち島村と孫は、岡田がかつて働いていた朝鮮総督府専売局から引き抜いた人材である[29]。岡田は1938年7月まで社長を続け、後任に北浜留松が就任した（米星煙草貿易[1981]44-45頁）。米星煙草は1922年1月11日に青島支店を設置して、青島を葉煙草集荷の拠点とし、軍政解除後に青島に本店を移転した。青島では取締役兼支配人の北野順吉が陣頭指揮を執っていた。米星煙草の乾燥工場は1926年で敷地11,800坪、建物12棟、建坪1,352坪、新式自動乾燥機を据え付け、再調理室も設置し、80万貫処理の生産設備を備えた[30]。同社再乾燥工場は二十里堡の英米煙草トラスト工場、坊子の南洋兄弟烟草公司に次ぎ、日系同業者では傑出した規模であった。

　同社の葉煙草の供給先として、専売局等への納品のほか、東亜煙草委託買付も担当していた。1923年には米星煙草と東亜煙草が葉煙草購買契約を締結した[31]。これにより米星煙草は東亜煙草の安定的葉煙草納入業者として位置づけられた。米星煙草社長岡田虎輔は東亜煙草の専務取締役を兼務し、鈴木商店系の経営支配を強めたため、米星煙草が東亜煙草に対する葉煙草納入で関係を深めたはずである。東亜煙草に混乱が生じて、岡田は1925年12月に東亜煙草取締役を降りることになる（第2章参照）。他方、鈴木商店も米星煙草設立後には、山東省産葉煙草の調達で有利になり、世界各地からの輸入葉煙草と煙草用材料を専売局と東亜煙草に納入する体制となった（日商[1968]299頁）。米星煙草は専売局への葉煙草納入の枠を有しており、高品位葉煙草を捌くことができたため、1925年6月期（通年）で10％配当を続けていた。1926年6月期の貸借対照表のみ発見できたので紹介する（表4-6）。同社の資本金1百万円、半額払込で、資産は工場建物機械等で356千円、製品手持高191千円、製品売却未収金122千円等で、6月は手持葉煙草在庫の少ない時期であるが、かなりの在庫と未収金

を抱えていた。債務では借入金はなく、支払手形105千円があるが、ほぼ自己資本経営である。前期に比べ利益が落ち込んでいるが、4％配当を実現した[32]。

1927年で米星煙草は山東省に蝦蟆屯ほか計3件の葉煙草集荷場を保有し、幅広く集荷する体制を築いていたが[33]、同年1927年4月の金融恐慌で鈴木商店は資金繰りで追いつめられて倒産した。この事態で米星煙草にも少なからぬ影響が発生した。鈴木商店の保有していた米星煙草の株式20千株のうち、16千株は台湾銀行に担保として差し入れていたため、それを買戻し、残り4千株は鈴木商店系の太陽曹達株式会社（1919年10月設立、本店神戸）に肩代わりさせ、グループ内に残した。そのほか米星煙草は鈴木商店の保有していた

表4-6　米星煙草貸借対照表

（単位：千円）

	1926.6期
（資産）	
未払込資本金	500
工場建物機械什器及附属建設物	356
営業継承費	28
預金現金	5
製品手持高	191
製品売却未収金	122
材料費	28
仮払金	4
合計	1,237
（負債）	
資本金	1,000
諸積立金	53
他店勘定	31
支払手形	105
前期繰越金	30
当期利益金	17
合計	1,237

注：1925.7-1926.6期。
出所：青島興信所『山東日支人信用秘録』1926年版、356頁

煙草事業と関連取引先等を承継した。それに伴い鈴木商店が携わってきた外国煙草の輸入、葉煙草輸出入、煙草製造機械の輸入販売、煙草香料の製造販売も米星煙草の事業となった。鈴木商店の事業資産であった東京の出張所や神戸の香料工場も承継したうえで、米星煙草は1927年6月1日に新たな体制に移行し、取締役に鈴木商店で金子直吉の片腕と言われた高畑誠一を迎えた。1928年2月8日に鈴木商店の国外商事部門を中心に日商株式会社が設立され、同社は、米星煙草の大株主となった（米星煙草貿易［1981］35-38頁、日商［1968］172-176頁）。買戻した米星煙草の株式を日商が取得していた。米星煙草は山東省の日系煙草事業者として最も幅広く操業していたため、鈴木商店が倒産しても、事業継続できたのはそれまでに築いた事業基盤の大きさが寄与したと言えよう。もちろん人脈的にも東亜煙草との取引は継続された。後述の協立煙草の設立で、同社は中国葉煙草株式会社、東洋葉煙草とともに3社で専売局納入窓口もしくは葉煙草集荷枠を協立煙草に委ねた[34]。

そのほか米星煙草は紙巻煙草製造機の製造に乗り出した。鈴木商店が納入していた機械を研究して製造に展望を見出し、1937年5月に煙草製造機械製作の株式会社国友鉄工所を設立し（本店東京）、岡田虎輔が社長に就任した[35]。金融恐慌で鈴木商店は

倒産したが、1927年12月でも米星煙草は日系有力葉煙草集荷3社のなかで第1位の260千貫の集荷実績を見ており、山東省の集荷についてはさほど影響はなかったとみられる。1930年代になり資本金750千円全額払込に減資しており、その前に発生していた損失処理を行ったようである。それでも1935年に配当率4％を維持していた[36]。この間、1931年で400千貫、1934年、1935年で450千貫という集荷実績を誇り、後述の改組統合された合同煙草や先述の山東煙草と激しい葉煙草集荷競争を演じた。なお1933年でも「米星煙草株式会社（協立煙草株式会社）」とする説明が見出され[37]、協立煙草の名を借りて実態は米星煙草が取引していた。その後は協立煙草の名前は消えた。

4．東洋葉煙草

　葉煙草集荷貿易及び販売を主業とする規模の大きな事業者として、1919年8月29日に東洋葉煙草株式会社が設立された。東京の本店は東亜煙草本社と同じビルに置かれた。1922年で資本金1百万円、半額払込であった。社長佐々熊太郎（前東亜煙草社長）、当初の取締役に菅野盛次郎（東亜煙草社長）、監査役に藤田虎之助（東亜煙草専務取締役）が就任しており[38]、専売局の意向を受けた役員配置であった。佐々は東亜煙草社長を退任後、専売局の推薦で東洋葉煙草の社長に就任していた。ところが東洋葉煙草は戦後恐慌の打撃で損失を計上し、東亜煙草の社長菅野が退任するのに合わせ、1922年5月3日に東洋葉煙草の取締役も辞任し、また前年に藤田虎之助が死没したため、東亜煙草との兼務役員は消滅した。1922年5月期の東洋葉煙草の常務取締役三好程次郎、広江沢次郎、小林一、取締役日下部三九郎、川村桃吾、石部泰蔵、杉野文六郎、監査役山口吉、加藤繁之、小岩信吉であった[39]。広江沢次郎は朝鮮の煙草事業を東亜煙草に譲渡した後に、満洲における株式会社三林公司を設立し（第2章参照）、また東洋葉煙草の設立時から常務取締役に収まり、煙草事業を継続していた。朝鮮の煙草事業で得た蓄積と東亜煙草への事業譲渡益で三林公司と東洋葉煙草に出資したとみられる。広江はそのほか京城煙草元売捌株式会社と大阪で煙草パッケージの印刷を受注していた市田オフセット印刷株式会社の取締役も兼務しており、出資していたはずである[40]。

　1922年5月末の株主名簿によると[41]、佐々1,300株、日下部1,100株、川村600株、広江560株、渡辺合資会社（渡辺栄次（東亜煙草元取締役））、菅野盛太郎（東亜煙草社長）500株、小林420株、馬詰次男（東亜煙草取締役）400株、和田常市390株、石部

300株、大正生命保険株式会社（鈴木商店系）、中戸川忠三、水野熊平、杉野文六郎300株、小岩信吉290株、辻川富重270株、中村再造250株、三好210株、西崎三五、渡辺栄次、日本教育生命保険株式会社（鈴木商店系）、長崎英造（鈴木商店系、東亜煙草取締役）、山口吉200株が並び、これより少額保有者には、岡田虎輔（鈴木商店系）、亀沢半次郎（東亜煙草元取締役）、加藤繁之、杉山孝平（東亜煙草元取締役）100株等が並び、東洋葉煙草の取締役以外に、東亜煙草の元もしくは現役役員、鈴木商店系企業家等で上位株主を占めた。中戸川は先述のように山東省で最初に葉煙草集荷を手がけた人物である。鈴木商店系企業家の保有株は東亜煙草に比べ少ない。東洋葉煙草は専売局の企画により国内の煙草売捌事業者に幅広く出資させて設立された。零細株主には割当を受けた国内煙草売捌事業者が含まれているようである。これにより投資家から幅広く資金を集め、株式を分散させることで上位株主による経営権の行使が可能となった。この時点より前の営業報告と株主名簿が見当たらないが、1920年4月に鈴木商店系の米星煙草が設立され、事業を拡張していたため、鈴木商店系の出資者は東洋葉煙草への出資から米星煙草の出資に切り替えても不思議はない。同社は専売局用葉煙草納入で事業を安定させることが可能と期待されたと思われる。残念ながら設立当初の営業報告書が残存していないため傍証が難しいが、第1次大戦期に山東省で米国系黄色種葉煙草栽培と集荷が急増した事態を踏まえ、東亜煙草が参入していない葉煙草事業に別会社を立てて参入させ、専売局が影響力確保を企図したものと考えられる。

東洋葉煙草は創立直後の1919年11月3日に青島支店を設置しており、山東省葉煙草事業に本格参入した。しかし東洋葉煙草は戦後恐慌後で不振に陥った。1922年5月期で8千円の利益を計上しているものの、繰越損失2千円を計上し、1921年11月期前にはかなりの損失を計上していた（表4-7）。そのため山東省では不振業者と見られていた[42]。以後の事業内容しか判明しないが、東亜煙草との競合関係に立たないように専売局が事業調整させ、東洋葉煙草は満洲においては煙草製造に参入していない。それに換えて、満洲では東洋葉煙草は吉林で製材工場を入手し、機械を据え付けて自己勘定で製材業に乗り出していた[43]。煙草用の板材の販売増大も期待していた。しかし満洲でも煙草販売が低迷していたため需要は限られており、1922年5月期で原木在庫1千円が計上されているが、以後は見当たらない。

1922年11月期には、東洋葉煙草の製材業はアメリカ材の輸入で不利となり、継続不可能と判断し、工場を賃貸に回した。1922年6月30日に三好が常務取締役を降り、取締役杉野は辞任した[44]。業績がさえない会社への求心力は当然ながら高いものではな

表4-7　東洋葉煙

	1922.5期	1922.11期	1923.5期	1923.11期	1924.5期	1924.11期	1925.5期	1925.11期	1926.5期
(資産)									
未払込資本金	500	500	500	500	500	500	500	500	500
営業権	―	―	―	―	―	―	115	152	151
地所建物機械器具	339	340	338	335	332	332	182	184	185
原木	1	―	―	―	―	―	―	―	―
商品	9	8	6	17	0	0	―	12	6
葉煙草勘定	―	―	―	―	―	―	―	―	―
合同煙草会社勘定	―	―	―	―	―	―	―	―	―
受取手形	6	―	―	―	8	―	―	―	0
取引先勘定	247	108	121	156	114	154	184	172	140
有価証券	―	―	―	―	―	―	―	―	―
仮払金未収金等	95	62	71	73	68	68	25	78	25
預金現金	102	103	146	117	127	108	53	21	67
前期繰越損失金	2	―	―	―	―	―	―	―	―
合計	1,304	1,122	1,183	1,200	1,152	1,164	1,101	1,122	1,079
(負債)									
資本金	1,000	1,000	1,000	1,000	1,000	1,000	1,000	1,000	1,000
諸積立金	11	11	13	15	17	19	21	24	26
信認金	2	―	―	―	―	―	―	―	―
仮受金	20	2	7	1	2	3	11	17	0
支払手形	85	4	13	51	106	17		44	7
支払未済金	165	83	128	111	4	102	47	15	25
当座借越金	11	―	―	―	―	―	―	―	―
前期繰越利益金	―	6	2	3	2	3	3	2	2
当期純益金	8	15	18	18	19	17	17	18	16
合計	1,304	1,122	1,183	1,200	1,152	1,164	1,101	1,122	1,079

出所：東洋葉煙草株式会社『営業報告書』各期

い。同社は日本と朝鮮の葉煙草在庫が潤沢なため、中国産葉煙草の輸入需要がないことから、朝鮮葉煙草の輸出と中国関内産葉煙草の満洲への売り込みに注力した[45]。1924年に社長佐々熊太郎が死亡したため、同年9月1日死亡登記し、1924年10月21日に丸瀬寅雄（前専売局総務課長）が社長に就任した[46]。丸瀬も佐々と同様に専売局からの天下り人材であったが、この人事異動により取締役に東亜煙草役員の出身者は皆無となり、東亜煙草との関係は薄れた。1924年冬に吉林製材工場で火災が発生し損害を受け、その処理のため翌年3月24日に株主協議会を開催し善後策を検討した[47]。その処理として吉林製材工場資産を営業権115千円として計上しているようである。この期には商品在庫皆無で、手持在庫を持てないほど事業が縮小していた。その後もさえない状態が続いた。1925年5月期に片倉製糸紡績系の合同煙草株式会社が設立されると、東洋葉煙草は山東省葉煙草集荷事業を譲渡し撤収する。東洋葉煙草は1927年で

草貸借対照表（1）

(単位：千円)

1926.11期	1927.5期	1927.11期	1928.5期	1928.11期	1929.5期	1929.11期	1930.5期	1930.11期	1931.5期	1931.11期
500	500	500	500	500	500	500	500	500	500	500
150	149	147	130	129	126	125	123	122	120	119
186	186	186	187	187	188	189	173	173	173	173
—	—	—	—	—	—	—	—	—	—	—
6	8	21	22	46	48	38	12	76	60	32
—	—	—	—	107	39	52	47	89	36	90
—	—	—	24	—	—	—	—	—	—	—
20	30	27	35	41	43	35	31	25	38	27
113	220	167	126	204	220	299	129	252	211	159
—	—	—	—	—	17	17	28	35	35	35
20	16	56	7	5	4	15	51	21	26	20
69	83	84	75	100	95	69	115	85	85	71
—	—	—	—	—	—	—	—	—	—	—
1,065	1,194	1,191	1,110	1,321	1,285	1,343	1,212	1,382	1,287	1,230
1,000	1,000	1,000	1,000	1,000	1,000	1,000	1,000	1,000	1,000	1,000
28	30	33	40	43	47	52	56	59	63	67
—	—	—	—	—	—	—	—	—	—	—
0	2	1	5	1	0	4	2	7	47	5
8	15	75	2	85	28	84	—	58	25	58
13	125	54	35	164	176	179	132	234	130	77
—	—	—	—	—	—	—	—	—	—	—
1	0	2	5	6	7	0	1	0	2	2
13	20	23	21	20	24	20	18	20	19	18
1,065	1,194	1,191	1,110	1,321	1,285	1,343	1,212	1,382	1,287	1,230

山東省に集荷場を１件も有していなかった[48]。大手３社に比べ葉煙草集荷で競り負けるのは当然であった。そのため南信洋行に専売局納入枠を消化させるような取引で終わっていた。他方、東洋葉煙草は煙草関連品の専売局納入窓口となっており、1926年８月７日にライスペーパー（巻紙）製造大手の三島製紙が東洋葉煙草に代納業務を委託し、東洋葉煙草が専売局と「煙草巻紙供給契約」を締結し、紙巻煙草原料ライスペーパーの調達窓口業務に当たった[49]。1928年５月期に合同煙草会社勘定24千円が資産計上されており、合同煙草への事業譲渡による取引関係が確認できる。東洋葉煙草の葉煙草事業を合同煙草に任せた。1928年に協立煙草が設立される際に、東洋葉煙草は葉煙草集荷の提携会社を合同煙草から協立煙草に乗り換えて、1928年11月期には合同煙草勘定の残高が消滅し、新たに葉煙草勘定が計上されている。これは協立煙草に遅れて参加し、同社の葉煙草集荷・納入枠に東洋葉煙草も加わったことに伴う同社名義

表 4 - 8　東洋葉煙草貸借対照表(2)

(単位：千円)

	1932.5期	1932.11期	1933.5期	1933.11期	1934.5期	1934.11期	1935.5期	1935.11期	1936.5期	1936.11期	1937.5期
(資産)											
未払込資本金	500	500	500	500	500	500	500	500	500	500	500
営業権	117	116	114	113	94	92	90	88	86	84	81
地所建物機械器具	173	173	173	173	173	158	158	160	156	156	156
商品	30	45	38	37	42	37	37	22	77	97	116
葉煙草勘定	41	105	36	38	58	121	121	—	1	36	13
受取手形	103	82	76	24	42	47	47	38	52	121	49
取引先勘定	134	123	141	156	108	354	354	261	256	334	315
有価証券	37	37	37	37	55	56	56	56	56	57	57
仮払金未収金等	39	5	31	7	8	6	6	7	24	17	634
預金現金	53	78	104	208	308	182	182	725	401	472	176
合計	1,232	1,266	1,255	1,296	1,392	1,558	1,558	1,861	1,613	1,877	2,101
(負債)											
資本金	1,000	1,000	1,000	1,000	1,000	1,000	1,000	1,000	1,000	1,000	1,000
諸積立金	70	63	67	70	74	78	83	88	93	99	110
仮受金	1	1	12	0	28	30	63	79	104	122	132
支払手形	43	87	14	137	130	247	67	152	128	306	139
支払未済金	95	88	133	55	117	161	340	480	221	274	630
当座借越金	—	3	6	5	8	7	12	9	5	7	5
前期繰越利益金	1	1	1	1	7	1	6	16	23	30	32
当期純益金	19	20	20	25	25	31	37	35	35	35	50
合計	1,232	1,266	1,255	1,296	1,392	1,558	1,610	1,861	1,613	1,877	2,101

出所：東洋葉煙草株式会社『営業報告書』各期

の集荷枠である。1929年5月期に現れる有価証券は協立煙草の株式を含むと思われる。東洋葉煙草も協立煙草名義で取引するため、応分の負担を求められ、引き受けたもののようである。この葉煙草集荷の提携先の変更の趣旨は不明であるが、東洋葉煙草は設立経緯から東亜煙草に近いため、東亜煙草系の米星煙草と中国葉煙草が立ち上げた協立煙草に参加したものとみられる。

　1930年5月期の株主名簿は1922年時点から大幅に変貌し、役員が上位株主に並び、鈴木商店系の株主は岡田虎輔がまだ100株を保有しているが、ほかの持株は消滅していた。東亜煙草系の株主としては馬詰が350株を保有している程度である[50]。鈴木商店系株主は不振の東洋葉煙草の投資から手を引いた。世界恐慌による一次産品価格の暴落で、葉煙草集荷業も不振に直面した。その中で1932年3月9日に社長丸瀬が死亡し、5月16日に池田蔵六が東洋葉煙草の社長に就任した[51]。

　1931年9月18日勃発の満洲事変直後、上海に戦火が拡大し販売に悪影響をもたらした。ところが同年12月13日に1ドル＝2円の法定平価を停止し管理通貨制に移行した

ことで、円相場が下落基調となり、その中で輸出競争力を回復した。さらに満洲の地政学的位置づけが激変したことに伴い、操業環境が好転する。1933年5月期には、日本からの葉煙草の輸出増大、専売局、朝鮮総督府専売局、台湾総督府専売局への納入の増大、満洲への輸出増大がみられた[52]。円為替低落のみならず、戦争による軍需煙草の急増等が寄与した。1935年11月期に葉煙草勘定が皆無となり、以後も少額に止まり、他方、商品残高が増大するため、協立煙草に代行させる取引から直接取引に復帰したとみられよう（表4-8）。支払未済金や支払手形を膨らませることで、取引を拡大していた。1936年5月期では、専売局納入葉煙草事業、上海出張所での各種煙草材料品の販売に注力し、満洲では東亜煙草の葉煙草その他の調達等で順調に操業していた[53]。この間の利益も増大を辿り、1937年5月期には、未払込資本金を控除した総資産1,601千円、利益50千円という快調な操業状況となった。また吉林製材工場の土地権利が同年3月20日に確定し、その処分が可能となった[54]。さらに同社は日中戦争勃発後、華中の煙草製造の参入に全力を上げることになる（第5章）。

5．中国葉煙草

1920年5月25日に中国葉煙草株式会社が設立された（本店済南、資本金2百万円、50万円払込）。同社は亜細亜煙草株式会社の全額出資子会社で、社長は亜細亜煙草専務取締役犬丸鉄太郎が兼務し、取締役小西和も亜細亜煙草取締役兼務で経営にかかわった。同社も当初は暫定的に済南に本店を置いて、同年7月2日に青島に支店を置き、同支店を拠点として葉煙草集荷に参入した。同社は山東省の葉煙草集荷では、専売局への納入のほか、東亜煙草、亜細亜煙草の現業部門である奉天の大安煙公司（1921年10月竣工）等への納入で、1922年まで多額の利益を計上できた[55]。当初は青島守備軍民政署鉄道部より坊子の土地を借り受けて葉煙草集荷場として使っていたが、1921年3月17日に米国系黄色種葉煙草の試作まで踏み込んだ利用を許可された。ただし濰県坊子葉煙草集荷場として資産計上されている仮払金は1,494円という僅かなものであり[56]、貧弱なまま終始し、集荷場としては機能していなかったとみられる。その後、山東省産葉煙草集荷の競争者が増加すると営業成績は低迷した。そのため多額の手元余裕金の運用難に陥り、葉煙草集荷以外に金融事業にも傾斜した（表4-9）。1922年9月期に未払込資本金を控除した総資産759千円のうち貸付金が280千円という規模に膨れ上がっていた。資産で商品とあるのは奉天の大安煙公司から仕入れた販売用煙草であり、煙草販売にも参入したが、数量的には伸びなかった。青島では1922年以降の

表4-9 中国葉煙草貸借対照表(2)

(単位:千円)

	1921.3期	1921.9期	1922.3期	1922.9期	1923.3期	1923.9期	1924.3期	1926.3期
(資産)								
未払込資本金	1,500	1,500	1,500	1,500	1,500	1,500	1,500	1,500
地所建物什器	1	2	2	56	56	57	69	68
葉煙草	—	0	16	2	109	—	—	102
商品	5	4	3	3	3	3	1	—
有価証券	215	211	210	211	—	—	—	—
貸付金	149	164	171	280	—	—	—	—
貸付金及有価証券	—	—	—	—	545	669	652	437
得意先	5	21	59	54	32	7	1	—
未収金仮払金	6	27	61	15	10	6	7	17
預金現金	351	308	219	135	5	19	5	9
合計	2,235	2,240	2,245	2,259	2,263	2,262	2,239	2,134
(負債)								
資本金	2,000	2,000	2,000	2,000	2,000	2,000	2,000	2,000
法定積立金	0	1	2	3	4	5	6	9
借入金	—	—	—	—	—	—	—	96
亜細亜煙草勘定	215	211	211	211	211	234	211	—
仕入先	—	5	—	3	21	—	—	—
未払金預り金仮受金等	0	6	7	20	22	4	2	9
前期繰越金	4	2	3	3	3	4	4	4
利益金	14	18	21	21	21	15	14	15
合計	2,235	2,240	2,245	2,259	2,263	2,262	2,238	2,134

出所:中国葉煙草株式会社『営業報告書』各期、1926.6期のみ『山東日支人信用秘録』1926年版

日系事業者の多くは不振に呻吟しており[57]、経営困難に直面している葉煙草集荷業者は中国葉煙草に止まらない。その結果、中国葉煙草は貸付金の回収に苦慮し、新規の貸付金を1923年3月期より中止していた。その後、中国葉煙草の役員内で紛争が発生し、また1920年代の景気低迷に災いされて、休業状態に陥った[58]。

中国葉煙草は在青島総領事館設置後の1923年5月20日に本店を済南から青島に移転した[59]。1924年3月期の中国葉煙草の株主名簿は、亜細亜煙草の27,400株のほか、日華蚕糸・片倉製糸紡績の有力な取締役鈴木格三郎が1,000株で3位に列していた[60]。南信洋行名義で日華蚕糸が葉煙草集荷事業を経営し、中国葉煙草が南信洋行に専売局納入枠の消化を実質的に委託するという取引関係が存在していたため、親密な関係を構築する目的で株式保有を行っていたとみられる。中国葉煙草は競争の熾烈な山東省葉煙草事業では展望を見いだせなかった。そのため1925年6月に奉天に本店を移転し、1926年4月5日に資本金を半額減資し、公称資本金1百万円、250千円払込となった[61]。1927年でも中国葉煙草も山東省において葉煙草集荷場を1件も有していなかっ

た。先記した集荷場は稼動していなかったが処分していたことになる。そのため同社も南信洋行に華煙草納入枠を譲渡して消化する形で収益を得るような業態に後退していた[62]。親会社の亜細亜煙草が実質的に本拠としている奉天に転出し再起を狙ったが、亜細亜煙草は不振を続け1927年7月23日に東亜煙草に吸収合併されたため、中国葉煙草はそのまま東亜煙草の子会社に転換した。東亜煙草への山東省産葉煙草の供給は鈴木商店系の米星煙草からの納入が中心であり、中国葉煙草の葉煙草納入は困難で、そのため中国葉煙草は吉林省産地場葉煙草集荷に切り換え、山東省華煙草については1928年9月に米星煙草、東洋葉煙草及び中国葉煙草の3社で協立煙草を設立し、山東省葉煙草事業を譲渡して、同社に専売局納入業務を担当させた。以後は出資者として専売局納入について協立煙草を監督するだけとなり、量は限られているが東亜煙草その他のための葉煙草の買い付けを専業とした。青島には出張所をそのまま残し、東亜煙草との折衝のため東京事務所を開設した[63]。その後、中国葉煙草は1937年まで満洲事業者として続いていたが、葉煙草集荷業の実態は消滅していた。1937年7月日中戦争勃発後の政治状況の激変で同社は再度青島に移転する（第3章参照）。満洲本店事業者の時期については省略しよう。

6．中華煙公司

　済南に本店を置いたまま操業を続けた葉煙草集荷事業者は株式会社中華煙公司（1919年10月設立、資本金1,500千円、375千円払込）のみのようである。同社は山東省葉煙草集荷のみならず、当初から満洲事業を取り込む方針で設立された。1918年3月1日に長春に設立された株式会社東華煙草公司は資本金100千円、半額払込という小規模事業者で長春に工場をおいて操業を開始したが、同社事業と奉天の既存煙草事業者の統合も含めた会社新設が計画され、中華煙公司の設立となった（第2章参照）。同社は1920年で1,125千円払込、社長吉野小一郎、専務取締役竹田津三平、取締役前之園甚左衛門、取締役藤田与市郎、庵谷忱、山田三平、藤田駒吉であり、30千株のうち内藤熊喜5,100株、前之園、竹田津各1,000株であった。同社は1919年10月に青島支店、奉天支店、長春工場、哈爾濱出張所を開設した。長春工場は前東華煙草公司の事業資産であった。同社は山東省に葉煙草加工工場を設置しなかったが、満洲にも葉煙草乾燥工場を設置したとの記述は見当たらない[64]。同社は満洲事業家が多数関わり、満洲における蓄積で山東省に進出した。吉野は奉天窯業株式会社（1918年6月30日設立）監査役、藤田与市郎は前東華煙草公司社長、長春市場株式会社（1917年5月16日

設立)、満洲木材株式会社(1918年1月設立、本店長春)各取締役のほか、東洋拓殖株式会社が4分の1を出資する東省実業株式会社(1918年5月4日設立、本店奉天、資本金3百万円、750千円払込、青島店舗1919年3月18日設置、社長馬越恭平)の監査役であった。庵谷は東亜木材興業株式会社(1919年10月設立、本店安東)等の社長のほか、東省実業の取締役を兼ね、吉野と並び奉天窯業の監査役に就いていたが、奉天窯業も東省実業の出資を受けていた。山田三平は南満洲倉庫建物株式会社(1919年9月設立、本店大連)、株式会社大連株式信託(1920年3月)の社長等、多数の満洲の会社に関わる代表的な満洲企業家であった。藤田駒吉は安東燐寸製材株式会社(1913年8月設立)代表取締役、東亜木材興業取締役であった。また最大株主内藤が東省実業の専務取締役であり、そのほか北満倉庫株式会社(1918年10月設立、本店哈爾濱、東省実業出資)、開原市場株式会社(1918年10月1日設立、東省実業出資)の取締役を兼ねていた[65]。以上のように満洲企業家達は東省実業を中心に人脈と出資が密接に重なっていた。また中華煙公司設立時に東省実業は67千円の払込出資を行った。すなわち中華煙公司は最初から東省実業の資金支援で設立され、その後も同社の資金を当てにしていたといえよう。親会社の東拓は軍政時期山東省に投資を開始しており、1920年10月に山東起業株式会社(資本金10百万円、2.5百万円払込)、1920年10月5日に山東倉庫株式会社(資本金1百万円、250千円払込)の最大出資者となった(柴田[2008]60頁)。東拓本体による投資のほか、関係会社東省実業を通じた投資として中華煙公司設立も実現したことになり、東拓・東省実業一体となった山東省投資と位置付けられよう[66]。

中華煙公司は1919年11月期で10千円の利益で年1割配当を行い[67]、事業はまだ快調であった。ところが戦後恐慌が山東省・満洲に波及すると中華煙公司の事業は両地域で不振に陥った。1921年11月期には無配に転落したようである。同様に資金支援をした東省実業も満洲内投資事業が急激に悪化し、1921年11月期に損失を計上した。以後、経営危機に直面した東省実業に対し、東拓が全額出資子会社化による救済に踏み切らざるを得ない事態となるため(柴田[2007c]115頁)、東省実業が中華煙公司の資金支援をすることは不可能となった。中華煙公司は事業を拡張する前に停滞したため、集荷した葉煙草を自社再乾燥工場で加工し、さらにそれを自社煙草工場で製造出荷するという一貫体制を構築することはできず、せいぜい再乾燥工程の委託で自社工場原料に利用する程度であったと思われる。中華煙公司は経営不振の中で規模の大きな煙草事業者の亜細亜煙草の傘下に移ることによる延命に動いたが、中華煙公司の操業状態は再起不能と判断されて、亜細亜煙草は買収に踏み切らなかった(第2章参照)。比較

的規模の大きな葉煙草集荷事業者で不振に陥った事例はほかにもみられ、多くは統合や事業縮小で延命するが、中華煙公司は追い詰められ、1920年代半ばに達する前には休眠状態に陥っていた[68]。

1) 片倉製糸紡績[1941]203-204頁、『山東日支人信用秘録』1926年版、401-402頁。鈴木格三郎は1887年12月生、1908年東亜同文書院卒、片倉組に入る。妻は片倉武雄の妹(帝国秘密探偵社『大衆人事録』1940年版、ス20頁)。今井五介は安政6(1859)年11月5日生、片倉兼太郎(初代)の実弟、同族と片倉組を起こし、1920年3月23日片倉製糸紡績副社長、1933年8月26日社長、1932年5月貴族院議員、1946年7月9日没(『大衆人事録』1942年版、東京121頁、新潮社[1991]207頁、片倉製糸紡績[1941]年表ほか)。
2) 片倉製糸紡績[1941]201-203頁、日華蚕糸株式会社『第1期営業報告書』1920年12月期。柳沢[1985]120頁では、日華蚕糸が設立前の1919年に2,800千円の取引を行っており、また同123頁で日華蚕糸を「国内ないし「満州」に本店を有する有力企業」と位置づけており、調査不足であろう。
3) 日華蚕糸株式会社「日華蚕糸株式会社定款」。
4) 片倉製糸紡績[1941]475-477頁、『帝国銀行会社要録』1919年版、1925年版。日華蚕糸の煙草事業とその合同煙草への統合と資産譲渡については柴田[2008a]62頁で解説したが、片倉製糸紡績[1941]に依拠したため、中裕公司が「中税公司」との記載となっている。庄[2006]246頁によると、1919年には南信洋行と合同煙草会社が相次いで濰県に常設の買付場を設立したとあるが、合同煙草は後述のように日華蚕糸の一部門の南信洋行名義の煙草事業を中心に1927年に設立された会社であり、この説明は誤りである。深尾[1991]59頁でも1920年に南信洋行という会社が設立されたと説明し、日華蚕糸の一事業部門と理解できていない。
5) 表4-3の典拠の在青島総領事館坊子出張所作成文書は、合同煙草設立前の時期に葉煙草集荷業者名として日華蚕糸ではなく、南信洋行を使っている。
6) 前掲日華蚕糸『第1期営業報告書』。
7) 日華蚕糸株式会社『第2期営業報告書』1921年12月期。
8) 同前。1921年5月5日に藤瀬政次郎(日華蚕糸取締役)保有株式を三井物産に、また茂木惣兵衛が経営した茂木合名会社(1913年6月設立、本店横浜)の保有株のうち、戦後恐慌による破綻後250株を片倉製糸紡績に、残りを茂木系の七十四銀行に譲渡することを認めた。茂木合名とともに破綻した七十四銀行については、柴田[2002c]参照。
9) 日華蚕糸株式会社『第3期営業報告書』1922年12月期。
10) 同『第4期営業報告書』1923年12月期。
11) 在青島総領事館坊子出張所「坊子方面ニ於ケル米種葉烟草買付状況報告ニ関スル件」1927年11月12日(外務省記録 E.4.3.1.-5-8-1)。
12) 日華蚕糸株式会社『第8期営業報告書』1927年12月期。
13) 同『第17期営業報告書』1936年12月期。なお日華蚕糸は1938年7月20日に日華興業株式会社に商号変更し、さらに1942年7月31日に青島に本店を移転した(柴田[2008a]44頁)。
14) 『帝国銀行会社要録』1937年版、中華民国7頁。
15) 松坂屋[1964]167頁、『山東日支人信用秘録』1926年版、439頁。山東窯業と山東葉煙草の設

立日は「株式会社登記簿・在上海総領事館ノ部」（外務省記録E.2.2.1.-5-1）。山東窯業の青島店舗は1919年5月3日設置、代表者は伊藤経真であった（前掲「在青島銀行会社一覧表送付ノ件」）。両社は上海に支店を設置した。いとう呉服店系銀行として、伊藤銀行（1881年6月30日設立、本店名古屋）がある。

16) 『銀行会社要録』1920年版、青島及上海2-3頁。
17) 『帝国銀行会社要録』1925年版、支那8頁、前掲「在青島銀行会社一覧表送付ノ件」。1926年7月では社長伊藤銃次郎、専務取締役安田久之助、取締役秋富久太郎、伊藤正三郎ほかである。青島で高部悦三が支配人を務めていた（『山東日支人信用秘録』1926年版、439頁）。
18) 1926年で山東窯業は銀建50万元、払込25万元、他方、山東葉煙草は金建500千円、半額払込であり（『山東日支人信用秘録』1926年版、437-439頁）、山東窯業が銀建化で先行した。中国における銀建て資本の日本法人設立を認めた1923年3月31日公布「支那ニ本店ヲ有スル会社ノ資本ニ関スル法律」の制定過程と施行については柴田[2008a]第1章参照。
19) 山東葉煙草は、『銀行会社要録』1933年版、支那4頁、で50万元銀建とあり、その前に銀建に移行していた。
20) 『山東日支人信用秘録』1926年版、347頁。柳沢[1985]142頁では、1922年で山東葉煙草を「事業不振（採算不良）・早晩解散を含む」という会社群に含ませているが、名古屋の伊藤家の支配下にあるとの解説はない。
21) 『山東日支人信用秘録』1935年版、法人91頁。伊藤産業合名は伊藤同族の持株会社。
22) 前掲「坊子方面ニ於ケル米種葉煙草買付状況報告ニ関スル件」。
23) 在青島総領事館発本省、1937年6月14日（外務省記録E.4.3.1.-5-8-1）。
24) 『山東日支人信用秘録』1926年版、347頁によると、当初の商号を「山東農事株式会社」とするが、その実在を傍証できない。またこの典拠では1920年12月設立とする。
25) 1920年に商号変更とする記述もあるが、『山東日支人信用秘録』1926年版、437頁の記述に従った。別に日本法人「山東実業公司」との記載を見出すが、これが山東産業を意味するようである（在青島総領事館坊子出張所「当地方面ニ於ケル葉煙草産額ニ関スル件」1927年12月22日（外務省記録E.4.3.1.-5-8-1））。中村康之助は1875年5月2日生、1901年東京高等工業学校卒、1909年早稲田大学教員、アメリカ留学を経て1919年実業界に転身し、山東煙草社長となり、山東煙草同業組合組合長に就任（『大衆人事録』1930年版、ナ52頁）。八田熙は1884年9月23日生、鉄道官僚八田嘉明の実弟、1913年東京帝国大学法科卒、渡辺保全株式会社（1920年2月設立、本店東京）入社、同社理事、ほか東京湾汽船株式会社（1893年11月設立、渡辺治右衛門系）、千代田リボン製造株式会社（1914年5月設立、本店東京）、上毛モスリン株式会社（1902年4月設立、本店館林）各取締役（同前、ハ11頁）。会社設立年月は『帝国銀行会社要録』1925年版、『銀行会社要録』1922年版、1927年版参照。
26) 『山東日支人信用秘録』1926年版、437頁。
27) 同前437頁。金井寛人は1897年1月14日長野県生、上田蚕糸専門学校卒、片倉製糸紡績に入社、日華蚕糸を経て合同煙草に移り、華北で煙草事業を続けた。そのほか日華蚕糸の塩業部門を大日本塩業株式会社と組んで、1937年2月5日に分社化し山東塩業株式会社を設立した。同社は後日、北支那開発株式会社から出資融資も受けた。そのほか三島製紙取締役、財をなし、戦後、財閥解体で大倉喜七郎が手離した株式会社帝国ホテルの株式を買収、1953年4月16日会長就任、1977年11月39日没（人事興信所『人事興信録』1952年版、柴田[2008a]62、

560-561頁、帝国ホテル[1990]973頁ほか)。
28) 前掲「坊子方面ニ於ケル米種烟草買付状況報告ニ関スル件」。
29) 米星煙草貿易[1981]24-30頁、前掲「在青島銀行会社一覧表送付ノ件」。米星煙草貿易[1981]は米星商事[1965]の記述を承継し、米星煙草の設立時の本店を青島と記しているが、軍政時期の青島に本店法人登記は不可能であり、済南に暫定的に設立した。また設立時に資本金が全額払込かの記述となっている。同書の記述には依拠すべき資料の不足のためか、荒さが随所にみられる。「米星」のいわれは、鈴木商店の国外用マークが米型をしているため、それを商号に利用したものであった(米星煙草貿易[1981]29頁)。中国烟草通志編纂委員会[2006]390頁に、「米星」が1917年に上海で工場を取得し巻上機1台で操業していたが、1920年に撤収したとの記載がある。米星煙草の設立前であり、鈴木商店を意味しているものかもしれないが、鈴木商店が上海で煙草製造に参入したとのほかの記述を見いだせない。
30) 『山東日支人信用秘録』1926年版、355-256頁、1935年版、法人4頁。
31) 水之江[1982]372頁。なお水之江[1981]には米星煙草社長岡田虎輔の東亜煙草取締役兼務という関係に言及がない。
32) 『山東日支人信用秘録』1926年版、355-356頁。
33) 前掲「坊子方面ニ於ケル米種烟草買付状況報告ニ関スル件」。
34) 1928年9月28日に米星煙草の拠点の蝦蟆屯で協立煙草名義で集荷を開始していた(在青島総領事館「山東省ニ於ケル米国種葉煙草ニ関スル調査方ニ関スル件」1928年10月3日(外務省記録E4.3.1.5-8-1))。
35) 米星煙草貿易[1981]40頁。国友機械の取締役に筆頭株主の国友研介が就任している(『帝国銀行会社要録』1942年版、東京87頁)。
36) 『山東日支人信用秘録』1935年版、法人3頁。
37) 在青島総領事館坊子出張所「昭和八年度山東省産米国種葉煙草作柄及収穫予想等報告ノ件」1933年9月25日(外務省記録E.4.3.1.-5-8-1)
38) 東洋葉煙草株式会社『第6期営業報告書』1922年5月期、1-2頁。
39) 『銀行会社要録』1922年版、東京73頁。日下部三九郎は1893年帝国大学卒、文官高等試験外交科合格、1909年関東都督府外事総長で退職。川村桃吾は1919年で東京毛布株式会社(1918年11月設立、本店千葉)取締役、杉野文六郎は1922年で永楽銀行(1921年4月30日設立、本店東京)、株式会社荒川製作所(1918年12月設立、本店東京)、高田鉱業株式会社(1917年12月設立、本店東京)各取締役。山口吉は元東亜煙草監査役(第1章参照)。法人の存在確認は『帝国銀行会社要録』1919年版、1927年版ほか。水之江[1982]は多くの東亜煙草の周辺情報を盛り込んでいるが、東洋葉煙草については言及がない。
40) 京城煙草元売捌については第2章参照。市田オフセット印刷は関西屈指の技術が高い有力印刷業者であり、煙草パッケージ等も受注したと思われる。煙草の周辺事業にも投資したと言えよう。その後、市田オフセット印刷は上海にも分工場を設置するほど業容を拡張したが、1924年に同じく関西の有力印刷業者として競っていた日本精版株式会社(1916年4月設立)に吸収合併され、日本精版は精版印刷株式会社を新設し事業統合し関西随一の優良企業となった。その後、1944年7月26日に凸版印刷株式会社が吸収合併した(凸版印刷[1961]123-124頁、年表)。
41) 前掲東洋葉煙草『第6期営業報告書』「株主名簿」。和田常平は「和田常市」となっている

が、住所朝鮮で煙草事業者から推定し修正した。
42) 柳沢[1985]142頁で、東洋葉煙草を「事業不振（採算不良・早晩解散を含む）」企業群に位置づけ、1923年解散予定と紹介している。1922年5月期で少額の利益を計上してその後も少額利益を続け延命できたため、解散が見込まれるほどの事業不振に陥っていたかについては、留保が必要であろう。柳沢[1985]、[1986]は資料の記載にもたれかかるきらいがあり、史料批判が不足している。また東洋葉煙草が専売局からの天下り会社との位置づけは与えられていない。
43) 前掲東洋葉煙草『第6期営業報告書』3頁。
44) 東洋葉煙草株式会社『第7期営業報告書』1922年11月期、2-3頁。
45) 同『第8期営業報告書』1923年5月期、3頁。
46) 同『第11期営業報告書』1924年11月期、2頁。水之江[1982]47頁では、東亜煙草の「佐々社長病没後、藤田専務が次期社長菅野盛次郎就任まで社長代行した」とあるが、誤りである。佐々熊太郎は東亜煙草社長辞職後も同社株式を保有し続けており、また東洋葉煙草設立とともに社長に就任した。佐々は東洋葉煙草社長のまま死亡しており、この事実と混同している。丸瀬寅雄は1877年3月生、1904年東京帝国大学法科卒、専売局採用、1924年専売局総務課長で退職（『人事興信録』1921年版、ま15頁、『大衆人事録』1930年版、マ99頁）、東洋葉煙草社長のまま1932年3月9日没（東洋葉煙草株式会社『第26期営業報告書』1932年5月期、2頁）。
47) 東洋葉煙草株式会社『第12期営業報告書』1925年5月期、2頁。
48) 前掲「坊子方面ニ於ケル米種葉烟草買付状況報告ニ関スル件」。
49) 三島製紙[1968]6-7頁、年表。三島製紙は1920年4月に専売局に対し、紙巻煙草原料として採用を申請していた。東洋葉煙草は1937年で三島製紙の株式100千株中、2,200株を保有しており、株式保有でも提携関係を有した（『帝国銀行会社要録』1937年版、静岡27頁）。
50) 東洋葉煙草株式会社『第22期営業報告書』1930年5月期、「株主名簿」。
51) 同『第26期営業報告書』1932年5月期、2頁。池田蔵六は1885年12月1日生、1904年東京帝国大学法科卒、専売局採用、専売局総務課長、1929年8月30日台湾総督府専売局長、1930年12月4日同財務局長、1932年3月15日辞職、東洋葉煙草取締役、現職のまま1940年4月12日没（『大衆人事録』1932年版、イ96頁、岡本[2008]、東洋葉煙草株式会社『第42期営業報告書』1940年5月期、4頁）。
52) 東洋葉煙草株式会社『第28期営業報告書』1933年5月期、2頁。
53) 同『第34期営業報告書』1936年5月期、2-4頁。
54) 同『第36期営業報告書』1937年5月期、4-5頁。
55) 『山東日支人信用秘録』1935年版、法人11頁。大安煙公司については第2章参照。この典拠では「泰安公司」となっているが修正した。
56) 中国葉煙草株式会社『第2期営業報告書』1921年3月期、5,7頁。
57) 戦後恐慌後の青島の日系事業者の不振については柳沢[1985]、[1986]参照。
58) 『山東日支人信用秘録』1926年版、363頁。
59) 中国葉煙草株式会社『第7期営業報告書』1923年9月期、1-2頁。
60) 同『第8期営業報告書』1924年3月期、9-10頁。
61) 『山東日支人信用秘録』1935年版、法人11頁、亜細亜煙草株式会社『第14期営業報告書』

1926年5月期、2頁。
62) 前掲「坊子方面ニ於ケル米種葉烟草買付状況報告ニ関スル件」。
63) 『山東日支人信用秘録』1935年版、法人12頁。
64) 『銀行会社要録』1920年版、青島及上海2頁。
65) 会社の設立年月日等については日清興信所『満洲興信録』1922年版、『南満洲商工要鑑』1919年版、『満洲銀行会社年鑑』1936年版。庵谷忱、山田三平等の有力満洲事業家については、柳沢[1999]と須永[2007a]参照。東省実業の設立時の取締役には天津で煙草小売業を営んでいた外地企業家の加藤定吉も並んでいた。東省実業の設立・操業と出資先については柴田[2007c]113-114頁参照。
66) 東省実業株式会社『第3期営業報告書』1919年11月期、7頁、前掲「在青島銀行会社一覧表送付ノ件」。
67) 『銀行会社要録』1920年版、青島及上海2頁。
68) 『帝国銀行会社要録』1925年版では掲載が消滅している。満洲事変後に煙草法人設立に絡み部分的な再起が検討されたようであるが企画倒れに終わった（第3章参照）。

第5節　日系葉煙草集荷事業と再編

1．葉煙草集荷・納入体制

　戦後恐慌が襲来した1920年以後、とりわけ1920年前半に山東省の日系事業者の操業環境は悪化し、商品価格の低落と日系事業者間の競争で利益が一段と押し下げられた。日系葉煙草集荷業者としては、東洋葉煙草、中国葉煙草、山東産業、山東葉煙草、米星煙草、南信洋行（日華蚕糸）及び自営業の中裕公司が操業していた。この日系7事業者は、1920年から翌年にかけて専売局、台湾総督府専売局及び朝鮮総督府専売局に納入する葉煙草の共通見本及び価格に関する事項を協定する目的で山東煙草同業組合を組織して（南満洲鉄道上海事務所[1939]72頁）、専売局等への納入割当を消化する体制となっていた。専売局が同組合に対し年度所要量を内示し、組合はその葉煙草集荷量について協議のうえ、各組合員の引受高を決定し、専売局がその決定数量に基づき個別組合員に納入命令を出すという手続きを踏んでいた[1]。山東煙草同業組合は専売局から受注し、個別数量割当を行う排他的葉煙草集荷納入カルテルとして機能していた。ただし集荷で競合する場合には円満な協調関係を構築できていない。

　これ以外にも山東省で葉煙草集荷に関わる日本人商人は見られたが、それらは上記7事業者の下請けである。中国人商人も葉煙草集荷に参入したがいずれも独立営業者であり、その中でも鶴豊公司が有力事業者であった。各事業者のうち、米星煙草は蝦

蟆屯を中心とする地方を勢力範囲とし、大英烟公司は二十里堡を中心とする地方を勢力範囲とし、この2社はこの地域において再乾燥工場と倉庫を保有し、しかも付近一帯の農民に種子を配給し、耕作及び乾燥を指導奨励し、収穫物を買収し、再乾燥を施したうえで荷造りをして発送する一貫した業務を行っていた。そのため付近の農民の信用は絶大で、この両地域においては、事実上、両社が集荷独占している状態にあった。そのほか南信洋行は濰県に、南洋兄弟烟草公司は坊子に再乾燥工場と倉庫を保有していたが、種子の配給や耕作と乾燥等の指導は行っていなかった。そのほか山東葉煙草が青島に再乾燥工場を有していた。それ以外の業者は再乾燥工場を保有していなかった。専売局に納入する場合には品位維持のため再乾燥を施す必要があるが、再乾燥工場の設備と操業の投資負担が重く、それを保有しない東洋葉煙草、中国葉煙草、山東産業及び中裕公司の4者は、南信洋行を中心として提携していた。その提携内容は、専売局の命令を受けた買付量の割当について、南信洋行に集荷枠の権利を現金譲渡するものであり、実際には東洋葉煙草、中国葉煙草及び山東産業は集荷に従事せず、また中裕公司も本体名義で集荷をしていたが、実態は南信洋行に集荷納入枠の権利を譲渡しているにすぎず、南信洋行の下請的地位で甘んじていたと観測されていた。専売局の買付命令枠は1927年度で山東葉煙草27千貫、米星煙草29千貫、南信洋行（5事業者分）119千貫という規模であった。1927年度では栽培面積が縮小し集荷量も減少している中で、南信洋行グループは専売局納入枠を埋める必要があり、それが一段と上級品の相場を吊り上げていた。日系7事業者の集荷した葉煙草の供給先としては、優良品を専売局、朝鮮総督府専売局または台湾総督府専売局（納入しない年度もある）に納入し、下級品は、青島、上海、天津、奉天等に輸送し、大英烟公司や中国人商人に売却し、屑葉は中国人地方商人に売却した。大英烟公司、南洋兄弟烟草公司は自前の工場用原料として集荷した[2]。日本の葉煙草事業者は専売局命令枠を達成する必要があるが、1927年12月で同年産山東省葉煙草集荷実績は、山東葉煙草15万貫、米星煙草26万貫、南信洋行20万貫、山東産業6万貫、鶴豊公司5万貫、南洋兄弟烟草公司15万貫、大英烟公司20万貫、ユニバーサル葉煙草5万貫とみられていた[3]。1927年度産の集荷は1928年3月まで続き、その間に各社は専売局納入枠の葉煙草の確保を図った。

2．合同煙草の設立

葉煙草集荷の7事業者は、事実上、山東葉煙草、米星煙草及び南信洋行グループに

分れており、各社は相互に対立し競争しており、品質や乾燥水準の統一といった改良を阻害しているため、専売局への納入葉煙草の品質向上、価格引き下げの面で問題が見られた。すなわち先述のように再乾燥工場と専用倉庫を有するのは、山東葉煙草、米星煙草及び南信洋行（日華蚕糸）の3社のみであり、南信洋行と一体で専売局納入枠を得ている再乾燥工場を持たない下位の事業者は、専売局への納入品の上級品位の葉煙草を買い急ぐため相場を吊り上げ、その結果、専売局の納入価格を引き上げていた。在青島総領事館坊子出張所は、この欠陥を打開するため、①台湾総督府専売局が福建省で行っているように三井物産に命じて葉煙草を集荷させ、一定の手数料のみを支払う方式を採用する、②葉煙草集荷事業者に地域割当を行い、複数事業者が同一地域で集荷しないようにする、③専売局に対する納入事業者を合同させる、といった案を検討した。このうち③を理想的とみていた[4]。

在青島総領事館は山東省の葉煙草集荷事業者の合同の必要があると判断し、合併を勧めた。その結果、山東産業、東洋葉煙草、中裕公司及び南信洋行が、山東省における葉煙草事業を合同するとの方針で合意し、統合して新会社を設立する協議を開始した[5]。そして合同煙草株式会社が1927年11月に設立された。本店青島、資本金800千円全額払込（16千株）。原始定款によると、山東省産の米国系葉煙草を集荷し専売局に納入することと、葉煙草売買及び付帯事業を業務とし、上記4事業者の山東省における事業の営業権及び日華蚕糸が山東省濰県に有する葉煙草買入設備及び再乾燥設備の一切を買収して経営し、統合する各社は山東省において上記の業務を行わないものとした[6]。そして山東産業、中裕公司は解散し、日華蚕糸は本体で続けていた葉煙草集荷事業から撤収し、合同煙草の最多株式を保有する蚕糸専業となり、東洋葉煙草は山東省の葉煙草集荷事業から撤収した。残念ながら合同煙草の営業報告書は見当たらない。合同煙草の資本金800千円全額払込、1935年で専務取締役鈴木格三郎、取締役橋本誠三、金井寛人、武井哲太郎、松本章、監査役八田熙（前山東産業社長）ほかであった。合同煙草の葉煙草集荷実績は好調で、1935年も年率配当6％を維持していた。同社の日本国内実務は日華蚕糸が代行していた[7]。

再編後の合同煙草、山東煙草、米星煙草の3社で山東葉煙草組合を結成した。中国系煙草事業者の鶴豊公司等は青島で下級品製造工場を操業していた。大英烟公司の青島工場も1927年から休業していた製造を再開した。また1928年5月3日に北伐軍と山東出兵した日本軍が衝突した済南事件により日本軍が膠済鉄道沿線警備を行った結果、山東督弁が退去したため、在青島総領事館が葉煙草の日本への輸出に対する当地の課

税を不当として廃止させ、輸出税と埠頭税のみとなった[8]。

　日系葉煙草集荷の3社体制になって集荷体制は効率化したようである。山東省の膠済鉄道沿線の栽培地では、その後も葉煙草集荷の争奪状態が続き、1931年9〜11月の収穫期でも、合同煙草は330千貫、米星煙草は400千貫、山東煙草は190千貫を買い集めるとみられていた[9]。この3社合計920千貫となり、同年山東省葉煙草収穫量の20％に達する量を確保し、それを専売局、朝鮮総督府専売局、東亜煙草、その他の日系煙草事業者に供給した。1932年も合同煙草350千貫、米星煙草370千貫、山東煙草130千貫、合計850千貫を集荷するとみられていた[10]。

　1932年で3社合計850千貫、うち合同煙草は350千貫、1933年も350千貫、1934年には500千貫、1935年450千貫と、1920年代後半に比べ集荷量を増大させていた。集荷競争による価格引き上げで、葉煙草耕作農民にとっては1930年代前半の銀貨暴落によるデフレの中での魅力的な商品作物との位置づけで増産された。出荷量の増大に伴い合同煙草は1936年12月に120万円を増資し、公称資本金2百万円、払込1,100千円となり集荷のための資金力を強めていた[11]。

3．協立煙草の設立

　合同煙草設立で東洋葉煙草、山東産業、中裕公司の山東省葉煙草の専売局納入枠は合同煙草に集約されたが、中国葉煙草の納入枠は合同煙草に統合されず、別の会社を起して統合することになる。中国葉煙草が山東省葉煙草事業から撤収するに際して、従来の山東省事業の受け皿として、1928年9月に協立煙草株式会社が設立された（本店青島）。資本金56万円払込であった。代表取締役は米星煙草と同じ岡田虎輔、取締役は北野順吉が重なっていた。ほかに取締役に松尾晴見（中国葉煙草社長、東亜煙草取締役、1927年7月23日に東亜煙草による亜細亜煙草吸収合併後に就任）、池田蔵六（東洋葉煙草社長）が並んでいた[12]。東洋葉煙草は当初、日華蚕糸系の合同煙草の設立に関わり、同社の出資に応じたが、米星煙草が中国葉煙草の山東省葉煙草利権を承継した協立煙草の設立で動いたため、東洋葉煙草は提携相手を合同煙草から協立煙草に乗り換えて同社に出資して取締役を送り込んだ。東洋葉煙草の立ち位置の変更は、専売局の意向に従ったものかもしれない。米星煙草の取締役のほか、中国葉煙草社長松尾及び東洋葉煙草社長池田が連なっていたため、3社の資金による設立である。亜細亜煙草の東亜煙草への吸収に伴い、中国葉煙草が東亜煙草の子会社に切り替えられたが、米星煙草との競合を回避するため、合同煙草の設立に伴い、中国葉煙草は山東

省葉煙草事業も撤収し、奉天に移転し、華北の葉煙草事業を協立煙草に引受けさせた。実際には1928年には先述のように協立煙草の名義で米星煙草の拠点地域の集荷を行わせており、実体は米星煙草であるが三社統合のダミーとして協立煙草を設立して事業を名目的に肩代わりさせた。米星煙草の操業が鈴木商店破綻後の事後処理の中で安定すると、米星煙草は自社名義の取引に復帰した。1930年代後半に東洋葉煙草が葉煙草の直接取引に復帰し、中国葉煙草は奉天移転後、休眠状態に近いためその結果協立煙草はほぼ実体のない名目上の会社に後退した。実際、1928年でも在済南総領事館管区では米星煙草の商号で葉煙草集荷を行っており[13]、膠済鉄道沿線の在青島総領事館管内のみ協立煙草名義の取引がなされたようである。

　以上のように協立煙草の事業を米星煙草側が事実上掌握していた。協立煙草が専売局への納入枠を得ていたとしたら、山東葉煙草組合は4社で設立されていたことになるが、その記述を見いだせない。納入枠を獲得していたとしても、実態は米星煙草の経営によるものであり、米星煙草が協立煙草を設立した3社の納入枠を獲得して消化するだけの関係にあったと推定できる。日中戦争後に、葉煙草集荷業務は中国法人の華北葉煙草株式会社（華北菸草股份有限公司）が管理することになり（第5章参照）、その下に米星煙草も取り込まれたため、協立煙草の名義だけの存在意義は消滅した[14]。

　そのほか日本の葉煙草輸出の一手販売会社が設立された。日本の葉煙草輸出業者が欧州・エジプトへの日本産葉煙草輸出で競合したため、輸出価格や数量で不利な状況に陥っていた。これに対処して専売局が葉煙草業者に介入して、共同出資させ、1930年4月3日に協同煙草株式会社を設立させた（資本金1百万円、25万円払込、本店東京）。社長福井乙丸、専務取締役吉川惟一、取締役岡田虎輔、伊藤源助で、米星煙草が筆頭株主であった[15]。同社設立後は、日本の葉煙草輸出業者は協同煙草を通じて輸出する体制となった。なお片倉製糸紡績系の日華蚕糸は、協同煙草の設立前の1929年6月に国際商事株式会社を設立して煙草貿易に参入しているため、協同煙草に加わらなかった。

1）在青島総領事館坊子出張所「専売局ノ葉煙草買上ゲ手続ニ関スル卑見報告ノ件」1927年11月16日（外務省記録 E.4.3.1.-5-8-1）。原資料には「手続ノ欠陥ニ付卑見」とあるが、手書きで修正。原資料では商号に含まれる煙が「烟」となっているが、正式法人商号等に修正した。山東煙草同業組合組合長として1923～1938年に岡田虎輔が在任していた（南洋興発株式会社「煙草製造御願ニ関スル件」1941年11月1日（国史館台湾文献館蔵、台湾拓殖株式会社档案2586）。

2) 前掲「坊子方面ニ於ケル米種葉烟草買付状況報告ニ関スル件」。
3) 在青島総領事館坊子出張所「当地方面ニ於ケル葉煙草産額ニ関スル件」1927年12月22日（外務省記録 E.4.3.1.-5-8-1)。
4) 在青島総領事館坊子出張所「専売局ノ烟草買上ゲノ手続ニ関スル卑見報告ノ件」1927年11月16日（外務省記録 E.4.3.1.-5-8-1)。当初は「専売局ノ烟草買上ゲノ手続ノ欠陥ニ付卑見報告ニ関スル件」との表題であったが、手書き修正。
5) 在青島総領事館「葉煙草買付業者合同経営ニ関スル件」1928年1月14日（外務省記録 E.4.5.0.-45)。
6) 「合同煙草株式会社定款」（外務省記録 E.4.5.0.-45)。
7) 『山東日支人信用秘録』1935年版、法人26-27頁、片倉製糸紡績[1941]475-476頁。
8) 在青島総領事館「山東省ニ於ケル米国種煙草ニ関スル調査方ニ関スル件」1928年10月3日（外務省記録 E.4.3.1.-5-8-1)。米星煙草が「協立煙草」となっているが修正した。
9) 在青島総領事館坊子出張所「山東省ニ於ケル米種葉煙草ニ関シ調査報告ノ件」1931年11月18日（外務省記録 E.4.3.1.-5-8-1)。買付予定量を含む数値。
10) 同「山東省ニ於ケル米種葉煙草ニ関シ調査報告ノ件」1932年11月30日（外務省記録 E.4.3.1.-5-8-1)。台湾総督府専売局にも納入した年次もあるが、複数の資料の記載からみて毎年納入を続けていた訳ではない。
11) 『帝国銀行会社要録』1937年版、中華民国7頁。
12) 『山東省日支人信用秘録』1935版、法人4頁、『帝国銀行会社要録』1937年版、中華民国8頁。米星煙草貿易[1981]では協立煙草について説明がない。深尾[1991]59頁でも、米星煙草が中国葉煙草と東洋葉煙草の葉煙草集荷事業を合併して、1928年に「協立煙草会社となった」と説明するが、協立煙草は出資した別会社であり、誤りである。また東洋葉煙草と当初の合同煙草との関係に言及がない。中国葉煙草の営業報告書は1924年3月期までしか確認できないため、同社の側から検証できない。
13) 在済南総領事館「山東ニ於ケル米国種葉煙草調査方ニ関スル件」1928年11月27日（外務省記録 E.4.3.1.-5-8-1)。
14) 『帝国銀行会社要録』1943年版にはまだ名前が残っているが、東京興信所『全国銀行会社要録』1941年版では掲載から除外されている。実態は乏しいとみられる。
15) 協同煙草株式会社『第1期営業報告書』1930年5月期、1、7、9-10頁、米星煙草貿易[1981]40頁。ほかの株主は2位吉川惟一（元内国通運株式会社（明治5（1872）年6月設立、本店東京）取締役）、3位伊藤源助（株式会社伊藤商工（1919年12月5日設立、本店上海）、株式会社馬来護謨公司（1912年10月10日設立、本店東京）各取締役）であった（『大衆人事録』1932年版、キ62頁、イ50頁、前掲「株式会社登記簿・在上海総領事館ノ部」、『帝国銀行会社要録』1942年版、柴田[2005a]563頁)。

おわりに

日系煙草製造業の中国関内への参入は、早期に試みた村井兄弟商会の事例を除けば、東亜煙草の天津・上海における工場が大きいが、それでも英米煙草トラストの足もと

にも及ばない規模に止まった。煙草製造ではまったく勝てなかったといえよう。第1次大戦期には、山東省葉煙草栽培が急増し、その集荷という新たな業態に日系事業者も多数参入した。とりわけ第1次大戦期の膠州湾ドイツ租借地攻撃と占領による軍政を施行したことで、旧ドイツが拡張させてきた山東省の非公式帝国の利権を承継し日本の山東利権は格段に強化された。日系事業者はその投資インフラを享受し、殺到したといえる。すでに大英烟公司が山東省の葉煙草集荷でプレゼンスを高めていたが、そこへ割込みを掛け、再乾燥工場を設立し事業規模を追求した複数の日系事業者がいた。とりわけ再乾燥工場まで設置して事業規模拡大を目指した鈴木商店系の米星煙草、松坂屋系の山東葉煙草（山東煙草）及び片倉製糸紡績系の南信洋行（日華蚕糸）が有力事業者であった。これらより下位にある事業者の東洋葉煙草、中国葉煙草、山東煙草（山東産業）等は専売局への納入枠の消化で利益を得るだけという状況であった。それでも1920年代には山東省葉煙草の品質が高くかつ大量供給されたため、日系事業者は大英烟公司やアメリカ系ユニバーサル葉煙草、南洋兄弟烟草公司を追撃できたといえよう。日系葉煙草集荷業者の出荷先は、専売局、朝鮮総督府専売局、台湾総督府専売局の官需筋ほか、日系煙草製造業者の東亜煙草、亜細亜煙草のほか、中国人経営煙草事業者にも供給した。戦後恐慌で多くは不振に陥り、中国葉煙草は亜細亜煙草が東亜煙草に吸収合併される前に、奉天に本店を移転し、山東省葉煙草事業を協立煙草に譲渡して撤収した。南信洋行に専売局納入枠を転売しているだけの事業者は存続意義が乏しいため、1927年11月に合同煙草の設立で、東洋葉煙草、山東産業等が山東省葉煙草集荷事業を撤収した。さらに米星煙草が中心になり、中国葉煙草と東洋葉煙草も出資した協立煙草が合同煙草とは別に設立されていた。過当競争の中で淘汰され、日系葉煙草事業者は再乾燥工場保有の合同煙草、山東煙草及び米星煙草の3社体制になり、前より効率的な葉煙草集荷と品質維持が実現したとみられる。この体制は日中戦争勃発まで続いた。これらの日系事業者はかなりの葉煙草集荷のシェアを獲得したが、大英烟公司の集荷量にはまったく勝てなかった。

第 5 章

日中戦争期華北華中における日系煙草産業

はじめに

　1937年7月7日盧溝橋事件で日中戦争が勃発し、日本軍はその後の戦線拡大で沿岸部主要都市を中心とした占領域を拡大し、さらに華北では山西省太原、華中では武漢三鎮まで占領域を拡大した。占領地における対日協力政権として、華北では中華民国臨時政府、華中では中華民国維新政府が出現した。また日本側占領地行政機関として、既存の外務省の在外公館とは別に興亜院を設立し、その連絡部を華北・華中・厦門等に設立した。占領地経済により戦争を維持するという方針であり、占領地で必要とする財の占領地内産出・確保が目指された。そのため関内占領地においても、既存の煙草製造業が存在し、また優良な葉煙草産地で栽培も続いたため、その葉煙草を集荷し既存の煙草工場で生産する体制となる。

　日本占領体制に伴い、既存の日系煙草事業者が事業基盤拡張を目指した。華北では従来から東亜煙草株式会社が天津工場の操業に傾注していたが、東亜煙草のみならず新たな参入者が現れ、また葉煙草集荷では臨時政府系葉煙草集荷法人が設立され、英米煙草トラストに強い圧迫を加え続け、既存の操業基盤の切り崩しに動いた。また華中では、東洋葉煙草株式会社が最大製造拠点の上海で既存煙草工場の操業を引き受けることで新規参入し、さらに奥地漢口にも煙草工場を取得した。加えて華中でも葉煙草集荷法人を設立し原料確保に動いた。日系煙草事業者は中国占領地で既存工場の買収等で事業拡張し、配給体制を構築し、葉煙草集荷にも尽力することで一段とプレゼンスを強めた。本章はその事業展開を、資料に基づき分析する。

　これまでの研究では、中国占領地の日系企業体制の全体像を描くことを目標とした柴田[2008a]で一部煙草事業者に言及している。まとまった業績としては関内日系煙草事業者の営業報告書を発掘したうえで分析を試みた柴田[2008c]以外に見当たらない。そのほか水之江[1982]が東亜煙草の多面的紹介を与えており参考になるため、同

書を資料として利用する。英米煙草トラストは占領下中国でも事業を続けた。その大枠はCox[2000]で与えられているが、中国事業の個別会社の事業紹介は与えられていない。Cochran[2000]も、英米煙草トラストの活動を紹介しているが1930年までで終わっており、占領体制の中の事業の紹介は与えられていない。中国烟草通志編纂委員会[2006]も一部言しているため資料として利用できる。そのほか南洋兄弟烟草公司の資料集が刊行されており（上海社会科学院経済研究所等[1961]）、利用できる。

　以上の先行研究と関連文献の資料紹介を踏まえ、本章では関内周辺部の蒙疆・華南・海南島・香港を除く華北・華中において参入・事業展開した日系煙草事業者の事業活動を資料に基づいて分析を加える。占領体制の中の日系煙草事業者の参入・事業展開を参照できる先行研究文献が乏しい中で、一次資料の発掘に依拠して体系的な解説を与える。日系煙草産業は日中戦争勃発以前から華北華中で煙草製造に参入しており、また山東省葉煙草集荷で英米煙草トラスト系事業者と競合関係に立っていたが、日中戦争期において煙草製造事業を拡大し、販売体制を強化し、葉煙草集荷にも尽力し、英米煙草トラストを追撃した。占領地体制と参入企業の違いから、華北と華中に地域分割して解説する。本章は柴田[2008c]を大幅に補強し、日中戦争期の華北華中に限定して再論するものである。

第1節　華北華中煙草事業者の概要

1．華北煙草事業者

　1937年7月7日盧溝橋事件で、日中戦争が勃発した。天津軍（支那駐屯軍）が展開し、その後、1937年8月26日に北支那方面軍が編成され、占領地域が拡大した。北京、天津、青島、済南、遅れて山西省の太原を占領した。山西省北部は関東軍が占領し、蒙疆占領地として別の支配体系を構築するため省略する（第7章参照）。占領地協力政権として、1937年12月14日中華民国臨時政府が樹立されたが（行政委員長王克敏）、1940年3月30日に南京に新国民政府（汪政権）樹立で、華北政務委員会に再編される。日本の占領行政体制として、在外公館をそのまま存続させたまま、陸軍特務機関が各地に設立され、占領地行政にかかわるが、1938年12月16日に興亜院設立、1939年3月10日に興亜院華北連絡部、同青島出張所設立で、軍と一般行政の調整機関として活動した（柴田[2002b]参照）。華北占領地において当初は朝鮮銀行券がそのまま持ち込

まれたが、1938年3月10日に中国聯合準備銀行が開業し（本店北京）、聯銀券流通により華北の占領地通貨統一を進めた。ただし天津租界内等では法幣がそのまま外貨転換性を維持しつつ流通していた[1]。

　占領体制の中で、既存煙草事業者の操業環境は激変した。華北におけるその概要を紹介する（表5-1）。既存事業者の東亜煙草は天津工場をそのまま操業した。東亜煙草ほど事業規模は大きくないが、1936年10月1日設立の華北煙草株式会社も青島工場で操業を続けた。同社は華北における朝鮮人事業家の出資と経営によるものである。同社は日中戦争勃発後に、青島で操業している紡績業者と共に青島から一時退去していたところ、紡績工場等とともに同社工場は破壊された[2]。そのため占領後煙草製造に早期復帰はできなかった。1938年に華北煙草はようやく青島における事業に復帰した。そして同社は煙草製造を強化するため、地場の山東烟草公司を買収し事業拡張を強めた。同社の操業は順昌洋行（自営業）からの借入金に依存した[3]。華北煙草は事業拡大のため、1941年4月頃に資本金12百万円に11.5百万円の増資を計画して承認を求めた。これに対し、4月24日に興亜院華北連絡部等で審議した結果、華北東亜煙草株式会社や北支煙草株式会社との均衡、民族資本の利用等から判断し、4.5百万円の増資を行うものとし資本金5百万円全額払込とし、そのうちの1百万円は民族資本、すなわち華北在住中国人投資家に保有させるものとした[4]。その後、この方針の承認は遅れた。地場中国人投資家への株式の保有等で障害が発生したため、同年12月14日に興亜院華北連絡部経済第一局で、民族資本への株式開放等の条件を撤回し、社長林薫の手元資金による4.5百万円の増資を承認した[5]。そのため増資の実現は翌年にずれ込むこととなった。

　華北の紙巻煙草製造に規模の大きな新規日系事業者が相次いで参入した。当初は東亜煙草がそのまま事業継続したが、占領が安定すると、東亜煙草は華北東亜煙草の設立で、華北事業を分社化した。他方、満洲国の満洲煙草株式会社も華北に進出したが、1939年5月に北支煙草を設立し、事業を分社化した。1938年3月に華中に東洋葉煙草株式会社が参入し煙草製造に着手していたが、同社は1938年末に自社製造煙草の華北移出を開始し、1939年で26,324梱（25千本入）、3,216千円、1940年、19,705梱、3,022千円の売り上げを見た。同社はさらに華北事業に注力するため、1941年5月に優良葉煙草生産地に近い済南に分工場の設置を申請した。分工場用巻上機は上海に所在する20台を移転するだけで済み、5,778千円の新規事業投資による分工場設立により、1か年で20億本の製造を行うという計画であった[6]。1941年6月以降、華中では

表 5-1　日中戦争勃発後の中

法人名	設立年月日	本店	事業地	系列
東亜煙草㈱	1906.10.20	東京	華北・華中・華南	
東洋葉煙草㈱	1919.8.29	東京	華中・海南島	1939年三井物産出資
山東煙草㈱→山東実業㈱	1919.9.15	青島	山東省	松坂屋系
米星煙草㈱→米星産業㈱	1920.4.-	青島	華北	旧鈴木商店系
中国葉煙草㈱→中国産業㈱	1920.5.25	奉天→青島	華北	東亜煙草系
合同煙草㈱→合同興業㈱	1927.11.-	青島	華北	片倉製糸紡績系
㈱中和公司	1927.12.18	天津	華北	東亜煙草系
協立煙草㈱	1928.9.-	青島	華北	米星煙草・中国葉煙草・東洋葉煙草出資
国際商事㈱	1929.6.-	大阪	華北・華中・香港	片倉製糸紡績系
協同煙草㈱	1930.4.3	東京	華中・香港	
㈱八谷洋行	1931.4.26	上海	華中	
満洲煙草㈱	1934.12.24	新京	華北・華中	
華北煙草㈱	1936.10.1	青島	華北	
大陸煙草㈱→興東煙草㈱	1937.6.30	大連	華中	
華北東亜煙草㈱	1937.10.25	天津→北京	華北・蒙疆	東亜煙草
合同煙草公司	1937.10.25	上海	華中	
㈱南興公司	1938.6.15	台北	華南・香港・澳門	台湾拓殖系
㈲東映煙廠	1938.8.16	青島	華北	
和中工業㈱	1938.8.-	東京	華北	東亜煙草系
華北葉煙草㈱	1938.12.-	北京	華北	臨時政府系、米星産業、合同煙草、山東煙草
共盛煙草㈱	1939.4.29	上海	華中	伊藤忠商事系
北支煙草㈱	1939.5.29	北京	華北・華中	満洲煙草系
東映煙草公司	1939.10.25	上海	華中	
東洋煙草㈱	1940.3.21	張家口	蒙疆・香港	東洋紡績
興亜煙草㈱	1940.6.24	上海	華中	松坂屋系
中支葉煙草㈱	1940.12.9	上海	華中	東亜煙草・東洋葉煙草・国際商事・米星産業・永和洋行出資
㈱丸三商工公司	1941.5.1	上海	華中	
南国煙草㈱	1941.10.16	海口	海南島	東洋葉煙草・三井物産出資
武漢華生煙草㈱	1941.11.20	漢口	華中	東洋葉煙草系
徳昌煙公司	1941.-.-	上海	華中	江島命石経営
㈲永和貿易公司	1941.12.9	上海	華中	木戸東彦経営
中華煙草㈱	1942.3.2	上海	華中	東亜煙草・三井物産・満洲煙草・伊藤忠商事・松坂屋出資
永泰和烟草㈱	1942.3.30	上海	華中	
山西産業㈱	1942.4.1	太原	華北	北支那開発出資
㈱東映煙廠	1942.-.-	青島	華北	
南京烟草㈱	1944.-.-	南京	華中	
華北刻煙草㈲	…	…	華北	
隴海煙公司	…	徐州	華北→華南	中熊英知経営

注1：煙草を主業とする事業者に限定し、大手商社を除外。
注2：事業地は中国関内占領地のみ掲載。
注3：中国人経営の煙草事業者として、崂山烟草㈱（1940年4月9日設立、本店青島）あり。1932年3月個人事業で開始。
出所：帝国興信所『帝国銀行会社要録』1937年版、1940年版、1942年版、東亜煙草［1932］、片倉製糸紡績［1941］、米星煙草貿易、青島出張所「製造捲煙草調査事項ニ関スル件」1942年8月3日（外務省記録 E221）、蘇浙皖区敵偽産業処理局「接収国内日洲銀行会社年鑑」1942年版、中国通信社『全支商工取引総覧』1941年版、同『全支商工名鑑』1943年版、同『全支組合総

国関内占領地日系煙草事業者

備考

1942.10.27解散、中華煙草に統合
1940.1.10商号変更
1939.3商号変更
1938年青島に移転と推定、1938か1939年商号変更
1941年に商号変更
1942年前に解散

実質的経営は米星煙草

北支煙草に関内事業譲渡
華北在住日本籍朝鮮人設立
1941.5.26上海支店登記、1943.7.5商号変更

匿名組合

1936.6.16個人事業の営業許可、㈲東映煙廠に改組、資本金55千円、1938.7.24設立の別記載あり、1942年に㈱東映煙廠に改組
中和公司の屑葉煙草事業を継承
華北菸草㈲、12月設立は設立計画確定から判断、合弁法人、片倉製糸紡績[1941]476頁は1940.1設立とするため、1939.1の誤植の可能性あり
1942.10.21解散、中華煙草に統合
1941.11.29華北東亜煙草に吸収
匿名組合

1942.10.21解散、中華煙草に統合

本店大阪の㈱丸三商工の分社化

設立は登記日、1941.4に設立と推定、1942.10.21解散、中華煙草に統合
匿名組合
永和洋行の改組

軍管理の永泰和烟草㈱（1921.10.1設立）の改組
山西省第36軍管理工場

1944後半設立と推定、合弁法人
不詳
1940年頃着手した自営業と推定、1942年に華北東亜煙草が買収

法人化し資本金1百万円、1941年6月に4百万円に増資。
［1981］、水之江[1982]窪田[1982]、「株式会社登記簿・在上海総領事館扱ノ部」（外務省記録 E.2.2.1.5-1)、興亜院華北連絡部本産業賠償我国損失核算清単合訂本」（国史館蔵、賠償委員会305-591-6)、大連商工会議所『北支会社年鑑』1942年版、同『満覧』1942年版

第5章　日中戦争期の華北華中における日系煙草産業　237

日系煙草事業の統合方針が打ち出されるが、その方針を察知して、統合されると東洋葉煙草の事業基盤が消滅するため、その前に華北事業の拠点を確保しようとしたと解釈できる。しかし華北には北支煙草の新規参入と華北葉煙草の事業拡張を認めたため、競合する東洋葉煙草の済南新工場の設立は認められなかった。こうした事態からも煙草製造業者の激しい競合関係を読み取ることができよう。

　そのほか華北では同じ青島で操業する中国人法人の崂山烟草股份有限公司があり、操業を続けていた。同公司は華北葉煙草株式会社から葉煙草の供給を受けて、日本占領下の青島で操業する比較的規模の大きな法人のため、紹介しておこう。1932年3月に個人事業として着手し、1940年4月9日に公称資本金1百万円の崂山烟草股份有限公司に改組し、さらに1941年6月に公称資本金4百万円、払込2百万円に増資した。その際に稼働中の機械10台のうち5台を新機械に置き換え、生産能力を強化させ、1941年12月期で781千円の純利益を計上していた[7]。

　煙草の市中への配給統制のため、1941年9月24日に華北煙草配給組合が設立され、傘下に地方支部を設置し、華北に煙草配給体制を構築した。

　葉煙草集荷では、旧鈴木商店系の米星煙草株式会社、株式会社松坂屋系の山東煙草株式会社及び片倉製糸紡績株式会社系日華蚕糸株式会社が煙草部門を分社化した合同煙草株式会社がそのまま操業を続け、山東省を中心とした葉煙草集荷業務に従事した。そのほか協立煙草株式会社も存在したが、その操業実態は米星煙草の業務であり、日中戦争期には協立煙草の名義を使う葉煙草集荷の意義はほぼ霧散した。1937年10月米星煙草の社長は岡田虎輔、取締役は永井幸太郎、北野順吉、木村庄太郎、有賀一郎、島村明房であった[8]。1937年10月で山東煙草の同社取締役伊藤銃次郎、高部悦三、北沢平蔵、佐々部晩穂であり、松坂屋系支配は続いていた[9]。合同煙草は、1937年10月で代表取締役金井寛人、取締役板倉幸利、土橋芳三、監査役に鈴木格三郎、片倉武雄が並び、片倉製糸紡績の経営支配は変わらなかった[10]。3社とも山東省の葉煙草集荷を主要業務としていた。

　葉煙草集荷業務を担った中華民国臨時政府系法人として、1938年12月に華北葉煙草株式会社（華北菸草股份有限公司）が設立された。理事長温世珍、専務理事金井寛人（合同煙草）、北浜留松（米星煙草）、高部悦三（山東煙草）であり、既存の山東省葉煙草集荷で再乾燥工場を操業し実績を得ていた3社が、出資のみならず経営にかかわった。ただし華北葉煙草は華北における葉煙草集荷の中心機関として位置づけられたため、同公司設立後は、米星煙草、山東煙草、合同煙草は下請けとしての位置に追い

やられ、葉煙草集荷の利幅が減少した。岡田虎輔退任後の米星煙草は1939年3月に米星産業株式会社に商号変更し、葉煙草以外の事業への参入も目指した。同社は1940年には増資しており、750千円全額払込から、公称1,500千円、1,075千円払込となっていた。社長北浜留松、代表取締役北野順吉であった[11]。山東煙草は1940年1月10日に山東実業株式会社に商号変更した。同様に合同煙草は1940年か1941年に合同興業株式会社に商号変更した[12]。以後の合同興業は「単なる持株会社となり」（片倉製糸紡績［1941］476頁）、米星産業や山東実業が華中事業に参入したのと異なり、葉煙草取引から手を引いたようである。華北葉煙草は山東省の葉煙草集荷を巡って、英米煙草株式会社（中国）（本店香港）の事業会社群とアメリカ系のユニバーサル葉煙草会社（中国）Universal Tobacco Co., of China, Federal Inc. の葉煙草集荷と激突した。華北占領地行政権力は両外資系葉煙草集荷業務に圧力を加えつつ、日本側葉煙草集荷に有利になるように尽力した。

　山西省は関東軍が占領した同省北部の大同を中心とする晋北地域と北支那派遣軍が占領した太原を中心とする南東部に分かれる。北支那派遣軍は太原を1937年に占領した[13]。太原を中心とした個別事業所ごとに軍管理工場体制を施行し、個別受命業者を選定して操業に当たらせていた。山西省で日本占領下における煙草専売制の導入の動きがあるとして、1938年8月2日に在北京イギリス大使館が日本占領下の山西省の在り方を問題にしてきた。在北京公使館でこの経緯について山西省占領中の北支那派遣軍に問い合わせると、軍側において目下専売制を考慮していないとし、日本の煙草会社の積極的な参入を期待しており、華北を日本の煙草事業者の勢力圏内に置くことを目標とすると説明していた。ただし対外関係を考慮して、山西省の煙草の輸移入禁止を撤廃し、頤中運銷烟草股份有限公司に特段の配慮を行うとの方針を固めた[14]。これは頤中運銷烟草が、山西省における煙草販売活動に制約を受けたことから、在北京イギリス大使館を通じて日本側に抗議したものとみていた。

　頤中運銷烟草は日本占領地でも煙草販売を行ったが、その販売に対しては制限を加えられている場合が多かった。例えば、1939年4月で、頤中運銷烟草は山西省に対する煙草の鉄道輸送が禁止されているとして、北京の軍司令部に解禁を求めていた。これに対し石家荘からは1日50梱以内、大同方面からは1日20梱以内に制限を加えていたが、禁止していたわけではなく、鉄道による軍需品輸送によりその他の荷物の輸送制限を受けているだけであると、日本側は説明していた[15]。

2．華中煙草事業者

　1937年8月13日に第二次上海事変が勃発し、戦争地域が華中へと拡大した。日本占領下、1938年3月28日に華中沿岸部占領地における対日協力政権として中華民国維新政府（行政院長梁鴻志）が樹立された。また占領地行政調整機関として1939年3月10日に興亜院華中連絡部が設立された。当初編成された中支那派遣軍が支那派遣軍に改組された。占領域は拡大し、華中では武漢三鎮も占領域に編入した。武漢には興亜院武漢派遣員事務所が置かれた。その後、新国民政府（汪政権）の樹立で維新政府は解散した。華中占領地の日本側軍用通貨として、当初は日本銀行券が利用されたが、支那事変軍票に代替された[16]。市中には既存の法幣が広範囲に流通しており、法幣と軍票の相場の調整に腐心し、中支那軍票交換用物資配給組合による物資と各種法幣資金で軍票の価値維持を図った[17]。汪政権の発券銀行として、1941年1月1日に中央儲備銀行が開業したが、中央儲備銀行券は法幣に全く太刀打ちできなかった。

　華中における日系煙草事業者の概要を紹介する。東亜煙草は名義を偽装して事実上保有していた上海の工場の操業を停止していた。占領後に改めて参入し、既存煙草事業者の工場を新たに取得し、上海のみならず漢口にも進出した。東洋葉煙草は東亜煙草と同様に専売局の思惑で設立されたが、業績は不振のまま続いた（第3章）。同社は葉煙草集荷を中心とした事業を続け、煙草製造を主要業務としていなかった。日中戦争勃発後、同社は業態転換し華中占領地における有力煙草製造業者となる。これは専売局の勧めもあったと推測できる。同社にとって中国沿岸部の占領は事業拡大と再建の千載一遇の機会であった。同社は中国における商号として華生烟草公司を使っていた。同社は上海のみならず漢口にも工場を取得し急速に事業規模を拡大させ、東亜煙草と華中占領地の煙草事業で激しく競合することになった。その後、同社の事業は華中における日系煙草製造事業者の統合により吸収される（第6章参照）。

　ほかの支店で参入した事例として、大連本店の大陸煙草株式会社（1937年6月30日設立）が1941年5月26日に上海に支店を設置したが、大連製造煙草の販売を目的としたのかは不詳である[18]。そのほか華中には新設の煙草会社が出現する。1939年4月29日に伊藤忠商事株式会社系の共盛煙草株式会社、1940年6月24日に松坂屋系の興亜煙草株式会社が、上海に本店を置き設立され、既存煙草工場の操業を受命し事業に着手した。さらに1941年11月20日に東洋葉煙草系の武漢華生煙草株式会社（武漢華生烟草公司）が漢口に本店を置いて設立された。さらに満洲煙草も華中に参入し、漢口で既

存工場を受命して華中煙草事業に参入する。同社の事業は、北支煙草が設立されると、同社に譲渡して操業を任せた。以上のように華中占領地では魅力的な既存事業の引受により、短期間でかなりの規模の煙草事業者となれるため各社とも受命を競った。

　また製造した煙草の効果的な配給体制として、1940年12月に中支煙草配給組合を結成させ担当させた。華中には既存の英米煙草トラスト系の頤中烟草股份有限公司のみならずほかの多数の事業者も操業を続けており、煙草製造販売で競合関係に立った。ただし華中における日系煙草事業者は開戦前の操業が極めて乏しかったため、占領後の煙草工場の取得で規模の拡大を急いでも、頤中烟草の製造規模と販売ネットワークの力量に比べ決定的に見劣りしていた。そのほか南洋兄弟烟草公司の上海の事業も大きなものであり、同社の工場の一部を日系事業者が肩代わりする。日本占領下という日系事業者に有利な操業環境の中で、日系煙草業者は先行する巨大事業者を追撃するという課題を抱えていた。そのほか日系煙草事業者の出資で、1939年3月に設立された中支葉煙草組合を改組して1940年12月9日に中支葉煙草株式会社が設立された。武漢における葉煙草集荷については、別に武漢葉煙草組合が結成された。

1) 華北の対日協力政権についてはBoyle[1972]、Barrett & Larry[2001]を参照。興亜院設置に伴う華北の占領地行政機構については柴田[2002b]、華北の通貨金融政策については柴田[1999a]第8章参照。
2) 青島における在華紡工場の破壊とその後の復旧については、高村[1982]第8章、柴田[2008a]第3章参照。
3) 華北煙草株式会社「資本増加趣意書」（外務省記録E225）。山東烟草公司はボンサック式巻上機4台を保有したが、日中戦争前に休業状態にあった（実業部臨時産業調査局[1937]149頁）。
4) 「葉煙草事業ニ関スル打合要領抜粋」1941年4月24日（外務省記録E255）。
5) 興亜院華北連絡部経済第一局「非常事態ニ即応シテノ華北内製造煙草事業ノ具体的指導方針ニ関スル打合要領抜粋」1941年12月14日（外務省記録E255）。
6) 東洋葉煙草株式会社「済南分工場設置方請願ノ件」1941年5月と推定（外務省記録E228）。1梱の本数は製造計画から試算。高額品には20千本入がある。
7) 興亜院華北連絡部青島出張所「製造捲煙草調査事項ニ関スル件」1942年8月3日（外務省記録E221）。崂山烟草公司「煙草捲上機移入許可願」1941年12月10日（外務省記録E226）。この資料では「中国崂山煙草公司」となっている。
8) 帝国興信所『帝国銀行会社要録』1937年版、中華民国3頁。
9) 「株式会社登記簿・在上海総領事館扱ノ部」（E.2.2.1.-5-1）。山東煙草は上海に支店を設置していた。伊藤銃次郎、北沢平蔵、高部悦三は後日、松坂屋の役員となる（松坂屋[1971]312-313頁）。

10)『帝国銀行会社要録』1937年版、中華民国7頁。
11)『帝国銀行会社要録』1940年版、中華民国18頁。
12)『銀行会社要録』1941年版、中華民国15頁で合同煙草を商号変更したとの記載。1941年4月情報集約で編纂しているため、商号変更年月の確定ができない。
13) 北支那派遣軍による山西省占領については、さし当り秦[1961]を参照。
14) 在北京公使館「山西省ニ於ケル煙草専売ニ付英ヨリ申出ノ件」1938年8月19日（外務省記録 E.4.3.1.-5-8-1）。
15) 在北京公使館発本省、1939年4月19日（外務省記録 E.4.3.1.-5-8-1）。
16) 華中の対日協力政権については Boyle[1972]、Barrett & Larry[2001]を参照。興亜院設置に伴う華中の占領地行政機構については柴田[2002b]、華中の通貨金融政策については柴田[1999a]第9章参照。
17) 軍票政策と中支那軍票交換用物資配給組合については中村・高村・小林[1994]参照。
18)『満洲銀行会社年鑑』1942年版、75頁、前掲「株式会社登記簿・在上海総領事館扱ノ部」。

第2節　華北東亜煙草と北支煙草の参入と煙草配給

1．華北東亜煙草の参入

　日中戦争勃発前に華北分離工作が押し進められ、1935年11月25日冀東防共委員会（委員長殷汝耕、12月25日、冀東防共自治政府に改称）の樹立で、日本製品の進出が急増したが、その中で東亜煙草は天津、北京のみならず、津浦線（天津・浦口（南京の長江対岸））沿線と張家口方面、冀東方面への商圏拡大を進めていた。東亜煙草は天津工場で製造した煙草を冀東地区に搬入すると、冀東防共自治政府が煙草への独自の統税を課すため、二重課税の負担となった。他方、頤中運銷烟草が冀東地区に搬入する煙草については、戻税を受ける特約があり、東亜煙草は同様の特約がないため、販売で不利な状況に陥っていた。東亜煙草は頤中運銷烟草に対抗し、冀東地区における地場生産地場消費に切り換えるものとし、1937年3月に秦皇島に用地を買収して、工場建設に取り掛かった[1]。そこへ1937年7月7日盧溝橋事件で日中戦争が勃発し戦火が華北一帯に拡大した。東亜煙草天津工場の被害はなく、一時的に作業を休止したにとどまり、操業再開後はフル生産に入った。占領体制が確立すると、1937年10月までに東亜煙草は天津工場の生産拡充のため煙草製造機械の増設を行い、また秦皇島工場建築を竣工し工場内部設備の設置を完了した[2]。ただし秦皇島工場の建物は工費13万円で竣工したが、兵舎に利用されたため使われなかった（水之江[1982]182頁）。同社は華北における既存操業利権の拡張をめざし、専売局や現地特務部への陳情を続け

たようである。

　東亜煙草はすでに天津に工場を保有し長期にわたり操業を続けていたため、その事業基盤を使い分社化を急いだ。それは現地法人創出策として、満洲における満洲東亜煙草株式会社を設立して分社化し（第3章参照）、支配下に置く作業と並行した。華北占領地行政側との折衝経緯は明らかではないが、東亜煙草は華北東亜煙草株式会社を1937年10月25日に設立した。同社本店天津、公称資本金50百万円、払込23,575千円、全額東亜煙草の出資であり、取締役社長金光庸夫、取締役金光秀文、松尾晴見、岩波蔵三郎、金光義邦で、東亜煙草の取締役の兼務であり、既存の天津工場を中心に事業を分社化した。その際に、東亜煙草の所有する工場附属物並びに営業権その他財産を現物出資した。そのほか華北東亜煙草は有力事業者として、1938年1月に山西省太原の軍管理煙草工場の経営を受命した[3]。同工場はフランス人設計施工で、巻上機12台を保有しており、1938年2月17日より作業を開始し、さらに巻上機2台を上海から追加調達した（水之江[1982]182-183頁）。そのほか蒙疆への販路拡張も担当した（第6章参照）。

　満洲煙草も華北進出に強い意欲を有して参入の機会を狙い、各方面に陳情を続けており、東亜煙草と満洲煙草が華北で利権獲得をめぐり激突した。この両社の華北事業参入に向けた運動の結果、北京特務部第二課がまとめた1938年1月12日「煙草事業統制要綱（案）」では、紙巻煙草製造に関しては東亜煙草と満洲煙草をして積極的に進出させるとし、当分の間、この2社以外の新規許可を与えないとの方針を固めた[4]。特にこの両社について、北京特務部第二課は同日「東亜煙草株式会社満洲煙草株式会社ノ煙草事業指導要綱（案）」をまとめている。それによれば、両社が統合した事業で参加するのは従来からの人的感情的問題で難しく、分担進出させるとした。そして東亜煙草の進出地域は、山東省の全部、河北省の津浦線沿線、冀東地域、山西省（京綏線（北京・帰綏間）沿線（晋北地方）を除く）、工場設置は天津、秦皇島、青島、太原、済南その他適当な地域とした。他方、満洲煙草の進出地域は察哈爾省、綏遠省の全部、河北省の京漢線（北京・漢口間）沿線、山西省の京綏線沿線とし、工場設置は北京その他適当の地とした。そして両社の共同進出区域として、北京、天津及び両市の間の沿線とした。煙草工場設立にあたっては満洲国からの設備移転で両社ともに対処するものとされた。とくに利権の大きな山東省を東亜煙草が割り当てられた理由は、同省が英米煙草トラストの地盤の強固な地域であり、長らく競合してきた東亜煙草の経験からみて適当と判断された。以後この方針がほぼ貫徹された。

表 5-2　華北東

	1938.10期	1939.4期	1939.10期	1940.4期	1940.10期
(資産)					
未払込資本金	37,425	37,425	32,435	32,435	32,435
商標権	300	300	300	300	300
地所建物造作物	644	752	786	2,988	3,688
機械器具	230	312	313	590	1,518
葉煙草原料	483	1,174	815	4,591	6,714
材料品	333	420	188	821	1,782
予備用品	14	25	18	40	72
製品半製品	103	215	47	164	978
受取手形	387	1,723	2,757	451	1,125
取引先売掛金勘定	290	540	297	376	300
仮払金未収金	750	1,666	3,153	3,990	652
預金現金	1,900	2,155	1,542	3,849	4,940
有価証券	8,609	12,507	12,003	12,014	12,210
太原捲菸廠勘定	—	—	444	451	457
東亜煙草会社勘定	822	—	3,988	4,845	—
合計	52,295	59,219	59,092	67,911	67,175
(負債資本)					
資本金	50,000	50,000	50,000	50,000	50,000
諸積立金	45	90	181	281	391
諸預り金	6	48	155	167	35
支払手形	—	—	1,509	6,700	5,700
当座借越	—	—	—	—	—
仮受勘定	875	6,040	4,662	7,380	1,458
支払金勘定	646	1,145	1,440	2,029	2,757
延納捲菸税・税金引当金	—	—	—	—	—
未払調整料	—	—	—	—	—
関係会社勘定	—	—	—	—	—
東亜煙草会社勘定	—	1,027	—	—	3,525
満洲東亜煙草会社勘定	—	—	—	—	1,388
前期繰越金	22	48	147	248	364
当期純益金	699	818	996	1,104	1,555
合計	52,295	59,219	59,092	67,911	67,175

注：1942年4期の地所建物造作物に建設仮勘定を含む。
出所：華北東亜煙草株式会社『営業報告書』各期

　なお東亜煙草は華北で製造原料に必要なライスペーパー（巻紙）の調達を強化するため、1938年3月に三島製紙株式会社と折半で華北三島製紙株式会社（資本金100千円、全額払込、本店青島）を設立し、同社に華北東亜煙草が出資した[5]。三島製紙が抄紙機1基を現物出資した。華北三島製紙は青島郊外の女姑口に99千平米の敷地を買収して工場建設に着手したが、その後、後述の華中の軍管理民豊造紙廠の経営を受命したためそれに注力して青島郊外工場の建設計画を中断した。その後、青島工場用地は立

亜煙草貸借対照表

(単位:千円)

1941.4期	1941.10期	1942.4期	1942.10期	1943.4期	1943.10期	1944.4期
32,435	32,435	45,185	45,185	45,185	45,185	45,185
300	—	—	—	—	—	—
4,107	3,983	6,625	7,006	7,053	7,987	8,834
1,395	1,748	3,348	3,913	4,175	4,324	4,655
6,563	7,818	7,007	12,992	11,400	14,749	13,940
5,273	8,862	17,192	18,373	19,156	19,078	18,875
159	254	580	976	1,599	3,474	3,396
3,002	3,280	2,741	1,261	2,375	1,740	2,836
875	875	7,141	875	1,306	2,375	3,260
344	1,204	1,634	1,989	1,671	1,589	2,831
1,431	1,145	957	942	1,161	1,139	967
3,006	5,294	11,708	11,581	11,276	9,621	12,874
11,674	9,066	8,206	10,943	13,008	14,587	16,253
1,450	476	—	—	—	—	—
—	—	—	—	—	—	—
72,019	76,444	112,330	116,041	119,370	125,853	133,913
50,000	50,000	67,000	67,000	67,000	67,000	67,000
621	870	1,180	1,543	1,955	3,977	6,020
35	201	501	922	979	966	872
3,200	3,200	4,386	21,700	19,700	19,700	19,242
4,953	6,433	10,570	—	—	—	—
3,463	2,951	2,318	2,256	1,116	1,269	1,123
2,840	2,020	2,643	2,053	635	395	726
—	—	—	874	2,678	3,860	6,294
—	—	—	—	—	—	1,466
—	—	16,807	10,543	13,934	15,678	16,073
4,202	5,949	—	—	—	—	—
861	1,624	3,679	4,915	6,944	8,158	9,772
1,840	3,192	3,241	4,232	4,426	4,847	5,322
72,019	76,444	112,330	116,041	119,370	125,853	133,913

地条件が悪く、工場用水も不足するといった欠点を抱えていたため、建設をすべて中止した[6]。

先述のように東亜煙草は既存の事業基盤をさらに拡張する機会を得た。この方針を受けて、華北東亜煙草は青島工場の新設に着手し、その後、1939年5月30日に取締役の岩波蔵三郎（東亜煙草取締役）を代表取締役に昇格させ、金光庸夫が取締役から外れ、青島工場も竣工した[7]。この間の華北東亜煙草の資産負債は1938年10月期から判

明するが（表5-2）、すでに稼働している天津工場を保有しているため、同期で地所建物造作物644千円、機械器具230千円に対し葉煙草原料483千円、材料品333千円を計上しており、また販売先の受取手形387千円、取引先売掛金勘定290千円もあり販売も良好であった。このうち受取手形は特約店からのものであり、取引先勘定は軍納入煙草代金である[8]。東亜煙草からも822千円の支援を受けていた。概ね自己資本経営であり、699千円の利益を計上していた。余裕金が多く預金現金として計上された。有価証券は華北東亜煙草と同日に設立された満洲東亜煙草の株式である。これは東亜煙草の資金力では、分社化した2社の資本金負担が重く、2社の表面上の資本金規模を多額に設定しつつ、華北東北煙草から満洲煙草に出資させることで金額調整していたことを告げる。華北東亜煙草は1938年10月30日に満洲東亜煙草の株式を東亜煙草に譲渡したが[9]、他方、1938年12月華北葉煙草株式会社の設立で、同社株式を取得し華北葉煙草統制組織に参加した（後述）。この両社の株式のみならず、ほかに華北三島製紙と和中工業株式会社の株式も保有していた[10]。満洲煙草の長谷川太郎吉が東亜煙草を買収する直前に、社長岩波がこれらの保有株式を売却して紛争することになる。占領地煙草事業は需要が旺盛なため、作れば売れるという操業環境で華北東亜煙草は利益を膨らませた。1939年4月に青島新工場が竣工し、ただちに煙草製造作業を開始した。そのほか済南で中国人経営の煙草工場の買収を行い、さらなる事業所展開を進めていた[11]。

　華北東亜煙草は東亜煙草の全額出資会社であり、東亜煙草の支配下に置かれていたが、満洲煙草社長の長谷川太郎吉が東亜煙草の株式を取得して、1940年4月30日に東亜煙草の経営権を獲得し（第3章参照）、東亜煙草が華北東亜煙草の全株を保有しているため、華北東亜煙草の経営権も取得したことになり、同日に華北東亜煙草の取締役監査役が全員辞任し、取締役に古田慶三、松崎正男、中込香苗、池田静雄、監査役に坂梨繁雄が就任した[12]。古田が代表取締役に就任したようである。こうして華北東亜煙草も満洲煙草の支配下に置かれた。同年5月31日に古田辞任に伴い、江川恒雄が取締役に選任され、江川が社長に就任した[13]。これらの役員は満洲煙草の役員と重複し、北支煙草の役員とも一部重複している。

　その後、1940年に華北東亜煙草の株式を一部開放することで東亜煙草が資金調達を行うこととし、1940年11月29日に株式処分を興亜院経済部が承認した[14]。そして東亜煙草は70万株を保有し、残る30万株を売却した。売却先は、主として内地投資家であり、一部を朝鮮・関東州・満洲国の投資家に幅広く引受させた。株式保有は2,119名

表5-3 地方別煙草製造販売実績(1939～1941年)

(単位:百万本、千円)

会社名	1939年			1940年			1941年		
	製造本数	販売本数	販売金額	製造本数	販売本数	販売金額	製造本数	販売本数	販売金額
(満洲)									
満洲煙草	2,032	2,015	10,912	2,675	2,639	17,459	3,216	3,168	25,889
満洲東亜煙草	4,816	4,620	20,518	4,994	5,098	29,000	6,270	6,319	55,509
東亜煙草	1,086	1,141	4,068	1,042	1,055	4,555	1,298	1,322	8,949
小計	7,934	7,777	35,498	8,710	8,791	51,014	10,784	10,809	90,346
(華北)									
華北東亜煙草	1,819	1,895	7,882	2,167	2,177	16,825	5,999	5,973	65,434
北支煙草	241	245	1,486	394	379	2,884	1,054	917	10,318
小計	2,060	2,140	9,367	2,561	2,556	19,708	7,053	6,890	75,752
(華中)									
東亜煙草	2,969	2,801	9,911	4,183	3,917	20,282	3,081	2,863	19,998
北支煙草	—	—	—	—	—	—	196	88	597
小計	2,936	2,801	9,911	4,183	3,917	20,282	3,277	2,951	20,595
(華南)									
東亜煙草	—	—	—	166	485	2,752	495	541	4,113
合計	12,963	12,718	54,777	15,619	15,749	93,757	21,608	21,191	190,806
(会社別合計)									
満洲煙草	2,032	2,015	10,912	2,675	2,639	17,459	3,216	3,168	25,889
満洲東亜煙草	4,816	4,620	20,518	4,994	5,098	29,000	6,270	6,319	55,509
華北東亜煙草	1,819	1,895	7,882	2,167	2,177	16,825	5,999	5,973	65,434
北支煙草	241	245	1,486	394	379	2,884	1,250	1,005	10,915
東亜煙草	4,055	3,942	13,979	5,390	5,457	27,590	4,874	4,726	33,059

出所:東亜煙草株式会社「最近参ケ年間ノ製造販売額並ニ販売金額調」1942年5月23日(外務省記録E255)

の投資家に幅広く分散し、小口投資家たちに華北東亜煙草の経営に口を挟ませないよう配慮した。1941年4月30日の株主名簿によれば、新株2千株、旧株998千株で、後者のうち698千株を東亜煙草が1社で保有し、引き続き支配下に置いていた[15]。

　華北東亜煙草の天津工場は1939年12月～1940年11月の間に1,660百万本を製造し[16]、東亜煙草の時代の天津工場の操業の延長で、量産体制に入っていた。そのほか華北東亜煙草は1940年5月より青島工場の操業を開始し、また済南においても元中国人経営の2工場を買収し1940年2月19日より操業を開始したが、5月以降は操業を停止していた。青島工場の1940年5～11月の製造量は338百万本で、他方、済南工場の1940年2～4月の製造量は43百万本であった。華北東亜煙草の青島における製造量は天津工場に比べ格段に小規模に止まっていた。なお青島においては華北煙草の工場が復活して操業し、1939年12月～1940年11月に878百万本を製造しており、華北東亜煙草の青島と済南の両工場の製造量を上回る規模に達していた[17]。ただし同社の生産量は1940年6月の139百万本をピークに急減し、8月以降は低迷した。最大の葉煙草生産地の

近傍に立地しても、原料葉煙草や煙草用の紙の調達で困難をきたしたようである。

　先述のように東亜煙草は山西省と蒙彊への参入も認められた。山西省の太原を中心とする北支那派遣軍占領地域では東亜煙草が参入し、1939年1月に東亜煙草が山西省第三十六軍管理工場の太原にある既存の太原捲菸廠の操業を受命した。地場産の葉煙草を調達するため、同年には山西省の各地に合作社を結成させ、種子の配給、資金の貸付、技術員の配置等により葉煙草栽培を促進した。これにより地場産葉煙草の供給はかなり維持できた[18]。華北における華北東亜煙草と北支煙草は日本国内産葉煙草も調達した。両社の製造原料を専売局から供給する際には、東亜煙草を使って輸出させており、東亜煙草は専売局葉煙草取引に喰いこんでいた。この輸出については華北における葉煙草統制機関である華北葉煙草を通すことなく引き渡していた[19]。

　華北東亜煙草の製造・販売本数と売り上げを、満洲における同系の東亜煙草・満洲東亜煙草と比較しつつ紹介すると（表5-3）、1939年で1,819百万本を製造して、7,882千円を売り上げたが、翌年はさらに2,167百万本を製造し、16,825千円を売り上げた。煙草の市販単価の上昇がみられたため、順調に業績を伸ばし、1941年では5,999百万本を製造し、65,434千円の売り上げを実現した。これは満洲東亜煙草に本数で迫り、金額で上回るもので、華北東亜煙草が短期間でいかに事業を急拡大させたかが分かる。

　この間、先述のように1940年4月に満洲において満洲煙草が東亜煙草の経営権を取得し、支配下に置き華北東亜煙草が北支煙草と競合する必要性は消滅していたため、1941年9月16日に北支煙草との合併の協議を役員会で行い[20]、この時点で興亜院華北連絡部等からはすでに了承を得ていたはずである。11月29日に華北東亜煙草は北支煙草の吸収合併を決議し[21]、同社は華北の傑出した煙草製造業者となった。

2．北支煙草の参入

　先述のように満洲煙草は華北進出による利権獲得に動き、後発参入者として東亜煙草と激しく競合した。華北において既に華北東亜煙草が操業を開始しており、同社を追って新規事業の具体的提案を開始した。1937年中に華北進出の出願を行い、その承認を得て、天津に所在する既存工場の買収に乗り出した[22]。1938年2月7・8日に満洲煙草常務取締役板谷幸吉は支那駐在財務官事務所を訪問し、新設計画中の「華北煙草株式会社」について説明・陳情した。その案によれば、すでに1937年9月28日に北支那方面軍司令部宛に煙草会社新設の出願を行い、さらに同年12月15日に臨時政府宛、

翌年1月6日に北京統税局宛に同一の出願を行った。その後、北支那方面軍で華北の煙草事業統制方針の大綱が固まったため、具体的な会社設立に着手した。新会社は資本金5百万円の合弁とし、満洲煙草は第2回払込資本金徴収で180万円を調達し、うち150万円を「華北煙草」の払込に充当する。当初の計画では天津と済南にも工場を設立する方針であったが、軍の方針により済南は東亜煙草の分担地域とされたため、とりあえず北京1か所のみ工場を設立する。さしあたり巻上機10台で年間生産10億本を計画する、その機械は株式会社国友鉄工所に発注済みであるが、専売局の不要機械15台の払い下げを受けたい。これに対し同財務官事務所側は、日本における満洲煙草の払込は1937年9月10日「臨時資金調整法」と満洲国の1938年9月20日「資金統制法」に、その日本から華北への投資は1933年3月29日「外国為替管理法」に、それぞれ関係するため関係方面への十分な説明が必要だと解説していた[23]。なお先の出願に対し、臨時政府統税公署は1938年2月7日に満洲煙草に対し北京工場設置の許可を与えた[24]。

満洲煙草は1938年5月31日に天津所在のギリシャ人経営によるカラザス兄弟煙草商会 Karatzas Bros. & Co., (正昌烟公司) の営業資産の買収契約を承認し[25]、同事業所を取得し、そのまま当該工場の操業を手掛けていた。その後同社は1938年11月には天津への進出を認められ工場設立の出願を行った[26]。天津は東亜煙草の操業地域との判定を受けたが、満洲煙草は天津で取得した旧カラザス兄弟煙草商会工場の操業をそのまま続け同工場の分社化の承認を要求した結果、それが認められ、満洲煙草の子会社として、1939年5月29日に北支煙草株式会社が設立された（本店北京）。計画した「華北煙草株式会社」の商号は、同名法人が現存するため認められず、この商号となった。当初の資本金は10百万円、4分の1払込、全額満洲煙草出資である。社長長谷川太郎吉、専務取締役板谷幸吉、常務取締役菊池寿夫、取締役窪田四郎、古田慶三、坂梨繁雄、広瀬安太郎、監査役長谷川祐之助が就任した。役員全員が満洲煙草役員の兼務である。株主は1939年10月期で1,193名を数え、満洲煙草の株主に割り当てて消化したものであろう。北支煙草は設立と同時に満洲煙草の保有する天津所在の旧カラザス兄弟商会の煙草工場の営業権の譲渡を受けた[27]。北支煙草は華北東亜煙草を追って設立されており、満洲国における満洲煙草と東亜煙草・満洲東亜煙草の対抗関係がそのまま華北占領地にも拡大し、満洲煙草が華北東亜煙草の追撃を開始したことを意味する。

北支煙草は当初から天津の既存工場を操業したため、1939年10月期で未払込資本金

表5-4 北支煙草貸借対照表

(単位:千円)

	1939.10期	1940.4期	1940.10期	1941.4期	1941.10期
(資産)					
未払込資本金	7,500	7,500	7,500	7,500	7,500
土地建物設備	—	—	—	—	1,468
機械工具什器備品	90	163	206	196	964
建設勘定	397	614	1,656	2,548	391
営業権	254	225	201	175	150
投資	—	490	490	490	490
有価証券	25	30	30	34	9
原料及貯蔵品	1,000	2,144	3,117	4,457	7,645
製品及仕掛品	62	36	164	488	862
預金及現金	1,518	1,158	2,097	1,348	1,357
売掛金未収金仮払金	116	117	262	430	863
設立費	19	—	—	—	—
合計	10,985	12,480	15,726	17,668	21,702
(負債資本)					
資本金	10,000	10,000	10,000	10,000	10,000
諸積立金	—	50	100	157	222
満洲煙草会社勘定	230	1,230	2,121	4,495	7,644
当座借越	294	292	530	931	792
支払手形	—	3	1,500	1,000	1,003
未払金仮受金預り金	173	516	982	421	758
前期繰越金	—	59	143	232	387
当期利益金	286	328	348	430	894
合計	10,985	12,480	15,726	17,668	21,702

出所:北支煙草株式会社『営業報告書』各期

を控除した総資産は3,485千円という規模である(表5-4)。機械工具等は僅か90千円に過ぎないが、旧カラザス兄弟煙草商会の工場の営業権254千円が計上され、それで操業するため原料及貯蔵品1,000千円があり、売掛金未収金等116千円のうち売掛金は軍納品代金である。さらに北京・漢口の工場開設に向けて建設勘定397千円を計上した。債務では資本金以外に230千円の満洲煙草債務を計上し、そのほか当座借越で横浜正金銀行から294千円を地場通貨調達した。1938年8月から天津地方が大規模水害に見舞われたが、北支煙草の操業する旧カラザス兄弟煙草商会工場は被災を免れ操業を続けたため、需要旺盛で多額利益を得て、創業第1期より配当を実現した[28]。1940年3月15日には興亜院華北連絡部に、4月8日に開封特務機関に、それぞれ開封工場接収を申請し、開封への進出を推し進めた[29]。同年4月30日に満洲煙草が東亜煙草を支配下に入れ、華北東亜煙草も満洲煙草の支配下に移されたことに伴い、北支煙草の株主構成は変動した。4月30日株主名簿によると、1,158名、200千株の内、長谷

川太郎吉67,976株、満洲煙草14,878株、以下、野村信託株式会社8,500株、渡辺善十郎（満洲煙草取締役）5,720株、野村合名会社5,000株、古田慶三4,126株、田畑守吉3,050株と続き、そのほかの役員の持株も見られるが、上位7位までで過半の109,250株を占めた[30]。日本国内投資家に大量に株を捌く業務は野村信託の専務取締役を兼務する広瀬安太郎の手配で野村系企業が尽力したはずである。

　北支煙草は1940年10月期でもまだ天津の旧カラザス兄弟商会工場のみで操業し、北京、漢口、開封の各工場は建設途上であり、建設勘定が1,656千円に膨らんでいた。それでも操業は順調で原料及貯蔵品は3,117千円に増大している。投資の490千円は華北葉煙草の株式であり、華北葉煙草が集荷する葉煙草の供給を受けた。債務では満洲煙草勘定が2,121千円、支払手形が1,500千円に急増していた。この2通の支払手形が満洲東亜煙草と同様に野村信託宛のものである可能性が高い（第3章参照）。操業は順調で348千円の利益を計上した。1940年10月期で北支煙草は天津工場を操業しており、1939年12月～1940年11月の生産実績は446百万本という水準であり、東亜煙草天津工場の製造量の4分の1をいくらか上回る水準にとまっていた。同社はさらに1940年2月末より北京工場の操業を開始する手筈となっていた[31]。

　北支煙草は1941会計年度で、北京工場で巻上機11台のほかさらに5台の追加を行い、1,162.5百万本、12,031千円、天津工場で11台、900百万本、9,720千円、開封工場で2台、62.5百万本、625千円の製造を予定していた。それに必要な葉煙草は2,918トン、6,933千円と見積もられていた。そのほかライスペーパー1,134千円、包装用紙類1,863千円等、葉煙草以外で5,252千円を必要とした。この1か年で漢口工場を含み、生産に必要な所要資金7,500千円と見積もり、そのうち銀行当座借越1百万円、払込資本金2.5百万円、借入金4百万円で対処するものとし、そのうち現地調達4百万円を予定した[32]。1941年4月期で北京・漢口の工場が操業を開始し、また天津の旧カラザス兄弟商会工場の増強も実現し[33]、一段と増産体制をとった。ただし建設勘定が2,548千円に膨れ上がっているため、新設の両工場の本格稼働はしていないようである。資金繰のため満洲煙草からの債務形成や当座借越の増額で乗り切っていた。1941年10月期には開封工場の改造は実現したようである[34]。

　北支煙草は華北東亜煙草を追撃する趣旨で設立され、1939年で241百万本を製造し、1,486千円を売り上げたものの、華北東亜煙草の背中は遠いものであった。1940年で394百万本を製造し、2,884千円を売上げたものの、差は開く一方であった。1941年では複数工場の稼働で製造本数が1,054百万本に増大し、10,318千円を売り上げていた

が、華北東亜煙草に太刀打ちできなかったと言えよう。煙草販売で高利益を維持し続けた北支煙草は事業拡張を続けるため、さらに資金調達を必要としていた。にもかかわらず未払込資本金徴収は見送られた。その後、華北の日系煙草業者を統合強化する方針が採られ、1941年11月29日に華北東亜煙草が北支煙草を合併する契約を承認し、北支煙草は華北東亜煙草に吸収合併されることとなった。北支煙草の漢口工場は華北東亜煙草の経営に移った。

3．華北の煙草配給体制

1941年4月に1940年産山東省米国系黄色種葉煙草の集荷をほぼ完了したため、同年4月24日に華北の煙草関係官を集め興亜院華北連絡部経済第一局で華北の煙草事業の当面指導方針を検討した。同日の興亜院華北連絡部経済第一局「葉煙草事業ニ関スル打合要領」によると[35]、「華北煙草統制販売会社」の設立が検討されていた。ただし日系事業者のみならず頤中運銷烟草を含ませない限り、この会社を立ち上げても意味はないと判断していた。この文書作成時点では、日系煙草事業者が頤中運銷烟草の販売網に食い込む可能性はないとみており、この会社設立は見送られ、当面は現在の配給網の実情調査にとどめることとなった。ただし頤中運銷烟草の販売ネットワークを取り込むことは必要であり、配給組合の結成に方針を改めた。

興亜院華北連絡部は華北東亜煙草、北支煙草及び華北煙草をして、華北占領地日本行政側の方針に沿って、日系製造煙草販売業者及び小売業者全部を網羅した配給組合を結成させ、配給の円滑化、卸売価格と小売価格の公定価格による統制を行わせ、英米煙草トラストの販売網を蚕食し、英米煙草トラストをこの販売組合に加入させることで、華北の煙草産業の完全統制が実現できると、かなり楽観的な観測を行っていた[36]。

1941年7月23日の南部仏印進軍に反発したアメリカ政府は、同月25日にアメリカにおける対日資産凍結を発動した。それを追ってイギリス・オランダ等の対日資産凍結が拡大した。この措置に対抗して日本政府も1941年4月12日「外国為替管理法」に基づく大蔵省令同年7月28日「外国人関係取引規則」により、7月28日に対米資産凍結を発動し、さらに対日資産凍結発動国に対する日本の資産凍結の応酬がなされた。汪政権も日本の資産凍結措置に追随し、7月28日に対英米蘭資産凍結に打って出た[37]。そのため中国における英米煙草トラストの事業資産は凍結の対象となった。頤中烟草の天津・青島の工場は操業を続けたものの、出荷を止めたため、市中における供給は

減少した。他方、日系事業者の製造は増大を辿った。市中における頤中烟草の商品のプレゼンスが後退する中で、興亜院華北連絡部では煙草の対市中供給の統制に乗り出し、統制の担い手として華北の煙草配給組合を結成させるものとした。これは先に検討した「華北煙草統制販売会社」案に代わり、日系事業者と占領地中国人事業者のみで設立させるものである。1941年8月21日「華北煙草配給中央組合設立許可申請書」によると[38]、華北東亜煙草、北支煙草及び華北煙草の3社が申請者となり、華北煙草配給組合を結成し、北京に中央組合、各地主要地域に地方組合を設立し、漸次、下部の組合の結成を進め、生産拡充、配給円滑、価格適正を目指すものとした。北京に置く華北煙草配給中央組合は上記3社と地方卸売配給組合代表者の中の2名より組織し、地方組合は地方卸売配給組合とし、統税局所在地の北京、天津、済南及び青島に設立を予定した。地方卸売配給組合は中央組合の指導統制の下に、組合員は日系製造業者と販売契約を行い、域内に店舗を有する煙草卸業者、仲次卸売業者とし、そのほか最下級組合として地方小売配給組合を設置するものとした。監督体制として、中央組合は軍及び興亜院華北連絡部、地方組合は特務機関及び興亜院華北連絡部青島出張所並びに統税局が当たるものとした。この方針に沿って、1941年9月24日に華北煙草配給中央組合が創立された（会長光山盛貞（北支煙草理事））。併せて組合員資格について改正し、華北の煙草製造業者及び地方煙草卸売配給組合代表者とし、当初の規約の3事業者を特定する煙草事業者の社名の掲示をやめた[39]。華北煙草配給中央組合の設置に対応し、1941年5月27日設立の済南地方煙草卸売配給組合、1941年10月7日設立の天津地方煙草卸売配給組合と青島地方煙草卸売配給組合、1941年12月設立の北京煙草卸売配給組合、1942年2月10日設立の開封地方煙草卸売配給組合及び1942年3月7日設立の徐州地方煙草卸売配給組合が地方組織として傘下に組み込まれた[40]。

1) 東亜煙草株式会社『第61期営業報告書』1937年4月期、4-5頁、実業部臨時産業調査局［1937］151頁。華北分離工作時期の政治史については岡部［1999］、内田［2006］、Dryburgh［2000］等を参照。
2) 東亜煙草株式会社『第62期営業報告書』1937年10月期、5頁。
3) 同『第63期営業報告書』1938年5月期、1-2、5頁。
4) 旧大蔵省資料 Z539-49。
5) 三島製紙［1968］14-15頁、［1998］37-38頁。三島製紙［1968］には華北三島製紙に出資したのは、華北東亜煙草との記載はないが、その後の株式処理の経緯で判定した。この取引とは別に東亜煙草は三島製紙本体の株式を取得し、1939年には100千株中9,400株を保有し、筆頭株主となっていた（『帝国銀行会社要録』1939年版、東京、568頁）。ライスペーパーの安定的

調達のための三島製紙への資金支援であろう。敗戦時にも保有していた(終章参照)。
6) 旧大蔵省資料 Z563-49。
7) 華北東亜煙草株式会社『第4期営業報告書』1939年10月期、1-4頁。
8) 同『第6期営業報告書』1940年10月期、4-5頁の記載を遡及適用させた。
9) 同『第3期営業報告書』1939年4月期、1-2頁。
10) 和中工業株式会社は1938年8月設立、本店東京、資本金300千円、225千円払込、取締役金光秀文、松尾晴見、松平慶献、角清太郎ほか（『帝国銀行会社要録』1939年版、東京635頁）。東亜煙草が満洲煙草に支配されると、1942年では社長角清太郎。別に東亜煙草が半額出資した株式会社中和公司があるが（1927年12月18日設立、本店天津、1939年で代表取締役松尾晴見、取締役角清太郎（『帝国銀行会社要録』1939年版、中華民国12頁）、第2章参照）、中和公司は1942年には消滅している。和中公司と同じ半額出資と想定すると、三島製紙への半額出資50千円と合計165千円となる。
11) 華北東亜煙草株式会社『第5期営業報告書』1940年4月期、4頁。
12) 同前2-3頁。
13) 前掲華北東亜煙草『第6期営業報告書』2頁。
14)「東亜煙草株式会社及会社役員ノ所有スル華北東亜煙草株式会社株式ニ関スル件」1941年1月9日興亜院経済部決裁（外務省記録 E225）。
15) 前掲華北東亜煙草『第5期営業報告書』「株主名簿」。
16) 興亜院華北連絡部「煙草製造実績調査ノ件」1941年1月23日（外務省記録 E221）。
17) 興亜院華北連絡部青島出張所「捲煙草製造実績調査回答ノ件」1941年1月6日（外務省記録 E221）。
18) 東亜煙草株式会社「葉煙草種子ニ関シ申請」1941年12月20日（外務省記録 E221）、同「葉煙草種子払下申請」1941年12月17日（外務省記録 E221）。
19) 専売局「葉煙草輸出の在り方の問い合わせ」（仮題）1941年8月21日（外務省記録 E225）。
20) 華北東亜煙草株式会社『第8期営業報告書』1941年10月期、2頁。
21) 同『第9期営業報告書』1942年4月期、1-2頁。
22) 満洲煙草株式会社『第7期営業報告書』1938年4月期、7頁。
23) 支那駐在財務官事務所「華北煙草会社設立計画ニ関スル件」1938年2月14日（旧大蔵省資料 Z539-49）。
24) 前掲満洲煙草『第7期営業報告書』5頁。
25) 満洲煙草株式会社『第8期営業報告書』1938年10月期、1頁。カラザス兄弟煙草商会は1902年に開業し、天津のフランス租界で紙巻煙草工場を開設し、製品を各地で販売した（黄[1995]169頁）。
26)「中支方面煙草事業処理ニ関スル件」1938年11月10日在上海総領事館発本省（外務省記録 E.4.5.0.-45）。
27) 北支煙草株式会社『第1期営業報告書』1939年10月期、1-5頁。満洲煙草と兼務した取締役の経歴等については第3章参照。
28) 同前6-7、12頁。
29) 北支煙草株式会社『第2期営業報告書』1940年4月期、5-6頁。
30) 同前「株主名簿」1940年4月末。

31）興亜院華北連絡部「煙草製造実績調査ノ件」1941年1月23日（外務省記録E221）。
32）北支煙草株式会社「昭和拾六年度資金計画書」1941年8月頃作成と推定（外務省記録E225）。
33）北支煙草株式会社『第4期営業報告書』1941年4月期、3頁。
34）同『第5期営業報告書』1941年10月期、3頁。
35）外務省記録E225。
36）興亜院華北連絡部経済第一局「英米「トラスト」ノ取扱ニ関スル件」1941年7月7日（外務省記録E221）。
37）日本の資産凍結については柴田[2002a]第7章参照。1941年「外国為替管理法」全文改正については柴田[2011a]第2章参照。
38）外務省記録E221。
39）華北煙草配給中央組合「第一回定時総会議事録」1941年11月6日（外務省記録E221）。光山盛貞は1892年8月21日生。1918年7月東京帝国大学独法科卒、専売局任官、1936年4月専売局理事、1938年1月神戸税関長、1940年8月退官（大蔵省百年史編集室[1973]170頁）。
40）『全支組合総覧』526、567、573、579、597、717頁。1941年5月27日に済南煙草販売組合設立、1941年9月27日に済南地方煙草卸売配給組合に改組（同前567頁）。青島では1941年7月に青島煙草販売組合が設立されたが、親睦団体の域を出なかったため、10月7日に改組された（同前526頁）。

第3節　英米煙草トラスト等の葉煙草集荷への対抗と華北葉煙草の設立

1．英米煙草トラスト等の葉煙草集荷への圧迫

　青島では英米煙草トラスト系の頤中烟草が工場を操業し、頤中運銷烟草が各地で煙草を販売していた。華北で頤中運銷烟草は占領前に国民政府の統税局より受領した印花（印紙）166千元余を有していたが、占領後に将来購入する印花代金として20万元を前払いすると申し出た。ところが統税局の主要職員が日本占領下から書類を携行して脱出したため、その印花の当地の使用を停止した。頤中運銷烟草は改めて当地で印花を購入する際に、香港上海銀行の支払保証で購入許可を申請したが、日本側で協議した結果、朝鮮銀行の支払保証を要求し、その条件を応諾させ、頤中運銷烟草は朝鮮銀行に20万円の支払保証を求めた。臨時政府の統税局は旧印花に「暫作新花」の文字を押印し、使用することとなった[1]。こうして日本の占領体制による経済システムと利権構造の中で英米煙草トラストの事業存続を認めた。
　葉煙草産地は山東省膠済鉄道沿線にあり、同鉄道は占領当初は軍用列車として利用されており、使える貨車が限られているため、日本人葉煙草集荷業者も集荷に利用で

きなかった。他方、治安情勢が悪いため外国人が奥地に集荷入り、事故が発生した場合には占領した日本側が非難される可能性があり、しかも日本人事業者の進出前に英米煙草トラストが集荷を開始すると日本事業者に不利となるため、治安と軍の作戦の都合を理由に、膠済鉄道が一般の営業線に復帰するまで英米煙草トラスト側の奥地集荷を見合わせるように、在青島総領事館から伝えることにした[2]。

北支那方面軍、在青島特務機関及び支那駐在財務官事務所は協議した結果、1938年2月に、以下の方針で英米煙草トラストに対し、山東省の葉煙草集荷を認めるものとした[3]。①金額15百万元、②同金額は1シリング2ペンス4分の1で換算したポンドまたはドルを聯銀または指定する金融機関に支払い、聯銀券または法幣を受け取る。③聯銀券または法幣を現地で用いて葉煙草の買い付けを行う。④葉煙草買付は妥当な価格による。①については日本側の葉煙草買付も行われるため、上限を守らせるものとした。なお法幣は1935年通貨改革で創出された通貨で、1元＝1シリング2ペンスを公定対外相場とし、日本円・聯銀券も法幣と等価であった。1937年で1シリング2.3ペンスの相場で、100元＝29.25米ドルのクロスレートが成立していた。聯銀は公定対外相場を1シリング2ペンスに維持しつつ、聯銀券による法幣切り下げ攻撃を続けたため、1938年6月には法幣は9ペンス、12月に8ペンス、1940年3月には4ペンスにまで下落したが、天津租界等における国民政府系銀行はそのまま法幣を発行しつつ操業を続けており、法幣は対外決済が可能な関内で最強の通貨として流通し続けた。1941年7月資産凍結時には3.16ペンスであった（柴田[1999a]292‐294頁）。

占領地行政を事実上掌握した日本側は既存の高利益法人の英米煙草トラストのみならず、葉煙草集荷専業のユニバーサル葉煙草会社（中国）を標的として、同様の基準で外貨提供を条件に操業を許可する方針とした[4]。

1938年4月13日に、在青島特務機関と英米煙草トラストは葉煙草買付で合意書に署名した[5]。この操業承認と保護に対し、英米煙草トラストは横浜正金銀行ニューヨーク支店に対し、米ドル建で葉煙草集荷資金を払い込むことになった。初回、2回の払込期日の金額は不明であるが、1938年9月26日に第3回分として、聯銀券1百万元に相当する米貨281.4千ドルを払い込ませた[6]。この相場では、先述の合計15百万元として4,221千ドルの払込となる。英米煙草トラストは煙草製造販売収益を得て逐次払い込むようなスキームとなっていた。日本の華北占領体制で聯銀が聯銀券地域を構築し法幣勢力に対抗して華北輸出為替の聯銀への集中を制度化し外貨獲得に腐心していたが、天津租界等を拠点とする法幣勢力は強靭で法幣攻撃の成果は乏しく、華北にお

ける外貨獲得のために域内葉煙草取引にまで外貨決済を求めた。

　他方、英米煙草トラストも日本占領下で資金繰りに苦慮していたようであり、1938年6月に、上海と青島で操業する大規模在華紡の内外綿株式会社に葉煙草買付用資金として、青島で60万元か70万元を借り入れたいと申し出た。内外綿青島事業所は棉花買付資金約70万元を保有していたが、買付不能となっており、その余剰資金を上海に送金できないため、この資金を貸し付けたい旨、在青島総領事館に申請した。在青島総領事館は、この内外綿の資金融通は英米煙草トラストの資金獲得工作であると見て、内外綿に拒否させて、資金的締め付けをかけた[7]。

　先述のように英米煙草トラストに1938年産葉煙草22百万ポンドを積極的に買付させ、それを外貨獲得に寄与させる方針とし、同年12月中には買い付け終了となる見込みであった。他方、ユニバーサル葉煙草は既に15百万ポンドを買付済みとなっていた。同社は青島に蓄えられた葉煙草在庫を上海に無為替輸出する許可を求めていた[8]。

　在青島特務機関はユニバーサル葉煙草に対しても、50万元以上の外貨提供を要求した。ところがユニバーサル葉煙草は、日本事業者に青島所在の再乾燥工場を貸与している関係から、他社が大量に買い付ければ、再乾燥工場の加工処理作業にあたり自社の買付け量を減らさざるを得ないため、30万元以上は困難だと主張した。日本事業者に工場を使わせているため、好意的な配慮を求めた[9]。その後ユニバーサル葉煙草は、在青島特務機関より、英米煙草トラストと統一条件でなければ煙草集荷を許可しないと通告されると、同社に対する買付拒絶は門戸開放・機会均等の主張と背馳する差別待遇だと批判し、外貨提供はできないと主張した。英米煙草トラストのように、保護や輸送上の便益を受けているわけではないとし、外貨提供をする必要はないとした。これに対し支那駐在財務官事務所は10万元でも可なりとし、外貨提供を改めて求めた[10]。その結果、同年10月25日にユニバーサル葉煙草は将来再び外貨を要求しないこと及び輸送及び保護に関し日本・中国業者と同等の権利を保障することを条件として20万元までは外貨を提供する用意があると表明した。

　1938年11月7日に在青島特務機関は、葉煙草の買付及び輸送の取り締まりの方針を打ち出した。①山東葉煙草を集荷しようとするものは在青島特務機関の許可を得る、②許可なく葉煙草を集荷し、または運送したものは到着駅で没収する等というものであった[11]。

　同様に1939年度も、2月初旬には北支那方面軍参謀長より在青島特務機関に対し、山東葉煙草買付について、英米煙草トラストに対しては15百万元、ユニバーサル葉煙

草に対しては２百万元を限度として許可を与え、これに相当する外貨を１シリング２ペンスの相場で日本側に提供させるものとし、その交渉を在青島特務機関に当たらせるとの方針を決定した[12]。1939年度の葉煙草買付についても、英米煙草トラストとユニバーサル葉煙草は、買付数量枠拡大を要求し、また後者は外貨決済枠の圧縮を求めた。交渉の結果、在青島特務機関は、1939年12月４日に英米煙草トラストに対し出回り数量が増加する場合には数量枠拡大を認め、14百万ポンドの買付許可を与えた。英米煙草トラストは警察官同行旅費の負担も引き受けるものとした[13]。またユニバーサル葉煙草に対しても、同月８日に、160万ポンドの買付許可を与え、買付けた葉煙草は華北及び満洲における紙巻煙草製造に使用されるように措置するとの条件を付した[14]。両社とも手持ち聯銀券は潤沢ではなく、横浜正金銀行に英米煙草トラストは５百万円、ユニバーサル葉煙草は１百万円の借入を申し込んできた。華北占領当局が同行に融資を拒絶させれば両社は外貨で調達せざるを得ないが、その場合には両社とも自己に都合の良い為替相場を要求することもありうるため、横浜正金銀行に聯銀券建で融資させたうえで、その資金を他地域に持ち出さないといった条件を付して、同行に預金させるのも得策であり、これにより融資で恩義を売ることも有効とみていた[15]。

英米煙草トラストの葉煙草集荷への圧迫のみならず、在済南特務機関は反英運動を巻き起こして、販売に激しく圧迫をかけた。1939年前半の英米煙草トラスト系の済南地方の煙草消費量は月約５千函（１箱50千本入）に達していたが、1939年６月に反英運動が勃発したため、その販売はほとんど停止状態に陥った。同年９月の欧州戦争勃発で、反英運動は下火となったが、済南地方のみ在済南特務機関が反英運動を煽り続けて英貨排斥運動を執拗に続けさせた。その結果、市中の煙草供給量が不足し、一般の煙草消費者に苦痛を与える事態に陥った。天津駐在の英米煙草トラストの役員が1940年１月19日に在済南総領事館を訪問し、事態の打開を要求し、日英間の外交問題として提起することも考慮していると表明した。これに対し在済南特務機関は、イギリス製品の販売に何ら問題はないと返答し、反英運動は民衆の発意であるとして、打開に至らなかった。そして1940年１月26日に反英組織が済南市内の頤中運銷烟草製の商品を焼却した[16]。

英米煙草トラストによる葉煙草集荷により占領地煙草供給を維持させる必要があるが、葉煙草集荷状況が思わしくないため、華北占領当局は1941年２月17日に英米煙草トラストとユニバーサル葉煙草に対し、従来集荷の許可を与えていた既存利権の黄旗堡と二十里堡の２地点のほか、新たに譚家坊、楊家荘及び辛店の３地点における集荷

を認めた。そして英米煙草トラストは集荷を開始するため所要の手続きを在済南特務機関に申し出てきた。ところが新規に集荷を認めた3地点のうち2地点はすでに華北葉煙草と日本の代理買収人、中国人の組合が共同集荷を行っており、英米煙草トラストにのみ単独集荷を認めないと華北占領当局は通告した。これを放置すると昨年度と同様の集荷競争に陥り紛議をもたらす恐れがあるとして、共同集荷をさせようとして英米煙草トラスト側に協議させた。しかし上海本店の指示で共同集荷を拒否した。さらに3月5日にユニバーサル葉煙草も同様に集荷を開始する手続きを申し出てきた。そのため両社と華北葉煙草に協議させ、ようやく3月5日に覚書を交わして落着し、2地点では両社に集荷させる、残りの1地点については華北葉煙草の買付のままとするが、3社で協調して集荷する、3月31日までに買付許可数量に到達しない場合には両社がほかの買付場所について、改めて華北葉煙草と協議することとした[17]。そのほか1941年4・5月には英米煙草トラストの保有する紙巻煙草原料のライスペーパーと華北葉煙草の在庫の山東省葉煙草との交換取引も行ったようである[18]。

　英米煙草トラストと争ったこの間の山東省葉煙草集荷の実績を紹介しよう。1936年は72百万斤を独占的に英米トラスト側が買い付けていたが、1939年では55百万斤に減少したものの、華北葉煙草とほぼ折半という状況となっていた（表5-5）。その後、1940年には占領体制下の葉煙草耕作と集荷の不安定等で33百万斤へさらに集荷量が減少した。英米煙草トラスト側は上述のような圧迫を受け、4分の1に押さえつけられたが、他方、後述のように華北における葉煙草独占を目指して設立された華北葉煙草は4分の3を買い付けた。1941年度は23百万斤に減少し、それをほぼ華北葉煙草が独占集荷した。1941年7月に新国民政府（汪政権）が英米煙草トラストの資産を凍結したため身動きがとれず華北葉煙草がこの葉煙草集荷年度でほぼ独占を実現した。この間の頤中運銷烟草の華北における販売を合わせて紹介しよう。1939年から1942年までの売上が確認できるが、1939年で36百万円を売り上げて、1940年には81百万円へと増大し（表5-6）、華北全域で売り上げを伸ばした。1941年には年後半の資産凍結で売りにくくなったため、山東地方以外は減少し、合計74百万円にとまった。残念ながら販売量の累年紹介ができないが、1942年販売が183千箱、すなわち9,192百万本であるため、インフレを考慮すると1940年で1942年の4倍以上の400億本以上を売り上げたと見られる。その後の圧迫を受けて1941年では頤中運銷烟草の販売本数が華北東亜煙草と北支煙草2社の合計本数を下回ったとみられる。

　英米煙草トラストの中国事業の根幹をなす頤中烟草と頤中運銷烟草の資産負債を紹

表 5-5　山東葉煙草買付量・価格

(単位：千斤、千円)

年度	買付数量	買付金額	備　考
1936	72,800	…	英米トラストの買付が大部分のため、価格不明
1939	55,297	…	英米トラストと華北葉煙草半々の買付状態のため価格不明
1940	33,286	20,421	英米トラスト4分の1、8,736千斤、5,289千円、華北葉煙草4分の3の買付
1941	23,568	15,129	華北葉煙草独占
1942	32,204	27,341	華北葉煙草独占、12月末累計
1942	43,380	37,063	3月まで年度累計

注1：買い付け期間はおおむね毎年10月から翌年3月まで。
注2：1942年度は12月末現在数値。年度買付予想額は40百万斤、34百万円を予定。
注3：1940年産葉煙草集荷で、華北葉煙草27,188千斤、15,231千円、英米煙草トラスト8,402千斤、4,889千円、ユニバーサル葉煙草1,001千斤、606千円、合計3,6591千斤、20,727千円とする数値もある。
出所：興亜院経済部第二課「昭和十五年産山東葉煙草収買実績ノ件」1941年5月19日（外務省記録E226）、在青島総領事館坊子出張所「膠済沿線ニ於ケル葉煙草産出状況」1943年1月（外務省記録E255）、同「膠済線ニ於ケル葉煙草買付状況ニ関スル件」1943年7月2日（外務省記録E255）

表 5-6　頤中運銷烟草公司の華北販売

(単位：千円、箱)

	1939	1940	1941	1942		備　考
					箱	
北方地方	21,027	41,020	33,724	9,738	78,743	天津・北京・唐山
蘆漢地方	11,296	20,697	16,430	3,317	41,794	開封・太原
蒙疆地方	4,439	8,082	2,078	6	58,252	
山東地方	—	11,254	22,581	8,876	5,055	済南・青島等
合計	36,763	81,054	74,814	21,959	183,846	

注：1箱50千本入。
出所：華北総合調査研究所『英米煙草トラストとその販売政策』1943年5月、167、183頁

介しよう。中国全域の資産負債であり、華北を分離したものではない。頤中烟草の1937年9月期総資産は193百万元で、営業権商標権が85百万元、葉煙草在庫34百万元で、親会社勘定9百万元、子会社勘定は僅かであった（表5-7）。他方、資本金180百万元であり、ほぼ自己資本経営で571千元の利益を計上していた。これが日中戦争期を通じて占領地物価騰貴に連動し資産額は急増し、1940年9月期には、総資産は463百万元に増大し、葉煙草在庫を177百万元に膨らませ、日本占領下でも、山東省では買い負けていたが、華中では日系事業者の製造量がまだ伸びないため、原料葉煙草を膨大に集荷していた。それが安定操業ができる競争力の源泉となっている。ただし自己資本だけではこの拡張が不可能であり、259百万元の社外負債を抱えていた。これにより6百万元の利益を計上できた。次に頤中運銷烟草では、1937年9月期で総資産88百万元、資産は営業権58百万元が中心で、銀行預金及び未収金15百万元を有していた（表5-8）。資本金は60,700千元で、ほぼ自己資本経営であった。負債で英米煙

表5-7　頤中烟草公司貸借対照表

(単位：千元)

	1937.9期	1938.9期	1939.9期	1940.9期	1941.9期
(資産)					
土地建設	12,882	13,250	13,101	13,245	13,195
設備	3,233	3,398	4,181	4,266	4,266
機械器具	11,050	11,870	58,292	57,808	57,551
什器車輛	334	397	447	498	578
営業権商標権	85,330	85,330	85,330	85,330	85,330
葉烟草在庫	34,315	32,486	48,752	177,833	82,344
原料及備品在庫	8,864	19,591	22,436	44,926	72,611
製品等在庫	9,498	7,956	10,957	17,139	24,770
会社投資金	8,142	—	949	280	—
諸借方残	6,656	28,286	19,533	59,917	38,849
英米烟草会社(支那)	9,198	12,585	—	—	—
子会社勘定	256	—	—	—	4,224
銀行預金及未収金	3,244	2,164	1,924	1,772	1,003
合計	193,004	217,818	265,905	463,018	384,726
(負債)					
資本金	180,000	180,000	180,000	180,000	180,000
諸貸方残	3,589	22,550	66,439	259,083	177,827
子会社勘定	547	—	—	—	—
別途積立金	3,200	5,747	5,990	6,178	7,446
建物機械器具等積立金	5,096	6,909	9,429	11,241	13,119
銀行当座借越	—	—	519	397	—
剰余金	571	2,610	3,526	6,117	6,332
合計	193,004	217,818	265,905	463,018	384,726

出所：前掲『英米煙草トラストとその販売政策』212頁

草（中国）勘定があり、親会社からの資金支援である。頤中烟草の会社投資や子会社勘定の金額が乏しいことから見て、頤中運銷烟草は英米煙草（中国）の子会社であり、頤中烟草の子会社ではない[19]。その後も占領地物価騰貴の中で頤中運銷烟草の売上は急増し、1940年9月期で、総資産321百万元、諸借方残251百万元が突出した項目となっており、これは販売ネットワークへの売掛金等である。この資金調達のため、親会社の英米煙草（中国）から210百万元の債務を計上している。そして14百万元の利益を計上できた。

2．資産凍結後の英米煙草トラストへの圧迫

資産凍結が発動されて以後、1941年8月2日に英米煙草トラストの華北代表者の頤中烟草・頤中運銷烟草取締役ウィリアム・クリスチャン William B. Christian が興亜院華北連絡部に出向き、資産凍結のもとでも煙草の製造販売を継続したい旨表明した。

表5-8　頤中運銷烟草公司貸借対照表

(単位：千元)

	1937.9期	1938.9期	1939.9期	1940.9期	1941.9期
(資産)					
什器車輛等	480	515	560	606	620
営業権	58,000	58,000	58,000	58,000	58,000
原材料在庫品	—	—	—	486	569
製品等在庫品	7,443	6,102	3,436	5,560	6,293
他社投資等	0	0	2,054	—	—
諸借方残	6,729	7,096	63,134	251,998	165,021
銀行預金及未収金	15,971	4,646	3,595	4,683	10,110
英米煙草会社(支那)	—	30,430	—	—	—
合計	88,625	106,791	130,781	321,335	240,614
(負債)					
資本金	60,700	60,700	60,700	60,700	60,700
諸貸方残	11,860	40,564	20,008	23,060	32,717
銀行借越	—	—	—	6,617	12,499
英米煙草会社(支那)	9,134	—	37,178	210,924	88,375
関係会社勘定	—	—	—	—	17,194
特別積立金	5,464	2,953	3,179	5,223	5,078
建物什器等積立金	288	381	440	542	621
剰余金	1,177	2,193	9,275	14,267	23,427
合計	88,625	106,791	130,781	321,335	240,614

出所：前掲『英米煙草トラストとその販売政策』211頁

それを容れて同連絡部は製造を認めたが、8月28日以後、製品の出荷を停止させた。ただし操業は継続されており、その間、興亜院華北連絡部は北支那方面軍、在北京公使館とも協議し、以下の文書を取りまとめ、覚書の項目も含め、英米煙草トラスト側に承認するよう要求した。覚書署名については頤中烟草の上海店の了解を取り付ける必要があるとして、英米煙草トラスト代表者が説明に上海へ赴いた[20]。その文書によると、操業を完全に停止させることは煙草配給に悪影響を及ぼすため、日本の指導下において自発的請願の形式をとり、経営に介入し、煙草の市中における需給を睨み合わせながら、煙草製造を継続させる。その要領として、北支那方面軍及び興亜院華北連絡部の指名する顧問を送り込む、顧問は4名以内とし、2名は専売局職員、2名は北支那開発株式会社産業部員とする。顧問には直接に経営に参画させる、工場其の他の施設及び原材料の保全は英米煙草トラストの責任で処理させ、製品その他の搬出については特務機関または現地部隊の承認を取らせる、運転資金は顧問により申請させ興亜院華北連絡部が融資を斡旋する、この実施について予め英米煙草トラストから誓約書を提出させるとして、頤中烟草、頤中運銷烟草、振興蒸草股份有限公司及び首善

印刷股份有限公司の4社連名で署名させ、英米煙草トラストに対する日本側の経営監視体制を導入しようとした。この措置とは別に、1941年8月18日に興亜院経済部「在華北英米「トラスト」ノ取扱ニ関スル要綱」が回付されている[21]。

これに対し、英米煙草トラスト側は上海本部が日本側の要求する顧問体制を承認しないとして、9月2日に妥結を拒否した。これまでは占領地当局の要求を呑んできたが、今回の経営への介入をそのまま受け入れるぐらいなら天津と青島の工場を閉鎖する、それにより煙草の市中への円滑な供給が止まり、また工場閉鎖により5千人の高給与の職工が職を失い、販売中止で数百人の事務員と販売員が職を失い、さらに頤中烟草の商品を販売してきた大小数千人の販売員の生活を奪うことになると、事業閉鎖に伴う打撃の大きさで反撃を加え、日本側の要求水準の引き下げを求め、巧みな交渉戦術で日本側の譲歩を迫った[22]。英米煙草トラスト側は1か月製造量2万梱の承認を求めていた[23]。興亜院華北連絡部側はこの要求を蹴り続けたため交渉は膠着状態に陥った。興亜院華北連絡部は頤中運銷烟草の対市中販売を完全に封鎖したとの印象を与えるのはふさわしくないと判断し、暫定措置として9月18日に頤中烟草の製品を市中に供給する方針を示した。そして9月20日～10月19日の間、3千梱の頤中烟草の在庫煙草を購入し、市中供給に充当するものとした。この販売については、設立予定の地方煙草卸売販売組合に限定させ、代金は聯銀の設定した口座に振り込ませるものとし[24]、この暫定措置は実施に移された。これにより頤中烟草の天津・青島の工場在庫の一部が放出された。その後も英米煙草トラスト側との交渉が続いたが、交渉の妥結はなく、12月8日の日米開戦となり英米煙草トラストの事業資産を敵産として接収する体制に切り替えた。

3．華北葉煙草の設立

華北の葉煙草集荷を続けてきた日系事業者として合同煙草、米星煙草、山東煙草ほかがあるが、日本占領後に合同煙草は、山東省の在済南陸軍特務機関より1938年2月24日に承認を得て、南洋兄弟烟草公司ほか計3工場を取得して煙草生産に着手するとの方針を在済南総領事館に表明した[25]。占領という新たな政治状況を巧妙に利用して、合同煙草は紙巻煙草製造にも参入する機会を得た。華北の葉煙草同業の米星煙草と山東煙草も同じように色めき立って、新たな利権獲得に動いていたはずである。合同煙草の工場取得許可について、米星煙草・山東煙草側は抜け駆けと映るため納得していなかったようで、合同煙草とほか2社の間でもつれた。結局、合同煙草の工場取得は、

その後の華北日系煙草事業者の煙草生産量統計等から判断して、実現しなかったようである。

　山東省を主要産地とする米国系黄色種葉煙草の集荷業者は従来から激しく競合し、葉煙草集荷と乾燥加工の拡充を急いでいた。従来のような競争を回避させるため、葉煙草集荷の中国法人の設立が計画される。先述の北京特務部作成による「煙草事業統制要綱（案）」でも、山東省の葉煙草事業で新設の葉煙草需給会社を設立させ、そこに東亜煙草と満洲煙草を参加させるとの方針が示されていた。そのまま北京特務部を中心に葉煙草会社設立計画が練られており、1938年4月には北京特務部の東福清次郎の私案として開始され、その後領事萩原徹と専売局から送り込まれていた磯野正俊でひそかに研究を続けていた[26]。同年8月15日に華北の既存の葉煙草事業者のほか東亜煙草、満洲煙草を加えた9社より北京特務部に対し、資本金30百万円の葉煙草会社の設立願が提出された。それについて専売局は蚊帳の外に置かれており、情報を得ていなかった。専売局の意見では、新設葉煙草集荷法人の資本金が過大であるとみていた[27]。北京特務部は8月19日に設立許可を与え、陸軍省にその計画を移牒した。しかしその後、第三委員会の審査が遷延したまま、華北で葉煙草集荷時期の11月になった。華北占領による混乱で収穫の大幅減少が見込まれる中で、従来の各社個別の集荷では効率を欠く可能性が高いとして、北京特務部は第三委員会の審査を急がせるとともに、この際は東洋葉煙草と満洲煙草を除外して、既存の華北葉煙草事業者（合同煙草、米星煙草、山東煙草、山東煙草同業組合）と東亜煙草とが、華北で聯銀から7百万円を借り入れて出資し、葉煙草専業法人設立を急ぐとの動きが見られた[28]。この動きには既存葉煙草事業者が東洋葉煙草を、また東亜煙草が満洲煙草を排除したいという意向も反映していた。

　華北側の動きに押されて、ようやく1938年12月3日第三委員会決定「華北葉煙草株式会社設置要綱」となり、12月9日に閣議供覧となった[29]。この要綱によると華北における農民生活の安定を図り、日満支を通ずる原料葉煙草の供給を確保するため、法人を新設するものとした。合弁の臨時政府普通法人とし、本店を青島に置き、資本金は15百万円、半額払込で設立し、臨時政府出資はなく、150万円は満洲・中国の葉煙草取扱業者、405万円は日系在中国煙草製造業者、945万円は日系葉煙草取扱業者が負担するものとした。そのため主として日本の煙草業者の出資により設置されるものとなった。煙草業者の手元資金繰りは潤沢なため、北支那開発株式会社（1938年11月7日設立）からの出資は最初から期待されていない。事業は葉煙草買付販売、耕作指導

奨励、葉煙草乾燥設備、倉庫経営及び葉煙草の輸送であった。

この方針に沿って1938年12月（あるいは1939年1月）に華北葉煙草株式会社（華北菸草股份有限公司）が北京に設立された。資本金15百万円、半額払込で、華北の既存葉煙草事業者の米星煙草、山東煙草、合同煙草が出資した。理事長温世珍、専務理事金井寛人（合同煙草）、北浜留松（米星煙草）、高部悦三（山東煙草）で以下、理事、監事もこの出資3社の関係者が並んでいた[30]。

華北葉煙草の設立とともに、従来の日本の葉煙草集荷会社の合同煙草、米星煙草、山東煙草の集荷した葉煙草を買い取る体制になった。華北葉煙草が買い上げ価格を抑え込むため、既存の葉煙草集荷会社が自己勘定で調達して販売することで得る利益が圧縮され旨みのない商売となった。華北葉煙草は自社の再乾燥工場を保有しておらず、再乾燥工程は既存の事業者に依存せざるを得なかった。華北葉煙草が占領下の山東省で葉煙草集荷に着手したが、先述のように1939年産葉煙草集荷は前年を大きく下回る55,297千斤にとまっており、英米煙草トラストに買い負けているとみられていた。華北葉煙草の事業は期待を下回っていた。1940年5月で華北葉煙草に対し、在北京公使館では厳しい見方をしていた。華北葉煙草の欠点として、①買付価格、配給価格ともに安定させていない、②葉煙草輸出を促進する能力がない、③農民の生活を安定させるための葉煙草増産に貢献していない、④弱体であり英米煙草トラストに対抗できる力量はない。この脆弱性を抱えていたため、改組が必要とみなされ、興亜院華北連絡部、北支那方面軍、在北京公使館の会議の結果、次のような提案を行い、興亜院本院と折衝することとなった。その方針とは、①現存の華北葉煙草と製造会社の華北東亜煙草を糾合し有力な新会社を設立する。②現存各社の財産を新会社に現物出資させ、必要であればさらに外部から資本を入れる。③現存の各社役員を指導できる有力人物を迎え、役員機構を整備し国策に順応させる。④軍、興亜院の指導を強化し、新たな指導要綱を決定する。なおこの立案の前の段階で、興亜院華北連絡部は、華北政務委員会、北支那開発等より現存資本を上回る資金を投入し、特殊法人の国策会社を設立する方針としたが、英米煙草トラストとの関係、中国人資本との関係、聯銀券膨張要因の懸念等で、結局新会社は普通中国法人とし、外部資本の導入は必要な場合に限るものとした[31]。そして改組は見送られた。

華北葉煙草は既存の葉煙草集荷の日本法人の事業を吸収した。そのほか英米系会社との葉煙草取引も行った。1939年度のユニバーサル葉煙草の買付量30万貫のうち10万貫はすでに華北葉煙草が買上済みとなっていた。残りは在青島特務機関との協定に沿

って上海へ移出された。華北葉煙草のユニバーサル葉煙草からの葉煙草10万貫の買上価格について、両者の間でややもつれたが、8月上旬に1ポンド平均1円50銭とし、その外貨換算5ドル50セントで合意し、合計5百万ポンドの引き渡しがなされた[32)]。他方、英米煙草トラストの買付量は230万貫となったが、同社の原料葉煙草としては不足するため、華北占領当局は華北葉煙草の保有在庫の中から50万貫を買い付けて調達することを認め、その代金の外貨決済を認めた[33)]。

1940年産葉煙草集荷に当たっては、山東省陸軍特務機関が指導して山東省合作社聯合会に葉煙草交易所を設置・経営させるとの方針を打ち出し、1940葉煙草集荷年度では張店と青州に設置するものとした。その運営方針では、交易所を設置した地域では自由買付を認めず、交易所に買付を集中する、買付人は華北葉煙草、中国人の組合と日本人代買人とし、鑑定もこの三者が担当する、買付数量では華北葉煙草は上限を設定しないが、ほかは前年実績による割当数量を設定する、代金決済は華北葉煙草がほかの集荷者分も建て替え支払する[34)]、とされており、この方針で交易所が設置された。交易所の運営のため新民会の山東省総会で決定された「葉煙草交易所業務規定」は1940年12月3日に山東省陸軍特務機関に認可された。葉煙草の輸送は国際運輸株式会社（1926年8月1日設立、本店大連）の一手取扱とした。そのほか潍県と坊子に共同買付場を開設した。他方、英米煙草トラスト側は二十里堡で買付を実施していた[35)]。共同買付所はその後、辛店、譚家坊にも追加設置された[36)]。こうした努力の効果も乏しく、1940年産葉煙草の全集荷量は33,286千斤となり、前年度実績を大きく下回った。そのうち華北葉煙草が4分の3、英米煙草トラストが4分の1の集荷を行ったとみられ、買付総額20,421千円であった。

華北葉煙草は山東省ほかでの葉煙草集荷作業の中で、既存の日本人事業者、すなわち山東実業、合同興業、米星産業の3社を集荷の実働部隊として利用していた。また中国人の葉煙草組合や日本人の代買人も利用した。これらの集荷の実務を担当する事業者の設備と営業権を華北葉煙草は自己勘定に移し、山東省の葉煙草集荷の統制を強めることを考慮した。その事前準備として山東省で葉煙草集荷に関わる事業者の設備と営業権の評価を行うとし、評価委員会を設置するものとし[37)]、その資産評価を行う要員を専売局から招聘した。

1941年7月に対英米資産凍結に踏み切ったのちの1941年産山東省葉煙草集荷を強めるため、葉煙草集荷の全地域に交易所を設置する方針とし、興亜院華北連絡部は1941年6月「葉煙草交易所設置指導要項」を示した。この方針で、交易所以外の集荷取引

を禁止し、各交易所を山東省合作社聯合会に経営させ、新民会が協力するものとした。併せて英米煙草トラストとユニバーサル葉煙草の直接集荷を許可しない方針とした[38]。

　華北葉煙草の事業地域は山東省を中心とし、河南省でも集荷を行った。他方、山西省は華北葉煙草の事業地域とされず、域内で葉煙草栽培が行われた。地場産の煙草製造に充当するため、地場葉煙草栽培がおこなわれていたが、日系煙草製造業者の紙巻煙草の原料として利用できる出荷量に届かなかった。

1) 在青島総領事館発本省、1938年2月13日（外務省記録E.4.5.0.-45）。
2) 在青島総領事館発本省、1938年2月25日（外務省記録E.4.5.0.-45）。
3) 在北京公使館発本省、1938年2月26日（外務省記録E.4.5.0.-45）。
4) 在北京公使館「山東省葉煙草買付ニ関スル米商申出ニ関スル件」1938年3月9日（外務省記録E.4.3.1.-5-8-1）。ユニバーサル葉煙草会社（中国）Universal Leaf Tobacco Co. of China, Federal Inc. は、アメリカの葉煙草業者が合同して1918年に法人組織とした、アメリカのユニバーサル葉煙草会社 Universal Leaf Tobacco Co., Inc.の傘下にある1924年設立の中国現地法人。米星煙草貿易[1981]91頁も参照。中国現地法人の本社を上海に置いた。典拠資料では「ユニバーサル葉煙草」のほか「ユニバーサル煙草」あるいは「ユニバーサル」と記載されているものが多いが、煙草製造業と混乱しやすいため、本章では「ユニバーサル葉煙草」と記載し、混乱しない範囲で「（中国）」を省略している。
5) 在北京公使館発本省、1939年3月8日（外務省記録E.4.3.1.-5-8-1）。
6) 在青島総領事館発本省、1938年9月27日（外務省記録E.4.3.1.-5-8-1）。
7) 在青島総領事館発本省、1938年7月1日（外務省記録E.4.3.1.-5-8-1）。
8) 在青島総領事館発本省、1938年11月11日（外務省記録E.4.3.1.-5-8-1）。
9) 在青島総領事館発本省、1938年5月9日（外務省記録E.4.3.1.-5-8-1）。
10) 在北京公使館発本省、1938年10月10日（外務省記録E.4.3.1.-5-8-1）。
11) 在青島総領事館発本省、1938年11月9日（外務省記録E.4.3.1.-5-8-1）。
12) 在青島総領事館発本省、1939年3月28日（外務省記録E.4.3.1.-5-8-1）。
13) 在青島総領事館発本省、1939年12月5日（外務省記録E.4.3.1.-5-8-1）。
14) 在青島総領事館発本省、1939年12月8日（外務省記録E.4.3.1.-5-8-1）。
15) 在青島総領事館発本省、1939年12月25日（外務省記録E.4.3.1.-5-8-1）。
16) 在済南総領事館発本省、1940年1月30日（外務省記録E.4.3.1.-5-8-1）。
17) 興亜院華北連絡部「英米トラスト及ユニバーサル社ノ新地点葉煙草収買開始ノ件報告」1941年3月18日（外務省記録E221）。
18) 頤中運銷烟草股份有限公司の興亜院華北連絡部経済第一局宛書面、1941年9月2日（外務省記録E221）。
19) Cox[2000]p.196で、頤中運銷烟草が頤中烟草の子会社と説明しているが、両社の貸借対照表を見る限り誤りである。
20) 興亜院華北連絡部経済第一局「英米「トラスト」ノ取扱ニ関スル件」1941年7月7日（外務省記録E221）。首善印刷は「頤中印刷公司」となっていたが修正した。4社華北代表者を

クリスチャンが担当していた。
21) 外務省記録E221。
22) 興亜院華北連絡部「英米煙草トラストトノ交渉顛末ニ関スル件」1941年9月19日（外務省記録E221）、頤中運銷烟草股份有限公司発興亜院華北連絡部経済第一局宛書面、1941年9月21日（外務省記録E221）。北支那方面軍は原資料では「岡村部隊」。
23)「英米煙草トラスト側提議要領」1941年9月12日（外務省記録E221）。
24) 中央特別資産調整委員会・興亜院華北連絡部経済第一局「英米煙草トラスト（頤中公司）製品ノ取扱ニ関スル件」1941年9月18日（外務省記録E221）。
25) 在済南総領事館発本省、1938年6月9日（外務省記録E.4.5.0.-45）。済南に南洋兄弟烟草公司の工場は存在せず（済南満鉄駐在員「済南煙草工場調」1934年（外務省記録E.4.3.1.-5-8-1））、青島における工場と思われる。
26) 在北京大蔵事務官磯野正俊発北京駐在財務官宛、1938年4月21日（旧大蔵省資料Z539-49）。この資料では葉煙草が「葉巻煙草」と記されている。萩原徹は在中華民国大使館兼天津総領事館領事（内閣印刷局『職員録』1938年7月1日現在、28、30頁）。磯野正俊は1909年1月26日生、1931年3月東京帝国大学法学部卒、専売局採用、1937年7月専売局参事官・収納部、1938年1月～1940年7月中国出張、戦後、専売局塩脳部長、横浜税関長、日本専売公社理事（大蔵省百年史編集室[1973]18頁）。
27) 支那駐在財務官事務所発専売局、1938年8月16日（旧大蔵省資料Z539-40）、専売局発支那駐在財務官事務所、1938年8月18日（旧大蔵省資料Z539-40）。
28) 支那駐在財務官事務所「華北葉煙草株式会社ニ関スル件」1938年11月7日（旧大蔵省資料Z539-40）。第三委員会は1937年10月26日閣議決定に基づき、同年11月6日設立、興亜院設置の1938年12月16日廃止（柴田[2002b]24頁）。
29)「第三委員会決定上申書」（旧大蔵省資料Z530-100）。
30) 大連商工会議所『北支会社年鑑』1942年版、131頁。
31) 在北京公使館発本省、1940年5月9日（外務省記録E.4.5.0.45）。
32) 在北京公使館発本省、1940年8月22日（外務省記録E.4.3.1.-5-8-1）。
33)「「ユニバーサル」会社ノ山東煙草移出ノ件」在北京公使館発本省、1940年5月30日（外務省記録E.4.3.1.-5-8-1）
34) 山東省陸軍特務機関「山東省葉煙草収買情報」第1号、1940年11月15日（外務省記録E226）。「葉煙草交易所ノ設置及運営ニ関スル指示」が収録されている。
35) 同、第3号、1940年12月10日（外務省記録E226）。新民会については堀井[2011]参照。
36) 山東省陸軍特務機関「山東省葉煙草収買情報」第6号、1941年1月25日（外務省記録E226）。
37) 興亜院経済部「葉煙草収買業者ノ設備及営業権ノ評価ニ関シ技術者派遣方ニ関スル件」1941年5月22日決裁（外務省記録E221）。評価を担当する委員会設置については「支那人組合、日本人代買人ノ設備及び営業権並ニ山東、合同、米星三社ノ再乾燥設備及営業権ノ評価委員会設置要領」1941年3月3日（外務省記録E221）が作成されていた。
38) 興亜院華北連絡部「山東産葉煙草ノ収買ニ関スル件」1941年9月15日（外務省記録E226）、「葉煙草交易所設置指導要項」1941年6月12・14日、「項」を「綱」に手書き修正（外務省記録E226）。

第4節　華中煙草産業の新規参入と煙草配給

1．華中煙草事業方針

　華中の煙草市場としては上海が製造と販売の拠点として傑出した位置を占めていた。1937年8月13日に上海で戦闘が勃発し、上海各地に戦域が広がり、多数の中国人経営煙草工場が焼失し、そのため年約100億本の煙草の供給不足が発生する見込みとなった。被災工場には中国人経営で最大規模の南洋兄弟烟草公司所属工場も含まれていた。占領地における煙草事業に対し日本資本が統制を加え、華中の煙草事業を奨励し、維新政府の重要財源の確保とともに、外国企業に対抗させるとの方針とした。

　華中の煙草事業の具体策として、1938年10月6日に第三委員会に大蔵省が提出した東洋葉煙草増資追認に関する件で、提案された華中の日系煙草事業者の新規参入をどこまで認めるかで議論となった。第三委員会では「中支那方面煙草製造事業暫定処理要綱案」のような提案として再度提出させることに決定し、その線に沿った原案が提出されたが、他方、満洲煙草の華中への進出を認めることに外務省から異議が唱えられ、第三委員会として未決定のまま終わった[1]。在上海総領事館では東洋葉煙草と東亜煙草の両社を旧中国人経営工場の製造能力の限度内で操業を許可するとともに、占領前から操業していた事業者を除き、この両社以外の小資本の出願を許可しない、将来はこの両社に限らず、有力会社を合同させて英米煙草トラストに対抗する必要があるとみていた[2]。

　第三委員会で決着のつかなかった案件として、1938年12月16日設置の興亜院に引き継がれた。その後の検討を踏まえ、興亜院経済部の提案になる1939年1月16日興亜院決定「「中支那ニ於ケル煙草製造事業暫定処理要綱」並「中支那ニ於ケル葉煙草買付暫定処理要綱ニ関スル件」」により暫定方針が打ち出された[3]。このうちの「中支那ニ於ケル煙草製造事業暫定処理要綱」によると、①当分の間、東亜煙草と東洋葉煙草をして華中における紙巻煙草製造を拡充させ、新規の製造は特別の事情がない限り認可しない、②両社の上海における製造数量はさし当り年産90億本を目標とし、両社が平等に製造する、③両社の工場の新設と新規機械の購入は原則として避けさせ、既存のものを利用させ、原料葉煙草は日本産と中国産を利用させ、第三国からの輸入を避けさせる、④両社の製品の種類、販路、販売価格、販売方法、原料葉煙草購入等は自

主的統制を行わせる、⑤当地関係官庁の指導監督に服させる。そのほか両社以外の既存会社を適当な機会に、両社に合併させるというものであった。将来、華中の製造事業者の統合で合弁の新会社が設立される場合には、調整を行うものとした。奥地、つまり武漢三鎮エリアについては別に検討するものとされた。当面は東亜煙草と東洋葉煙草を積極的に活用する方針を打出した。

2．東亜煙草の事業拡張

　東亜煙草は最大煙草製造地の上海で占領下の事業所取得に邁進した。すでに上海で工場経営に経験もあり、同工場を閉鎖した後も上海支店をおいて操業を続けてきたため、占領地上海で最も早く事業に着手できる立ち位置にいた。1938年1月に東亜煙草専務取締役金光秀文は上海陸海軍特務機関を訪れ、中国人経営の華東烟草公司と華品烟草公司を買収することの了解を求めた。同部としては買収の見込みが立てば承認するとして、東亜煙草は本格的な買収交渉を開始した。華東烟草公司については2月12日に買収価格285千元で協定が成立した。2月上旬に工場設立の許可を得て、同月20日に華北東亜煙草保有資金360千円を朝鮮銀行を通じて上海に送金させた。そして4月中に両軍特務部と在上海総領事館より営業許可を得た。その後、6月19日の華東烟草公司の株主総会では買収を受け入れる決議が成立しなかったが、董事長が株式の過半を掌握しているため買収は成功すると、東亜煙草は主張した。しかし買収の正式契約が成立しておらず、代金支払いもなされていない状態となっていた。この買収手続き完了までに東亜煙草に操業させるとの軍からの指図があり、同年4月末より東亜煙草が操業を引き受け、8月末には製品を市場に販売する見込であった。他方、華品烟草公司については工場全体の買収について価格で落着しなかったため、工場機械の買収について交渉を続けていたが、買収価格の決定にまで至らなかった[4]。この出願にあたっては、東亜煙草は華東烟草公司の巻上機12台と華品烟草公司の15台で初年度に27億本の製造を行うとし、さらに3年目には150台に巻上機を増やし、150億本の製造を実現するとの誇大な計画を掲げていたが、現実には華東烟草公司の買収を実現できないまま操業を引き受けることを認めさせたため、操業許可だけが与えられ、12台で年15億本の製造に着手することとなった。その後、この中国人経営の両煙草工場は軍命により当分無償操業を行わせるとの方針となったため、東亜煙草は華北東亜煙草から取り寄せた資金を買収に充てる必要がなくなり、原料その他の運転資金に回すことができた[5]。これにより東亜煙草は少ない資金で事実上の上海の工場取得に成功した。

ただし操業を引き受けた工場の規模は小さく、巨大市場上海におけるプレゼンスを高めるためには、さらなる規模の追求が必要となる。

　東亜煙草は既存工場を借りて操業を開始したが、華東烟草公司の規模は大きなものではなく、ほかの工場取得交渉は停頓したため、長らく閉鎖していた東亜煙草の上海工場を1938年9月に復活させ、これを上海第二工場として翌年5月15日に操業開始に漕ぎ着けた（水之江[1982]183頁）。この2工場の操業で、東亜煙草上海工場は1939年12月〜1940年11月の間、3,922百万本を生産したが、東洋葉煙草の生産量の後塵を拝していた[6]。

　東亜煙草は東洋葉煙草を追撃し、上海のみならず漢口にも既存工場を取得して参入を目指した。漢口では頤中烟草の有力工場が操業しており、そこに攻勢をかけることになる。武漢占領後に多数の産業で日本の事業者が操業許可獲得にしのぎを削った。武漢参入業者を巡っては、武漢三省連絡会議による1939年4月6日許可決定がなされた。それによると東亜煙草と東洋葉煙草を進出させるとの方針となった[7]。この決定により東亜煙草は既存工場を物色し、旧南洋兄弟烟草公司漢口工場を取得し、1940年1月1日より操業を開始した（工場長竹本徳身）（水之江[1982]185頁）。同工場は1940年6月より出荷を開始した。同月より11月までの累計製造量は184百万本であったが、東洋葉煙草の方が漢口では先に製造に着手していたため、生産量も上回っていた[8]。東亜煙草が漢口の工場の操業を引き受けると、漢口地域の葉煙草集荷を担当した米星産業が日商株式会社漢口支店内に店舗を開き、これら3社が提携して葉煙草集荷から製造販売まで事業を展開した（日商[1968]229-230頁）。

　東亜煙草は華中で1939年に2,969百万本を製造し、9,911千円を売り上げていたが、工場の追加取得で1940年には4,183百万本を製造し、20百万円を販売した。しかし1941年には葉煙草集荷等がネックとなり、3,081百万本しか製造できず、売り上げも19百万円に止まった（表5-3）。

　先述のように1940年4月に満洲煙草側の長谷川太郎吉が東亜煙草の株式を取得して経営権を掌握したため、華北で華北東亜煙草との競合関係はほぼ消滅した。東亜煙草が漢口に進出し、煙草製造工場を開設したが、東亜煙草の漢口工場で増産体制に入ると、その煙草製造工場の一部を北支煙草に割愛し、北支煙草漢口工場として操業させた[9]。

3．東洋葉煙草系の事業拡張

　日本本店企業の新規参入が見られた。東洋葉煙草は、日中戦争勃発後の上海において、同社上海出張所を通じて軍に煙草の直接納入を行い、また専売局製造煙草の軍指定酒保における販売煙草の一手供給を任された[10]。こうして戦闘が続く上海において軍需煙草の納入で販売利権の獲得に乗り出していった。そして1938年2月28日に定款を変更し、従来の「製材及販売」を「外国ニ於テ煙草ノ製造及販売」に改め、上海における煙草製造販売業の参入が可能となった。東洋葉煙草は内地産葉煙草の輸出先の上海煙草製造事業者を主たる取引先としていたが、戦災によりこれら工場のうち大規模事業者を含む11工場、巻上機179台分の操業が不可能となり、また日本軍占領地域内の中国人経営9工場も休業状態に陥り、巻上機51台の操業が止まっていた[11]。このような上海の煙草工場の被災状況を掌握したうえで、自社経営に移す工場を物色しつつ上海の軍や専売局等と折衝に入った。この時点で三井物産株式会社が東洋葉煙草を支配下に置くという方針で動いていたのかどうかは定かではない。

　東洋葉煙草は中国占領地における中国人経営煙草工場を賃借し煙草製造に乗り出す。1938年6月27日に上海支店を設置した[12]。また同社は同年5月22日に資本金を1百万円から10百万円に、9百万円を増資する決議を行い、7月に大蔵省と商工省に増資認可申請を行った[13]。それによると占領した上海における既存煙草工場3件を賃借して操業を開始していたが、その設備が不備のため、増資して9百万円の資金調達により、半額の4.5百万円で上海に新式工場を設置し、さらに第二期事業として南京にも同規模の工場を建設するというものであり、第1回払込225万円で工場の原料調達に充て、第2回払込225万円で工場新築に向かうものとした。増資引き受けは愛国生命保険株式会社（1896年1月29日設立）ほか生命保険会社数社と愛国生命保険会長の原邦造ほか数名を予定した。このうちの上海工場拡充計画が承認され、8月29日に9百万円増資を決議し、4分の1払込を求め、公称資本金10百万円、払込3,250千円となった[14]。併せて取締役会長原邦造、社長杉浦倹一となり、池田蔵六は専務取締役に回ったが、杉浦と池田が代表権を保持した。大蔵省任官で杉浦が池田の先輩に当たるため、天下りポストの序列を調整した。1938年11月末の株主名簿によると新旧株合計180千株のうち、上位株主は愛国生命保険51,700株、原邦造16,280株、望月軍四郎（湘南電気鉄道株式会社（1925年12月設立、本店横浜）会長）10,000株、日本生命保険株式会社、千代田生命保険相互会社、第一生命保険相互会社、安田生命保険株式会社、帝国生命

保険株式会社、川崎信託株式会社、曄道文芸（愛国生命保険社長）各5,000株であり15)、愛国生命保険と原邦造合計で3分の1以上を負担した。

　1939年1月の華中煙草事業の暫定方針が確定する前の、1938年11月には東洋葉煙草は旧中原烟公司（巻上機16台保有）を買収し、工場管理人に対し、製品1梱に付50仙を支払い、また旧新華烟公司（巻上機7台保有）の工場所有者を雇用し、製品1梱につき50仙を支払うことで経営権を取得し、操業を開始した16)。東洋葉煙草はさらに大規模工場の取得を実現した。頤中烟草の工場以外の上海における中国人経営の最大規模の煙草工場は南洋兄弟烟草公司の経営するものであった。同工場は上海攻略の戦闘で被災し、域内の紙巻煙草供給のためにはその復旧工事が必要であり、それに東洋葉煙草が素早く応募した。そして1939年5月8日に興亜院華中連絡部は東洋葉煙草に南洋兄弟烟草公司の工場の復旧作業を認めた。その際に、東洋葉煙草の上海工場の設備の移設程度に止める、操業については華中連絡部の指示に従うとの条件を付した17)。これにより東洋葉煙草は上海大手事業者南洋兄弟烟草公司工場の操業を受命した18)。この有力事業所の取得は、専売局の斡旋がなされたためと思われる。

　東洋葉煙草は1938年12月16日に漢口、23日に南京、1939年2月20日に杭州にそれぞれ上海支店傘下の出張所を開設し、販売力を強化していたが、1939年4月1日に漢口における煙草製造工場の経営についても漢口三省連絡会議より承認を受け、同業者の中で最初に漢口工場の操業にも着手した19)。1939年9月に払込徴収を求め、払込資本金は6,850千円となった。また同年10月28日に蘇州出張所の設置も認められ20)、東洋葉煙草は華中の販売網の強化を続けた。

　東洋葉煙草は増資新株第2回払込後の、1940年5月期にはそれまで株式を保有していなかった三井物産が20万株中54,890株を取得し筆頭株主に躍り出た。他方、原邦造は1,990株に減少し、また愛国生命保険31,800株に減少し、愛国生命保険以外の各5,000株を保有していた生命保険会社は2,500株に引き下げた21)。この減少分のかなりが三井物産に肩代わりされた。三井物産は煙草事業への参入の強い意志で、当初旧株50円払込1,590株を166.1千円、新株32.5円払込53,800株を4,680.6千円、計55,390株を4,846.7千円で取得し、さらに60千株にまで4,610株を買い増した。取得株式払込1,828千円に対し、総額で3倍近い5,374千円で取得し、常務取締役伊藤与三郎を送り込んだ22)。こうして三井物産は占領地の有力煙草業者の東洋葉煙草を支配下におさめた。この取引は事前に原邦造との間で合意を得ていた23)。戦時国債大量引受体制の中の生命保険会社は運用利回りの低下に直面していたが、この取引で配当利回り維持の

表 5-9　東洋葉

	1937.11期	1938.5期	1938.11期	1939.5期
(資産)				
未払込資本金	400	400	6,750	6,750
営業権	79	76	71	66
地所建物造作物機械器具	161	166	231	478
工場勘定	—	295	—	—
原材料	9	51	1,625	2,571
製品	136	351	238	510
半製品	—	—	46	25
貯蔵品	—	—	12	3
受取手形	57	66	73	39
取引先勘定	380	164	879	2,188
有価証券	57	57	57	120
仮払金	20	15	535	738
供託金未収金	106	869	383	988
預金現金	394	693	2,856	2,281
合計	1,804	3,209	13,761	16,763
(負債)				
資本金	1,000	1,000	10,000	10,000
諸積立金	101	105	130	182
退職給与基金信任金	19	22	42	62
借入公債	—	—	—	—
当座借越金	—	—	—	—
支払手形	205	830	1,174	2,697
預り証券	—	—	—	—
仮受金	130	132	116	324
支払未済金引当金等	272	995	2,030	2,934
前期繰越利益金	40	40	60	112
当期純益金	35	82	206	450
合計	1,804	3,209	13,761	16,763

注：1942年4月期、資産不突合。
出所：東洋葉煙草株式会社『営業報告書』各期

ためのキャピタルゲインの取得となるため[24]、東洋葉煙草株の配当を期待して半分を留保しつつも、残り半分の株式の譲渡に応じたとみられる。東洋葉煙草は占領地受命事業に多面的に参入している最大総合商社三井物産の傘下に入ることで、華中で旨みのある煙草事業をさらに強化することが可能となった。こうして東洋葉煙草は華中において東亜煙草を上回る最大の日系煙草事業者となりプレゼンスを強めていた。

　増資後の東洋葉煙草は、1938年11月期で地所建物造作物231千円、これに対し原材料1,625千円に達し、既存工場の補修だけで工場操業に移行できたため、初期設備投資の負担は僅かであった。支払手形や支払未済金等による煙草製造販売取引の中で債

煙草貸借対照表(3)

(単位：千円)

1939.11期	1940.5期	1940.10期	1941.4期	1941.10期	1942.4期
3,150	3,150	3,150	3,150	3,150	3,150
61	56	51	46	41	41
592	485	520	653	726	729
—	—	—	—	—	—
4,481	4,562	6,745	9,617	7,426	4,156
786	332	1,158	987	821	309
65	336	168	122	188	50
51	65	238	178	281	38
340	178	337	405	180	25
3,075	3,720	2,281	1,723	2,499	1,027
231	249	245	278	1,309	1,279
751	742	2,195	1,220	568	378
456	835	427	518	388	407
5,037	6,283	7,605	6,660	5,835	8,031
19,081	20,999	25,127	25,564	23,417	19,715
10,000	10,000	10,000	10,000	10,000	10,000
307	437	567	907	1,357	2,257
103	138	173	174	174	725
—	—	395	446	358	125
141	500	500	500	500	500
5,598	6,022	9,271	9,393	7,309	3,307
19	36	46	90	91	110
625	627	287	144	173	51
1,498	2,221	2,642	2,365	881	567
235	384	505	603	686	718
552	633	738	939	1,885	1,352
19,081	20,999	25,127	25,564	23,417	19,715

務を膨らませながら事業拡張を続け、第2回払込徴収後の1939年11月期では地所建物造作物機械器具592千円に対し、原材料4,481千円で煙草製造にさらに注力していた。取引先勘定3,075千円はほかの事例からも軍納煙草と推定できる。支払手形は占領地銀行からの短期流動資金調達と思われる。増産体制はさらに続き、1941年4月期で原材料9,617千円、これに対し支払手形9,393千円という規模に膨れ上がり、未払込資本金を控除した総資産は22,414千円に達し、1920年代の東洋葉煙草の資産負債構成とは全くかけ離れた規模に達していた（表5-9）。東洋葉煙草は上海で大規模事業所の操業を受命したため、1939年12月～1940年11月の間、4,281百万本を製造し、先に見た

東亜煙草の上海の製造量を上回っていた[25]。東洋葉煙草は漢口でも煙草工場の操業開始で東亜煙草に先行したため、同期間に東洋葉煙草漢口工場は376百万本を製造した[26]。その後、漢口の工場資産を使い、1941年11月20日に武漢華生煙草株式会社（本店漢口、資本金5百万円半額払込）を設立登記した。実際の設立は同年4月と思われる。武漢華生煙草の設立時の代表取締役は安恒藤三郎（東洋葉煙草取締役）、取締役横山三郎、前田大吉（東洋葉煙草取締役）、野田雅亮で、その後、江藤豊二、伊藤与三郎（東洋葉煙草取締役、三井物産派遣）ほかが就任した[27]。その際に東洋葉煙草は払込資本金の4分の1を現物出資した。この現物出資は東洋葉煙草の漢口日本租界における事業所を資本金に転換したものである[28]。武漢華生煙草は1941年5月1日操業を開始した。同社設立時において東洋葉煙草と原安三郎（日本火薬製造株式会社（1916年6月設立、本店東京）社長）の折半出資であったが、三井物産が割り込んで、両者から各5千株を買収し、総株の10％を取得し[29]、三井物産が武漢エリアの煙草販売取引に注力した（春日[2010]548頁）。そのほか東洋葉煙草は先述のように、中支葉煙草の設立で、その資本金150万円払込の5分の1を出資した[30]。早期に上海の有力工場を取得できたため、東亜煙草に対し優位な地位を獲得した。その後も両社はほぼ拮抗しつつ操業を続けたが、新規工場の取得難と原料葉煙草調達等の制約もあり、上海では製造本数を急増させることはできなかった。

　このように東洋葉煙草は日中戦争勃発後に上海を拠点にいち早く既存工場取得に走り出して、新たな占領地利権獲得に成功し、東亜煙草より先に事業拡張を続けることができた。店舗網を広げ、武漢エリアにも先に進出し、一挙に事業拡張を実現した。それに伴う煙草製造販売・葉煙草集荷売買利益は大きなものであった。

4．その他事業者の参入

　先述のように1939年1月16日興亜院決定により、華中において東亜煙草と東洋葉煙草のみ当面は認めるとの方針が下され、両社が華中で事業を拡張したが、占領体制が安定し、既存煙草工場の取得が容易であり、また煙草事業が利幅の大きな産業であるため、そのほかの事業者が参入を強く求めた。そして興亜院はそれを認め、以下のようにほかの事業者が華中煙草事業に参入した。

　華中に本店を有する日本現地法人として参入したのは2社である。1939年4月29日設立の共盛煙草株式会社（本店上海、資本金1百万円全額払込）は伊藤忠商事系で、会長篠塚栄吉、社長天野八郎、専務取締役小山達郎（元東亜煙草天津工場長）であっ

表 5-10　日中戦争期華中占領地上海煙草製造量

(単位：百万本)

年月	東洋葉煙草	東亜煙草	共盛煙草	興亜煙草	合計
1939.12	439	366	35	—	841
1940. 1	431	354	15	—	801
2	370	333	30	—	735
3	359	377	53	—	790
4	311	351	41	—	704
5	262	330	39	—	632
6	290	311	29	—	631
7	309	256	21	5	591
8	223	291	31	2	548
9	399	266	25	12	704
10	458	315	30	8	813
11	424	368	52	7	853
合計	4,281	3922	407	37	8,649

注：興亜煙草は1940年7月より製造。
出所：興亜院華中連絡部「煙草製造実績調査依頼ノ件」1941年3月11日（外務省記録E 221）

た。同社は上海に3工場を保有し、支店を漢口と南京にも設置した。上海工場は既存煙草事業者工場を取得したものである[31]。1939年12月で35百万本を製造し、1940年11月で52百万本に引き上げていた。それまでに伊藤忠商事は中国における葉煙草事業に関与しておらず、同社が巧みに占領地新規事業を獲得したものといえよう。1940年6月24日設立の興亜煙草株式会社（本店上海、資本金1百万円半額払込）は松坂屋系で、代表取締役塚本峰吉、取締役山田信一、杉浦定雄のほかに佐々部晩穂（山東実業取締役）、北沢平蔵（同）が就任し、山東省葉煙草集荷以来の経験者が投入されており[32]、葉煙草集荷から紙巻煙草製造に拡大したものといえよう。興亜煙草は「富士」、「キャピタルA」のブランドで販売していた（松坂屋[1971]95頁）。同社は1940年7月より煙草製造を開始したが、工場の製造ラインが細いためか、1940年11月で僅か7百万本しか製造できていなかった。

そのほか満洲煙草が華中に東亜煙草を追って参入し、葉煙草集荷・製造・配給利権に食い込みを図ったが、北支煙草が設立されると、華中において満洲煙草が食い込んだ煙草利権を北支煙草に譲渡した。北支煙草は1939年8月1日に漢口三省連絡会議に紙巻煙草製造許可願を提出し、華中に参入を開始した。そして8月29日に漢口工場の新設許可を得た[33]。先述のように東亜煙草漢口工場の一部の割愛を受けて、北支煙草漢口工場を立ち上げた。同社工場は巻上機5台を擁し、1941会計年度で、475百万本、4,276千円の製造を予定した[34]。しかし現実には1941年に196百万本を製造したに止ま

り、597千円の売上しか実現できていなかった。同社が華北東亜煙草に吸収合併されると、満洲煙草が北支煙草漢口工場の操業を引き受け、そのまま中華煙草への事業譲渡まで続けた。葉煙草集荷を主業とする中支葉煙草が1940年12月9日に設立された（本店上海）。葉煙草集荷を業とした中支那葉煙草組合と中支那葉煙草の設立については後述する。そのほか武漢葉煙草組合も設立された。

華中の煙草市場は需要が巨大で、葉煙草や紙巻煙草用紙等を調達さえすれば、紙巻煙草製造の設備投資負担は軽いため、上記の事業者以外の零細事業者の参入計画が現れる。例えば、1938年10月25日に匿名組合合同煙草公司が上海に設立され、紙巻煙草の製造を開始した（代表大堀常吉）。資本金わずかに5万円で、同組合は増資して法人化を目指したが[35]、認められず、そのまま敗戦まで細々と操業を続けた[36]。

また「江南煙草株式会社」の設立が申請された。同社計画は、資本金1百万円、第1回払込で75万円を徴収し、本店上海、買収済みの既存の徳昌煙工廠を拡大しほかの工場を買収することで事業に着手するものとした。同社社長予定者は江島命石という朝鮮人事業家で、奉天で1931年4月に「合名会社文宝公司」を設立し、農業鉱業特産品取引に従事し、上海では1938年5月20日に三河興業株式会社（本店上海、資本金40万円、払込10万円）を設立し、代表取締役に就任し、奥地宣撫物資取引に従事し地銀塊を日本・満洲国に輸出し、または中支那派遣軍兵器部に納入していた。また1938年8月より中支那派遣軍兵器部の指示で、華中における古薬莢収集事業にも従事していた。占領地が拡大するにつれて、占領体制側に密着し創業機会を求めて殺到する事業家の典型のような人物である。そのほか1939年8月15日に合資会社江南アルミニウム工業を設立していた。江島命石の煙草事業への直接的なかかわりは薄い。ほかの発起人の金海康は、株式会社民天公司（1924年3月5日設立、本店奉天、払込125千円、1936年で休業中）の常務取締役として、葉煙草耕作及び水田経営に従事したという。この人物が唯一煙草関連事業にかかわっていた。そのほか靖原甲寧のような1935年5月より上海居留朝鮮人会長に収まっている人物も含まれていた。肝心の原料葉煙草の調達と製造技術については朝鮮総督府専売局より内諾を得て、技師の割愛と原料葉煙草の供給を受ける手はずであると主張していた。朝鮮総督府が支援する理由は、上海在住の朝鮮人の起業を支援するという趣旨であり、江島以外の役員予定者には、日本人のほか朝鮮人事業家が並び、株の過半を朝鮮人投資家に引受させる方針とした[37]。華北で日中戦争勃発直前の1936年10月に華北在住朝鮮人事業家により華北煙草が設立されているため、その例に倣ったのかもしれない。しかしこの小規模煙草事業者の参

入は認められなかった。

　華中において民豊造紙廠股份有限公司が上海の南方の嘉興で1936年に中国最初のライスペーパー（巻紙）製造工場を立ち上げ試験操業に着手していたが、日本占領後に操業を停止し軍管理工場となった。債権者のドイツ系天利洋行が工場処分の委託を受け、当初1939年3月に三島製紙が買収を決定し、自社勘定で操業再開させるとの方針で臨んだが、同工場は軍管理に移され、三島製紙が軍管理委任経営を命ぜられた。三島製紙は1939年6月に日本の工場から従業員を派遣し、地中に埋設された機械を掘り起こして操業準備に移った。363千平米の敷地の大規模工場でありライスペーパーのほか梱包用板紙製造設備と印刷工場等を保有していた。同年8月に板紙工場、続いてライスペーパー工場を稼働させた。ただしライスペーパーの生産までは実現できていなかった。他方、王子製紙株式会社も民豊造紙廠の受命工作を行っており、両社で受命の争奪となり、かなりもつれた。その後、1940年12月に興亜院の方針により三島製紙の軍管理委任経営は王子製紙に移譲させられて、三島製紙はそれに換え華北のライスペーパー工場の新設を命じられた。その際に、王子製紙から三島製紙にライスペーパー機械1台を譲渡するものとし、そのほか三島製紙負担の修理費・管理費は華中占領当局が立て替えるものとなった。また当面は現地機関と軍関係で組織する経営委員会で暫定的に経営し、その後王子製紙に全面移管するとの方針で進められた[38]。三島製紙が先行した民豊造紙廠の委任経営業務を王子製紙が巧みに追い落として獲得したといえよう。王子製紙は1941年4月末にようやくライスペーパーの製造に漕ぎ着けた。ライスペーパー需要は強く、華中の紙巻煙草製造に充当された。しかし王子製紙は民豊造紙廠の経営権を買収できないまま、民豊造紙廠は有力なライスペーパー工場として操業が続き、製品はすべて中支那軍票交換用物資配給組合に納入され、同組合紙部から配給されていた[39]。

5．華中煙草配給制度の導入

　日本占領体制の華中において、商品流通が大きく圧迫されているため、後述の葉煙草栽培とその集荷を経て、上海において煙草製造業者が刻煙草・紙巻煙草等を製造し、それを上海のみならず各地に供給する体制を構築する必要が発生した。

　華中占領地において英米煙草トラストの強力な販売網はそのまま存続した。既存の販売エージェントとして、永泰和烟草股份有限公司が活動していた。占領後には、日系工場で紙巻煙草生産に注力したが、民需用の生産にまで手が回らなかった。占領地

における紙巻煙草の販売権の獲得をめざし、英米煙草トラストの販売機関として、1939年前半に日本人事業者が昭和煙草組合を設立した。これは永泰和烟草の事業を代替させるために設立したものであった[40]。

　中支那葉煙草組合の設立より遅れて、1940年12月12日興亜院華中連絡部指令「中支那煙草配給組合規約」に基づき、中支那煙草配給組合の設立が決定された[41]。この規約によると、華中の煙草の配給を目的とし、上海に本部、蘇州、鎮江、南京、蕪湖、安慶、蚌埠、杭州に支部を置く、そのほか必要と認めた地域に支部もしくは出張所を置く。華中における煙草卸業者が結成した地方組合及び指定した煙草製造業者で組織する。この組合の配給地域は当分の間、漢口を除外する。資本金472万円、全額払込とする。出資者は、中支煙草合同販売組合（蘇州）栄泰洋行（1928年3月設立、上海、自営業）45万円、蕪湖煙草販売組合（蕪湖）松坂屋73万円、鎮江揚州煙草販売組合（鎮江）株式会社清水洋行上海支店（1930年10月設立、本店大阪）35万円、南京煙草卸業組合（南京）太平洋行（1938年2月設立、南京、自営業）100万円、蚌埠煙草有限購買組合（蚌埠）永利洋行（1936年10月設立、上海、自営業）30万円、海杭煙草販売組合（杭州）大丸洋行（大丸株式会社）40万円、上海地区煙草販売組合（上海）徳盛洋行（1932年5月設立、上海、自営業）20万円、江北煙草販売組合（南通）合資会社八谷洋行20万円、東洋葉煙草総代理店（三井洋行（三井物産））40万円、東亜煙草総代理店（日商洋行（日商株式会社））30万円、興亜煙草総代理店（松坂屋）20万円、共盛煙草総代理店（伊藤忠商事）20万円という構成となっていた[42]。

　各地の煙草販売組合と日系煙草製造業者の出捐により、中支那煙草配給組合が同年12月10日に設立された[43]。華中連絡部指令が12月12日であり、設立日が規約より先となっており、設立後に規約が承認されたことになる。理事長代理常務理事には小堀保行が就任した。ほかの常務理事は近藤栄蔵（大丸洋行）、八谷時次郎（八谷洋行）、石堂義一（日商）という構成であった。小堀は中支那軍票交換用物資配給組合（1939年8月27日設立、本部上海、1944年7月26日清算結了解散）の専務理事である。同組合は裏付け物資配給で軍票価値維持を図った重点組織であり、小堀は上海の中支那派遣軍・支那派遣軍と興亜院華中連絡部の周辺で権勢を誇った人物である[44]。上海のほか地域別に中支那煙草配給組合支部が結成された。1940年12月12日に杭州、蘇州、南通、鎮江、蕪湖、蚌埠に、また遅れて1941年1月29日に南京に中支那煙草配給組合支部の設置をみた[45]。傘下の個別組合の組合員構成については不詳であるが、例えば南京煙草卸業組合の組合員は三井物産ほか33名で、出資金100万円のうち三井物産は上海支

表 5-11　中支那煙草配給組合貸借対照表（1941年6月期）

(単位：千円)

（資産）		（負債）	
預金現金	1,217	資本金	4,150
未払込資本金	600	仕入れ先	430
商品	1,713	仮受金	430
配給先	1,770	定率益	180
仮払金保証金等	2	雑役	1
受取手形	629	割引手形	629
営業費	54	未収調整積立金	156
為替差損	16	職員保健退職基金	19
		前期繰越金	7
合計	6,004	合計	6,004

注1：第1期は1941年4月1日～6月30日。
注2：「未収調制積立金」となっていたが修正した。「職員保健退職基金」はそのままとした。
出所：中支那煙草配給組合「営業報告書（自昭和16.4至昭和16.6決算報告）」1941年7月（外務省記録 E220）。

店手元資金7万円で支払うことが認められた[46]。

　中支那煙草配給組合は創立から1941年3月31日までの時期については、営業第1期とせずに経理処理した。この間の操業状況の解説は見当たらない。1941年6月期の3か月の操業内容は、軍票の対法幣相場の高騰が続き、販売業者は法幣建取扱商品の為替差損が多額に上り、円建煙草販売は価格上昇のため販売に苦慮した。それでも各地の販売組合の努力で、この3か月で33.7千箱を配給した。販売コストについても予算を半減したため、利益を計上できた。1941年6月期の総資産は、未払込資本金を除外して5,404千円、うち商品在庫1,713千円、配給先1,770千円、銀行預金1,200千円、為替差損16千円を見て、前期繰越益7千円を計上していた（表5-11）。なお中支那煙草配給組合は武漢三鎮エリアを所管外としている。武漢エリアでは紙巻煙草販売組織として、1939年4月1日に、漢口煙草同業組合が事業を開始した。同組合代表者は東洋葉煙草で、そのほか東亜煙草、満洲煙草、共盛煙草、武漢華生煙草が参加し、日系紙巻煙草の供給を行っていた[47]。

1) 大蔵省為替局総務課「第三委員会懸案事項」（1938年12月15日現在）1939年1月24日（旧大蔵省資料 Z539-50）。
2) 「中支方面煙草事業処理ニ関スル件」1938年11月10日、在上海総領事館発本省（外務省記録 E.4.5.0.-45）。
3) 外務省記録 E220。
4) 大蔵省為替局外資課「東亜煙草株式会社ノ在上海華人煙草工場買収経過ニ関スル件」1938

年8月10日（旧大蔵省資料 Z539-49）。華東烟草股份有限公司は1929年設立、1932年で資本金100千元、華品烟草股份有限公司は1929年設立、同資本金300千元であった（上海駐在商務官「上海支商煙草工業ノ現状ノ件」1933年3月23日（外務省記録 E.4.3.1.-5-8-1）。実業部国際貿易局編『工商半月刊』第5巻第1号、1933年1月の翻訳。

5) 前掲「東亜煙草株式会社ノ在上海華人煙草工場買収経過ニ関スル件」。
6) 興亜院華中連絡部「煙草製造実績調査依頼ノ件」1941年3月11日（外務省記録 E211）。
7) 漢口特務部「武漢企業許可状況報告（通報）ニ関スル件」1939年4月6日（旧大蔵省資料 Z539-51）。
8) 興亜院華中連絡部漢口派遣員事務所「煙草製造実績調査ノ件」1940年12月27日（外務省記録 E221）。
9) 東亜煙草株式会社『第69期営業報告書』1941年5月期、3頁。
10) 東洋葉煙草株式会社『第37期営業報告書』1937年11月期、4-5頁。
11) 同『第38期営業報告書』1938年5月期、2-6頁。
12) 同『第39期営業報告書』1938年11月期、1-2頁。
13) 同「資本増加内認可申請書」1938年7月（旧大蔵省資料 Z539-51）。
14) 前掲東洋葉煙草『第39期営業報告書』2頁。
15) 同前「株主名簿」。原邦造は多数の会社経営に関わる。杉浦俊一は1877年1月26日生、東京帝国大学法科大学卒、大蔵省採用、1929年7月専売局事業部長、1934年2月南満洲鉄道株式会社理事、1938年10月日本勧業銀行理事、1972年7月31日没（大蔵省百年史編集室[1973]91頁）。池田蔵六は1940年4月12日現職のまま死亡（東洋葉煙草株式会社『第42期営業報告書』1940年5月期、4頁）。
16) 在上海総領事館発本省、1938年11月10日（外務省記録 E.4.5.0-45）。中原烟股份有限公司は1928年設立、1932年で資本金60千元であったが、1936年で170千元、新華烟公司は、1932年煙草事業者一覧に見当たらないが、1936年の一覧表に掲載あり（前掲「上海支商煙草工業ノ現状ノ件」、南満洲鉄道上海事務所[1939]114頁）。
17) 支那駐在財務官事務所「東洋葉煙草株式会社ニ対スル南洋兄弟煙草股份有限公司上海工場復旧許可ノ件」1939年5月10日（旧大蔵省資料 Z539-51）。
18) 東洋葉煙草株式会社『第40期営業報告書』1939年5月期、2-5頁。
19) 同前、2-3頁。
20) 東洋葉煙草株式会社『第41期営業報告書』1939年11月期、2-3頁。
21) 前掲東洋葉煙草『第42期営業報告書』「株主名簿」20、24頁。
22) 「東洋葉煙草株式会社株式買増シノ事」1940年11月26日三井物産株式会社取締役会議案（公益財団法人三井文庫（以下、三井文庫）蔵・物産2066）、「東洋葉煙草株式会社取締役就任ノ件」1940年12月3日同（三井文庫蔵・物産2066）、春日[2010]592頁。三井文庫[2001]でこの解説が見当たらない。なお春日[2010]591頁で東洋葉煙草の設立を1926年とし誤りである。
23) 三井物産が東洋葉煙草の株式取得について、原邦造との間で、適当な時機を見て徐々に三井物産が東洋葉煙草の経営権を取得することに関し、予め同社幹部に了解を得ること、及び原邦造からの株式を取得後に原が関係官庁筋に説明することとした（「東洋葉煙草株式会社株式買収ノ件」1940年5月21日三井物産株式会社取締役議案（三井文庫蔵・未整理資料、三井文庫の教示による）。

24) この時期の生命保険会社の保険収支からみた操業環境については柴田[2011a]第5章参照。そのほか先述のように武漢三省連絡会議により東亜煙草と並び武漢への参入が認められたため、1939年4月に許可を得て東洋葉煙草も漢口日本租界における工場建設に着手し、華中で煙草製造販売を拡充した
25) 興亜院華中連絡部「煙草製造実績調査依頼ノ件」1941年3月11日（外務省記録E221）。
26) 興亜院華中連絡部漢口派遣員事務所「煙草製造実績調査ノ件」1940年12月27日（外務省記録E221）。
27) 「株式会社登記簿・在漢口総領事館扱ノ部」（外務省記録E.2.1.1.-5-2）。
28) 東洋葉煙草株式会社『第44期営業報告書』1941年4月期、4頁。
29) 「武漢華生煙草股份有限公司株式買収ノ件」1941年9月29日三井物産株式会社取締役会議案（三井文庫蔵・物産2068）。
30) 前掲東洋葉煙草『第44期営業報告書』4頁。
31) 前掲「株式会社登記簿・在上海総領事館扱ノ部」。
32) 同前、『帝国銀行会社要録』1940年版、中華民国4頁、1942年版、中華民国9頁。松坂屋[1971]95頁でも言及があるが、設立経緯の紹介はない。
33) 北支煙草株式会社『第1期営業報告書』1939年10月期、3、6頁。典拠では、「漢口陸軍特務部長、海軍特務部長及日本帝国総領事館宛」となっているが、ほかの論述と合わせるため漢口三省連絡会議に修正した。
34) 前掲、北支煙草「昭和拾六年度資金計画書」。
35) 中国通信社『全支組合総覧』1943年版。
36) 日本敗戦後の上海接収財産処理でも、合同煙草公司の名前が残っている（蘇浙皖区敵偽産業処理局「接収国内日本産業賠償我国損失核算清単合訂本」（国史館蔵、賠償委員会305-591-6）。
37) 江島命石の本籍平壌、1903年5月27日生、1925年4月日本大学卒（「企業許可申請書」1941年1月（外務省記録E220））。会社の存在については、前掲「株式会社登記簿・在上海総領事館扱ノ部」、『満洲銀行会社年鑑』1935年版。発起人者の経歴は、例えば江島命石の「合名会社文宝公司」の存在を傍証できないし、星野一夫は1928年10月に「関東勧業株式会社」専務取締役、1938年9月「極東商事株式会社」取締役という経歴が記載されているが、前者の存在を傍証できず、また後者の設立は、1940年5月13日で、その設立当初の取締役に列していない。高山奎次郎は1940年9月26日に土木建築請負の株式会社東和組（本店上海、払込資本金100千円）を設立し社長に就任していたが、煙草とは縁のない事業であった。発起人の顔ぶれを見ていると、経営者として煙草事業を担えそうな人材は江島のみといえた。
38) 民豊造紙廠は1920年に和豊造紙廠として設立、1928年に民豊造紙廠股份有限公司に改組。民豊造紙廠の軍管理とその後の操業については神山[1994]が詳細である。三島製紙[1998]37-38頁、成田[1958]52-53頁。
39) 成田[1959]54頁。民豊造紙廠の製造量等の紹介と中支那軍票交換用物資配給組合紙部については神山[1994]213-217頁。
40) 南満洲鉄道株式会社上海事務所「興亜院調査機関聯合会商業分科委員会満鉄報告書其ノ一」1939年6月（外務省記録E220）。1939年前半は、日系煙草製造業の生産体制が確立した以後の時期として、典拠の1939年6月以前として推定。永泰和烟草は1921年に既存個人事業と合

弁で設立、本店上海、資本金1百万元全額払込、株式の51％を英米煙草（中国）が保有し、合弁形態で中国人煙草販売ネットワークを構築させていた（大東亜省『英米煙草東亜進出沿革史』1944年4月、17-18頁）。
41）「中支那煙草配給組合規約」（外務省記録E220）。
42）法人等設立は中国通信社『全支商工取引総覧』1941年版、中国通信社『全支商工名鑑』1943年版参照。合資会社八谷洋行は1931年4月26日設立、本店上海。永利洋行は1942年10月9日に有限会社永利洋行設立で改組。株式会社栄泰洋行は1943年7月16日設立（本店上海）（前掲「株式会社登記簿・在上海総領事館扱ノ部」、「合資会社登記簿・在上海総領事館扱ノ部」（E.2.2.1-5-3）、「有限会社登記簿・在上海総領事館扱ノ部」（E.2.2.1-6-1））。
43）中国通信社『全支組合総覧』1943年版、190頁。
44）中支那軍票交換用物資配給組合については中村・高村・小林[1994]参照。同組合は煙草の供給には関わらなかった。
45）『全支組合総覧』1943年版、365-393頁。
46）大蔵省為替局外資課「南京煙草卸業組合設立ノ件」1941年1月22日（外務省記録E220）で、大蔵省は興亜院経済部第二課に承知した旨回付している。
47）前掲「興亜院調査機関聯合会商業分科委員会満鉄報告書其ノ一」、『全支組合総覧』1943年版、416頁。

第5節　華中における葉煙草集荷

　先述の1939年1月16日興亜院決定「「中支那ニ於ケル煙草製造事業暫定処理要綱」並「中支那ニ於ケル葉煙草買付暫定処理要綱ニ関スル件」」及び「中支ニ於ケル葉煙草買付暫定処理要綱」によれば、華中における日系煙草製造事業者の進出に対応し、原料供給を確保するための暫定措置として、統制ある組合を組織させる。その要領として以下の方針を掲げていた。①組合は鳳陽における葉煙草買付により華中の日系煙草工場に搬出することを業務とする。②東亜煙草、東洋葉煙草及び有力な日系葉煙草業者で組織する。③現地当局はこの組合に対し、買付・運送等で便宜を与える。④組合は現地関係官庁の指導監督に服する。そのほか許州地方の葉煙草買付については、同地方の治安回復後に決定する。産地貯蔵の葉煙草は速やかに上海に搬出する。華中の日系煙草製造業者の葉煙草需要を満たすには、山東省等からの供給を受ける必要があり、その供給確保について措置する。この方針で、華中の葉煙草確保を目的とした組合設置が行われる。
　華中の葉煙草集荷組織として組合組織の中支那葉煙草組合が1939年3月に設立された。組合長永野郁四郎、出資金合計100万円であった。出資者は東洋葉煙草、東亜煙草、米星煙草、国際商事株式会社及び永和洋行の5社等である。同組合は最初に安徽

省の有力な米国系黄色種の産地の鳳陽県を中心に、英米煙草トラストに代わり種子と肥料の配給、貸付を行うと同時に、集荷にも注力した。集荷は主として永和洋行、国際商事及び米星煙草の3社が担当し、その集荷した葉煙草を東洋葉煙草と東亜煙草が収納する体制となっていた。蚌埠においては共同買付場が設置され、永和洋行50％、米星産業株式会社（1939年3月商号変更）と国際商事が合計で50％を買い付ける枠を設定して従事した。しかし活動を始めた中支那葉煙草組合は期待した成果を上げることができなかったためか、1940年8月14日興亜院決定「中支葉煙草株式会社設立ニ関スル件」により[1]、既存の中支那葉煙草組合を改組し、葉煙草専業の会社を設立する方針に転換した。なお国際商事は1929年6月設立、本店大阪、1940年で資本金1百万円全額払込、社長松本章、取締役に金井寛人（合同興業社長）、片倉武雄等が並んでおり、片倉系煙草商社であった。その後、1942年では資本金1,800千円、1,500千円払込に増資した。最大出資者は日華興業株式会社であった。国際商事は東京に本店を移し片倉武雄が社長に収まっている。同社は上海、広東、漢口、青島、済南に出張所を置いていた[2]。片倉系の合同興業は山東の葉煙草集荷を主業としていたが、投資会社に転換した。他方、国際商事は葉煙草のみならず幅広く取扱う商社との位置づけであり、華中の葉煙草を担当し青島にも出張所を有していたため、合同興業の葉煙草事業を承継したはずである。

　1940年7月6日興亜院華中連絡部「中支葉煙草株式会社設立要綱」によると[3]、中支那葉煙草組合を拡大改組し、再乾燥工場を建設し、葉煙草供給を確保するため、会社を設立するとした。同社を日本法人とし本店を上海に置き、各地に支店または出張所を置く。業務は華中における葉煙草買付並びに販売、葉煙草再乾燥、葉煙草の輸移出とし、資本金150万円全額払込とし、出資は東亜煙草・東洋葉煙草・永和洋行・米星産業・国際商事各30万円とし、資本金のうち100万円を既存の組合出資金で宛て、残り50万円を新規に現地払込で徴収することとした。同社は興亜院華中連絡部の指導監督を受け、将来、必要となれば占領地で合弁組織に切り替える、華中の葉煙草買付の別の日本法人設立を認めない方針とした。同時期にまとめられた具体的な事業計画が盛り込まれている「中支葉煙草株式会社企業目論見書並収支予算書」によれば[4]、華中における葉煙草耕作、改良の指導奨励及び耕作に対する資金、肥料、石炭の貸付及び種子の配給を行い、葉煙草の買付、再乾燥、販売及び輸移出を行い、上海における東亜煙草と東洋葉煙草に原料葉煙草を供給し、その他現地需要に応ずるものとし、他の製造業者にも販売するものとした。事業所としては、上海に再乾燥工場を設立し

１日当たり再乾燥80千担を処理するものとした。この工場の用地買収・建物建築・工場設備に75万円を充当し、工場建設材料と機械を上海で調達するという計画であった。操業開始後、1940年度で鳳陽産米国種葉81千担、許州産米国種葉44千担、合計125千担、1941年度に鳳陽産米国種葉150千担、許州産米国種葉80千担、合計230千担を買い付けて、葉煙草を供給することで、1940年度で280千円、1941年度で485.2千円の利益を見込んでいた。この設立計画に沿って1940年12月9日に中支葉煙草株式会社が設立された。本店上海、資本金150万円全額払込、支店を蚌埠に置いた。社長永野郁四郎、真島勝次、松本茂（上海銀行頭取）、矢部五十彦、上田和であった。東亜煙草・東洋葉煙草・米星産業・国際商事・永和洋行が各30万円を払い込んだはずである。なお永和洋行は自営業者で華中において煙草燐寸雑貨等を取扱う業者であったが、1941年12月9日に合資会社永和貿易公司に改組した。同社の本店上海、代表木戸東彦、資本金10万円であった[5]。

　山東省以外の奥地における葉煙草集荷は、平年で河南産約60百万ポンド、安徽産約25百万ポンド、湖北産約5百万ポンドで、1939年の作付は平年の約7割の見込みであった。地場産の手巻煙草のための消費が約3割で、そのほかの大部分は蚌埠に出回り、英米煙草トラストが買い付けていた。日本軍占領域が拡大しても、占領地内で英米煙草トラストは買付に尽力し、約3万担ほどの買付を実現した。1938年に、日本商人の永和洋行をして占領地で独占買付を行わせたが、買付方法が不備で、成績不良であった。特に河南省許州産の米国系黄色種葉煙草は蚌埠に出回らず、漢口に出回る傾向も見られた。葉煙草の出回り不良のため、原産地在庫が40万担残っているとみられていた[6]。

　漢口においては、東亜煙草、東洋葉煙草、満洲煙草、共盛煙草、丸三公司の5事業者で武漢葉煙草組合を組織させ、資金準備ができ次第、統制買付に従事させるものとした。このうち自営業者の丸三公司は、従来、英米煙草トラストの華中における代理店として密接に関係していたため、葉煙草買付についても丸三公司を英米煙草トラストの代理店として認め、組合に加入させることで集荷した葉煙草を頤中烟草に供給させ、英米煙草トラストの単独買付による混乱・競争を防止するものとした。漢口における頤中烟草の工場では月約2,500箱（50千本入）を製造しており、これに必要な地場産葉煙草は約30万ポンドとみられていた。英米煙草トラストも収買人を介して集荷しているとみられていた。なお日本の煙草製造業者の需要する葉煙草は、年50～60百万ポンドと見込まれていた[7]。満洲煙草が参入していたが、北支煙草が設立されると、

満洲煙草が引き受けた漢口の煙草製造工場は、北支煙草に肩代わりさせた。

　上海周辺では、地場中国人に組合を結成させて原料葉煙草の占領地への出回りを促進させているが、資金繰りの関係から大量に買い続けるのは難しく、また英米煙草トラストとユニバーサル葉煙草の葉煙草買付を阻止し続けてきたものの、軍事上の理由で阻止を続けるのも困難であり、日本人の葉煙草集荷組合により、英米系への葉煙草供給の代償として両社の保有する乾燥工場の使用を認めさせるか、あるいは出資させて共同買付を行わせる等の措置が必要であり、検討を重ねていた[8]。英米煙草トラストとユニバーサル葉煙草は先述のように日本占領下で、さまざまな妨害を受けながらも事業を継続していた。

1) 外務省記録 E220、前掲「興亜院調査機関聯合会商業分科委員会満鉄報告書其ノ一」、『全支商工名鑑』1943年版、140頁。永野郁四郎は1885年2月1日生、湯浅貿易株式会社（1918年8月設立、本店神戸）本店、上海支店勤務、1922年独立、永和洋行設立（『大衆人事録』1943年、支那100頁）。
2) 『帝国銀行会社要録』1940年版、大阪93頁、1942年版、東京103頁。国際商事の1940年6月総資産4,570千円であった。同社の最大株主は松本章、ついで日華興業株式会社（1938年7月20日に日華蚕糸株式会社を改称、1942年7月31日本店を青島に移転、片倉製糸紡績系）であった（前掲「株式会社登記簿・在上海総領事館扱ノ部」）。
3) 外務省記録 E220。
4) 外務省記録 E220。
5) 「合資会社登記簿・在上海総領事館扱ノ部」（外務省記録 E.2.2.1.-8-3）。
6) 「英米煙草ノ葉煙草買付ニ関スル件」1939年7月7日（外務省記録 E.4.5.0.-45）。
7) 在漢口総領事館発本省、1939年7月7日（外務省記録 E.4.5.0.-45）。丸三公司は本店大阪、1937年7月7日上海事業所設立（『全支商工取引総覧』1941年版、229頁）。その後、1941年5月1日に株式会社丸三商工公司（本店上海）に分社化した（社長小倉大四郎）（前掲「株式会社登記簿・在上海総領事館扱ノ部」）。
8) 在上海総領事館発本省、1939年7月18日（外務省記録 E.4.5.0.-45）。

おわりに

　日中戦争勃発とその後の占領で、華北華中における日系煙草事業者の操業環境は激変した。日本軍支配下の占領地帝国の形成の中で、日本の煙草事業者の投資インフラは劇的に好転した。開戦後には煙草製造販売では東亜煙草が早期に華北利権の獲得に動き、その獲得した利権を基盤に華北東亜煙草が参入し、さらに同社を追って満洲煙草系の北支煙草が参入し、製造販売で事業拡張を図った。それにより華北の英米煙草

トラスト事業と競合し、かなり追い詰めることができた。日本占領下で日系煙草会社が煙草の配給システムを構築したが、英米煙草トラストを取り込むことはできなかった。山東省の原料葉煙草集荷で、英米煙草トラストや南洋兄弟烟草公司及びその他の地場集荷業者と競合しつつ有力3社が集荷を続けていたが、占領後には最大手の英米煙草トラスト利権の切り崩しに動き、ユニバーサル葉煙草へも圧迫を加えた。その中で日系葉煙草集荷業者が優位に立ち始めた。華北葉煙草集荷については、臨時政府系の葉煙草集荷会社設立に動いた。これは占領地対日協力政権への日本側の配慮である。それが華北葉煙草として結実すると、既存日系3社の事業基盤は縮小を余儀なくされ、華北葉煙草の下請け事業に転換して、葉煙草集荷の旨みは大きく後退した。それでも山東省葉煙草以外の事業に拡張しつつ延命した。

　華中では最大製造拠点上海を占領したが、英米煙草トラストは事業をそのまま継続した。葉煙草調達でも、山東省のみならず中国各地や輸入葉煙草調達で優位性を維持した。また工場の規模が大きく生産性も高く、華中煙草製造販売では強力なプレゼンスを維持した。ただし最大販路の華中沿岸部に日系煙草製造業者も参入した。東亜煙草、東洋葉煙草等が既存の煙草事業を買収し、あるいは委任経営を受命し、煙草製造事業に参入し、激しく競合した。東洋葉煙草は南洋兄弟烟草公司の大規模事業所を受託した。さらに日本占領下で葉煙草集荷会社や煙草配給機構も樹立され、占領地煙草産業支配の裾野を広げた。華中で日系事業者は英米煙草トラストと競合したが、租界における事業基盤は強力であり、簡単に切り崩すことはできなかった。

第6章
アジア太平洋戦争期華北華中における日系煙草産業

はじめに

　1941年12月アジア太平洋戦争の勃発により、中国占領地における煙草産業は新たな段階に移行した。競合する欧米系同業者への対抗条件は、1941年12月開戦の前と後とでは決定的に異なる。日本占領下で英米煙草トラストは敵国企業として接収され軍管理に移されたが、その巨大な煙草製造能力と原料葉煙草在庫を活用し操業を継続させる方針とした。この管理下に置かれた英米煙草トラストの煙草生産販売にも関心を払う必要がある。アジア太平洋戦争期中国関内占領地において葉煙草耕作と葉煙草集荷、それを原料とした刻煙草・紙巻煙草の製造と販売は続いた。日本占領体制において、華北では山東省葉煙草集荷とそれを原料とした煙草製造、華中では奥地の葉煙草栽培と葉煙草集荷、それを原料とした上海を中心とする大量の煙草製造が続いた。華北では華北葉煙草株式会社が葉煙草を組織的に集荷し、それを原料として東亜煙草株式会社とほかの競合者は煙草製造販売を続けた。さらに煙草配給体制を構築し、価格管理を行いながら円滑な配給を目指した。他方で、英米煙草トラストにも葉煙草在庫と新規供給により生産を継続させた。華中においても上海を拠点とし煙草製造は継続し、その配給体制も強化され、奥地漢口でも同様に葉煙草集荷と製造を続けた。しかし華北華中におけるインフレの中で煙草価格を連動させて迅速に引き上げることは難しく、葉煙草集荷が困難になり、各地で原料葉煙草の不足と、それを補う手だてが導入されたが、有効な対処策は見当たらず、操業の低下に直面せざるを得なかった。このアジア太平洋戦争期の関内占領地における日系煙草各社がかかわった実態を体系的に解説することが本章の課題である。

　日本占領下の中国関内煙草産業に関連する先行研究は乏しい。柴田［2008a］が関内占領地現地法人設立の全体像の中で、華北華中のみならず、蒙疆・海南島まで視野に入れて煙草事業者に言及している。特に中国関内占領地日系煙草事業者全般を視野に

入れて分析した柴田[2008c]が最も詳細な研究である。競合相手の英米煙草トラストを紹介した事業史としてCox[2000]があるが、残念ながら日本占領下中国における事業の紹介は詳しくない。また中国人経営で最大の南洋兄弟烟草公司に関する大部の資料集（中国科学院上海経済研究所ほか編[1960]）が刊行されており、詳細である。ただし中国の煙草産業の体系的な通史（中国烟草通志編纂委員会[2006]）では日本占領下の日系事業についてほとんど言及がない。そのほか複数の現地法人を設立した東亜煙草の回顧録が参考になる（水之江[1982]）。本稿ではこれらの先行研究と資料状況を踏まえ、さらに新たな資料発掘に基づき、柴田[2008c]を全面的に書き直して日系煙草事業者の活動を分析する。ただし華北の一部である蒙疆の事業者の解説は第7章に回し、本章では対象外とする。

第1節　日系煙草事業者の概要

1．既存事業者

　1941年12月8日アジア太平洋戦争勃発後、在中国英米系資産の接収管理が行われ、新たな占領地体制の構築に向かった。また新国民政府（汪政権）支配体制で、中央儲備銀行（1940年1月1日開業）は租界における英米系銀行の接収に伴う法幣の外貨転換性の喪失後に法幣攻撃を強めた。中央儲備銀行券と法幣の等価流通を1942年3月30日に切り離し、同年6月1日からの法幣強制回収措置とその後の6月23日の市中流通無効を打ち出し、上海市場における法幣のさらなる暴落を誘った。ただし外貨転換性を喪失しても市中の法幣への信任は高く、実質的に取引に用いられた[1]。この措置による儲備券建取引が増大するため、資本金を儲備券建に変更する華中占領地日系企業が増大した（柴田[2008a]第6章参照）。

　華北華中の煙草製造販売業者、煙草配給機構及び葉煙草集荷業者の概要を紹介する。華北では東亜煙草株式会社の子会社の華北東亜煙草株式会社（1937年10月25日設立、本店天津）が天津、青島で、また満洲煙草株式会社の子会社の北支煙草株式会社（1939年5月29日設立、本店北京）が大手事業者として操業していた。ともに事業基盤で利便性の高い天津に工場を保有し競合関係に立った。その後、1940年4月に北支煙草の親会社の満洲煙草を経営する長谷川太郎吉が東亜煙草を支配下に入れ、両社の激しい競合は必要なくなり、1941年11月29日に華北東亜煙草が北支煙草を吸収合併し

た。また華北の日本国籍朝鮮人企業家が設立した華北煙草株式会社（1936年10月１日設立）が青島で操業していた（表５-１）。そのほか法人事業者として、零細な合資会社東映煙廠（1938年８月16日設立、本店青島）も事業を行っていたが、同社は1942年に株式会社東映煙廠に転換した。華北の煙草生産管理体制は日系煙草事業者のみならず、1941年12月開戦後には頤中烟草股份有限公司工場も取り込んだ。華北の製造計画には中国人経営の崂山烟草股份有限公司（1940年４月９日設立、本店青島）も、原料葉煙草供給と連動させて生産計画に取り込んだ。華北における葉煙草集荷については、華北葉煙草株式会社（華北菸草股份有限公司、1938年12月設立、1939年１月の可能性あり）が華北の葉煙草耕作地域で集荷を行い、日系事業者に葉煙草を供給していた。そのほか製造煙草の供給体制として、華北煙草配給中央組合を設立し、同組合傘下に地方配給組織の充実を図った。

　従来から山東省葉煙草集荷を営んできた事業者として米星産業株式会社（1920年４月設立、本店青島、旧鈴木商店系）、山東産業株式会社（1919年９月15日設立、本店青島、株式会社松坂屋系）及び合同興業株式会社（1927年11月設立、本店青島、片倉製糸紡績株式会社系の日華蚕糸株式会社の煙草部門の分社化）があるが、これらの既存葉煙草集荷事業者は華北葉煙草の下請的事業者に転落した。高利益を享受できた自己勘定での集荷ができなくなったため、葉煙草集荷以外の事業に事業領域を広げ、かつ華北以外の地域でも事業を行う体制に切り替えた[2]。そのほか中国産業株式会社（1920年５月25日設立、本店青島）も操業していたが、煙草以外の事業を中心としていたようである。

　次に華中では、東亜煙草、東洋葉煙草株式会社のほか満洲煙草が占領地の軍委任操業の受命を得て、既存の中国人経営の煙草工場の操業に着手した。このうちの満洲煙草は子会社の北支煙草を設立後、同社に事業を譲渡して撤収した。上海では既存の煙草工場の取得で、共盛煙草株式会社（1939年４月29日設立、本店上海、伊藤忠商事株式会社系、1941年９月16日に丸紅商店株式会社及び岸本商店株式会社と合併し三興株式会社に統合）、興亜煙草株式会社（1940年６月24日設立、本店上海、松坂屋系）が設立された。煙草産業の上海一極集中は日本占領下でも変わることはなかった。さらに奥地においても武漢華生煙草株式会社（1941年11月20日設立登記、本店漢口、東洋葉煙草系）が設立され、地場生産に乗り出した。そのほか支店営業者として、大連を本店とする大陸煙草株式会社（1937年６月30日設立）があり、上海に支店をおいて操業していたが、同社は1943年７月５日に興東煙草株式会社に商号変更した。同社が上

海における煙草製造に従事したかについては不明である。大連事業所の製品を占領地インフレの激しい上海に対し輸出することを目標としていたのか、もしくは原料葉煙草の調達窓口になっていたのかのいずれかと思われる。これらの華中事業者は1942年3月2日の中華煙草株式会社設立後に、東亜煙草、北支煙草の事業所は買収されて両社は華中から撤収し、東洋葉煙草、共盛煙草、興亜煙草、武漢華生煙草は中華煙草に吸収合併されて消滅した。その結果、華中の煙草製造販売事業者は中華煙草のみとなった。煙草配給については中華煙草の製品のみならず頤中烟草の製品も配給体制に取り込んだため、既存の英米煙草トラスト系の煙草販売網も活用した。華中の煙草配給のため中支那煙草配給組合が活動したが、同組織の一部地域支部は利益秘匿・着服に走ったため、1942年12月30日に華中煙草配給組合に改組された。ただし武漢地域においては、武漢煙草配給組合がそのまま事業を続けた。華中における葉煙草集荷は中支葉煙草株式会社（1940年12月9日設立、本店上海）が操業を続けた。ただし武漢周辺における葉煙草集荷は、中支葉煙草が担当せずに、武漢葉煙草組合が担当した。

　これらの既存事業者のうち、増資を行った事例を紹介しよう。華北煙草株式会社は資本金50万円払込という零細事業者であり、資金繰りが苦しく順昌洋行（自営業）からの借入金に依存して事業を続けた。資金力拡充のため増資を申請したところ、1941年12月14日に興亜院華北連絡部第一局が450万円の増資を承認したが、その後のアジア太平洋戦争期の占領地体制の煙草生産状況を踏まえ、1942年2月28日に350万円増資、全額払込として改めて申請させた。増資に当たり順昌洋行が全株を引き受けるものとした。華北煙草は増資で調達した資金で順昌洋行借入金のうち350万円を返済するものとし、債務を圧縮して操業した[3]。ちなみに1941年12月期の華北煙草の貸借対照表に依れば、総資産11,632千円、うち原材料8,484千円、機械及工具784千円、地所建物776千円、製品459千円で、債務では借入金8,380千円、仮受金1,240千円等で、借入金に資金繰を依存して原材料を仕入れていた[4]。そのため350万円増資で、借入金の4割ほどが償還されることになる。その後、華北インフレの中で操業するため、再度資金強化が必要になったと思われる。

　有力な中国人経営法人の崂山烟草公司は煙草需要増大の中で増産体制を取るため1941年5月に運転中の巻上機10台のうち4台を新型機械に置き換えてフル稼働していたが、さらに増産するため同年12月10日に上海から新規機械10台を無為替移入で調達することを申請した。機械は上海の新中国鉄工廠公司で製造させ作業は完了しており、その代金はすべて支払済となっていた。この計画について興亜院華北連絡部青島出張

所は12月28日に、将来華北の煙草事業が統合される場合には方針に従う、1941年度においては置き換えた機械のための葉煙草増配を行わないという条件を付して承認した[5]。この許可を受けて崂山烟草は上海から機械を導入し、1942年中には増産体制に入った。

なお日本・朝鮮・台湾と満洲・中国関内・香港・海南島のみならず、南方占領地をも含めた葉煙草生産とその貿易、各域内煙草生産の調整を図るため、1943年6月9〜11日に大蔵省において大東亜共栄圏煙草関係官会議が開催された[6]。同会議において、1942年度の葉煙草需要と煙草生産量、1943年度の葉煙草需要と煙草生産の見込数値を持ち寄り、需給調節の大枠の方針を固めるため協議した。同年7月9日に「大東亜共栄圏内煙草関係官会議小委員会申合事項」がまとめられており、原料葉煙草交流実施計画が打ち出された。その計画は（表6-1）、内地からの10,620トンの輸出によりほぼ成り立っており、満洲に3,050トン、華北に1,050トン、華中に3,805トン、蒙疆に350トン、香港に445トン、華南に170トン等の輸出を行い、そのほか朝鮮から満洲への2,250トンを含む4,700トン、台湾から1,800トンの輸出を見込んでいた。この計画は別に華北から蒙疆へ1,000トン、内地へ200トン、内地から朝鮮へ530トン等という交流計画と一体で組み立てられていた。しかし日本国内で台湾・華北から766トンの輸入を見ても、その13倍以上の10,620トンの輸出余力が日本本国内にはもとより存在しない。この計画はフィリピンから5,500トン、スマトラから4,000トン、ジャワから2,300トン、合計12,000トンを輸入することで成り立っていた[7]。そのため南方占領地依存による葉煙草供給体制となり、その実現性はフィリピン、ジャワ、スマトラの占領地経済開発体制と連動することになる。華北・華中・蒙疆のみならずフィリピン、スマトラ、ジャワ等の各占領地域ではインフレが激しく進行するため、また輸送船舶が不足するため、葉煙草生産と集荷を計画通りに実施することは難しく、1943年秋以降の葉煙草集荷の見込みを大きく損なうこ

表6-1　1943年度葉煙草共栄圏内交流実施計画

（単位：トン）

仕向地	内地	朝鮮	台湾	合計
満洲	3,050	2,250	—	5,300
蒙疆	350	—	—	350
北支	1,050	1,400	—	2,450
中支	3,805	350	—	4,155
南支	170	—	1,330	1,500
海南島	50	—	470	520
香港	445	—	—	445
泰	700	—	—	700
仏印	1,000	700	—	1,700
合計	10,620	4,700	1,800	17,120

仕向地	内地	台湾	北支	合計
内地	—	566	200	766
朝鮮	530	400	—	930
蒙疆	—	—	1,000	1,000
山西	—	—	150	150
合計	530	966	1,350	2,846

出所：専売局「大東亜共栄圏内煙草関係官会議小委員会申合事項」1943年7月9日（外務省記録E223）

とになる。各占領地域における煙草供給量の増大により域内安定をめざし、より多くの原料葉煙草調達の要求が並べられただけで、やはり個別地域間葉煙草の相互融通については、個別協議に委ねられるしかなかった。

2．新規参入計画

　華北においては、1936年6月16日に営業許可を得て個人経営者が青島で煙草製造に着手し、1938年8月16日に日本法人の合資会社東映煙廠に改組した[8]。同社は出資をしていない小林乃が経営し、操業を続けてきた。同社の資本金は僅かに55千円に止まり、事業資金不足のため、主として株式会社湯浅洋行（1939年11月設立、本店青島、社長小林乃、取締役湯浅誠之助）から借り入れて操業していた。東映煙廠の製造する煙草は湯浅洋行を通じて販売していた。1941年10月20日現在の東映煙廠総資産は665千円、建物48千円、機械工具45千円、原料384千円、材料品249千円、在庫8千円で、負債は資本金55千円のほか湯浅洋行借入金565千円、利益7千円等となっていた[9]。東映煙廠は1940年5月に煙草工場の設備拡張のため増資を申請したが、興亜院は小規模製造会社の事業拡張を阻止する方針により却下した。1941年10月頃に再度、資金調達のため増資と株式会社改組を含む申請を行い、1941年12月23日に興亜院華北連絡部青島出張所は、借入金を資本金に付け替えるだけで設備増強を伴うものではなく、従来の合資会社としての資金調達は社外負債依存で問題があったため、その是正を認めるとの方針で承認の意向を示し[10]、1942年2月20日に興亜院経済部で承認を受けた[11]。改組後の株式会社東映煙廠の資本金は50万円全額払込、社長小林乃、取締役湯浅誠之助であり、同社は巻上機3台と付属機械を調達し、建物は1941年10月完成、原料葉煙草は華北葉煙草から買入れ、ライスペーパーその他は山東紙配給組合より買い入れるものとした。販売は湯浅洋行を総代理店として、山東、華南、華北、山西各省と蒙疆の特約店と販売店で販売するものとし、以後の不足資金は銀行と湯浅洋行から随時借り入れるものとした[12]。こうして資本金500千円全額払込の株式会社東映煙廠に改組後も事業を続けた。

　華中においては中華煙草に既存煙草製造業者が統合されるが、そのほか小規模な煙草製造業者の設立も計画された。1941年1月に華中で軍宣撫物資配給等の事業を引き受けていた三河興業株式会社を経営する江島命石が、上海で煙草事業の参入をめざし、「江南煙草株式会社」の設立を計画したが、却下された（第5章参照）。江島はその後も、匿名組合徳昌煙公司として朝鮮総督府の支援を受け、操業を続けていた。その間

も株式会社への事業転換を諦めず陳情を続け、1942年2月20日「企業許可申請書」で[13]、煙草製造業の「徳昌煙草株式会社」に改組を申請した。設立趣旨は前の企画と同様であるが、発起人の顔ぶれが変更されていた。この企画について興亜院華中連絡部は、朝鮮総督府の会社設立支援方針と、原料葉煙草調達への朝鮮総督府の割当、同社設立後に「中華煙草株式会社」が設立された場合に買収させるとの含みで、認める方針として許可したい旨を興亜院本院に進達した[14]。江島の朝鮮総督府、支那派遣軍や興亜院華中連絡部への根回しが奏功したものといえよう。しかしやはり1942年6月1日に興亜院経済部がこの法人設立計画を却下した[15]。すでに新設する中華煙草への華中煙草製造事業の統合策が進行中であり、そこに新たな煙草製造事業者の参入を認めるのは煙草事業統合方針に反する行為であり、「徳昌煙草株式会社」の設立は認められなかった。江島命石は自営業で徳昌煙公司の操業を続け、法人化の機会を狙っていた。ようやく1944年12月に合資会社に転換できたとの記載があるが（中国烟草通志編纂委員会[2006]441頁）、傍証できない[16]。江島はそれ以外の華中の事業も継続し、経営していた合資会社江南アルミニウム工業を1944年12月15日に江南アルミニウム工業株式会社に改組し（資本金儲備券1百万元全額払込）、事業を拡張させ、また1944年12月3日設立の江南繊維工業株式会社（本店上海、資本金儲備券6百万元全額払込）の取締役に列し[17]、占領地事業家として事業を拡大させていた。

1) 中国における連合国側財産接収については柴田[2002a]第7章、柴田[2006b]参照。占領地通貨政策については柴田[1999a]第11章参照。
2) 米星産業のアジア太平洋戦争期の煙草事業は中国にとどまらず、南方占領地にも拡大した。1942年4月に陸軍省より南方占領地マラヤ・シンガポールで煙草交易を受命し、また翌年7月20日にスマトラのメダンでも煙草栽培集荷交易製造のほか食糧作物の栽培も受命した。さらに1944年3月25日にジャワの第十六軍軍政監部よりジャワのジャカルタで煙草栽培集荷交易業及び食糧作物栽培を受命した。また海軍占領地域でも、1943年8月6日にセレベス南部で煙草栽培・製造を受命した（疋田編[1995]付表1、付表2参照。軍政組織については秦[1981]、[1998]参照）。
3) 華北煙草株式会社「資本金増加趣意書」1942年2月28日（外務省記録E225）。
4) 同「第7期末貸借対照表」1941年12月期（外務省記録E225）。
5) 興亜院華北連絡部青島出張所「煙草捲上機ノ移入並増設ニ関スル件」1941年12月28日（外務省記録E226）、崂山烟草公司「煙草捲上機移入許可願」1941年12月10日（外務省記録E226）。
6) 「大東亜共栄圏内煙草関係官会議ニ関スル件」1943年5月5日大東亜省決裁（外務省記録E223）。

7) 専売局「大東亜共栄圏内煙草関係官会議小委員会申合事項」1943年7月9日（外務省記録E223）。
8) 興亜院華北連絡部青島出張所「製造捲煙草調査事項ニ関スル件」1942年8月2日（外務省記録E221）。
9) 「合資会社東映烟廠ノ業態ニ関スル参考資料」1941年11月頃と推定（外務省記録E225）。「烟廠」は資料のまま。湯浅洋行設立年月と役員については、帝国興信所『帝国銀行会社要録』1942年版、中華民国26頁。小林乃は湯浅貿易株式会社（1918年8月設立、本店神戸）の支店長として1916年青島に渡る。青島店舗は1916年2月18日設置、1922年支店閉鎖（柳沢[1986]215、236頁、在青島総領事館「在青島銀行会社一覧表送付ノ件」1923年1月11日（外務省記録3.3.3.3-6）、『帝国銀行会社要録』1942年版、兵庫59頁）。分社化して現地法人に転化する前は湯浅貿易の店舗であり、再設されたと見られる。
10) 興亜院華北連絡部青島出張所「株式会社東映煙廠設立ニ関スル件」1941年12月23日（外務省記録E225）。
11) 「株式会社東映煙廠設立ノ件」1942年2月20日興亜院経済部決裁（外務省記録E225）。
12) 「営業許可願」1941年10月頃と推定（外務省記録E225）。
13) 外務省記録E220。
14) 興亜院華中連絡部「徳昌煙草株式会社企業許可ニ関スル件」1942年4月14日（外務省記録E220）。
15) 興亜院経済部「徳昌煙草株式会社設立ノ件」1942年6月13日（外務省記録E220）。
16) 蘇浙皖区敵偽産業処理局「接収国内日本産業賠償我国損失核算清単合訂本」（国史館（台北）蔵、賠償委員会305-591-6）には見出せない。
17) 「株式会社登記簿・在上海総領事館ノ部」（外務省記録E.2.2.1-5-1）、「合資会社登記簿・在上海総領事館ノ部」（外務省記録E.2.2.1-8-3）。

第2節　開戦後英米煙草トラストの処理

1．英米煙草トラスト・南洋兄弟烟草公司の事業

　英米煙草トラストの中国における事業基盤は傑出したものであり、上中級品では品質とブランド力で他社の追随を許さなかった。英米煙草トラストの関内における事業は1933年の改組により複数の関係会社群に再編された（表4-2）。イギリス国籍ロンドン本店の英米煙草株式会社が全体の持株会社で、イギリス籍香港法人の英米煙草株式会社（中国）が中国事業全体を統括していた。同社の傘下で煙草製造を担当しているのが、頤中烟草股份有限公司である。同公司が事業資産規模で最大の傘下の現地法人であった。同公司の販売を担当するのが、頤中運銷烟草股份有限公司である。またパッケージ印刷等に従事する首善印刷股份有限公司と葉煙草調達を行う振興菸草股份

表 6-2 華北華中占領地日系煙草法人規模

(単位：千円)

	資本金	払込資本金	利益	配当率 %	巻上機台数 台	推定正味資産
（華北）						
華北東亜煙草㈱	50,000	17,565	3,192	10	63	23,152
北支煙草㈱	10,000	2,500	894	10	20	4,003
華北煙草㈱	500	500	881	―	30	1,426
東洋煙草㈱	5,000	5,000	384	―	15	5,384
（華中）						
東亜煙草㈱	30,000	16,125	1,921	10	68	24,501
東洋葉煙草㈱	10,000	6,850	1,885	10	46	10,778
共盛煙草㈱	1,000	1,000	―	―	9	―
興亜煙草㈱	1,000	500	75	7.5	5	602
武漢華生煙草㈱	5,000	2,500	346	10	10	2,846

注1：1941年末頃。
注2：東洋煙草㈱は蒙疆銀行券建で、日本円と等価。
典拠：興亜院経済部第二課「英米トラスト概要」1942年6月1日（旧大蔵省資料 Z530-134）

有限公司があり、これらを含む4公司が中国における主要事業であった。そのほか中国における頤中烟草の製造煙草を販売する華人系ネットワークの販売子会社の永泰和烟草股份有限公司が活動していた。それ以外の関係会社も存在したが、実態は乏しい。1941年12月のアジア太平洋戦争勃発後、特に煙草製造工場や中間財製造工場が接収の対象となる。頤中烟草は軍管理工場として操業を継続するが、葉煙草原料の制約からフル生産体制とはならなかった。

　これらに対して日系事業者の規模を比較しよう（表6-2）。日系事業者の事業規模が拡大したため、払込資本金はかなりのものとなっており、正味資産も華北東亜煙草23百万円、華中の東亜煙草24百万円、東洋葉煙草10百万円という規模に達していた。煙草製造業では、巻上機台数で製造能力、すなわち工場投資の事業規模がわかる。華北において頤中烟草は1941年頃で巻上機141台を工場に擁していたが、蒙疆の東洋煙草股份有限公司を除く華北東亜煙草、北支煙草、華北煙草3社で合計113台、東洋煙草を含めると128台で、製造能力は接近していた。他方、華中においては頤中烟草は263台を抱えており、これに対して日系は東亜煙草68台、東洋葉煙草46台で、日系5社合計しても138台で、束になっても勝てない力量の格差が厳然と存在していた。そのため日系事業者は統合して、頤中烟草に対抗する方策が採用される。また頤中烟草工場の保有する煙草巻上機の日系事業者用工場への転用が計画される。

　そのほか大手事業者として南洋兄弟烟草公司がある。同公司は総公司と総工場を上海に置き、また華中では分工場を漢口に置き、上海の総公司董事長簡玉階がそのまま

業務を続けていた。南洋兄弟烟草公司は、占領地内で操業を継続するため、1942年に資本金を儲備券建に切り替えた。同公司は、占領地インフレの中で、原料葉煙草の価格上昇等で仕入れや労務費の上昇に直面していたため、当然ながら自己資金のみでは不足し、資金調達を余儀なくされた。南洋兄弟烟草公司の資本金は1,125万元であったが、同公司は広東銀行に10百万元借り入れを申請した。用途は原料補充として葉煙草に3百万元、巻紙に1.5百万元、その他原料に1百万元、生産費用に1百万元、そのほか税金支払として3.5百万元というものであった。担保として同公司は保有する巻上機450千元、烘烟糸機750千元、鍋炉1,500千元等、合計7,240千元を差し出した。南洋兄弟烟草公司の出自は広東であるため、広東銀行とかねてから取引関係を有していた。なお広東銀行上海分行は日本占領下で、1943年8月に上海本店の地方銀行に改組し、儲備銀から資金調達して操業を続けていた。広東銀行上海の1943年9月末貸借対照表によれば、総資産は55百万元、資本金6百万元、同業者預金を含む各種預金25.4百万元であり、南洋兄弟烟草公司への融資割当を行うには広東銀行は自己勘定で不足するため、8百万元を、期限1944年6月2日として儲備銀から借り入れることとし、1943年12月2日に儲備銀に申請した[1]。この広東銀行からの借入は認められ、南洋兄弟烟草公司は資金調達により操業を続けることができた。

2．英米煙草トラストの処理方策

　1941年12月開戦により租界の英米系事業を接収したことで、中国関内における中高級煙草市場で傑出した市場シェアを掌握していた頤中烟草工場を軍管理下に置いた。華北においては頤中烟草工場に対し、顧問を派遣し、管理下に置く体制とした。そのため、興亜院華北連絡部・北支那方面軍甲集団第一八〇〇部隊は、1942年1月16日「在華英米「トラスト」顧問機関構成及業務暫行規程」を定め[2]、英米煙草トラストに送り込んだ顧問を経営に関わらせるものとした。北京に首席顧問を置き、天津・青島の両工場に顧問を配置した。主席顧問（北京）成田豊勝（専売局技師）、天津顧問広瀬義忠（北支那開発株式会社企画部次長）、青島顧問下山宗江（専売局副参事）、殿生文男（北支那開発参事）が指名された。顧問付として北京に菊池隆（専売局書記）、天津に大江房吉（華北東亜煙草天津工場長）、菊池寿夫（北支煙草北京工場長）、青島に河内政雄（専売局技手）、岡林久栄（華北葉煙草理事）、牧野理一（華北煙草青島工場長）、水之江殿之（北支那方面軍司令部嘱託、前華北東亜煙草代表取締役）が並んでいた[3]。

1942年3月28日興亜院連絡委員会諒解「英米トラスト暫定管理要領」で4)、頤中烟草と頤中運銷烟草並びにその他関係会社を軍管理とし、軍の委任の下に現経営者に経営を継続させ、監理官を配置して日本側の施策を遂行させるものとした。また管理事務は興亜院連絡部長官が担当するものとした。そのほか会社経理については1941年12月8日以降を特別会計とし利益を別途積み立てその処分については別に定める、財産権処分は必要なもの以外には認めないとの方針とした。また北支那方面軍は1942年5月4日に支那派遣軍司令部に対し「在北支頤中煙草関係四社（旧英米トラスト）軍管理暫定運営要領」により5)、軍管理形態により運営する方針を申請した。それによると華北の頤中烟草、頤中運銷烟草、首善印刷及び振興菸草をさしあたり北支那方面軍管理下に置き、その管理事務を興亜院華北連絡部に委任することとした。この4社について、1941年12月8日以降、軍管理工場とし、同日に遡及して軍管理会計として整理し、その事業の運営について最高監理官を置き、津島寿一（元大蔵次官）を当て、実質的経営の責任を任せる体制とした。

　英米煙草トラストの事業処理方策が種々検討された。以下、その政策形成過程を紹介しよう。同年4月13日に専売局煙草事業部煙草課長大庭次郎が起草した「在華英米トラスト処理要綱（在華煙草事業調整要綱）」が、英米煙草トラスト処理の方針をまとめた最も日付の早いものである6)。それによると、東京に国策的特殊法人を設立し、そこに日本政府・北支那開発・中支那振興株式会社等が出資して、頤中烟草の各工場の経営を委託する、また同社は中国占領地煙草産業に投資する、そして地域別煙草製造会社、葉煙草会社及び販売会社を日華合弁で設立するものとした。さらに中国占領地における日系会社の新設を認めず、可及的速やかに上記の地域別会社に吸収合併させるとした。さらに同月16日専売局「在華英米トラスト処理要綱（在華煙草事業調整要綱）」として一部修正され、資本金3億円程度と明示された7)。この専売局案に対して、興亜院経済部第二課はその検討を行い8)、日本に持株会社を設立しても占領地法人を管理することは難しい、専売局特別会計が直接出資するほうがまだ効果的であり、また北支那開発と中支那振興の出資は現在の制度上問題がある等と指摘した。

　すでにアジア太平洋戦争期に南方占領地が拡大しており、その事態を踏まえて興亜院経済部第二課は1942年6月1日に「大東亜煙草統制会社設立要綱案」を提案した9)。同案によれば、東京に資本金4億円の特殊法人「大東亜煙草統制会社」を設立し、日本政府と民間が出資し、英米煙草トラスト資産を政府現物出資とし、華北蒙疆と華中に分け、煙草製造会社、葉煙草会社、煙草製造用材品会社をそれぞれ設立し、さら

に煙草製造会社の子会社として煙草販売会社をそれぞれ設立し、既存の日系煙草会社を統合整理するものとした。他方、支那派遣軍総司令部は1942年8月7日に「軍管理英米「トラスト」運営暫定要綱」を提案し[10]、英米煙草トラスト関係煙草製造事業及び材料製造事業の経営のため、日本法人の資本金5百万円の会社を設立し、委託経営させる、華北華中を統合する葉煙草会社を設立し、華北、華中にそれぞれ煙草販売会社を設立し、同様に前記日本法人の子会社的存在とするものとした。なお備考としてこの受託会社と葉煙草会社はさしあたり華中のみに設立し、華北は当分の間、現在のままとするとした。この支那派遣軍の提案では、規模の大きな子会社を抱えるには、資本金規模5百万円では不足し、また華中の英米煙草トラストの事業の統合を先行させるのが特徴といえよう。興亜院経済部と支那派遣軍の両案を踏まえて、興亜院は同年8月18日に「在中支英米トラスト運営暫定要綱（案）」をまとめている[11]。この興亜院の立案はその後の興亜院等の決定集で確認できないため、政府の意思決定の意義付けで曖昧ではあるが、内容としては、中華煙草に英米煙草トラストの煙草製造事業、材料品製造事業及び煙草販売事業の経営を委託し、中支葉煙草に英米煙草トラスト関係の葉煙草事業を委託するというものであった。こうして華中については、この両社に事業を任せる方針が固まったといえよう。

1) 「南洋兄弟烟草股份有限公司」（中国第二歴史档案館2041-2158）、広東銀行「上海広東銀行総清結余表」1943年9月30日（中国第二歴史档案館2041-2158）、「銀行調査」6（中央儲備銀行調査処『中央銀行月刊』第9巻第11号、1944年11月）。
2) 外務省記録 E221。
3) 「顧問編成配属表」1942年1月16日決定、興亜院華北連絡部作成と推定（外務省記録 E221）。成田豊勝は1884年9月1日生、東京帝国大学農科卒、専売局採用、専売局中央研究所長ほかを歴任（帝国秘密探偵社『大衆人事録』1942年版、東京735頁）。広瀬義忠は1897年6月生、慶應義塾大学経済科卒、東洋棉花株式会社勤務、東洋鋼業株式会社（1934年2月設立、本店大阪）副社長、社長、北支那開発に移る（同前、支那118頁）。水之江[1982]も参照。
4) 旧大蔵省資料 Z530-134。
5) 旧大蔵省資料 Z530-134。
6) 旧大蔵省資料 Z530-134。
7) 旧大蔵省資料 Z530-134。
8) 興亜院経済部第二課「在華煙草事業処理要綱（専売局案）ニ就テ」1942年5月前半頃と推定（旧大蔵省資料 Z530-134）。担当調査官は大平正芳。
9) 旧大蔵省資料 Z530-134。
10) 旧大蔵省資料 Z530-134。
11) 旧大蔵省資料 Z530-134。「（案）」は手書き。

第3節　華北煙草事業の再編と葉煙草集荷

1．北支煙草吸収合併後の華北東亜煙草

　1940年4月に東亜煙草の経営権が満洲煙草社長の長谷川太郎吉側に移り（第3章参照）、東亜煙草の子会社の満洲東亜煙草も満洲煙草の意向で動くこととなった。その後、1944年6月6日に満洲煙草と満洲東亜煙草が合併し、新法人の満洲煙草株式会社が設立され、完全に事業統合された。それより先に、華北における日系煙草会社の事業統合が行われる。華北では東亜煙草系の華北東亜煙草と、満洲煙草系の後発の1939年5月29日設立の北支煙草が競合関係に立っていた。ところがほどなく東亜煙草の経営権を満洲煙草社長長谷川太郎吉が掌握すると、華北において、華北東亜煙草と北支煙草の競合は不要となった（第5章参照）。ただし両社統合まで時間がかかり、2社で華北における煙草製造を続けた。華中において後述の中華煙草による日系煙草事業の統合がなされるため、それに併せて華北の煙草事業の統合がなされる。

　1941年11月29日に華北東亜煙草は北支煙草を吸収合併する決議を行った。事業規模の大きな華北東亜煙草が北支煙草を吸収合併した。合併前の華北東亜煙草の公称資本金50百万円、払込17,565千円から、合併後の公称資本金67百万円、払込21,815千円に増大した。北支煙草の抱えていた事業資産を取り込んだため、華北東亜煙草の未払込資本金を控除した総資産は1941年10月期の44,009千円から1942年4月期の67,145千円に増大していた（表5-2）。1942年4月30日に華北東亜煙草は取締役を増員し、長谷川太郎吉、板谷幸男、窪田四郎、窪寺勲、森伝次郎、菊池寿夫、増員監査役に広瀬安太郎、田畑守吉、長谷川祐之助を就任させ、社長に長谷川太郎吉、代表取締役に板谷幸吉を選任した。こうして北支煙草の取締役と監査役が華北東亜煙草の役員に横滑りした。社長長谷川太郎吉と板谷幸吉が代表権を得て、華北東亜煙草の経営権を掌握した[1]。しかも定款変更で本店を北京に移転した。すなわち北支煙草の本店が華北東亜煙草の本店となった。満洲と同様に華北においても実態は「雨蛙が大蛇をのんだ」ということになろう（水之江［1982］191頁）。

　華北東亜煙草は徐州に所在する煙草工場の買収に走った。徐州では日本占領後に自営業の隴海煙公司が興亜院華北連絡部ほかの許可を受けて操業を開始していた（代表者中熊英知）。その操業の承認は華北における煙草事業の統制を行う必要から華北東

亜煙草による買収を条件に暫定的に認めたものであった。しかし隴海煙公司が買収に応じないため、華北東亜煙草と協議を続けさせた結果、691千円で買収することで決着した。そして1942年2月15日に華北東亜煙草は隴海煙公司を買収することの承認を求め、3月14日に興亜院華北連絡部はそれを承認した。同工場の財産は土地4,320坪（永代租借権）、工場建物240坪ほか建物付、巻上機2台、裁刻機2台ほかで評価額341千円であった[2]。こうして華北東亜煙草は徐州にも工場を有する体制となった。さらに開封にも北支煙草が工場を取得しており、合併後の華北東亜煙草が操業中の煙草工場は、天津、北京、済南、開封、徐州、青島の6工場となった[3]。

華北東亜煙草は山西省太原で煙草工場太原捲菸廠を受命して操業してきたが、域内の葉煙草原料が乏しく、地場産葉煙草の生産を促進するため、山西省各地の合作社に葉煙草種子の配給、資金の貸付、技術指導等を行って、地場産葉煙草の供給も増大したが（第5章）、さらに品質を引き上げるため、1942年播種までに専売局に内地産の優良黄色種15キロの新種子払下げを陳情した[4]。同じような状況は占領地各地で見られた。大量かつ安定的に種子を供給できる体制と技術で余裕があるのは、内地の専売局に限られていた。山西省の軍管理事業を統合して山西産業株式会社が1942年4月1日に設立された（本店太原、資本金30百万円、社長河本大作）。山西産業には華北東亜煙草も出資しており、同社に山西省の煙草事業を譲渡した[5]。太原捲菸廠勘定は、山西産業の株式保有に一部転化した。

華北東亜煙草の操業状況は、製造工場件数が増えたため、1942年4月期で地所建物造作物6,625千円、機械器具3,348千円に増大し、葉煙草原料7,007千円、材料品17,192千円へと事業資産が膨らみ、受取手形が7,141千円に急増していた。それでも現金預金11,708千円があり、資金的には余裕が見られた。債務では当座借越10,570千円があり、これは横浜正金銀行から聯銀券を調達するためのものであり、占領地通貨体制が地域分断型で成立するため、地場通貨調達で必要であった。支払手形が5件で4,386千円あるが、満洲東亜煙草と同様に野村信託株式会社宛のものを含んでいる可能性が高い。関係会社勘定は東亜煙草からの支援であり[6]、華北東亜煙草は多面的な資金調達経路を確保していた。そして3,241千円の利益を計上した。華北の独占的な煙草製造販売会社にのし上がったため当然と言えよう。以後も高利益法人として、資金的にも余裕があり、払込を徴収することなく事業を継続した。この間、1943年に淮海省を新設することに伴い、徐州工場が華中占領地に再編されたが、そのまま華北東亜煙草の事業所として、北京と上海からの資金等の補給により操業を続けることがで

きた[7]。ただし占領地通貨体制の領域変更になるため、徐州で華中の地場通貨、すなわち儲備券の調達と決済のための負担が増大したはずである。

なお華北におけるライスペーパー供給体制として、三島製紙株式会社（1918年7月25日設立、本店東京）が華北東亜煙草とともに出資し、1938年3月に華北三島製紙株式会社を設立し青島郊外に同社工場の設置を計画していたが（第5章参照）、周辺環境と水事情の不都合から計画を変更し、済南に新工場を設立することとし、1942年3月5日に在済南総領事館より許可を得た。同年4月20日に株式会社竹中工務店施工で済南工場設立に着手した。同年12月7日に済南工場設立工事完了に伴い、三島製紙は済南工場を独立した子会社に移行することとし、新設される予定の「大陸製紙株式会社」（資本金20百万円、4分の1払込、本店済南）が設立許可を得た時点で、三島製紙は280千株、3.5百万円を取得することを決議した。そして翌年3月24日に済南工場はライスペーパーの製造に成功し、本格操業に移った。このライスペーパーは国際商事株式会社（1929年6月設立、第4章参照）と株式会社大同洋紙店（1924年11月27日設立、本店大阪、済南に支店あり）を通じ、華北一帯の煙草会社に供給した。その後、6月22日に同工場を近日設立予定の「大陸製紙」に譲渡することを決議した。その後も済南工場は日本敗戦までライスペーパーの製造を続けた。「大陸製紙」設立で同社に済南工場が移転されたと判断できる記載があるが、その設立年月を傍証できない[8]。

2．華北煙草配給体制

華北において製造紙巻煙草の供給先は軍納が優先された。1942年度軍納煙草割当の方針が、1942年5月7日興亜院華北連絡部・北支那方面軍甲集団第一八〇〇部隊「昭和十七年度軍納煙草割当ニ関スル件」で確定した[9]。それによると1942年4月～翌年3月期で、割当総額18億本とし、1942年度葉煙草配給計画要綱に基づき、各社に割り当てるものとした。ただし軍納煙草原料の内地及び朝鮮からの輸入がある場合には変更するものとした。煙草納期は年度を3回に分け、第1回については速やかに納入を実施し、第2回以後については、葉煙草配給計画要綱と北支那方面軍甲集団第一八〇〇部隊からの要求に基づき興亜院華北連絡部より各社に通報するものとした。軍への納入業者は華北煙草配給中央組合が担当するものとした。納入価格は10本3銭とし、この価格により損失が生ずる場合には、その一部の補償については軍及び興亜院で考慮するものとした。この方針に沿って、1942年度で1,800百万本を納入するものとし、頤中煙草900百万本、華北東亜煙草635百万本、華北煙草193百万本、崂山烟草70百万

本を納入するものとされ、第1回として合計600百万本、うち頤中烟草300百万本、華北東亜煙草211百万本等が割り当てられた。この割当に伴う葉煙草割当計画も策定されていた。この葉煙草は華北産葉煙草を前提としている。1942年3月28日までに集荷した葉煙草は10,878トンで、そのうち葉煙草割当は華北東亜煙草6,675トン、華北煙草1,436トン、崂山烟草740トンと予定された。このうち朝鮮葉煙草600トンの割当を受けている華北煙草については、華北産原料葉煙草の配給量が減じられ、その分が華北東亜煙草と崂山煙草の割当に上乗せされていた。他方、頤中烟草は2,025トンに抑えられており、頤中烟草は操業率を引き下げ、在庫葉煙草での生産の対処を強要されていたといえよう。また軍納煙草製造原料葉煙草は日本内地からの輸入にも期待するが、それが可能となる場合には、頤中烟草工場において軍納煙草の全量製造を引き受けさせ、その他工場は民需のみの製造を行わせるものとした。軍納煙草製造に充当しない民需用製造原料葉煙草の配給価格は軍納用の2割増とし、その2割該当価格は、華北葉煙草より興亜院に寄託させ、その寄託金額を中央物資対策委員長名義の口座に振り込ませ、軍納煙草の納入実績に応じて製造原価で損失が発生した場合の欠損補填に充当させるものとした[10]。

上記の軍納煙草納入計画の実施とともに、頤中烟草の煙草供給価格の引き上げが行われた。煙草の市中価格は急騰を続けており、最大供給者の頤中烟草の供給価格と市中の流通価格で乖離が生じており、買占め売り惜しみが発生する状況となっているため、市中価格の調整料制度を導入していたが廃止して、それに換えて頤中烟草の販売価格を引き上げることとした。それにより統税収入を引き上げ、事業利益を財政収入に充当するものとした。価格引き上げにより発生する年間増加利益25百万円に対して、その一部を軍納煙草製造に係る欠損補填に使用し、残額を中央物資対策委員会の積立金に返金させ、その後の使途については考慮するものとした。この頤中烟草の価格引き上げは、青島工場、天津工場の両製品について同時に実施するものとした[11]。

軍納煙草の製造原料として日本からの葉煙草輸出も見られた。日本内地から中国関内への葉煙草輸出については複数の葉煙草事業者が担当していたが、それが1942年8月17日専売局煙草事業部の興亜院経済部宛通知により、協同煙草株式会社（1930年4月3日設立、本店東京）に一本化するものとし、同社に売渡して、同社より輸出する体制となった[12]。アジア太平洋戦争勃発後は、頤中烟草工場を軍管理下に置き、その製品の配給を直接統制したため、既存の華北煙草配給組合の業務は、各地域の需要量に対する適正割当、価格調整措置と統税率引き上げに対する思惑取引の封殺等の政策

的業務が中心となった。そのほか日本国債消化にも協力した[13]。

その後も華北ではインフレが進行したため、1944年10月1日に華北政務委員会は、市中購買力の吸収と財政収入確保を目的として、煙草統制価格と煙草登記価格を改定し、即日実施に移した。1箱（50千本入）で最上級品登記価格18,260円、統税23,738円、最下級品登記価格1,075円、統税1,397.5円となり、製造者販売価格は、登記価格と統税に平均運賃40円を加算した金額となった。販売者価格は、煙草配給組合加入者の卸値に高級品には1割ほどの調整料を加算し（中級品は調整料率が低く、下級品は調整料の加算はない）、組合供給価格を定め、販売者は別に組合に統制料を負担した[14]。

1944年11月頃には、「華北煙草販売統制株式会社」の設立案が大東亜省支那事務局に提出されており、配給統制会社の新設の動きが見られたようであるが、在北京公使館では検討しているわけではなかった[15]。計画の具体化は進まず、そのため煙草販売会社の新設案は沙汰やみとなった。

華北インフレが騰勢を強める中で、煙草価格はさらに引き上げられた。1945年3月1日に華北政務委員会は配給価格調整を実施した。従来は各地方組合において4種の価格体系に分けていたが、2種に区分を変更し、華北煙草配給中央組合の指示により、煙草製造会社に2種の区分で対処させ、第1類は配給用または見返物資用とし、現行通りの価格で供給するが、第2類は一般市販用とし、市販価格の範囲内で調整料を徴収し、しかも調整料率に機動性を持たせることとした[16]。こうして華北聯銀券インフレに対処して、煙草価格を機動的に調整できる体制に移すものとした。ただし調整料率は一定期間は同率で維持されるため、その変更は市中の煙草価格に柔軟に対処できるものではなく、華北聯銀券インフレに対し後追い的に価格調整を行うしか手がなかった。

3．華北の葉煙草集荷と供給

アジア太平洋戦争勃発後に、華北占領体制は山東省を中心とした英米煙草トラストの葉煙草集荷体制を解体し、華北葉煙草の独占的集荷に移行した。ところが1941年産山東省の葉煙草の集荷は黄色種生産激減と在来種葉煙草の出回り不調に直面し、1941年集荷年度（10月〜1942年3月末）で（表5-5）、華北葉煙草の集荷した葉煙草は黄色種と在来種を合計しても23,568千斤にとまり、その買付金額は15百万円であり、買付数量、金額とも前年度を大きく下回った。年間所要量24千トンの半分にとまる量し

表6-3　1944年度華北葉煙草会社別配給計画

(単位：トン)

	山東省産米国系黄色種	許州産米国系黄色種	山東省産米国系黄色種屑葉	許州産米国系黄色種屑葉	在来種	朝鮮産米国系黄色種	合計
頤中烟草	2,320	779	128	55	394	100	3,779
華北東亜煙草	1,875	623	102	44	315	66	3,028
華北煙草	319	7	—	—	—	—	326
崂山烟草	377	125	20	8	63	13	609
小計	4,892	1,536	252	109	773	180	7,743
東映煙廠	42	—	4	—	25	—	72
東吉烟草	19	—	2	—	11	—	33
同順烟草	39	—	4	—	23	—	67
華大烟草	19	—	1	—	11	—	33
合計	5,014	1,536	265	109	847	180	7,951

出所：在北京大使館事務所「昭和十九年度葉煙草配給計画ニ関スル件」1944年10月21日（外務省記録223）

か確保できなかった[17]。これは占領と戦争の継続のため農民の耕作環境が悪化し、さらに華北の聯銀券増発による占領地インフレの顕在化で、農民の手持葉煙草の先高期待による集荷難も発生していたとみられる。1941年度の集荷量の不足を埋めるため朝鮮総督府専売局からの600トンの支援を受けるほか、各社在庫をやりくりしても、頤中烟草工場で週3日、華北東亜煙草と北支煙草の2社と崂山烟草の工場で定時作業を行うと、原料葉煙草の不足で1942年12月までしか操業できない状況となっていた。そのため華北葉煙草に対しては極力農民保有手持在庫の吸収を行わせ、日本・朝鮮及び華中における余剰の米国系黄色種葉煙草の輸入を図ることとし、なんとか10,878トンの基準配給量を維持するものとした。1943年1～3月の端境期の所要量は1942年産の応急配分で対処する方針とした[18]。この間1936年平均を100とした北京物価指数は、1940年12月409から、1942年12月817へ、さらに1943年12月1,382へ、1944年12月4,622へと騰勢を強めていた（柴田[1999a]612頁）。

　1941年度葉煙草集荷に当たっては、華北葉煙草の葉煙草集荷の力量の低さが表れている。そのため華北葉煙草は集荷を強めた。各地において新民会、合作社、交易所を通じ、優良種子の無償配給、集荷資金の貸付、肥料や葉煙草乾燥用燃料としての石炭の配給を行うといった積極的な指導奨励に努力した。その結果、作付面積は漸増し、1942年度は葉煙草の育成期に天候に恵まれて豊作となり、集荷は順調に進んだ。1942年葉煙草集荷年度では、12月末までに32,204千斤を集荷し、27百万円の買付に成功した。1942年度の3月末までに43,380千斤、37,063千円の集荷実績を上げた。華北葉煙草は1942年度には独占的買付体制の強化で前年度を大きく上回る葉煙草集荷を実現し

たため、華北葉煙草は集荷した葉煙草を、所有する青島の２工場のほか濰県、青州、坊子の計５工場で再乾燥処理を行ったが、それだけでは再乾燥処理能力に不足が生じるため、1941年12月開戦後から軍管理に置かれていた、頤中烟草の保有する二十里堡の工場を1942年10月より一時借上げて、再乾燥作業に動員した[19]。それでも1939年度の55百万斤といった水準にはとても届かない状況にあった。そのため華北域内の原料葉煙草不足は常態化せざるを得ない。

専売局は華北葉煙草の集荷した葉煙草を日本で利用するため輸入を続けた。1941年７月資産凍結でアメリカからの輸入が途絶しているため、日本内の専売局工場で利用する米国産黄色種葉煙草の手持在庫が減少しており、その代用品として1941年産の山東省産黄色種４等級以上の20万トンを輸入する方針を打ち出した。他方、華北の葉煙草原料の不足という状況に直面しているため、同数量の日本国内産の米国系黄色種を華北に輸出する方針とした[20]。専売局は1942年産葉煙草については、1942年10月10日に、華北葉煙草に対し山東省産葉煙草１等級品45トン、２等級品78.75トン、３等級品76.27トン、合計200トンを品川工場渡価格886,750円での輸出を、興亜院華北連絡部を通じて命令した[21]。このように山東省産の米国系黄色種葉煙草の品位の高さから、日本内消費としても十分利用できた。

1943年産華北葉煙草配給計画が1944年10月「昭和十九年度葉煙草配給要領」により在北京大使館事務所で決定された。華北東亜煙草の徐州工場分は華中に地域編入がなされたため除外し、小規模会社は据付機械と生産効率により配分を決定した。葉煙草の等級区分については業者間の協定に任せることにした。この配給葉煙草の総枠は（表６-３）、山東省産米国系黄色種集荷在庫5,014トン、許州産米国種1,536トン、これらの屑葉各265トン、109トンのほか、在来種847トンがあり、さらに朝鮮から輸入する米国種180トンがあるが、他方、山東省産米国種と許州産米国種の各100トンを蒙疆に移出するため、合計7,751トンが配給可能であった。最大はもちろん山東省米国種5,014トンであった。この葉煙草集荷に華北葉煙草が尽力した。ただし前年度に比べ集荷量が減少した。この7,951トンを煙草製造業者に配給することになるが、最大割当を受けたのは頤中烟草で3,779トン、ついで華北東亜煙草3,028トンであり、華北東亜煙草の煙草製造におけるプレゼンスは一段と高まっていた。それに次ぐのが青島の崂山烟草で609トンの割当を受けた。華北煙草は326トンにとまっていたが、朝鮮総督府専売局からの別枠割当として前年度と同様の特定輸入として600トンが期待されていた。そのため上乗せがありうるものであった。弱小会社では日系の東映煙廠が72

トンの割り当てを受けたが、それ以外の華北中国人経営事業者にも合計134トンが割り当てられていた。こうして1944年度の製造煙草の原料の配給がほぼ固まった。

1944年産葉煙草集荷については、1944年10月に在北京公使館事務所で「民国三十三年産山東黄色種葉煙草収買統制要綱」が決定された。それによると山東省県郷鎮合作社で一元的に集荷する、集荷した葉煙草は華北葉煙草の収買場で同社に引き渡す、合作社の集荷斡旋総量は約570万貫とし、各県集荷予定量は別に示す。黄色種以外の葉煙草も華北葉煙草で集荷する。同社は省政府に対し事業施設及び管理に必要な費用として100斤に付3円を納付するものとした。こうして1944年産葉煙草集荷方針が固まったが、華北聯銀券インフレが進行するため売り惜しみが発生し、前年度以上に集荷が思うに任せなかったと思われる。

華北占領地インフレの中で葉煙草集荷の金額が膨れ上がって行くため、華北葉煙草の資本増強も検討された。華北葉煙草の資本金は公称30百万円、半額払込、60万株のまま続いており、出資はほとんど日本側の資金であり、中国人出資は僅かに1,200株に止まっていた。1943年12月頃、華北政務委員会より華北葉煙草の増資と改組の提案がなされた。それによると華北葉煙草とは別に新たに資本金30百万円、半額払込、60万株の「中日葉煙草股份有限公司」を設立し、出資は、中国側が華北政務委員会20万株、旧華人同業者・従業員5万株、一般公開5万株の30万株、日本側が現在の華北葉煙草株主19万株、華北葉煙草社内功労者5万株、一般公開6万株の30万株とし、この会社創立後、華北葉煙草と合併させ、新たに華北政務委員会より理事及び高級職員を推薦入社させ、名実ともに日華一体の葉煙草集荷会社として統制の実を上げるものとし、さらに税源確保を図るものとした。払込資本金の全額は現地調達できる見込みであった。華北葉煙草の資金繰りとしては、1943年上期で諸準備金・積立金合計3,560千円、同期末利益金処分により6,834千円に増大しており、手持資金も潤沢であった[22]。大東亜省はこの増資の狙いは中国側の出資比率の引き上げにあるとみており、それは合弁の趣旨から妥当な提案であるが、英米トラストの最終処理と関連するため、日本側の出資増大は難しく、暫定措置として華北葉煙草に300千株、15百万円、払込7.5百万円の増資を行わせ、増資新株全額を中国側に保有させることで対処させるものとした[23]。そのため「中日葉煙草股份有限公司」は実現しなかった。1943年度華北葉煙草の所要資金は217百万円、平年度所要資金は353百万円とみられていた。また中国側のみの増資には既存株主が難色を示していた。そのため在北京公使館が再度大東亜省に判断を求めた[24]。これに対して大東亜省は先の判断を繰り返した[25]。ただしこ

の増資が実現したのかについては確認できない。

　華北の周辺地域では原料葉煙草調達に苦慮するため、地場生産に踏み切った。華北の周辺的な地域となる山西省太原において、華北東亜煙草が参入し軍管理太原巻菸廠の受託業務を引き受けた。同社は山西省における両切紙巻煙草の工場の操業に着手していたが、その原料調達のため、山西省の太原付近で、米国系黄色種葉煙草栽培に着手する方針とした。1939年より合作社を結成させ、専売局より譲り受けた煙草種子の配付と、耕作者への資金の貸付、技術員の配置等を続けた。事業着手4年目となる1943年度では耕作面積を大拡張する計画を樹立し[26]、その必要とする葉煙草種子の供給を専売局に要請した。葉煙草種子50キロを要求しており、耕作面積は150町歩ほどに拡大していたとみられる。ただし地場産米国系黄色種葉煙草作付4年目にして、150町歩程度の域内葉煙草生産では、域内葉煙草需要を満たす分量に到底届かない水準にとまっていた。

1) 華北東亜煙草株式会社『第9期営業報告書』1942年4月期、1-3頁。
2) 華北東亜煙草株式会社東京事務所「在徐州隴海煙公司買収ノ件」1942年2月29日（外務省記録E225）、同「在徐州隴海煙公司買収ノ件」1942年4月6日（外務省記録E225）。春日[2010]548頁では、1941年下期に三井物産株式会社・日満亜麻紡織株式会社（1934年4月25日設立、本店東京）と提携した「瀧海煙草㈱」工場製品を販売したとある。「瀧」は「隴」の誤りであるが、在徐州領事館（1939年7月1日開設）の残存登記簿には当該株式会社の記載が見当たらない（「株式会社登記簿・在徐州領事館ノ部」（外務省記録E.2.2.1.-5-3））。同登記簿が悉皆的に残存しているとの保証がないため確証できないが、本章では自営業として扱っている。徐州領事館開設日は外務省[1966]附表98頁。
3) 前掲華北東亜煙草『第9期営業報告書』6頁。なお秦皇島にも工場を設立し、竣工したが、兵舎として徴用され、機器器具の資材搬入も遅延したため、工場は長期間未操業のまま放置された（水之江[1982]182頁）。稼動しなかったのは、冀東防共自治政府が臨時政府に統合され、統税の課税回避という設立目的が消滅したのもひとつの理由であろう（第5章参照）。
4) 東亜煙草株式会社「葉煙草種子ニ関シ申請」1941年12月20日（外務省記録E221）、「葉煙草種子払下申請」1941年12月17日（外務省記録E221）。
5) 前掲華北東亜煙草『第9期営業報告書』5頁。山西産業については窪田[1982]参照。北支那開発株式会社の子会社としての位置づけについては柴田[2008a]第5章参照。
6) 前掲華北東亜煙草『第9期営業報告書』7-9頁。中国関内の占領地通貨体制については柴田[1999a]参照。
7) 華北東亜煙草株式会社『第13期営業報告書』1944年4月期、3頁、同『第14期営業報告書』1944年10月期、4頁。
8) 三島製紙[1968]4、16-17頁、年表。株式会社竹中工務店（1937年9月設立）が「竹中組」と表記されているが修正した。大同洋紙店については成田[1959]456-457頁、『帝国銀行会社要

録」1943年版、大阪94頁。「大陸製紙」は戦後、在外会社にも指定されておらず（柴田 [1997]附表）、設立を傍証できない。三島製紙の株主は、1942年で100千株中、国際商事22千株、日華興業株式会社20千株、東亜煙草9千株の順で、片倉系両社の保有がそれまで筆頭株主であった東亜煙草を上回り、片倉武雄と金井寛人を取締役に送り込み、影響力を強めていた（『帝国銀行会社要録』1940年版、東京547頁、1942年版、東京398頁）。なお三島製紙は1942年2月に共栄製紙組合と組んでジャワ占領地のバンドレーラング製紙会社の受命事業に参入を目指し、仮契約締結まで進んだが実現しなかった（三島製紙[1968]39-40頁）。疋田[1995]付表にも三島製紙の名は見当たらない。

9) 外務省記録E221。
10) 興亜院華北連絡部・北支那方面軍甲集団第一八〇〇部隊「昭和十七年度葉煙草配給要綱」1942年5月7日（外務省記録E221）。典拠資料の部隊名の略称を改めた。以下同様。中央物資対策委員会は1939年11月設立。同会の設立と構成等については中村[1983]225頁。同会所管の調整料については柴田[1999a]467-468頁参照。
11) 興亜院華北連絡部・北支那方面軍甲集団第一八〇〇部隊「頤中公司製品ノ登記価格変更ニ関スル件」1942年5月7日（外務省記録E221）。
12) 専売局煙草事業部発興亜院経済部通知、1942年8月17日（外務省記録E221）。
13) 中国通信社『全支組合総覧』1943年版、698頁。
14) 在北京大使館事務所「煙草価格改正ノ件」1944年10月4日（外務省記録E223）。
15) 大東亜省支那事務局「華北煙草販売統制株式会社設立ニ関スル件」1944年11月15日（外務省記録E223）。
16) 在北京大使館事務所「煙草価格調整並価格改定ニ関スル件」1945年3月5日（外務省記録E223）。
17) 前掲「昭和十七年度葉煙草配給要綱」。
18) 前掲「昭和十七年度葉煙草配給要綱」。
19) 在青島総領事館坊子出張所「膠済沿線ニ於ケル葉煙草産出状況」1943年1月（外務省記録E255）。華北における政治的大衆動員組織としての新民会については堀井[2011]参照。
20) 専売局煙草事業部「山東米葉輸入ニ関スル件」1942年4月4日（外務省記録E221）。
21) 同「山東米葉輸入ニ関スル件」1942年10月10日（外務省記録E221）。
22) 在北京公使館発大東亜省「華北葉煙草ノ増資及改組ニ関スル件」1943年12月17日（外務省記録E223）。
23) 「華北葉煙草ノ増資及改組ニ関スル件」1944年1月4日大東亜省決裁（外務省記録E223）。
24) 「華北葉煙草会社ノ増資ニ関スル件」1944年1月14日在北京公使館発本省宛（外務省記録E223）。
25) 「華北葉煙草増資ニ関スル件」1944年3月23日大東亜省決裁（外務省記録E223）。
26) 東亜煙草株式会社「葉煙草種子ニ関シ申請」1942年4月28日（外務省記録E222）。

第4節　中華煙草の設立と華中煙草事業者の統合

1．中華煙草の設立

　1941年12月開戦後に、華中の日系煙草製造業者の大幅な再編が行われる。華中において日系煙草会社は英米煙草トラストと激しく競合し、市場シェア拡大に尽力していたが、1941年で日系企業の販売シェアは15～20％程度にとどまっていた。この勢力に有効に対抗するには合同しかないとして、華中日系煙草会社の大合同が実施される。1941年6月2日在中支関係機関決定「中支邦人系煙草製造事業合同要領案」で華中の日系煙草製造業者の合併方針が提案された。これにより上海・漢口に所在する東洋葉煙草・東亜煙草・共盛煙草・興亜煙草・北支煙草・武漢華生煙草の工場を合同させる方針が打ち出された。この方針によると、新会社「華中煙草株式会社（仮称）」（手書きで「中華」に修正）、本店上海、資本金30百万円全額払込、出資は東亜煙草・北支煙草計13百万円、東洋葉煙草・武漢華生煙草計13百万円、興亜煙草・共盛煙草各2百万円という割当が予定された[1]。これが6月30日興亜院華中連絡部決定「中華煙草株式会社設立要綱案」として確定した[2]。その後、具体的な設立計画が進み、創立案が確定する前に、被吸収合併会社と華中事業譲渡会社に対しては興亜院華中連絡部からその旨の命令が出された。8月4日の興亜院華中連絡部の東洋葉煙草に対する事業合同命令が残っており、ほかの会社にも同様の文書が発せられたはずである[3]。そして1941年9月10日第2回創立委員会で以下の方針を固めた。資本金30万円の会社として設立する。吸収する各社事業資産の評価を行い、既存会社を吸収合併する。解散しない東亜煙草と北支煙草については、営業の一部譲渡又は買収で処理する。出資比率は東亜煙草・東洋葉煙草各10、北支煙草・武漢華生煙草各3、共盛煙草・興亜煙草各2とする。各社は銀行借り入れで30万円の出資を行う。合同を容易に実現するため、30万円の会社を設立するが、30百万円の会社を設立した場合には第2回払込で現物出資は困難である。新設会社が既存会社を吸収合併することで、解散手続きを不要とすることが可能となる。資産査定後に買収する各社純資産に相当する新会社株式を交付する[4]。そのほか設立後の中華煙草に対する興亜院の命令権限を確認していた。すなわち職制、役員社員給与規定、営業その他重要規程、資本増加減少、定款変更、合併又は解散、取締役及び監査役選任解任、社長、専務取締役、常務取締役の選任、営業年

度の事業計画、資金計画、営業収支予算、決算及び利益金処分等については興亜院華中連絡部の承認を得るものとされた[5]。この興亜院華中連絡部承認事項については、定款案附則第36条に規定された[6]。こうして新設煙草会社に対する興亜院華中連絡部の強力な介入権限が盛り込まれた。

新設会社に対し東亜煙草・東洋葉煙草各3名、その他4社各1名の役員派遣枠を与えたが、そのほか興亜院が1名推薦枠を有し[7]、それが社長職に該当する。社長候補として、第1回設立準備委員会で興亜院に一任し、専売局に華北東亜煙草の前社長で元東亜煙草取締役の岩波蔵三郎を新会社の中心的人物として推薦を求め[8]、創立委員会委員長はそれを受けて岩波蔵三郎を推薦し、各委員はこれを承認した。ところが東亜煙草社長長谷川太郎吉は興亜院本院に上申書を提出した。それによると東亜煙草の経営が長谷川に移転した1940年4月30日株主総会の直前に、岩波は華北東亜煙草の保有する華北葉煙草、華北三島製紙及び和中工業株式会社の株式を重役会の議決なしで、また東亜煙草の実権を事実上有していた金光庸夫の承諾を得ることなく売却処分した。このような許されない行為を行った岩波に対し、東亜煙草から退職する際に今後は煙草事業に関わらないとの誓約をさせて50万円の退職金を支給しており、今回の中華煙草社長への就任はその時の岩波の誓約に背馳するとして、岩波の就任は適当でないと強く批判した[9]。さらに金光と長谷川が連名で、上海に滞在中の岩波に対し、今後は煙草事業に一切関知しないとの誓約書にのっとり新会社に関わるのを辞退するように電報を打った[10]。このような反対運動について、興亜院華中連絡部は、「東亜及東洋両社ノ不純ナル営利主義ニ出発セルモノ」と断じ、中央関係機関の打ち合わせを経て創立委員会で選出した関係上、岩波の起用は絶対に必要だとみていた[11]。東亜煙草は華中の出先事業所にも現地で反対運動を行わせた。この激しい反対運動を展開した結果、12月10日の第3回創立委員会では、岩波を巡る人事問題の紛糾の経緯を踏まえ岩波の就任は見送られ、社長として煙草事業に直接の関わりを持たなかった元奉天総領事で長く在華日本紡績同業会総務理事の職にあった船津辰一郎を充て、各社より副社長として矢部潤二（元関東軍経理部長）を推薦することで落着した[12]。

1942年3月2日に中華煙草株式会社が設立された。本店上海、資本金30万円全額払込、社長船津辰一郎で発足した。取締役副社長矢部潤二、取締役橋爪庸蔵、松崎漸吉（前東洋葉煙草専務取締役）、竹本徳身（前東亜煙草漢口工場長）、安恒藤三郎（前東洋葉煙草取締役）、小山達郎（前共盛煙草専務取締役）であった。中華煙草は小規模企業として設立された[13]。この間、被合併又は買収会社の事業資産の算定作業が行わ

表6-4　中華煙草被合同6社の合併または買収価額

(単位：千円)

会社名	総資産簿価	正味資産	1941.8末評価正味資産	増加資産按分額	1942.2末評価正味資産	中華煙草株式	合併又は買収価額
東洋葉煙草㈱	21,574	11,803	18,810	740	19,550	100	19,450
東亜煙草㈱*	17,914	11,536	12,450	1,290	13,740	100	13,640
共盛煙草㈱	2,334	1,411	1,390	250	1,640	20	1,620
興亜煙草㈱	1,373	596	1,090	20	1,110	20	1,090
武漢華生煙草㈱	3,769	2,554	2,760	120	2,880	30	2,850
北支煙草㈱*	984	979	1,000	80	1,080	30	1,050
合計	47,951	28,881	37,500	2,500	40,000	300	39,700

注：＊の買収価額は華中工場資産。北支煙草は1941.11.29に華北東亜煙草に吸収合併されたが資料の会社名を掲載。
出所：興亜院華中連絡部「被合同六会社合併価額又ハ買収価額決定要領」1942年4月18日（外務省記録 E.2.2.2.1.-3-19）、「中華煙草株式会社ノ被合同六社ノ資産評価額ニ関スル件」1942年5月21日興亜院供覧（外務省記録 E.2.2.1.-3.19）

れ、1941年8月末の事業資産を調査して、総額37,500千円と試算した。さらに1938年下期から1942年2月までの営業実績を基礎として算出した1か年収益額6百万円を還元率15％で計算し、1942年2月末財産を40百万円と決定し、増加正味資産を2,500千円に調整した。1942年2月末評価正味資産40百万円を各社資産額に按分し、さらに中華煙草保有株式を控除した額を各社の合併又は買収額として決定した[14]。東洋葉煙草19,450千円、東亜煙草13,640千円、武漢華生煙草2,850千円等となった（表6-4）。この被合併・買収資産の確定を受けて、中華煙草は同年4月30日に資本金14,690千円を増資し、14,990千円となり株式774千株となった。さらに同年5月30日に東洋葉煙草・武漢華生煙草・興亜煙草・共盛煙草を吸収合併決議し、併せて東亜煙草と旧北支煙草工場を継承した華北東亜煙草の華中事業資産を買収し、資本金を38,700千円、全額払込とした[15]。合併完了は10月21日であった。

こうして華中の煙草製造販売の日本法人は中華煙草1社に統合された。中華煙草の主要出資者は1位東亜煙草35％のほか、東洋葉煙草の最大出資者となっていた三井物産が2位の14％となった（春日[2010]592頁）。また北支煙草は中華煙草設立前に華北東亜煙草に吸収合併されたため、旧北支煙草の事業資産の譲渡は華北東亜煙草の出資に切り替えられた。

中華煙草の製品の販売取扱は、旧煙草製造業者と結んだ取引利権がほぼ承継され、三井物産4、日商4、三興株式会社1、松坂屋1の割合となった。そのほか武漢地区では大倉商事株式会社ほか1社で折半の割当を受けた[16]。旧東洋葉煙草上海工場の販売枠を三井物産、旧東亜煙草上海工場の販売枠を日商、共盛煙草の枠を三興、興亜煙草の枠を松坂屋がそれぞれ獲得したといえよう。奥地では既存工場販売利権に関わる

ことのなかった大倉商事が食い込めた理由は不明である。中華煙草の設立に伴い占領地における製造煙草の納入体制も改められた。軍納は中華煙草が担当した。他方、東洋葉煙草が解散したことに伴い、同社が関わってきた専売局への原料納入業務はほかの事業者に切り換えられた。三島製紙からのライスペーパーの代理納入は（第4章参照）、1942年5月1日に三島製紙による専売局への直接納入の契約に切り替えられた（三島製紙［1968］年表）。

2．中華煙草の操業

　中華煙草設立で華中の日系煙草製造販売会社は1社に統合され、華中の煙草市場シェア拡大に向けて事業を拡大することとなった。中支葉煙草は葉煙草集荷事業が中心のため、煙草製造販売の統合に参加しなかった。この中支葉煙草に対して、中華煙草は1942年9月3日に役員派遣を決定しており、系列下に入れた。中華煙草は取締役の矢部五十彦と上田和（前東洋葉煙草取締役・三井物産出身）を中支葉煙草の取締役として兼務させることで葉煙草事業と協調させた。また同年7月4日に中華煙草は漢口支店の設立登記を行い、漢口をも事業地とし[17)]、中華煙草は上海のみならず華中奥地でも事業を拡大した。

　中華煙草は自社の使命として、①「軍需物資タル軍用煙草ノ現地確保」、②「奥地ニ於ケル軍需重要物資獲得ノ交換物資タル煙草供給」、③「巨額ノ統税ヲ負担シ以テ国民政府ノ財政強化」、④「諸物価高騰ノ現地ニ於テ一般需要者ニ対シ適正価格ニヨル良質煙草供給」を掲げていた[18)]。同社の貸借対照表を見ると（表6-5）、1942年10月期より利益を計上し、原材料価格の高騰でその資産額が上昇して行ったが、作れば売れるという状況のため製品を捌くことに苦慮することはなく、また自己資本比率が高いため、社外負債に支払手形が見られる程度であった。

　中華煙草は頤中烟草の製造量を追撃すべく、増産体制をとろうとしていた。操業上最も重要なものは葉煙草調達である。頤中烟草の1941年産葉煙草買入は10,593トンであり、1942年3月末在庫は8,546トン、他方、中華煙草は1941年産葉煙草買入10,422トン（被合併会社分を含む）、1942年3月末在庫は7,923トンで、ほぼ拮抗していた（表6-6）。頤中烟草は米国産輸入葉煙草在庫に依存せざるを得なかったが、中華煙草は鳳陽産米国系黄色種葉煙草を調達することで対抗できた。さらに資産凍結後に頤中烟草に集荷で圧力を加えることで、中華煙草がほぼ同量を調達することができたと言えよう。しかし1942年産葉煙草の集荷では占領地インフレの進行で買い急いだはず

表6-5 中華煙草貸借対照表

(単位:千円)

	1942.10期	1943.4期	1943.10期	1944.4期	1944.10期
(資産)					
地所建物工作物	3,227	3,023	3,111	3,229	6,785
機械器具什器	2,766	2,398	2,298	2,198	3,096
原料	10,901	13,657	19,638	38,225	42,268
材料	7,838	8,123	11,722	18,674	37,333
委託加工材料	—	—	1,980	4,292	7,972
予備用品	408	684	1,216	1,837	8,911
製品	1,642	3,439	2,791	3,076	13,013
半製品	291	250	680	512	1,702
統税印花	56	7	241	1,268	5,848
取引先勘定	2,957	7,347	4,562	271	3,173
受取手形	—	500	500	8,600	8,600
仮払金未収金保証金未経過金	2,083	3,538	6,193	7,266	11,944
有価証券	2,394	3,079	3,891	4,342	5,741
出資勘定	—	1,405	1,455	1,860	2,591
中支葉煙草勘定	—	—	11,700	14,040	20,493
製品販売価格調整預金	—	—	—	4,838	12,589
預金現金	15,428	10,886	9,303	1,977	9,467
前期繰越損失	28	—	—	—	—
合計	50,025	58,341	81,288	116,514	201,532
(負債)					
資本金	38,700	38,700	38,700	38,700	38,700
諸積立金	—	950	1,960	2,970	4,040
従業員信認金貯金	—	18	114	184	261
支払手形	3,335	2,899	3,853	539	9,814
未払金	1,498	1,600	4,683	5,576	8,230
仮受金預り金	803	3,778	4,043	2,843	15,121
諸税引当金	1,500	2,100	3,808	3,204	9,709
製品損害準備金	—	859	—	—	—
原材料価格調整資金	—	1,500	4,728	9,558	49,539
葉煙草手形勘定	—	—	11,700	14,040	13,293
当座借越	500	—	—	24,021	24,419
製品販売価格調整金	—	—	—	5,107	13,445
前期繰越金	—	1,042	2,840	4,601	6,582
当期純益金	3,688	4,893	4,856	5,165	8,374
合計	50,025	58,341	81,288	116,514	201,532

出所:中華煙草株式会社『営業報告書』各期

であるが、売り渋りが発生して十分な集荷ができなかった。そのため1943年度の製造用葉煙草原料で早くも苦しい局面に立たされた。中華煙草は上海と漢口に工場を有し、上海工場には巻上機83台を据え付け、そのほか予備も含め合計105台を保有し、年産83億本、漢口工場では20台を据え付け、予備を含め30台を保有し、年産20億本の生産が可能であった[19]。ところがフル操業に入る前に、すでに原料葉煙草の調達で制約を

第6章 アジア太平洋戦争期華北華中煙草産業　315

表6-6 頤中烟草と中華煙草の葉煙草買入と在庫

(単位:トン)

	頤中烟草		中華煙草	
	1941年度産買入	1942.3末在庫	1941年度産買入	1942.3末在庫
米国産葉	7,261	4,467	2,802	1,097
印度産葉	260	1,660	983	640
トルコ産葉	—	4	3	—
地場産黄色種	242	750	—	—
鳳陽産米国種	—	—	2,790	2,269
許州産米国種	—	—	613	53
山東省産米国種	—	—	419	1,848
地場産在来種	748	710	671	858
朝鮮産米国種	—	—	213	—
内地産米国種	—	—	754	180
内地産在来種	—	—	41	181
米国産葉中骨	1,202	499	707	349
印度産葉中骨	877	452	420	438
合計	10,593	8,546	10,422	7,923

注:中華煙草の印度葉中骨はその他中骨。
出所:興亜院華中連絡部「黄色種葉煙草供給斡旋依頼ニ関スル件」1942年6月5日(外務省記録E221)

表6-7 中華煙草1943年度所要原料過不足数量

(単位:千ポンド、トン)

	1943.4在庫	1943年度購入見込	合計	1943年度所要見込	予備原料	合計	差引不足
(上海工場)							
米国産	1,145	—	1,145	1,677	838	2,515	1,369
内地産米国種	727	—	727	2,340	1,170	3,510	2,782
台湾産米国種	—	1,102	1,102	750	375	1,125	23
山東産米国種、鳳陽産米国種、許州産米国種	5,508	4,900	10,408	9,823	4,911	14,734	4,326
印度産	368	—	368	250	125	375	6
吉林産	—	606	606	450	225	675	69
内地朝鮮産普通葉	424	—	424	1,087	543	1,630	1,206
支那在来種	486	1,200	1,686	2,223	1,111	3,334	1,648
中骨	487	800	1,287	900	450	1,350	62
合計	9,147	8,608	17,755	19,500	9,750	29,250	11,494
トン換算	4,149	3,904	8,053	8,845	4,422	13,267	5,213
(漢口工場)							
米国産	145	—	145	117	58	176	31
内地産米国種、朝鮮産米国種	4	—	4	50	25	75	70
山東産米国種、鳳陽産米国種、許州産米国種	461	777	1,238	1,650	825	2,475	1,236
印度マニラ産	21	34	55	156	78	234	178
支那在来種	180	923	1,103	1,692	846	2,538	1,435
中骨	101	—	101	257	128	386	284
合計	914	1,735	2,649	3,924	1,962	5,886	3,236
トン換算	414	787	1,201	1,779	889	2,669	1,467

注1:1943年度購入可能量の許州産米国種、鳳陽産米国種、支那在来種は前年度と同様の購入を可能として集計。
注2:製造予定数量は、合併前1年間の販売実勢に復帰させる方針で、1か月当3万箱、年額90億本として計算。
出所:中華煙草株式会社「昭和拾八年度所要原料申請書」1943年8月(外務省記録E223)

受ける状態になった。1943年4月期の上海工場在庫4,149トンと年度内購入予定3,904トンで合計8,053トンとなるが、1943年度の上海工場の83億本の生産のためには、年度所要量8,845トンで、これに予備原料を上乗せした所要量13,267トンとなり、5,213トンが不足となる。同様に漢口工場でも、1,467トンが不足した（表6－7）。目標本数の生産を実現するためには、所要葉煙草の追加的調達で不足を埋めるか予備在庫の積み増しを止めるかしか手がない。そうなると次年度に生産を大きく圧迫することになる。そのため中華煙草は追加的葉煙草調達のため、専売局の保有する内地産米国種葉煙草もしくはその他種の葉煙草の払下げを陳情した[20]。しかし不足量があまりに多く、専売局の在庫の融通のみではとても対処できなかった。

　中華煙草関係会社の中支華煙草への資金支援が1943年10月期より残高11百万円を超える額で開始された。葉煙草調達資金の提供と思われる。他方、葉煙草手形で葉煙草を調達した。1944年4月期には物価騰貴が激しくなったことから当座借越による資金調達を強め、また原材料価格調整資金を設定して葉煙草価格の暴騰に対処した。他方、製品販売価格調整預金を設定し販売価格を調整していた。中華煙草はこのような操業環境でも利益を実現できたため、1944年10月期まで年1割配当を続けた。

　中華煙草は上海や漢口で既存の頤中烟草の軍管理工場の操業と競合しつつ生産を続けていたが、1945年になっても同社は頤中烟草の工場出荷量のレヴェルに到達できなかった。華北の日系煙草製造業者に比べ、華中の中華煙草の巻上機台数は頤中烟草の上海・漢口の工場の台数と比べ決定的に劣位に置かれていた。日本占領下上海で操業した日系煙草事業者工場は、南洋兄弟烟草公司工場以外には既存の中小工場を取得したに過ぎず、その結果、中華煙草に合併された各社保有工場の出荷量と、長期にわたり設備投資を続けてきた頤中烟草の大規模工場の出荷量において、著しい生産性格差が現れていた。華中の紙巻煙草出荷量を維持するため、高い生産性を誇る頤中烟草工場への葉煙草供給を締め上げることはできず、そのまま頤中烟草は葉煙草供給を受けつつ操業を続けた。在上海大使館事務所が示した頤中烟草の運営計画と連動する1945年度の華中煙草製造計画の大枠では、頤中烟草年間147億本、月間12.25億本、中華煙草年間60億本、月間5億本、ほか徳昌煙公司年間3億本、月間0.25億本、華系組合加盟27事業者年間48億本、月間4億本、総計年間258億本、月間21.5億本という規模を想定していた。その割当は軍用68億本、軍需見返用40億本、労需用（戦場特別配給用を含む）17億本、一般民需用133億本を予定した。価格については、一般民需用では市販価格を随時変更し、煙草工場出荷価格と市販価格の差を工場と煙草配給組合の双

方で調整料として積立保有するものとした。ただし当面はこの調整料吸収は頤中烟草工場と中華煙草のみに適用するものとした[21]。地場中国人煙草製造事業者に対する調整料賦課は、反発を懸念し先送りされた。また煙草価格の工場出荷価格と煙草配給組合配給価格を設定するため、煙草価格審定委員会を設置する方針も打ち出された[22]。

ただしこの製造計画に対応した葉煙草原料の調達は、華中の激しい儲備券ハイパーインフレーションの中で実物経済への退行が進んでおり、一段と難しくなってきていた。すでに日中戦争期後半で激しい物価騰貴が続き、アジア太平洋戦争期には一段と拍車がかかった。例えば、1937年1～6月を100とする上海卸売物価指数は、1941年12月の1,598から、1942年12月4,924、1943年12月17,602、1944年12月250,971へと急騰を続け、ハイパーインフレーションの進行はとどまるところを知らなかった（柴田[1999a]612頁）。また市中の煙草価格の急騰のなかで、特定時点の価格情報を仕入れた時点で販売価格を調整しても、さらにそれ以上に暴騰が続くため、統制による価格設定は無力となっていた。原料調達が日増しに困難になるため、1945年3月までの第1四半期でもこの計画通りの月間製造を実現できたとは思えない。

3．華中煙草配給体制

華中では製造煙草の占領地における安定供給体制の構築を目指していた。その担い手として、中支那煙草配給組合が1940年12月10日に設立された。同組合は本部を上海に置き、各地に支部を置いて、主として上海で製造される煙草を、上海のほか各地支部を通じて地域別に配給する体制の中心に立っていた。ところが占領地における儲備券インフレが加速した1942年以降、占領地における煙草価格は暴騰を続けるため、上海製造業者から仕入れる煙草を中支那煙草配給組合が地域組合別に卸して売り捌かせる際に、地域別闇カルテルを結成し高値販売で多額の差益を発生させ、組合員への利益金処分として一部の組合が旨みを得る事態となった。それが複数の地域別配給組合支部で発生し、その差益の規模が看過できなくなった。1942年5月30日に法幣と儲備券との等価リンクを切り離したものの（柴田[1999a]386頁）、重慶に立て籠る国民政府側との接敵地域での食料・資材等の調達に伴う法幣インフレに煽られて、儲備券建物価の騰貴が続いた。儲備券地域の安定的な価格を維持したまま物資を供給することは不可能であり、戦争継続の中で無理な占領地通貨体制を採用していることに煙草価格の急騰の理由を見出すが、その中で逆に個別利益獲得のチャンスと見る事業者が多数発生したことを物語っている。

中支那煙草配給組合は一部組合員が卸、二部組合員が小売りを担当しているが、一部組合員は少数の日本人事業者で組織され、密かに秘密組織を結成して闇取引に従事し、暴利をむさぼり不当利益を上げていた。一部組合員の複数の支部は、取扱高に応じて入荷のつど、到着原価すなわち上海原価に輸送諸費を加算したものの7％を手数料として収得しえることになっているが、市中相場を操縦し不当利益を獲得し、随時、出資額に応じ密かにその利益を案分していた。その配当率は南京においては300％、ほかの地方でも50％ないし200％に達するものであり、法外な配当金を山分けしていた。1942年11月に支那派遣軍総司令部の指示で憲兵隊が資料を入手し調べた結果、それが露見した。その不当利益を任意拠出の形式で組合員より憲兵隊に供出させることとし、その使途について各方面と協議し、ほぼ方針を確定した。それにより日本人業者の不当利益の3分の1から4分の1を拠出させ、中国人二部組合員（鎮江・蚌埠では一部組合員を含む）の不当利益は南京市政府及び江蘇省政府で処理させるものとした[23]。

　この事態を踏まえ在上海大使館事務所は1942年11月18日「中支那煙草配給機構応急改変要綱」により、既存の中支那煙草配給組合を廃止して新たな組織に切り替える方針を打ち出した[24]。この要綱によると、紙巻煙草配給の適正円滑化、適正価格の維持並びに統税徴収で民政安定の一助として汪政権財政の強化に寄与させるため、既存の中支那煙草配給組合を解散させ、新たな配給機構を樹立する、その組織は「華中煙草配給組合（仮称）」とし、英米煙草トラスト、中華煙草、中国人経営煙草製造業者、英米煙草トラストの販売機関である改組・再設された永泰和烟草、久大煙行、旧東洋葉煙草代理人の三井物産、旧東亜煙草の代理人の日商、旧興亜煙草代理人の松坂屋、旧共盛煙草の代理人の三興（1944年9月12日に大建産業株式会社設立で吸収合併）、その他日系・中国系の販売代理店等で組合を組織する。中国側出資を3割以上とする。組合員と出資額は在上海大使館事務所が決定する。理事も同様とし、理事長は中国人組合員から選出する。英米煙草トラストの最終処理が確定するまで、その監理官を顧問とし組合経営に参与させる。組合利益は在上海大使館事務所の承認を要する。本部を上海に置き、その他の都市に必要に応じて支部・出張所を置く。英米煙草トラストの既存販売網を復活させ、それを中心とし日系・中国系の販売業者を織り込ませる方針で一元的販売網を構築する。煙草販売業者のうち不適当なものを排除する。販売業者を甲乙2種に分け、甲種は組合より煙草を買い受け、それを乙種に卸売りし、乙種が消費者に小売する体制とする。さらに煙草の利益率と公定価格設定方法もあらかじ

表6-8　華中煙草配給組合出資者

(単位：千元)

組合員	出資額
軍管理英米煙草トラスト	16,800
中華煙草㈱	9,000
日系煙草販売代理店	7,200
三井物産㈱	180
日商㈱	180
三興㈱	150
㈱松坂屋	150
㈱丸三商工公司	60
軍管理永泰和烟草㈱	8,600
久大煙行	2,400
華系煙草製造業者	7,800
華系煙草販売代理店	8,200
合計	60,000

注：資料作成時点の商号に修正した。
出所：在上海大使館事務所「旧中支那煙草配給組合利益金処分ニ関スル件」1943年3月17日（外務省記録E220）

表6-9　中支那煙草配給組合積立金寄付

(単位：千元)

資金区分	寄付年月	寄付先	金額
調整料	1942.9	陸軍	2,400
	同	南京政府	2,300
	1942.12	陸軍	3,000
	同	海軍	2,000
小計			9,700
特別調整料	1942.12	東亜同文書院大学	4,000
		国防理科大学を予定	500
小計			4,500
合計			14,200

注：このほか調整料残額約120万円あり、うち1百万円は汪政権（文化事業）へ、その他を「ますらお会」その他へ寄付することに内定しているが、精算の結果、少額の剰余金を生ずる見込みであった。
出所：在上海大日本帝国大使館「旧中支那煙草配給組合利益金処分ニ関スル件」1943年3月17日（外務省記録E220）

め確定させた。なお永泰和烟草は軍管理のもとで1942年3月30日に永泰和烟草股份有限公司として再設され（事業所上海、代表者は管理人小倉大四郎（株式会社丸三商工公司社長））、その既存の強力な販売ネットワークを活用し、頤中烟草の製品を上海に限定し、中支那煙草配給組合を通じた販売体制に組込まれた[25]。

　この方針に沿って1942年12月30日に華中煙草配給組合が設立された。出資金儲備券60百万元であった。その組合員出資の構成は、頤中烟草が16.8百万元で最大出資者となり、中華煙草9百万元、永泰和烟草8.6百万元、中国系煙草販売代理店8.2百万元、中国系煙草製造業者7.8百万元、日系煙草販売代理店7.2百万元という構成となっていた（表6-8）。日系煙草代理店は地場の丸三商工公司以外は、日本の大手商社の三井物産、日商、三興、松坂屋であった。理事長沈維挺（大東烟草股份有限公司（1925年設立、本店上海）株主）、副理事長松崎漸吉（中華煙草常務取締役）であり、理事が三井物産、日商、松坂屋、三興、南洋兄弟烟草公司、丸三商工公司等から選出され、監事に永泰和烟草、顧問として英米煙草トラスト監理官川上寛治が選出された[26]。なお自営業の丸三商工公司は1941年5月1日に株式会社転換しており、1942年5月1日に増資し、資本金1百万円に増強していた[27]。華中煙草配給組合は1943年3月15日設立の全国商業統制総会傘下の煙草部門の流通統制組織として位置づけられるとの見込で設立されたが、傘下組織として取り込まれたかについては不詳である[28]。

　小口煙草販売店舗網を構築するため、日本人の煙草小売商を網羅して1942年4月に

上海煙草小売商業組合を組織させた。これは既存の親睦機関の上海煙草小売同業組合を改組したものであり、組合員200名ほど、理事長は山下洋行（自営業）の山下易一であった[29]。他方、中国人煙草小売商の販売ネットワーク構築のため、1942年4月6日に華商烟草組弁事処を設立した。理事長陳紹鴻（上海捲烟廠同業公会代表）で、事務担当は南洋兄弟烟草公司であった。中国企業の製造煙草の販売を取扱い、加入地域は上海を含む華中（武漢地区を除く）であった[30]。

　先述のように中支那煙草配給組合が不当利益を得たことから、その利益を吐き出させるため、組合の積立金を調整料として寄付させた。一般の調整料9,700千元から、陸軍に5,400千元、海軍に2,000千元のほか、南京市政府に2,300千元を割り当て、そのほか特別調整料4,500千元から東亜同文書院大学に4,000千元を割り当てた（表6-9）[31]。この調整料は日本との貿易に伴うものではなく、華中域内物資取引に伴うものである。陸軍・海軍への寄付金は最終処理ではない。華中煙草配給組合は、1943年以降の華中のハイパーインフレの進行で、中支那煙草配給組合を大きく上回る煙草配給利益を実現できたはずである。残念ながら発掘した資料の中からはそれを傍証できない。華中煙草配給組合も中支那煙草配給組合の積立金と同様に陸軍・海軍に寄付したと思われる。ただし中間処理として1941年7月22日に大蔵省の命令で横浜正金銀行に設置された法幣資金運用勘定と同様に、寄付する金額を横浜正金銀行に預託し、表面的には同行から貸付で処理し、最終的な政府への寄付という形の会計処理は繰り延べされた。1943年4月以降の儲備券100元＝日本円18円の固定相場で換算すると、7,400千元は1,332千円となる。1945年2月9日「外資金庫法」に基づき、2月14日に設立された外資金庫が臨時軍事費特別会計予算と占領地軍事支出の差額に発生する政府債務処理を行った。外資金庫は主として占領地金塊売却収入を財源として充当したが、そのほかの寄付として煙草販売利益500百万円を受け入れた。中支那煙草配給組合の寄付1,332千円のほか華中煙草配給組合の寄付が含まれている。そのほか華北の煙草販売利益が取り込まれているかについては不詳であるが、華北煙草配給組合は自己勘定で大量の煙草仕入・販売を行っていないはずであり、巨額の差益は期待しにくいため、華北に比べはるかにインフレの激しかった華中のみで実現した差益と想定できる。なお500百万円は丸められた数値のため概数で処理したようである。この差益の外資金庫への寄付と同時に、横浜正金銀行が政府への貸付金で処理してきた対政府債権を処理したと思われる[32]。

　華中の物価騰貴は激しさを増すばかりであり、それに伴い煙草供給価格の引上げも

頻繁に行わざるをえなかった。例えば奥地武漢地域では、1943年1月に統税率引上げを決定し、2月1日より施行したが、物価騰貴で葉煙草原価も高騰を続け、また下流地域の煙草価格の引上げもあり、武漢地域でも煙草の価格の引き上げを決定し、9月15日に実施に移した。銘柄別に低額品は21.2％、36.2％、53.8％、高額品は81.8％、その間に2段階の引き上げ率を設定し、価格帯により4段階の引上げを実施した[33]。

武漢地区では、先述のように軍管理頤中烟草の煙草工場を丸三商工公司に管理操業させていたが、1945年2月頃に武漢地区に中華煙草の工場を増強させ、地区の煙草供給を強化するものとした。その対処方針として、漢口に移設予定の中華煙草の巻上機30台のうち15台（1セット分）を漢口の頤中烟草が購入し、漢口に工場を復旧させ、同工場を従来通りに丸三商工公司に任せることとし、中華煙草も15台の増強で生産を強化するものとした。これでも武漢地域の所要煙草生産が不足する場合には、上海における頤中烟草の工場の巻上機15台を漢口工場に移設させるものとした[34]。ただし上海における頤中烟草工場の煙草巻上機が軍管理下で操業されている場合には、利権がある程度固まっており、簡単に漢口工場に移設させることは難しい状態に置かれていたはずである。特に敗戦近くの猛烈な儲備券ハイパーインフレに洗われている状況では、個別域内生産と財の域内供給による占領体制の維持に全力が注がれるため、この30台の煙草巻上機の移設と葉煙草の漢口への集中投入は簡単ではなかったはずである。

1) 外務省記録E.2.2.1.-3-19。
2) 外務省記録E.2.2.1.-3-19。この資料では「案」を手書き消去。
3) 興亜院華中連絡部発東洋葉煙草宛「事業合同命令」（仮題）1941年8月4日（外務省記録E.2.2.1.-3-19）。
4) 興亜院華中連絡部「中華煙草株式会社第二回創立委員会ニ於ケル小委員会報告提案」1941年9月10日（「ニ於ケル小委員会報告」を手書追記、「提案」を手書削除（外務省記録E.2.2.1.-3-19））。
5) 「中華煙草株式会社監督ニ関スル命令書案」日付なし、第2回創立委員会提出と思われる（外務省記録E.2.2.1.-3-19）。
6) 「中華煙草株式会社定款案」第2回創立委員会提出と思われる（外務省記録E.2.2.1.-3-19）。
7) 「中華煙草株式会社役員組織案」第2回創立委員会提出と思われる（外務省記録E.2.2.1.-3-19）、
8) 興亜院華中連絡部「中支邦人系煙草会社合同ニ依ル新会社役員推薦依頼ニ関スル件」1941年8月4日（外務省記録E.2.2.1.-3-19）。
9) 東亜煙草株式会社・北支煙草株式会社「上申書」1941年9月8日（外務省記録E.2.2.1.-3

-19)。
10) 金光庸夫・長谷川太郎吉発岩波蔵三郎宛電報、1941年9月8日（外務省記録 E.2.2.1.-3-19)。
11) 興亜院華中連絡部発興亜院政務部宛、1941年9月22日（外務省記録 E.2.2.1.-3-19)。
12) 興亜院華中連絡部「中華煙草株式会社第三回創立委員会ニ関スル件」1941年12月20日（外務省記録 E.2.2.1.-3-19)。船津辰一郎は1873年8月9日生、1894年外務省留学生試験合格、中国各地在外公館勤務を長く続け、1926年8月19日退官、同年9月に在華日本紡績同業会（1926年6月18日設立、当初は在支日本紡績同業会）総務理事として1939年8月20日まで在勤。1940年3月4日華中棉花改進会理事長、1940年9月30日上海特別市政府顧問。船津については、在華日本紡績同業会[1958]参照。ただし同書に中華煙草社長就任の説明はない。
13) 前掲「株式会社登記簿・在上海総領事館扱ノ部」。竹本徳身の前歴は水之江[1982]185頁。
14) 興亜院「中華煙草株式会社ノ被合同六社ノ資産評価ニ関スル件」1942年5月21日興亜院回付（外務省記録 E.2.2.1.-3-19)。
15) 中華煙草株式会社『第2期営業報告書』1942年10月期、1-3頁。各社事業資産で現物出資が行われた。1942年5月8日に中華煙草と合併4社との間に合併契約書が締結され、それを各社が承認し解散に進んだ。4社のうち東洋葉煙草は同年5月30日に解散を決議した。春日[2010]592頁では、合併後9月1日に資本金38,700千円の中華煙草が改組新設されたと解説しているが、吸収合併したのであり、新設ではない。
16) 春日[2010]592頁。この典拠で武漢地区の取扱業者として大倉商事と並び「三共商事㈱」を掲げているが、その存在を傍証できない。同書索引からも排除されており、存在を確認できていないようである。「三共」が商号に含まれる会社で漢口に支店を有する会社は規模と業務内容で該当するものが見当たらない。丸三商工公司漢口支店が頤中烟草の地域販売総代理店であり、併せて武漢煙草配給組合と武漢葉煙草組合に加入していたため（日本商業通信社『中国工商名鑑』1942年版、833頁、『全支商工名鑑』1943年版、378頁）、同社が該当すると思われる。
17) 前掲中華煙草『第2期営業報告書』6-7頁。9月20日に南京出張所の設置も許可を得た（同前、9頁）。上田和の肩書は春日[2010]592頁も参照。
18) 中華煙草株式会社『第3期営業報告書』1943年4月期、4頁。
19) 同「昭和拾八年度所要原料申請書」1943年8月（外務省記録 E223)。
20) 前掲「昭和拾八年度所要原料申請書」。
21) 在上海大使館事務所経済部産業課「昭和二十年（一～十二月）中支地区煙草事業運営方針」1945年1月15日（外務省記録 E223)。
22) 同「煙草販売価格審定委員会設置ノ件」1945年1月12日（外務省記録 E223)。
23) 在南京総領事館「中支那煙草配給組合各地支部ニ対スル不当利益金ノ徴収並ニ之力処理ニ関スル件」1943年2月8日（外務省記録 E220)。
24) 外務省記録 E220。久大煙行は中国通信社『全支商工名鑑』1943年版に見当らない。
25) 『全支組合総覧』1943年版、194頁。典拠文献の商号は「永泰和煙草」となっているが修正した。
26) 在上海大日本帝国大使館「旧中支那煙草配給組合利益処分ニ関スル件」1943年3月17日（外務省記録 E220)。英米煙草トラストが最大出資と記されているが、香港本店の英米煙草

株式会社（中国）は敵産管理下のため頤中烟草に改めた。
27) 前掲「株式会社登記簿・在上海総領事館扱ノ部」。
28) 春日［2010］530-532頁。交易営団調査部第三課『華中の集配機構』1944年6月の編集時点で掲載されているのは糧穀と棉花の組織のみであった。
29) 『全支組合総覧』1943年版、192頁。
30) 『全支組合総覧』1943年版、194頁。
31) 1939年12月26日公布勅令で専門学校の東亜同文書院から、1918年12月6日「大学令」による東亜同文書院大学への改組が認められ、1941年4月より学部を開設した（滬友会［1955］80-82頁）。
32) 日本の貿易調整料は為替交易調整特別会計で吸収されたが、それについては柴田［2002a］第6章参照。法幣資金運用勘定とそれが1945年8月1日に承継した在支資金運用勘定が最終的に金塊売却差益を外資金庫に寄付したが、これについては柴田［1999a］485-488頁。ただし煙草販売利益金は法幣資金運用勘定や在支資金運用勘定に取り込まれたわけではなく、その他の社団法人金銀運営会（1943年12月設立）の金製品売却差益と同様に、外資金庫への直接寄付で処理されたと見られる。外資金庫による臨時軍事費特別会計債務処理については柴田［2002a］81-85頁。
33) 在漢口総領事館「煙草価格値上ニ関スル件」1943年9月27日（外務省記録 E220）。
34) 在上海大使館事務所「漢口方面煙草工場復旧ニ関スル件」1945年3月2日（外務省記録 E223）。

第5節　華中の葉煙草集荷と供給

　華中の葉煙草集荷体制としては、中支葉煙草株式会社が1940年12月9日に設立され、武漢地域を除く華中占領地の葉煙草集荷に従事した。資本金150万円で、同社は本店を上海に置き、華中各地に支店を設置して葉煙草集荷に努めた。代表取締役永野郁四郎、同社の株主は東亜煙草、東洋葉煙草、米星産業、国際商事及び永和洋行であった。中華煙草が設立されると、東洋葉煙草は解散したため、中支葉煙草の株主は中華煙草、東亜煙草とその他3社になったとみられる。1941年9月25日に中支葉煙草は150万円増資、半額払込とした。さらに1942年9月15日に全額払込とし、同社資本金3百万円全額払込となった[1]。同社は葉煙草集荷のみならず葉煙草再乾燥工場を設立し、操業した。東亜煙草は中華煙草設立で華中の直営の煙草製造事業の利権を喪失したが、中華煙草と中支葉煙草の有力出資者として影響力を残した。
　中支葉煙草は1943年度で7月までに400万貫、16億元相当の集荷を実現した。1944集荷年度の目標として鳳陽産米国系黄色種1,943万ポンド、所要資金971百万元、許州産米国系黄色種1,116万ポンド、所要資金1,171百万元、その他の在米種10百万ポンド、

440百万元の所要資金枠を設定していた（表6-10）。1944年7月～1945年6月の時期においては、4,060万ポンド（490万貫）、25億元相当の集荷が計画されている。同社の資本金規模は3百万円払込という少額なままであり、資金繰りが苦しく1942年7月以来、増資の申請をしているが認められなかった。その後、新国民政府実業部と日本側との間で日華合弁の新葉煙草集荷会社設立の動きが表面化していたが、それが実現できる見通しはつかず、格段の資金支援が欲しいと陳情していた[2]。この合弁の葉煙草会社新設案について、1944年6月29日に新国民政府実業部が実現を急ぐように要望を提出し、中支葉煙草も設立に動いていたが、葉煙草集荷会社新設に向けた発起人会で紛議が発生した。中国側関係者の利害が錯綜しており、葉煙草会社新設案でまとまらず、設立計画の実現は難しくなった[3]。その結果、中支葉煙草は1944集荷年度も社外負債による資金調達により葉煙草集荷に邁進することになる。

表6-10　1944年度中支葉煙草の集荷見込
（1944年9月～1945年8月）

	集荷見込量 万ポンド	収穫単価 100ポンド当元	収穫金額 万元
米国系黄色種			
鳳陽産	1,943	5,000	97,150
許州産	1,116	10,500	117,180
寧波産	5	6,000	300
小計	3,064	7,005	214,630
在来種	1,000	4,409	44,090
総計	4,064	6,366	258,720

出所：中支葉煙草株式会社「昭和十九年度葉煙草収買見込量目及金額調」1944年5月頃と推定（外務省記録E223）

　中支葉煙草の集荷地域から除外された武漢地域で葉煙草集荷を担当する武漢葉煙草組合が設立された。設立年月を確定できないが、1941年中に設立されたはずである。武漢葉煙草組合は中華煙草設立後に改組されるが、改組前に東亜煙草、北支煙草及び株式会社揚子公司（1939年1月20日設立、本店上海、代表取締役竹松貞一）の3社が組合員として出資したようである。揚子公司は南京に出張所を有していたが、武漢界隈の店舗設置は確認できない[4]。1941年11月20日に武漢華生煙草株式会社の設立（本店漢口）で地場産葉煙草消化体制が固まったため、武漢葉煙草組合の集荷した葉煙草は同社に供給され、余剰分を域外の日系煙草製造業者に供給したとみられる。

　中華煙草が設立されると武漢華生煙草も中華煙草に統合され、武漢周辺の葉煙草も中華煙草が調達する体制となった。中華煙草は1942年7月4日に漢口支店を設立登記した[5]。武漢葉煙草組合もそれに合わせて、1942年6月25日に組合決議により組合規約を改正した。改正後の規約によると[6]、事業は、米国種葉煙草栽培指導拡張助成、生産葉煙草の一手集荷、肥料燃料荷造材料等の買付搬出入並に加工配給・保管受託運搬、葉煙草増産並びに品種改良、市場出回り葉煙草の一手集荷、葉煙草再乾燥並びに品質保持上必要な加工、煙草製造会社に対する葉煙草供給、製造用原料の輸移入、過

剰原料の輸移出転売等であり、本部を漢口に置き、九江、信陽に出張所を置く。武漢地区と周辺及び行政の公認した地域の葉煙草の一手集荷を行う。組合員として、①中華煙草及び丸三商工公司、②改組前の組合員の東亜煙草、華北東亜煙草（北支煙草を承継）及び揚子公司とし、①の組合員出資額は1社1百万円、計2百万円、②の組合員出資額は3社合計50万円とし、組織は理事長が組合を代表するものとし、組合に管理部、営業部、技術部、経理部を置くものとした。組合員構成の部分以外は、規約改正前とさほど変更はないと思われる。株式会社組織ではないが、改組前の出資を3社合計50万円に抑えつけたまま、中華煙草と丸三商工公司が合計2百万円を出資することで、出資額から中華煙草による武漢葉煙草組合の掌握が可能となった。これにより関内占領地各地で幅広いプレゼンスを示していた東亜煙草を脇役にとどめ置くことが可能となる。残念ながら、武漢葉煙草組合の理事長に誰が就任していたかは不明であるが、後述のように東亜煙草が武漢葉煙草組合の所要葉煙草種子の払下げを専売局に申請していることから、東亜煙草が派遣していた可能性が強い。その後、1944年1月8日に武漢葉煙草組合は375万円に増資が認められた結果、地場中国人葉煙草業者にも出資を引き受けさせて組合に加入させ、日本人側出資が中国人側出資の2倍という比率に調整された[7]。

東亜煙草漢口出張所でも葉煙草原料不足に対処し、漢口付近の農地を選定し、1941年より葉煙草耕作に着手した。1942年度は新たに指導員の配置を続け耕作指導を行っていた。1943年にはさらに耕作面積を拡大する方針とし、この耕作に必要な内地産米国種葉煙草種子10キロの払下げを要請した[8]。これと重複しているのかもしれないが、東亜煙草の関係している武漢葉煙草組合も葉煙草耕作に参入しており、1943年度の耕作予定面積200町歩とし、内地産黄色種、内地産在来種の作付を行い、また地場在来種の改良も行う方針として、内地産黄色種11キログラムと、内地産在来種2キログラムの葉煙草種子の払下げを要請した[9]。こうして武漢地区でも日本からの葉煙草種子の調達と、専売局からの栽培支援を得ることで地場産葉煙草調達の難点を突破しようとしたが、大量栽培に到達するためには、さらに大量の葉煙草種子の供給が必要である。僅か2、3年で、漢口工場の操業に必要な黄色種葉煙草を全量供給できるという状況にはなかった。

1943年になり儲備券乱発によるハイパーインフレが加速し、占領地葉煙草集荷・製造・販売の統制体制が弱り始めている状況の中で、葉煙草集荷難を見越して、三井物産は華中の煙草優良商人陳承綸と提携し、1943年7月19日に匿名組合三和菸葉行を

（資本金1百万元（日本円18万円））を折半出資で設立することを決定した。さらに同年8月3日に同組合に対する融資枠8百万元（日本円144万円）設定を決定した。その後、1944年5月に1.5百万元を追加出資、追加融資7百万元の決定をし、資金支援を強めた。中支葉煙草とは別に、中国人事業者による「中国菸葉股份有限公司」（資本金30百万元）の設立計画が進んでおり、同公司理事長に三和菸葉行の合弁相手陳承綸が就任すると見込まれていた。三和菸葉行が同公司に集荷した葉煙草を販売するものとされており、三井物産は三和菸葉行への出資と資金支援を急いだ。三井物産はこの組合を梃に葉煙草栽培と中国側紙巻煙草市場に参入する好機と見ていた[10]。実際に「中国菸葉」が設立されたかを傍証できない。この葉煙草法人設立計画とは別に、1944年春には新国民政府実業部と日本側との間で、日中合弁の葉煙草集荷・配給の一元的統制会社（資本金200百万元）の設立が議論されており、英米煙草トラストの事業を統合することも視野に入れられていた[11]。この統制会社設立計画が進み、1944年8月以降、葉煙草収穫時期前と思われるが、葉煙草集荷を強化するため、合弁の南京烟草股份有限公司が設立された。「中国菸葉」とは別の法人である。本店は南京に置かれた。資本金儲備券150百万元（固定相場換算27百万円）、うち日本側出資145.5百万元であった。出資・役員構成は不詳であるが、敗戦後の接収時資産内容が判明する。それによると総資産19,298百万元、うち原料製品17,089百万元、機械設備1,555百万元、建物58百万元という構成となっており[12]、儲備券インフレで在庫評価額が暴騰しているが、葉煙草集荷とその乾燥工場設備でほぼ成り立っていたと見られる。在庫評価額から、ある程度の集荷を実現できていたようである。

1) 前掲「株式会社登記簿・在上海総領事館扱ノ部」。三井文庫[2001]に中支葉煙草の株式取得の記載はない。東洋葉煙草の保有分を三井物産は承継せず、中華煙草がそのまま取得した。
2) 中支葉煙草株式会社「御願」1944年5月23日（外務省記録 E223）。
3) 「中支葉煙草新機構ニ関スル件」1944年7月16日（外務省記録 E223）。
4) 武漢葉煙草組合「武漢葉煙草組合規約（改正案）」（外務省記録 E220）。「（改正案）」を棒線で消去、1942年6月25日改正。揚子公司の設立時資本金500千円、払込125千円、1941年6月24日に全額払込。同社は自動車部品修理販売を業とした。竹松貞一は株式会社中華染織整練公司（1931年2月21日設立、本店上海）、大陸無尽株式会社（1941年7月25日設立、本店上海）を経営していた。1942年で下里弥吉が代表取締役に就任した。下里はほかに大陸無尽、東亜劇場株式会社（1936年6月25日設立、本店上海）、興亜商事株式会社（1939年5月21日設立、本店上海）、上海地産株式会社（1939年6月19日設立、本店上海）の取締役を兼ねていた（前掲「株式会社登記簿・在上海総領事館ノ部」、『帝国銀行会社要録』1942年版）。

5) 前掲中華煙草『第2期営業報告書』7頁。
6) 前掲「武漢葉煙草組合規約（改正案）」。
7) 在漢口総領事館「武漢葉煙草組合増資ニ関スル件」1944年1月（外務省記録E220）。
8) 東亜煙草株式会社「葉煙草種子ニ関シ申請」1942年4月28日（外務省記録E222）。
9) 同「葉煙草種子ニ関スル件」1942年7月18日（外務省記録E222）。
10) 春日[2010]549頁。「中国菸葉股份有限公司」については、「上海、三和菸葉行ニ融資ノ件」1943年8月3日三井物産株式会社取締役会決議（公益財団法人三井文庫蔵・物産2074）、ほか「上海支店ニテ中支葉煙草集買ノタメ華人ト共同出資ノ組合設立並ニ融資ノ事」1943年7月19日同（公益財団法人三井物庫蔵・物産2074）も参照。
11) 春日[2010]549頁。1942年7月以来、中支葉煙草が大幅増資を要望し続けていたが、それが実現せず、それに代わるものとして大規模葉煙草集荷合弁会社の設立案が検討された（中支葉煙草株式会社「御願」1944年5月23日（外務省記録E223））。8月20日に新国民政府実業部側から合弁煙草会社の迅速な設立が要望されていたが、中国側利害関係が錯雑しており纏まりを欠いていた（在上海大使館事務所「中支葉煙草新機構ニ関スル件」1944年7月13日(外務省記録E223)）。
12) 前掲「接収日本国内産業賠償我が国損失核算清単合訂本」。

おわりに

　1941年12月の日米開戦でアジア太平洋戦争となり、その中で中国関内主要地域では新たな占領地煙草事業体制が構築された。それは占領地帝国の拡大であり、既存租界権力を日本支配体制に繰り入れたことを意味する。華北華中において英米煙草トラストの事業資産を接収したが、その持つ煙草製造能力と葉煙草在庫の有効活用のため、軍管理で操業させた。華北では既存の華北東亜煙草と北支煙草が製造販売で競合関係に立っていたが、1939年の長谷川太郎吉による東亜煙草の買収により、親会社の競合関係が消滅したため、華中の中華煙草設立に合わせ、華北東亜煙草が北支煙草を吸収合併した。満洲においては満洲煙草による最終的な満洲東亜煙草の統合が実現するが、華北において華北東亜煙草は敗戦まで存続する。華北では頤中烟草の製造能力にかなり接近するほどの製造量を実現したが、葉煙草調達で苦慮するようになり、価格上昇の中で製造量の維持が困難になっていた。その過程で配給機構の整備を進めた。英米煙草トラスト系を全面管理下に置いたため、配給統制機構の位置づけは低下した。インフレの中では有効な手立てを打ち出せないまま敗戦に向かった。そのほか華北には華北煙草のほか零細事業者として東映煙廠の株式会社化が認められた。華中においては三井物産系の東洋葉煙草と東亜煙草が軍管理工場の操業を引き受けていたが、その

ほか北支煙草、興亜煙草、共盛煙草、武漢華生煙草が操業していた。これらの日系煙草事業者を統合して英米煙草トラストの事業に対抗させるため、1942年に中華煙草が設立された。当初は大東亜共栄圏内の煙草生産の総括的な統制会社としての意義づけが検討されたが、その計画がしぼみ、華中限定の煙草法人となった。同社が東洋葉煙草、興亜煙草、共盛煙草、武漢華生煙草を吸収合併した。中華煙草は奥地漢口の工場に上海の頤中烟草の工場の機械を移転し、事業規模拡大を追求した。華中煙草事業の統合をみて、政府から多くの支援を受けたにもかかわらず、頤中烟草の高い製造能力と生産性は維持され、中華煙草であっても華中における煙草製造量は頤中烟草に追いつけないレヴェルにとまっていた。煙草配給体制では、価格上昇の中で販売差益を秘匿して私物化した事態が発生したため、その事後処理として利益を吐き出させる処分を行うという事態も発生した。しかも事業規模拡大には葉煙草確保が不可欠であるが、華中のハイパーインフレの中でそれも困難になり、各地で葉煙草の確保策を導入しようとしたが有効策はなかった。葉煙草集荷は中支葉煙草がそのまま操業を続け、規模拡張のための大規模増資計画は実現せず、それに換え南京烟草を設立した。奥地でも武漢葉煙草組合を結成させ、葉煙草集荷に尽力させた。しかし華中の儲備券インフレは華北の聯銀券インフレに較べはるかに高率であり、葉煙草集荷と煙草配給は、市場の実物経済への退行の中で、困難の度を深めながら敗戦となった。

第 7 章

中国関内周辺地域の日系煙草産業

はじめに

　日本の中国占領地における煙草産業の事業拡張は、満洲から占領下の華北華中に拡大した。各地で対日協力政権の樹立が見られたが、海南島と香港では軍政を施行した。それぞれの地域において日本からの財の大量輸出と供給による長期的な占領地経済政策を行うことは、日本の経済力から見て不可能であり、占領地における生産による供給が必要となった。煙草もそれに含まれる。占領地経済の構築により占領を継続するという占領地開発策が導入された。

　1937年7月以降に占領にされた華北の中華民国臨時政府区域、華中の中華民国維新政府区域以外でも、日系煙草産業は活躍した。人口や地域経済の規模からして、中国関内の周辺地域とみなせる占領地においても煙草製造・販売を行った日系事業者がある。東亜煙草株式会社のみならず、ほかの事業者も参入した。それらの活動を本章でまとめて検討を加える。本章が扱う周辺地域とは、蒙疆占領地、華南占領地、海南島占領地及び香港占領地である。蒙疆は華北の西辺、満洲国の南西にあり、後述のようにモンゴル族多住地域であり、占領前の経緯もあり、日本占領体制が人為的に華北から切り分けた。本章で対象とする華南占領地とは、広東省・福建省の日本軍が実効支配した沿岸地域である。海南島では海軍軍政と瓊崖臨時政府による統治が行われた。さらに周辺地域として軍政が敷かれた英領香港も視野に入れる。特に占領体制下で、早期に新規参入若しくは受命事業として成り立たせるため、ある程度の規模の煙草製造業者が動員される。参入事業者としても、設備投資の機材や原料葉煙草の調達が必要になり、短期で対処できる課題ではない。しかも日本占領体制が後期になるほど占領地インフレが進み、また日本から搬出する機材の供給余力が乏しくなるため、占領地経済開発は困難になる。またこれら周辺地域は葉煙草の大量栽培地域から遠いため、大量かつ良質の葉煙草の調達も必要となる。その原料調達も視野に入れて、周辺地域

の煙草事業を地域別に検討する。

　これら周辺占領地域に関する研究は多くはない。蒙疆占領地については内田・柴田編[2007a]が体系的な解説を与えているが、その中で、柴田[2007b]が企業活動の一環としての東洋煙草股份有限公司の設立と操業の概観を与えている。それをさらに柴田[2008a]が他地域占領地との比較可能な形で取り入れている。この東洋煙草についてはさらなる統計の発掘とその活動の解明が必要である。柴田[2008a]で占領下華南日本企業の概要を解説しているが、件数が乏しいのみならず、本店登記法人でめぼしい事業者は見られない。域外本店法人による華南煙草産業の参入について、谷ケ城[2007]が東亜煙草と台湾拓殖株式会社の参入による競合関係と株式会社南興公司の参入を巡り言及を与えている。その後の専売局が支援する東亜煙草と、台湾総督府が支援する南興公司の華南煙草事業の主導権争いという激闘が続くが、その経過と帰趨については解説がない。海南島の日系企業についてはすでに概観が与えられており（柴田[2006a]、[2008a]）、春日[2010]で一次資料を駆使して三井物産株式会社と東洋葉煙草株式会社の出資による現地法人の南国煙草株式会社の参入の経緯が紹介されている。同様に香港占領地の日系企業の概観の中で、東洋煙草の受命事業に言及があるが（柴田[1996]、[2008a]）、その操業実態については解明が遅れている。これらの周辺地域の企業活動の研究として柴田[2008a]で、全体像を描いているが、煙草産業の事業展開としては同書の性格から、子細な検討を加える余裕はなかった。本章は、関内占領地日系煙草会社の研究として柴田[2008c]で検討した周辺地域の日系煙草企業研究の延長であり、その参入前史と操業実態を改めて精査したうえで、特に蒙疆と華南については新たな資料を踏まえて分析する。

第1節　蒙疆占領地

1．東亜煙草系の進出

　日中戦争勃発後に関東軍が占領し蒙疆政権を樹立した地域は、占領前に察哈爾省、綏遠省及び山西省の東北部の大同を中心とした晋北と呼ばれる地域である。蒙疆では葉煙草の地場生産が限られているため、ほとんど天津と太原からの移入品に依存し、その大部分は頤中運銷烟草股份有限公司の供給品であった。そのほか占領前は西北貿易、すなわち外モンゴルとの駱駝隊商による煙草の輸出取引がなされていた。蒙疆域

内煙草供給量は年30〜40億本とみられていた[1]）。

　1937年7月7日日中戦争勃発後に、関東軍が長城線を南下して攻撃を加え占領し、蒙疆政権を樹立して分断的地域支配体制を出現させた。察哈爾省では1937年9月4日に察南自治政府（首都張家口）が、晋北地域では同年10月15日に晋北自治政府（首都大同）が、また綏遠省では同年10月27日に蒙古聯盟自治政府（首都帰綏のち厚和に改称）が、それぞれ樹立され、関東軍占領下で地方政権として自治を主張した。さらにこの3自治政府の上に立つ政治体制として、1937年11月22日に蒙疆聯合委員会が設立され（1939年4月29日総務委員長に徳王（徳穆楚克棟魯普）就任、張家口に本部）、各自治政府の行政権の部分的な統合を図った。さらに1939年9月1日に蒙古聯合自治政府が樹立され（主席徳王、首都張家口）、3自治政府と蒙疆聯合委員会が解散した。1938年12月16日に新設された興亜院が、蒙疆占領地政権を担当する日本の行政組織として1939年3月10日に興亜院蒙疆連絡部（張家口）を設置し、同連絡部が現地政権に直接に指導を加えた。その後、1942年11月1日大東亜省設立で、興亜院は解散し興亜院蒙疆連絡部は在張家口大使館事務所に切り替えられた[2]）。蒙疆における地域通貨発券銀行の蒙疆銀行が1937年11月23日に設立され（本店張家口）、蒙疆銀行券を発行し、既存の法幣と土着通貨を回収しつつ域内通貨統一を進めた。さらに蒙疆地域における開発金融の担い手となり、非金融業の地域特殊会社等への出資・融資に応じた。蒙疆は華北の一部であり、華北からの食糧等の輸入に依存しており、1942年以降は華北インフレに煽られて蒙疆物価が急騰せざるを得なかった[3]）。蒙疆占領地における地域開発策の担い手として、満洲国を模した特殊会社制度が導入され1業1社の独占事業者が主に担当したが、それ以外の政策の優先順位の低い産業では日本もしくは満洲国の民間事業者が参入を認められ、事業に着手した[4]）。

　蒙疆占領体制の中で煙草事業が開始された。蒙疆占領後に大量の日本人と日本商品が蒙疆に流入した。蒙疆における煙草事業政策が確定する前に、すでに華北東亜煙草は、1938年10月期には蒙疆占領地への日本製品の大量販売のなかで販路の拡張に努めていた[5]）。これは政府の煙草事業政策の実現を見る前に販路拡大で事業基盤獲得のための既成事実化を狙ったものといえよう。蒙疆における煙草製造販売を担当する事業者として、1938年1月12日に北京特務部第二課が取りまとめた方針「煙草事業統制案要綱（案）」によると、当面は華北の煙草製造業者として東亜煙草と満洲煙草株式会社の新規参入のみ認めるとの決定を下し、蒙疆についてはその文書によると、察哈爾省、綏遠省及び山西省晋北地域は満洲煙草の参入地域と指定された[6]）。

蒙疆地域は占領前の察哈爾省、綏遠省、山西省北部に分けられるが、この地域における外資系煙草の事業者は英米煙草トラストの頤中運銷烟草による独占的販売地域と言われた[7]。しかし製造拠点の頤中烟草股份有限公司の上海工場が破壊されたため、蒙疆への販売拡張の余力がなくなっていた。関東軍が占領した蒙疆に日系煙草会社が参入する。先の満洲煙草に蒙疆を担当させるとの地域分担案は、必ずしも蒙疆については機能しなかったようである。山西省に参入を認められた東亜煙草は察哈爾省、綏遠省及び晋北地域で構成される蒙疆占領地に参入した。当初の地域割の変更がなされたのかについては判明しない。満洲煙草が蒙疆全域への参入を負担が重いとして逡巡したのかもしれない。本来であれば関東軍が占領した蒙疆は、関東軍の覚えめでたい満洲煙草が地域割り当てを受けていることもあり率先して参入するのが当然であったが、同社の蒙疆における販売活動の実績を見い出せない。蒙疆では域内葉煙草集荷が難しく、原料葉煙草調達に難渋が予想されるため効率的な紙巻煙草製造が可能な地域とは言えなかった。また人口密度も華北沿岸部域と比べ低く、販売の効率性も低いと予想された。そのため本来は満洲煙草の参入地域であったが、関東軍は同社のみならず東亜煙草の参入を暫定的なものとして認めたようである。

　東亜煙草は蒙疆への販路拡張のため、1938年1月に張家口駐在所を新設し[8]、そこを拠点に販売攻勢をかけた。察南自治政府は頤中運銷烟草の独占的販売地域の蒙疆に華北東亜煙草を割り込ませるため、1938年5月以降、煙草の納税額の1割を奨励金として極秘裏に華北東亜煙草に交付することとし、それを戻税方式で実施した。ところが頤中運銷烟草に内情が漏出し、在北京イギリス大使館から在張家口総領事館に書面で、華北東亜煙草に対し特恵的待遇を与えているとみられているとして、その事実関係の問い合わせがなされた。それは華北東亜煙草の4級品に対し、1梱（25千本入）100元（蒙銀券）の税金を60元に軽減して納税させているという指摘であった。在張家口総領事館は、これについて調査したところ事実無根として否定した。指摘を受けたような軽減税率による優遇措置ではなかったが、華北東亜煙草に対する優遇措置を続けるとしても、以後は、戻税方式による補助金交付をやめ、察南自治政府最高顧問金井章次の機密費から交付するように改める方針とした。また華北東亜煙草に対する奨励金も永続させず、近い将来において廃止するという方針を密かに固めていた[9]。このような闇の補助金を華北東亜煙草に支給することを敢えて実行してまで、既存の頤中運銷烟草の供給先の奪取を図っていた。また頤中運銷烟草は従来から山西省の煙草供給で事業基盤を固めていたが、列車輸送が日本軍により禁止されているとして、

1939年4月に解禁を求めてきた。これに対し大同方面からは1日20梱以内に制限を加えているだけであると説明していた[10]。この記述どおりに理解すれば、山西省の大同までは比較的潤沢に輸送が認められていたようであるが、数量制限を加えることで頤中運銷烟草の事業基盤を切り崩していった。

蒙疆占領地に最初に参入した日系煙草事業者は東亜煙草であるが、1937年10月25日に華北東亜煙草株式会社（本店天津）が設立され、華北東亜煙草が張家口に出張所を開設し、さらに懐来、康荘、新堡安、宣化、大同、平地泉、帰綏、包頭各地に特約店を開設した。東亜煙草本体は蒙疆事業を華北東亜煙草に譲渡した。そして華北東亜煙草は蒙疆における独占的販売状態にあった頤中烟草製品の勢力の切り崩しを続けていた。頤中烟草の上海工場が戦闘で破壊されため、蒙疆地域に大量販売する余裕がなく、華北東亜煙草はその機会に努力すれば相当の成績を上げられるとみられていた[11]。

頤中運銷烟草は張家口支店を中心に営業していたが、蒙疆における多くの妨害工作に直面し、また販売用紙巻煙草の域外からの調達が難しいため、1939年4月頃には本社が張家口からの引揚を命令し、同支店はその準備に入った。華北における事業が中国聯合準備銀行券または蒙銀券による取引となり、拠点工場の製造が法幣建地域の場合には移入することで聯銀券・蒙銀券の対法幣相場が弱含みで下落するため、為替相場から採算が不利となったのが理由とみられていた[12]。ただし既存の販売利権が存在し、頤中烟草の商品が来着すればいくらでも販売できるため、すぐに支店を撤収しなかったようである。

華北東亜煙草以外の日系事業者として、先述の北京特務部の方針に沿った満洲煙草の参入の形跡がないが[13]、後述の東洋煙草も地場生産を開始したため、これらの日系煙草事業者の域内供給の増大により、1941年3月以降には頤中運銷烟草の煙草供給依存から脱却したといわれる[14]。華北東亜煙草ほかは、蒙疆における煙草製造を担当した東洋煙草の設立後も域外からの煙草移入で事業を続けた。1941年度では蒙疆の輸入煙草1,536百万本のほか地場生産の東洋煙草668百万本、合計2,204百万本が域内供給された。実際には西北貿易が一部復活しているため輸出も見られるはずであるが、それを除外し、他方、宣撫用その他特殊用途用の煙草供給がなされるため、合計25億本以上の供給がなされているとみられていた。域内人口最低5百万人とし、1人1年間消費量最低で500本として、1年間消費高25億本となる[15]。蒙疆における域外からの移入煙草の統制は、1941年10月設立の蒙疆食糧品輸入組合（本部張家口、理事長三井物産張家口支店長）が担当した。同組合の所管する品目別部会に煙草部会が設置され、

蒙疆移入煙草を取り扱った。組合役員として華北東亜煙草と東洋煙草が列しており、華北東亜煙草は蒙疆政権の煙草輸入割当枠を得て[16]、その後も張家口で操業を続けた。他方、満洲煙草の名前は見いだせない。なお東洋煙草のほか、事業形態は不明であるが張家口に工場を有する原野茂一郎経営の蒙疆煙草が操業し、「レインボウ」という商品の販売をしていたというが（水之江[1982]360頁）、自営業とみられその詳細は不明である。

2．東洋煙草の参入

　蒙疆に複数の関係会社を設置した東洋紡績株式会社は、繊維産業とは直接関係の無い煙草産業に参入する。蒙疆の繊維産業への参入については、占領前から鐘淵紡績株式会社の中国現地法人の上海製造絹糸株式会社（1906年6月25日設立、本店上海）が1936年9月に張家口大毛絨廠を設置し、毛織物工場の建設に着手していた。同工場は占領後に完成し毛織製造を開始した（柴田[2008a]372頁）。蒙疆事業では後発の東洋紡績が繊維産業に直ちに割り込むことは困難であった。東洋紡績はすでに1929年5月27日に裕豊紡績株式会社を設立し（本店上海）、裕豊紡績は上海の有力在華紡業者の高利益法人として知られていた。さらに裕豊紡績は1937年4月に天津に紡績工場を取得し、華北でも有力事業基盤を獲得していた（東洋紡績[1953]、髙村[1982]、柴田[2008a]第3章参照）。東洋紡績は裕豊紡績を使うことで蒙疆占領地に食い込むことができた。東亜煙草が進出を開始していた蒙疆の煙草事業の利権を、煙草事業に関わったことのない東洋紡績が切り崩したうえで獲得できた裏面の経緯は不詳である。

　1940年2月29日に東洋煙草股份有限公司が設立された（本店張家口）。同社は蒙疆の準特殊会社として分類される。東洋煙草は東洋紡績と有力子会社の裕豊紡績による出資で、資本金5百万円、半額払込、社長川口正雄（東洋紡績・裕豊紡績各取締役）、であった。蒙疆における紙巻煙草製造について1社独占の操業を認めたため、設置法令に基づかず、また政府出資もなされない法人であるが、東洋煙草は準特殊会社として位置づけられていた。同公司は張家口に工場を設置し、専売局からは葉煙草買付けや技術指導を得て[17]、事業に着手し、1940年9月より前に1.5百万円、同年12月1日に1百万円の未払込資本金徴収を決議したため、同年末には全額払込となっていた[18]。

　東洋煙草は1940年10月より紙巻煙草の生産に着手した。1940年10月では機械整備が遅れていたため、210梱（25千本入）、すなわち5,250千本にとどまったが、翌11月は610梱、15,250千本に増大していた[19]。原料葉煙草さえ調達できれば、域内需要は大

きいためさらに増産できるはずである。蒙疆では葉煙草栽培が限られており、原料葉煙草を域外の華北・華中からの調達に依存せざるを得ない。しかし東洋煙草の製造能力に見合う原料葉煙草を華北華中のみから調達することは難しく、専売局に内地産煙草の払下げを要望した。初年度1940年で10億本の製造を目標とし、それに必要な原料葉煙草1,200トンのうち山東産624トン、地場産36トン、外国産294トンのほか、内地産246トン（うち黄色種180トン）という構成であった。同様に1941年度で492トン（同360トン）、1942年度で738トン（同540トン）という膨大な内地産葉煙草の払下げを受けることを計画していた。この専売局からの内地産葉煙草の調達を興亜院蒙疆連絡部を経由して申請した[20]。この蒙疆占領地用原料葉煙草の払下要求を受けて、専売局は1939年産黄色種30トンを63千円で東洋煙草に売り渡した。この売払取引は1940年12月に実施された。専売局は1940年度産黄色種葉煙草についても約20トンを東洋煙草に売り渡すことができるとみていた[21]。東洋煙草が専売局に期待した葉煙草数量は大幅に減量査定されていた。

3．東洋煙草の事業拡張

東洋煙草は1941年度の事業拡張を計画し、紙巻煙草の生産量を年産10億本から25億本に拡大し、頤中運銷烟草の煙草移入に代替することで同公司を排撃する目標を掲げた。この事業拡張のため5百万円増資を必要とし、増資を裕豊紡績が引き受け、第1回払込で半額を払込、増資のみでは不足する2,748千円を同じく裕豊紡績から借り入れ、これらにより調達した資金を主として原材料買入に充当するものとした。東洋煙草はこの1941年度の増資計画を1940年12月25日に蒙古聯合自治政府産業部に申請した[22]。しかしこの増資申請は承認されなかった。そのため原料葉煙草調達でその後も苦しむことになる。

先の専売局への葉煙草払下陳情の結果、東洋煙草は要望した分量の8分の1しか払下を受けることができなかった。そのため東洋煙草は興亜院蒙疆連絡部を通じて1940年内地産葉煙草の払下げの陳情を続けた[23]。東洋煙草は紙巻煙草の原料として原料葉煙草のみならず、ライスペーパーの調達にも困難をきたしており、1941年7月までに原料用紙のストックが枯渇し、8月からは操業に差し障る事態にあった[24]。

同様に1941年産の専売局の集荷した葉煙草について、1942年1月に東洋煙草は1942年度必要原料葉煙草2,420トンのうち、専売局に内地産葉煙草541トン（うち黄色種385トン）の払下げを求めた。大東亜省はこの要望を認め、専売局に払下げを斡旋し

た[25]。ただしその全量を専売局が認めて払下げたわけではなく、大幅に減量査定したうえで払下げたはずである。

　東洋煙草の1941年9月期総資産12,938千円のうち、土地建物機械器具及什器2,305千円、葉煙草を中心とした原料4,698千円、製品及屑物2,275千円で、資本金5百万円では不足するため、同系の裕豊紡績に5,646千円を借り入れ、384千円の当期利益を計上した（表7-1）。東洋煙草の供給では域内需要を賄いきれず、さらなる増産体制を取った1942年3月期では総資産15,562千円、原料5,266千円、土地建物機械器具什器2,792千円、銀行預金現金4,037千円のほか厚和製粉股份有限公司勘定1,407千円となっている。他方、負債・資本では裕豊紡績勘定7,207千円、東洋紡績勘定549千円となっており、この両社からの借入金であり、そのほか諸預り金2,094千円、資本金5,000千円（全額払込）等となっている。同社は該半期純益361千円を計上し、蒙疆における煙草製造独占の旨みを十分に享受できた。1938年1月に蒙疆銀行の出資で設立された厚和製粉股份有限公司（本店厚和）を、東洋紡績と裕豊紡績は1941年3月に買収した。同社の資本金400千円である（柴田[2008a]374頁）。東洋紡績と裕豊紡績が蒙疆に送金して資金支援する場合には為替管理の対象となるため、高利益で資金に余裕のある東洋煙草は親会社の2社に代わり、蒙疆内の資金繰りにより先の厚和製粉勘定を通じて同じ系列の厚和製粉に資金支援を行っていた。

　1942年9月期の東洋煙草の総資産は14,812千円で、葉煙草原料在庫の少ない時期であり、原料葉3,387千円、銀行預金現金4,398千円であった。他方、負債では裕豊紡績勘定7,341千円と減少せず、東洋紡績勘定も547千円であり、両社からの資金繰りで安定的に操業できる状態であった。東洋煙草は1942年で年間15億本を生産したが、銀行預金現金は同年3月までに支払う原料等の購入資金であり、山東省米国系黄色種葉煙草の配給決定が遅延したため、余裕金が発生していた。ただし裕豊紡績からの多額の借入金の返済を求められると、それに代わる資金調達が必要となる。この事態を事前に回避するため、東洋煙草はこの借入金を資本金に振替えることで債務軽減と借入金引揚回避を図るものとして、1941年5月16日に6百万円の増資を決議し、11月30日に増資を申請した。在張家口大使館事務所は東洋煙草の増資を認め、借入金のうち5百万円を増資による払込に振替えさせて対処させる方針とし、1943年4月9日に大東亜省に承認された[26]。それにより東洋煙草は同年に資本金10百万円に増資した。この間、東洋煙草の紙巻煙草製造設備は拡大し、1942年7月で製造能力は22億本、1943年で27億本へと増大した[27]。

表7-1　東洋煙草貸借対照表

(単位：千円)

	1941.9期	1942.3期	1942.9期	1944.10期
(資産)				
土地建物機械器具什器	2,305	2,792	3,258	5,332
建物仮出金	359	252	341	28
原料	4,698	5,266	3,387	3,529
製品及屑物	2,275	360	234	1,152
用度品	756	824	1,600	3,128
仮払金	990	419	1,437	2,105
資本参加	—	—	—	1,749
厚和製粉㈱勘定	8	1,407	42	—
同系会社勘定	—	—	—	1,718
耕作資金	—	—	—	313
売掛金仕掛金	191	200	111	223
預金現金	1,049	4,037	4,398	1,437
前期繰越損失	302	—	—	—
合計	12,938	15,562	14,812	20,720
(負債)				
資本金	5,000	5,000	5,000	10,000
積立金	—	200	220	1,770
従業員恩給基金・引当金	—	10	196	70
東洋紡績㈱勘定	50	549	547	—
裕豊紡績㈱勘定	5,646	7,207	7,341	—
長期借入金	—	—	—	2,236
同系会社勘定	—	—	—	185
諸預り金	1,824	2,094	1,065	292
借受金	33	57	38	11
買掛金	—	209	83	349
未払金	—	—	—	4,814
前期繰越金	—	52	53	314
当期純益金	384	361	442	675
合計	12,938	15,562	14,812	20,720

注1：1944年10月期には9月下期の利益に10月分利益558,300円を含ませている。
注2：1942.9期の負債で不突合あり。
出所：興亜院蒙疆連絡部「製造巻煙草ニ関スル件」昭和17年7月29日（外務省記録E221）、在張家口大日本帝国大使館事務所「東洋煙草股份有限公司増資認可ニ関スル件」1943年1月26日（外務省記録E228）、東洋煙草股份有限公司「昭和二十年度収支状況報告ノ件」1944年12月13日（外務省記録E228）

　蒙疆で葉煙草の大量栽培がおこなわれておらず、東洋煙草は先述のように原料葉煙草の調達に苦慮していた。1943年産華北葉煙草の収穫が不調に終わったため、蒙疆への割当が期待できず、そのため蒙疆内自給体制の確立を急いでいた。1944年度産蒙疆内葉煙草作付面積は約3万畝を予定し、700〜800トンの収穫を予定していた。これでも域内所要量の半分も満たすことができないため、東洋煙草は専売局に内地産葉煙草の蒙疆への割当を求めた。葉煙草需給が逼迫し、域外からの調達が不調に終われば、

1944年6月か7月には原料葉煙草の在庫が尽きる状況に陥っていた。そのため専売局に対し1944年度で670トンの内地産葉煙草を要望した[28]。これに対し専売局から蒙疆への追加割当は困難との回答を得たが、在張家口大使館事務所では、台湾総督府専売局で手持在庫があるとの情報を得て、専売局に蒙疆への増配の斡旋を依頼した[29]。その結果、1944年5月12日に、台湾総督府専売局の保有する台湾産マニラ葉300トンの蒙疆への輸出割当が可能との回答を得たので、専売局は価格・運送方法等について直接交渉するようにと、在張家口大使館事務所に通知した[30]。これにより蒙疆は300トンの追加割当を確保することができた。

　その後の東洋煙草の操業状態としては、1944年10月期の総資産20,720千円、原料3,529千円、土地建物機械器具什器5,332千円、銀行預金現金1,437千円、同系会社勘定1,718千円、資本参加1,749千円ほかで、他方、資本・負債では払込資本金10百万円、長期借入金2,236千円、同系会社勘定185千円、未払金4,814千円等である。資産の同系会社勘定は厚和製粉への資金支援で、資本参加も同様と思われる。他方、債務の長期借入金と同系会社勘定は東洋紡績もしくは裕豊紡績からのものである。東洋煙草は原材料費の高騰に苦しんでいたが、9月末で558千円、10月単月で117千円の売上を計上できていた。原料集荷の資金力強化のため、1944年10月20日に10百万円増資、半額払込、翌年5月1日に残る半額払込徴収すると決議し、同月30日にそれを在張家口大使館事務所に申請した[31]。東洋紡績が天津で裕豊紡績から借入金で調達して、東洋煙草に払込む方針として、1944年12月31日付で同事務所が承認を与えることについて、1945年1月4日に大東亜省が承認した。しかし実際には東洋紡績の関わった製鉄業を北支那開発株式会社に肩代わりさせたことで東洋紡績の資金に余裕が出たため、この増資ではそれを出資に充当することとし、華北内の資金で対処させるものとした。これにより次年度原料葉煙草15.5百万円（山東省産米国種300トン、5.3百万円、台湾産葉300トン、4.5百万円、許州産米国種100トン、3百万円、地場産葉600トン、2.7百万円）のほか包装材料等の契約5.2百万円に充当できるとみられていた[32]。こうして東洋煙草の払込資本金は15百万円に増強された。原料調達の面でも地場産葉煙草の増産に期待していた。しかし華北聯銀券インフレが加速する中で蒙銀券地域も後追い的に輸入インフレが昂進し、東洋煙草は増資後も原料調達価格の引き上げで対応せざるを得ないため、原料仕入れで苦しい局面に立った。煙草製造販売の中でインフレの名目的利益の増大を期待しつつ、原料が手当てできる限り操業を続けた。

1) 興亜院蒙疆連絡部「製造巻煙草ニ関スル件」1942年7月29日（外務省記録E211）。
2) 蒙疆の政治支配体制については柴田[2007a]参照。興亜院及び興亜院蒙疆連絡部につては柴田[2002b]。
3) 蒙疆の通貨政策については、柴田[1999a]第7章参照。蒙疆銀行設立前の過渡的時期の施策として、1937年10月1日に察南銀行が開業し（本店張家口）、同行が蒙疆で察南銀行券を発行し、蒙疆占領地通貨体制が始動した。さらに蒙疆銀行の樹立で察南銀行は吸収合併された。
4) 蒙疆占領地企業体制については柴田[2007b]、[2008a]第7章参照。
5) 華北東亜煙草株式会社『第2期営業報告書』1938年10月期、2頁。日本人の増大については小林[2007]参照。
6) 旧大蔵省Z539-49。その他の華北地域については第5章参照。
7) 頤中運銷烟草は、関内全体を、華北を所管する天津事務所と華中南を所管する上海事務所の2地域に分け、さらに華北を4地方に分け、その一つが蒙疆地方であり、重視していた（華北総合調査研究所『英米煙草トラストとその販売政策』1943年5月、104頁）。この資料では「蒙疆」と記されているが、本来は「内蒙」の訳語がふさわしいかもしれない。
8) 水之江[1982]186頁。典拠資料で「東亜煙草」となっており、それに従った。華北東亜煙草の張家口店舗と併存したようである。
9) 在張家口総領事館「東亜煙草ニ対スル特恵待遇ノ件」1939年1月14日（外務省記録E.4.3.1.-5-8-1）。煙草統税の課税単位は1梱50千本であるが、東亜煙草の1梱は25千本入が標準のため25千本と判断した。典拠資料では「東亜煙草」となっているが、操業実態から華北東亜煙草に修正した。金井章次は東京帝国大学医学部卒、北里研究所、国際連盟保健部を経て、満洲青年聯盟顧問、慶應義塾大学医学部教授、1937年満洲国間島省長、蒙疆占領地に移り、察南自治政府、蒙疆聯合委員会、蒙古聯合自治政府最高顧問（新潮社[1990]486頁、柴田[2007a]参照）。
10) 在北京公使館発本省、1939年4月19日（外務省記録E.4.3.1.-5-8-1）。
11) 在張家口総領事館「東亜煙草蒙疆地区進出ニ関スル件」1938年3月14日（外務省記録E.4.5.0.-45）。
12) 在張家口総領事館発本省、1939年5月1日（外務省記録E.4.3.1.-5-8-1）。原資料では「頤中公司」となっていたが販売事業のため、頤中運銷烟草公司に修正した。
13) 満洲煙草は北支煙草株式会社の設立に動いていたが（第5章参照）、その実現まで手間がかかるため、蒙疆進出を東亜煙草に譲ったのかもしれない。満洲煙草の当該期の営業報告書には蒙疆に関する記述は皆無である。
14) 前掲「製造巻煙草ニ関スル件」。
15) 前掲「製造巻煙草ニ関スル件」。
16) 華北東亜煙草株式会社『第7期営業報告書』1941年4月期、3頁、中国通信社『全支組合総覧』1943年版、744頁。
17) 東洋紡績[1953]392-394、727頁、帝国興信所『帝国銀行会社要録』1940年版、役員録上157頁、1942年版、中華民国20頁。準特殊会社は特定設置法令制定や政府出資がなされなくとも、政府が一定の独占を認めればその位置づけとなる。蒙疆政権の企業体制は満洲国の特殊会社・準特殊会社の前例を踏襲している。満洲国の特殊会社制度については小林・柴田[2007]第2節参照。

18) 東洋煙草股份有限公司「第四回取締役会決議書（写）」1940年10月7日（外務省記録E228）。この資料では10月7日に、12月1日の未払込資本金徴収決議と、翌年5月16日増資を議決している。
19) 興亜院蒙疆連絡部「煙草製造実績調査ニ関スル件」1940年12月21日（外務省記録E221）。
20) 興亜院蒙疆連絡部「内地産葉煙草払下斡旋方依頼ノ件」1940年10月19日（外務省記録E228）。
21) 専売局販売部「輸出葉煙草売渡ノ件」1940年12月19日（外務省記録E228）。
22) 東洋煙草股份有限公司「事業拡張ニ基ク増資認可申請書」1940年12月25日（外務省記録E228）。
23) 興亜院経済部「昭和十五年産内地葉煙草払下斡旋方依頼ノ件」1941年2月13日（外務省記録E228）。
24) 興亜院蒙疆連絡部発興亜院経済部宛電報、1941年7月23日（外務省記録E228）。
25) 「昭和十六年度産内地産葉煙草払下方依頼ノ件」1942年2月16日大東亜省決裁（外務省記録E228）。
26) 前掲「第四回取締役会決議書（写）」、「東洋煙草股份有限公司増資ニ関スル件」1943年4月9日（外務省記録E228）。
27) 「支那ノ煙草製造能力」1943年と推定（外務省記録E221）。
28) 在張家口大使館「昭和十九年度使用内地産葉煙草導入斡旋依頼ノ件」1944年2月3日（外務省記録E223）。
29) 「日本産葉煙草増配ニ関スル件」1944年3月3日（外務省記録E223）。
30) 大東亜省支那事務局「台湾産葉煙草輸出ニ関スル件」1944年5月5日（外務省記録E223）。
31) 東洋煙草股份有限公司「増資認可申請ノ件」1944年10月30日（外務省記録E228）。
32) 大東亜省「東洋煙草増資ノ件」1945年1月4日（外務省記録E228）。

第2節　華南占領地

1．東亜煙草の華南事業

　1938年10月に日本軍は華南攻撃を開始し、沿岸部の広東省の中心都市広東と、福建省の沿岸部中心都市の厦門・汕頭等を占領した。そのまま日本軍は広東省沿岸部と福建省の厦門・汕頭の限られた地域の占領を続けた。日本の華南占領地行政機構として1939年3月10日に興亜院厦門連絡部が厦門に、興亜院広東派遣員事務所が広東に設置された。華南では法幣の流通を前提として支那事変軍票発行が行われた。軍票は1943年4月1日に新規発行が停止され、中央儲備銀行券に代替されることになっていたが、華南における儲備券による軍票の代替は遅れた（柴田[1999a]第11章参照）。華南占領作戦で、電力・水道供給等のインフラ維持については、台湾拓殖株式会社（1936年11

月25日設立、本店台北、1936年6月3日「台湾拓殖株式会社法」による設置、政府出資法人）が動員をかけられ、広東・汕頭で事業に着手した[1]。ただし華南の産業基盤は大きなものではなく、日本占領期に華南に進出した企業は限られており、また事業規模は小さなものであった。そのため華南占領地の日系事業の規模を過大に評価するのは慎むべきである。

　広東では煙草製造工場として家内工業のような零細事業しかなく、大規模事業者は存在していなかった。占領前の1935年に広東に輸移入された紙巻煙草は、海関統計によれば、年25億本とされているが、煙草統税回避の取引が多額に発生しているため、年間消費量は50億本を下回らないとみられていた[2]。

　広東省では頤中烟草は工場を保有していないが、大英烟公司香港工場からの製品輸出は可能であった。頤中運銷烟草の華南地域の支配人が香港から煙草を輸出できるようにと在香港総領事館に陳情してきた。それに対し、同館は、日本の事業者に頤中運銷烟草の広東省における一手販売権を得させたうえで広東省側が輸入を許可すれば、将来、広東省が商業権益で開放された場合には、英米煙草トラストの煙草の無制限流入により日本製品が圧迫されることを防ぐことが可能になるとみていた[3]。ただし広東省における英米煙草トラストの一手販売権を取得する事業者は出現しなかった。

　占領後に東亜煙草は南支那派遣軍用紙巻煙草の納入命令を受け、上海工場と大連工場の製品を華南占領地に輸送した。しかし支障が多く、軍の需要を満たすことができず、東亜煙草は煙草工場の新設を計画した。東亜煙草は関内占領地の事業体である華北東亜煙草をして、1939年2月23日に在広東総領事宛で、「煙草会社設立許可願」を提出させた。その申請によると「華南東亜煙草株式会社」を設立し、資本金40万円全額払込とし、巻上機10台を保有し、年産10億本の能力を予定した。本店の記載はないが、広東を予定していたはずである。これに対し煙草の販売については必要な統制を加えるとともに既存の南興公司との間に無益な競争を行わないよう適宜協定する必要があるとの条件を付して、同年3月5日に広東三省連絡会議は華北東亜煙草に許可を与えた[4]。既に東亜煙草は広東に事業場を設置し上海工場製品を移入し、民需に応じていた。台湾総督府専売局及び台拓側の提案による華南煙草製造会社の設立による華南煙草事業の統合案が後述のように進行するが、その設立計画が遅延したままとなるため、東亜煙草は独自に煙草製造事業に参入する。地場の煙草需要増大に応ずるため、既存の煙草工場（巻上機1台）を買収し、作業準備に移り、そのほかふさわしい家屋を取得し、上海より巻上機6台を取り寄せ、単独で紙巻煙草製造工場を立ち上げ、

表7-2 東亜煙草広東工場操業実績

(単位:台、梱、千円)

年月	平均運転台数	製造梱数	販売梱数	利益
1940.8	6.0	1,447	2,267	62
9	6.5	1,870	1,713	94
10	7.0	2,107	2,434	114
11	6.4	1,785	1,596	79
12	6.7	1,944	1,507	77
1941.1	5.4	1,286	1,489	65
2	5.7	1,391	1,424	72
3	4.6	1,098	1,416	74
4	5.2	1,262	1,128	71
5	3.8	1,089	737	32
6	2.2	485	834	10
7	2.2	653	1,308	41
8	4.4	1,209	1,936	95
9	6.5	2,494	2,087	133
10	6.6	3,086	2,809	184
11	7.0	2,541	2,940	158
12	7.0	3,188	3,307	216
1942.1	7.0	2,427	2,219	181
2	6.2	1,685	2,097	150
3	6.5	1,825	1,690	153
4	7.0	2,054	2,028	169
累計	119.7	36,926	38,966	2,240

注:1梱は25千本入。
出所:台湾総督府専売局「広東煙草工場問題抄録」1944年2月(外務省記録E 227)

1940年5月に工場の操業を開始した[5]。1940年8月以降の製造販売量が判明する(表7-2)。1940年8月で平均6.0台を運転し、1,447梱(25千本入)を製造し、移入品を含め2,267梱を販売した。これにより62千円の利益を得た。同年10月で2,107梱を製造し、2,434梱を販売し114千円の利益を計上し、ピークをつけた。その後はいくらか低下し、1941年6月には平均2.2台しか稼働せず、485梱の製造、834梱の販売で10千円の利益しか得ることができなかった。東亜煙草広東工場の製造は原料葉煙草調達に左右されており、原料葉煙草不足で稼働率が急減した。その後、葉煙草の入荷を見て9月から稼働率が上昇し、12月には平均7.0台の稼働で、3,188梱の製造と3,307梱の販売を行い、216千円の利益を計上した。東亜煙草の広東工場は、技術水準が地場零細事業者よりはるかに高いため、広東地区に流入するほかの事業者製品を圧倒した。法幣が下落基調の中で軍票建販売価格が上昇し困難が発生したが、安定的に煙草生産を維持した[6]。表7-2とは合致しないが、別の説明に拠れば1941年の広東市の他の事

業者を含めた通年製造量は40,272万本で、そのほか広東市の輸移入量は63,144万本で、合計103,416万本、25千本箱換算で41,366梱であった。月平均は8,618万本、3,447梱であり、東亜煙草の通年累計販売21,415梱は5割をいくらか上回るシェアを獲得していた。広東市エリアの占領地人口は450万人とみられており、1人当たり年220本の供給がなされたことになるが、統計に漏れた輸移入も大量にあった。ところが1942年1月以降にはアジア太平洋戦争の勃発による船腹不足により入荷難となり、広東市中供給量は最大でも月間3,000梱（25千本入）と推定されていた。そのため域内への煙草

表7-3　東亜煙草華南事業貸借対照表

(単位：千円)

	1942.4帳簿価格	1942.6末予想額
(資産)		
建物造作物機械器具	214	278
原料	85	1,000
材料品	592	600
予備用品	16	20
商品	61	60
半製品	30	30
仮払金	449	225
取引先未収入金	34	30
有価証券	105	105
預金及現金	2,693	539
合計	4,282	3,888
(負債)		
仮受金	637	—
担保金未払金	167	160
本社勘定	3,478	3,728
合計	4,282	3,888
(正味資産)		
資産	4,282	3,888
外部負債	804	160
差引正味資産	3,478	3,728

出所：「広東煙草工場問題抄録」1944年1～2月頃台湾総督府専売局作成と推定（外務省記録E227）

供給は減少していた。広東で製造に従事する東亜煙草工場の投資総額は4百万円、1941年の収支差益は483千円であるが、それには機械の償却費及び本社払経費控除を含んでいない。1942年の差益は54万円と見込まれた[7]。東亜煙草広東工場はその後も原料葉煙草の確保で操業を拡張していた。東亜煙草華南事業所の1942年4月期の資産内容が判明する（表7-3）。総資産簿価4,282千円、これには預金及現金2,693千円を含んでおり、有形資産は総資産簿価の半額以下であった。ただし4月は原料葉煙草在庫の乏しい時期であり、生産状況から見ても原料・材料品・商品・半製品のストックは落ち込んでいるはずであり、閑散期の資産状況といえよう。1942年6月期予想では原料（葉煙草と見てよい）は1,000千円に増大すると見込まれていた。

　東亜煙草広東工場が利用する原料葉煙草は、台湾産、内地産、朝鮮産等の輸入品に依存し、これに中国産を加えて原料としていた。1943年夏で東亜煙草広東工場は巻上機10台を運転していた。広東地域の民需の煙草需要が増大するため製造能力の拡大を計画した。しかし台湾・内地等の他地域からの原料葉煙草調達が難しくなっており、

原料の自給自足が必要となり、葉煙草生産にまで乗り出すこととした。1943年に試験栽培に着手するものとし、専売局に試験耕作用の葉煙草の供給を依頼した[8]。こうして東亜煙草は広東でも原料葉煙草確保のため、葉煙草生産にまで踏み切るに至った。試験栽培から本格栽培に至るまで、ある程度の年数を必要とするため、広東省で長期にわたり事業を続ける意欲を有していた。すでに広東市域は東亜煙草の排他的な煙草製造販売地域として確保したという前提で、葉煙草耕作にまで踏み切ったといえよう。

東亜煙草は専売局からの種子供給を認められ、1943年に約15町の葉煙草試作を行い、成果を上げた。これを踏まえ1944年度には200町に葉煙草耕作を拡大し、さらに広東市周辺の県で300町の葉煙草耕作指導を行い、原料葉煙草耕作を合計500町に拡大するとの方針を打ち出し、その原料葉煙草種子合計168キログラムの供給を専売局に要請した[9]。こうして1944年度には葉煙草耕作地域を大幅に拡大し、試作から本格耕作に飛躍することで原料の一段の現地調達を可能とするものとした。しかし1945年になり急速に占領地インフレが昂進し、占領地経済が崩壊へと急進する中で、東亜煙草の広東工場の操業は苦しい状況に追い詰められていった。

広東省占領地における煙草配給体制としては、1941年12月1日に広東物資輸移入配給組合聯合会（本部広東市、会長三井物産広東支店長）が設立され、同聯合会の傘下会員組織として、同時に広東煙草輸移入配給組合が結成された。理事長青野長一（東亜煙草広東支社長）で、事務も東亜煙草が担当した。輸入煙草の部の役員として南興公司、東洋葉煙草、株式会社福大公司等が加入した。業務は広東市及び周辺地域における煙草の一元的配給及び価格の適正化を図るものとし、煙草の敵性地区への流出を防止し軍票政策に協力することにあった[10]。ただし地域経済の完全な封鎖は不可能なため、敵性地区の煙草の市中価格が高騰すれば流出を阻止することは不可能であった。さらに1943年4月以降の軍票流通から儲備券への移行に伴い、儲備券インフレが進行するため、華北華中と同様に一段と配給統制は困難になっていったはずである。

2．南興公司の参入

日中戦争勃発後の中国占領地における台湾からの煙草・酒の輸出販路開拓で販売利権獲得をめざし、その担い手となる会社設立が検討された。当初案では「日東商事株式会社」を資本金500千円、4分の1払込で設立し、同社に進出させるとの素案が検討された[11]。同案をさらに整えた「日華煙草株式会社」設立案となる。同社設立定款案は1938年5月の日付が記されている[12]。同案では資本金450千円、10分の3払込で

発足し、台湾総督府各種専売品及び原料、副産品の島外販売、各種専売品、原料の移出入等を目的とするものとされた。その説明によると、「日華煙草」は台湾総督府専売局の代行機関として煙草販売に注力するが、それのみならず、酒・ビールの販売にまで事業を拡張する方針であった[13]。酒類の販売にも事業を拡張するには、「日華煙草」はふさわしい商号ではなかった。そのため「日華煙草」案を経て設立されたのは、株式会社南興公司（1938年6月15日設立、本店台北）であった。南興公司は資本金45万円、10分の3払込で発足し、台湾における植民地開発特殊会社の台拓が過半の23万円を引き受けた。社長加藤恭平（台拓社長）、専務取締役奥村文市、取締役竹藤峰治、荒井賢次郎、肥後誠一郎、監査役井出松太郎、猪口誠ほかであった[14]。

表7-4 南興公司厦門工場煙草製造量

（単位：千本、千円）

	本数	金額
1939.12	8,700	37
1940. 1	8,956	40
2	5,375	22
3	8,250	34
4	8,560	37
5	9,135	38
6	8,463	37
7	8,150	34
8	5,625	23
9	4,575	40
10	8,225	34
11	8,219	34
合計	92,233	378

注：価格合計は414,660円になり、合致しない。
出所：興亜院厦門連絡部「煙草製造実績調査ノ件」1941年1月7日（外務省記録E 221）

社長以外には台湾総督府からの転職者のほか台湾銀行系の事業家等が並んでいた。南興公司は民間会社として設立されたが、営業目的として、台湾総督府各種専売品及び原料、副産品の台湾外販売並びに各種専売品原料の輸移入、台湾総督府専売局事業用物品納入等を掲げており、台湾総督府専売局の事業の代行機関としての性格を有していた。その所管する煙草販売は台湾総督府専売局の担う独占的事業のため、南興公司の事業は台湾総督府に監督され、同社の株主選定・重役選任・配当金決定等は台湾総督府の承認下に置かれた。そのため株主も台拓を中心として、南興公司の事業に関係のある者に限定された。東亜煙草は専売事業に関連があるため、南興公司の設立に当たり出資協力の要望を示した。それに応えて南興公司は1938年3月の上海における紳士協定により、東亜煙草の参加を認め、同社は当初800株を取得した[15]。

南興公司は設立直後の1938年7月に占領下厦門の商況調査を行い、煙草と酒類を携行して試験販売を開始し、8月厦門駐在所を設置した。9月までに厦門向煙草輸出約250梱（25千本入と推定）をみたが、価格は原価1万円ほどで、試験販売の域を出ていない状況であった。また厦門におけるビール及び酒の試験販売を開始し、台湾産高砂麦酒株式会社（1919年1月設立、本店台北）製麦酒5千函を福大公司経由で中支那方面軍上海派遣軍経理部へ納入した[16]。その後、1939年3月1日に広東出張所を、同年9月に汕頭出張所を開設した。上海地域から頤中烟草の商品が流入するため、それ

に対抗する必要から、南興公司は1939年6月末に厦門の煙草工場を竣工し、同年7月1日に操業を開始した。同工場は年産100百万本であったが、その後工場拡張により生産規模を増大させ、1940年10月以降の操業実績では年産321百万本と称した。製品は厦門付近及び汕頭、広東エリアであった[17]。なお1939年12月～1940年11月の厦門工場における煙草製造実績は、合計92,233千本、製造価額は378千円であった。8・9月に原料葉煙草が不足したためか製造本数が減少しているが、概ね順調に操業できていた（表7-4）[18]。また南興公司は汕頭出張所で煙草の販売を開始した。当初は台湾総督府専売局製品と厦門工場製品を供給していたが、当地の既存工場を利用して1940年2月1日操業を開始した。この工場で両切煙草年産216百万本の生産を行った。その後、利用していた既存工場を買収し、工場を拡張し年産534百万本に引き上げていた。そのほか厦門にも清酒・在来酒醸造工場を設立した。これらの販売地域は華中南・海南島・南洋地方とした。ただし海南島については三井物産に販売を委託した[19]。その後、1943年までに広東工場の年産能力は750百万本に増大していた[20]。軍政下の香港にも進出し煙草販売に参入した（後述）。そのほか澳門でも1943年5月に澳門政庁の許可を得て煙草工場の設置に着手し、同年12月上旬に操業を開始していた[21]。南興公司は煙草以外の商品も製造販売していたため、同社の総資産における煙草事業の比重は必ずしも高くない。同社の1940年3月期の資産負債を見ると（表7-5）、未払込資本金を控除した総資産1,112千円、うち煙草工場103千円という事業規模である。総資産は台湾内事業も含むが、商品と原材料にも紙巻煙草と葉煙草が含まれているはずである。ちなみに日本に本店を置き、大連、漢口、広東に工場を置き、満洲国と華北に子会社を置いて、多地域で活動している東亜煙草の1940年5月期の未払込資本金を控除した総資産は33,099千円であり（表3-3）、同社に比べると南興公司は零細事業者としか見られない。南興公司は借入金200千円で資金調達していたが、1940年9月期に未払込資本金を徴収し、借入金を返済し煙草事業を拡張していた。煙草工場資産は1942年3月期で376千円に増大し、また煙草耕作48千円が現れ、華南で煙草工場用葉煙草の地場生産に踏み切っていた。南興公司は厦門、汕頭の煙草製造工場の操業を続けていたため、紙巻煙草原料調達を強化する必要があり、台湾、厦門、汕頭において原料葉煙草の耕作を開始した[22]。1942年3月期総資産は1,783千円に増大していた。債務では台湾総督府専売局への113千円があり、同局からの原料葉煙草仕入の未払が中心と思われる。ほかは買掛金等で対処していた。借入金は少額である。事業規模拡大のため、同社の増資は不可欠であった。

表7-5　南興公司貸借対照表

(単位：千円)

	1938.9期	1939.3期	1939.9期	1940.3期	1940.9期	1941.3期	1941.9期	1942.3期	1942.9期	1943.3期	1943.9期	1945.3期
(資産)												
未払込資本金	315	315	225	225	—	—	—	—	—	—	620	1,200
土地建物機械器具什器	1	2	70	98	114	154	162	169	186	260	285	807
投資	—	45	75	84	96	76	67	94	96	125	125	432
有価証券	29	110	195	504	504	620	530	386	630	859	913	4058
厦門工場建設勘定	—	12	—	—	—	—	—	—	—	—	—	—
煙草工場	—	—	71	103	156	245	378	376	642	542	549	1694
酒工場	—	—	8	3	40	81	91	71	105	117	125	219
商品	2	24	74	100	48	143	149	116	70	309	743	1125
原材料	—	—	—	10	10	324	66	49	89	126	12	326
売掛金	13	45	28	13	29	29	109	49	198	175	635	782
受取手形	—	5	—	—	—	—	86	84	47	38	58	860
仮払金	1	2	1	6	26	8	69	67	72	102	281	2770
煙草耕作	—	—	—	—	—	—	—	48	10	32	83	267
預金現金	100	26	20	186	204	89	251	269	222	1,526	1,094	4,258
前期繰越損失金	—	2	—	—	—	—	—	—	—	—	—	—
当期損失金	2	—	—	—	—	—	—	—	—	—	—	—
合計	468	593	771	1,337	1,230	1,773	1,964	1,783	2,373	4,216	5,528	18,804
(負債)												
資本金	450	450	450	450	450	450	450	450	450	1,370	2,000	5,000
諸積立金	—	—	0	9	59	139	179	239	299	359	419	659
職員社員諸積立金	0	0	0	4	11	19	27	34	42	51	59	110
借入金	—	26	90	200	—	5	4	29	8	259	19	889
借入有価証券	—	—	—	—	—	—	—	—	—	—	—	2,940
台湾総督府専売局	8	103	184	499	371	601	374	113	332	810	1,126	3,667
支払手形	—	—	—	—	—	—	172	178	94	295	714	856
未納税金	—	—	—	—	161	220	330	278	318	328	400	550
買掛金未払金諸預り金	9	6	9	95	57	258	323	355	722	616	596	3,798
前期繰越金	—	—	2	14	6	2	4	5	7	7	24	27
当期利益金	—	6	33	63	112	76	97	99	97	118	169	306
合計	468	593	771	1,337	1,230	1,773	1,964	1,783	2,373	4,216	5,528	18,804

注1：負債の台湾総督府専売局は資料では「専売局」となっているが、葉煙草等の取引関係から判断して修正した。
注2：1943年3月期に公称資本金2,000千円となり、増資第1回払込920千円で、未払込資本金630千円が資産計上されるはずである。同期貸借対照表の数値は異なるが営業報告書の数値に依拠した。
出所：株式会社南興公司『第1期営業報告書』1938年9月期（国史館台湾文献館蔵、台湾拓殖株式会社档案（以下、台拓档案）2436）、同『第2期営業報告書』1939年3月期（台拓档案2436）、同『第3期営業報告書』1939年9月期（台拓档案2436）、同『第4期営業報告書』1940年3月期（台拓档案2436）、同『第5期営業報告書』1940年9月期（台拓档案2436）、同『第6期営業報告書』1941年3月期（台拓档案2436）、同『第7期営業報告書』1941年9月期（台拓档案2436）、同『第8期営業報告書』1942年3月期（台拓档案2436）、同『第9期営業報告書』1942年9月期（台拓档案2436）、同『第10期営業報告書』1943年3月期（台拓档案2436）、同『第11期営業報告書』1943年9月期（台拓档案2436）、同『第14期営業報告書』1945年3月期（台拓档案2586）、『台湾日日新報』1943年6月30日

広東においては占領当初に一部零細事業者のほか煙草工場がなく、もっぱら頤中烟草と南洋兄弟烟草公司の独占的な市場であったが、そこに先述のように東亜煙草が進出していた。それを追って南興公司は1939年3月1日に広東営業所を設置し、煙草を主とし、酒類、麦酒の販売に着手した。煙草は品薄のため需要旺盛で、台湾専売局製品と厦門工場製品を積送して対処した。広東の煙草・酒類販売は軍票建とし軍票価値維持商品として機能していた。同社が担当した1939年3月1日〜1941年5月末の煙草の台湾からの輸入144.9百万本、513.3千円、厦門からの移入21百万本、69千円、合計165.9百万本、582千円という規模であった[23]。先述のように1940年6月に東亜煙草が煙草製造工場の稼動で先行したが、南興公司は広東にも煙草製造工場を設立することで地場煙草供給を掌握することを狙った。

3．南興公司と東亜煙草の競合

　南興公司は1939年3月1日に広東営業所を開設したが、時を同じくして東亜煙草は代理店を開設し、両社の激しい競合が始まった。そして先述のように華北東亜煙草は同年3月5日に広東三省連絡会議より煙草工場設立の許可を得た。

　これに対して台湾総督府専売局と台拓は巻き返しに出た。台湾総督府・南興公司側は、南興公司設立の際に同社が上海以北進出の際には東亜煙草を代行させ、上海以南に東亜煙草が進出する際には台湾総督府に任せる、すなわち南興公司に代行させるとの紳士協定を無視したと判断した。双方で折衝を続け打開策を検討した。その結果、1939年8月5日広東三省連絡会議決定「華南煙草株式会社設立要綱」と、同年8月19日の同「煙草製造統制要綱」で現地における対処方針を確定した。それに拠れば広東付近における煙草は東亜煙草と台拓により設立される日本法人の「華南煙草株式会社」により、原料葉煙草の輸入と製造販売を担当させ外国系煙草の輸入を統制させ、「華南煙草」本店を台北に置き、資本金3百万円とし、華南の煙草製造販売等に従事するものとした。この会社に対し東亜煙草が6割、台拓が4割を出資し、4分の1払込で発足するとの決定を見た。その会社の設立手続きは台拓に一任された。そのほか広東地域における葉煙草集荷は合資会社興粤公司（1941年4月設立、本店広東、資本金5百万円）をして統制させる、外国系煙草の域内流通は、新設社と広東運銷公司すなわち頤中烟草運銷公司広東地方事務所とで協調させるものとした[24]。

　台拓はこのスキームによる「華南煙草」設立に動き、1939年9月21日に「華南煙草株式会社」設立の資金供給認可を申請した[25]。それによると「華南煙草」は資本金3

百万円で、本店を台北に置き、台拓120万円、東亜煙草180万円、4分の1払込で設立するものとされた。また株式引受一覧まで準備されていた。この台拓提案に沿って台湾総督府は同月30日に、台拓の出資を認めるように拓務省に申請したが[26]、拓務省はこの設立案に対して、資金統制と為替管理等から難色を示し承認しなかった。そのため「華南煙草」設立の実現の見込みがなくなっていた。

　他方、広東における煙草市場が逼迫していたため、東亜煙草は先述のように上海にある煙草機械を広東に移送し、1940年6月に同社広東工場の一部運転を開始し、軍と市中に製品を供給した。新会社設立の見込みが当分立たないため、同年8月に台拓と東亜煙草が合議の上で、「華南煙草」の趣旨に沿って既設の南興公司の資本金を3百万円に増資し、増資新株を東亜煙草6割、台拓4割で引き受けることとし、事業着手していた東亜煙草広東工場を南興公司に吸収するとの方針を固めた[27]。

　「華南煙草」の設立が困難になったため、広東三省連絡会議は東亜煙草が製造工場を立ち上げて操業している現状を踏まえ、「華南煙草」設立許可を取り消したが、許可取り消し後の処理として、興亜院広東派遣員事務所は南興公司に東亜煙草広東工場を買収操業させる案を考慮していた。また東亜煙草は利潤追求に専念しており、その経営方針を問題視していた同事務所は、この際、東亜煙草を外して台湾総督府専売局の代行機関の南興公司に事業の統合を図ることが適当とみており、その線で関係機関に照会した[28]。

　台湾総督府側は南興公司に肩入れしていたが、台湾産葉煙草の供給については南興公司に重点配分したものの、東亜煙草の広東工場にも供給していた。例えば1941年上半期の台湾産葉煙草の割当計画では、黄色種624トン、1,094千円、支那種改良葉2トン、3千円、中骨51トン、3千円を前年度と同様に、南興公司厦門工場、汕頭工場と東亜煙草広東工場に配給した[29]。台湾総督府としても東亜煙草広東工場の操業を否定するものではなかった。

　東亜煙草と南興公司・台拓・台湾総督府の主張と思惑の溝が大きく、この案件はそのままこじれて、南興公司の増資新株発行はなされないまま続いた。東亜煙草はそのまま広東工場の操業を続け、軍と民間へ煙草を供給した。他方、南興公司は有力な消費財である煙草製造販売で利益を確保できたため、1941年9月期で年7.5％、1942年3月期で年8％、1942年9月期で年8％という高配当を行っていた[30]。しかし南興公司の汕頭・厦門の煙草工場は原料・資金の関係で操業停止に追い込まれていた[31]。原料葉煙草とライスペーパーさえあれば市中の需要が大きいため作れば売れるという煙

草製造業が操業停止に陥るのは、多くは原料葉煙草不足が理由である。ただし南興公司の資本金が零細なまま操業を続けており、資金的にも困難が発生していた。華南の軍票と法幣の二種の通貨が流通する経済環境の中で、法幣インフレに鞘寄せされて軍票価値も後追いで暴落を続けていた。そのため軍票と等価の日本円による直接投資で成り立つ資金調達は苦しい環境におかれていた[32]。南興公司は操業維持のために増資と台拓からの長期借入金による資金調達が必要であった。可能であれば、日本からの直接投資のみならず、インフレが顕在化した華南における地場の資金調達にも期待する操業環境におかれていた。

　台湾総督府専売局は1941年に南方における将来の煙草事業は台湾を中心にすべきだと主張し、南興公司の出資比率を東亜煙草3割、台拓7割に改めるよう要求するに至った。他方、同年12月に広東三省連絡会議は、広東における煙草事業の経営は南興公司に行わせるが、その増資出資比率は、南興公司が東亜煙草の広東工場を買収するため、従来の経緯を尊重し東亜煙草の持株比率は51％を下回らないものとするとして、台湾総督府に通知した。東亜煙草が過半数の株式を掌握すると南興公司の経営権が東亜煙草に移ることになり、それを恐れた台湾総督府側は東亜煙草3割、台拓7割を主張し続け、東亜煙草との間で妥協を見ずに続いた[33]。

　南興公司の資本金規模が小さく、華南事業の拡張のため増資は必要であり、結局1943年2月23日に南興公司は資本金を2,000千円にする1,550千円の増資を決議し、4月10日にその認可を申請し、5月3日に認可を得た。第1回払込は920千円であった[34]。この増資後の株主構成は、総株40千株のうち一部流動化し、保有者変更後、再度の増資の前の時期で、台拓18,000株、財団法人台湾専売協会9,200株、台湾警察協会4,000株、東亜煙草2,200株、金辰商事株式会社（1927年6月設立、本店台北）、高砂麦酒株式会社各600株、福大公司600株、株式会社三井本社500株、ほか個人株主という構成となり、台拓を中心に台湾総督府の意向で動く台湾専売協会と台湾警察協会、高砂麦酒、福大公司を合計すると合計32,400株となり、増資前よりむしろ台拓とその周辺で保有比率を強め、東亜煙草は影響力の行使できる比率を得ることはできなかった[35]。これは東亜煙草と南興公司の合弁会社設立で台拓・台湾総督府側と東亜煙草がもつれたことにより、東亜煙草の南興公司に対する影響力を削ぎ落す対策の一環である。

　南興公司の増資後の事業規模を紹介すると、1943年3月期で総資産4,216千円、資本金1,370千円、煙草工場542千円、商品309千円、原材料126千円等であり、負債では

台湾総督府専売局債務が810千円に増大し、一段と葉煙草供給で支援を受けた。また借入金259千円も計上し、買掛金未払金等も944千円に増大していた。ただし増資に伴う現金預金も1,526千円を保有しており、手元資金繰りには余裕が見られた。さらに1943年9月期で、未払込資本金を控除した総資産4,908千円となり、事業規模は全体的に膨れた。煙草耕作も83千円となり葉煙草耕作支援を強めた。台湾総督府専売局からの債務は1,126千円にまで膨れた。支払手形も714千円で、短期資金繰りをつけていた。増資により南興公司の資金的制約は大幅に改善されていた。これに伴い南興公司の利益も増大した。

　東亜煙草と南興公司の事業統合計画がもつれたまま続いた。日本占領体制においてこのような利権をめぐる激しい軋轢が発生する限り、占領地における円滑な事業統合などあり得ない。セクショナリズムの尖鋭化が、占領地事業の拡大を阻止していたことになる。華南における煙草供給を拡大させるため、1944年4月に広東、汕頭、厦門における煙草事業を合弁会社で担当させ、域内煙草自給自足を図らせるという計画が浮上した。大東亜省は合弁事業のためには日本側の一本化が不可欠であるとみていた[36]。これに対し華南煙草製造事業の統合のため、例えば1944年4月になっても台湾総督府は南興公司を中心とした合弁会社化を強く主張し、併せて東亜煙草の株式保有比率引き上げに反対を続けた[37]。1944年6月9日に在広東総領事館は合弁の「華南煙草株式会社」設立要領を関係機関と台湾総督府に示し、新会社で華南の煙草事業を統合する方針を打ち出した。本店広東市、支店汕頭、厦門、資本金軍票15百万円、30万株、うち中国側7,650千円、日本側7,350千円（在華南日本側煙草会社の按分出資）、中国法人とする。日本側煙草事業者は巻上機を基準に出資比率を決定する、南興公司の酒工場は統合から除外するという方針であった。この案はまだ東亜煙草には示されていなかった[38]。ただしこの案は合弁相手の出資の確定等の問題があるため交渉は捗らず、それより先に広東における煙草供給を増大させるため、在広東総領事館は南興公司に広東工場を設立させるという提案も別に打ち出した[39]。これに対し大東亜省は、8月15日に南興公司が進出した場合には、合弁新設を見送るのか、あるいは合弁を進める場合には南興公司の新工場分の出資率の増大になるのか、台湾総督府側の従来からの主張の東亜煙草広東工場買収の解決の見込みがあるのか等の確認を求めた[40]。在広東総領事館は、合弁案は先延ばしとし、台湾総督府からの了解を取り付けたとして、南興公司の単独工場進出を認めさせた[41]。こうして南興公司は広東で工場新設に乗り出すこととなったが、すでに6月のマリアナ沖海戦の敗北と7月のサイパン陥落で戦

局は悪化し、工場新設資材の投入等で工場設立は難しい状況に陥っていた。また台湾総督府専売局保有原料葉煙草の華南への海上輸送にも危険が増大してきた[42]。

　南興公司は工場新設の資金調達が必要となり、1944年11月以降に2度目の増資に踏み切り、60千株、3百万円を上乗せし公称資本金5百万円となった。増資新株は額面50円のうち1株30円払込で1,800千円の払込を受け、旧株及び新株合計で3,800千円払込となる。第二新株発行後の株式保有は、総株数100千株中、台拓57,500株、台湾専売協会18,400株、台湾警察協会6,000株、東亜煙草4,400株、福大公司、高砂麦酒、金辰商事各1,200株、三井本社1,000株ほか個人株主という構成となり[43]、台拓のみで過半を掌握した。台拓の資金力では設立当初と同様の過半出資で支配下に置くことは難しくない。そして台湾総督府の意向で動く組織と台拓と福大公司合計で84,300株となり完全支配下に置いている状態となり、一段と東亜煙草の保有比率は切り下げられた。こうして南興公司の増資の中で、東亜煙草は影響力を急速に低下させていった。この資金調達により南興公司は広東工場の操業に向けて尽力した。しかし葉煙草の域内調達が十分でなく、台湾総督府専売局からの葉煙草支援がないと葉煙草確保が難しく、南興公司が敗戦までに工場稼働にまで進展できたかは不明である。稼働できていたとしてもフル操業は不可能であった。もちろん葉煙草耕作にも資金を投入し続けており、敗戦時資産額として101千円が計上されている[44]。ただし増資で調達した資金がすべて広東の煙草製造販売に向けられたわけではない。南興公司は厦門・汕頭のほか、香港、海南島への売り込みにも関わり、さらに澳門、バンコックでも事業を展開していた。葉煙草調達のみと思われるが、マニラ勘定も少額ではあるが保有していた[45]。これらの事業にも資金投入が行われたはずである。

　以上のように広東における煙草事業の統合は不可能なまま続いたため、東亜煙草の広東工場の操業と、南興公司の厦門・汕頭の工場の操業はそのまま続き、双方で自己勘定による煙草製造販売事業の拡大を目指していた。しかし戦局の悪化と日本の敗戦が明確になっていた1945年前半では、東亜煙草の広東工場への日本からの通常の文書連絡はすでに不可能となっており、同社上海経由の電信で何とかしのいでいたため[46]、本店の円滑な指示は困難になっていた。これは南興公司も同様であり、最後は孤立した地域内での操業のまま日本敗戦を迎えた。

1) 谷ケ城[2007]が紹介している。台拓の公益事業へのかかわりが期待された。
2) 興亜院広東派遣員事務所「煙草ニ関スル調査ノ件」1942年8月5日（外務省記録E221）。

3）在香港総領事館発汕頭領事館、1940年2月19日（外務省記録E.4.3.1.-5-8-1）。
4）東亜煙草株式会社広東出張所「現況報告書」1943年6月28日（外務省記録E227）。
5）同前。水之江[1982]では東亜煙草の華南地域の事業としては「華南煙草」の設立しか記載がなく、直営工場の操業には言及していない。
6）東亜煙草株式会社『第69期営業報告書』1941年5月。
7）前掲「煙草ニ関スル調査ノ件」。
8）東亜煙草株式会社「煙草種子ニ関スル件」1943年9月9日（外務省記録E222）。
9）同「広東地区煙草試作用煙草種子ニ関スル件」1944年11月17日（外務省記録E222）。
10）『全支組合総覧』1943年版、444-445頁。原文では「広東雑糧輸移入配給組合」となっているが、誤記であり広東物資輸移入配給組合聯合会に修正した。福大公司は1937年11月1日設立、本店台北、株式会社興中公司と台拓の出資で設立。福大公司の興中公司保有株式を大日本製糖株式会社が取得後、増資で同社が過半出資とする（柴田[2008a]55、118、405頁参照）。
11）「日東商事株式会社定款案（未定稿）」1938年5月頃と推定（国史館台湾文献館蔵、台湾拓殖株式会社档案（以下、台湾档案）2586）。利益金処分に別途積立金条項の欠落等で、「日華煙草」の定款案に比べやや不備が見られた。
12）「日華煙草株式会社定款案」1938年5月頃と推定（台拓档案2586）。
13）奥村文市「会社設立ニ付説明書」1938年5月頃と推定（台拓档案2586）。奥付は1887年4月11日生、1905年台湾総督府採用、台湾総督府専売局台中支局長を経て退官、台湾煙草売捌人組合長、台湾専売品交易組合長（帝国秘密探偵社『大衆人事録』1943年版、台湾15頁）。
14）東亜煙草の出資を含む株式構成は、株式会社南興公司『第1期営業報告書』1938年9月期（台拓档案2586）参照。竹藤峰治は1882年7月生、1905年東京高等商業学校卒、台湾銀行入行、退職後、華南銀行（1919年1月設立、本店台北）取締役（『大衆人事録』1943年版、台湾41頁）、荒井賢次郎は1880年1月生、1902年台湾銀行入行、1931年高砂麦酒に移り、東邦プライニウム株式会社（1939年8月設立、本店台北）社長（同前、台湾3頁）、肥後誠一郎は1894年8月25日生、1918年東京帝国大学法科卒、合名会社鈴木商店入社、1927年金辰商事設立、社長、ほかに台湾古銅屑鉄統制株式会社（1938年11月12日設立、本店台北）、台湾鋼材配給株式会社（1938年6月設立、本店台北）各社長。井出松太郎は1896年10月13日生、1936年杉原産業株式会社（1936年3月設立、本店台北）専務取締役、興亜製鋼株式会社（1939年2月設立、本店台北）社長、台湾紡績株式会社（1941年7月設立、本店台北）取締役（同前、台湾4頁）。猪口誠は1884年1月27日生、1907年桃園庁警部、台湾総督府警部、1935年退官、台湾酒壜統制株式会社（1938年11月設立、本店台北）監査役（同前、台湾5頁）。法人設立年月は『帝国銀行会社要録』1942年版、柴田[2013]を参照。
15）「株式会社南興公司ノ現況」南興公司による1941年後半の作成と推定（外務省記録E227）。この資料は南興公司設立を6月10日としている。6月10日は第1回払込資本金徴収完了日である（前掲南興公司『第1期営業報告書』）。東亜煙草がかかる紳士協定を締結した理由として、同社が占領後関内煙草市場に投入する人員等に不足して華南まで手が回らなかったという状況のほか、東洋葉煙草と華中で日系煙草覇権をめぐり激突しており、東洋葉煙草の専務取締役池田蔵六（元台湾総督府専売局長）が対抗する戦術で、台湾総督府と提携して東亜煙草と競合する事態を恐れていた。そのため南興公司を抱き込む必要があり、進出地域に関する文章化していない紳士協定を締結して設立時の出資に応じたとみられていた（台湾総督府

16) 前掲「株式会社南興公司ノ現況」。この資料では「上海派遣軍経理部」となっているが、上海派遣軍は1937年8月15日に編成され、1938年3月14日に廃止され（日本近代史料研究会［1971］189頁）、中支那方面軍に吸収された。
17) 前掲「株式会社南興公司ノ現況」。
18) 興亜院廈門連絡部「煙草製造実蹟調査」1941年1月7日（外務省記録E221）。ただし当該期間の月次金額を合計すると414千円になるが理由不明。
19) 前掲「株式会社南興公司ノ現況」。
20) 前掲「現況報告書」。
21) 前掲「広東煙草工場問題抄録」。葡領東チモールを海軍陸戦隊は攻撃し軍事支配下に置いたが、同じ葡領の澳門は占領されず、既存の澳門政庁の統治が続いた。アジア太平洋戦争期澳門が置かれた特異な位置については、Gunn［1996］ch.7参照。
22) 同前「広東煙草工場問題抄録」。
23) 前掲「株式会社南興公司ノ現況」。
24) 台湾総督府「台湾拓殖株式会社ノ海外事業資金供給ノ件」1940年9月30日（外務省記録E227）、前掲「現況報告書」、在広東総領事館「広東ニ於ケル煙草事業ニ関スル件」1943年5月28日（外務省記録E227）。東亜煙草も1939年9月4日役員会で「華南煙草株式会社」設立を決議した（水之江［1982］185頁）。頤中運銷烟草は華中南を所管する上海事務所の下に広東地方事務所を位置づけていた（前掲『英米煙草トラストとその販売政策』104-105頁）。興粤公司については中国通信社『全支商工名鑑』1943年版、830頁。
25) 台湾拓殖株式会社「海外事業ニ対スル資金供給認可申請ノ件」1939年9月21日（外務省記録E227）。
26) 台湾総督府「台湾拓殖株式会社ノ海外事業資金供給ノ件」（外務省記録E117）。
27) 前掲「株式会社南興公司ノ現況」、前掲「現況報告書」。
28) 興亜院広東派遣員事務「華南煙草会社ニ関スル件」1941年3月10日（外務省記録E227）。
29) 台湾総督府「専売事業概況報告ノ件」1942年3月17日（外務省記録E11）。
30) 前掲「株式会社南興公司ノ現況」、台湾拓殖株式会社「昭和十五年度決算書」1941年3月期（外務省記録E118）、同「昭和十七年度決算書」1943年3月期（外務省記録E120）。
31) 前掲「広東ニ於ル煙草事業ニ関スル件」。
32) 法幣と軍票の二種の通貨流通については、華中が中心の説明であるが柴田［1999a］第9章、第11章参照。
33) 前掲「広東ニ於ケル煙草事業ニ関スル件」。
34) 株式会社南興公司『第11期営業報告書』1943年9月期（台拓档案2436）。
35) 台湾省物資調節委員会「株式会社南興公司清算状況報告書」1951年5月10日（国史館（台北）275-0034）。福大公司は当初100株を保有しており、増資株式を取得して600株となった。台拓の南興公司を含む出資関係会社の在り方については柴田［2013］参照。株式会社三井本社は1944年3月1日に三井物産が商号変更。
36) 大東亜省「南支ニ於ケル煙草製造事業統合ノ為中日合弁会社設立ニ関スル件」1944年4月26日（外務省記録E227）。
37) 台湾総督府外事部「広東煙草工場ノ件」1944年4月24日（外務省記録E227）。

38) 在広東総領事館「合弁会社華南煙草株式会社設立案」1944年6月9日（外務省記録E227）。
39) 同「華南煙草会社設立案ノ件」1944年8月4日（外務省記録E227）。
40) 大東亜省「南興ノ広東進出問題ニ関スル件」1944年8月15日（外務省記録E227）。
41) 同「南興ノ広東進出問題ニ関スル件」1944年8月30日（外務省記録E227）、同「南興ノ広東進出問題ニ関スル件」1944年9月11日（外務省記録E227）。
42) 受命時期は不明だが、南興公司はタイの工業にも参入し500千バーツを投資した（疋田[1995]付表4参照）。タイの「工業」は軍管理の下に清酒工場（製造能力年産3,600ヘクトリッター）を建設していた（前掲「広東煙草問題抄録」）。
43) 前掲「株式会社南興公司清算状況報告書」。
44) 同前。1946年3月22日付貸借対照表、財産目録による。
45) 同前。清算時財産目録に拠れば、広東勘定債務812千円、厦門勘定資産1,535千円、汕頭勘定資産714千円、海南島勘定資産592千円、澳門勘定資産58千円、マニラ勘定資産6千円、バンコック勘定債務41千円であった。
46) 東亜煙草株式会社『第78期営業報告書』1945年11月期（たばこと塩の博物館蔵）。

第3節　海南島・香港占領地

1．海南島占領地煙草事業

　1939年2月10日に海南島攻略作戦が開始され、その後の占領を経て海南島軍政が開始された。海南島三省連絡委員会の意思決定の下で、海南島は海軍軍政下に置かれたが、対日協力政権として瓊崖臨時政府が樹立された。完全な軍政施行ではないため、在海口総領事館が置かれており（1939年5月10日設置）、そのまま敗戦まで領事業務を続けた[1]。華南では支那事変軍票の流通を見ており、それが1943年4月以降に儲備券に切り替えられる方針が採用され、軍票を儲備券で回収したが、完全な代替には時間がかかった。海南島では当初より支那事変軍票が発行され、軍票経済が構築された。日本軍が華中では1943年4月以降に支那事変軍票の新規発行を停止したため、海南島で発行するための軍票在庫に当面は困ることはなかった（柴田[1999a]408-411頁）。

　海南島では1939年2月から、日本の事業者に占領地受命事業を引き受けさせた。海南島軍政下で鉄鉱石採掘とそれに伴うインフラ整備、農林業の増産等を目的に、大規模な産業開発が行われたため、多数の日系事業者が参入した。鉄鉱石採掘では、石碌鉱山（日本窒素肥料株式会社が受命、1942年10月27日設立の完全子会社の日窒海南興業株式会社に事業譲渡）と田独鉱山（石原産業海運株式会社が受命）の大規模開発が短期間で遂行され、日本への鉄鉱石供給に全力を挙げたため、海運・鉄道・桟橋等の

周辺投資が多額になされ、多数の業種の企業が動員され、短期間で激しい乱開発が見られた[2]。海南島に居住する日本人も急増し、それに伴う各種消費財の調達が必要となった。そのほか地場消費用の煙草は、1939年4月19日に交易事業を受命した三井物産が同年6月14日に事業に着手しており、多品目を取り扱っていた。海南島における煙草販売は三井物産のほか華商が許可を得て販売していたが、華商の取り扱いが廃止されると、三井物産の独占的な配給体制となった。三井物産が取り扱う煙草は東洋葉煙草上海工場が製造した煙草であり、その海南島における一手販売を特約したものであり、それにより同社は供給を強めていた[3]。先述のように南興公司の華南製造煙草の海南島販売も三井物産に委ねられており、同社が南興公司の製造煙草を独占的に供給した[4]。

海南島における地場産の葉煙草栽培としては、確認できる範囲では、南洋興発株式会社（1921年11月29日設立、本店サイパン）が1939年に米作のほか煙草雑酒製造を受命し、1940年1月には崖県で10万ヘクタールの農地を得て事業に着手していた[5]。南洋興発は南洋群島で甘蔗糖栽培と糖蜜を原料とする無水酒精製造を主業としているため、地場産原料による雑酒製造には習熟していた。同社は海南島で米と葉煙草栽培に着手した。さらに南洋興発は海南島における紙巻煙草製造への参入を企画し、1941年11月1日に海南海軍特務部宛に煙草製造許可申請を行った。紙巻煙草を製造する会社を資本金10百万円、4分の1払込で設立し、機械を株式会社国友鉄工所より導入し製造技術者として国友鉄工所社長岡田虎輔を招聘するという計画であった[6]。しかしこの計画は後述の三井物産の参入計画と競合し、南洋興発の紙巻煙草製造への参入は認められなかった。1944年9月で米と葉煙草の事業をすでに確立し、醤油と雑酒の工場も建設を終えて醸造を開始していたため（南興会[1984]94頁）、地場産葉煙草の栽培は軌道に乗ったようである。そのほか三井系の日東農林株式会社（1936年7月22日設立、1942年2月3日に三井農林株式会社に商号変更）が1939年10月2日に農林業を受命し海南島に参入し、同社も葉煙草栽培に参入した（柴田[2008a]391頁、春日[2010]620頁）。そのため海南島における葉煙草栽培体制は強化されており、その川下の紙巻煙草製造で三井物産と同社子会社の東洋葉煙草が海南島における域内製造販売独占を狙い、煙草製造子会社の設立を計画した。

三井物産は東洋葉煙草に海南島の煙草事業化調査を依頼し、その結果、1940年12月に、年産1億本、1百万円の製造販売業と葉煙草栽培改良事業の目論見書を海南島三省連絡会議に提出し、事業着手を開始した（春日[2010]619頁）。華南は南興公司の

勢力範囲であり、先手を打って煙草事業獲得を急いだ。1941年3月27日、海南島三省連絡会議は東洋葉煙草と三井物産による煙草会社設立計画に対して承認を与えた[7]。その趣意書によると、三井物産と東洋葉煙草の折半出資とし、資本金1百万円、半額払込で発足し、東洋葉煙草の出資は現物出資とし、上海所在の3工場より不要の機械・工場設備備品・材料品・原料葉煙草で25万円分を充当するものとし、三井物産は運転資金を現金出資するものとした。従来の東洋葉煙草上海工場からの製品移出に換えて工場を立ち上げる理由は、煙草が湿度に弱く海南島までの輸送は品質管理に難点があり、また海南島における頤中烟草の製品の駆逐がほぼ成功したため、有力競合商品の流入もみられず、事業として成り立つものとなっていたことによる。紙巻煙草を年産1.5億本、最大製造能力では3億本の工場を設立し、さらに第二期計画として第2工場を設立し、製造能力を10億本に引き上げるという雄大な構想を掲げていた。この日本法人の商号は南国煙草株式会社（華名、南国華生烟公司）とした。こうして海南島に煙草製造会社を設立し、また日本の開発会社に優良葉煙草種子を供給し、耕作指導を行わせ、地場産葉煙草の生産も支援するものとした。この計画の事業投資のため東洋葉煙草は大蔵省に海南島の煙草会社への出資の承認を求めていた[8]。

　三井物産は1941年6月16日に南国煙草への出資、1百万円半額払込の半額（25万円）の現金出資を決定した[9]。この計画に沿って南国煙草株式会社が1941年10月16日に設立された（本店海口、資本金1百万円、半額払込）。代表取締役は杉浦俊一（東洋葉煙草社長）、取締役堀好明（三井物産海南島出張所長）、伊藤与三郎（東洋葉煙草取締役・三井物産常務取締役）、林武久（東洋葉煙草取締役）、刀根文雄（三井物産査業部長）、宇田吉一（東洋葉煙草常務取締役）である。同社は海口で紙巻煙草製造に参入した。東洋葉煙草の出資は、設立計画にあるように在上海機械類及原材料による現物出資であった[10]。

　こうして海南島で多くの事業を手がける三井物産と、華中で紙巻煙草製造を手がける東洋葉煙草による海南島の独占的な煙草製造会社が操業を開始した。煙草製造にかかる人員は東洋葉煙草が動員したと思われる。三井物産・東洋葉煙草側は南興公司を三菱系と見ており、同社が海南島の紙巻煙草事業に参入することを警戒していた。そして南興公司側が強く海南島事業への参入を求めた場合には、南国煙草の株式の一部を引き受けさせることで納得させ、南興公司の支店開設による直接参入を極力阻止するという方針で臨んでいた[11]。さらに同社への妥協策として南国煙草の株式を譲渡するか、三井物産が南興公司の株式を取得し関係を深めるといった対策が検討されたが、

南興公司に南国煙草の株式の譲渡はなされず、三井物産も南興公司の増資に合わせて当初保有にいくらか上乗せしただけで、南興公司への影響力を強めるほどではなかった[12]。南興公司の海南島直接参入は見られなかったため、当初の目論見通りに南国煙草は海南島煙草製造販売を独占できた。その後、1942年3月2日に中華煙草株式会社設立に伴う華中占領地煙草事業者の再編で東洋葉煙草が1942年10月27日に解散し、華中事業は中華煙草に統合されたため、三井物産は解散前の1942年5月19日に東洋葉煙草保有の南国煙草株を1株25円で全株取得することを決議し[13]、南国煙草を三井物産の100％出資の子会社とした。

　南国煙草の操業当初の1941年11月期では事業立ち上げの途中にあり、利益はまだ実現できなかった。その総資産1,080千円、うち未払込資本金500千円、機械器具造作物129千円、葉煙草21千円、材料品66千円であり、煙草事業者としては巻上機設備も葉煙草在庫もまだ乏しく、取引先勘定62千円ほかであり、設備と原料在庫への投資が行われる前の多額余裕金が預金現金232千円として計上され、負債は資本金のほか仮受金33千円、支払未済金43千円等で、まだ多額の資金調達を必要とする段階ではなく、事業立ち上げ当初の負担が重いため、当期損失35千円を計上していた[14]。その後の同社の煙草製造が軌道に乗ると、製造量は1942年4～9月期の90百万本から、10月～翌年3月期の130百万本に増大し、三井物産の販売量も急増し、1943年上期からは配当を開始した。巻上機5台のうち4台を稼働させ、日産1百万本の生産を行っていたが、原料葉煙草不足で操業停止が頻発した（春日［2010］620頁）。

　南国煙草は南洋興発と三井農林が栽培した地場産葉煙草や輸入葉煙草を原料として、刻煙草と紙巻煙草を生産して海南島内で供給した。ただし海南島における日本人居住人口の増大で煙草の域内需要は増大し、域内葉煙草栽培のみでは原料葉煙草を充足できなかった。海南島産の葉煙草では不足するため、専売局、朝鮮総督府専売局の払い下げを受け、上海からも輸入し、広東省に流通する葉煙草も調達し、原料調達に全力を挙げた（春日［2010］620頁）。1944年9月に専売局は保有葉煙草の海南島への輸出を認めた。黄色種40トン、白色種10トン、合計50トンを235百万円で輸出するものとした[15]。これ以前にも専売局の在庫葉煙草の海南島への供給が見られたはずである。中国他占領地からの葉煙草調達は各占領地内煙草需要の充足が優先されるため、海南島への割り当てはインフレが激しくなる中で次第に困難になっており、海南島は地場産葉煙草以外には、専売局への依存を強めざるを得なかった。それでも敗戦直前まで優良企業として高利益を維持し続けた（春日［2010］621頁）。

2．香港占領地煙草事業

イギリス植民地の占領前香港では南洋兄弟烟草公司が大規模工場を抱え、それを追って1930年に英米煙草トラストの大英烟公司が工場を新設した。大英烟公司の事業所は1934年の中国における英米煙草トラスト事業の再編後も継続した。香港においては頤中運銷烟草が事業所を開設せず持株会社の英米煙草株式会社（中国）が、香港のみ以前と同様に直接販売をしていた[16]。英米煙草（中国）と大英烟公司は1936年12月21日に本店を香港に移転し[17]、両社は香港法人に転換した。香港では外資系法人の商号を現地化する必要がないため、同じ商号で事業を続けた。他方、香港においては占領前に日系煙草製造事業者は存在しなかった。東亜煙草も店舗を設置していなかった。香港の製造コストは上海に比べ高いが、労使関係等で事業環境が優れており、既存大手事業者の香港工場はそのまま日本占領まで操業した。

1941年12月8日アジア太平洋戦争の勃発で香港攻略作戦が開始され、同月25日に香港は日本軍に占領され、第二十三軍は香港軍政庁設置を宣言し軍政が開始された。その後、1942年1月19日に香港軍政庁に換え香港占領地総督部が設置され、以後敗戦まで軍政を担当した[18]。香港軍政では最初から支那事変軍票を発行し、既存の香港ドル並行流通を認めたが、発券銀行の香港上海銀行 Hong Kong Shanghai Banking Corp.、スタンダード銀行 Standard Bank for India and China 及びマーカンタイル銀行 Mercantile Bank を接収し、預金払戻しにより域内店舗を清算させたため、1943年6月1日に香港ドルの流通を廃止し、以後、軍票一色化を強行した（柴田[1999a]第12章参照）。

香港占領地総督部は香港におけるインフラ部門（水道・電力・ガス・電話・市内交通・海運）のみならず、造船・農業・鉱業・漁業等を、日本の受命事業者に操業させる方針とした。香港軍政下では海南島と異なり領事館を開設させず、すべて受命事業として処理された。占領地各種事業を管理するにあたり、事業経営を業種の異なっている業者に委託する方針を採用した。

大英烟公司は巻上機20台を有し、開戦前で年産44億本を製造し、多いときは昼夜二交代で1か月9千箱（50千本入）、12か月で54億本に達する製造を実現しており、また南洋兄弟烟草公司も1か月3、4千箱を製造し、多くを南洋方面で販売していた[19]。香港占領地総督部は占領後に接収された両事業所の煙草製造を1942年に香港煙草廠として受命事業で操業させるものとした。この香港煙草製造工場は大英烟公司と南洋兄

弟烟草公司の工場であり、この経営管理に東洋紡績を指名した。すでに東洋紡績は蒙疆における子会社の東洋煙草で煙草工場の操業経験を有しているため、香港の煙草工場を現状のまま承継し、1942年2月頃から操業に着手した。香港占領地総督部の当初の煙草の受命事業者に東洋紡績の名称があるのは、同社が子会社の蒙疆煙草事業者を抱えていたが、親会社が受命して、子会社を動員することを予定したためであろう。東洋紡績が煙草工場の本格的な引継ぎを受けたのは同年6月であった。機械設備は巻上機20台、1日8時間操業で120万本を生産できた。操業形態は香港占領地総督部が事業権を所有したまま、東洋煙草が受命して工場操業に当たる仕組みになっていた。香港における煙草販売は製造が1事業者独占となったため、好調であった。香港占領地総督部は東洋煙草に売上高の3～5％を手数料として支払う約束であった。東洋煙草の製造販売は好調で東洋煙草は半期ごとに10万円の交付を受けた。その後、華南儲備券インフレが香港に波及し香港物価が急騰したため、販売額は急増し、1か月300万円～500万円の手数料を受け取る状態になった[20]。東洋煙草がどのように香港受命工場操業用の原料葉煙草の調達を行ったかについては不詳であるが、海南島と異なり香港では地場産葉煙草の栽培は難しいため、主として専売局からの割当と周辺地域及び南方占領地からの輸入に依存したとみられる[21]。

　軍政下香港において葉煙草・紙巻煙草の取引に従事した事業者として、南興公司があり、同社は1943年には香港に出張所を設置していたと見られる[22]。そのほか煙草の商社として、国際商事株式会社（1929年6月設立、本店大阪、片倉系）がある。同社は占領前には香港に支店を設置しておらず、占領後に支店を設置して、香港の煙草取引に参入した[23]。また協同煙草株式会社（1935年4月3日設立、本店東京）も1943年5月期に香港の煙草取引に参入した[24]。同社も占領前に香港に支店を設置していなかった。国際商事と協同煙草は主に香港域外で葉煙草を調達し、香港に輸入し香港で製造した煙草の域外輸出を担当したとみられる。両社の業務上の棲み分けがなされていたかについては不詳であるが、専売局からの調達のみならず、南方占領後の受命事業者として国際商事はフィリピン、協同煙草はスマトラからの葉煙草輸入業務を取り扱っており、これらの南方占領地からの香港の葉煙草輸入も担当したはずである。また香港占領当初の大英烟公司の工場の葉煙草在庫も潤沢に存在したと思われるため、製造した煙草を域内で総てを消費したわけではなく、確認できる限りでも香港で製造した煙草を広東省・澳門・厦門に輸出していた。香港は広東と貿易協定を締結したが、1943年4～9月の第4回協定から香港輸出に煙草が追加され、1944年4月～1945年3

月の第6回協定まで香港の輸出品目に煙草が掲げられていた[25]。この協定に基づく貿易の実績として、1943年10月～1944年2月の間の広東の香港向輸出のうち煙草679千元（儲備券）、輸入8,882千元という規模であり、煙草に関しては香港側の大幅輸出超過状態にあった[26]。香港の大英烟公司と南洋兄弟烟草公司の軍管理工場の効率生産で周辺域の需要に応じていた。同様に厦門とも協定貿易を行っていたが、1943年3～6月の第1回協定から1944年4～7月の第4回協定まで、香港輸出で両切煙草が盛り込まれており、厦門からの煙草輸入はなく、一方的に煙草輸出を行っていた[27]。アジア太平洋戦争期の中国関内で唯一日本の軍事占領から免れた澳門は、澳門政庁の統治下で大西洋銀行 Banco Nacional Ultramarino の発行する域内通貨パタカの価値維持を続け、周辺と貿易関係を維持していた（Gunn[1996]ch.7）。1943年の澳門対香港輸出で葉煙草239千パタカ、刻煙草283千パタカ、輸入で葉煙草591千パタカ、紙巻煙草1,546千パタカであり、澳門は香港から葉煙草と紙巻煙草を輸入して地場消費もしくは陸続きの広東省中山県等に再輸出していた。換算相場は1943年1月で軍票100円＝121.5パタカであった（吉田[1944]17-20頁）。香港は海南島と汕頭とも交易協定を締結したが、煙草は品目リストに掲載されていないため[28]、扱われなかったと思われる。これらの香港製造煙草の域外輸出や葉煙草輸入等に南興公司を含む煙草商社が関っていたはずである。香港工場の製造能力が高く、華南各地の煙草製造ラインが細い地域に香港で製造した煙草を供給することで、華南占領地の需要を満たすことができた。そのため香港における東洋煙草による軍管理煙草工場の操業は周辺地域への煙草供給にも寄与したといえよう。

1) 海南島占領の軍事史・政治史については、相沢[1999]、長岡[1978]等があり参照。在海口総領事館設置日は外務省[1966]附表98頁。
2) 海南島の占領地事業への日本企業の参入については、柴田[2008a]第8章参照。
3)「在外不動産等ノ取得許可申請書」1941年4月30日付で東洋葉煙草が大蔵省に申請（外務省記録E228）。
4) 南興公司は海南島煙草製造に参入できず、海南島において酒の製造工場（年産3.6ヘクトリッター）の設立を計画したが、実現したかは不明である（前掲「広東煙草工場問題抄録」）。
5) 柴田[2008a]付表4、570-571頁、南興会[1894]90頁。
6) 南興発株式会社「煙草製造御願ニ関スル件」1941年11月1日（台拓档案2596）の岡田虎輔の履歴書。
7) 海南島三省連絡会議「南国煙草株式会社（仮称）設立ニ関スル件認許」1941年3月27日（前掲「在外不動産等ノ取得許可申請書」）。

8) 前掲「在外不動産等ノ取得許可申請書」。
9) 「南国煙草株式会社（仮称）へ出資ノ件」1941年6月16日三井物産株式会社取締役会議案（公益財団法人三井文庫（以下、三井文庫）蔵・物産2068）。春日［2010］619頁で南興公司を「東亜煙草㈱系で三菱色」と見ているが、この資料に依拠した判断である。しかしながら東亜煙草は南興公司に出資したが支配下に置くことはなく、また三菱系ではなく、他方、南興公司は台拓系事業者であり、先述のように東亜煙草と南興公司は利権獲得で激突した。
10) 「株式会社登記簿・在海口総領事館扱ノ部」（外務省記録E.2.2.1.5-4）、東洋葉煙草株式会社『第45期営業報告書』1941年10月期、3頁、春日［2010］619頁参照。三井物産職員の肩書は三井文庫［2001］も参照。
11) 春日［2010］619-621頁。南興公司は政府出資特殊法人台拓の子会社であるが、社長が台拓社長兼務の元三菱合資会社理事の加藤恭平であり、三井系からすれば南興公司を三菱系と認定するのは当然の反応であろう。
12) 春日［2010］620頁。南興公司の敗戦時保有有価証券は国債であり、そのほか台北倉庫信用利用組合の出資証券200円のみであった（前掲「株式会社南興公司清算報告書」）。
13) 「南国煙草株式会社株式買取ノ件」1942年5月19日三井物産株式会社取締役会議案（三井文庫蔵・物産2069）。
14) 南国煙草貸借対照表については三井文庫の教示による。
15) 専売局「輸出葉煙草売渡ニ関スル件」1944年9月16日（外務省記録E223）。
16) 前掲『英米煙草トラストとその販売政策』104頁では華南地域については、広東地方事務所の掲載はあるが、香港地方事務所の記載はない。
17) 大東亜省総務局経済課『英米煙草東亜進出沿革史』1944年4月、74頁。
18) 香港軍政の制度的側面については、小林・柴田［1996］参照。
19) 前掲『英米煙草トラストとその販売政策』41頁、東洋経済新報社［1994］243頁。
20) 東洋紡績［1953］397-398頁、「香港占領地復興応急処理ニ関スル件」1942年10月3日（旧大蔵省資料Z530-144）。
21) 東洋煙草は1943年12月7日に陸軍省より南方占領地ジャワの煙草事業を受命しており、第十六軍が軍政を敷くジャワに参入した（疋田編［1995］付表1）。これも同様に親会社の東洋紡績の受命獲得力量が反映しており、蒙疆で着手した煙草事業を香港のみならず、南方占領地ジャワにまで拡張できた。
22) 『香港東洋経済』第1巻第1号、1944年6月の29頁に南興公司の出張所の広告があり、酒・煙草移輸入商の記載がみられる。
23) 国際商事は南方占領地にも動員された。受命時期は不明だが、フィリピンで葉煙草の集荷に従事した（疋田編［1995］付表1）。
24) 協同煙草株式会社『第27期営業報告書』1943年5月期、2頁。同『第26期営業報告書』1942年11月期には「香港」への葉煙草輸出の記載はない。協同煙草は南方占領地にも動員された。1942年12月20日に第二十五軍よりスマトラで葉煙草集荷還送及交易事務を受命し、1943年3月22日に同様に第二十五軍より煙草農園の栽培企業を受命した。さらに同年9月14日に陸軍省よりスマトラとマラヤにおける煙草製造を受命し煙草工場を経営した。その後、1944年3月25日に第十六軍軍政監部（ジャワ）より葉煙草管理事業を受命した（疋田編［1995］付表1）。この典拠資料の軍政組織の名称等については秦［1981］、［1998］に依拠して

補正した。
25)「香港の周辺貿易」(『香港東洋経済』第 1 巻第 2 号、1944 年 7 月) 14 頁。
26)「広東の貿易」(『香港東洋経済』第 1 巻第 4 号、1944 年 9 月) 32-33 頁。
27) 同前、14 頁。
28) 前掲「香港の周辺貿易」14 頁。

おわりに

　日中戦争期からアジア太平洋戦争期にわたる中国関内周辺地域の占領地煙草事業では 1 社独占体制がほぼ早期に成立した。広東省以外の地域においては周辺占領帝国の煙草帝国主義の完成といえよう。蒙疆で当初、東亜煙草が進出し煙草販売利権の拡張を図り、頤中運銷烟草の販売利権を追い詰めた。さらに東洋紡績が蒙疆法人の東洋煙草を設立、工場の操業を拡張し、地域煙草需要を満たし、事業としては規模を拡大し成功したものといえた。その事業収益を同系事業にまで振り向けた。分断的占領地支配体制のため、東洋煙草は華北の煙草事業の再編に巻き込まれなかった。華南では東亜煙草が広東で煙草工場の操業を開始したが、台湾を本店とする台湾総督府専売局系の南興公司も厦門・汕頭に工場を開設し、続いて広東に煙草工場の設立を計画し、両社が激しく競合した。広東三省連絡委員会の決定で新会社設立と東亜煙草の工場の吸収が方針として定められたが、中央の意向で認められず、換えて南興公司への東亜煙草の出資による東亜煙草事業資産の吸収策が選択されるが、その出資率でもめて、結局敗戦まで東亜煙草広東工場の操業が続き、南興公司は広東に進出できずに終わった。これは占領地煙草事業者の統合が不可能となった唯一の事例であり、両社の角遂の深さのみならず、両社を支援した政府内セクショナリズムの強さを改めて確認させるものであろう。海南島では三井物産と東洋葉煙草による南国煙草設立が進み、東洋葉煙草が解散すると三井物産の全額出資子会社として敗戦まで南国煙草の良好な操業が続いた。香港においては東洋紡績が煙草事業を受命して蒙疆の東洋煙草にその事業を引き受けさせた。この経緯から主要な事業地における東亜煙草のプレゼンスすなわち多地域性が確認できる。同社は満洲から華北、さらに華中占領地で大規模工場を操業し、蒙疆でも当初は販売に尽力し、華南にまで事業を拡張した。ただし周辺地域における東亜煙草の参入は難しく、海南島と香港ではまったく関与できず、煙草事業以外の産業にも手広く受命できる大規模事業者の三井物産や東洋紡績のほうが受命競争で勝ちあがるという事態となった。業種を越えた企業の力量が表面化したものといえよう。

終章

日系煙草産業の戦後処理と結語

第1節　日系煙草産業の戦後処理

　1945年8月15日の日本無条件降伏で、戦時帝国は解体した。日本政府は在外財産放棄を宣言し、日系企業・日本人個人の国外における財産は一部持ち帰りを除き所有権を放棄した。中国において事業拡大を続けてきた日系煙草産業もその事業を幕引きすることになる。以下、その消滅経緯を紹介しよう。

　最大の外地煙草事業者の東亜煙草株式会社は日本法人であり、同社の敗戦後の活動を紹介しよう。同社直営工場は大連と広東のみであるが、日本敗戦直後に大連工場との連絡は途絶状態となり、上海出張所のみ9月初旬まで電信連絡が可能な状態であった。国外工場の製造販売の情報を取得できないため、政府の指導で1945年12月21日に同年11月期決算の延期を決定し、翌年11月に仮貸借対照表等を取りまとめて決算を行った[1]。1945年11月期の数値は製造工場の資産負債を取り込めていないため、機械器具・原料・材料雑用品でかなりの欠落数値があり、本社勘定に過ぎない状態である（表終-1）。有価証券6,358千円は国債と三島製紙株式会社株式等である。供託有価証券6,700千円は政府供託の国債である。在外会社証券32,372千円は華北東亜煙草株式会社株式等である。在外各所勘定14,911千円は広東工場ほかの勘定尻である。他方、支払手形25,480千円は三和銀行宛手形等であり、借入公債は野村銀行からの借入公債である。税金引当金は関東州の納税にかかるものである。東亜煙草は野村信託株式会社から資金調達していたが、1945年3月23日に導入された戦時融資統制で三和銀行が東亜煙草の国内の指定金融機関となったと見られる[2]。それに伴う短期資金繰りとして支払手形で融通を受けていた。華北東亜煙草株式、関係会社勘定及び在外各所勘定のいずれも、国外財産でほぼ現金化は不可能な資産である。支払手形等の債務による費用計上が発生するため、損失となり、預金現金の切り崩しでつなぐしかなかった。1945年11月期の在外財産報告書を作成し、大蔵省に提出しその後、東亜煙草の国外事

表終-1　東亜煙草貸借対照表(6)

(単位:千円)

	1945.11期	1946.5期	1946.8期	1948.11期	1949.5期	1949.11期
(資産)						
未払込資本金	13,875	13,875	13,875	13,875	—	—
機械器具	23	1,423	1,416	158	—	—
原料	43	37	—	—	—	—
材料雑用品	33	520	531	8	—	—
有価証券	6,358	4,112	6,260	5,027	5,027	4,863
供託有価証券	6,700	1,501	1,501	—	—	—
預金現金	4,783	2,795	252	1,421	208	116
仮払金	52	114	218	1,954	1,914	1,954
上海出張所	—	—	—	1,553	1,553	—
仮勘定	—	—	—	1,266	1,312	1,602
在外会社証券	32,372	32,372	35,220	—	—	—
在外各所勘定	14,911	14,917	14,901	—	—	—
関係会社等	367	5,396	1,407	—	—	—
当期損失金	191	788	299	14,437	30,000	—
合計	79,712	77,854	75,883	39,701	40,016	8,537
(負債)						
資本金	30,000	30,000	30,000	30,000	30,000	—
諸積立金	5,567	5,568	4,917	—	—	—
職工救済基金	45	45	45	—	—	—
支払手形	25,480	28,980	28,742	686	—	—
借入公債	1,960	—	—	—	—	—
未払金	435	976	689	6,022	1,243	1,243
仮受金	115	38	30	374	11	11
大連出張所	—	—	—	1,553	1553	—
仮勘定	—	—	—	1,064	7,207	7,281
預り保証金	3,670	—	—	—	—	—
税金引当金	3,090	3,090	3,090	—	—	—
納税積立金	2,165	2,165	2,165	—	—	—
前期繰越利益金	7,184	6,991	6,203	—	—	—
合計	79,712	77,854	75,883	39,701	40,016	8,537

出所:東亜煙草株式会社『営業報告書』各期(たばこと塩の博物館蔵)、同『清算報告書』各期(たばこと塩の博物館蔵)

業所の上海、漢口、広東の職員は1946年6月までに事業所財産を中国側に引き継いで全員帰還したが、大連出張所と工場職員は帰国できていなかった。満洲煙草株式会社、華北東亜煙草については青島工場のみ未帰還状態にあるが、その他の役職員全員が帰還した[3]。

　日本が在外財産を放棄したため、東亜煙草の保有する在外財産の現金化は極めて困難であった。戦時補償打切り後に企業には多岐にわたる巨額の不良資産・債務関係が発生した[4]。その処理のため1946年8月15日「会社経理応急措置法」に基づき、1946年8月10日で打切り決算を行った。事業継続は不可能であるため、そのまま1946年10

月19日「企業再建整備法」に基づく新旧勘定分離による旧勘定の負債処理を行った[5]。その債務処理を行い、企業再建整備に伴う1948年11月期決算で在外財産を処理した。それに伴い未払込資本金を控除した東亜煙草の総資産は25,826千円に急減し、14,437千円の損失を計上した。この金額は払込資本金16,125千円に匹敵する金額である。この最終処理方針が固まったため、1948年11月30日に東亜煙草は解散した。法律に基づき東亜煙草は再建整備のため、未払込資本金徴収を含む最終処理の整備計画を大蔵省に提出し、同年12月14日に整備計画認可の公告がなされた。1949年2月10日に東亜煙草は解散登記をし、また清算人長谷川太郎吉ほか就任登記をし、東亜煙草の企業再建整備に基づく旧勘定廃止登記で清算に移った[6]。清算法人東亜煙草は、未払資本金を徴収し1945年5月期に資本金全額を処理に充当し、1949年11月期には総資産は僅かに8,537千円のみとなっていた。

　華中の傑出した事業者となった中華煙草株式会社の敗戦後の国内処理状況について簡単に紹介しよう。日本敗戦とともに華中の日系企業で多数の労働争議が勃発したが、中華煙草も同様で、同社上海の事業所で3回の争議が発生した。職員の対応で本社事務所以外の工場・倉庫に損害を被ることはなかった。9月上旬に上海の3工場に中国軍司令部が進駐し、その後、中華煙草の全資産が重慶から来た国民政府経済部戦時生産局により接収命令を受け、その詳細な引継ぎを行った[7]。中華煙草の事業は引継ぎ進行中のため欠損が発生した。ただし中華煙草の南京支店と工場及び南京出張所の状況は不明のままとなっていた。敗戦後1945年10月期の資産負債を見ると（表終-2）、総資産827百万円という大規模事業であり、機械器具等、原料、材料品等が多額に計上されており、華中本体工場の操業資産負債が掲げられている。このうち引揚帰還者から得た情報である程度補正できているはずであるが、南京支店と漢口工場は不明のまま前期と同様の数値が利用されていると思われる。敗戦後の操業停止と支払等で20百万円の損失を計上し、前期繰越利益で処理して、次期に9,543千円の損失を繰り越した。1946年4月期も有形資産とそれに対応する負債の数値はほとんど変動がない。また漢口工場、南京支店についても1946年4月期でも情報は未着のままの状態にあった[8]。預金現金の項目は変動なく、国内資産取得等で別の延命を図るのであれば、手持ち現預金を取り崩すがそれが行われていないため、事実上1945年10月期で事業を停止していたと見られる。

　東亜煙草以外のアジア太平洋戦争期に活躍した煙草製造・葉煙草集荷販売の会社の多くは中国各地等に本店を有しており、日本国内本店法人と異なり1949年8月1日ポ

ツダム政令「旧日本占領地等における会社の処理に関する勅令」（略称「在外会社令」）により、在外会社に指定された。指定法人は国内の資産負債を対外関係から切り離して先行して特殊整理するものとされた[9]。同日に告示で指定されたのは、指定告示掲載の名称を基準に紹介すると、協和煙草株式会社（満洲国法人）、満洲煙草株式会社（同）、満洲葉煙草株式会社（同）、華北東亜煙草（日本法人）、東洋煙草株式会社（東洋煙草股份有限公司、蒙疆法人）、中華煙草（日本法人）、中支葉煙草株式会社（同）、南国煙草株式会社（同）及び米星産業株式会社（同）である。さらに同年11月21日に武漢葉煙草組合（日本法人）が指定された。その後も1950年4月20日に華北葉煙草株式会社（華北菸草股份有限公司、華北中国法人）が、1956年6月22日に山東実業株式会社（日本法人）がそれぞれ指定された。この中には日本法人以外の法人が含まれている。これらの法人で国内に財産があればそれが特殊整理の対象とされた。他方、1943年まで存在を確認できる青島本店の中国産業株式会社、合同興業

表終-2　中華煙草貸借対照表(2)

（単位：千円）

	1945.10期	1946.4期
（資産）		
土地建物	2,412	2,412
工作物機械器具什器	59,506	59,510
原料	199,643	199,643
材料予備用品	203,125	203,125
製品	86,631	86,631
半製品	2,289	2,289
統税印花	13,180	13,180
取引先勘定	57,849	57,848
受取手形	500	500
仮払金	24,005	34,011
未収金保証金未経過金	5,836	5,836
有価証券	7,803	7,775
出資金	2,456	2,456
預金現金	128,331	128,012
各所勘定漢口	1,654	―
同、東京	1,655	―
繰越損失	―	9,543
当期損失金	20,118	65
合計	827,002	812,843
（負債）		
資本金	38,700	38,700
諸積立金	13,940	13,940
従業員信任金貯金	745	745
預り金	1,000	1,000
支払手形	500	500
未払金	228,671	228,645
仮受金	52,044	52,004
諸引当金	16,852	16,852
原材料調整金	49,547	49,547
製品調整金	397,412	397,410
各所勘定	17,012	13,495
前期繰越金	10,574	―
合計	827,002	812,843

注：1945年10月期資産に10百万円の齟齬あり。
出所：中華煙草株式会社『営業報告書』各期

株式会社、協立煙草株式会社は指定されなかった。合同興業は日中戦争期に操業実態があるが、葉北葉煙草設立後は投資会社化していた。合同興業に出資していた日華興業株式会社（本店青島、片倉工業株式会社（片倉製糸紡績株式会社が1943年11月1日商号変更（片倉工業[1951]年表9頁））系、日本法人）が1949年8月1日に指定を受けたため、一体経営とみなされて、合同興業が指定を受けなかったのかもしれない。そのほか操業実態の情報が乏しいが葉煙草集荷の事業規模が大きく、多額の敗戦時接

収資産が確認されている南京烟草股份有限公司は指定されなかった。日本国内残余資産が皆無で、関係した職員と持返り資料が乏しく、指定から徐されたとみられる。遅れて1955年8月23日に台北本店の株式会社南興公司（日本法人）が指定を受けた。これらの指定を受けた法人は、国内残存財産を対象とした特殊整理に移行した[10]。

　小規模煙草事業者については、在外会社指定が悉皆的になされたわけではない。敗戦まで華北において煙草販売関連の事業を続けた株式会社湯浅洋行（日本法人）は1949年8月1日に指定を受けたが（柴田[1997]36頁）、上海で操業していた株式会社丸三商工公司（日本法人）は指定を受けていない。また華北煙草株式会社（本店青島、日本法人）も指定を受けていない[11]。「在外会社令」の施行は在外本店会社の悉皆的指定ではなく、国内事業資産の有無、国内引揚者の在外資産調査への回答、引揚関係者所在確定等により指定が分かれたようである。これらの法人のうち国内に残余資産が残っていれば、最終的に特殊整理結了後に残余資産の流動化が可能となっていた。ただし国内に整理するべき資産がほとんどなければ指定解除となる。満洲葉煙草は1950年10月11日に在外会社指定を解除されたが、その後、特殊整理すべき資産が国内に発見されたためか、1955年7月19日に解除を取り消され、特殊整理を復活させた。それ以外の特殊整理を行った各社は、特殊整理を結了して解散し、残余財産を処分して消滅した。

　国内の特殊整理を行う事務所を引受ける会社と在外会社は資本関係が反映している。三井物産株式会社は協和煙草と南国煙草を担当した。三井物産は両社の株式を保有する親会社であった。また東亜煙草は華北東亜煙草、中華煙草、中支葉煙草を担当した。東亜煙草はこの3社の最大出資者であった。東洋煙草の清算事務所は同社株式を保有していた東洋紡績株式会社であった。また鈴木商店系として設立された米星産業の清算事務所は日商株式会社であった。米星産業は1949年10月に特殊整理を結了した（米星煙草貿易[1981]55頁）。満洲煙草の特殊整理は長谷川太郎吉の息子の長谷川祐之助が、また華北葉煙草の特殊整理は恒川小太郎（元中支葉煙草監査役）が、武漢葉煙草組合の特殊整理は同組合理事竹本徳身（中華煙草取締役、元東亜煙草漢口工場長）がそれぞれ個人名で引き受けた[12]。

　在外煙草事業者が「在外会社令」に基づく特殊整理の対象となったが、国内残存財産がいくばくか残っていたとしても、金額は僅かである。これら国内本店もしくは国外本店の煙草会社は政府に対する在外財産の補償要求に尽力した。引揚企業は従業員の日本への帰還の支援と並行して、各業種の事業者が結束して補償要求に邁進した。

その中心的組織として1945年11月30日に海外事業戦後対策中央協議会が結成され、その組織に参加した企業は各地域別、各業種別に部会を結成した。当初は10部会が編成されたが、煙草事業者の部会は同中央協議会設立時にはまだ結成されていなかった（柴田[2008b]142-143頁）。東亜煙草はほかの国外煙草事業者とともに、1946年2月に海外煙草関係事業者協議会を設立し、海外事業戦後対策中央協議会への加入を求め、6月7日に煙草部会として認められた。以後は海外事業戦後対策中央協議会を通じて、転業対策と政府からの在外財産補償金獲得の達成に尽力する体制となった[13]。海外事業戦後対策中央協議会を中心に引揚者企業群は政府への在外財産補償要求を続けた。参加企業は先述のように、地域・業種で部会を結成するため、例えば華北東亜煙草は海外事業戦後対策中央協議会の北支部会を結成する華友会に1946年8月に加盟しており（柴田[2008b]150頁）、引揚企業団体に二重加盟している。満洲煙草も同様に満洲と煙草の部会に二重加盟していたと思われる。これらの活動はかなり執拗に行われたが、最終的には企業在外財産補償は実現せず、1952年4月28日講和条約発効後に、二度にわたる交付公債による個人財産への補償がなされただけで終わった（柴田[2008b]158-165頁）。

　そのため在外財産補償で再起できた企業は皆無であるが、戦後に煙草事業者として事業復活できた事例もある。それが輸入葉煙草業者であり、日本専売公社調達の国外葉煙草輸入の窓口として再起できた。先述の米星産業は在外会社として特殊整理を結了したが、同社とは別に1948年10月に米星商事株式会社が設立され（本店東京）、社長北浜留松、代表取締役北野順吉が就任し、葉煙草取引事業の復活に備えた（米星煙草貿易[1981]83-85頁）。そのほか敗戦まで協同煙草株式会社と国際商事株式会社が葉煙草貿易を行っていたが、戦後、先述の米星商事のほか、企業再建整備を経て旧勘定を処理した国際商事と、協同煙草の事業を継承した協同貿易株式会社（1947年9月設立）が葉煙草輸入業に復帰した[14]。これらの会社は日本専売公社用輸入葉煙草の納入に従事した。

　中国各地で日系煙草会社の接収と戦後処理が行われた。日本敗戦後の国民政府の統治復帰と、その後の国共内戦による1949年人民共和国樹立に至る過程で、接収と操業主体が変動する。その経緯を簡単に紹介しよう。日本敗戦後にソ連軍が満洲煙草の奉天工場を接収し、1946年5月に瀋陽市政府がさらに同工場を接収し、同年6月に国民政府東北生産管理局の管理に移し、東亜烟草公司に改称した。その後、1949年3月に国営の瀋陽製烟廠に改称し、同年、同廠は瀋陽勝利烟廠と蘇家屯乾燥廠を合併した。

その後、社会主義化の進行の中で私有企業財産接収により、1952年に英米煙草トラスト系として復活していた啓東煙草株式会社を接収管理し、翌年、瀋陽巻烟廠に再度改称した。営口に所在した満洲煙草工場は日本敗戦後にソ連軍が接収し、営口烟草公司に改称した。1946年にソ連軍が営口から撤収後に、国民政府東北生産管理局の接収管理に移り、東亜烟草公司営口第三廠に改称した。1948年に営口が中国共産党軍支配に移り、7月に遼南実業公司に改称し、さらに同年12月に営口東生製烟廠となった。満洲煙草長春工場は長春市政府により接収され、長春巻烟廠に改称された。その後、経営者が頻繁に変わり、追加投資も追加設備もないまま放置された[15]。
　華北では国民政府経済部が華北東亜煙草天津工場、同済南工場、青島の東映煙廠等を接収した。太原の山西産業株式会社が操業していた太原捲菸廠は、国民政府の西北実業建設公司に接収された（中国烟草通志編纂委員会［2006］441-442頁）。蒙疆では日本敗戦後、多数の蒙疆在留邦人が張家口を脱出して、天津ほかに移動しそのまま事業資産を放棄したため、上海のような引継ぎはほとんど行われなかった[16]。東洋煙草の工場が共産軍により接収され、張垣烟草公司に改称された。1946年9月に共産軍の一時撤退で一部設備と職工が晋察冀辺区根拠地に移動して、裕中烟草公司を設立して操業した。同公司は共産軍撤退後の10月に国民党軍隊の兵営として占有され、工場の設備が破壊されたが、1948年12月に共産軍が国民政府軍を駆逐し、張垣烟草公司が復旧し、察哈爾企業公司張垣紙烟廠に改称した。（中国烟草通志編纂委員会［2006］553頁）。そのほか済南の三島製紙のライスペーパー工場は敗戦後に接収されたが、「大陸製紙株式会社」の商号で操業を続けた。1948年9月に済南地域が共産軍の支配下に移ると、済南工場は接収され、山東人民造紙廠と改称された。この工場に日本人技術者は留用されライスペーパーのほか紙幣用紙やタイプ洋紙の製造を続けた。日本人技術者の留用は1953年まで続いた（三島製紙［1998］144-45頁）。
　上海では1945年10月に国民政府経済部蘇浙皖特派員弁公処烟草組が設立され、上海の煙草事業の接収に責任を持ち、中華烟草、中支葉煙草、華中煙草配給組合等の資産を接収し、1946年1月に中華烟草公司を設立した。その時点での職工2,100名であった。中華烟草は国民政府中央信託局蘇浙皖区産業清理局が清算に当たった。接収下の中華烟草公司は1946～1948年末で、165.9千箱を製造した。1949年5月31日に工場設備等が接収され、1953年1月に国営の上海烟草公司に改組された（中国烟草通志編纂委員会［2006］541頁）。上海では小規模自営業の徳昌煙公司が操業を続けていた（第5章・第6章）。この工場も同様に先述の烟草組により1945年に接収されたが、翌年5

月に経営者江島命石が韓国籍のため返還され、国民党中央統制局との折半共同経営に移行し、同局の上海建新企業公司の指導下におかれた[17]。先述の華北煙草も経営者が全員日本敗戦後に韓国籍に移行したため、徳昌煙公司と同様に接収さなかったはずである。そのため「在外会社令」の適用も受けなかった。徐州の華北東亜煙草徐州工場は徐州市政府に接収された後、1946年2月に国民政府経済部徐州烟廠に改称した。その後、1947年10月にこの工場は上海の資本家に売却され、興亜烟廠に改称された（中国烟草通志編纂委員会[2006]441頁）。

　日系煙草会社の敗戦時の資産額の試算がなされているため、手短に紹介しよう。上海における敗戦後財産の調査が残っている。華中では中央儲備銀行券乱発によるハイパーインフレーションが発生したため、それが敗戦後の資産負債に反映している。敗戦後の清算時の中華煙草の総資産は1,169,003百万元、総負債1,056百万元、賠償充当可能資産1,134,470百万元と試算されていた（柴田[2008a]481頁）。同様の試算で、中支葉煙草の敗戦後総資産は87,377百万元、総負債9,315百万元、賠償充当可能資産71,580百万元と試算されている。華中に東亜煙草出張所が存在し、先述のように敗戦まで操業したが、同出張所敗戦後総資産は82,122百万元、賠償充当可能資産82,107百万元であった[18]。中華煙草の儲備券建敗戦後資産総額を100元＝18円の固定相場で円建換算すると、先述した国内集計の貸借対照表の1946年4月期総資産812,843千円（表終-2）の258倍という驚くべき数値となっている。戦後の占領地インフレを反映させた現地通貨建預金資産の日本円への換算デフレータとして、華中の儲備券地域とは2,400分の1という数値を利用して戦後処理されたため（柴田[2008b]136頁）、それをここでも利用して儲備券建の中華煙草総資産1,169,003百万元を再計算すると、487,084千円となる。この数値は中華煙草の総資産812,843千円の60％に過ぎない。中華煙草の資産負債もすでに華中インフレで日本円で評価した時よりもかなり水ぶくれしていたと言えよう。

　華北においても日本企業資産の接収がなされたが、別の在外財産評価額が試算されており、ある程度判明するため紹介しよう。華北葉煙草は900,504千円（聯銀券建、以下同様）、同北京支店113,562千円、華北東亜煙草10,892,217千円、山東実業107,242千円であるが、他方、合同興業、米星産業、中国産業の資産額は見いだせない[19]。中華煙草と同様に華北東亜煙草の総資産10,892,217千円を、戦後預金処理の聯銀券デフレータ100分の1を用い（柴田[2008b]136頁）、再計算すると総資産は108,922千円となる。1944年4月期の華北東亜煙草の未払込資本金を控除した総資産

88,728千円と比べると（表5-2）、122％に当たる。1944年10月以後の華北聯銀券インフレで、実物資産は暴騰を続けるため、敗戦時で再評価すると、10,892百万円にかなり近い数値になるのかもしれない。蒙疆で煙草事業を営んだ東洋煙草の敗戦時資産額は不明である。

表終-3　南興公司貸借対照表(2)（1946年3月13日清算時）

(単位：千円)

(資産)		(負債)	
土地建物	542	借入金	259
営業雑器	17	台湾総督府専売局往来	914
製品	1,896	暫収款	149
機械器具	9	応納政府接収日人之債権	1,474
原材料燃料	47	応付税款	250
暫定項目	30	応付清算公債	38
預金現金	1,619	資本金	3,800
		清算虧絀	-2,722
合計	4,164	合計	4,164

注1：暫定項目に対外投資200円を含む。
注2：清算虧絀は清算時損失。
出所：「株式会社南興公司清算状況報告書」1946年3月13日清算確定（国史館蔵、275-0034）

台北本店の南興公司の清算は最大出資者の台湾拓殖株式会社の清算と連動したが、南興公司の1946年3月13日清算時貸借対照表があり、それを紹介しよう（表終-3）。台湾内本店業務中心の資産となっている。総資産4,164千円、製品が1,896千円、機械器具9千円、原料材料燃料47千円である。他方、1943年9月期の未払込資本金を控除した総資産4,908千円である（表7-5）。資産では製造現場の反映が見られない。1943年9月期以降の資本金の払込で事業規模の拡大が見られたはずであり（第7章参照）、それを考慮するとかなり圧縮されたものと言えよう。華南を中心としそのほかタイ、澳門でも工場を有したが、台湾外有形資産を切り捨てているように見える。債務では借入金259千円、台湾総督府専売局債務914千円、日本企業等からの債務1,474千円となっている。この清算時で2,722千円の損失を計上し事業清算に移った。海南島では唯一の煙草製造業者として活動した南国煙草の敗戦時投資総額は6,331千円で、それを自己資金5,458千円で負担していた（柴田[2008a]491頁）。この投資額が総資産に近い数値となる。

他方、英米煙草トラストの事業資産はアジア太平洋戦争期に接収されたが、日本敗戦後に復活する。英米煙草トラストの華北代表者の頤中烟草股份有限公司取締役兼頤中運銷烟草股份有限公司取締役ウィリアムB．クリスチャン William B. Christian は日米開戦後、山東省濰県に拘留されていたが、日本敗戦後に解放されて、天津で頤中烟草・頤中運銷烟草の社長に復帰した。そのまま華北に展開したアメリカ軍とともに華北の煙草事業の接収事務を担当し、1941年12月接収された時点の資産リストに基づき、頤中烟草が保有していた資産の回収に尽力した[20]。敗戦まで敵産管理事業として操業を続けていた頤中烟草と頤中運銷烟草とそのほかの系列煙草事業法人は日本敗戦

後の中国で煙草製造販売に復帰したが、1949年革命後に接収され中国事業をひとまず終えた。英米煙草トラストは中国以外の事業で操業を継続し、巨大多国籍煙草事業体として存続する。南洋兄弟烟草公司は1949年革命後に接収され、中国内事業をひとまず終えたが、香港ほか東南アジアの事業は操業を続けた。

1) 東亜煙草株式会社『第78期営業報告書』1945年11月期（たばこと塩の博物館蔵）。
2) 同前。特定銀行による特定企業への融資集中は、1945年2月16日「軍需金融等特別措置法」（3月23日施行）で指定を受けた。この制度の前に軍需融資指定金融機関制度が1943年10月31日に導入されている。戦時民間資金割当については柴田[2011]190-191頁。
3) 東亜煙草株式会社『第79期営業報告書』1946年5月期（たばこと塩の博物館蔵）。
4) 最大のインパクトは1946年10月19日「戦時補償特別措置法」による戦時補償打切である。同法により1945年8月15日現在の戦時補償に対し100％課税を行い、政府の戦時補償債務を切り捨てた（大蔵省財政史室[1977]参照）。
5) 会社経理応急措置と企業再建整備については、大蔵省財政史室[1983]参照。
6) 東亜煙草株式会社『第2期清算報告書』1949年11月期（たばこと塩の博物館蔵）。
7) 中華煙草株式会社『第8期営業報告書』1945年10月期。敗戦後日本資産の引継ぎを担当した国民政府経済部戦時生産局は1945年1月10日設置、局長翁文灝（劉ほか[1995]672頁）。国民政府各行政単位による各地の接収業務の概要については柴田[2008a]補章参照。
8) 中華煙草株式会社『第9期営業報告書』1946年4月期。
9) 「在外会社令」と特殊整理指定法人については、柴田[1997]参照。1947年3月10日ポツダム勅令「閉鎖機関令」による閉鎖機関指定で、先行して閉鎖機関整理委員会により国外資産負債関係を切り離した特殊清算処理がなされた（閉鎖機関整理委員会[1949]参照）。「在外会社令」による処理は、一部例外があるが、「閉鎖機関令」の指定を受けない国外（植民地を含む）本店法人が対象とされた。
10) 列記した法人の指定日については柴田[1997]付表参照。朝鮮における煙草事業者として、朝鮮煙草興業株式会社が1949年8月1日に指定されている。1933年10月26日に朝鮮煙草興業は東光商事株式会社に商号変更し煙草事業から手を引いた（第2章）。その後、再度商号を戻していたことになる。1943年12月期まで東光商事の営業報告書が残っており、化学肥料商社業務と保有農地で米作・畜産に従事していたが、商号を戻したという説明は見当たらない。その後の時期については確認できない。
11) 華北煙草の出資者・経営者は全員華北もしくは朝鮮に在住する日本国籍朝鮮人であり、日本敗戦後、日本国籍から離脱したため、日本国内の在外会社処理の対象外とされたと見られる。
12) 恒川小太郎の肩書は帝国興信所『帝国銀行会社要録』1943年版、中華民国16頁。ほかの煙草事業の仕事も引き受けていたと思われる。竹本徳身の肩書は、中華煙草株式会社『第2期営業報告書』1942年10月期、17頁、前掲中華煙草『第8期営業報告書』、第5章参照。
13) 前掲東亜煙草『第79期営業報告書』、柴田[2008b]。海外煙草関係事業者協議会の名称は、営業報告書掲載の名称と異なるが、柴田[2008b]に依拠し実在組織名に修正している。
14) 米星煙草貿易[1981]175-176頁。国際商事の大株主であった片倉工業の同族は大株主と役員

から姿を消していた（帝国興信所『帝国銀行会社要録』1951年版、東京177、236頁）。
15）中国烟草通志編纂委員会［2006］441、554-555頁。この説明では「東亜烟草株式会社」の満洲国内域の事業所の接収の解説となっているが、満洲国内ではすでに満洲東亜煙草は満洲煙草と統合して消滅している（第3章）。商号が古いまま使われているため、修正した。協和煙草ほか下位の会社のみならず、啓東煙草株式会社を改組した満洲中央煙草株式会社については言及がないが、敗戦後に啓東煙草が復活した。ソ連軍の軍政状態が長く続いた大連の東亜煙草工場についても言及がない。
16）蒙疆の敗戦後日本人の蒙疆からの脱出とその後の行動については小林［2007］参照。
17）中国烟草通志編纂委員会［2006］440-441頁。日本資産の中国の敗戦後接収処理機関体制については、柴田［2008a］補章参照。
18）蘇浙皖敵偽産業処理局「接収国内日本産業賠償我国損失核算清単合訂本」（国史館蔵、賠償委員会305-591-6）。そのほか米星産業の華中敗戦時総資産2百万元が残っていた。
19）「北支財産関係」（鼈甲谷清松旧蔵資料）。この資料を用いた華北敗戦後資産については、柴田［2008a］補章参照。
20）槐樹会［1981］311-312頁。クリスチャンの肩書と名前は第4章参照。ほかの華北の英米煙草トラスト系の会社の代表も務めていたはずである。

第2節　結語

　本書が課題とした日系外地煙草会社の中国における事業活動の総体的分析は、ほぼ成功したといえよう。東亜煙草は植民地化進行中の韓国と日露戦争直後の満洲に参入し、さらに植民地化すなわち公式帝国化した朝鮮と非公式帝国満洲に事業地を拡大し、第1次大戦期に華北華中にも参入した。同社は第1次大戦で急拡張したものの、ほかの業種と同様に1920年代には操業不振に苦しみ、同業者の淘汰が進行した。その中で政府支援を受けつつ、鈴木商店系経営者により、段階的に鈴木商店系経営支配が進行した。東亜煙草は日本の外地煙草業者の中で傑出したプレゼンスを示した。満洲事変後の満洲国の出現後、関東軍・満洲国政府の意向で満洲煙草が設立され、東亜煙草と激しく競合した。ただし、長期にわたり満洲で事業を続け満洲事変後の売り上げ急増で息を吹き返した東亜煙草に満洲煙草は追いつくことはできなかった。日中戦争期に各社が関内占領地おける事業拡張で利権獲得に走ったが、華北では東亜煙草がすでに工場を保有しており最初から有利な位置に立った。華中では東亜煙草よりも有力な既存工場を獲得した東洋葉煙草が急速に事業拡張を進め、東亜煙草とほぼ拮抗した。華南でも東亜煙草は工場を操業し、華南に進出した南興公司と激突し、両者の事業統合はもめ続けて実現せず、それぞれが利権を主張して操業を続けた。東亜煙草は蒙疆で

も販売利権を獲得できた。以上から、本書では、多くの時期において東亜煙草の満洲・中国関内事業拡張史として描くことができた。それが占領体制の中で再編される。東亜煙草が1940年に長谷川太郎吉の支配下に移ることで、満洲・華北の事業統合が事実上実現し、1941年に中華煙草の設立で、華中の煙草製造の事業統合が実現した。これにより東亜煙草は華中で撤収し、満洲・華北における満洲煙草の別動隊のような位置づけとなった。それでも長期に渡る操業経験、各地に送り込む人材、専売局との関係で、東亜煙草を完全に潰して別法人に切り替えることは不可能であり、満洲国における満洲東亜煙草の事実上の満洲煙草への吸収合併と同様の事態はほかの地域では起きなかった。華北東亜煙草を「華北満洲煙草」に商号変更することは、商号でふさわしくないため、満洲煙草が支配下に置いても、商号は従来のままとなった。以上の個別企業史として、設立、拡大、不振、占領地における事業大拡張、満洲煙草の支配下での活動といった、様々な局面で東亜煙草は日本の外地煙草産業を代表した企業と言えよう。

　東亜煙草以外の事業者も、様々な局面で参入した。それは煙草という事業の初期投資負担が相対的に軽く、原料葉煙草と販売市場さえ獲得できれば、企業成長は可能という特質を持つためである。第1次大戦期の多数の日系事業者の参入、その後の淘汰、満洲国での多数の事業者の出現、その後の合併淘汰、関内占領地における多数の新規事業者の出現、その後の政府の政策的な統合というプロセスを辿った。

　日系煙草事業は東亜煙草に代表される紙巻煙草製造販売のみならず、第1次大戦期に山東省の葉煙草集荷という規模の大きな新規事業に多数が参入し、第1次大戦後の反動恐慌後に多数が淘汰されたが、3社の寡占支配に収斂していった。これは煙草製造販売業とある程度似ている。葉煙草集荷事業も初期投資の負担が相対的に軽いため、参入は容易である。葉煙草は品位で幅が大きいが、巧みな優良葉煙草集荷とその売り込みで利益は期待できる。ただし規模を追求する際には自己勘定による再乾燥工場の保有等の負担が重くなる。結局それに耐えられた事業者は3社しかなかった。占領下では華北華中で葉煙草集荷を特定事業者に集中する政策が採用されたため、従来の華北の葉煙草集荷事業者は利幅の大きな事業を失い、下請けに甘んじることになり、ほかの煙草事業に手を拡げざるを得なくなった。

　本書では時期区分を行ったうえで、煙草製造販売のみならず、葉煙草耕作・集荷の川上部門まで視野に入れて煙草産業を把握するという課題を提示したが、山東省の葉煙草集荷を中心に、平時における葉煙草集荷については第4章で、また占領後の関内

葉煙草集荷については、第5章・第6章で明らかにすることができた。占領前と占領後ではその担い手の変動が着目される。また占領体制下で、川下部門に当たる販売ネットワークの構築の在り方も解明できた。

　さらに本書の分析視角を回帰させてその連動性を改めて確認しよう。東亜煙草という外地煙草事業者の主役的地位にある事業者について、設立から日本敗戦、さらには敗戦後の清算処理に至るまで、全過程について資料発掘に基づき、参入・退出アプローチで描くことができた。同社の設立、朝鮮への事業進出と退出、満洲への進出、その事業の実態、満洲国における事業拡張と分社化、中国関内各地、華北、華中、華南への進出とその事業の実態、華北における分社化、中華煙草設立に伴う華中事業の撤退等について、詳細に解明することができた。これは分析視角で掲げた企業進出・退出アプローチに沿ったものである。退出要因は操業環境の悪化や、政府の政策展開による位置付けの変動を指摘できる。これは従来の同社社史、有力回顧録の叙述のレヴェルを大きく超える同社の全体像を提示するものである。またその他の事業者である亜細亜煙草の参入・吸収合併による消滅、満洲煙草の参入と事業拡張、中華煙草の新設とその後の事業拡張、東洋葉煙草の華中占領地事業参入とその後の拡張及び中華煙草への吸収合併による解散、東洋煙草の蒙疆への参入とその後の活動、南興公司の華南参入とその後の活動等を営業報告書等を駆使して解明することができた。また煙草製造販売のみならず、山東省葉煙草集荷業務でも、東洋葉煙草、米星煙草株式会社、山東葉煙草株式会社、日華蚕糸株式会社、中国葉煙草株式会社等の新規参入と、その後の操業環境の悪化の中で廃業・移転、合同煙草株式会社への統合等がなされ、さらに関内占領地体制においては、華北葉煙草への集荷業の統合がなされ、既存事業者は華北葉煙草の下請の位置付けとなった。以上のように紙巻煙草製造販売業のみならず、葉煙草集荷業においても、ほぼ同じレヴェルで企業進出・退出アプローチで描くことができた。これによりほぼ同じ切り口で多くの煙草事業者を分析できたと言えよう。

　経済政策史アプローチによる分析もほぼ十分な解明レヴェルに到達した。平時においては政府介入は相対的に小さいが、東亜煙草設立の政府の意図、1920年代日系煙草事業者の関内参入による北洋政府の煙草利権への割り込み策、亜細亜煙草買収時の東亜煙草の思惑等を明らかにすることができた。特に占領後の政府介入権限は占領地行政権力として一挙に巨大化する。それについては官庁収蔵の一次資料の発掘により多岐にわたる分析を試みた。満洲事変後の満洲煙草の設立経緯と長谷川太郎吉の経営権樹立の過程を解明できた。また華北占領地における東亜煙草系と満洲煙草系の地域的

棲み分けの導入、華中における東亜煙草、東洋葉煙草及びその他の事業者の統合による中華煙草の設立経緯、華南における東亜煙草と南興公司の共同子会社設立にかかる激突による政策の足踏み状態、華北葉煙草設立とその後の強化策にかかる政策の展開、中支葉煙草設立の経緯、蒙彊における東洋煙草の資金調達にかかる政策的支援、各地で原料葉煙草調達強化策が導入されることに伴う専売局の日本産播種用種子の供給、さらには英米煙草トラストの山東省葉煙草集荷事業への圧迫等について、詳細に政策史的解明を行うことができた。それによりとりわけ占領体制では、政府の判断による経済政策の発動により強力に業者行政が展開されたと主張できよう。

　煙草産業論としての把握もかなり達成できた。煙草製造販売という業種については、満洲占領前の日系事業者のプレゼンスを紹介した。時期にもよるが東亜煙草は多くとも、市場の30％程度を掌握するに止まっていた。関内では占領前のプレゼンスは微々たるものに過ぎなかった。中国における紙巻煙草生産は毎年増大を続けており、その中で自社プレゼンスを主張するためにはたゆまぬ規模拡張が必要である。日系事業者のうち東亜煙草が唯一挑戦を続けたものの、満洲において存在感を示すに止まった。満洲における日系事業者の製造販売は亜細亜煙草を吸収した後で、東亜煙草１社が２工場を保有する巨大事業者となり、日系事業者の寡占化が進行した。占領後の満洲と関内でも日系事業者の寡占化が進行した。東亜煙草は満洲国では満洲煙草と激しく覇権を争い、それが華北に持ち込まれた。東亜煙草の満洲国内事業を分社化し、満洲国最大の煙草事業者として操業していた満洲東亜煙草は、その後の満洲煙草による東亜煙草の掌握で、1944年に新設の満洲煙草１社に統合される。また華北では華北東亜煙草が北支煙草株式会社を吸収合併することで傑出した華北事業者となる。それにより同社は華北における頤中烟草の工場出荷規模に対抗した。華中でも中華煙草に既存事業者を統合し、やはり頤中烟草に対抗させた。このように統合による規模拡大で無用な競合を排除し、生産の効率性を追求した。周辺地位の蒙彊では東洋煙草が１社独占の利権を獲得し、その実績は香港でも１社受命事業者として採用された。華南でも南興公司が厦門で製造し、東亜煙草は広東で製造し、南国煙草が海南島で製造し、それぞれの地域で事実上の１社独占を形成した。それにより日系事業者の地域内プレゼンスは高まったはずである。これを日系事業者の煙草製造販売量、調達葉煙草量を検証することである程度傍証できた。また販売でも多数の日系事業者が動員された。葉煙草でも同様で、1920年代山東省葉煙草集荷でも資金力のある有力事業者３社へと寡占化が進行した。さらに華北占領地では華北葉煙草に事業統合がなされた。華中占領地

では中支葉煙草に任せ、地域内独占集荷業者となり、その下請けに多数の日系事業者を動員した。

巨大煙草多国籍企業の英米煙草トラストという煙草帝国主義に対抗した東アジア版煙草帝国主義による対抗軸もある程度解明できた。満洲事変前の時期については、満洲以外では日系事業者はまともに競合者扱いされていなかった。日系事業者は1920年代から満洲における煙草覇権を競い、操業環境の悪化する中で、後退を迫られたが、英米煙草トラストも中国ナショナリズムの標的になるため、市場支配力が衰退する局面もあり何とか対抗し続けることができた。満洲国樹立という新たな体制で英米煙草トラストに圧迫をかけ続けたことにより、中国における事業再編を余儀なくさせ、英米煙草トラストの満洲国事業は現地化せざるをえなくなった。日中戦争後の占領体制で、英米煙草トラストは葉煙草集荷で圧力をかけられつつ、巨大工場の製造販売を続けた。そのため関内においては日系事業者は占領権力を背景にしつつも英米煙草トラストへの挑戦者との位置づけで止まった。世界大煙草帝国主義と経験の浅い事業規模で見劣りする東アジア版煙草帝国主義の対抗を見る限り、力量格差は明瞭であった。葉煙草集荷・葉煙草在庫・紙巻煙草製造規模・製造技術・販売ネットワークのいずれでも英米煙草トラストははるかに勝っており、日系事業者は挑戦者であり続けるしかなかった。アジア太平洋戦争勃発後に接収しても、その活動を軍管理事業として継続せざるを得なかった。

さらに日本の帝国主義総体との関連で位置付けを考えよう。石井[2012]は1920年代における対外膨張戦略として満鉄路線と在華紡路線として類型化した分析を加えており、提案は説得的である。その脈絡で満洲事変前の東亜煙草を再考するならば、南満洲鉄道株式会社が日本政府からの多面的支援を受けつつ関東州・満鉄附属地の開発経済利権の拡張を行うという体制の中で、東亜煙草は従属的に組み込まれ、満鉄路線の一翼を担っていたといえよう。ただし満鉄路線の満洲利権は1920年代において、易幟に代表されるような国民政府の満洲への影響力の強化のみならず、平行線敷設と大連中心の満洲大豆輸出利権への挑戦（佐藤[1992]、岡部[2008]）、日本事業者の土地商租権の否認（浅田[1972]）、日本型金本位制通貨制度への挑戦（柴田[1999]第1章参照）等で、多領域で挑戦を受けていた。煙草産業でも同様であり、東亜煙草は英米煙草トラスト勢力との抗争を続けたが、操業不振の時期が多く、日系煙草利権の拡張を期待したほど実現できなかった。それでも東亜煙草は満洲における満鉄を頂点とした日本利権体制、すなわち満鉄路線の日本帝国主義の一翼を担う立場にいたことは事実

である。ところが満洲事変後に満鉄の位置づけが変動したのと同様に、東亜煙草も英米煙草トラスト勢力の現地化が進むと同勢力への対抗軸としての位置付けが後退し、満洲煙草が満洲国政府系として伸長することで激しい競合関係に陥った。他方、日中戦争勃発後は、大手紡績業者が在華紡の長期の操業経験と豊富な資金力を背景として、占領地で激しい利権獲得競争を展開した。東亜煙草は占領地において東洋葉煙草等と熾烈な利権獲得競争を行い、煙草事業においても紡績業者とほぼ同様の事態が発生した。しかも紡績業者は非繊維事業にも手広く参入し、利権を大きく拡張した（柴田[2008]第3章参照）。これは東亜煙草が在華紡路線にシフトしたのではなく、従来の紡績業者が占領体制において、その行動様式を大きく変貌させたのである。占領体制における企業進出について石井[2012]では明示的な位置づけを与えていないが、紡績業の占領地投資ビヘイヴィアを検討するためには別の分析枠組が必要となる。

　以上のように序章で設定した課題と分析視角を再帰させた結論としてまとめることができるが、さらに各論の分析を通じて以下の点を強調したい。

　東亜煙草の多地域性を強調したい。地域独占の最終的な形が固まる前の段階における同社の広域事業も注目できる。大蔵省の支援で設立され、朝鮮における煙草製造販売事業から着手して、満洲に進出し、さらに天津・上海にも製造工場を設立した。日系最大の事業者としてプレゼンスを高め、1920年代満洲で英米煙草トラスト系と激しく競合し、満洲国時期にもそれが続いた。満洲国「会社法」体制で、満洲東亜煙草を分社化し、また華北事業を華北東亜煙草として分社化し、日中戦争勃発後の上海では本体で事業拡張を実現し、さらに武漢でも事業所を獲得し、広東省でも製造工場を操業し、蒙疆でも販売利権を獲得した。このような事業展開の多地域性は競合した他社には見られない。それは同社が設立時期から大蔵省の支援を受け続けており、満洲国の樹立後や関内占領地の拡大の中で日本占領行政権力に取り入る力量が高く、かつ外地煙草事業者の雄として煙草製造販売で知られており、高い評価を得ていたためである。ただし満洲国では関東軍・満洲国が満洲煙草設立を支援することで風向きが変わり、華北では華北東亜煙草と満洲煙草系の北支煙草が、華中では東亜煙草と東洋葉煙草が、広東では東亜煙草と南興公司とが激突した。蒙疆では早期に参入したが、東洋煙草に製造利権を取得され、蒙疆輸入煙草の販売にしか関与できなかった。それでも東亜煙草が参入しなかったのは、海南島と香港のみであり、同社の事業規模と多地域性は際立っている。

　煙草製造販売業者、葉煙草集荷納入業者の激しい競合関係も指摘したい。1920年代

東亜煙草に挑戦した亜細亜煙草、満洲国で東亜煙草に挑戦した満洲煙草、華北東亜煙草に挑戦した北支煙草、華中の東亜煙草に挑戦した東洋葉煙草、共盛煙草株式会社、興亜煙草株式会社、武漢の東亜煙草と競合した東洋葉煙草、武漢華生煙草株式会社、北支煙草、華南で東亜煙草と競合した南興公司の事例を紹介した。これらの事例を見ると、競合の激しさが分かる。煙草事業という特性から、初期投資が軽く、しかも需要が十分期待できるならば、巧みな製造と販売戦略で勝ち上がることが可能である。しかも占領という体制では、既存事業者に対抗して有力利権を獲得できれば、操業規模で上回ることができる。それは東洋葉煙草が上海、武漢において東亜煙草を上回る事業規模を示したことからもうかがえる。そのため培ってきた既存の事業基盤のみならず、新規利権獲得で立ち位置が大きく変動するという性格があるため、占領体制で利権獲得競争が激しく噴出し、それが製造現場の競合へと連なった。

　財閥系等の有力企業による全力を傾けた煙草事業者の育成という事態は、発生しなかった。鈴木商店が早期に東亜煙草への経営権獲得を目指し、1920年代末には鈴木商店系経営者の金光庸夫が支配下に置いた。それ以外では糖業関係者が中心になり亜細亜煙草を設立し、その後の事業拡張を期待したが挫折する。満洲煙草には大川平三郎系企業家が深くかかわったが、長谷川太郎吉と周辺企業家のみでは資金不足となり、野村信託株式会社の資金支援を仰いだ。日中戦争勃発後には、占領地利権獲得競争のなかで、煙草事業が注目されるようになり事態は変わる。有力財閥系企業としては、三井物産が日中戦争勃発後に、煙草の利幅の大きさに着目して、東洋葉煙草を支配下に置き、満洲国の協和煙草、海南島の南国煙草を通じて煙草事業を拡張した。ただし三井物産は平時の煙草製造業への参入には興味はなかったようである。蒙疆では東洋紡績が子会社東洋煙草を支配下に置いて経営に関わり、香港でも受命するが、これらは占領地利権獲得競争で勝ち上がった事例である。台拓は子会社の南興公司が華南で煙草事業に参入したことで資金支援を強めた。葉煙草集荷でも同様に、平時では鈴木商店系の米星煙草、株式会社松坂屋系の山東葉煙草及び片倉製糸紡績系の日華蚕糸（南信洋行）のちの合同煙草への資金支援が確認できる。ただし有力企業の資金支援規模はさほど大きなものではない。これは創業と運営で巨額資金を必ずしも必要としない煙草製造販売事業と葉煙草集荷事業の特性で、有力企業が周辺事業として煙草事業を位置づけ、いわば本体で全力を投入した事業ではなかったためと見られる。そのため平時において巨大事業法人・財閥本社が全面的に肩入れした煙草事業者は現れなかった。せいぜいで鈴木商店系による東亜煙草の株式保有がそれに該当しよう。これ

は煙草事業が国内で専売制と抵触するため、専売局の介入が強く存在しうる業種という理由も指摘できよう。

　また英米煙草トラストの強靭性を改めて強調したい。占領前の非公式帝国中国への参入では、日系事業者は英米煙草トラストの製造規模と販売ネットワークに全く勝てなかった。アメリカから葉煙草を輸入し、中国内の米国系黄色種葉煙草を調達し、大規模工場を各地に設置して量産し、しかも効率的販売ネットワークを構築して各地で販売した。それに対し、日系事業者は規模では到底太刀打ちできない状況が続いた。東亜煙草は強大過ぎる競合者と対抗しつつ操業せざるを得なかった。満洲事変で満洲が日本の占領下に置かれると、中国事業の大規模再編と現地化で対処し、日中戦争勃発で中国関内が非公式帝国から日本の占領帝国に切り替えられると、英米煙草トラストの立ち位置は変貌した。日本の行政権力を背景とした圧迫と日系事業者からの攻勢が強まる中で、巧みに延命した。日中戦争期の英米煙草トラストに対する原料葉煙草の締め付けによる介入強化の中で、攻撃を巧みに回避しつつ英米煙草トラストは操業利権を維持しつつアジア太平洋戦争勃発まで効率経営を続けることができた。その間の営業については貸借対照表で満洲国と関内の現地法人の事業規模を検証できたが、その操業実態は持株会社と連携した実質自己資本による強靭な経営で利益を実現し続けていたといえよう。アジア太平洋戦争勃発後の接収と軍管理工場への移行後も、巨大な煙草製造能力を維持しており、華中の軍管理工場は中華煙草の生産量を上回る規模を続けた。

　本書は、序章に掲げた課題をおおむね到達し、煙草産業を広く把握したうえで、中国における日系煙草産業論として多くの成果を上げることができたと自負しているが、資料的制約等からいまだ解明できなかった論点も残っており、最後にそれらを列記して本巻を閉じる。

　最大事業者であり続けた東亜煙草についてもまだ解明すべき点が残っている。満洲の営口工場の操業開始後の葉煙草調達については、まとまった解説を見いだせない。米星煙草設立後は同社が主に引き受けたはずであるが、その前の時期については鈴木商店の関わりが確認できていない。また満洲事業者に転換後の事業規模を示す煙草製造販売量統計が、1920年代後半で詳細が不明となり、解説に弱さが残っている。

　専売局の意向で設立されたといわれる東洋葉煙草の設立経緯と、専売局の関わり及び株式募集等の初期事業の解明が必要である。本書では天下り体制で東亜煙草と同じ位置に置かれたとみているが、葉煙草集荷事業でどの程度の規模を期待していたのか

についても解明する必要があろう。1920年代における葉煙草集荷事業者のうち、事業規模で低迷した中国葉煙草と東洋葉煙草以外に判明するのは、米星煙草の貸借対照表1時点のみである。南信洋行は日華蚕糸の一部門のため、部門分離統計の開示はあり得ないとしても、米星煙草と同様に山東葉煙草の葉煙草集荷以外の事業統計については資料発掘の余地が残る。

　満洲国期の煙草産業については多面的分析を果たすことができた。ただし政策転換として重要な1940年4月の満洲煙草による東亜煙草買収にかかる満洲国政府・関東軍・大蔵省ほかの政策的意図とその位置づけが不明のままである。結局本書では推測の域を出ないままとなっている。長谷川太郎吉による東亜煙草の支配により、満洲・華北の煙草事業が事実上1企業集団の支配下に置かれる事態に移行する政策的な背景の確認は、今後の追加的検証で避けて通れない。

　関内煙草事業者の個別事業内容の解明も不十分なまま終わっている。華北葉煙草の集荷実績は不明のままであり、本書では山東省の葉煙草の集荷総量を紹介しているに過ぎない。華北葉煙草と既存集荷3社との関係の解明が必要であるが、とりわけ華北葉煙草の操業実態の分析を深める必要があろう。華中における新規参入事業者の興亜煙草、共盛煙草、武漢華生煙草及び葉煙草集荷事業者の中支葉煙草の単体としての事業規模をさほど検証できなかった。それは周辺地域の海南島・香港でも同じ状態にある。海南島における南国煙草の操業実態は既存研究を超えるものとはならなかった。香港における煙草受命事業の内容についても不明である。これらについてはいずれ明らかになろう。中支那煙草配給組合による多額利益の実現と陸軍・海軍への寄付金が説明できたが、さらに改組された華中煙草配給組合による寄付金が判明すれば、外資金庫への煙草寄付金の実態が一段と明らかになるはずである。不明のことが多い南京烟草の出資構成、役員、とりわけ葉煙草集荷の事業内容の確認も必要である。

　また煙草製造業の規模の生産性格差の検証が必要であろう。小規模事業者でも延命して操業を続けることの可能性の吟味がなされてしかるべきである。満洲における各地の日本人のみならず、中国人経営の自営業等の中小規模煙草製造事業者の事例紹介がかなり見られるため、それらの子細な分析で展望が開けるかもしれない。

　嗜好品としての特性から、煙草製造販売はマーケティング、販売戦略の意義を避けて通れない。煙草の喫味のみならず、パッケージ、価格戦略、販売代理店網の構築、代理店との取引条件等で、煙草の売上はかなり変動する。それらについて仔細にわたる分析を加える余裕がなかった。とりわけ本書では占領という例外的な状況における

政策と、煙草製造販売の担い手による個別企業の活動、特に葉煙草集荷と煙草製造の量的側面の解明に傾注したが、占領前における時期の個別商品のブランド形成、販売ネットワークの構築等のさらなる解明が必要である。同様にライスペーパー製造事業者の在り方と、煙草製造に必須のパッケージの印刷業も密接に関係している。煙草製造販売会社との連携等について、本書では満洲国のライスペーパーと印刷で、また華北華中のライスペーパーの製造で一部紹介しているが、ほかの事例について解明が遅れている。かなりの規模の製紙会社が煙草製造販売会社への納入業者として関わるため、解明は可能と思われる。

　さらに付け加えれば、南洋兄弟烟草公司と日系事業者の競合関係への言及が乏しく、その事実関係を解明する必要がある。また英米煙草トラスト内部の英米煙草株式会社（中国）と大英烟公司との事業の棲み分け、頤中烟草、頤中運銷烟草及びその他同系会社間の事業の棲み分けが判然とせず、1937年以降の解説で「英米煙草トラスト」を頻発する記述になっており、不備が残っている。Cox［2000］に倣い英米煙草株式会社（ロンドン）の資料発掘で解明できるのかもしれないが、それはすでに日本経済史研究からさらに離れた課題である。

　本書の論述をまとめ上げた時点で、結局解明できずに終わった事項は、以上のように少なくない。これらについては今後の研究による調査・分析により明らかになる。

あとがき

　本書は筆者6冊目の研究単著である。2007年に刊行された鈴木邦夫編『満州企業史研究』の中で、筆者は食品産業を担当した。特に煙草産業について、第1次大戦前から東亜煙草が参入し、満洲で英米煙草トラストと激闘を続けたことで興味を抱いたが、執筆するに当たり営業報告書が揃っていないため、第1次大戦終了前の時期の活動についてはさほど解明できず、多くの荒さを抱えてしまった。日中戦争後の関内占領地煙草事業研究の企画が2007年度に財団法人たばこ総合研究センターの助成研究に採択され、中国関内の日系煙草企業の資料の発掘を続けた。その成果は、「中国関内における日系煙草会社の活動」(『平成19年度財団法人たばこ総合研究センター助成研究報告』2008年11月)として、中間的な報告を取りまとめた。併せて満洲の日系煙草の通史として、発掘可能な営業報告書等を利用し、「満洲における日系煙草産業の活動」(『大東文化大学紀要』第47号(社会科学)2009年3月)を公表した。ただしこれらの研究も未熟な部分が多々残っていた。例えば東亜煙草の初期事業や、日中戦争勃発前の関内の日系煙草事業、とりわけ葉煙草集荷への日系企業の関わり等の解明は、ほとんど手つかずのままとなっていた。改めて外務省外交史料館や財務省財務総合政策研究所財政史室等の資料の点検に基づき、多くの欠落を補充したうえで、旧2点の中間的論述を基礎に、時期と地域で分割したうえで中国関内葉煙草事業にも多くの紙幅を割き、再編成して新たな原稿をまとめた。この企画について公益財団法人たばこ総合研究センターの協力を得る中で、2012年9月にようやく完成原稿を仕上げることができた。この間に、多数の資料にアクセスすることで、2点の中間的な論述を単に再分割して冗長にした以上の到達点を示すことができたと自負している。煙草という個別産業の研究を通じて、日本の煙草会社による東アジアへの進出と、強力な英米系同業者との激闘という、長期にわたる通史を描けるとは、当初は思いもよらなかった。煙草産業は前近代からの伝統を背景として拡張を続けてきており、製造現場の設備投資負担は相対的に軽く、原料葉煙草さえ十分確保できれば、日本の事業者も容易に他地域に参入できるという特性がある。それが長期にわたり日系煙草産業が中国で展開できた最大の理由である。この研究を通じて、それを改めて実感した。

　ただし終章でも記したように、本書でも解明できずに残した論点がある。例えば、満洲煙草による東亜煙草買収にかかる政策史的解明、華北葉煙草の葉煙草集荷の累年実績、華北東亜煙草の山西省軍管理工場の操業実態、東洋煙草の香港事業の実態等は、残念ながら解明できていない。このうちのいくつかについては時間をかけ内外の資料探査を続ければ解明できるはずであるが、筆者の研究者人生がさほど長くないことから逆算して、この辺でひとまず打ち止めとした。新たな資料発掘と分析視角で本書を超える研究が現れることを期待している。

　本書執筆にあたっては多数の資料収蔵機関の図書・資料を利用させていただいた。国内では、外務省外交史料館、財務省財務総合政策研究所財政史室、財務省図書館、大坂市立大学図書館、京都大学人文科学研究所附属東アジア人文情報学研究センター、京都産業大学図書館、静岡産

業大学図書館、大東文化大学図書館、拓殖大学図書館、東京大学経済学部図書館、同東洋文化研究所、東京農業大学図書館、一橋大学経済研究所、同社会科学統計情報研究センター、日本大学商学部図書館、北翔大学図書館、明治学院大学図書館、横浜市立大学図書館、早稲田大学図書館、同商学研究所、国際日本文化研究センター、沼田市立図書館、兵庫県立図書館、たばこと塩の博物館、社団法人農山漁村文化協会農文協図書館、公益財団法人三井文庫、国外では、吉林省社会科学院満鉄資料館、中国第二歴史档案館、国史館（台北）、国史館台湾文献館のお世話になった。これらの諸機関に感謝したい。とりわけ三井系企業について細かな事実関係のご教示をいただいた三井文庫の吉川容氏に改めてお礼申し上げたい。

　最後に、本書の研究に当たり刊行で過分の支援・協力をいただいた公益財団法人たばこ総合研究センターと、資料と研究で多くの便宜供与をいただいたたばこと塩の博物館に、お礼を申し上げたい。また本書の出版を引き受けてくれた株式会社水曜社代表取締役仙道弘生氏と、校正で加筆する悪癖の筆者を暖かく支援してくれた同編集部福島由美子氏に感謝したい。最後に私事ではあるが、自由になる時間のほとんどを注いで研究に没頭する筆者を、いつも寛大に見守ってくれる妻しおりに本書を捧げる。

2013年3月

柴田　善雅

参考文献一覧

　奥付けのあるものに限定し、アルファベット配列とし、原著を基準に、日本語、中国語、英語の順で配列した。社史等の著者名では当該法人名のみ掲げた。漢字は概ね常用漢字に改めた。雑誌、年鑑類、営業報告書、逐次刊行物及び一次資料を除外した。国外で参照した文献資料は収蔵番号を記載した。本書で直接参照しない文献であっても論述過程で点検したものを一部含ませている。

（日本語文献）

浅田喬二［1972］、「満州における土地商租権問題」（満州史研究会『日本帝国主義下の満州―「満州国」成立前後の経済研究』御茶の水書房）

米星商事株式会社［1965］、『米星小史―葉たばこ五十年』

米星煙草貿易株式会社［1981］、『米星六十年の歩み』

相沢淳［1999］、「太平洋上の「満洲事変」―日本による海南島占領・統治」（『防衛研究所紀要』第2巻第1号、1999年6月）

朝鮮公論社編［1917］、『在朝鮮内地人紳士名鑑』朝鮮公論社

朝鮮総督府専売局［1936］『朝鮮専売史』第1巻

朝鮮銀行史研究会［1987］、『朝鮮銀行史』

朝鮮煙草元売捌株式会社［1931］、『朝鮮煙草元売捌株式会社誌』

大丸株式会社［1967］、『大丸二百五十年史』

大日本製糖株式会社［1960］、『日糖六十五年史』

大連市役所［1936］、『大連市史』

大和銀行［1979］、『大和銀行60年史』

営口商工公会［1942］、『営口日本人発展史』

遠藤湘吉［1970］、『明治財政と煙草専売』御茶の水書房

槐樹会［1981］、『北支那開発株式会社之回顧』

深尾葉子［1991］、「山東葉煙草栽培地域と「英米トラスト」の経営戦略―1910～1930年代中国における商品作物生産の一形態」（『社会経済史学』第56巻第5号、1991年2月）

福島正光［1978］、『あるたばこマンの生涯』坂元晃佑伝記刊行委員会

藤原浩［2008］、『シベリア鉄道―洋の東西を結んだ一世紀』東洋書店

藤原克美［2010］、「ロシア企業としてのチューリン商会」（『セーヴェル』第26号、2010年3月）

　　――［2011］、「1930年代前半のチューリン商会―ニコライ・カシヤノフの手記より」（『セーヴ

ェル』第27号、2011年3月)
外務省[1965]、『日本外交年表並主要文書　1840-1945』上、原書房
　　──[1966]、同、下
花井俊介[2007]、「南満州鉄道系企業」(鈴木編[2007a]所収)
榛沢広己[1990]『東京駅と辰野金吾──駅舎の成り立ちと東京駅のできるまで』東日本旅客鉄道
原暉之[1989]、『シベリア出兵──革命と干渉　1917-1922』筑摩書房
秦郁彦[1961]、『日中戦争史』河出書房新社
　　──[1981]、『日本官僚制の制度・組織・人事』東京大学出版会
　　──[1998]、『南方軍政の機構・幹部軍政官一覧』
閉鎖機関整理委員会[1954]、『閉鎖機関とその特殊清算』
疋田康行編[1995]、『「南方共栄圏」──戦時日本の東南アジア経済支配』多賀出版
平井廣一[1997]、『日本植民地財政史』ミネルヴァ書房
広江沢次郎[1914a]、『朝鮮煙草界の実状と対支発展策』
　　──[1914b]、『満洲煙草界の実状と日本煙草の発展必勝策』
　　──[1915]、『赤心一片』
本庄比佐子編[2006a]、『日本の青島占領と山東の社会経済　1914-22年』東洋文庫
　　──[2006b]、「膠州湾租借地内外における日本の占領地統治」(本庄編[2006a]所収)
本庄比佐子・内山雅生・久保亨編[2002]、『興亜院と戦時中国調査』岩波書店
堀井弘一郎[2011]、『汪兆銘政権と新国民運動──動員される民衆』創土社
細谷千博[1955]、『シベリア出兵の史的研究』有斐閣
井村哲郎[2010]、「哈爾浜・秋林公司小史」(『環日本海研究年報』第17号、2010年3月)
入江昭[1968]、『極東新秩序の模索』原書房
石井寛治[2012]、『帝国主義日本の対外戦略』名古屋大学出版会
石和田八郎編[1918]、『大日本重役大観』東京毎日新聞社編纂局
伊藤忠商事株式会社[1969]、『伊藤忠商事100年史』
岩崎穂一[1929]、『明治烟草業史』世界社
実業部臨時産業調査局[1937]、『葉煙草、煙草並に煙草工業に関する調査書』
鹿島茂[2011]、『蕩尽王、パリをゆく──薩摩治郎八伝』新潮社
神山恒雄[1994]、「紙部の活動と民豊造紙廠の経営」(中村・高村・小林編[1994]所収)
関東庁[1926]、『関東庁施政二十年史』
関東軍都督府陸軍部[1916]、『明治三十七八年戦役満洲軍政史』第3巻、復刻、ゆまに書房
樺太庁[1936]、『樺太庁施政三十年史』
春日豊[2010]、『帝国日本と財閥商社──恐慌・戦争下の三井物産』名古屋大学出版会

片倉工業株式会社[1951]、『片倉工業株式会社三十年誌』
片倉製糸紡績株式会社[1941]、『片倉製糸紡績株式会社二十年誌』
桂芳男[1976]、「財閥化の挫折―鈴木商店」(安岡重明編『日本経営史講座』3「日本の財閥」)
　――[1977]、『総合商社の源流　鈴木商店』日本経済新聞社
勝浦秀夫[2011]、「鈴木商店と東亜煙草社」(『たばこ史研究』第118号、2011年11月)
川端源太郎編[1913]、『朝鮮在住内地人実業家人名事典』第1輯、朝鮮実業新聞社
河合和男 [1999]、「国策会社・東洋拓殖株式会社」(河合他 [1999] 所収)。
河合和男他 [1999]、『国策会社・東拓の研究』不二出版
小林英夫・柴田善雅『日本軍政下の香港』社会評論社
小林英夫・柴田善雅[2007]、「経済政策と企業法制」(鈴木編[2007a]所収)
小林元裕[2007]、「蒙疆の日本人居留民」(内田・柴田[2007]所収)
高知県人名辞典編集委員会[1971]、『高知県人名事典』
小池聖一[2003]、『満州事変と対中国政策』吉川弘文館
窪田宏[1982]、「山西省における大倉財閥」(大倉財閥研究会『大倉財閥の研究―大倉と大陸』
　　近藤書店)
久保亨[2006]、「近代山東経済とドイツ及び日本」(本庄[2006a]所収)
久米民之助先生遺徳顕彰会[1968]、『久米民之助先生』
黒瀬郁二[2003]、『東洋拓殖会社―日本帝国主義とアジア太平洋』日本経済評論社
劉大可[2006]、「占領期における日系工業資本」吉田建一郎訳 (本庄編[2006a]所収)
前田康[1995]、『火焔樹の蔭―山県勇三郎伝』近代文芸社
満洲中央銀行[1942]、『満洲中央銀行十年史』
満蒙同朋援護会[1942]、『満洲中央銀行十年史』
満洲国史編纂刊行会[1956]、『満洲国年表』満蒙同朋援護会
　――[1962]、『満洲国史』各論、同
満洲煙草統制組合[1943]、『満洲煙草事業小史』
丸紅株式会社[1977]、『丸紅前史』
松野周治[1995]、「関税及び関税政策から見た満洲国」(山本編[1995]所収)
㈱松坂屋[1960]、『松坂屋五十年史』
　――[1964]、『店史概要』
　――[1981]、『松坂屋70年史』
南満洲鉄道株式会社[1919]、『南満洲鉄道株式会社十年史』
　――[1928]、『南満洲鉄道株式会社第二次十年史』
　――調査部[1942]、『北支の葉煙草栽培地帯に於ける農業経営の変化』

──経済調査会[1935]、『満洲煙草工業及煙草改良増殖方策』

──興業部農務課[1929]、『満洲の煙草』改定版

──上海事務所[1939]、『葉煙草』

──庶務部調査課[1927]、『満蒙ニ於ケル日本ノ投資状態』

三島製紙株式会社[1968]、『三島製紙株式会社五十年史』

──[1998]、『三島製紙80年のあゆみ』

(財)三井文庫[2000]、『三井事業史』第3巻下（鈴木邦夫執筆）

水之江殿之[1982]、『東亜煙草社とともに─民営煙草会社に捧げた半生の記録』

長岡新次郎[1978]、「日中戦争における海南島の占領」『南方文化』第5輯、1978年11月）

内閣官房[1975]、『内閣制度九十年資料集付録　内閣及び総理府並びに各省庁機構一覧』

中西利八編[1940]、『満洲紳士録』第3版

中村政則・高村直助・小林英夫編[1994]、『戦時華中における物資動員と軍票』多賀出版

中村資良編[1926]、『京城仁川職業名鑑』東亜経済時報社

中村隆英[1983]、『戦時日本の華北経済支配』山川出版社

南興会[1984]、『南興史』

南洋庁長官官房[1932]、『南洋庁十施政年史』

成田潔英[1959]、『王子製紙社史』第4巻、王子製紙工業

日塩株式会社[1999]、『日塩五十年』

日満製粉株式会社[1940]、『日満製粉株式会社五年史』

日綿実業株式会社[1962]、『日綿実業70年史』

日本保険新聞社[1968]、『日本保険業界史』

日本近代史料研究会[1971]、『日本陸海軍の制度・組織・人事』東京大学出版会

日本興業銀行[1957]、『日本興業銀行五十年史』

日本通運株式会社[1962]、『社史日本通運株式会社』

西村成雄編[2000]、『現代中国の構造変動』3「ナショナリズム─歴史からの接近」

日商株式会社[1968]、『日商四十年の歩み』

野口米次郎[1943]、『中日実業株式会社三十年史』

岡部牧夫[1999]、『十五年戦争史論─原因と結果と責任と』青木書店

──[2008]、「大豆経済の形成と衰退」（岡部牧夫編『南満州鉄道会社の研究』日本経済評論社）

岡本真希子[2008]、『植民地官僚の政治史─朝鮮・台湾総督府と帝国日本』三元社

岡野一朗[1931]、『支那経済辞典』東洋書籍出版協会

大蔵省百年史編集室[1969a]、『大蔵省百年史』上巻

――[1969b]、同、別巻

――[1973]、『大蔵省人名録―明治・大正・昭和』大蔵財務協会

――昭和財政史編集室[1955]、『昭和財政史』第4巻「臨時軍事費」(宇佐美誠次郎執筆)東洋経済新報社

――財政史室[1977]、『昭和財政史―終戦から講和まで』第7巻「租税」(加藤睦夫・宇田川璋仁・石弘光執筆)東洋経済新報社

――[1983]、同、第13巻「企業財務」(宮崎正康執筆)

――[1984]、同、第1巻「賠償・終戦処理」(原朗執筆)

――[1995]、『昭和財政史―昭和27〜48年度』第5巻「国有財産」(柴田善雅執筆)東洋経済新報社

大渓元千代[1964]、『たばこ王・村井吉兵衛―たばこ民営の実態』世界文庫

Peattie, Mark[1996]、『植民地―帝国50年の興亡』浅野豊美訳、読売新聞社

坂本雅子[1986]、「対中国投資機関の特質―東亜興業、中日実業の活動を中心として」(国家資本輸出研究会『日本の資本輸出―対中国借款の研究』多賀出版)

――[2003]、『財閥と帝国主義―三井物産と中国』ミネルヴァ書房

佐藤元英[1992]、『昭和初期対中国政策の研究―田中内閣の対満蒙政策』原書房

専売局[1915]、『煙草専売史』第1巻

芝池靖夫[1973]、「1930年代の経済危機下における中国民族資本企業の実態―南洋兄弟煙草公司についてのノート」(『商大論集』第24巻第1〜3号、1972年6月)

柴田善雅[1994]、「軍配組合の機構と機能」(中村・高村・小林編[1994]所収)

――[1996]、「軍政下の香港企業支配と貿易」(小林・柴田[1996]所収)。

――[1997]、「在外会社の処理とその分析」(『大東文化大学紀要』第35号(社会科学)1997年3月)

――[1999a]、『占領地通貨金融政策の展開』日本経済評論社

――[1999b]、「華北占領地における日系企業の活動と敗戦時資産」(『大東文化大学紀要』第37号(社会科学)1999年3月)

――[2002a]、『戦時日本の特別会計』日本経済評論社

――[2002b]、「中国占領地行政機構としての興亜院」(本庄・内山・久保編[2002]所収)。

――[2002c]、「七十四銀行と横浜貯蓄銀行の破綻と整理」(横浜近代史研究会・横浜開港資料館編『横浜近郊の近代史―橘樹郡にみる都市化・工業化』日本経済評論社)

――[2005a]、『南洋日系栽培会社の時代』日本経済評論社

――[2005b]、「中国関内占領地日系企業の敗戦後処理」(『東洋研究』第158号、2005年12月)

――[2006a]、「海南島占領地における日系企業の活動」(『大東文化大学紀要』第44号(社会

科学）、2006年3月）
　――［2006b］、「アジア太平洋戦争期中国関内占領地における敵産管理処分」（『東洋研究』第162号、2006年12月）
　――［2007a］、「日本の蒙疆政治支配体制」（内田・柴田編［2006］所収）
　――［2007b］、「蒙疆の企業活動」（同上）
　――［2007c］、「東洋拓殖系企業」（鈴木編［2007a］所収）
　――［2007d］、「満州国政府系企業」（同上）
　――［2007e］、「食料品工業」（同上）
　――［2008a］、『中国占領地日系企業の活動』日本経済評論社
　――［2008b］、「引揚者経済団体の活動と在外財産補償要求」（小林英夫・柴田善雅ほか編『戦後アジアにおける日本人団体―引揚げから再進出まで』ゆまに書房）
　――［2008c］、「中国関内における日系煙草会社の活動」（財団法人たばこ総合研究センター『平成19年度財団法人たばこ総合研究センター助成研究報告』2008年11月）
　――［2009］、「満洲における日系煙草産業の活動」（『大東文化大学紀要』第47号（社会科学）、2009年3月）
　――［2011a］、『戦時日本の金融統制―資金市場と会社経理』
　――［2011b］、「1930年代南満洲鉄道株式会社の関係会社投資」（『大東文化大学紀要』第49号（社会科学）、2011年3月）
　――［2011c］、「外地への進出と清算」（柴孝夫・岡崎哲二編『講座・日本経営史』4「制度転換期の企業と市場　1937～1955」ミネルヴァ書房）
　――［2011d］、「中国関内開港地日系銀行の活動」（『東洋研究』第182号、2011年12月）
　――［2013］、「日中戦争期台湾拓殖株式会社の関係会社投資」（『大東文化大学紀要』第50号（社会科学）、2013年3月）
柴田善雅・鈴木邦夫［2007］、「満州企業の解体と結語」（鈴木編［2007］所収）。
柴田善雅・鈴木邦夫・吉川容［2007］、「交通」（同上）
新潮社［1991］、『新潮日本人名事典』、新潮社
須永徳武［2007a］、「地場系企業」（鈴木編［2007a］所収）
　――［2007b］、「化学工業」（同上）
鈴木邦夫編［2007a］、『満州企業史研究』日本経済評論社
　――［2007b］、「製紙業」（鈴木編［2007a］所収）
末岡暁美［2008］『大隈重信と江副廉蔵―忘れられた明治たばこ輸入王』洋学堂書店
白石友治編［1950］、『金子直吉伝』金子柳田両翁頌徳会
たばこと塩の博物館［2008］、『広告の親玉赤天狗参上―明治のたばこ王　岩谷松平』

台湾銀行史編纂室[1964]、『台湾銀行史』

台湾総督府専売局[1930]、『台湾の専売事業』

高村直助[1982]、『近代日本綿業と中国』東京大学出版会

竹越与三郎[1936]、『大川平三郎君伝』

㈱帝国ホテル[1990]、『帝国ホテル百年史　1890－1990』

東亜同文書院大学史編纂委員会[1955]、『東亜同文書院大学史』滬友会

東亜煙草株式会社[1932]、『東亜煙草株式会社小史』

凸版印刷株式会社[1961]、『凸版印刷株式会社六拾年史』

　　──[1985]、『TOPPAN 1985凸版印刷株式会社史』

東洋紡績株式会社[1953]、『東洋紡績株式会社七十年史』

東洋経済新報社[1944]、『軍政下の香港─新生した大東亜の中核』香港東洋経済社

東洋拓殖株式会社[1939]、『東洋拓殖株式会社　三十年誌』

内田知行・柴田善雅編[2007]、『日本の蒙疆占領　1937－1945』研文出版

内田尚孝[2006]、『華北事変の研究』汲古書院

内山ヴァルーエフ紀子[2002]、「チューリン商会と哈爾濱のロシア系企業」(『セーヴェル』第16号、2002年12月)

内山雅生[1979]、「近代中国における葉煙草栽培についての一考察─二十世紀前半の山東省を中心として」(『社会経済史学』第45巻第1号、1979年6月)

上野堅實[1998]、『タバコの歴史』大修館書店

海野福寿[2000]、『韓国併合史の研究』岩波書店

谷ケ城秀吉[2007]、「戦時経済下における国策会社の企業行動─台湾拓殖の華南占領地経営を事例に」(『東アジア近代史』第10号、2007年3月)

山川隣[1944]、『戦時体制下に於る事業及人物』東京電報通信社、復刻1990年、大空社

山本有造編[1995]、『「満洲国」の研究』緑陰書院

　　──[2003]、『「満洲国」経済史研究』名古屋大学出版会

山室信一[1993]、『キメラ─満洲国の肖像』中央公論社

　　──[1998]、「植民帝国・日本の構成と満洲国─統治様式の遷移と統治人材の周流」(ピーター・ドウス／小林英夫編『帝国という幻想─「大東亜共栄圏」の思想と現実』青木書店)

柳沢遊[1985]、「1920年代前半期の青島居留民商工業」(『産業経済研究』第25巻第4号、1985年3月)

　　──[1986]、「1910年代日本人貿易商人の青島進出」(『産業経済研究』第27巻第1号、1986年6月)

　　──編[1993]、『貝原収蔵日記─在華日本人実業家の社会史』柏書房

――[1999]、『日本人の植民地経験―大連日本人商工業者の歴史』青木書店

楊国安［2012］、「近代中国のたばこ専売」（上）鈴木稔昭訳（『たばこ史研究』第119号、2012年2月）

吉田建一郎［2011］、「向井龍造と満蒙殖産の粉骨製造、1909–31年」（富沢芳亜・久保亨・萩原充編『近代中国を生きた日系企業』大阪大学出版会）

吉田浤一［1978］、「20世紀前半中国の山東省における葉煙草栽培について」（『静岡大学教育部研究報告（人文・社会科学篇）』第28号、1978年3月）

吉田正［1944］、「澳門を中心とする通貨・金融問題」（『香港東洋経済』第1巻第6号、1944年11月）

在華日本紡績同業会［1958］、『船津辰一郎』東邦研究会

庄維民［2006］、「占領期における日系商業資本」小羽田誠治訳（本庄編［2006a］所収）

（英語文献）

Barrett, David & Larry Shyu eds.[2001], Chinese Collaboration with Japan, 1932-1945, Stanford UP, 2001

Boyle, Hunter[1972], China and Japan at War, 1937-1945, the Politics of Collaboration, Stanford UP, 1972

Cochran, Sherman[1980], Big business in China- Sino-foreign rivalry in the cigarette industry, 1890-1930, Harvard UP

――[2000], Encountering Chinese Networks, Western, Japanese, and Chinese Corporations in China, 1880-1937, University of California Press, 2000

Coble, Parks M.[2003], Chinese Capitalists in Japan's New Order, the Occupied Lower Yangzi, 1937-1945, University of California Press, 2003

Cox, Howard [2000], Global Cigarette: Origins and Evolution British American Tobacco, 1880-1945, Oxford UP, 2000（『グローバル・シガレット―多国籍企業ＢＡＴの経営史1880～1945』山崎廣明・鈴木俊夫監修、山愛書院、2002年）

Cox, Reavis[1933], Competition in the American Tobacco Industry, 1911-1932, A Study of the Effects of Partition of the American Tobacco Company by the United States Supreme Court, Columbia UP

Dryburgh, Marjorie[2000], North China and Japanese Expansion 1933-1937, Regional Power and the National Interest, Curzon, 2000

Duus, Peter et al. eds.[1989], The Japanese Informal Empire in China, 1985-1937,Princeton UP

──[1996], The Japanese Wartime Empire, 1931-1945, Princeton UP
Gunn, Geoffrey C.[1990], Encountering Macau- A Portuguese City-State on the Periphery of China, 1557-1999, Westview Press
Robinson, Ronald[1972], "Non-European in the theory of imperialism; sketch for a theory of collaboration," in R. Owen and B. Sutcliffe, eds., Studies in the theory of imperialism, Longman, 1972, London
Schneider, Justin Adam[1998], The Business of Empire the Taiwan Development Corporation and Japanese Imperialism in Taiwan, 1936-1946, dissertation paper to Harvard University
Young, Louise[1998], Japan's Total Empire-Manchuria and the Culture of Wartime Imperialism, University of California Press, 1998（『総動員帝国―満州と戦時帝国主義の文化』岩波書店、加藤陽子ほか訳、2001年）

（中国語文献）

黄光域編[1995]、『外国在華工商企業辞典』四川人民出版社

解学詩[2008]、『偽満洲国史』新編、人民出版社

郭貴儒・張同楽・封漢章[2007]、『華北偽政権史稿―縦"臨時政府"到"華北政務委員会"』社会科学文献出版社

劉寿林・萬仁元・王玉文・孔慶泰編[1995]、『民国職官年表』中華書局

馬洪武・王徳宝・孫其明編『中国近現代名人辞典』1993、档案出版社）

上海市档案館編[2005]、『老上海行名辞典　1880－1941』上海古籍出版社

東北物資調節委員会[1948]『東北経済小叢書』3「農産（生産篇）」

徐友春編[1991]、『民國人物大辞典』河北人民出版社

葉徳偉等編[1984]、『香港淪陥史』広角鏡出版社

余子道・曹振威・石源華・張雲[2006]、『汪偽政権全史』上海人民出版社

中国科学院上海経済研究所・上海社会科学院経済研究所編[1958]、『南洋兄弟烟草公司史料』上海人民出版社

中国烟草通志編纂委員会[2006]、『中国烟草通志』中華書局

庄維民・劉大可[2005]、『日本工商資本与近代山東』社会科学文献出版社

付地図1　満洲・朝鮮略地図

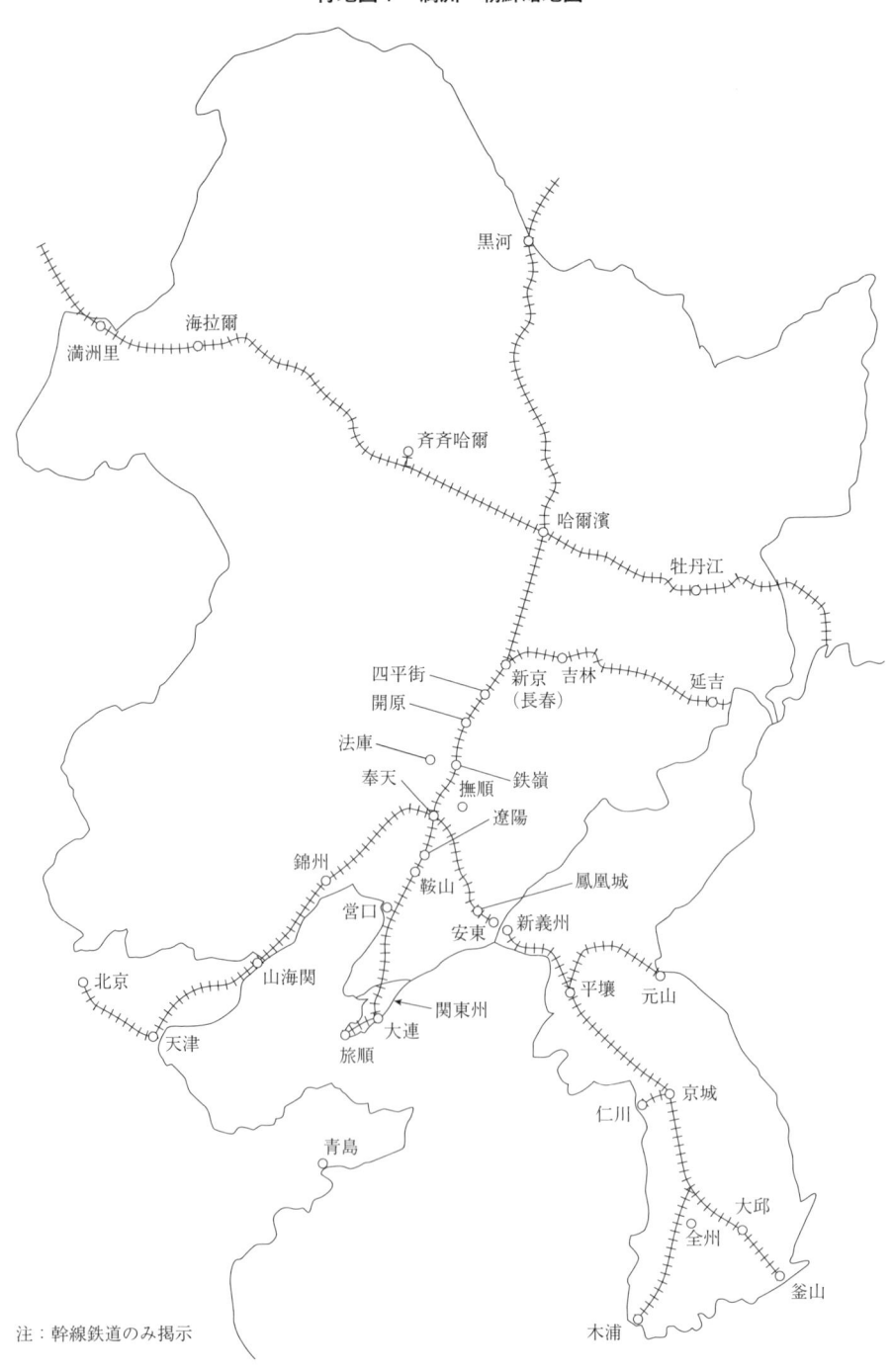

注：幹線鉄道のみ掲示

付地図2　中国関内占領地略図

索引（機関・法人・事業者等）

- 五十音順に配列した。
- 「煙草」を「たばこ」、「烟」と「菸」を「えん」、「烟草」と「菸草」を「えんそう」として配列した。
- 事業者には個人事業者を含む。
  商号の会社等をほぼ省略したが、一部、商号が短い事例と同名法人が存在する場合には「⒃」、「⒜」、「㈱」、「公司」等を補記した。
- 改組、別法人となった場合には、法人形態、設立時期もしくは本店を記載して概ね分離掲載したが、頻出しない改組法人等は統合した。
- 満洲国で股份有限公司から株式会社に転換したもの等は同じ法人として扱い、分離していない。
- 表掲載法人等の名称と図書・資料の著者名を省略した。
- 職歴の役職名に付された機関・法人等を省略したものがある。
- 通称の英米煙草トラストは法人名ではないため除外した。
- 英語名称・漢語名称の併記を省略した。

【あ】

愛国精機……………………158
愛国生命保険………………272, 273
愛知銀行……………………58
朝日製紙……………………153
亜細亜煙草……22, 23, 34, 35, 70, 73, 81, 84, 90, 96, 98, 100, 101, 104-111, 115, 144, 182, 183, 186, 191, 217-220, 224, 228, 231, 379, 380, 383
安部幸商店…………………100, 105
安部幸兵衛商店……………41, 105
アメリカン煙草……29-32, 38-40, 66, 181-183, 189, 204
アメリカン巻煙草……32, 40, 187, 189, 198
荒川製作所…………………223
有明商事……………………154
安全印刷……………………187
安東領事館…………………79, 80
安東造紙……………………124

池貝鉄工所…………………39
石原産業海運………………357
石部商店……………………45
石森製粉所…………………175
維新政府→中華民国維新政府
イタリア専売局……………65
市田オフセット印刷………65, 212, 223
頤中運銷烟草……137, 188, 192, 193, 199, 239, 242, 252, 255, 258-263, 267, 268, 296, 299, 332, 334, 335, 337, 341, 343, 356, 361, 365, 375, 386
頤中烟草……23, 137, 163, 188, 189, 192, 193, 197-199, 241, 252, 253, 255, 259-263, 267, 271, 273, 286, 291, 292, 296-299, 303, 304, 306, 307, 314, 316-318, 320, 322-324, 328, 329, 334, 335, 343, 347, 350, 359, 375, 380, 386
いとう呉服店………74, 207, 208, 222
伊藤産業……………………208, 222

伊藤商行……………………65, 91
伊藤忠商事……236, 240, 276, 277, 280, 291
猪名川水力電気……………45
岩谷銀行……………………39
岩谷商会……31, 34, 36, 39, 44, 63, 66, 182
インペリアル煙草…………32
上田蚕糸専門学校…………222
営口居留民団………………50
営口東生製烟廠……………373
栄泰洋行……………………280, 284
永泰和烟草（1922設立）……77, 80, 95, 188, 193, 236, 237, 279, 280, 283, 297, 319, 320
永泰和（1942設立）………139, 193
英米煙草（ロンドン）……32, 41, 75, 187, 190, 194, 195, 198
英米煙草（中国）……75-77, 134, 136-138, 140-143, 176, 188-194, 196, 198, 199, 261, 284, 361

永楽銀行……………………………223
永利洋行…………………………280,284
永和貿易公司……………………236,286
永和洋行……………236,237,284-287,324
江副商店(個人事業)……30,31,35,
　36,38-40,66,99
㈾江副商店………………………34,39,99
㈱江副商店………………34,39,88,91,99
江森組………………………………44
塩水港製糖…………………………58
王子証券…………………………124,154
王子製紙……………124,125,154,279
王子電気軌道………………………98
汪政権……………234,240,252,259,290,
　319,320
鴨緑江製紙…………145,147,153,154
大石商会……………………………61
大川(名)……………………………154
大川田中事務所……………………153
大倉商事…………………313,314,323
大倉組……………………40,145,153,154
大蔵省……11,16,22,31,33,36,37,
　40,41,44,45,56,63,64,66,80,93,
　98,120,124,125,128,134,142,
　191,198,252-255,268,269,272,
　281,282,284,297,300,321,341,
　359,363,364,367,369,376,382,
　385
　　──塩務局………………………33,64
　　──主税局………………………100
　　──樟脳事務局…………………33
　　──専売局………………………29
　　──煙草専売局……13,33,36,37,
　　41,43,45,46,71
大阪海上火災保険………………106,110
大阪株式現物団……………………105
大阪株式取引所……………………64
大阪商船…………………………36,110
大阪商船学校………………………110
大阪城東土地………………………65

大阪信託……………………………154
大阪辰巳屋…………………………64
大阪電気軌道……………………45,125
大阪野村銀行………………………154
岡山電気軌道………………………187
オグドン煙草………………………32
小樽高等商業学校…………………168
オリエンタル煙草……………184,187

【か】

海外事業戦後対策中央協議会……372
海外煙草関係事業者協議会……372,
　376
海口総領事館…………………357,363,364
海杭煙草販売組合…………………280
外資金庫…………………………321,324,385
海南島三省連絡委員会……………357
開原市場……………………………220
開封地方煙草卸売配給組合………253
開封特務機関………………………250
外務省……23,41,44,65,66,74,80,
　83,86,98-101,111,121,124,125,
　142,143,152,153,168,183,185-
　187,198,199,201,204,205,207,
　221-223,229,230,233,241,242,
　254,255,267-269,281-284,287,
　295,296,300,309,310,322-324,
　327,328,341,342,354-357,363,
　364
鶴豊公司…………………………225-227
華商烟草組弁事処…………………321
華成烟草………………………119,124
片倉組……………………………205,221
片倉工業………………………370,376
片倉製糸紡績……23,182,183,205,
　206,214,218,221,222,229-231,
　236-239,287,291,370,383
華中煙草配給組合………292,319-321,
　373,385
華中棉花改進会……………………323

華東烟草公司……………………270,271
華東公司…………………………34,73
加藤洋行…………………………181-183
華南銀行……………………………355
金辰商事…………………352,354,355
鐘淵紡績……………………………336
華品烟草公司………………………270
華豊煙草………………120-122,157,159
華北交通……………………………168
華北産業科学研究所………………208
華北政務委員会…………234,265,305,308
華北煙草……182,183,186,234-236,
　238,241,247-249,252-255,278,
　291,292,295,297,298,301,303-
　307,310,321,328,371,374,376
華北煙草配給組合………238,253,304,
　321
華北煙草配給中央組合………253,255,
　291,303,305
華北東亜煙草……23,130-132,152,
　169,171-173,175,235-237,242-
　254,259,265,270,271,278,287,
　290,297,298,301-304,306,307,
　309,312,313,326,328,333-336,
　341,343,350,367,368,370-374,
　378,380,382,383
華北葉煙草……23,229,236,238,
　239,246,248,251,255,259,260,
　263-268,288,289,291,294,298,
　304-308,310,312,339,370,371,
　374,379,380,385
華北三島製紙……159,244,246,253,
　303,312
華友会………………………………372
カラザス兄弟煙草商会……249,250,
　254
唐津中学校…………………………169
唐戸屋鉱山…………………………45
樺太汽船……………………………153
樺太工業……………………………153

樺太炭礦…………………………187	九州製炭………………………100	啓東烟草……77, 78, 119, 120, 123,
樺太庁……………………11, 15, 50	久大煙行………………319, 320, 323	126, 135-139, 161, 176, 188
川崎信託………………………273	共栄製紙組合…………………310	啓東煙草……22, 80, 120, 121, 123,
官営煙草輸出組合………34, 41, 43	共盛煙草……236, 240, 276, 277, 280,	136, 138-143, 163, 176, 188, 189,
漢口三省連絡会議……273, 277, 283	281, 286, 291, 292, 297, 311-313,	194, 373, 377
韓興煙草……………………34, 64	319, 329, 383, 385	興　亜　院……………17, 233, 234, 241, 242,
漢口煙草同業組合……………281	暁星中学校………………………40	265, 268, 269, 276, 279, 283-285,
韓国煙草販売組合………34, 43, 46	拱石烟草………120, 136, 137, 139, 142,	287, 294, 295, 298, 300, 303, 304,
関西工作所……………………187	143, 188	312, 322, 323, 333, 341
関東烟公司…………………95, 101	協同煙草……99, 229, 230, 236, 304,	——厦門連絡部………342, 347, 356
関東局……………………………98	362, 364, 372	——華中連絡部……98, 240, 273,
関東軍……17, 22, 38, 95, 108, 117-	共同パルプ……………………153	277, 280, 282, 283, 285, 295, 296,
119, 124, 131, 136, 144, 146, 147,	協同貿易………………………372	311-313, 316, 322, 323
170, 171, 175, 176, 234, 239, 312,	共同洋紙………………………153	——華北連絡部……234, 235, 248,
332-334, 377, 382, 385	京都貯蔵銀行……………………65	250, 252-255, 261-263, 265-268,
——特務部……………………144	京都帝国大学…………………168	292, 298-303, 307, 310
関東州庁…………………………98	協立煙草……99, 100, 155, 159, 182,	——華北連絡部経済第一局
関東庁……38, 86, 98, 109, 111, 112,	183, 207, 211, 212, 215-217, 219,	……235, 241, 252, 255, 267, 268
137, 142	223, 228-231, 236, 238, 370	——華北連絡部青島出張所
広東銀行…………………298, 300	協和煙草……19, 118, 120-122, 156-	……234, 237, 241, 253, 254, 292,
広東煙草輸入配給組合…………346	159, 163, 168, 174, 175, 370, 371,	294-296
広東南洋烟草公司………………194	377, 383	——広東派遣員事務所……342,
広東南洋兄弟烟草公司…………194	極東葉煙草…………………34, 72	351, 354
広東物資輸入配給組合聯合会	金銀運営会……………………324	——経済部……142, 143, 246, 254,
……346, 355	キンボール………………………39	263, 268, 269, 294-296, 300, 304,
岸本商店………………………291	宮内省…………………………39, 40	310, 342
貴族院………………………63, 94, 221	——皇居造営事務局……………40	——経済部第二課　……260, 284,
北里研究所……………………341	国友鉄工所………99, 211, 249, 358	297, 299, 300
北支那開発……222, 236, 262, 264,	熊本電気………………………153	——武漢派遣員事務所………240
265, 298-300, 309, 340	熊本電気軌道…………………153	——蒙疆連絡部……333, 337, 339,
北支那派遣軍……………239, 242, 248	久米鉐……………………………40	341-342
北支那方面軍……234, 248, 249, 256,	久米工業事務所…………………40	——連絡委員会…………………299
257, 262, 265, 268, 298, 299, 303,	クロード式窒素工業……………90	興亜烟廠………………………374
310	慶應義塾……………………65, 341	興亜商事………………………327
吉林永衡官銀銭号………………66	京王電気軌道……………………98	興亜煙草……236, 240, 277, 280, 291,
吉省省政府……………………125	瓊崖臨時政府………………331, 357	292, 297, 311, 313, 319, 329, 383,
冀東防共委員会………………242	京城イギリス領事館……………59	385
冀東防共自治政府………242, 309	京城商事………………………110	興粤公司………………………350, 356
紀阪銀行…………………………65	京城煙草元売捌……34, 91, 212, 223	公主嶺農事試験場…………111, 114
九州製紙………………………153	京仁煙草組合………………34, 43	光針製造………………………187

索引（機関・法人・事業者等）　　403

興中公司·················355
合同興業······236,239,266,285,291,370,374
興東煙草··········120-122,236,291
合同煙草······23,182,183,206,207,209,212,214,215,221,222,226-228,230,231,236,238,239,242,263-265,278,283,379,383
合同煙草公司··········236,278,283
合同油脂グリセリン·············64
江南アルミニウム工業······278,295
江南繊維工業···············295
興農合作社中央会······163,167,168
光武産業···················158
光武商店···················158
工部大学校················38,40
神戸辰巳屋·················64
江北煙草販売組合·············280
厚和製粉···············338-340
国際運輸（大連）··········134,266
国際運輸（奉天）·············134
国際商事······229,236,284-287,303,310,324,362,364,372,376
国際連盟···················341
国民政府······78,86,135,180,197,255,256,314,318,369,372,373,376,381
──経済部·················373
──経済部蘇浙皖特派員弁公処烟草組·····················373
──経済部徐州烟廠···········374
──経済部戦時生産局·······369,376
──東北生産管理局········372,373
──中央信託局蘇浙皖区産業処理局·····················373
国民党中央統制局·············374
国立錦県農事試験場············160
国立鳳凰城煙草試験所······162,168
黒龍江省広信公司··············66

金剛山電気鉄道··············40

【さ】

在華日本紡績同業会········312,323
在支日本紡績同業会···········323
済南総領事館······203,207,229,230,258,263,267,268,303
済南煙草販売組合············255
済南地方煙草卸売配給組合······253,255
済南領事館···············203,204
坂梨商事···················100
坂梨洋行···················111
察南銀行···················341
察南自治政府·········333,334,341
札幌農学校···············97,99,110
産業復興公団················64
三興·············291,313,319,320
山西産業·············236,302,309,373
三泰産業······121,122,156,157,159,168,169
三泰油房···············156,168
山東運輸···············100,204
山東塩業···················222
山東烟草公司············235,241
山東紙配給組合··············294
山東起業···················220
山東興業···············100,204
山東産業······182,183,207-209,222,225-228,231,291
山東人民造紙廠··············373
山東倉庫···················220
山東煙草(1919設立)······34,182,207-209,212,222,227,228,231,236,238,239,241,263-265,268
山東煙草同業組合······222,225,229,264
山東葉煙草······23,34,74,182,204,207-209,221,222,225-227,229,231,257,260,379,383,385

山東窯業·········208,221,222
三邑商会···················43
三林公司······34,35,40,72,102,115,120,212
三和菸葉行············326-328
三和銀行···················367
J.P.テイラー················204
志岐組····················44
自治指導部·········135,142,168
七十四銀行··············206,221
実業建設公司···············373
支那駐箚財務官事務所··········198
支那駐在財務官事務所······248,254,256,257,268,282
支那駐屯軍·················234
支那派遣軍······240,280,295,299,300,319
島田自動車·················110
清水洋行···················280
下谷銀行·················44,45
佳木斯倉庫企業···············158
上海烟草公司···············373
上海捲烟廠同業公会···········321
上海建新企業公司·············374
上海製造絹糸···············336
上海総領事館······65,99,120,181,186,199,222,230,237,241,242,254,269,270,281-284,287,296,323,324,327
上海大使館事務所······317,319,320,323,324,328
上海煙草小売商業組合··········321
上海煙草小売同業組合··········321
上海地区煙草販売組合··········280
上海地産···················327
上海特別市政府···············323
上海取引所················64,65
上海派遣軍··············347,356
衆議院······37-40,88,92,93,98,100,110,154,169

──請願委員会第一分科会議
　　……93
首善印刷……137,188,193,262,267,
　　296,299
順昌洋行………………………235,292
商工省…………………………124,272
湘南電気鉄道……………………272
上毛電力…………………………153
上毛モスリン……………………222
昭和石炭…………………………145
昭和石油……………………………64
昭和煙草組合……………………280
殖産貯金銀行………………………65
徐州地方煙草卸売配給組合………253
徐州領事館………………………309
新華烟公司…………………273,282
振興菸草……138,188,193,262,296,
　　299
新国民政府……13,234,240,259,290
──実業部…………325,327,328
新大陸印刷…………………133,134
新中国鉄工廠……………………292
新日本火災海上保険………………98
晋北自治政府……………………333
新民会………266-268,306,310
瀋陽巻烟廠………………………373
瀋陽勝利烟廠……………………372
瀋陽製烟廠………………………372
瀋陽洋紙商会……………………152
瑞業公司………………182,209,210
杉原産業…………………………355
鈴木(名)…………………………89,90
鈴木糸廠…………………………205
(名)鈴木商店……15,19,22,23,27,28,
　　44,55-60,63-65,67,69-70,81,85,
　　87-91,94,98-100,109,114,118,
　　129,131,147,169-171,182,183,
　　185,209-211,213,216,219,223,
　　229,231,236,238,291,355,371,
　　377,383,384

(株)鈴木商店……………………89,90
スタンダード銀行…………………361
スタンダード油脂…………………64
精版印刷………………131,134,223
政友会……………………………105
浙江省政府………………………192
摂陽銀行…………………………105
全国烟酒公売局………………190,198
全国烟草事務署………………190,198
全国商業統制総会………………320
専売局……11,15,16,19,20,22,24,
　　28,29,31,33-38,40,41,43-45,49,
　　50,53,54,56,57,60-62,64,66,69,
　　74,81,86,89,90,92,96-98,100,
　　101,106,108,109,114,155,159,
　　161,162,170,171,179,185,186,
　　202-204,206-215,217-219,224-
　　231,240,242,248,249,254,264,
　　266,268,272,273,293,296,299,
　　300,302,306,307,309,312,314,
　　317,326,332,336-340,342,346,
　　347,360,362,364,378,380,384
──煙草事業部……299,304,310
──秦野試験場……………162
蘇家屯乾燥廠……………………372

【た】
大安烟公司………107,183,217,224
第一銀行……………………………87
第一生命保険……………………272
大英烟公司……32,61,62,75-77,79,
　　80,109,135,143,184,189-195,198
　　-202,205,226,227,231,343,361-
　　363,386
太原捲菸廠………………………302
大建産業…………………………319
第五銀行……………………………65
第三銀行…………………………174
第十六軍……………………295,364
──軍政監部…………295,364

大正信託…………………………154
大正生命保険……87-90,98,99,147,
　　169,170,174,213
大西洋銀行………………………363
第三委員会……………264,268,269,281
台拓→台湾拓殖
大東亜省支那事務局…305,310,342
大東烟草………………119,124,320
泰東煙草………………120,122,158
大同電力……………………146,154
泰東日報社………………………143
泰東洋行…………………………143
大同洋紙店……………153,303,309
第二十五軍………………………364
第二十三軍………………………361
大日本塩業……58,59,63-65,81,222
大日本製糖………………………355
大日本麦酒………………………204
大美烟公司……95,100,137,138,
　　188,193
台北倉庫信用利用組合…………364
大丸………………………………280
大満酸素工業……………………158
太陽曹達…………………………211
太陽煙草………………120-122,163
大陸煙草……120-122,236,240,291
大陸無尽…………………………327
大連機械製作所…………………143
大連郊外土地……………………72
大連製氷…………………………204
大連民政署………………………97
大連土地家屋……………………65
台湾銀行……63,64,89,90,99,211,
　　347,355
台湾警察協会…………………352,354
台湾鋼材配給……………………355
台湾古銅屑鉄統制………………355
台湾酒壜統制……………………355
台湾製糖………………105,106,183
台湾製氷……………………………40

台湾専売協会……………352,354
台湾総督府……24,332,347,350-356
　──専売局……15, 57, 64, 202,
　203, 210, 217, 224-227, 230, 231,
　340, 343, 347, 348-355, 365, 375
台湾専売品交易組合…………355
台湾拓殖……20, 99, 229, 236, 332,
　342, 343, 347, 349, 350-356, 363,
　364, 375, 383
台湾煙草売捌人組合……………355
台湾電力………………………154
台湾紡績………………………355
高砂麦酒…………347, 352, 354, 355
高田鉱業………………………223
宅(名)……………………37, 40
度支部………………………57, 64
竹中工務店………………303, 309
田島為助商店…………………153
龍野銀行………………………187
龍野貯蓄銀行…………………187
辰巳屋…………………………64
たばこと塩の博物館……24, 31, 34,
　39, 40, 47, 48, 50, 52, 54, 63, 82, 97,
　128, 134, 174, 186, 357, 368, 376
W.デューク・サンズ……………31
千葉商店……………31, 39, 181, 183
千早川水力電気…………………45
チャイナ・アメリカン葉煙草……85
察哈爾企業公司張垣紙烟廠………373
中央儲備銀行……240, 290, 298, 300,
　342, 374
中央物資対策委員会………304, 310
中俄烟公司………………79, 95
中華烟草公司……………198, 373
中華烟草公司……34, 35, 72, 73, 75, 106
　-108, 145, 153, 182, 203, 219-221
中華匯業銀行…………………168
中華染織整練公司……………327
中華煙草……18, 23, 171-173, 190,
　191, 198, 236-278, 292, 294, 295,

300, 301, 311-320, 322-329, 360,
　369-371, 373, 374, 376, 378-380,
　384
中華懋業銀行………………191
中華民国維新政府
　………………13, 233, 240, 269, 331
中華民国政府……………………69
中華民国臨時政府…… 13, 14, 23,
　233, 234, 236, 238, 248, 249, 255,
　264, 288, 309, 331
駐華聯合烟草………………76, 188
中原烟公司……………………273
中国共産党……………180, 191, 373
中国銀行……………………39, 198
中国興業………………………98
中国産業……120, 156, 236, 291, 370,
　374
中国葉煙草……34, 73, 84, 100, 106-
　111, 120, 122, 155, 156, 182, 183,
　211, 216-219, 224-226, 228-231,
　236, 379, 385
中国包装品……………137, 188, 193
中国聯合準備銀行……235, 256, 263,
　264, 335
中支煙草合同販売組合…………280
中支煙草配給組合………………241
中支葉煙草……23, 236, 241, 276,
　278, 285, 286, 292, 300, 314, 315,
　317, 324, 325, 327-329, 370, 371,
　373, 374, 380, 381, 385
中東鉄道………………………123
中日実業……………………86, 98
中裕公司……182, 200, 202, 209, 221,
　225-228
秋林……………………123, 125
秋林商会(チューリン商会)……78
秋林洋行……………79, 123, 125
中和公司……34, 96, 101, 182, 236,
　237, 254
張垣烟草公司…………………373

張家口総領事館……………334, 341
張家口大使館事務所……333, 338, 340
張家口大毛絨廠………………336
長春巻烟廠……………………373
長春市場…………………71, 219
長春信託…………………………71
長春製氷…………………………71
長春銭鈔…………………………71
長春窯業…………………………71
朝鮮火薬銃砲……………………44, 110
朝鮮火薬製造……………………110
朝鮮銀行……………87, 92, 93, 255, 270
朝鮮金属工業……………………110
朝鮮殖産銀行……………87, 92, 93
朝鮮興業…………………………98
朝鮮総督府……35, 59, 81, 82, 89, 91-
　94, 99, 102, 104, 114, 147, 278, 294,
　295
　──外事局…………………59
　──専売局……14, 15, 20, 28, 57,
　59-61, 65, 89, 91-94, 99, 100, 111,
　161, 202, 203, 210, 217, 225, 226,
　228, 231, 278, 306, 307, 360
朝鮮煙草……22, 34, 35, 40, 42, 58-
　60, 65, 72, 81, 91, 101-104, 110,
　115, 376
朝鮮煙草興業……34, 35, 102, 104,
　110, 376
朝鮮煙草製造業者同志会…………65
朝鮮煙草元売捌………34, 35, 91, 100
朝鮮鉄道……145, 147, 153, 154, 170,
　174
朝鮮電気興業……………147, 153
朝鮮天然氷………………………44
朝鮮林業…………………………58
儲備銀→中央儲備銀行
千代田生命保険…………………272
千代田リボン製造………………222
鎮江揚州煙草販売組合…………280
青島銀行……183, 204, 222, 223, 225,
　296

青島守備軍‥‥‥‥‥‥‥‥‥‥159
　　──総司令部‥‥‥‥‥‥‥204
　　──民政署鉄道部‥‥‥‥‥217
　　──民政部‥‥‥‥‥‥179,180
青島製粉‥‥‥‥‥‥‥‥‥‥‥204
青島総領事館‥‥‥‥182,201-205,207,
　208,218,222,223,227,229,230,
　256,257,267,296
　　──坊子出張所‥‥‥199,204,206,
　207,221-223,227,229,230,260,
　310
青島煙草販売組合‥‥‥‥‥‥‥255
青島地方煙草卸売配給組合‥‥‥‥253
青島特務機関‥‥‥‥‥‥256-258,265
青島燐寸‥‥‥‥‥‥‥‥‥‥‥204
月沢莨製造所‥‥‥‥‥‥‥‥34,71
帝国議会‥‥‥‥‥‥‥‥‥‥30,39
帝国生命保険‥‥‥‥‥‥‥‥‥272
帝国大学法科大学‥‥‥‥‥64,99,282
帝国ホテル‥‥‥‥‥‥‥‥222,223
ディブレル・ブラザーズ葉煙草
　‥‥85
鉄嶺領事館海龍分館‥‥‥‥‥96,101
天津軍‥‥‥‥‥‥‥‥‥‥‥‥234
天津商工銀行‥‥‥‥‥‥‥‥‥186
天津地方煙草卸売配給組合‥‥‥‥253
天満織物‥‥‥‥‥‥‥‥‥‥‥45
天利洋行‥‥‥‥‥‥‥‥‥‥‥279
東亜烟草公司‥‥‥‥‥‥‥‥‥372
　　──営口第三廠‥‥‥‥‥‥373
東亜劇場‥‥‥‥‥‥‥‥‥‥‥327
東亜蚕糸組合‥‥‥‥‥‥‥‥‥205
東亜精版印刷‥‥‥‥‥131,132,134,171
東亜煙草‥‥‥‥12,13,15,16,18-20,22
　-24,27,28,31,34,35,39-57,59-
　67,69-74,79-101,103-105,108,
　109,111-115,117-122,125-139,
　141-147,149,150,152,155,156,
　161,163,165,168-176,179,182-
　189,191,192,194,197,201,202,

　205,210-214,216-217,219,223,
　224,228,230,231,233,235,236,
　240,242-251,253,254,264,269-
　271,274,276,277,280-292,297,
　301,302,309-313,319,322,324-
　326,328,331-336,341-348,350-
　357,361,364,365,367-369,371,
　372,374,376-385
東亜同文書院‥‥‥‥‥‥‥221,324
東亜同文書院大学‥‥‥‥320,321,324
東亜土木企業‥‥‥‥‥‥‥‥‥44
東亜木材興業‥‥‥‥‥‥‥‥‥220
東映煙廠‥‥‥‥236,237,291,294,296,
　306,307,328,373
東海鋼業‥‥‥‥‥‥‥‥‥‥‥153
東華煙草‥‥‥‥‥‥‥‥‥‥‥71
東華煙草公司‥‥‥‥‥34,71,73,74,219
統監府‥‥‥‥‥‥‥‥‥‥47,57,59
東京英和学校‥‥‥‥‥‥‥‥‥154
東京菓子‥‥‥‥‥‥‥‥‥‥‥110
東京株式取引所‥‥‥‥‥‥151,174
東京機械製作所‥‥‥‥‥‥‥‥99
東京高等工業学校‥‥‥‥‥‥‥222
東京高等商業学校‥‥‥‥99,100,153,
　355
東京商科大学‥‥‥‥‥‥‥‥‥175
東京商業会議所‥‥‥‥‥‥‥‥63
東京人造肥料‥‥‥‥‥‥‥‥‥110
東京信託‥‥‥‥‥‥‥‥‥‥‥58
東京帝国大学‥‥‥‥64,125,134,143,
　168,169,175,222,224,255,268,
　282,300,341,355
東京電灯‥‥‥‥‥‥‥‥‥‥‥110
東京米穀商品取引所‥‥‥‥‥‥110
東京法学院‥‥‥‥‥‥‥‥‥‥110
東京毛布‥‥‥‥‥‥‥‥‥‥‥223
東京渡辺銀行‥‥‥‥‥‥‥‥‥41
東光商事‥‥‥‥‥‥‥‥34,104,376
東三省商務総会‥‥‥‥‥‥‥36,72
東三省造幣廠‥‥‥‥‥‥‥‥‥80

東三省煙草公司‥‥‥‥‥‥‥79,80
東支鉄道‥‥‥‥‥‥‥‥‥‥‥76
東省実業‥‥‥‥‥71,112-114,183,186,
　220,225
同新煙草‥‥‥‥‥‥‥‥‥120,122
東清鉄道‥‥‥‥‥‥‥‥12,33,42
東拓→東洋拓殖
同発合‥‥‥‥‥‥‥‥‥‥‥‥169
東武貯蓄銀行‥‥‥‥‥‥‥‥‥63
東武鉄道‥‥‥‥‥‥‥‥‥‥58,65
東方公司‥‥‥‥‥‥‥‥‥182,185
東邦プライニウム‥‥‥‥‥‥‥355
東北帝国大学‥‥‥‥‥‥‥‥‥125
東裕隆捲烟廠‥‥‥‥‥‥‥‥‥197
東洋協会専門学校‥‥‥‥‥‥‥168
東洋鋼業‥‥‥‥‥‥‥‥‥‥‥300
東洋製塩‥‥‥‥‥‥‥‥‥‥‥63
東洋製油‥‥‥‥‥‥‥‥‥‥‥209
東洋拓殖‥‥‥‥‥34,59,65,71,73,105,
　110,112,113,127,220
東洋煙草‥‥‥‥‥24,73,122,139,236,
　297,332,335-340,342,362-365,
　370,371,373,375,379,380,382,
　383
東洋煙草㈲‥‥‥‥‥‥‥‥34,73,120
東洋煙草㈱‥‥‥‥‥‥‥‥120,122
東洋貯蓄銀行‥‥‥‥‥‥‥‥44,45
東洋葉煙草‥‥‥‥23,24,34-35,45,64,
　65,74,182-183,202,211-216,219,
　223-231,233,235,236,238,240,
　241,264,269-277,280-286,288,
　291,292,297,311-314,319,322-
　324,327-329,332,346,355,358-
　360,363-365,377,379,380,382-
　385
東洋紡績‥‥‥‥24,236,336,338,340,
　341,362,364,365,371,383
東洋紡毛工業‥‥‥‥‥‥‥‥‥175
東洋棉花‥‥‥‥‥‥‥‥‥‥‥300
東和組‥‥‥‥‥‥‥‥‥‥‥‥283

徳盛洋行……………………280
徳昌煙……236,278,294-296,317,373,374
得利寺煙草耕作組合……………113
特許セメント瓦製造……………44
凸版印刷……………132,134,223
利根軌道……………………45
利根実業銀行………………40
利根貯蓄銀行………………40,45

【な】

内外綿……………196,204,257
内国通運……………………36,230
内務省………………………45
中支那軍票交換用物資配給組合
　　……………240,242,279,280,284
　　——紙部……………279,283
中支那振興…………………299
中支那煙草配給組合……280,281,284,292,318-321,323,385
中支那派遣軍……………240,278,280
　　——兵器部………………278
中支那葉煙草組合……278,280,284,285
中支那方面軍……………347,356
名古屋勧業協会……………207
名古屋商業学校……………143
浪花土地……………………65
南韓煙草……………………34,58
南京烟草……236,327,329,371,385
南京煙草卸業組合…………280,284
南興公司……20,24,236,332,343,346-360,362-365,371,375,379,380,382,383
南国煙草……20,24,236,332,359,360,363-365,370,371,375,380,383,385
南信洋行……182,183,205,206,207,209,215,218,219,221,225-227,231,383,385

南武鉄道……………………98
南満黄煙組合……………112,113,161
南洋兄弟煙草有限公司……194,195
南洋兄弟烟草公司……21,23,24,77-79,83,95,96,105,108,119,122,179,185,190-192,194-197,199-201,204,205,210,226,231,234,241,263,268,269,271,273,288,290,296-298,317,320,321,350,361,363,376,386
南洋興発………99,229,358,360,363
南洋庁………………………11,15
新高製氷……………………40
二十七銀行…………………41
日米硝子工業………………110
日満亜麻紡織………………309
日満火工品…………………110
日満製粉㈱…………………153
日満製粉㈲…………………153
日華興業……221,285,287,310,370
日華興業銀行………………39
日華蚕糸……23,182,183,205,206,218,221,222,225,227-229,231,238,287,291,379,383,385
日華窯業……………………209
日韓印刷……………………63
日光食品工業………………158
日沙商会……………………99
日商……90,95,99,210,211,271,280,313,319,320,370,371
日空海南興業………………357
日東農林……………………358
日宝石油……………………65
日本加工製紙………………153
日本家畜市場………………39
日本火薬製造………………276
日本勧業銀行………………282
日本甘藷馬鈴薯……………134
日本教育生命保険……87,88,90,98,99,147,169,170,174,213

日本興業銀行………………55
日本商工会議所……………63
日本精版……………………223
日本生命保険………………272
日本専売公社………………11,268,372
日本大学……………………283,388
日本たばこ産業……………11
日本煙草輸出………………34,43,46
日本窒素肥料………………357
日本ディーゼル工業………146
日本電気興業………………187
日本電線製造………………44,45
日本トロール………………100
日本発送電…………………154
日本法律学校………………100
沼田銀行……………………40
寧越煙草耕作組合……………60
農商務省……………40,98,110
農林省………………………124
野村(名)………………………251
野村銀行……151,154,170,367
野村信託……150,151,154,170-172,251,302,367,383

【は】

博多湾鉄道…………………39
八谷洋行……………236,280,284
服部製作所…………………153
浜松銀行……………………105
早川電力……………………153
原(名)………………………205,206
播磨造船所…………………45
哈爾濱麦酒…………………158
万歳生命保険………………65
バンダレーラング製紙………310
肥前電気鉄道………………39
肥前屋………………………30,39
日之出生命保険……………40
広江商会……………60,61,65
広島銀行……………………58

広島貯蓄銀行……………………58
武漢華生煙草……236, 240, 276, 281,
　283, 291, 292, 297, 311, 313, 325,
　329, 383, 385
武漢三省連絡会議…………271, 283
武漢政府………………………191
武漢煙草配給組合…………292, 323
武漢葉煙草組合……241, 278, 286,
　292, 323, 325-329, 370-371
福岡商工会議所………………154
復県煙草耕作組合……………161
復県農事合作社………………163
福公司…………………190, 191, 198
復州鉱業………………………125
福昌公司………………………143
福大公司……346, 347, 352, 354-356
蕪湖煙草販売組合……………280
釜山共同倉庫……………………57
釜山商業銀行……………………57
釜山商船組……………………57
釜山煙草…………………………34, 57
富士銀………………………97, 101
富士製紙………………………153
藤本ビルブローカー銀行………125
二見洋紙商会…………………152
富林公司………………34, 73, 120
閉鎖機関整理委員会…………376
米星産業……236, 239, 266, 271, 285,
　286, 291, 295, 324, 370-372, 374,
　377
米星商事……………20, 223, 372
米星煙草……20, 23, 85, 88, 89, 99,
　109, 114, 155, 156, 179, 182, 183,
　207, 209-213, 216, 219, 223, 225-
　231, 236, 239, 263-265, 267, 284,
　285, 371, 372, 376, 379, 383-385
北京イギリス大使館………239, 334
北京公使館……239, 242, 262, 265,
　267, 268, 305, 308, 310, 341
北京大使館事務所…………307, 310

北京特務部第二課…………243, 333
鳳凰城煙草耕作組合………161, 163
豊国火災保険……………………65
奉天省政府……………………94, 135
――財政庁………………………135
奉天省農事合作社聯合会…163, 168
奉天総領事館……72, 74, 80, 101,
　109, 111, 130, 142, 153
――海龍分館………………101, 168
奉天煙草…………………61, 120-122
奉天紡紗廠……………………125
奉天窯業……………73, 75, 219, 220
蚌埠煙草有限購買組合………280
北支煙草……23, 150, 152, 171, 172,
　175, 235, 236-238, 241, 242, 246-
　255, 259, 271, 277, 278, 283, 286,
　287, 290-292, 297, 298, 301, 302,
　306, 311, 313, 322, 325, 326, 328,
　329, 341, 380, 382, 383
北満製粉……………………65
北満倉庫……………………220
北洋政府……21, 86, 180, 190, 191,
　194, 197, 198, 379
北海道開拓使…………………38
北海道帝国大学…………98, 168, 175
香港軍政庁……………………361
香港上海銀行………123, 255, 361
香港占領地総督部…………361, 362

【ま】

マーカンタイル銀行……………361
澳門政庁…………………348, 356, 363
松坂屋……23, 35, 74, 182, 183, 207,
　208, 221, 231, 236, 238, 240, 241,
　277, 280, 283, 291, 313, 319, 320,
　383
摩耶山ケーブル鉄道……………65
馬来護謨公司…………………230
丸三公司…………………286, 287
丸三商工公司……236, 287, 320, 322,
　323, 326, 371
丸紅商店………………………291
丸見屋……………………………41
満銀→満洲中央銀行
満洲麻袋………………………125
満洲オフセット印刷……………131
満洲漢薬貿易…………………169
満洲機械工業……………………72
満洲共同印刷…………………132
満洲銀行……34, 44, 74, 75, 101, 110,
　113, 125, 134, 143, 154, 155-157,
　159, 160, 169, 188, 204, 225, 236,
　242, 283
満洲興業………………………186
満洲興業銀行…………………172
満洲国監察院…………………169
――経済部……………118, 124, 163
――興農部……………118, 167, 175
満洲国最高検察庁……………143
――産業部……………………118, 131
――財政部……………118, 124, 125
――実業部……114, 118, 124, 125,
　144, 161, 168
――総務庁……………124, 143, 168
――民政部……………………168, 169
満洲国大使館………144, 152, 153
満洲在来種葉煙草統制組合……167
満洲殖産………………………72
満洲青年聯盟…………………341
満洲製綿配給聯合会…………125
満洲石油…………………152, 153
満洲煙草(1919設立)……………71
満洲煙草(股)……13, 22, 119, 139, 146-
　149
満洲煙草(株)……13, 18, 19, 22, 23, 117
　-119, 122, 131, 132, 144-152, 154,
　155, 163, 165, 168-176, 192, 235,
　240, 243, 246, 248, 249, 250, 251,
　254, 264, 269, 271, 277, 278, 281,
　286, 287, 290, 291, 301, 328, 333-

335, 336, 341, 368, 377-380, 382, 383, 385	三井本社……………352, 354, 356	——産業部………………337
満洲煙草(1944設立)………22, 123, 172-174, 176, 301, 370, 371-373, 380	三菱(鈴)………………364	蒙古聯盟自治政府…………333
	南支那派遣軍……………343	茂木(名)………………221
	南朝鮮煙草………………34, 58	
	南満洲製糖……………105, 110	【や】
満洲煙草統制組合……40, 76, 80, 112, 114, 138, 139, 157, 161, 162, 166, 168, 169, 173-175	南満洲倉庫建物…………220	安田生命保険………………272
	南満洲煙草耕作組合……113, 161	八代製紙…………………153
	南満洲鉄道……12, 22, 35, 40, 42, 43, 62, 66, 72-74, 76-80, 86, 100, 101, 105, 107, 109-115, 119, 125, 130, 134-137, 142, 145, 160, 164, 165, 168-170, 175, 186, 199, 225, 268, 282-284, 287, 381, 382	山下洋行…………………321
満洲中央銀行……66, 80, 121, 125, 143, 145, 161, 189		湯浅貿易………………287, 296
		湯浅洋行…………294, 296, 371
——実業局…………………125		裕中烟草公司………………373
満洲中央煙草……22, 120, 123, 142, 143, 377		裕豊紡績………………336-340
		ユニバーサル葉煙草(アメリカ)……85, 97, 204, 205, 267
満洲東亜煙草……19, 22, 120-122, 130-134, 152, 165, 168-173, 175, 176, 243, 244, 246-249, 251, 301, 302, 328, 377, 378, 380, 382	——経済調査会……124, 144, 145	ユニバーサル葉煙草(中国)……202, 204, 226, 232, 239, 256-259, 265-267
	——地方部地方課……35, 40, 62	
	南満洲物産…………………100	
	美濃炭鉱……………………39	
	民天公司……………………278	揚子公司………………325-327
満洲葉煙草……19, 23, 117, 120, 122, 131, 143, 150, 158, 162, 163, 164-169, 171-174, 176, 370, 371	民豊造紙廠……………244, 279, 283	横浜生糸……………………206
	村井(名)……………………38	横浜正金銀行…168, 250, 256, 258, 302, 321
	村井銀行…………………33, 38, 63	
	(名)村井兄弟商会……12, 29, 30, 181, 186	米井商店……………………65
満洲不動産信託………………44		代々木商会………37, 38, 41, 66
満洲棉花……………………125	(株)村井兄弟商会(京都)……12, 19, 30, 31, 33, 43, 48, 66, 181-183, 187, 195, 230	
満洲棉実工業…………………125		【ら】
満鉄→南満洲鉄道		
三河興業………………278, 294		陸軍省………36, 159, 264, 295, 364
三島製紙……126, 197, 215, 222, 224, 244, 253, 254, 279, 283, 303, 309, 310, 314, 367, 373	(株)村井兄弟商会(ロンドン)……187, 190, 197, 198	利泰洋行……………………110
		龍海煙公司………236, 301, 302, 309
	村井兄弟有限公司……188, 190, 198	遼東守備軍……………36, 37, 40
	村井貯蔵銀行…………………63	——大連軍政署………………38
三田機械製作所………………99	村井貿易……………………38	遼南実業公司…………………373
三井農林………………358, 360	明治学院高等学部……………154	遼寧煙草………………120-122
三井物産(個人事業)…………39	明治製煉……………………65	臨時政府→中華民国臨時政府
三井物産(名)……………36, 99	明治法律学校…………………63	六合成造紙廠……………124, 125
三井物産(株)……24, 53, 60, 121, 122, 153, 156-159, 168, 175, 184, 206, 221, 227, 236, 272-274, 276, 280, 282, 283, 309, 313, 314, 319, 320, 326-328, 332, 335, 346, 348, 356, 358-360, 364, 365, 371, 383	明治屋………………………91	聯銀→中国聯合準備銀行
	蒙疆銀行・蒙銀………333, 338, 341	崂山烟草……236, 238, 241, 291-293, 295, 303, 304, 306, 307
	蒙疆食糧品輸入組合……………335	
	蒙疆煙草…………………336, 362	老巴奪(香港法人)……76, 123, 136-139, 141, 143, 176, 194
	蒙疆聯合委員会…………333, 341	
三井文庫……19, 118, 120, 158, 159, 282, 283, 327, 328, 364	蒙古聯合自治政府……175, 333, 341	老巴奪(満洲国法人)……123, 138,

410

140-143,163,194
ロバート父子商会……………33,75
露領林業……………………153

【わ】

若尾銀行……………………110
若尾貯蓄銀行………………110
和歌山紡織…………………45
早稲田大学……………111,154,222

渡辺鋪………………………212
渡辺倉庫……………………41
渡辺保全…………………174,222
和中工業……101,236,246,254,312
和豊造紙廠…………………283

索引（人名）

・アルファベット順に配列した。
・中国人名は拼音で配列した。
・同名の人名が発生する場合には、「初代」、「二代」等を付した。
・存在の傍証が不十分な人名を含む。

【A】

安部幸兵衛·················37,41
安部幸之助·················105
阿部信行·················98,131,169
足立正·················154
安達雄二郎·················43
相生由太郎·················143
赤松吉蔵·················43
秋富久太郎·················222
天野八郎·················276
安藤博·················58,104
荒井賢次郎·················347,355
有賀一郎·················238
有田八郎·················86

【C】

陳承綸·················326,327
沈維挺·················320
陳紹鴻·················321
千葉松兵衛·················31,39,44,181
千沢平三郎·················43,45
千沢専助·················43-45
クリスチャン，ウィリアムB.
·················261,375

【D】

徳王（徳穆楚克棟魯普）·················333
段祺瑞·················180,198
デューク，ジェームズ・ブキャナン
·················31

【E】

江川恒雄·················246
江島命石·················236,278,283,294,295,374
江森盛孝·················43,44
江藤豊二·················276
江副廉蔵·················24,30,36-39,41,43,48,55,56,87,88,181,186
江副隆一·················39,88

【F】

藤本清兵衛·················58,65
藤瀬政次郎·················221
藤田謙一·················39,56,63,87,154
藤田駒吉·················219,220
藤田助七·················56,64,87-90,99
藤田虎之助·················56,63,89,212
藤田与市郎·················71,73,219
福井乙丸·················229
船津辰一郎·················198,312,323
古田慶三·················145,146,153,246,249,251

【G】

ゴッドセー，ジョージP.·················30,38,181
五島慶太·················40
後藤新平·················154
郭松齢·················95,108

【H】

八谷時次郎·················280
萩野弥左衛門·················57
萩原徹·················264,268
浜口雄幸·················44,56,63,88,99
韓復榘·················209
原邦造·················272,273,282
原茂一郎·················336
原富太郎·················205
原安三郎·················110,276
ハリス，ウイリアムR.·················30,38
長谷川浩·················163,168
長谷川鉎五郎·················58,65,101,104
長谷川六三·················170,173,175
長谷川太郎吉·················131,145-147,150,153,154,168,170-173,175,246,249,250,271,290,301,312,323,328,369,371,378,379,383,385
長谷川祐之助·················146,148,152,154,163,170,171,173,174,249,301,371
橋爪庸蔵·················312
橋本誠三·················227
八田熙·················209,222,227
八田嘉明·················222
速水篤次郎·················154
林武久·················359
肥後誠一郎·················355
平野亮平·················86
広江沢次郎（初代）·················65

広江沢次郎……35, 60, 65, 72, 91,
　102, 115, 212
広沢金次郎……………………58, 65
広瀬金蔵………………………156
広瀬香一郎…………………167, 169
広瀬鎮之……………183, 185, 187
広瀬安太郎……150, 151, 154, 170,
　171, 249, 251, 301
広瀬義忠………………298, 300
堀好明…………………………359
堀田正忠………………………58, 65
星野一夫………………………283

【I】
井出松太郎……………347, 355
池田静雄………………………246
池田蔵六……216, 224, 228, 272, 282,
　355
今井五介…………205, 206, 221
今村十太郎……………………96
今津十郎………………………71
稲茂登三郎……………………58
猪口誠……………………347, 355
井上憲一………………………124
井上健彦…………130, 131, 134, 163
犬丸鉄太郎……105, 110, 183, 191, 217
庵谷忱……………73, 75, 108, 219, 225
石部泰蔵………………43, 45, 212
石堂義一………………………280
石原峯槌…………90, 96, 100, 109
石井久次………………………155
石森安太郎……………170, 175
五十子順造……123, 125, 163, 173, 174
磯野正俊………………264, 268
板倉幸利………………………238
板谷幸吉……146, 153, 170, 173, 248,
　249, 301
伊藤源助………………229, 230
伊藤経真…………207, 208, 222
伊藤守雄………………………208

伊藤正三郎……………………222
伊藤銑次郎………222, 238, 241
伊藤与三郎………273, 276, 359
伊藤祐民………………………207
岩見鉱作………………………173
岩波蔵三郎……86, 97, 98, 130, 131,
　170, 243, 245, 312, 323
岩谷二郎……35, 36, 40, 72, 101, 102,
　104, 110, 115, 183
岩谷松平……24, 30, 31, 36, 39, 43,
　48, 55, 56, 63

【J】
蒋介石……………………180, 197
簡孔昭………………………194
簡玉階……………………194, 297
簡照南………………………194
金海康………………………278
靳雲鵬……………………191, 198

【K】
門野重九郎………………145, 153
貝原収蔵………………28, 64, 86, 98
加島安治郎……………………105
鎌倉厳……………………163, 168
亀沢半次郎……43, 44, 48, 55, 56, 213
金井寛人……209, 222, 227, 238, 265,
　285, 310
金井章次………………334, 341
金子直吉……44, 55, 56, 59, 63, 64,
　87-89, 99, 211
金光秀文……128, 130, 131, 134, 170,
　243, 254, 270
金光庸夫……87-90, 98-100, 114,
　128-131, 147, 155, 169, 170, 243,
　245, 312, 323, 383
金光邦男……………………128
片倉兼太郎……………………221
片倉武雄……205, 221, 238, 285, 310
加藤恭平……………………347, 364

加藤定吉…………181-183, 186, 225
加藤繁之………………212, 213
川口正雄………………………336
川上寛治………………………320
川村数郎………………………104
川村桃吾……………43, 212, 223
河野竹之助……………………43
河内政雄………………………298
木戸東彦………………236, 286
菊池寿夫……170, 175, 249, 298, 301
菊池隆…………………………298
公森太郎……86, 98, 191, 198
木村庄太郎……………………238
岸山久夫………………………152
北浜留松……210, 238, 239, 265, 372
北野順吉……210, 228, 238, 239, 372
北沢平蔵…………238, 241, 277
鬼頭兼次郎……………………43
小網通……………165, 168, 173, 174
小林慶太………………………40
小林乃……………………294, 296
小林一…………………………212
小堀保行………………………280
光武時春…………………158, 160
小平権一………………………168
児玉秀雄……………37, 40, 109
小岩信吉………………212, 213
河本大作………………………302
小村寿太郎……………………41
近藤栄蔵………………………280
小西和……………105, 110, 217
近衛文麿……………………98, 169
小山達郎………………276, 312
窪寺勲…………………………301
久保章一………………………72
窪田稔……………………167, 169
窪田四郎……146, 153, 170, 249, 301
工藤雄助…………124, 125, 163
久米民之助……24, 37, 38, 40, 41, 43,
　45, 48, 50, 55, 56, 63

索引（人名）　413

国友研介‥‥‥‥‥‥‥‥‥223
倉知鉄吉‥‥‥‥‥‥‥‥‥105
黒田英雄‥‥‥‥‥‥‥‥‥86
黒柳一晴‥‥‥‥‥‥‥173,175
日下部三九郎‥‥‥‥‥212,223

【L】

梁鴻志‥‥‥‥‥‥‥‥‥‥240
梁士詒‥‥‥‥‥‥‥‥191,198
林薫‥‥‥‥‥‥‥‥183,186,235
林茂‥‥‥‥‥‥‥‥‥‥‥186
林順夏‥‥‥‥‥‥‥‥‥‥186
劉子麟‥‥‥‥‥‥‥‥167,169
黎元洪‥‥‥‥‥‥‥‥‥‥180
ロバートE.A.‥‥‥‥‥‥‥76
魯様琴‥‥‥‥‥‥‥‥‥‥72

【M】

馬詰次男‥‥‥‥‥‥89,99,212
松原重栄‥‥‥‥‥‥‥‥‥30
前田大吉‥‥‥‥‥‥‥‥‥276
前之園甚左衛門‥‥‥‥‥‥219
前山久吉‥‥‥‥‥‥‥‥‥105
馬越恭平‥‥‥‥‥‥‥‥‥220
真島勝次‥‥‥‥‥‥‥‥‥286
牧野藤一郎‥‥‥‥‥‥43,45
牧野理一‥‥‥‥‥‥‥‥‥298
丸瀬寅雄‥‥‥‥‥‥‥214,224
増田次郎‥‥‥‥‥‥146,150,154
松平義為‥‥‥‥‥‥‥‥‥58
松平慶猶‥‥‥‥‥‥‥‥‥131
松本章‥‥‥‥‥‥‥227,285,287
松本茂‥‥‥‥‥‥‥‥‥‥286
松下牧男‥‥‥‥‥‥‥‥‥58
松崎正男‥‥‥‥‥‥‥‥‥246
松田伝蔵‥‥‥‥‥‥‥‥‥71
松江梅吉‥‥‥‥‥‥‥185,187
松本照南‥‥‥‥‥‥‥‥‥194
松尾晴見‥‥‥‥90,96,100,130,131,155,228,243,254

松尾久男‥‥‥‥‥‥‥‥‥30
松崎漸吉‥‥‥‥‥‥‥‥312,320
皆川豊治‥‥‥‥‥‥‥123,142,143
皆川芳造‥‥‥‥‥‥‥‥58,65
南新吾‥‥‥‥‥‥89,93,96,99,109,183
光山盛貞‥‥‥‥‥‥‥253,255
三輪善兵衛‥‥‥‥‥‥‥37,41
三好程次郎‥‥‥‥‥‥‥‥212
水之江殿之‥‥‥‥‥‥‥‥298
水野熊平‥‥‥‥‥‥‥‥‥213
望月軍四郎‥‥‥‥‥‥‥‥272
茂木惣兵衛‥‥‥‥‥‥‥‥221
森伝次郎‥‥‥‥‥‥‥‥‥301
森井忠彦‥‥‥‥‥‥‥35,36,72
森久兵衛‥‥‥‥‥‥‥‥43,45
森田成之‥‥‥‥‥‥‥163,168
向井龍造‥‥‥‥‥‥‥‥‥142
村井吉兵衛‥‥‥‥29,30,38,181,183,197
村井真雄‥‥‥‥‥‥‥29,30,38
村井弥三郎‥‥‥‥‥‥‥‥30
村角克衛‥‥‥‥‥‥‥167,169
村岡喜代人‥‥‥‥‥‥‥‥158
村崎輝三‥‥‥‥‥‥‥‥‥71
牟田吉之助‥‥‥‥‥‥‥‥154

【N】

永井幸太郎‥‥‥‥‥‥210,238
長井九郎左衛門‥‥‥‥‥37,41
永野郁四郎‥‥‥‥284,286,287,324
長崎英造‥‥‥‥56,64,87-90,100,213
内藤熊喜‥‥‥‥‥‥‥‥‥219
名出音一‥‥‥‥‥‥‥‥‥57
中込香苗‥‥‥‥‥‥‥‥‥246
中原誠也‥‥‥‥‥‥‥185,187
中井利正‥‥‥‥‥‥‥‥‥131
中島三代彦‥‥‥‥‥‥146,154
中熊英知‥‥‥‥‥‥‥236,301
中村康之助‥‥‥‥‥‥183,209,222
中村再造‥‥‥‥‥‥‥‥‥213

中谷近太郎‥‥‥‥‥108,155,159
中戸川忠三‥‥‥‥‥200,202,213
中戸川孝造‥‥‥‥‥‥183,202
成田豊勝‥‥‥‥‥‥‥298,300
根津嘉一郎‥‥‥‥‥‥‥‥58
仁尾惟茂‥‥‥‥‥‥‥‥45,63
西川文蔵‥‥‥‥‥‥‥‥‥87
西川玉之助‥‥‥‥‥‥‥89,99
西村和平‥‥‥‥‥‥‥‥43,45
西脇清六‥‥‥‥‥‥‥‥‥71
西山丑松‥‥‥‥‥‥‥‥43,56
鈕傳善‥‥‥‥‥‥‥‥190,198
野村雅亮‥‥‥‥‥‥‥‥‥276
野上彦市‥‥‥‥‥‥‥‥‥146

【O】

大庭次郎‥‥‥‥‥‥‥‥‥299
大平正芳‥‥‥‥‥‥‥‥‥300
大堀常吉‥‥‥‥‥‥‥‥‥278
大江房吉‥‥‥‥‥‥165,169,298
小倉大四郎‥‥‥‥‥‥287,320
小倉胖三郎‥‥‥‥‥‥‥‥57
大橋利太郎‥‥‥‥‥‥185,187
大石勘吉‥‥‥‥‥‥‥‥‥61
岡林久栄‥‥‥‥‥‥‥‥‥298
岡田以蔵‥‥‥‥‥‥‥‥‥99
岡田啓吉‥‥‥‥‥‥‥‥‥99
岡田虎輔‥‥‥‥88-90,99,111,114,183,210,211,213,216,223,228,229,238,239,358,363
大川平三郎‥‥‥‥‥‥153,154,383
岡谷喜三郎‥‥‥‥‥‥‥‥208
奥田貞夫‥‥‥‥‥‥‥163,168
大隈重信‥‥‥‥‥‥‥‥‥39
奥村文市‥‥‥‥‥‥‥347,355
大倉喜七郎‥‥‥‥‥‥‥‥222
大塚宇平‥‥‥‥‥‥‥165,168
大塚義雄‥‥‥‥‥‥‥173,175

【P】

パーリシュ，エドワード J. ……30,38
パーリシュ，ローザ F. ………30,38

【S】

貞安倉吉………………………43
佐伯治三郎…………………105
斉藤喜三郎……………………43
酒井静雄………………………58
坂口新圃…………………155,159
坂梨繁雄……100,108,111,144-147,
　246,249
坂梨哲……90,100,108,109,144,146
佐々部晩穂………………238,277
佐々熊太郎……43,45,48,56,64,
　183,212,214,224
薩摩治兵衛………………37,41
薩摩治郎八……………………41
沢田健一…………………123,125
志岐信太郎…………………43,44
芝義太郎………………………99
島村明房…………………210,238
島徳蔵………58,64,65,101,104
下里弥吉……………………327
下山宗江……………………298
篠塚栄吉……………………276
宍戸利久一……………………72
孫璽昌………………………210
宋子文…………………196,199
菅野盛次郎………56,64,212,224
杉野文六郎…………212,213,223
杉田輿三郎…………………104,110
杉浦倹一…………272,282,359
杉浦定雄……………………277
杉山孝平………43,44,48,213
角清太郎…………96,101,254
孫文…………………………180
鈴木岩治郎（初代）……………64
鈴木岩治郎（二代）…55,56,63,64,
　87,98

鈴木格三郎……183,205,206,218,
　221,227,238
鈴木倭…………………………43
鈴木よね………………………87,98

【T】

田畑守吉……146,154,170,251,301
高部悦三……208,222,238,241,265
高橋是清………………………99
高畑誠一……………………211
高山奎次郎…………………283
竹藤峰治…………………347,355
竹田津三平…………………219
武井哲太郎…………………227
竹松貞一…………………325,327
竹本徳身……271,312,323,371,376
田中栄八郎…………………153,154
田中義一……………………109
田中重夫…………………173,175
田中知平………137,138,143,163
谷元道之………………………37
谷本朋次…………………163,168
多羅尾源三郎………………106,110
辰野金吾………………………51
テイラー，ジャクリン P. ………204
瞳道文芸……………………273
栃内壬五郎…………………111
東福清次郎…………………264
徳光光太郎…………………104
富松健治………………………71
富永景三郎…………………165,169
刀根文雄……………………359
土田泰庸………………………73
土橋芳三……………………238
辻川富重……………………213
辻惣兵衛……………………43,44
塚本峰吉……………………277
月沢桂………………………35,71
恒川小太郎…………………371,376
津島寿一……………………299

【U】

宇田吉一……………………359
上田和…………………286,314,323
梅浦健吉…………………146,153,154

【W】

和田篤郎………………………72
和田常市…………………43,212,223
若尾璋八…………………105,110
王克敏………………………234
王廼斌………………………191,198
渡辺治右衛門……………37,41,222
渡辺栄次……43-45,56,87,212,213
渡辺善十郎………170,174,251
和登良吉………………………71
温世珍……………………238,265

【X】

徐恩元……………………191,198

【Y】

矢部五十彦…………………286,314
矢部潤二……………………312
山地世夫……………………136
山田三平……73,75,219,220,225
山田信一……………………277
山県勇三郎………………37,40
山口吉……47,55,63,212,213,223
山本条太郎…………………109
山本悌二郎………105,109,183
山下易一……………………321
柳田富士松……………………87
柳原義光………………………87
矢野茂成…………………124,125
安田久之助………………208,222
保田八十吉……………………58
靖原甲寧……………………278
安恒藤三郎………………276,312
矢内宗良……………………111
殷汝耕………………………242

索引（人名）　415

横山三郎…………………276	于冲漢…………………135	張作霖……………86,95,108
依岡省輔………………89,99	于遵寔…………………146	張学良……………………86
吉野小一郎…………73,183,219		趙国□……………………36
袁世凱………………180,198	【Z】	周子賢…………………167,169
袁金鎧…………………135	臧式毅…………………135	周自齊………………191,198
湯浅誠之助……………294	張壽齡………………190,191,198	

416

著者紹介
　柴田善雅（しばた・よしまさ）
1949年　新潟市生まれ
1973年　早稲田大学政治経済学部卒業
1975年　早稲田大学大学院文学研究科修士課程修了
1983年　一橋大学大学院経済学研究科博士後期課程退学
1983〜1995年　大蔵省勤務
1995年より　大東文化大学国際関係学部教授

主要業績
『日本軍政下の香港』（小林英夫と共著）社会評論社、1996年
『占領地通貨金融政策の展開』日本経済評論社、1999年
『戦時日本の特別会計』日本経済評論社、2002年
『南洋日系栽培会社の時代』日本経済評論社、2005年
『日本の蒙疆占領　1937-1945』（内田知行と共編著）研文出版、2007年
『中国占領地日系企業の活動』日本経済評論社、2008年
『戦時日本の金融統制―資金市場と会社経理』日本経済評論社、2011年

中国における日系煙草産業　1905-1945

発行日　2013年7月25日　初版第一刷

著　者　柴田 善雅
発行人　仙道 弘生
発行所　株式会社 水曜社
　　　　〒160-0022　東京都新宿区新宿 1-14-12
　　　　TEL03-3351-8768　FAX03-5362-7279
　　　　URL www.bookdom.net/suiyosha/
印　刷　藤原印刷 株式会社
制　作　株式会社 青丹社

Ⓒ SHIBATA Yoshimasa, 2013, Printed in Japan
ISBN978-4-88065-317-4 C3033
定価はカバーに表示してあります。乱丁・落丁本はお取り替えいたします。